"十二五"普通高等教育本科国家级规划教材
教育部普通高等教育精品教材
国家精品资源共享课配套教材
普通高等教育"十一五"国家级规划教材
普通高等教育电气工程与自动化类系列教材

自动控制理论

第 3 版

刘 丁 主编

★本书的教学视频链接为：
http://www.icourses.cn/sCoures/course_ 6216. html
★本书配有课件及课后习题答案

机械工业出版社

本书依据高等院校本科自动控制理论课程的教学要求，从注重理论基础与基本概念，拓宽专业面的目的出发，结合自动化专业及其他相近专业的教学特点和教学要求，比较全面地阐述了经典控制理论的基本内容。全书共分八章，包括经典控制理论的线性定常系统理论（自动控制理论的基本概念与数学模型、时域分析法、根轨迹法和频率法等），非线性控制理论基础和采样控制系统理论等。

本书编写中注重突出重点，淡化繁冗的理论推导，力求以简洁明了的表达方式，准确、全面地讲述自动控制的基本原理和概念。书中注重理论与工程实际的紧密结合，注意培养读者用所学知识分析、研究、解决复杂工程问题的能力。为了便于读者自学和更好地掌握本课程的基本理论和方法，锻炼和培养分析、综合以及解决实际问题的能力，章中附有典型例题解析和习题。在主要章节中安排了基于 MATLAB 软件的系统分析和设计实例，以适应计算机辅助教学的要求。每章末给出小结，供读者学习、归纳之用。

本书配有电子课件，欢迎选用本书作为教材的教师登录 www.cmpedu.com 注册后下载，或发邮件至 jinacmp@163.com 索取；与本书配套的国家精品资源共享课可登录爱课程网在线观看。

本书可作为高等学校自动化专业及电子信息工程、电气工程及其自动化、轨道交通信号与控制、物联网工程等相关专业的教材或教学参考书，也可供有关专业的师生和工程技术人员参考。

图书在版编目（CIP）数据

自动控制理论/刘丁主编. —3 版 . —北京：机械工业出版社，2023. 12（2025. 2 重印）

"十二五"普通高等教育本科国家级规划教材　普通高等教育"十一五"国家级规划教材

ISBN 978-7-111-74831-1

Ⅰ.①自…　Ⅱ.①刘…　Ⅲ.①自动控制理论-高等学校-教材

Ⅳ.①TP13

中国国家版本馆 CIP 数据核字（2024）第 006504 号

机械工业出版社（北京市百万庄大街 22 号　邮政编码 100037）

策划编辑：吉　玲　　责任编辑：吉　玲

责任校对：陈　越　　封面设计：马精明

责任印制：常天培

天津市光明印务有限公司印刷

2025 年 2 月第 3 版第 3 次印刷

184mm×260mm · 26. 5 印张 · 658 千字

标准书号：ISBN 978-7-111-74831-1

定价：79. 00 元

电话服务　　　　　　　　　网络服务

客服电话：010-88361066　　机　工　官　网：www.cmpbook.com

　　　　　010-88379833　　机　工　官　博：weibo.com/cmp1952

　　　　　010-68326294　　金　书　网：www.golden-book.com

封底无防伪标均为盗版　　机工教育服务网：www.cmpedu.com

序

    自动化技术对人类社会的生产方式、生活方式和思想观念产生了重大的影响，并发挥着越来越重要的作用。随着与信息科学、计算机科学和能源科学等相关学科的交叉融合与发展，自动化技术也不断被赋予新的内容，数字化、智能化和网络化成为新的趋势与方向。自动控制理论作为自动化技术的核心知识内容，自它诞生之日起，就迸发和展现出强大的生命力和不可替代性，在社会经济建设的各个发展阶段都发挥了重要的作用。

    刘丁教授编写的《自动控制理论》教材依据高等院校本科自动控制理论课程大纲的要求，面向科技发展的新趋势、产业发展的新要求，体现了工程技术领域所日益呈现的机理未知性、学科交融性、环境复杂性、指标高精性等特点，旨在培养学生分析、解决复杂工程问题的科学思维和实际能力。书中所阐述的建模、反馈、系统、设计等基本概念和学术思想，无疑是系统论和控制论中最为基本与核心的内容，对于培养读者的辩证思维能力、综合分析能力和工程实践能力都具有重要的指导作用。

    教材具有以下鲜明的特色：

    1. 充分发挥自动控制理论课程在专业知识体系中的桥梁与纽带作用。该教材内容既体现了基础课知识内容的延伸应用，又反映了对后续专业知识内容的支撑作用，注重培养学生融会贯通、理论联系实际的专业思想。

    2. 教材展现了具有时代特征的数字化、可视化新形态。结合高等教育实施的线上线下相结合的教学形式，建成的移动学习型新形态教学资源，将知识内容生动、形象地展现出来，便于读者对内容的理解和学习。

    3. 符合认知规律、富有启发性。教材在基本概念、知识内容以及衔接编排上体现了既强调理论基础又重视应用基础的教学思想。教学内容展现出既能应讲尽讲、讲深讲透，又能引导学生在自学中不断深化对知识内容的感悟、认识与内化，实现从知识理解、掌握到方法应用的跃迁。

    刘丁教授长期从事自动化专业教学、科研工作，并担任教育部控制理论课程群虚拟教研室负责人，理论知识深厚，实践经验丰富，学术成果丰硕。相信该教材的再版发行对于推进课程改革、丰富教学内容、培养学生的创新能力等方面将起到很好的促进作用。

中国工程院院士
清华大学教授
2023 年 10 月于北京

前　　言

自动控制理论作为一门科学，自它诞生之日起就显示出了强大的生命力，在人类社会进步和生产技术发展的不同时期，都发挥了重要的作用。现阶段，科学技术日新月异，各行各业所呈现的新变化、新业态、新需求，都为这门科学理论的发展和技术的应用拓展提供了更加广阔的平台和场景，在不断展现出其新的活力和生机的同时也面临着新的挑战。在国家实施数字化转型升级，实现社会经济发展数字化、网络化、智能化的过程中，以自动控制理论为指导的自动化技术无疑将发挥更加重要和不可替代的作用。

本书重点介绍的经典控制理论是自动控制理论的基础，也是进一步学习和研究其他控制理论的"先行课程"。本书共分八章，第一章介绍了自动控制理论的发展简史和自动控制系统的一般概念。第二章介绍了自动控制系统的一般表示方法和基本数学模型。第三章至第五章分别详细介绍了经典控制理论中的三种常用的分析方法，即时域分析法、根轨迹法和频率法，并对各种分析方法的基本概念、基本原理及其方法应用做了较为全面的阐述，通过对这些内容的学习，读者可初步了解和掌握分析、研究自动化系统的基本方法。第六章介绍了控制系统的设计和校正方法。第七章给出了典型非线性控制的基本概念，重点介绍了描述函数分析法和相平面分析法。第八章介绍了采样控制系统的基本理论和分析、设计方法。在上述主要章节中均安排了基于仿真软件的系统分析和设计实现方面的内容，并有小结，以便于读者自学。书中附有一定数量结合工程案例的例题和习题，方便读者理解和掌握其相关内容。完成本书的教学内容应安排 60～80 课内学时，教师可根据不同情况对其讲授的内容进行调整。

编者长期从事自动化专业的教学和科研工作，在不断总结经验、反复实践、提高认识的基础上，于 2006 年编写出版了本书第 1 版，并已再版、印刷多次。本书面向科技发展的新趋势、经济发展的新要求，力图反映工程技术领域日益呈现的机理未知性、学科交融性、目标多样性、指标高精性等特点以及对本课程的新要求，旨在培养学生分析、解决复杂工程问题的科学思维和实际能力。本书注重结合工程实际，特别是将编者在主持完成国家重大科研任务和解决行业工程技术难题中所取得的成果融入其中，并提炼、归纳形成了便于使用的教学资源，充分体现和实践了科教融合、科研反哺教学的理念。本书还介绍了信息物理系统（CPS）、网络控制等新内容，编入了基于现代仿真软件的系统分析和设计实例，结合虚拟现实技术与数字模拟，使以往难以理解的概念和知识点、难以在课堂演示和复现的工程问题得到生动和直观的展示，体现了本书所阐述的基本概念、分析方法与工程实际紧密结合的特色与亮点。本书注重将自动控制理论中系统、反馈、稳定等基本概念与科技发展历史和当今社会、经济、文化、环境等方面的热点问题相结合，将价值塑造、知识传授和能力培养教育相融合，体现了对读者系统性思维、正确价值观和科学方法论的培养。

本书至今已有近 20 年的发展历程，入选了教育部普通高等教育精品教材；入选了普通高等教育"十一五""十二五"国家级规划教材。2021 年本书的第 2 版获得"首届全国教材建设奖"全国优秀教材二等奖。

　　本书第 3 版是在第 2 版的基础上修订完成的，由西安理工大学刘丁教授主编，参加第 3 版修订编写工作的还有辛菁、吴亚丽、季瑞瑞、李艳恺等人。

　　中国工程院院士、清华大学吴澄教授为本书作序，编者在此表示最诚挚的感谢。

　　由于编者水平有限，书中难免存在错误和不妥之处，恳请广大读者批评指正，以便进一步修订和完善。

编　者

2023 年 11 月于西安

书中教学视频一览表

知识点名称	对应二维码	知识点名称	对应二维码
001 自动化技术的发展与应用 【第 3 页】		002 电站锅炉空气预热器密封间隙控制系统 【第 8 页】	
003 熔硅液位控制系统 【第 12 页】		004 控制系统数学模型概述 【第 18 页】	
005 传递函数的零、极点 【第 32 页】		006 动态结构图化简 【第 43 页】	
007 控制系统数学模型小结 【第 62 页】		008 动态过程的性能指标 【第 74 页】	
009 欠阻尼二阶系统阶跃响应曲线特性 【第 83 页】		010 稳定性的基本概念 【第 91 页】	
011 稳态误差的计算 【第 101 页】		012 根轨迹的基本概念 【第 123 页】	
013 闭环零、极点与阶跃响应的定性关系 【第 139 页】		014 利用闭环主导极点估算系统性能指标 【第 141 页】	
015 非最小相位系统的根轨迹 【第 156 页】		016 根轨迹法小结 【第 168 页】	

目　　录

第一章　自动控制理论的一般概念

在现代工业、农业、国防和科学技术领域中，自动控制担负着越来越重要的角色。

所谓自动控制，就是采用控制装置或机械使被控制对象达到预期的目标。自动控制理论和技术的不断发展，为人们提供了达到优良控制目标的方法和手段。自动控制理论的应用使人们在探索和利用新能源、提高生产效率、降低劳动强度、改善生活质量等方面取得了瞩目的成果，发挥着日益重要的作用。

第一节　自动控制发展简史与主要任务

一、自动控制发展简史

控制论是在 20 世纪 40 年代末诞生的，而它的思想可以追溯到遥远的古代社会。最早的自动控制装置出现于两千多年以前，早在我国夏朝（公元前 2070—前 1600 年）或西汉（公元前 206—公元 25 年）以前，劳动人民就发明了指南车，它是按扰动原理构成的开环自动调节系统。北宋年间（公元 1068—1089 年），苏颂和韩公廉制成了一座水运仪象台，这是对东汉时代张衡制造的铜壶滴漏装置的改进，是一个依照被调节量偏差进行调节的闭环非线性自动调节系统。中国古代科学技术发展的历史表明，自动控制的思想是很早就形成的，中国人自古就是极其聪明和富有创造力的。

应用自动控制方法来控制各种机械设备是人类发展史上的一大创举。由于自动控制的引入，使各种机械装置能够在无人或用人很少的情况下连续工作，并使各种机械设备能够更有效、更安全的运行，生产出来的产品质量明显提高，同时也大大降低了人们的劳动强度。17 世纪以来，随着工业生产的发展，在欧洲一些国家相继出现了多种自动化装置，其中以俄国学者普尔佐诺夫在 1765 年发明的保持蒸汽锅炉水位恒定的浮子式阀门水位调节器（如图1-1所示）和 1788 年英国机械师 J. 瓦特（Watt）发明的用于蒸汽机速度控制的离心式调速器（如图 1-2 所示）最具代表性。这些发明对第一次工业革命和自动控制理论后来的发展都产生了重要影响。

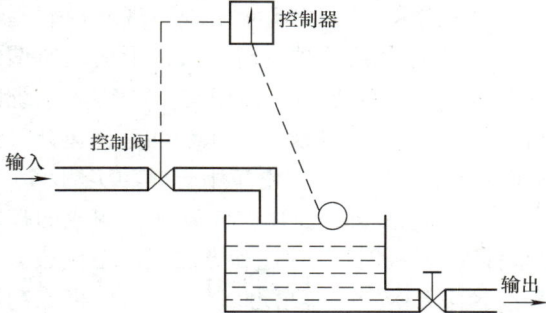

图 1-1　浮子式阀门水位调节器

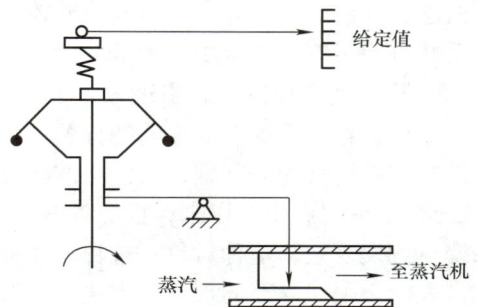

图 1-2　离心式调速器

通过对上述装置的研究，人们发现在有些条件下，锅炉的水位不能稳定于所期望的数值从而产生振荡，蒸汽机转速也会忽高忽低。这些现象引发了自动控制中的一个核心问题——稳定性问题，早期的科学家都围绕这一问题开展了研究工作。1868 年英国物理学家 J. 麦克斯韦尔（Maxwell）基于微分方程方法，从理论上总结出了调节器的稳定条件。1877 年和 1895 年英国数学家 E. 劳斯（Routh）和德国数学家 A. 赫尔维茨（Hurwitz）相继提出了用于线性系统的稳定性代数判据，并沿用至今。1892 年俄国数学家李雅普诺夫提出了稳定性的严格数学定义并发表了专著，他的研究成果至今仍然是人们进行线性和非线性系统稳定性分析的重要方法。

人类进入 20 世纪以后，随着电子管反馈放大器的发明，各种类型的电子式自动调节器被广泛应用，促进了对自动调节系统分析和设计的研究。1927 年美国贝尔电话实验室的电气工程师 H. 布莱克（Black）发明了电子反馈放大器，在对系统的分析过程中引入了反馈的概念，使人们对自动控制系统中的反馈控制有了更深入的理解。1932 年美国电气工程师 N. 奈奎斯特（Nyquist）提出了根据系统开环传递函数或频率响应曲线判定系统稳定性的方法，即著名的奈奎斯特稳定判据。根据这一结论，A. 博德（Bode）于 1945 年提出了用对数频率特性曲线分析反馈控制系统的方法。上述研究成果一方面满足了在当时条件下系统分析和研究的需要，另一方面为控制论作为一门独立学科的建立和发展奠定了基础。

二战期间，自动控制理论得到了很大的发展，并不断成熟和完善，成为指导生产实践的重要理论。控制论是在 20 世纪 40 年代末诞生的。"控制论"的英文"*Cybernetics*"是由希腊文 *Κυβερνητικη* 演变而来的，其原意是掌舵人，它还演化为拉丁文 *governor*，原意是调速器，古希腊的著名哲学家柏拉图就使用过这个词。我国出现控制一词是在 1060 年（北宋时代）成书的《新唐书·王忠嗣》中，书中就有"劲兵重地，控制万里"之说。控制论作为一门独立的科学理论，是以美国数学家 N. 维纳（Wiener）1947 年完成定稿，1948 年出版的名著《控制论》（*Cybernetics or Control and Communication in the Animal and the Machine*）为标志的。

自维纳创立控制论以来，控制论大体经历了几个发展阶段。1947 年是经典控制论的起点，到 1957 年它已发展成为一门相对独立的学科，在这一时期，相继产生了若干分析实际控制系统的有效方法，其核心是采用传递函数来研究设计自动化系统，将系统的稳定性作为设计标准，而不足之处是当系统变量较多且相互关联时，难以确定其稳定性。20 世纪 50 年代以后，人们探索太空领域的需求，大大促进了控制理论的发展。通过引入状态、状态变量和状态空间等重要概念，产生了基于时域的线性系统描述方法。同时，提出了"最优化"等概念，并由此发展起来一整套新的控制理论与控制技术，到 1965 年出现了现代控制理论体系并得到了广泛的应用。20 世纪 70 年代前后，由于控制系统越来越庞大，形成了所谓的"大系统"，使得控制论逐步进入了大系统控制论阶段。在此期间，人们着重研究大系统的组成结构，各子系统或变量间的分解、协调和控制方法，逐步解决了大系统的最优设计、最优控制和最优管理等问题，美国阿波罗计划的实现就是大系统控制论应用的成功实例。

自 20 世纪后半叶以来，世界各国工业向着大型、连续和综合化方向发展，构成的控制系统也愈发复杂，这种对象、过程和环境的复杂性对传统的控制理论和方法提出了挑战。为此，人们必须建立新的理论和方法。1971 年著名学者美籍华人傅京逊（K. S. Fu）将控制论与人工智能相结合，首次正式提出了智能控制这个新兴学科，控制论进入了发展的新阶段。

控制论是从宏观上将动物、人、通信和控制机器的控制功能加以类比，概括出一切控制对象都必须遵循的观点、法则和定律，将控制的基本功能归结为信息的接收、交换、存储、处理、反馈和输出。控制论的原始含义非常广泛，可分为工程控制论、生物控制论、经济控制论、社会控制论和教育控制论等。随着控制论向各学科的渗透，今后还会形成新的分支。所以，控制论已经和正在从最初的工程技术领域走向更为广泛的天地，成为人们认识世界和改造世界的科学的方法论。

计算机技术的迅猛发展，对控制系统的设计和应用起到了很大的推动作用。使用诸如MATLAB这样的语言，能够为分析自动控制系统的性能提供便利的工具。微型计算机以其更高的性价比，使得自动控制的应用从没有像现在这样活跃。从火星探索登陆到微型机器人实施医学手术；从微型电话，到大型喷气式客机；从洗衣机到大型炼油厂、钢铁厂……自动控制正为社会的发展、人类进步做着不懈的贡献。

控制论虽然有多个分支，但从其发展历史、核心内容以及应用范围等方面来看，其中最为基本、最为重要的内容，同时与工业控制系统密切相关的，应是控制论的主体，这部分内容多称之为控制理论（*Control Theory*），本书所介绍的也是这些内容。

二、自动控制的主要任务

在现代工程科学技术发展过程中，自动控制无论是作为一项先进的技术还是作为有效的方法，都在各个领域扮演着越来越重要的角色。自动控制的主要任务就是在没有人直接参与的情况下，应用某种设备或装置（称为控制器）自动地、有目的地操纵生产机械或生产过程（称为被控对象），使其工作状态或参数（即被控量）按预期的规律运行。将自动控制技术应用于生产实际，能够有效地提高产品质量，降低生产成本和劳动强度。

自动化技术的
发展与应用

自动控制理论和技术的不断发展，不仅使飞船登月、人类遨游太空成为现实，而且也已成为现代制造业和工业生产过程中重要且不可缺少的组成部分。例如，在制造业中，数控机床能够高精度、高效率地完成复杂形状的加工任务；在化工生产过程中，化学反应炉的温度或流量自动地根据生产工艺的要求而变化与调整；在电力生产中，发电设备可以自动地协调多个变量的变化，满足电网负荷的要求；在军事上，导弹发射和制导系统自动地将导弹精确引导至敌方目标等。近几十年来，随着计算机技术的迅猛发展，使自动控制不仅在工程技术领域得到了日益广泛的应用，而且在生物、化学、环境、经济管理和社会科学等领域日益发挥着重要的作用。

第二节　自动控制的基本方式

系统是由一些相互联系、相互制约的环节或部件组成，并具有特定功能的整体。每个系统都有输入量和输出量，含有控制器和被控对象的系统被称为控制系统，如图 1-3 所示。

在这个控制系统中，控制器接收输入量 $r(t)$，产生相应的控制作用 $u(t)$ 去操纵被控对象，使其输出量 $y(t)$ 符合预期的性能要求。自动控制系统可具有各种各样的形式，一般根据

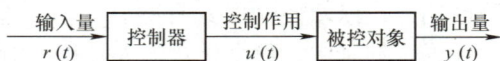

输入量 $r(t)$ → 控制器 → 控制作用 $u(t)$ → 被控对象 → 输出量 $y(t)$

图 1-3　控制系统的组成

信号传送的特点或系统的结构特点，分为开环控制系统和闭环控制系统两种基本形式。

一、开环控制

图 1-4 为一台直流电动机转速开环控制系统。电动机带动生产机构转动，电动机的转速可由给定电压改变。移动电位器触头，获得功率放大器的输入电压，经过功率放大，作用在电动机的电枢上，从而改变电动机的转速。不同的电位器位置，对应不同的给定电压，即对应不同的转速。该系统具有以下特点：

1）电动机的转速由电位器的输出电压控制。

2）转速对电位器的控制作用没有影响，即没有反作用。

这种输出量对输入量没有影响的系统称为开环系统（或非反馈系统）。为了说明系统各环节之间的作用关系，常用如图 1-5 所示的框图来表示上述过程。

图 1-5 中，每个框的输入就是输入至该元件的作用量，框的输出是该元件受到输入信号作用后的响应。作用信号是单方向的，形成开环，这也是所有开环系统的基本特征。

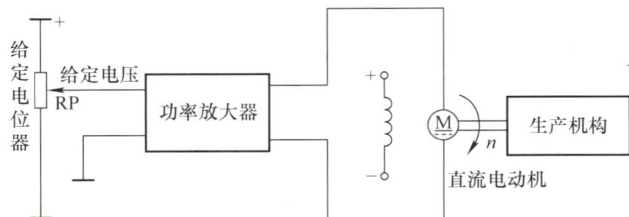

图 1-4　直流电动机转速开环控制系统

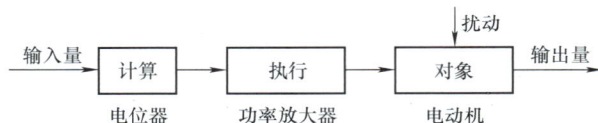

图 1-5　电动机转速开环控制系统框图

综上所述，开环控制的原理是：需要控制的是受控对象的控制量，而测量的是给定值。开环系统比较简单，易于实现，但这类系统存在不可忽视的缺点。在系统工作过程中，周围环境的变化（系统内部元件参数的改变，电网电压波动，工作机构负载变化等）都将对系统产生扰动，在输入信号作用一定时，这些扰动量会影响系统的输出量，使其偏离预期值，导致整个系统难以达到较高的控制精度。因此，开环控制适用于对控制精度要求不高或不存在扰动作用的场合。

二、闭环控制

由以上分析可以看出，开环控制精度不高的重要原因是：没有根据系统的实际输出及时地修改输入，以便使输出具有准确的值，即输出对输入没有影响。为了提高开环控制的精度，在人工控制中，可由人对输入做相应的修正，如在上例中，人一边监视作为检测设备的转速表，一边在头脑里与他希望的转速做比较，当发现电动机转速高于希望转速值时，立刻操纵电位器使电枢电压减小，降低转速；反之也一样，这样就形成闭环控制系统，如图 1-6

所示。

　　这里将输出量与输入量进行了比较，根据它们的差值实行控制，从而使输出量有较准确的值，构成了反馈控制系统。在自动控制系统中，常见的是具有负反馈功能的闭环控制系统。负反馈的含义是把系统的输出量直接或通过测量元件引向输入端，与系统的输入量进行比较，然后用它们的差值对系统进行控制。因此，在实践中，反馈控制与闭环控制这两个术语没有本质的不同，常常可交换使用。

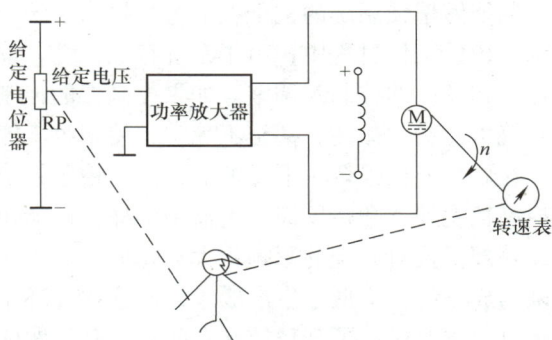

图 1-6　人工电动机转速闭环控制系统

　　显然，人工控制在复杂、快速、准确的系统中是不能满足要求的，也不利于减轻劳动强度，所以在自动控制系统中，都是应用自动控制器来代替人工操作。在图 1-6 中，用电位器电压作为给定值，用测速发电机代替转速表作为检测元件，再将代表转速的测速发电机的输出电压送至输入端与电位器电压进行比较，将其差值送至功率放大器（控制器），从而形成了电动机转速自动闭环控制系统，如图 1-7 所示。当电位器位置一定时，电动机转速就为一定值。当电网电压变化或负载变化时，将引起转速变化，此时，测速发电

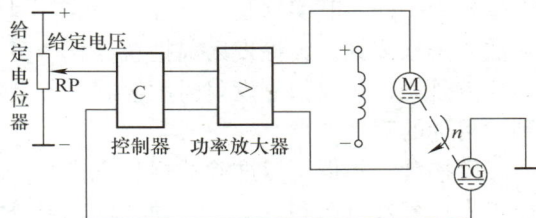

图 1-7　电动机转速自动闭环控制系统

机就会将该变化反映到控制器的输入端，使控制器的输出产生相应的变化，从而自动地维持电动机转速基本不变，以达到较高的控制精度。

　　闭环控制系统的典型结构框图如图 1-8 所示：图中"⊗"表示比较器（或比较环节），负号"–"表示是负反馈。在此，输入信号与反馈信号相比较，其差值为误差信号，作为控制器输入，系统的输出对控制量有直接的影响（即有负反馈），这些就是闭环控制系统的主要特点。

图 1-8　闭环控制系统的典型结构框图

　　采用基于负反馈的闭环控制，可以有效抑制干扰对系统输出量的影响。如当系统输入量为一定值，而扰动作用使系统输出量减小，则反馈量也随之减小，使得输入量与反馈量的差值增大，控制器输出的控制量也相应增大，从而可以提高输出量，达到了抑制扰动对系统的影响，维持输出量不变的目的，起到了自动调节的作用，反之亦然。所以，具有负反馈的闭

环控制能够增强系统的抗干扰能力，提高系统的稳态精度，改善系统的性能。然而，在闭环控制系统的工作过程中，由于系统存在惯性，控制作用所起的效果是有时间延迟的，系统往往得不到及时的控制与调整。如果控制器的控制作用与被控对象的惯性之间匹配不当，则闭环系统可能产生振荡，其至不稳定，使系统不能正常工作。

在此，要再强调一下反馈的概念。控制系统中采用负反馈，除了能够降低系统误差、提高控制精度外，和在反馈放大器中一样，还能使系统对内部参数的变化不敏感，元件参数变化或外部干扰对系统的影响将大大降低，对于一定的控制要求，就有可能采用一般精度的元件来构成系统，降低了生产成本，而这在开环系统中是无法办到的。

以上主要讨论了开环控制和闭环控制问题的基本概念。为了加深读者对开环控制、闭环控制、反馈等概念的理解，可从另一个角度对上述问题加以说明。

当选择了某个控制对象，但所拥有的控制方法达不到需要的控制能力怎么办？例如向月球发射一枚火箭，火箭要到达 38 万公里外的月球就如同要用步枪击中 10 公里外的一只苍蝇一样困难。人们可能以为火箭上装有一个非常精确的瞄准器，按算准的量向月亮发射，就像用步枪打靶一样，其实这是完全办不到的。因为在 38 万公里的遥远路途中，有许多干扰根本无法事先预测到，无论发射前把轨迹算得多么准确，把发射方向控制得多么精准也无济于事。这就是说，仅仅依靠发射时的控制手段是不可能达到这样的控制能力的。那么火箭是如何到达目标的呢？

飞鹰捕食，不但可以准确捕捉静止猎物，而且能够捕捉到快速躲避的猎物。显然，鹰不可能事先计算好自己和目标的运动方程。当鹰发现猎物后，马上估计它和目标的大致距离及相对位置，然后选择一个大致的方向飞去。在这一过程中，鹰的眼睛一直盯着目标，不断向大脑报告自己的位置和目标之间的差距，不管猎物如何躲闪，它的大脑做出的决定都是为了缩小自身与目标的位置差，这种决定通过翅膀来执行，随时改变其飞行方向和速度，调整位置，使差距越来越小，直到这个差距为零时，鹰就捕获到自己的猎物了，这一过程如图 1-9 所示。

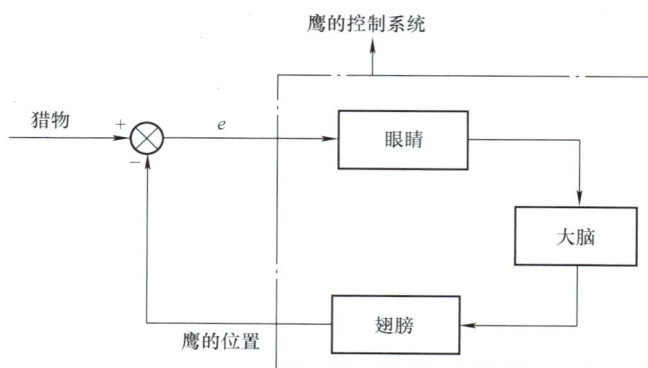

图 1-9 鹰捉猎物闭环系统

图 1-9 中，e 代表鹰与猎物的实际差距，称为目标差，眼睛主要接收这种目标差的信息，并把它传送到大脑，大脑指挥着翅膀改变鹰的位置，使鹰向着目标差不断减小的方向运动。这个控制重复进行，就构成了鹰捉猎物的连续动作。

这里关键的一点是大脑的决定始终使鹰的位置向减小目标差的方向改变,这就是控制理论中的负反馈控制过程。因此负反馈的本质就在于设计了一个使目标误差不断减小的过程,最终达到控制目的。

二次大战前后,随着科学技术的发展,飞机的速度越来越快,性能越来越好,用老式的高射炮击落飞机很困难。人们发现无论如何提高火炮的精确度,能力总是有限的,飞机飞行的轨迹因驾驶员动作的随机性几乎是不能预先求出的。这一类被认为是极为困难的问题,由工程师们从自然界的动物身上找到了答案。

工程师为导弹安上了眼睛——红外线寻找装置,配上大脑——计算机,同时给它一副可以调节的翅膀——姿态控制装置。这样导弹就可以向不断减小目标差的方向运动了,直到将飞机击落。当然,人们将火箭送上月球也是采用了类似方法。

三、闭环控制系统的术语和定义

闭环控制系统框图如图 1-10 所示。

图中:给定信号 $r(t)$ ——输入至控制系统的指令信号;

主反馈 $b(t)$ ——与输出成正比或某种函数关系,但量纲与给定信号相同的信号;

误差 $e(t)$ ——给定信号与主反馈信号 $b(t)$ 之差的信号;

控制单元 G_1 ——接收误差信号,通过转换与运算,产生期望的控制量;

控制量 $u(t)$ ——来自控制单元,作用于被控对象的信号;

扰动 $n(t)$ ——对系统输出产生不利影响的信号;

控制对象 G_2 ——接收控制信号并产生被控制量;

输出 $y(t)$ ——自动控制系统的被控制量;

反馈单元 H ——将输出信号转换成为反馈信号(将输出量转换成为与给定输入信号相同量纲的信号);

$\otimes$ ——比较环节,相当于误差检测器,它的输出等于参考输入与反馈信号的差,即完成 $r(t)-b(t)$ 的功能。

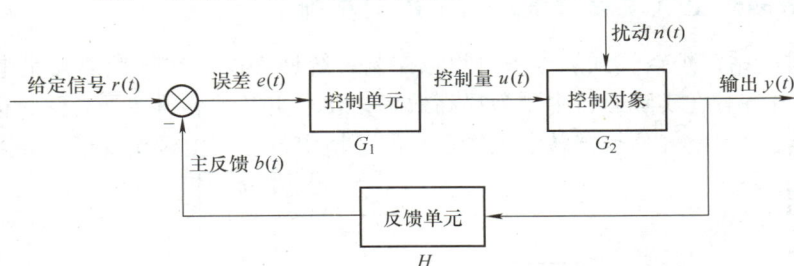

图 1-10　闭环控制系统框图

第三节　典型控制系统举例

本节将介绍控制系统的一些典型例子。

一、温度控制系统

图 1-11 是一个电炉温度控制系统的原理图。其中加热器由晶闸管电路构成，炉内的温度由温度传感器（一般为热电偶或热电阻）测量，将得到的反映电炉内实际温度的模拟量信号经模－数转换器（A－D 转换器）变成数字信号送入计算机，并将此反馈信号与设计者期望的温度值进行比较后产生误差信号，计算机依据此信号并按预定的控制算法计算出相应的控制量，再经数－模转换器（D－A 转换器）变成用来控制晶闸管电路通断的电流信号，从而改变加热器的工作电流，最终达到控制炉温的目的。

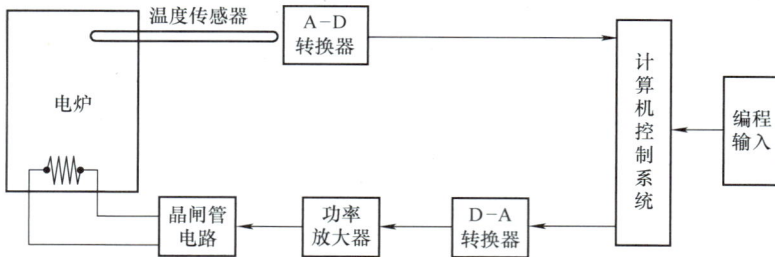

图 1-11　电炉温度控制系统

根据以上电炉温度控制原理不难给出其控制系统框图，如图 1-12 所示。

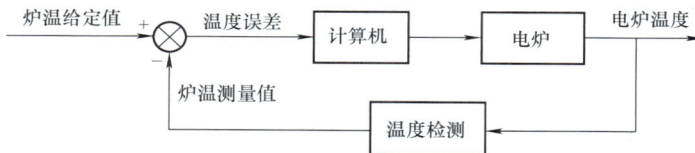

图 1-12　电炉温度控制系统框图

二、电站锅炉空气预热器密封间隙控制系统

图 1-13 是电站锅炉空气预热器密封间隙控制系统原理图。空气预热器是电站锅炉中广泛使用的节能设备。在实际运行中，为提高效率，要求空气预热器转子与密封板之间的密封间隙保持恒定。由于空气预热器转子工作在高温环境中，会产生机械变形，导致密封间隙值

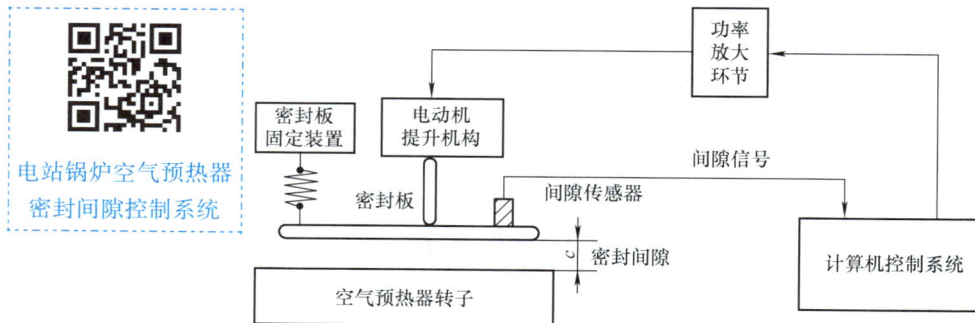

电站锅炉空气预热器
密封间隙控制系统

图 1-13　电站锅炉空气预热器密封间隙控制系统

变化，使供给锅炉燃烧所需的风量不足，从而影响机组的经济运行。因此，有必要根据机组运行的状态，实时调整间隙值。在系统中通过间隙传感器实时测量出密封间隙值并送入计算机，将此信号与设定值进行比较后，发出控制指令至电动机提升机构，调整密封板的位置，达到维持密封间隙值恒定的目的。图 1-14 给出该系统的框图。

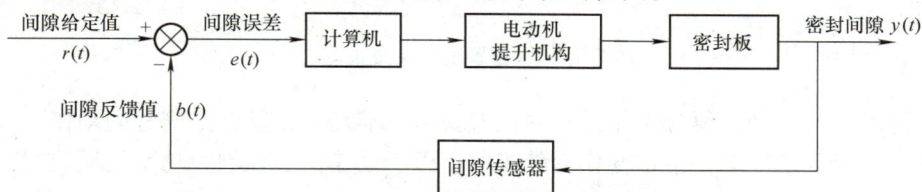

图 1-14　电站锅炉间隙控制系统框图

三、位置随动系统

图 1-15 为一位置随动系统的工作原理图。

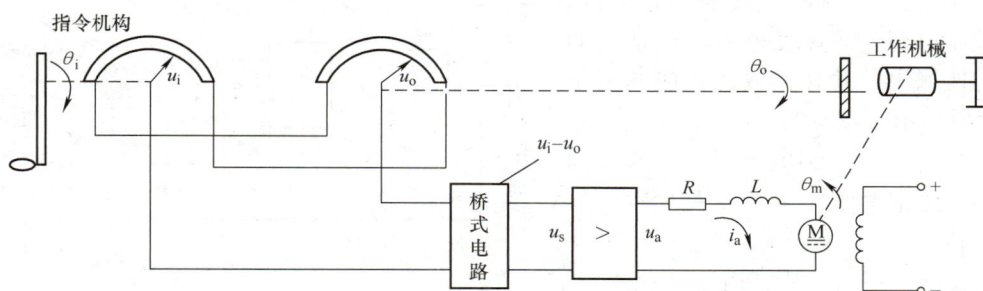

图 1-15　位置随动系统的工作原理图

控制任务：要求工作机械能够跟随指令机构同步转动，即要使工作机械的角位置 θ_o 跟随给定指令转角 θ_i，亦即使 $\theta_o(t) = \theta_i(t)$。

分析这个例子，首先确定以下基本问题：

1）受控对象——工作机械；

2）被控量——角位置 θ_o；

3）指令转角——给定值 θ_i；

4）测量元件——通过两个相同的电位计测量转角 θ_o 及 θ_i，并转换为相应的电压 u_i 及 u_o；

5）计算比较——两个测量电位计的桥式连接，即完成了减法运算 $u_i - u_o$，两电刷之间的电压 u_s 代表了被控量对给定量的误差；

6）执行机械——电动机减速装置。

系统的工作原理：如果工作机械转角等于指令转角，则经事先整定 $u_i = u_o$，即 $u_s = 0$，电动机不动，系统处于平衡状态。当指令转角 θ_i 改变，θ_m 随之改变，而工作机械仍处于原位，则 $\theta_o \neq \theta_i$，$u_o \neq u_i$，$u_s \neq 0$ 从而使电动机拖动工作机械朝 θ_i 所要求的方向快速偏转，直至 $\theta_o = \theta_i$，$u_i = u_o$，$u_s = 0$，电动机停转，此时系统在新的位置上处于与指令同步的平衡工作状态，即完成了位置跟随的任务。这种系统是通过测量 θ_o（对 θ_i 的偏差）来控制 θ_o，所以是按偏差调节的自动控制系统。位置随动系统框图如图 1-16 所示。

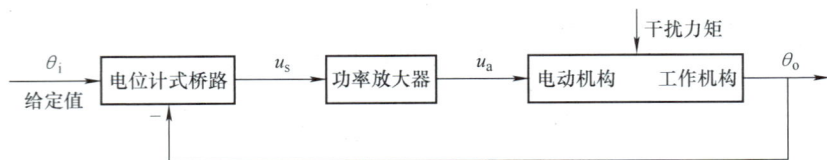

图 1-16 位置随动系统框图

本系统的应用范围：要求工作机构的位置快速、准确地跟随指令信号的动作。

特点：对象要求简单，给定变化为随机的，以小动作信号控制大功率机械装置。

这种具有能够任意操纵和跟踪特性的系统，一般被称为随动系统或伺服系统（Servo System）。

四、调速系统

图 1-17 为调速系统的工作原理图。

控制任务：保持工作机械恒速运行。

控制原理：测速发电机将电动机的实际转速测出，并转换成为相应的电压 u_f，然后与给定值 u_i 比较，其误差信号经过功率放大后控制电动机。在这样的系统中，给定电压 u_i 实际上就代表了所要求的转速。

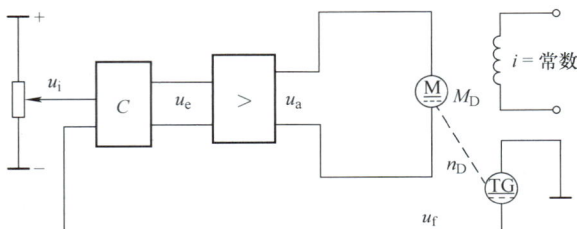

图 1-17 调速系统的工作原理图

在实际运行过程中，由于某种原因，使得电动机的负载转矩 M_D 增大，使转速 n_D 下降，则自动调节过程为 $M_D\uparrow\rightarrow n_D\downarrow\rightarrow u_f\downarrow\rightarrow(u_i-u_f)\uparrow\rightarrow u_e\uparrow\rightarrow u_a\uparrow\rightarrow n_D\uparrow$，从而维持 n_D 不变。

转速控制系统框图如图 1-18 所示。

本系统利用转速给定值（对给定转速的偏差）来控制速度，仍属按偏差调节的自动控制系统，一般称之为恒值调节系统。

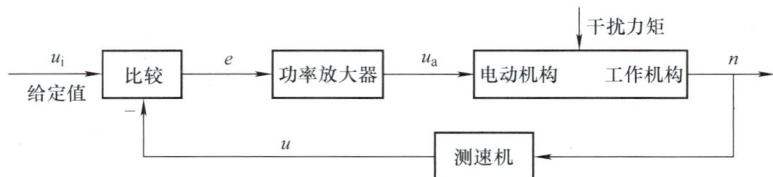

图 1-18 转速控制系统框图

五、汽车定速巡航控制系统

定速巡航控制系统（Cruise Control System，CCS），又称为定速巡航行驶装置、速度控制系统、自动驾驶系统等，是车辆的重要功能之一，其控制任务是让驾驶员无须操作油门踏板就能保证车辆以某一预设的车速行驶。定速巡航功能可以大大地缓解驾驶员长期驾驶的疲劳感。

控制原理：当定速巡航控制器获得设定速度的指令后，依据当前车速与设定车速之间的差值，向节气门控制器发出节气门开度调节指令，发动机按此指令调节转速，使车速稳定运行在设定值上，此时驾驶员不必再继续踩踏加速踏板。

依据以上原理，可得该系统的框图，如图 1-19 所示。由图可知，在此过程中，车速传感器不断地将车速信号反馈给控制器，并与期望的设定速度进行比较，实时调整节气门开度，以维持汽车行驶速度恒定，实现自动定速巡航控制的功能。

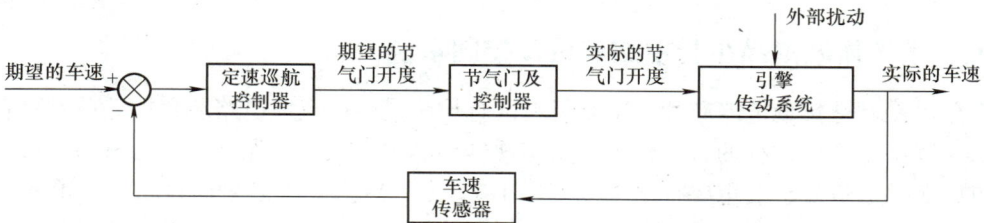

图 1-19　车辆定速巡航控制系统框图

值得指出的是，车辆是在驾驶员的操控下达到预先设定的速度时投入自动巡航系统的。同时，在进入自动巡航过程中，车辆会受到外部环境变化的影响（如风速、风向、上坡路、下坡路等），这些影响可视为对车辆行驶速度的扰动，并通过车速反馈和闭环控制器予以抑制和消除。另外，在自动定速巡航控制器的设计当中，还设置了相应的自动退出巡航状态的功能和装置，改为人工操作方式，以保证行车安全。

六、机器人视觉控制系统

机器人技术作为 20 世纪人类最伟大的发明之一，它的高速发展提高了社会的生产水平和人类的生活质量。在制造业中，工业机器人已成为现代工业不可少的核心装备。然而，目前智能机器人控制系统仍旧面临目标检测与环境理解、机器人轨迹规划与运动控制等众多难题。图 1-20 为典型的机器人视觉控制系统结构示意图。

控制任务：要求机器人（机械手）能准确、快速、平稳地定位到目标物体。

分析这个例子，机器人所要操作的对象的当前信息——目标物体当前的位置和方向可通过当前的图像特征表征，即机器人首先要通过视觉传感器（如 CCD 摄像头）采集到包含目标物体（如放置在工作台的零件）的图像，然后通过图像处理算法得到当前的图像特征。将该特征与期望的图像特征比较后，则可得到视觉控制系统的偏差，根据该偏差设计视觉控制器，然后控制机器人末端

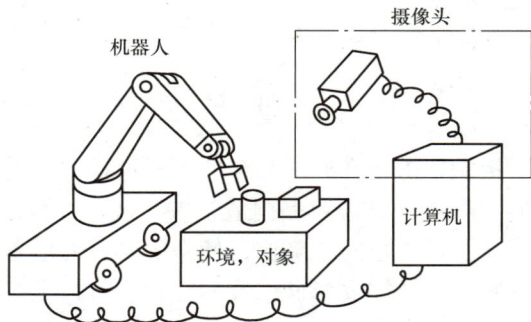

图 1-20　机器人视觉控制系统结构示意图

的运动，直到该偏差为 0 或小于某个给定的阈值。图 1-21 给出了与图 1-20 对应的一种视觉

控制方法——基于图像的机器人视觉控制框图。

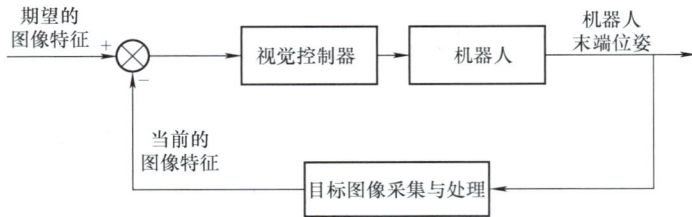

图 1-21 基于图像的机器人视觉控制框图

七、半导体硅单晶生长中熔硅液位控制系统

硅单晶是制造集成电路芯片的重要材料。直拉法是生产集成电路芯片用硅单晶材料的主要方法，其中生产全过程的自动化控制是实现硅单晶生产工艺，保证硅单晶材料品质，满足集成电路芯片制造要求的重要技术手段。图 1-22 为半导体硅单晶生产设备——单晶炉中主炉室熔硅液位自动控制系统示意图，点画线框内的图表示单晶炉主炉室及相关设备。在一定条件下，主炉室坩埚中的高纯多晶硅材料经高温融化，实现由液态到固态的相变过程，其中的硅原子呈一定规则整齐排列，成为硅单晶棒。再对硅单晶棒进行切、磨、抛等一系列后续加工，进而成为制造"芯片"的基础材料——硅片。

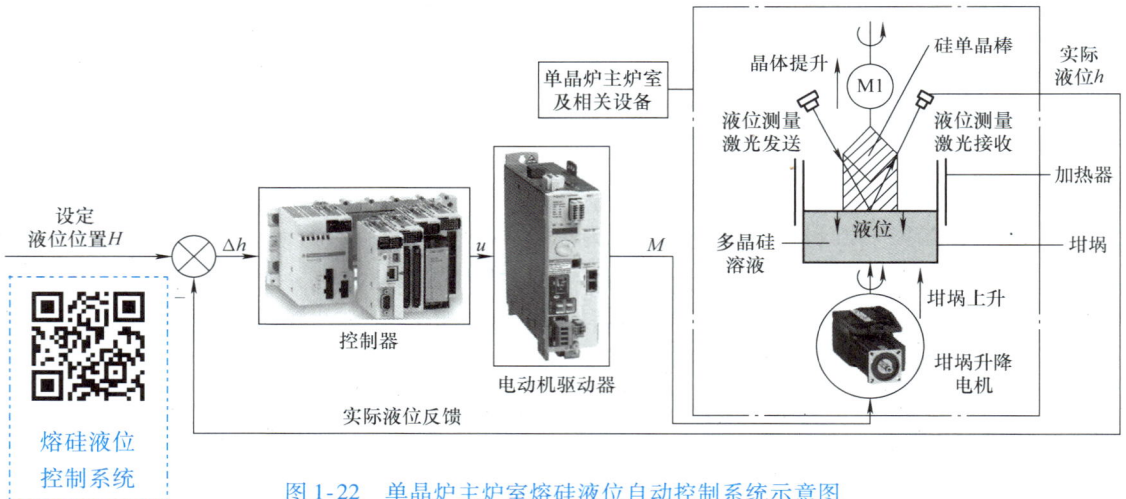

图 1-22 单晶炉主炉室熔硅液位自动控制系统示意图

控制任务：在硅单晶棒的生长过程中，随着硅熔液发生相变，由液态变为固态的硅单晶棒向上提拉（在硅单晶制造领域，这一过程也常称之为"硅单晶生长"），坩埚中的硅熔液将减少、液面也随之降低，使得固液界面形态产生变化。由于固液界面形态对晶体品质有较大影响，因此需要对硅熔液的位置进行精准地测量和控制，使晶体生长过程中硅溶液与晶体间的界面保持理想形态，从而有效控制硅单晶的品质。

控制原理：在如图 1-22 所示的熔硅液位自动控制系统中，可采用激光熔硅液位测量装置检测液位变化，其原理是向熔硅液面发射一束激光，在另一端接收含有液面位置信息的反射信号，并对此信号进行处理，就可得到实际的液面位置 h。将此量反馈到系统输入端，与设定的熔硅液位位置 H 进行比较，其差值 Δh 反映了液位的实际下降值。将 Δh 作为控制器的输入量，经过运算后得到控制变量 u 并经过驱动环节进行功率放大，成为驱动电机的变量 M。将 M 施加于坩埚升降电动机上并经过减速装置，使坩埚向上运动，由此补偿由于硅单晶生长而造成的熔硅液位的下降，从而达到维持固液界面形态相对不变的目的。

上述过程可由图 1-23 所示的熔硅液位控制系统框图表示，其控制流程为：硅单晶棒向上生长→熔硅液位下降→固液界面形态发生改变→测量液位位置 h →液位期望位置 H 与实际位置 h 进行比较，计算出液位变化值 Δh →产生控制变量 u →将控制变量 u 进行功率放大→得到 M 并驱动电动机使坩埚向上运动→补偿液位下降值→维持理想固液界面形态。

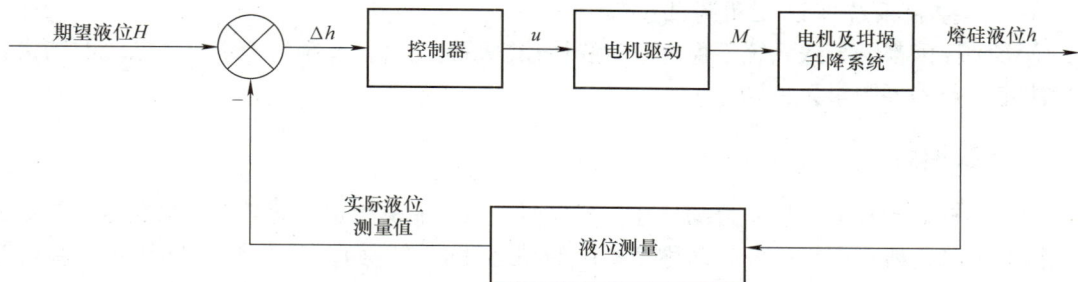

图 1-23　熔硅液位控制系统框图

在半导体硅单晶体生产过程中，对熔硅液位的精准测量和控制是保证硅单晶品质的重要技术手段。在实际生产过程中，由于硅单晶棒生长速度较低（一般为 $0.5\sim2\mathrm{mm/min}$），相应的液位变化非常微小，加之高温、真空、噪声等复杂的工作环境，因而要实现熔硅液位的精准测量和控制并非易事。在工程实际中通常需要对激光测量、机械传动、电气控制等多个环节精心设计、精密制造和精准配合，才能最终实现稳定、精确、可靠的熔硅液位控制，达到保持理想固液界面形态的目的。

第四节　对于自动控制系统的要求

自动控制系统虽然有着不同的类型，但往往具有类似的研究内容。自动控制理论则是一门研究自动控制共同规律的科学。对自动控制系统的要求可以归纳为三点：系统必须是稳定的；系统具有良好的动态品质；系统能达到预期的稳态精度。

一、稳定性

稳定是任何控制系统能够正常工作的基本前提。在图 1-11 所示的电炉温度控制系统中，由于电炉热容量不可能突变，因此，当系统受到扰动或者输入量改变时，控制过程不能瞬间完成，当电炉的炉内温度达到给定值时，温度误差为零，加热器电源切断。而由于惯性的作用，炉内温度仍会继续上升至一定值后才能降回到给定值。当炉温降至给定值时，由于惯性的作用，仍会继续向低于给定值的方向发展，此时尽管加热器启动，但炉温仍需经过一段时间方可重新达到给定值。如此过程反复进行，致使炉温在给定值附近来回摆动，其温度偏差呈现如图1-24 所示的振荡形式。

一个控制系统，如果被控量的实际值与期望值的偏差随时间增长逐渐减小并趋于零，那么系统就是稳定的。反之，若此偏差随时间增长而增大以致发散，则系统是不稳定的。图 1-24 中曲线Ⅰ所对应的系统状态为稳定的；曲线Ⅱ和曲线Ⅲ所对应的系统状态为不稳定的。要求系统稳定是保证系统能够正常工作的必要条件。控制系统在设计和调试过程

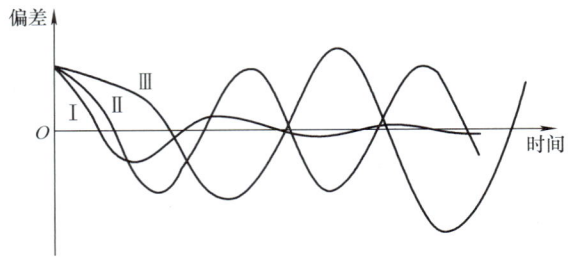

图 1-24　系统稳定性示意图

中，有多种原因都会导致系统不稳定。对线性控制系统而言，系统的稳定性由系统的结构和参数决定，与外界因素无关。

二、快速性

为了能够达到预期的控制目的，往往不仅要求系统能够稳定，而且还要求在尽可能短的时间内完成其过渡过程，一般将此称为系统的动态性能。例如，对于图 1-25 所示的轧机厚度自动控制系统，在高速轧制带材时，要求控制系统能够根据带材厚度的变化，快速地调节轧制力 F 的大小和辊缝 S 的设置。同时，还往往要求系统能够平稳地完成这一调节过程。因此，对系统动态性能的要求是对其过渡过程快速性和形式的要求。一般为使系统具有良好的动态品质，总希望系统的过渡过程时间越短越好，过渡过程的形式越平稳越好。

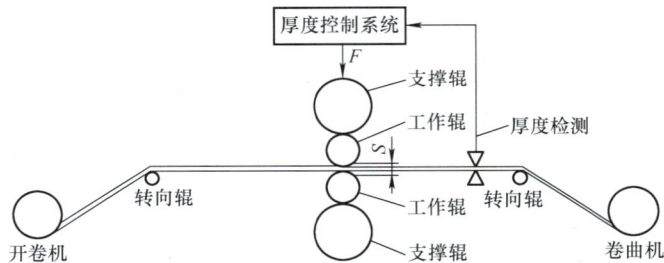

图 1-25　轧机厚度自动控制系统

三、准确性

控制系统的准确性往往决定了控制目标的实现。在如图 1-26 所示的机器人视觉伺服系统中，要求在摄像机的引导下，机器人能够准确地抓取工件，精确地完成预定的作业任务。控制系统的准确性一般由其输出值的稳态误差的大小来衡量。在理想情况下，当系统的动态过渡过程结束后（一般对应 $t\to\infty$ 时），将被控量的实际值与期望值的差值定义为该系统的稳态误差，它是衡量控制系统控

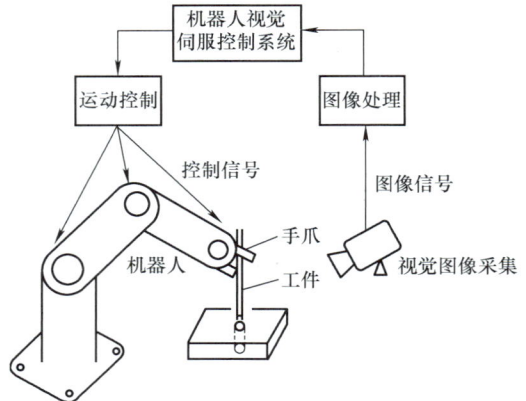

图 1-26　机器人视觉伺服系统

制精度的重要指标。针对不同的系统和应用场合，对稳态误差的要求也不尽相同。

在研究和设计控制系统时，必须满足上述系统稳定性以及动、静态性能指标的要求，但在实际中它们之间常常是相互矛盾的：要求系统的稳态精度很高时，往往容易导致动态品质恶化，甚至不能稳定；为了保证系统的稳定性，可能要牺牲系统的快速性和准确性。因此，本书对控制系统的研究实质上就是讨论如何解决这些矛盾，如何对系统进行合理的分析与设计，最终使系统的稳定性、快速性和准确性达到预期的目标。

小　结

本章简述了自动控制理论产生和发展的过程，对自动控制系统作了一般性的介绍，着重提出和说明了自动控制的主要任务、基本概念以及主要的结构形式。通过实例，说明了闭环自动控制原理及开环控制、闭环控制的主要特点。读者通过本章的学习，应重点熟悉和理解有关自动控制的名词、术语的含义，掌握反馈的概念以及如何建立具有负反馈工作机制的自动控制系统，了解各类自动控制系统的工作原理，系统各组成部分的主要作用以及如何根据工作原理绘制系统框图。此外，还应了解对自动控制系统所提出的基本要求。

习　题

1-1　举出日常生活中的开环控制和闭环控制的例子，并说明开环控制和闭环控制各自的特点。

1-2　画出电冰箱或自动空调系统中温度控制的原理框图。

1-3　一个带有自动调节尾翼的高性能跑车如图 1-27 所示，简述尾翼能够保持汽车轮胎和跑道路面之间恒定附着力的原理，并画出原理框图。

图 1-27　习题 1-3 图

1-4　一个水箱水位控制系统如图 1-28 所示。简述系统工作原理，指出主要变量和各个环节的构成，画出系统的框图。

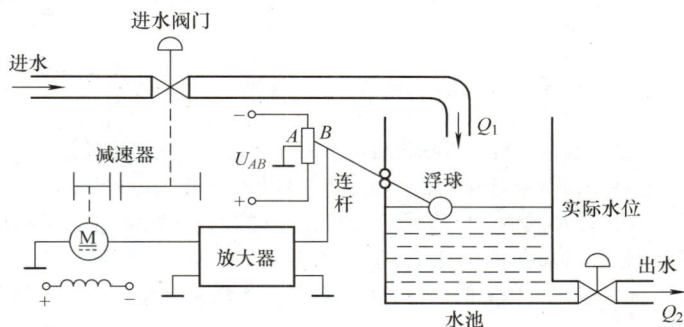

图 1-28　习题 1-4 图

1-5 一个火炮跟踪系统如图 1-29 所示。输入为 θ_i，输出为 θ_o，试说明系统工作原理。

1-6 图 1-30 是一晶体管稳压电源电路图，试说明给定量、被控量和扰动量，并说明调节原理。

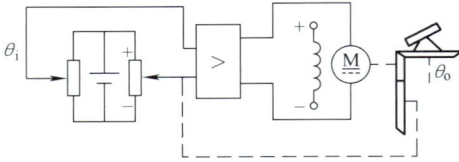

图 1-29 习题 1-5 图

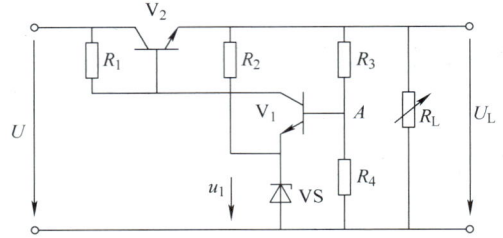

图 1-30 习题 1-6 图

1-7 电炉炉温控制系统如图 1-31 所示，试说明保持炉温恒定的工作过程，并说明被控对象、被控量以及各个部件的作用并画出框图。

1-8 图 1-32 为数字计算机控制的机床刀具进给系统，要求将工件的加工过程编制成程序先存入计算机，加工时，步进电动机按照计算机给出的信息动作，完成加工任务。试说明该系统工作原理。

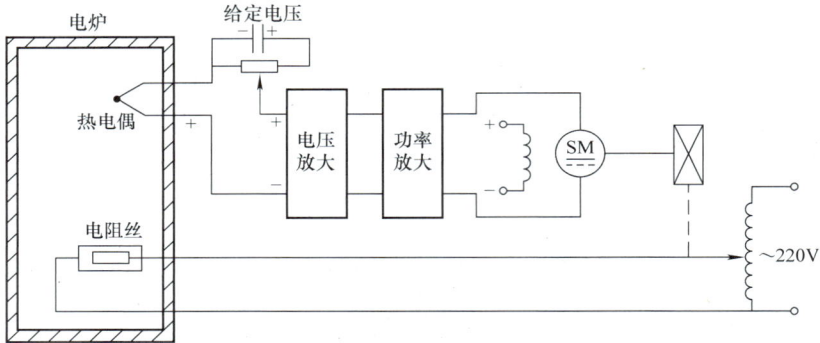

图 1-31 习题 1-7 图

图 1-32 习题 1-8 图

1-9 反馈系统不一定是负反馈系统，以物价持续上涨为标志的通货膨胀就是一个正反馈系统。该正反馈系统如图 1-33 所示，它将反馈信号与输入信号相加，并将和信号作为过程的输入。这是一个以价格 - 工资描述通货膨胀的简化模型。增加其他的反馈回路，例如立法控制或税率控制，可以使该系统稳定。如果工人工资有所增加，那么经过一段时间的延迟后，将导致物价有所上升。试问在什么条件下，生活费用数据的修改或滞后，可以使价格稳定？国家的工资与物价政策是怎样影响这个反馈系统的？

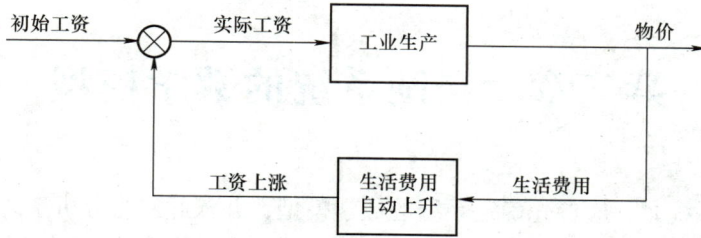

图 1-33 习题 1-9 图

第二章　控制系统的数学模型

在研究控制系统时，应首先确定系统的数学模型，并依此作为分析系统性能的基础。控制系统的数学模型是描述实际系统各物理量之间关系的数学表达式。这里所说的实际系统可以是工程系统或生物医学系统，也可以是经济系统或社会系统。常用的数学表达式是代数方程、微分方程和差分方程等。

数学模型是分析、设计、预报和控制一个实际系统的基础，其用途主要有以下三个方面：

（1）用于分析实际系统　在实践中分析一个新系统时，通常先进行数字仿真和物理仿真实验，取得一定的结果后，再到现场进行实物实验。在进行数字仿真实验时，必须要有一个描述实际对象的数学模型。

（2）用于预测实际系统的物理量　在研究实际系统时，往往需要知道一些物理量的数值，其中有些物理量可能是无法测量或测量不准确的，需要建立数学模型来预测这些物理量（如未来的天气、地震、人口等）。

（3）用于设计控制系统使之达到预期的性能指标　以现代控制理论为指导，设计控制器的关键是要有一个数学模型。以数学模型为基础，可按不同要求设计不同的控制器。

在实践中，控制系统可按数学模型的不同表达方式进行分类，例如可分成线性系统和非线性系统，连续系统和离散系统，定常系统和时变系统等。在控制系统的分析中，对线性定常系统的分析具有特别重要的意义。这不仅在于它已有一套完整的分析、研究方法，还在于有些非线性系统和时变系统，在一定的近似条件下，采用线性定常系统的研究方法仍可获得较好的控制效果。

在经典控制理论中，主要采用输入/输出的描述方法（外部描述）。时域中常采用的数学模型有微分方程、差分方程和状态方程；复数域中有传递函数和动态结构图；频域中有频率特性等。本章主要研究微分方程、传递函数和动态结构图等数学模型的建立和应用，同时简要介绍建立系统状态方程的方法。

第一节　建立数学模型的一般方法

首先举几个例子：

例 2-1　RC 电路。

图 2-1 为一典型的 RC 电路，根据电路理论中的基尔霍夫电压定律（KVL），有

$$u_i = Ri + \frac{1}{C}\int i \mathrm{d}t$$

$$u_o = \frac{1}{C}\int i \mathrm{d}t$$

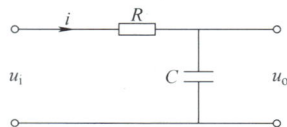

控制系统数学模型概述

图 2-1　RC 电路

由上面两式消去中间变量 i，得到 $\qquad u_i = RC\dfrac{\mathrm{d}u_o}{\mathrm{d}t} + u_o$

若令 $RC = T$，则可得如下形式：

$$T\frac{\mathrm{d}u_o}{\mathrm{d}t} + u_o = u_i$$

式中，T 为电路的时间常数。

因此，RC 电路的动态数学模型是一阶常系数线性微分方程。

例 2-2 两级 RC 电路。

图 2-2 为两级形式相同的 RC 电路串联组成的滤波电路。在这个电路中，后一级的电流 i_2 影响着前一级电路的输出电压，即影响着 C_1 的端电压，这就是负载效应。因此，两级不能简单地分开考虑，而必须作为一个整体来列写动态方程。

根据基尔霍夫电压定律（KVL），有

$$u_i = R_1 i_1 + \frac{1}{C_1}\int (i_1 - i_2)\,\mathrm{d}t$$

$$\frac{1}{C_1}\int (i_1 - i_2)\,\mathrm{d}t = R_2 i_2 + \frac{1}{C_2}\int i_2\,\mathrm{d}t$$

$$u_o = \frac{1}{C_2}\int i_2\,\mathrm{d}t$$

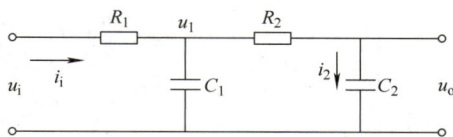

图 2-2 两级 RC 电路

消去中间变量 i_1 和 i_2 后得到：$R_1 C_1 R_2 C_2 \dfrac{\mathrm{d}^2 u_o}{\mathrm{d}t^2} + (R_1 C_1 + R_2 C_2 + R_1 C_2)\dfrac{\mathrm{d}u_o}{\mathrm{d}t} + u_o = u_i$

令 $R_1 C_1 = T_1$，$R_2 C_2 = T_2$，$R_1 C_2 = T_3$，则得到

$$T_1 T_2 \frac{\mathrm{d}^2 u_o}{\mathrm{d}t^2} + (T_1 + T_2 + T_3)\frac{\mathrm{d}u_o}{\mathrm{d}t} + u_o = u_i$$

可见该网络的动态数学模型是一个二阶常系数线性微分方程。

例 2-3 积分器。

如图 2-3 所示为由运算放大器构成的积分电路，根据运算放大器的性质，有

$$i_i + i_o = 0$$

因此

$$\frac{v_i}{R} + C\frac{\mathrm{d}v_o}{\mathrm{d}t} = 0$$

改写成积分形式为

$$v_o = -\frac{1}{RC}\int_0^t v_i(\tau)\,\mathrm{d}\tau$$

改写成微分方程形式为

$$\frac{\mathrm{d}v_o}{\mathrm{d}t} = -\frac{1}{RC}v_i$$

例 2-4 机械位移系统。

图 2-4 为弹簧—质量—阻尼器机械位移系统，其中变量 k、f

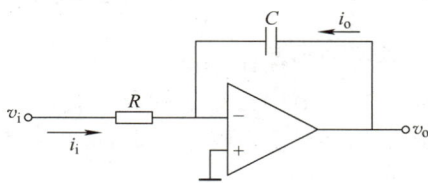

图 2-3 积分运算放大器

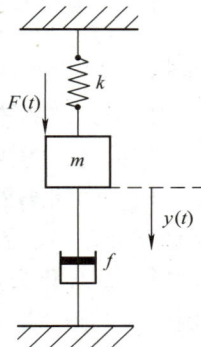

图 2-4 弹簧—质量—阻尼器机械位移系统

分别表示弹簧的弹力系数、阻尼器的阻尼系数。在外力 $F(t)$ 作用下，系统产生运动，位移 $y(t)$ 变化，根据牛顿第二定律可写出在外力 $F(t)$ 作用时的运动方程为

$$\sum F = ma$$

即

$$F(t) + F_1(t) + F_2(t) = m\frac{\mathrm{d}^2 y(t)}{\mathrm{d}t^2}$$

式中，$F_1(t)$ 为阻尼器阻力，$F_1(t) = -f\frac{\mathrm{d}y(t)}{\mathrm{d}t}$；$F_2(t)$ 为弹簧恢复力，$F_2(t) = -ky$。

将上两式代入方程，得

$$F(t) - f\frac{\mathrm{d}y(t)}{\mathrm{d}t} - ky(t) = m\frac{\mathrm{d}^2 y(t)}{\mathrm{d}t^2}$$

按习惯将输出量及其各阶导数写在方程的左端，输入项写在右端，得

$$\frac{m}{k}\ddot{y}(t) + \frac{f}{k}\dot{y}(t) + y(t) = \frac{1}{k}F(t)$$

令

$$T = \sqrt{m/k}, \quad \zeta = f/(2\sqrt{mk}), \quad K = 1/k$$

则有一般形式

$$T^2\ddot{y}(t) + 2\zeta T\dot{y}(t) + y(t) = KF(t)$$

例 2-5 旋转运动：摆锤。

图 2-5 为简单摆锤的示意图，假设所有质量都集中到终端，折合到枢轴点得转动惯量 $J = ml^2$。相对于枢轴点的所有力矩之和包括由重力产生的力矩以及施加的力矩 T_c。应用牛顿定律有

$$T_c - mgl\sin\theta = J\ddot{\theta}$$

通常改写成如下形式：

$$\ddot{\theta} + \frac{g}{l}\sin\theta = \frac{T_c}{ml^2}$$

由于在方程中存在 $\sin\theta$ 项，所以该方程是非线性的，非线性方程将在本章第二节中讨论。因此，我们先对这个例子进行线性化，假定摆锤的运动范围足够小，则 $\sin\theta \approx \theta$，那么上述运动方程可以变成线性方程：

$$\ddot{\theta} + \frac{g}{l}\theta = \frac{T_c}{ml^2}$$

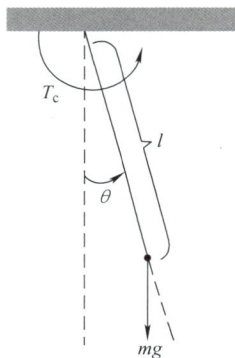

图 2-5 摆锤

根据上述例子，归纳列写系统微分方程的一般步骤为

1）确定系统的输入/输出量；

2）依据已知的物理或化学定律，列写运动过程中的微分方程；

3）消去中间变量，写出输入/输出变量的微分方程；

4）标准化，输入及有关量放在等号右端，与输出有关的量放在等号左端，并降次排列，最后将系统化为具有一定物理意义的形式。

例 2-6 他励直流电动机。

图 2-6 为他励直流电动机在电枢控制下的示意图，其中磁场固定不变（i_f = 常数）。输入为电枢电压 u_a，输出为电动机轴的角位移 θ 或角速度 ω，负载转矩的变化作为扰动输入。

当电枢两端加上电压 u_a 后，产生电枢电流 i_a，得到电磁转矩 M_m，驱动电枢克服阻力矩带动负载旋转，同时在电枢的两端产生反电动势 E_b，削弱了外加电动势的作用，减小了电流，保证电动机作恒速运动，其过程为

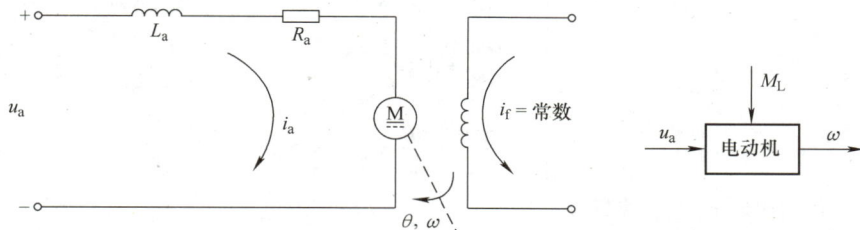

图 2-6　他励直流电动机

$$u_a \to i_a \to M_m \to n \uparrow \to \omega(\theta) \to E_b \to i_a \downarrow \Rightarrow n = 常数$$

（1）列写基本方程　由 KVL，写出电枢回路方程式为

$$L_a \frac{di_a}{dt} + R_a i_a + K_e \omega = u_a \tag{2-1}$$

式中，L_a 为回路总电感；R_a 为回路总电阻；K_e 为电动势系数；ω 为电动机角速度，且 $\omega = d\theta/dt$，设粘性摩擦系数为 0。

又由刚体的转动定律，可得其运动方程

$$J \frac{d\omega}{dt} + M_L = M_m \tag{2-2}$$

式中，J 为转动惯量，$J = GD^2/(4g)$，GD^2 为飞轮转矩；M_L 为电动机轴上负载转矩；M_m 为电磁转矩。

（2）确定中间变量　M_m 和 i_a 为中间变量，且 M_m 与电枢电流及气隙磁通成正比，有

$$M_m = C_m i_a \phi = K_M i_a \tag{2-3}$$

（3）消除中间变量　将式（2-3）代入式（2-2），再与式（2-1）联解，整理后得到

$$\frac{L_a J}{K_e K_M} \frac{d^2\omega}{dt^2} + T_M \frac{d\omega}{dt} + \omega = \frac{1}{K_e} u_a - \frac{R_a}{K_e K_M} M_L - \frac{L_a}{K_e K_M} \frac{dM_L}{dt} \tag{2-4}$$

$$T_a T_M \frac{d^2\omega}{dt^2} + T_M \frac{d\omega}{dt} + \omega = \frac{1}{K_e} u_a - \frac{T_M}{J} M_L - \frac{T_a T_M}{J} \frac{dM_L}{dt} \tag{2-5}$$

式中，T_M 为机电时间常数，$T_M = \dfrac{R_a J}{K_e K_m}$（单位为 s）；$T_a$ 为电磁时间常数，$T_a = \dfrac{L_a}{R_a}$（单位为 s），一般 $T_a = (1/5 \sim 1/10) T_M$。

式（2-5）即为电枢控制的直流电动机微分方程，输入为电枢电压 u_a，输出为角速度 ω，扰动输入为 M_L。

若输出用电动机转速 n（单位为 r/min）表示，式（2-5）中 $\omega = \dfrac{\pi}{30} n$（单位为 rad/min），则可得

$$T_a T_M \frac{d^2 n}{dt^2} + T_M \frac{dn}{dt} + n = \frac{1}{K_e'} u_a - \frac{T_M}{GD^2/375} M_L - \frac{T_a T_M}{GD^2/375} \frac{dM_L}{dt} \tag{2-6}$$

式中，$K_e' = K_e \dfrac{\pi}{30}$。

若以电动机转角 θ 为输出，仍可得相应的微分方程。若设 $T_a = 0$，$M_L = 0$（$L_a \ll 1$）得到

$$
\begin{cases}
T_M \dfrac{d\omega}{dt} + \omega = \dfrac{1}{K_e} u_a \\[2mm]
T_M \dfrac{dn}{dt} + n = \dfrac{1}{K_e'} u_a \\[2mm]
T_M \dfrac{d^2\theta}{dt} + \dfrac{d\theta}{dt} = \dfrac{1}{K_e} u_a
\end{cases}
$$

例 2-7 电动机转速控制系统。

图 2-7 为电动机转速控制系统原理图。要建立该系统的微分方程式，可先画出系统的框图，明了各元件之间的作用关系，然后写出各元件的微分方程式，消去中间变量，就可得到所求的输入/输出关系方程式。

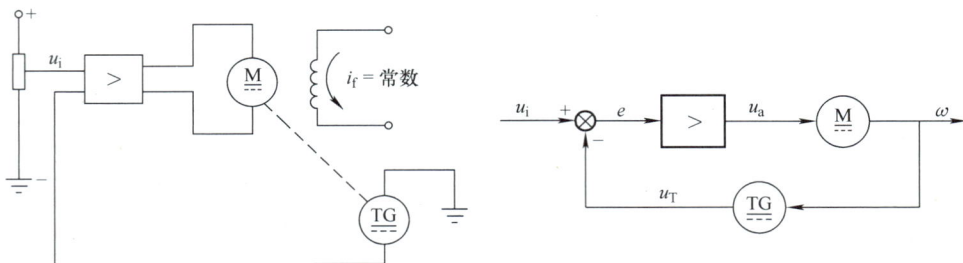

图 2-7 电动机转速控制系统

设系统输出为 ω，输入为 u_i，扰动输入为 M_L，各元件方程式为

电动机：
$$T_a T_M \frac{d^2\omega}{dt^2} + T_M \frac{d\omega}{dt} + \omega = \frac{1}{K_e} u_a - \frac{T_M}{J} M_L - \frac{T_a T_M}{J} \frac{dM_L}{dt} \tag{2-7}$$

放大器：设放大器无惯性，则输入/输出关系为 $\qquad u_a = K_a e \tag{2-8}$

测速发电机：输入为 ω，输出为 u_T 且 $\qquad u_T = K_T \omega \tag{2-9}$

式中，K_T 为测速反馈系数；e 为参数输入与反馈值之差， $\qquad e = u_i - u_T \tag{2-10}$

从上述各式中消除中间变量 u_a、e、u_T，得系统微分方程为

$$T_a T_M \frac{d^2\omega}{dt^2} + T_M \frac{d\omega}{dt} + (1+k)\omega = \frac{K_a}{K_e} u_i - \frac{T_M}{J} M_L - \frac{T_a T_M}{J} \frac{dM_L}{dt} \tag{2-11}$$

式（2-11）中，$k = K_a K_T / K_e$ 是各元件传递系数的乘积，称为开环放大系数。将式（2-11）与式（2-5）相比较，由于有了反馈的作用，扰动 M_L 对 ω 的影响大大减小，为原来的 $1/(1+k)$，所以系统的精度提高了。

例 2-8 汽车悬挂系统。

图 2-8a 是汽车悬挂系统的原理图。当汽车沿着道路行驶时，轮胎的垂直位移作为一种运动激励，作用在汽车的悬挂系统上，该系统的运动，由质心的平移运动和围绕质心的旋转运动组成。

图 2-8b 是简化了的悬挂系统。假设 P 点上的运动 x_i 为系统的输入量，车体的垂直运动 x_o 为系统的输出量，位移 x_o 从无输入量 x_i 作用时的平衡位置开始测量。图 2-8b 中 m 表示汽车的质量，k 表示弹簧系数，f 为阻尼器的阻尼系数。则有

$$m\ddot{x}_o + f(\dot{x}_o - \dot{x}_i) + k(x_o - x_i) = 0$$

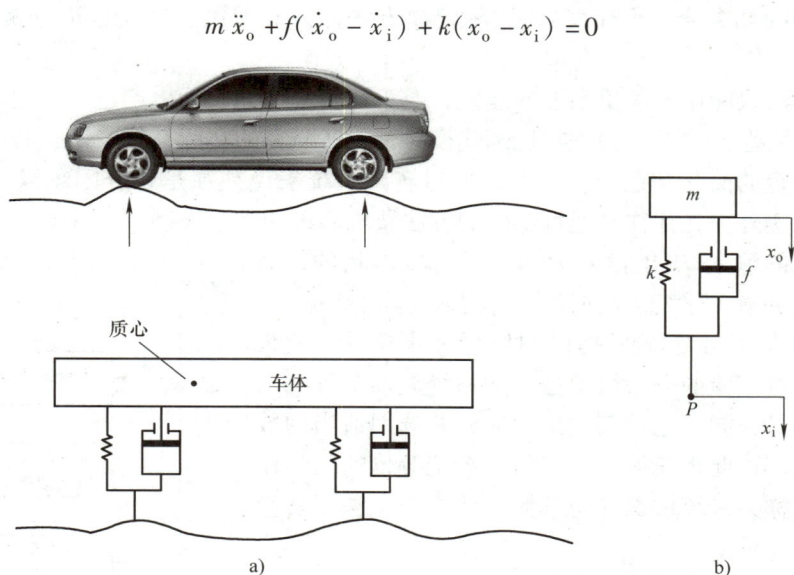

图 2-8　汽车悬挂系统

整理即得到该系统的运动方程

$$m\ddot{x}_o + f\dot{x}_o + kx_o = f\dot{x}_i + kx_i$$

例 2-9　无人直升机偏航增稳系统

无人直升机是通过改变其尾桨桨距大小来控制偏航通道的。为了提高偏航通道的平稳性，在实际飞行过程中，增加陀螺仪作为偏航阻尼系统，以此获得无人直升机偏航增稳系统：

$$\Delta\dot{r}_{fd}(t) = -K_{fd}\Delta r_{fd}(t) + K_r\Delta r(t)$$

$$\Delta\dot{r}(t) = N_r\Delta r(t) + N_{ped}(\Delta\delta_r(t) - \Delta r_{fd}(t)) \tag{2-12}$$

式中，$\Delta r(t)$ 表示无人直升机偏航角速度；$\Delta\delta_r(t)$ 表示尾桨桨距；$\Delta r_{fd}(t)$ 为偏航陀螺仪测量输出；N_r 和 N_{ped} 表示对应的气动导数；K_{fd} 和 K_r 表示阻尼系统参数。式（2-12）为无人直升机偏航通道增稳系统的数学模型，飞控工程师以此模型为基础结合其他通道增稳系统模型，实现对无人直升机的有效控制。

例 2-10　生态控制系统。

现讨论两种细菌生存的竞争问题，设两种细菌在 t 时刻的数量分别为 x_1 和 x_2，由于繁殖条件相同，它们的生存是有竞争的。若人为加入一定的药物 u 作为控制量，那么 x_1 和 x_2 将按下列方程变化

$$\begin{cases} \dot{x}_1 = a_{11}x_1 - a_{12}x_1x_2 - b_1u \\ \dot{x}_2 = a_{22}x_2 - a_{21}x_1x_2 - b_2u \end{cases} \tag{2-13}$$

式（2-13）中，a_{11} 和 a_{22} 分别表示 x_1 和 x_2 自身的繁殖系数；a_{12} 和 a_{21} 为相互竞争系数；b_1 和 b_2 为药品杀伤系数。这两个联立的一阶非线性微分方程就是该生态系统的数学模型。依此模型，人们可以针对在给定时间内，如何控制两种细菌的数量进行研究。这是一个把控制理论应用到生物系统的例子。

上面介绍的建模方法都是根据系统的工作原理，运用一些已知的定理、定律和原理（例如各种电路定理、牛顿定理、能量守恒定理、动量守恒定理、热力学原理等）推导出描

述系统的模型（如微分方程模型），这种建模方法称为机理建模法（也称分析法、演绎法、理论建模法）。

机理建模法只能用于简单系统的建模，对于比较复杂的实际生产过程来说，这种建模方法有很大的局限性。这是因为进行机理建模时，对所研究的实际系统来说，必须已知其基本规律并进行一定的简化和假设，然而，这对实际系统来说往往是十分困难以至于难以做到的。因此，在实际中，往往是通过试验的方法获取系统的数学模型。

由于系统的输入/输出信号大部分是可以测量的，而且系统的动态特性必然表现在变化的输入/输出数据中，故可以利用输入/输出数据所提供的信息来建立系统的数学模型，即通过实验的方法给模型未知系统施加某种特定的测试输入信号，同时记录其输出响应，并选用适当的数学模型去逼近，以此来获得一个与所测系统等价的数学模型，这种方法称为系统辨识（也称测试法、归纳法、实验建模法）。

在实际中，可以将系统辨识分成 4 步：

1）设计实验，获取待辨识系统的输入/输出数据，在此需要决定对哪些变量进行测量，实验时的系统工作状态以及输入信号的设计等。

2）选择模型结构，根据数学模型的用途和对实际对象的了解，确定使用哪类模型。

3）参数估计，包括判别辨识结果好坏的准则（最小二乘准则，极大似然准则等），选择参数估计方法，得到参数的估计值。

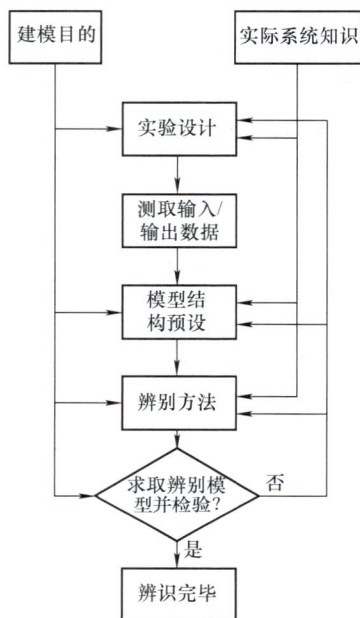

图 2-9　系统辨识原理框图

4）辨识模型检验，检验步骤 3）所获得的数学模型是否合乎要求。

综上，系统辨识原理框图如图 2-9 所示。

利用系统辨识的方法建立系统的模型，在工程实际中广泛使用。近年来，随着各种与此相关的研究不断深入，系统辨识和参数估计得到了飞速的发展，在国民经济的各个领域发挥着越来越重要的作用。有关系统辨识方面的知识和内容，读者可参阅其他相关书籍和资料。

第二节　非线性微分方程的线性化

在工程实际中，绝大多数系统是非线性的。非线性系统的分析一般比线性系统复杂，而且也难以找到共同的解决方法。然而，许多非线性系统在一定条件下可以近似视为线性系统，如当系统处在自动调节状态的小偏量下运行（即在系统平衡点附近工作）时，可将非线性系统线性化，如图 2-10 所示。

对于某些非线性系统，若研究的是系统在某一工作点（平衡点）附近的性能，或是系统变量在动态过程中偏离平衡位置不大时的性能，则可采用以下所述的线性化方法所得的线性模型，代替非线性模型来描述系统，而实际的物理系统就可按线性系统对待，这种方法就是常说的"小偏差法"。

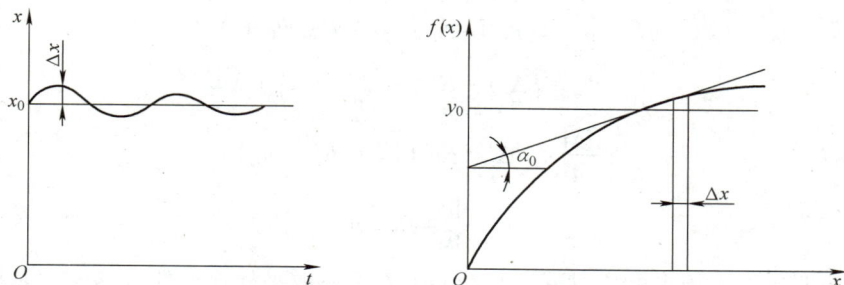

图2-10 小偏差线性化示意图

不失一般性，考虑一个非线性系统，输入量为 x，输出量为 $f(x)$。若在给定处 $y_0 = f(x_0)$ 各阶导数存在，则在 $y_0 = f(x_0)$ 处可展成为泰勒级数

$$y = f(x) = y_0 + \frac{\mathrm{d}y}{\mathrm{d}x}\bigg|_{x_0}(x - x_0) + \frac{1}{2!}\frac{\mathrm{d}^2 y}{\mathrm{d}x^2}\bigg|_{x_0}(x - x_0)^2 + \cdots$$

忽略二次及高次项有
$$y = y_0 + \frac{\mathrm{d}y}{\mathrm{d}x}\bigg|_{x_0}(x - x_0)$$

或
$$\Delta y = y - y_0 = K(x - x_0) = K\Delta x$$

例 2-11 设铁心线圈电路如图2-11a所示，其磁通 Ψ 与电流 i 之间的关系如图2-11b 所示。试列写以 u_f 为输入量，i 为输出量的电路微分方程。

解: (1) 由 KVL，可得

$$\frac{\mathrm{d}\Psi(i)}{\mathrm{d}i}\frac{\mathrm{d}i}{\mathrm{d}t} + Ri = u_f$$

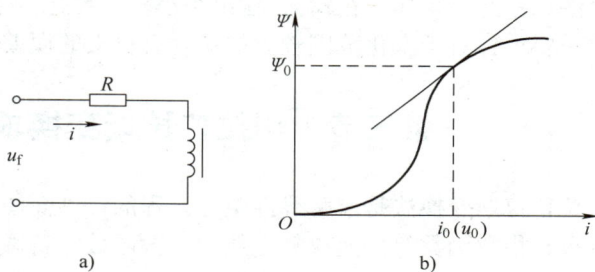

a)

b)

图2-11 铁心线圈的激磁特性

式中的磁通 $\Psi(i)$ 是电流 i 的非线性函数，$\frac{\mathrm{d}\Psi}{\mathrm{d}t} \neq$ 常量，故该方程为非线性方程。

(2) 找出中间变量 Ψ 与其他变量的关系并线性化。设线圈原来工作在平衡状态 $(i_0,\ \Psi_0)$，而且 $\Psi(i)$ 在 i_0 附近连续可导，它可展成为泰勒级数，即

$$\Psi = \Psi_0 + \frac{\mathrm{d}\Psi}{\mathrm{d}i}\bigg|_{i=i_0}\Delta i_0 + \frac{1}{2!}\left(\frac{\mathrm{d}^2\Psi}{\mathrm{d}i^2}\right)\bigg|_{i_0}\Delta i^2 + \cdots + \frac{1}{n!}\left(\frac{\mathrm{d}^n\Psi}{\mathrm{d}i^n}\right)\bigg|_{i_0}(\Delta i)^n + R_{n+1}$$

式中的 R_{n+1} 为余项，Ψ_0 和 i_0 为平衡点处的磁链和励磁电流。由于研究的是平衡点附近的小偏差过程，输入电压的变化 Δu_f 很小使 Δi 也很小，故可以略去上式中的各高阶项及余项，得到近似式

$$\Psi \approx \Psi_0 + \left(\frac{\mathrm{d}\Psi}{\mathrm{d}i}\right)\bigg|_{i=i_0}\Delta i$$

式中的 $\frac{\mathrm{d}\Psi}{\mathrm{d}i}\bigg|_{i=i_0}$ 为平衡点 i_0 处 $\Psi(i)$ 的导数值，可令 $L = \left(\frac{\mathrm{d}\Psi}{\mathrm{d}i}\right)\bigg|_{i=i_0}$ 称为动态电感，则将上式化为

$$\Psi - \Psi_0 = L\Delta i \rightarrow \Delta\Psi \approx \Psi - \Psi_0 = L\Delta i$$

该式表明，经线性化后，线圈中电流增量与磁链增量之间已成为线性关系，即

$$u_{\mathrm{f}} = u_0 + \Delta u_{\mathrm{f}}, \; i = i_0 + \Delta i, \; \Psi \approx \Psi_0 + \Delta \Psi$$

则有

$$\frac{\mathrm{d}}{\mathrm{d}t}(\Psi_0 + L\Delta i) + R(i_0 + \Delta i) = u_0 + \Delta u_{\mathrm{f}}$$

展开后有

$$L\frac{\mathrm{d}\Delta i}{\mathrm{d}t} + R\Delta i = \Delta u_{\mathrm{f}} \, (\text{因为 } Ri_0 = u_0)$$

所以

$$L = \frac{\mathrm{d}i}{\mathrm{d}t} + Ri = u_{\mathrm{f}}$$

在此需要明确，平衡点的增量（小变化量）L 是所取平衡点处的电感值，亦是用平衡点处的切线代替曲线而得到的变量。将平衡点的增量方程，称之为线性化增量方程，这种线性化的方法称为小偏差法。

总之，求线性化微分方程的过程可归纳为

1）按物理或化学定律列出原始方程式，并确定平衡点附近各变量的数值。

2）找出方程中的非线性关系，若平衡点附近各阶导数存在，则可进行线性化：

① 将此函数展成泰勒级数；

② 忽略高次项，留下一次项，得一次近似式并求出数值。

3）将原方程中的变量以平衡点的值加增量来表示，经整理可得以增量表示的线性方程。

注意：此法是建立在输入/输出为小范围变化的条件下的，对于大多数系统来说难以满足这一要求；对于变化范围较大的场合有较大的误差（由于忽略了二次及高次项）。

第三节　用拉普拉斯变换求解线性微分方程

拉普拉斯变换法是求解线性微分方程的一种简便运算方法，它能将许多普通函数，如正弦函数、指数函数等变换成复变数的代数函数，将微积分运算转换成复平面的代数运算。于是，对线性微分方程的求解就可转化成对含有复变数的代数方程的求解，对控制系统的性能分析可利用数学方法进行定量分析。

一、定义

设函数 $f(t)$ 当 $t \geq 0$ 时有定义，且当 $t < 0$ 时 $f(t) = 0$，若积分 $\int_0^{+\infty} f(t)\mathrm{e}^{-st}\mathrm{d}t$ (s 为复参量，$s = \sigma + \mathrm{j}\omega$) 存在，则称 $F(s) = \int_0^{+\infty} f(t)\mathrm{e}^{-st}\mathrm{d}t$ 为函数 $f(t)$ 的拉普拉斯变换，记为 $F(s) = L[f(t)]$，$F(s)$ 是 $f(t)$ 的象函数。另外有逆运算 $f(t) = L^{-1}[F(s)] = \frac{1}{2\pi\mathrm{j}}\int_{c-\mathrm{j}\infty}^{c+\mathrm{j}\infty} F(s)\mathrm{e}^{st}\mathrm{d}s$，为 $F(s)$ 的反变换。其中，c 是一个实常数且大于 $F(s)$ 的所有奇异点的实部。

二、几种典型函数的拉普拉斯变换

1. 单位阶跃函数

$$f(t) = 1(t) = \begin{cases} 1, & t \geq 0 \\ 0, & t < 0 \end{cases}$$

$$F(s) = L[1(t)] = \int_0^{\infty} 1 \times \mathrm{e}^{-st}\mathrm{d}t = -\frac{1}{s}\mathrm{e}^{-st}\Big|_0^{\infty} = \frac{1}{s}$$

2. 单位斜坡函数

$$f(t) = t = \begin{cases} t, & t \geq 0 \\ 0, & t < 0 \end{cases}$$

$$F(s) = L[t] = \int_0^\infty t e^{-st} \mathrm{d}t = -\frac{t}{s} e^{-st} \bigg|_0^\infty + \int_0^\infty \frac{1}{s} e^{-st} \mathrm{d}t = \frac{1}{s^2}$$

3. 等加速度函数

$$f(t) = \begin{cases} \dfrac{1}{2} t^2, & t \geq 0 \\ 0, & t < 0 \end{cases}$$

$$F(s) = L\left[\frac{1}{2} t^2\right] = \int_0^\infty \frac{1}{2} t^2 e^{-st} \mathrm{d}t = \frac{1}{s^3}$$

4. 指数函数

$$f(t) = \begin{cases} e^{\alpha t}, & t \geq 0 \\ 0, & t < 0 \end{cases}$$

$$F(s) = L[e^{\alpha t}] = \int_0^\infty e^{\alpha t} e^{-st} \mathrm{d}t = \frac{1}{s - \alpha}$$

5. 正弦函数

$$f(t) = \begin{cases} \sin\omega t, & t \geq 0 \\ 0, & t < 0 \end{cases}$$

$$F(s) = \int_0^\infty \sin\omega t e^{-st} \mathrm{d}t = \int_0^\infty \frac{1}{2\mathrm{j}} (e^{\mathrm{j}\omega t} - e^{-\mathrm{j}\omega t}) e^{-st} \mathrm{d}t = \frac{1}{2\mathrm{j}} \left[\frac{1}{s - \mathrm{j}\omega} - \frac{1}{s + \mathrm{j}\omega} \right] = \frac{\omega}{s^2 + \omega^2}$$

对于 $\cos\omega t$ 有 $\cos\omega t = \dfrac{1}{2} (e^{\mathrm{j}\omega t} + e^{-\mathrm{j}\omega t})$，$L[\cos\omega t] = \dfrac{s}{s^2 + \omega^2}$

6. 单位脉冲函数

$$f(t) = \delta(t) = \begin{cases} 0, & t \neq 0 \\ \infty, & t = 0 \end{cases} \text{且定义：} \int_{-\infty}^{+\infty} \delta(t) \mathrm{d}t = 1$$

$$F(s) = L[\delta(t)] = \int_{0_-}^{+\infty} \delta(t) e^{-st} \mathrm{d}t = \int_{0_-}^{0_+} \delta(t) e^{-s0} \mathrm{d}t = \int_{0_-}^{0_+} \delta(t) \mathrm{d}t = 1$$

三、拉普拉斯变换的基本性质

1. 线性性质

设 $F_1(s) = L[f_1(t)]$，$F_2(s) = L[f_2(t)]$，a、b 均为常数，则有

$$L[af_1(t) + bf_2(t)] = aL[f_1(t)] + bL[f_2(t)] = aF_1(s) + bF_2(s)$$

2. 微分性质

若 $L[f(t)] = F(s)$，则有 $L[f'(t)] = sF(s) - f(0)$

这个性质表明，一个函数求导后取拉普拉斯变换，等于这个函数的拉普拉斯变换乘以参数 s，再减去该函数的初值。

推论：若 $L[f(t)] = F(s)$，则有

$$L[f^{(n)}(t)] = s^n F(s) - s^{n-1} f(0) - s^{n-2} f'(0) - \cdots - f^{(n-1)}(0)$$

根据这条性质，在分析系统时会很方便。

例 2-12 求 t^m 的拉普拉斯变换。

解: 因为 $f(0) = f'(0) = \cdots = f^{(m-1)}(0) = 0$,而 $f^{(m)}(t) = m!$

所以 $L[f^{(m)}(t)] = L[m!] = s^m L[f(t)] - s^{m-1}f(0) - s^{m-2}f'(0) - \cdots$

即 $L[m!] = s^m L[t^m]$,而 $L[m!] = m! \, L[1(t)] = \dfrac{1}{s}$

所以 $L[t^m] = \dfrac{m!}{s^{m+1}}$

3. 积分性质

若 $F(s) = L[f(t)]$,则 $L\left[\int f(t)\mathrm{d}t\right] = \dfrac{1}{s}F(s) + \dfrac{1}{s}f^{(-1)}(0)$

$$\vdots \qquad\qquad \vdots$$

$$L\left[\int\cdots\int f(t)\mathrm{d}t^n\right] = \frac{1}{s^n}F(s) + \frac{1}{s^n}f^{(-1)}(0) + \cdots + \frac{1}{s}f^{(-n)}(0)$$

4. 终值定理与初值定理

终值定理:若 $F(s) = L[f(t)]$,且 $\lim\limits_{t\to\infty}f(t)$ 存在,则

$$\lim_{t\to\infty}f(t) = \lim_{s\to 0}sF(s),\text{或}\, f(\infty) = \lim_{s\to 0}sF(s)$$

初值定理:若 $\lim\limits_{s\to\infty}sF(s)$ 存在,则有 $\lim\limits_{t\to 0}f(t) = \lim\limits_{s\to\infty}sF(s)$

5. 位移定理

若 $L[f(t)] = F(s)$,则有 $L[\mathrm{e}^{at}f(t)] = F(s-a)$,这个性质表明了一个象原函数乘以指数 e^{at},等于其象函数做位移。

例 2-13 求 $L[\mathrm{e}^{at}t^m]$。

解: 已知 $L[t^m] = \dfrac{m!}{s^{m+1}}$,利用上述定理有 $L[\mathrm{e}^{at}t^m] = \dfrac{m!}{(s-a)^{m+1}}$

例 2-14 求 $L[\mathrm{e}^{-at}\sin\omega t]$。

解: 已知 $L[\sin\omega t] = \dfrac{\omega}{s^2+\omega^2}$,则 $L[\mathrm{e}^{-at}\sin\omega t] = \dfrac{\omega}{(s+a)^2+\omega^2}$

6. 延迟定理

若 $L[f(t)] = F(s)$,又 $t<0$ 时 $f(t) = 0$,则对于任意常数 τ,有

$$L[f(t-\tau)] = \mathrm{e}^{-s\tau}F(s),\text{或}\, L^{-1}[\mathrm{e}^{-s\tau}F(s)] = f(t-\tau)$$

四、拉普拉斯反变换

由复变数表达式 $F(s)$ 推导成为时间表达式 $f(t)$ 的数学运算称为拉普拉斯反变换,其符号为 L^{-1},因而 $L^{-1}[F(s)] = f(t)$。

$F(s)$ 的形式通常为 s 的有理分式函数,即

$$F(s) = \frac{B(s)}{A(s)} = \frac{b_0 s^m + b_1 s^{m-1} + \cdots + b_{m-1}s + b_m}{a_0 s^n + a_1 s^{n-1} + \cdots + a_{n-1}s + a_n}$$

其中 $n \geq m$,一般在对 $F(s)$ 进行拉普拉斯反变换时,首先将 $F(s)$ 的分母 $A(s)$ 进行因式分解得到以下形式:

$$A(s) = (s-s_1)(s-s_2)\cdots(s-s_n)$$

1. $A(s) = 0$ 无重根，即

$$F(s) = \frac{c_1}{s - s_1} + \cdots + \frac{c_n}{s - s_n} \quad \text{或} \quad F(s) = \sum_{i=1}^{n} \frac{c_i}{s - s_i}$$

$$L^{-1}[F(s)] = f(t) = L^{-1}\left[\sum_{i=1}^{n} \frac{c_i}{s - s_i}\right] = \sum_{i=1}^{n} c_i e^{s_i t}, \quad c_i \text{ 可按下式求得}$$

$$c_i = \lim_{s \to s_i}(s - s_i)F(s)$$

例 2-15　求 $F(s) = \dfrac{s + 2}{s^2 + 4s + 3}$ 的拉普拉斯反变换 $f(t)$。

解： $F(s) = \dfrac{c_1}{s + 1} + \dfrac{c_2}{s + 3}$

因为

$$c_1 = \lim_{s \to -1}(s + 1)\frac{s + 2}{s^2 + 4s + 3} = \frac{1}{2}$$

$$c_2 = \lim_{s \to -3}(s + 3)\frac{s + 2}{s^2 + 4s + 3} = \frac{1}{2}$$

所以

$$F(s) = \frac{1}{2}\left[\frac{1}{s + 1} + \frac{1}{s + 3}\right]$$

$$f(t) = \frac{1}{2}(e^{-t} + e^{-3t}) \qquad (t \geqslant 0)$$

2. $A(s) = 0$ 有重根

设 s_1 为 m 阶重根，s_{m+1}，s_{m+2}，s_n 为单根，则 $F(s)$ 可为

$$F(s) = \frac{c_m}{(s - s_1)^m} + \frac{c_{m-1}}{(s - s_1)^{m-1}} + \cdots + \frac{c_1}{s - s_1} + \frac{c_{m+1}}{s - s_{m+1}} + \cdots + \frac{c_n}{s - s_n}$$

对于单根可按上述方法处理，重根的待定系数 c_m，c_{m-1}，$\cdots$，c_1 计算公式如下：

$$c_m = \lim_{s \to s_1}(s - s_1)^m F(s)$$

$$c_{m-1} = \lim_{s \to s_1}\frac{d}{ds}[(s - s_1)^m F(s)]$$

$$\vdots$$

$$c_{m-j} = \frac{1}{j!}\lim_{s \to s_1}\frac{d^j}{ds^j}[(s - s_1)^m F(s)]$$

$$\vdots$$

$$c_1 = \frac{1}{(m-1)!}\lim_{s \to s_1}\frac{d^{(m-1)}}{ds^{(m-1)}}[(s - s_1)^m F(s)]$$

此时

$$f(t) = L^{-1}[F(s)] = L^{-1}\left[\frac{c_m}{(s - s_1)^m} + \frac{c_{m-1}}{(s - s_1)^{m-1}} + \cdots + \frac{c_1}{s - s_1} + \frac{c_{m+1}}{s - s_{m+1}} + \cdots + \frac{c_n}{s - s_n}\right]$$

$$= \left[\frac{c_m}{(m-1)!}t^{m-1} + \frac{c_{m-1}}{(m-2)!}t^{m-2} + \cdots + c_2 t + c_1\right]e^{s_1 t} + \sum_{i=m+1}^{n} c_i e^{s_i t}$$

例 2-16　求 $F(s) = \dfrac{1}{s(s-1)^2}$ 的拉普拉斯反变换。

解： 设 $F(s)=\dfrac{c_1}{(s-1)^2}+\dfrac{c_2}{(s-1)}+\dfrac{c_3}{s}$，在此有 $s=1$ 的二重零点，$s=0$ 的单零点。

$$c_3=\lim_{s\to0}sF(s)=\lim_{s\to0}\frac{1}{(s-1)^2}=1$$

$$c_2=\lim_{s\to1}\frac{\mathrm{d}}{\mathrm{d}s}\left[(s-1)^2F(s)\right]=\lim_{s\to1}\frac{\mathrm{d}}{\mathrm{d}s}\left(\frac{1}{s}\right)=-1$$

$$c_1=\lim_{s\to1}(s-1)^2F(s)=1$$

所以
$$F(s)=\frac{1}{(s-1)^2}-\frac{1}{s-1}+\frac{1}{s}$$

而拉普拉斯反变换为
$$f(t)=L^{-1}[F(s)]=te^t-e^t+1\qquad(t\geqslant0)$$

例 2-17　求 $F(s)=\dfrac{s+1}{s(s^2+s+1)}$ 的拉普拉斯反变换。

解： $F(s)$ 的展开式如下：

$$F(s)=\frac{s+1}{s(s^2+s+1)}=\frac{a_1s+a_2}{s^2+s+1}+\frac{a_3}{s}$$

为确定 a_1 和 a_2，并注意到 $s^2+s+1=(s+0.5+j0.866)(s-0.5-j0.866)$，可用 (s^2+s+1) 乘以上式两边，并令 $s=-0.5-j0.866$，得

$$\left.\frac{s+1}{s}\right|_{s=-0.5-j0.866}=(a_1s+a_2)\Big|_{s=-0.5-j0.866}$$

或
$$\frac{0.5-j0.866}{-0.5-j0.866}=a_1(-0.5-j0.866)+a_2$$

简化为如下形式：
$$0.5-j0.866=a_1(0.25+j0.866-0.75)+a_2(-0.5-j0.866)$$

令上式中两边的实部和虚部分别相等得
$$-0.5a_1-0.5a_2=0.5$$
$$0.866a_1-0.866a_2=-0.866$$

即
$$a_1+a_2=-1,\text{ 且 }a_1-a_2=-1$$

解之得
$$a_1=-1,\ a_2=0$$

为了确定 a_3，可用 s 乘方程两边，并令 $s=0$ 得
$$a_3=\left.\frac{s+1}{s(s^2+s+1)}\right|_{s=0}=1$$

所以
$$F(s)=\frac{-s}{s^2+s+1}+\frac{1}{s}=\frac{1}{s}-\frac{s+0.5}{(s+0.5)^2+0.866^2}+\frac{0.5}{(s+0.5)^2+0.866^2}$$

故 $F(s)$ 的拉普拉斯反变换为
$$f(t)=L^{-1}[F(s)]=1-e^{-0.5t}\cos0.866t+0.578e^{-0.5t}\sin0.866t\qquad(t\geqslant0)$$

五、用拉普拉斯变换求解微分方程

例 2-18　如图2-12a所示阻容网络在 T 闭合之前，电容 C 上有初始电压 $u_C(0)$，$u_i(t)=u_0\cdot1(t)$，其中 u_0 为常数。求开关瞬时闭合后电容的端电压 $u_C(t)$。

解： 网络的微分方程为

$$RC\frac{\mathrm{d}u_{\mathrm{C}}(t)}{\mathrm{d}t} + u_{\mathrm{C}}(t) = u_{\mathrm{i}}(t)$$

两边进行拉普拉斯变换得

$$sRCU_{\mathrm{C}}(s) - RCu_{\mathrm{C}}(0) + U_{\mathrm{C}}(s) = \frac{u_0}{s}$$

所以

$$U_{\mathrm{C}}(s) = \frac{u_0}{s(RCs+1)} + \frac{RC}{RCs+1}u_{\mathrm{C}}(0)$$

展成部分分式，有

$$U_{\mathrm{C}}(s) = \frac{u_0}{s} - \frac{RC}{RCs+1}u_0 + \frac{RC}{RCs+1}u_{\mathrm{C}}(0)$$

$$= \frac{1}{s}u_0 - \frac{1}{s+1/(RC)}u_0 + \frac{1}{s+1/(RC)}u_{\mathrm{C}}(0)$$

两端反变换则有

$$u_{\mathrm{C}}(t) = u_0 - u_0\mathrm{e}^{-\frac{1}{RC}t} + u_{\mathrm{C}}(0)\mathrm{e}^{-\frac{1}{RC}t}$$

图 2-12b 为 $u_{\mathrm{C}}(t)$ 中各分量的相应曲线。

应用拉普拉斯变换法求解微分方程的步骤归纳如下：

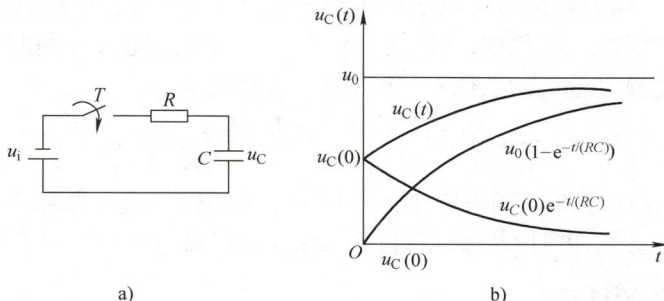

图 2-12　阻容网络

1）对线性微分方程的每一项进行拉普拉斯变换，将微分方程变成关于 s 的代数方程。

2）整理代数方程，求得待求函数的拉普拉斯变换表达式。

3）对拉普拉斯变换式进行反变换得到待求函数的时域表达式，即微分方程的解。

由此可见，应用拉普拉斯变换求解线性微分方程的思路明确、方法简单，而且从解的表达式中还可清楚看到微分方程解的组成。拉普拉斯变换法不仅可以用于求解线性系统的微分方程，更重要的是利用它可以导出传递函数的概念。

第四节　传递函数

微分方程是在时间域内描述控制系统动态性能的数学模型，用拉普拉斯变换法求解线性微分方程时，将微分方程转化为代数方程，就可得到控制系统的一种关于复变数 s 的数学模型，称之为传递函数。在经典控制理论中，基于传递函数的根轨迹法和频率法得到了广泛应用。通过以后的分析可以看到，利用传递函数不仅可以研究控制系统在输入信号作用下的动态过程，还能分析系统的结构和参数变化对系统性能的影响，为控制系统的设计与综合提供方便。因此，对传递函数的理解和掌握是十分重要的。

一、传递函数的定义

对于线性定常控制系统，其微分方程表达式为

$$a_n y^{(n)}(t) + a_{n-1} y^{(n-1)}(t) + \cdots + a_i y^{(i)}(t) + \cdots + a_1 \dot{y}(t) + a_0 y(t)$$

$$= b_m r^m(t) + b_{m-1} r^{m-1}(t) + \cdots + b_j r^{(i)}(t) + \cdots + b_1 \dot{r} U(t) + b_0 r(t) \qquad (2\text{-}14)$$

式 (2-14) 中的 $r(t)$ 为输入量，$y(t)$ 为输出量，$a_i(i = 1, 2\cdots n)$ 和 $b_j(j = 1, 2\cdots m)$ 为与系统的结构和参数相关的实常数，对实际系统有 $n \geq m$。在零初始条件下，即

$$y^{(n-1)}(0) = \cdots = \dot{y}(0) = y(0) = 0, \ r^{(m-1)}(0) = \cdots = \dot{r}(0) = r(0) = 0$$

对式 (2-14) 进行拉普拉斯变换得

$$(a_n s^n + a_{n-1} s^{n-1} + \cdots + a_1 s + a_0) Y(s) = (b_m s^m + b_{m-1} s^{m-1} + \cdots + b_1 s + b_0) R(s)$$

设

$$G(s) = \frac{Y(s)}{R(s)} = \frac{b_m s^m + b_{m-1} s^{m-1} + \cdots + b_1 s + b_0}{a_n s^n + a_{n-1} s^{n-1} + \cdots + a_1 s + a_0} \qquad (2\text{-}15)$$

定义：控制系统的传递函数 $G(s)$ 是线性定常系统在零初始条件下，输出量 $y(t)$ 的拉普拉斯变换 $Y(s)$ 与输入量 $r(t)$ 的拉普拉斯变换 $R(s)$ 之比。传递函数也是数学模型的一种形式，只不过是在复数域中描述的。例如，由式 (2-5) 所表示的电枢电压控制的直流电动机的微分方程，在假设不考虑扰动输入的条件下，其传递函数可写成

$$G(s) = \frac{\Omega(s)}{U_a(s)} = \frac{1/(Ke)}{T_a T_m s^2 + T_m s + 1}$$

当输入电压 $u_a(t)$ 已知时，利用传递函数 $G(s)$，电动机的输出角速度 $\omega(t)$ 的拉普拉斯变换为 $\Omega(s) = G(s) U_a(s)$，再对 $\Omega(s)$ 进行拉普拉斯反变换就可得到它的输出时间响应 $\omega(t)$。

二、传递函数的性质

由以上讨论可得传递函数的性质如下：

1）系统的传递函数是一种数学模型，它是对线性微分方程在零初始条件下进行拉普拉斯变换得到的。系统的传递函数与输入/输出间的关系可由图 2-13 表示。

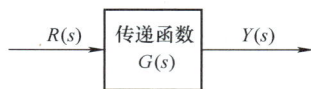

2）传递函数中的各个系数与其微分方程中的系数对应相等。

图 2-13 系统的输入与输出

3）传递函数描述了系统的外部特性，不能反映系统内部物理结构的有关信息（许多性质完全不同的系统可以有相同的传递函数）。

4）控制系统的传递函数一旦确定，当输入信号一定时，系统的动态特性也就确定了。因此，在设计控制系统时，可以把对系统的性能要求如稳、准、快等，变成对传递函数的要求，通过对传递函数结构形式和参数的设定，使系统达到预期的性能指标。

三、传递函数中的零点、极点和传递系数

系统传递函数一般为复变数的函数，经因式分解可得

传递函数的
零、极点

$$G(s) = \frac{Y(s)}{R(s)} = \frac{(s-z_1)(s-z_2)\cdots(s-z_j)\cdots(s-z_m)}{(s-p_1)(s-p_2)\cdots(s-p_i)\cdots(s-p_n)}k_1$$

$$= \frac{b_m s^m + b_{m-1}s^{m-1} + \cdots + b_j s^j + \cdots + b_1 s + b_0}{a_n s^n + a_{n-1}s^{n-1} + \cdots + a_i s^i + \cdots + a_1 s + a_0}$$

式中，z_j $(j=1, 2, \cdots, m)$ 为分子多项式等于零的根，称为系统的零点；p_i $(i=1, 2, \cdots, n)$ 为分母多项式等于零的根，称为系统的极点（亦称特征根）；当 $s=0$ 时，$G(0)$ 称为系统的传递系数。

一般说来 z_j 和 p_i 可以是实数也可以是复数，若为复数必为共轭复数，而它们都取决于系统的结构和参数。由拉普拉斯变换求解微分方程的过程可知，当输入信号一定时，微分方程的解（或系统输出的瞬时分量），一般主要由以下形式的分量或它们的组合构成，即单根 $e^{p_i t}$，共轭复根 $e^{\sigma_i t}\sin\omega t$，$e^{\sigma_i t}\cos\omega t$（实质上是特征根），或者是它们再乘上时间 t 的函数。由于 p_i 和 $\sigma_i \pm j\omega$ 为系统的极点，故可以认为极点决定了上述分量。若这些极点均是负数或具有负的实数部分即 $p_i<0$，$\sigma_i<0$，则 $t\to\infty$ 时，上述分量均趋于零，瞬态分量是收敛的，此时系统是稳定的。因此，系统稳定与否和系统的极点密切相关（系统固有的结构和参数）。同样，当系统输入信号一定时，系统输出 $y(t)$ 的曲线形状将由系统传递函数的极点和零点共同决定。所以，系统的零点和极点共同决定了系统的动态性能。

例 2-19 系统的微分方程为

$$\frac{d^2 y(t)}{dt^2} + 34.5\frac{dy(t)}{dt} + 1000y(t) = 1000r(t), r(t)=1(t), \dot{y}(0)=y(0)=0$$

求响应 $y(t)$。

解： 根据定义，可得系统传递函数 $G(s)=\frac{Y(s)}{R(s)}=\frac{1000}{s^2+34.5s+1000}$，$G(0)=\frac{1000}{1000}=1$，它的极点为 $s_{1,2}=-17.25\pm j26.5$，无零点，在零初始状态下

$$Y(s)=G(s)R(s)=\frac{1000}{(s^2+34.5s+1000)s}=\frac{A}{s}+\frac{Bs+D}{s^2+34.5s+1000}=\frac{1}{s}-\frac{s+34.5}{s^2+34.5s+1000}$$

$$=\frac{1}{s}-\frac{s+17.25}{(s+17.25)^2+(26.5)^2}-\frac{17.25\frac{26.5}{26.5}}{(s+17.25)^2+(26.5)^2}$$

所以

$$y(t)=1-e^{-17.25t}\cos26.5t-\frac{17.25}{26.5}e^{-17.25t}\sin26.5t=1-e^{-17.25t}\left[\cos26.5t+\frac{17.25}{26.5}\sin26.5t\right]$$

$$(t\geq0)$$

由上例可知，传递函数中由于有共轭复数极点，系统瞬态响应为衰减振荡过程，其幅度、衰减速度和振荡频率由极点和零点决定，而稳态性能由传递系数决定。系统的稳定性仅由微分方程的特征根，即传递函数的极点决定；零点不影响系统的稳定性，但对瞬态过程的形式有影响。

第五节　典型环节的传递函数

一个自动控制系统是由若干元件有机组合而成的，虽然元件的具体结构和作用原理是各种各样的，但从动态性能和数学模型来看，却可以分成若干种基本环节即典型环节。元件不

论是机械式、电气式或液压式等，只要数学模型相同就是同一种环节，其动态性能也很相似，因此掌握这些典型环节对分析和设计系统帮助很大。

一、比例环节

比例环节又称无惯性环节或放大环节，其输出量与输入量之间的关系方程为

$$y(t) = Kr(t) \qquad (t \geq 0) \tag{2-16}$$

传递函数为

$$G(s) = \frac{Y(s)}{R(s)} = K \tag{2-17}$$

式中，K 为比例系数、放大系数或传递系数。

在实际物理系统中，分压器、无变形无间隙的齿轮传动比、无惯性放大器及测速发电机的电压与转速的关系等都可视为比例环节。

二、惯性环节

惯性环节又称非周期环节，其输出量与输入量之间的关系方程为

$$T\frac{\mathrm{d}y(t)}{\mathrm{d}t} + y(t) = Kr(t) \qquad (t \geq 0) \tag{2-18}$$

由于惯性环节是由一阶微分方程描述的，故又称之为一阶系统，对应的传递函数为

$$G(s) = \frac{Y(s)}{R(s)} = \frac{K}{Ts+1} \tag{2-19}$$

式中，T 为时间常数；K 为比例系数；s 为传递函数的极点，$s = -1/T$。

设输入信号为单位阶跃信号即 $r(t) = 1(t)$，其拉普拉斯变换为 $R(s) = 1/s$。在零初始条件下，输出量的拉普拉斯变换为

$$Y(s) = G(s)R(s) = \frac{K}{Ts+1}\frac{1}{s} \tag{2-20}$$

由拉普拉斯反变换可得 $\qquad y(t) = K(1 - \mathrm{e}^{-\frac{1}{T}t})$ $\qquad$ (2-21)

由式（2-21）及图 2-14 可知，惯性环节在单位阶跃输入信号作用下，输出信号是非周期的指数函数，且输出量不能立即跟踪输入量的变化，存在一定的延迟，这是由于该环节存在惯性的缘故，可以用时间常数 T 衡量惯性的大小，当时间 $t = 3T \sim 4T$ 时，输出量才接近其稳态值。在实际中，RC 电路是最典型的一阶系统，在满足一定条件时，许多高阶系统可近似成为一阶系统。

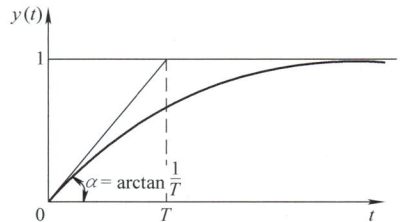

图 2-14　惯性环节的单位阶跃响应曲线

三、积分环节

积分环节的输出量与输入量之间的微分方程为

$$y(t) = K\int r(t)\mathrm{d}t \qquad (t \geq 0) \tag{2-22}$$

传递函数为

$$G(s) = \frac{Y(s)}{R(s)} = \frac{K}{s} = \frac{1}{Ts} \tag{2-23}$$

式中，T 为积分时间常数，$T = 1/K$。

显然，该环节有一个 $s = 0$ 的极点。

由式（2-23）不难求出其单位阶跃响应为

$$y(t) = \frac{1}{T}t \tag{2-24}$$

式（2-24）表明，该环节的输出量与输入量对时间的积分成正比，只要有一个恒定的输入量作用，其输出量就随时间线性增加，如图 2-15 所示。在实际物理系统中，积分环节都是在近似条件下取得的。不考虑饱和特性和惯性因素，由运算放大器构成的积分器可视为积分环节，如图 2-16 所示。

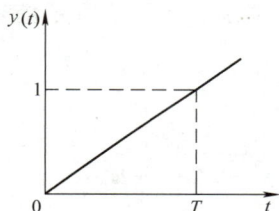

图 2-15　积分环节的单位阶跃响应曲线　　　　图 2-16　运算放大器积分电路

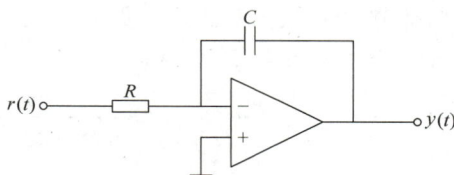

四、微分环节

微分是积分的逆运算。理想微分环节的特点是输出量与输入量对时间的导数成正比，即

$$y(t) = \tau \frac{dr(t)}{dt} \qquad (t \geqslant 0) \tag{2-25}$$

式中，τ 为时间常数。

传递函数为

$$G(s) = \frac{Y(s)}{R(s)} = \tau s \tag{2-26}$$

理想微分环节的传递函数没有极点，只有零点。若输入为单位阶跃信号即 $r(t) = 1(t)$，则输出响应为

$$y(t) = \tau \frac{d}{dt}1(t) = \tau \delta(t)$$

这是一个面积为 τ 的脉冲函数，脉冲宽度为零，幅值为无穷大。理想微分环节的输出量与输入信号的微分有关，因此它能够预示输入信号的变化趋势。在实际系统中，由于惯性的存在，这种纯微分关系的理想环节是难以实现的，如图 2-17 所示 RC 电路，其传递函数为

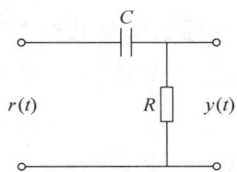

图 2-17　RC 微分电路

$$G(s) = \frac{Ts}{Ts + 1}$$

式中，$T = RC$ 为电路时间常数，当 T 足够小时 $Ts + 1 \approx 1$，可近似为理想微分环节。

五、振荡环节

振荡环节的输出量与输入量的关系为一个二阶微分方程

$$T^2 \frac{d^2}{dt^2} y(t) + 2\zeta T \frac{d}{dt} y(t) + y(t) = Kr(t) \tag{2-27}$$

传递函数为

$$G(s) = \frac{Y(s)}{R(s)} = \frac{K}{T^2 s^2 + 2\zeta Ts + 1} \tag{2-28}$$

式中，T 为时间常数；ζ 为阻尼系数（又称为阻尼比），当 $0 < \zeta < 1$ 时，振荡环节具有一对复数极点。

由于该环节是由二阶微分方程描述的，故又称为二阶系统。在单位阶跃信号输入作用下，振荡环节的响应求解如下（设 $K = 1$）：

由 $R(s) = 1/s$ 和式(2-28)得

$$Y(s) = \frac{1}{s(T^2 s^2 + 2\zeta Ts + 1)} = \frac{\omega_n^2}{s(s^2 + 2\zeta\omega_n s + \omega_n^2)} = \frac{1}{s} - \frac{s + 2\zeta\omega_n}{s^2 + 2\zeta\omega_n s + \omega_n^2}$$

$$= \frac{1}{s} - \frac{s + \zeta\omega_n}{(s + \zeta\omega_n)^2 + \omega_d^2} - \frac{\zeta\omega_n}{(s + \zeta\omega_n)^2 + \omega_d^2} \tag{2-29}$$

式中，$\omega_n = 1/T$ 为无阻尼自然振荡频率；$\omega_d = \omega_n \sqrt{1 - \zeta^2}$ 为有阻尼振荡频率。

对式(2-29)进行拉普拉斯反变换可得振荡环节的阶跃响应为

$$y(t) = 1 - \frac{e^{-\zeta\omega_n t}}{\sqrt{1 - \zeta^2}} \sin\left(\omega_d t + \arctan \frac{\sqrt{1 - \zeta^2}}{\zeta}\right) \tag{2-30}$$

由式（2-30）得到的一簇以 ζ 为参变量的曲线如图 2-18 所示，图中响应曲线的振荡程度与阻尼比 ζ 有关，ζ 值越小振荡越强烈。当 $\zeta = 0$ 时，出现等幅振荡。反之，阻尼比 ζ 越大，振荡越弱。当 $\zeta \geq 1$ 时，响应呈现为单调上升曲线，此时已不是振荡环节了。

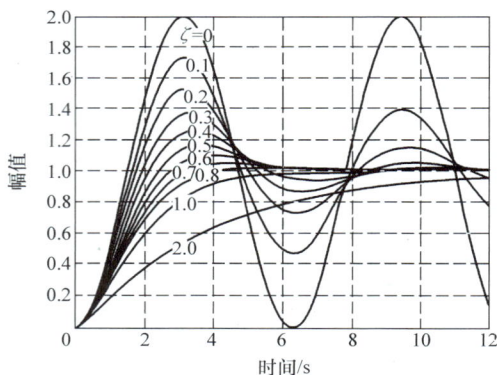

图 2-18　不同 ζ 值时的单位阶跃响应

六、延迟环节

延迟环节又称滞后环节，其特点是输出要经过一段时间 τ 才能复现输入信号，即

$$y(t) = r(t - \tau)$$

式中，τ 为延迟时间。当 $r(t)$ 为单位阶跃输入时，有 $r(t - \tau) = 1(t - \tau)$，延迟环节的输出特性如图 2-19 所示。

根据拉普拉斯变换的延迟定理，可得该环节的传递函数为

$$G(s) = \frac{Y(s)}{R(s)} = e^{-\tau s} \qquad (2\text{-}31)$$

它是 s 的超越函数。在分析过程中，当 τ 很小时，可将 $e^{-\tau s}$ 展成泰勒级数，略去高次项，用低阶传递函数近似，例如可近似成一个惯性环节，即

$$e^{-\tau s} = \frac{1}{1 + \tau s + \frac{\tau^2}{2!}s^2 + \frac{\tau^3}{3!}s^3 + \cdots} \approx \frac{1}{1 + \tau s}$$

在生产实际中，特别是一些液压、气动或机械传动系统以及各类加热炉中，都可能遇到纯时间延迟现象。近年来，随着网络技术的日益完善和成熟，将网络技术与控制系统相结合构成的网路化控制系统已成为信息化应用于工业过程的重要标志，在网路化控制中存在信息传输时间延迟（滞后）问题，这种

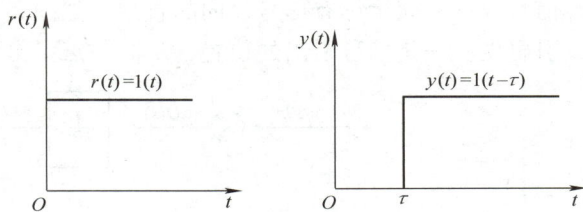

图 2-19　延迟环节的单位阶跃响应

由网络传输引起的延迟，与控制网络的构成密切相关，可能是时变的，甚至是随机的。因此，在网络环境下，如何有效地克服延迟对系统的不利影响已成为研究的热点问题。

最后，还应当指出在分析和设计控制系统时，上述典型环节是按数学模型区分的，它与元件、装置或系统是不同的。一个元件的数学模型可能是由若干个典型环节的数学模型组合而成的，而若干个元件数学模型的组合也可能只构成一个典型环节。典型环节的概念仅适用于能够用线性定常数学模型描述的系统。

第六节　动态结构图及等效变换

一、动态结构图的概念

控制系统可以由许多环节组成，为了表明每一个环节在系统中的功能常使用动态结构图。在第四节中，用消元的方法求得图 2-1 所示电路的传递函数，现在采用动态结构图的方法描述这一电路。根据图 2-1 不难得到

$$u_i = Ri + \frac{1}{C}\int i dt = Ri + u_o$$

即

$$u_i - u_o = Ri$$

经拉普拉斯变换，可得

$$U_i(s) - U_o(s) = RI(s) \qquad (2\text{-}32)$$

即

$$\frac{1}{R}[U_i(s) - U_o(s)] = I(s)$$

又

$$U_o(s) = \frac{1}{Cs}I(s) \qquad (2\text{-}33)$$

现可用图示的方法描述这一过程，在此"$\otimes$"表示信号的代数和，"$\rightarrow$"表示信号的传递方向。图 2-20 就表示了式（2-32）的数学关系，对于式（2-33）可表示为图 2-21。将这两个图合并，就得到该电路的最终完整的动态结构图，如图 2-22 所示。

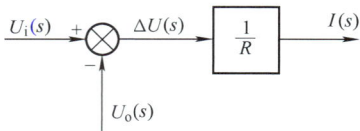

图 2-20　式（2-32）的结构图　　　图 2-21　式（2-33）的结构图

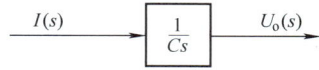

由此可见，动态结构图由如图 2-23 所示的一些基本单元组成：

信号线——表示标有信号流向的直线，如图 2-23a 所示；

引出点——是信号引出的位置，从同一点引出的信号相同，如图 2-23b 所示；

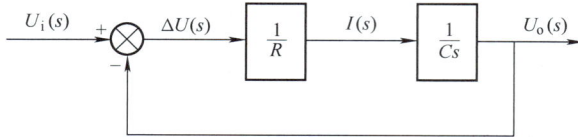

图 2-22　*RC* 电路的结构图

综合点——表示对两个及两个以上的信号进行代数运算，" + "表示相加，" – "表示相减，且" + "常省略，如图 2-23c 所示；

功能框——表示典型环节或其组合，其框中为元件或其组合的传递函数，显然其框的输出量等于输入量与传递函数的乘积，即 $Y(s) = G(s)R(s)$，如图 2-23d 所示。

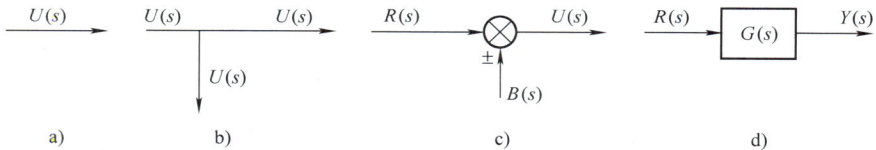

a)　　　　　　b)　　　　　　　　c)　　　　　　　d)

图 2-23　结构图的基本组成单元

因此，控制系统的动态结构图实际上是系统原理图与数学表达式的结合，是系统数学模型的一种图形表示方法。

定义：动态结构图是由具有一定函数关系的环节组成，并标明信号流向的系统框图。

绘制系统结构图的基本方法为

1）用典型环节及其组合取代系统中的具体元件，将各环节的传递函数填入框中，标出信号引出点、综合点及流向箭头。

2）按系统中信号的流向把各个环节连接起来，就构成了系统的结构图。

应当注意，在结构图中信号只能沿箭头方向流动，每个环节的输出取决于输入，而输出对输入没有反作用，故结构图具有单向性。

二、结构图的基本组成形式

不同的系统是由不同的典型环节按不同关系连接起来的，其中最常见的基本连接关系有以下三种：

1. 环节的串联

环节的串联是常见的一种结构形式，其特点是前一个环节的输出信号为后一个环节的输入信号，如图 2-24 所示。

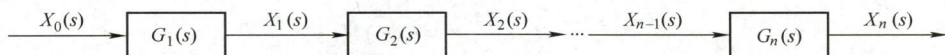

图 2-24　结构图串联

由图 2-24 可得

$$G(s) = \frac{X_n(s)}{X_0(s)} = \frac{X_n(s)}{X_{n-1}(s)} \frac{X_{n-1}(s)}{X_{n-2}(s)} \cdots \frac{X_1(s)}{X_0(s)} = G_n(s) G_{n-1}(s) \cdots G_1(s) = \prod_{i=1}^{n} G_i(s)$$

(2-34)

式（2-34）表明，忽略环节间的负载效应，若干环节的串联可用一个等效环节代替，其传递函数为各环节传递函数之积。

2. 环节的并联

如图 2-25 所示，环节并联的特点是各环节的输入信号相同，输出信号等于各环节输出信号的代数和，由图 2-25 可得

$$G(s) = \frac{Y(s)}{X(s)} = \frac{X_1(s) + X_2(s) + \cdots + X_n(s)}{X(s)}$$

$$= G_1(s) + G_2(s) + \cdots + G_n(s) = \sum_{i=1}^{n} G_i(s) \tag{2-35}$$

3. 反馈连接

将系统或环节的输出回馈到输入端，与输入端信号进行比较，就构成反馈连接。在图 2-26 中，输出 $Y(s)$ 经过一个反馈环节 $H(s)$ 后与输入 $R(s)$ 相加减，再作为传递函数为 $G(s)$ 环节输入。

在反馈连接中，$G(s)$ 称为前向通道环节的传递函数，$H(s)$ 称为反馈通道环节的传递函数，它们可以是单个环节，也可以是若干环节的组合。

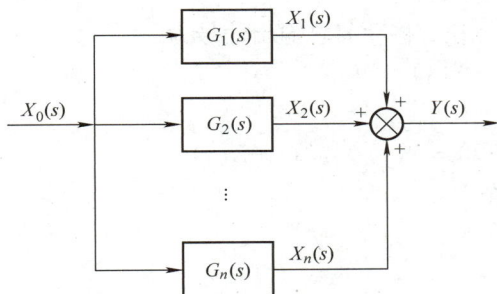

图 2-25　结构图并联

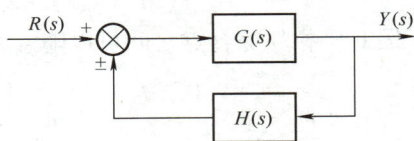

图 2-26　结构图的反馈连接

由图 2-26 可知，对于负反馈接法，其输出为

$$Y(s) = G(s)[R(s) - H(s)Y(s)]$$

输入/输出间总的传递函数为

$$G_{\mathrm{B}}(s) = \frac{Y(s)}{R(s)} = \frac{G(s)}{1 + G(s)H(s)} \tag{2-36}$$

同理,正反馈接法其传递函数为

$$G_{\mathrm{B}}(s) = \frac{Y(s)}{R(s)} = \frac{G(s)}{1 - G(s)H(s)} \tag{2-37}$$

通常可以将闭环系统看成由两条传递信号的通道组成:一条的起点是输入信号 $R(s)$ 从外部加到系统的点,终点是输出量 $Y(s)$ 的引出点,称为主通道;另一条正好相反,它是将输出反馈到输入端,与输入信号相加或者相减,形成闭环控制,称为反馈通道。比较环节的输出端得到的是两个信号的代数和。

三、结构图的等效变换法则

以上给出了系统结构图的基本连接方式及简化公式,在实际使用时,往往遇到比较复杂的结构图形式,一般不能直接应用上述公式,还需进行一定的变换,其主要规则如下:

1. 综合点前移、后移

如图 2-27 所示,系统综合点移动前信号关系为

$$Y(s) = R(s)G(s) \pm Q(s)$$

移动后信号关系为

$$[R(s) \pm Q(s)X(s)]G(s) = Y(s) = R(s)G(s) \pm Q(s)X(s)G(s)$$

$G(s)$ 环节后的作用点,前移到 $G(s)$ 的输入端,要保持原信号的关系不变,在被移动的通道上必须串联 $G(s)$ 的倒数。

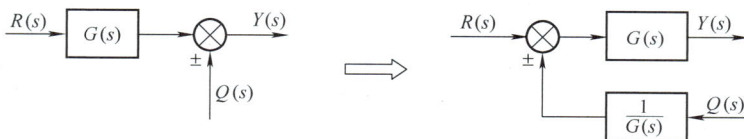

图 2-27　结构图的综合点前移

2. 综合点之间的移动

综合点之间的移动规则如图 2-28 所示。图中,移动前总输出信号为

$$Y(s) = R(s) \pm X(s) \pm Z(s)$$

移动后总输出信号为

$$Y(s) = R(s) \pm Z(s) \pm X(s) = R(s) \pm X(s) \pm Z(s)$$

因此,相邻综合点之间可以随意调换位置。

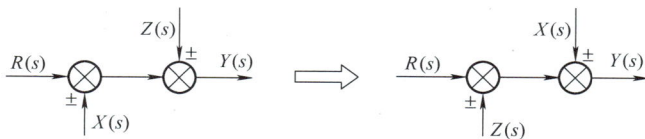

图 2-28　结构图的综合点之间移动

3. 引出点后移

信号引出点后移变换规则如图 2-29 所示。

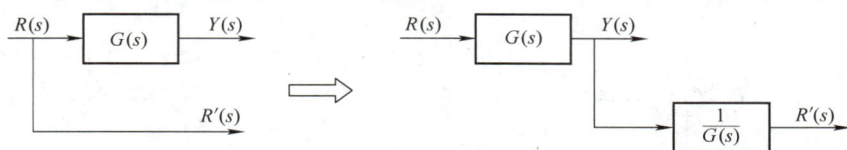

图 2-29　结构图的引出点后移

图中，移动前 $R'(s) = R(s)$，移动后 $R'(s) = \dfrac{1}{G(s)}G(s)R(s) = R(s)$，故变换前后等效。

表 2-1 汇集了结构图简化的基本规则，可供查用。

表 2-1　结构图简化的基本规则

等效变换	原结构图	变换后结构图
串联	$X \to G_1 \to G_2 \to Y$	$X \to G_1G_2 \to Y$
并联		$X \to G_1+G_2 \to Y$
反馈（反并联）		$X \to \dfrac{G_1}{1\mp G_1G_2} \to Y$
综合点后移		
综合点前移		
引出点后移		
引出点前移		

（续）

等效变换	原结构图	变换后结构图
综合点之间移动		
综合点与引出点之间移动		

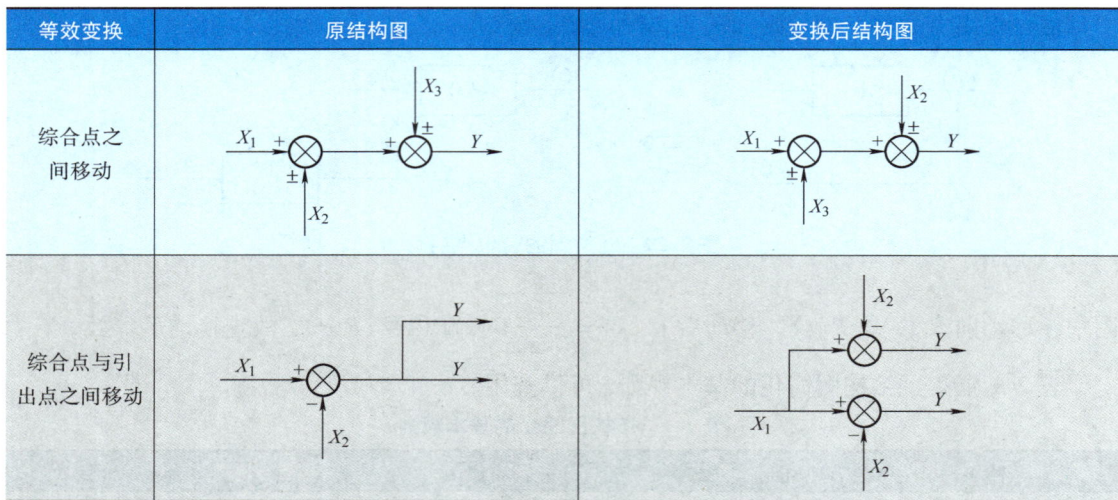

四、结构图变换举例

例 2-20　试简化图 2-30 所示结构图。

首先将包含 H_1 的通路上的引出点移动到包含 H_2 的环路外面，如图 2-31a 所示。然后消去两个环路，得到图 2-31b。将两个功能块结合成一个功能块，得到图 2-31c。

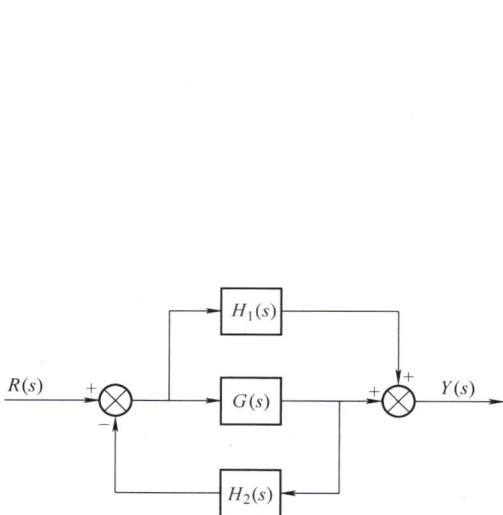

图 2-30　例 2-20 图

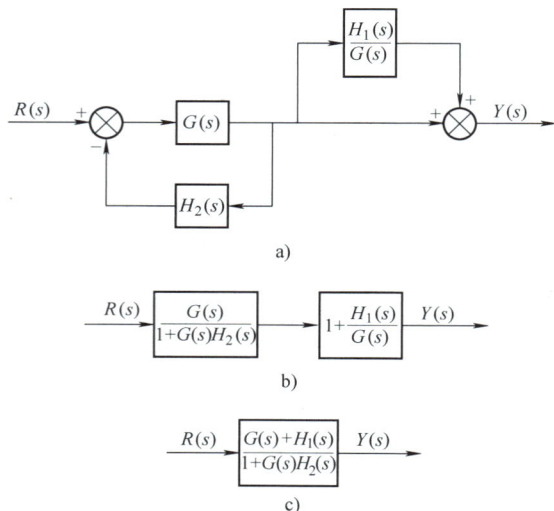

图 2-31　例 2-20 功能块图化简

例 2-21　图 2-32a 所示是一个多环反馈系统，它有三个反馈回路，最外面一个称为外反馈回路，里面的称为局部反馈回路或者内回路。

由图可知，该系统存在两个互相交错的局部反馈回路，在化简时刻考虑将信号综合点作适当移动，如将 G_2 环节后的综合点前移，可得如图 2-32b 的形式。利用结构图化简的基本公式可得到系统的传递函数为

a)

b)

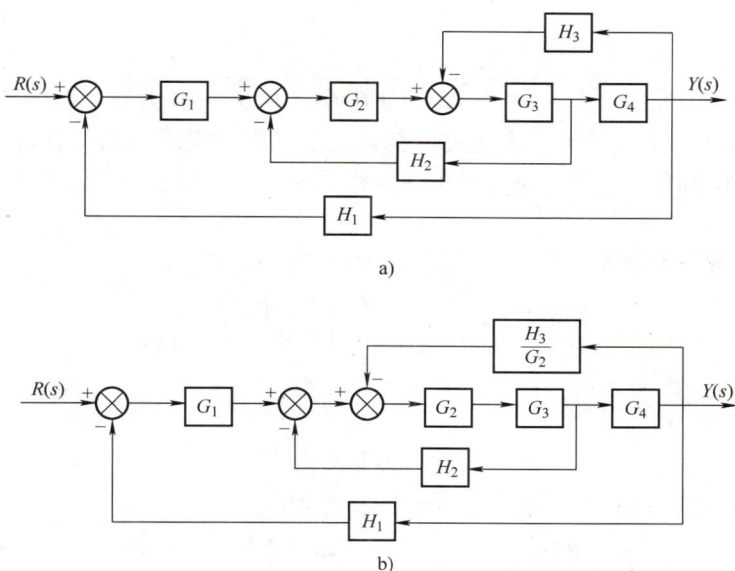

图 2-32　例 2-21 图

a）多环反馈系统结构图　b）变换后的多环反馈系统结构图

$$G_B(s) = \frac{Y(s)}{R(s)} = \frac{G_1G_2G_3G_4}{1 + G_1G_2G_3G_4H_1 + G_2G_3H_2 + G_3G_4H_3}$$

例 2-22　如图 2-33a 所示是一个多环系统，试对其进行化简并求闭环传递函数。

此系统中有多个交错连接的回路，可将所有信号引出点均移至 G_4 的输出端，即可得到若干相互独立的回路，如图 2-33b 所示。

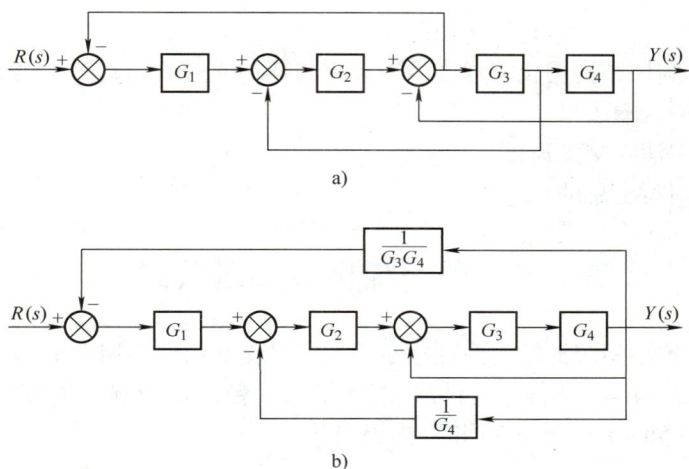

a)

b)

图 2-33　例 2-22 图

a）多环系统结构图　b）变换后的多环系统结构图

再利用基本简化公式，就可得到系统的闭环传递函数为

动态结构图化简

$$G_B(s) = \frac{Y(s)}{R(s)} = \frac{G_1 G_2 G_3 G_4}{1 + G_1 G_2 + G_2 G_3 + G_3 G_4}$$

例 2-23 无人直升机偏航通道通过控制其尾桨桨距，实现对无人直升机偏航角速度的有效控制。请根据例 2-9 中无人直升机偏航增稳系统模型，写出传递函数，同时画出该系统的结构图。

解： 通过对微分方程式（2-12）进行拉普拉斯变换，得

$$sR_{fd}(s) = -K_{fd}R_{fd}(s) + K_r R(s) \tag{2-38}$$

$$sR(s) = N_r R(s) + N_{ped}(U(s) - R_{fd}(s)) \tag{2-39}$$

式（2-38）可变换为

$$R_{fd}(s) = \frac{K_r}{s + K_{fd}}R(s) \tag{2-40}$$

将式（2-40）代入式（2-39），得到系统的传递函数：

$$G(s) = \frac{R(s)}{U(s)} = \frac{N_{ped}(s + K_{rfd})}{s^2 + (K_{rfd} - N_r)s + (N_{ped}K_r - K_{rfd}N_r)} \tag{2-41}$$

根据上述推导过程，结构图可表示为

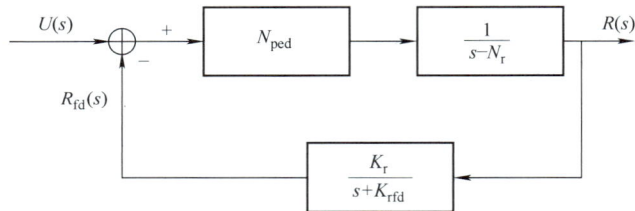

图 2-34 例 2-23 图

本例展示了微分方程、传递函数与结构图的关系。

综上所述，可得利用结构图化简规则求取系统闭环传递函数的基本步骤如下：

1）确定系统的输入输出量；

2）利用移动规则消除交叉连接；

3）利用基本规则写出总的传递函数。

第七节 信号流图及梅逊公式

在工程实际中，控制系统的结构图往往是多回路且交叉的，采用上节的方法对结构图进行化简时往往比较麻烦且容易出错。信号流图法是另一种表示控制系统各变量间关系的方法，它是 S. J. 梅逊（Mason）于 1956 年首先提出的。

一、基本概念

设线性方程组

$$\begin{cases} ax_0 - x_1 + bx_2 = 0 \\ cx_0 + dx_1 - x_2 = 0 \end{cases} \tag{2-42}$$

式中，x_0，x_1，x_2 表示变量，其中 x_0 为自变量。

为了绘制信号流图，将上述方程组改写成如下因果关系式：

$$\begin{cases} x_1 = ax_0 + bx_2 \\ x_2 = cx_0 + dx_1 \end{cases} \tag{2-43}$$

式中，因变量 x_1、x_2 在一个方程中只出现一次。式（2-43）可用图 2-35a 所示的信号流图表示。

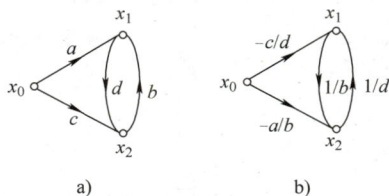

图 2-35　信号流图

由于线性方程组的因果关系表达式并不是唯一的，故所对应的信号流图也不是唯一的。例如，式（2-43）还可改写成

$$\begin{cases} x_1 = -\dfrac{c}{d}x_0 + \dfrac{1}{d}x_2 \\ x_2 = -\dfrac{a}{b}x_0 + \dfrac{1}{b}x_1 \end{cases} \tag{2-44}$$

对应的信号流图如图 2-35b 所示。在信号流图中，用符号"○"表示变量，称之为节点；节点之间用有向线段连接，称之为支路；通常在支路上标明前后两变量之间的关系，称之为传输。

二、常用术语

下面介绍信号流图的一些常用术语：

输入节点或源节点：只有输出支路的节点，对应自变量或外输入；

输出节点或汇节点：只有输入支路的节点，对应于因变量；

混合节点：既有输入支路又有输出支路的节点；

通道或路径：从一个节点出发，沿着支路的箭头方向相继经过多个节点的支路，一个信号流图可以有很多通道；

开通道：该通道从某节点开始，终止于另一节点且只经过通道中每个节点一次；

闭通道：该通道从某节点开始，终止于同一节点且只经过通道中每个节点一次；

前向通道：从源节点开始到汇节点终止，且每个节点仅通过一次的通道；

不接触回环：没有任何公共节点的一些回环；

支路传输：两节点间的增益；

通道增益或通道传输：通道各支路传输的乘积；

回环增益或回环传输：闭通道各支路传输的乘积。

下面以图 2-36 所示的信号流图为例说明以上术语。

图中 x_0 为输入节点，x_6 为输出节点；x_1、x_2、x_3、x_4、x_5 为混合节点；$abcdej$ 为前向通

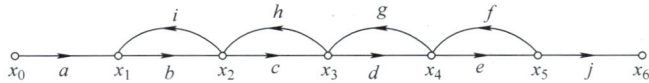

图 2-36 信号流图

道；$abcde$ 和 $fghi$ 是通道；ai 不是通道，因为两条支路的方向不一致；abi 也不是通道，因为两次经过节点 x_1；bi 是闭通道（回路、回环）；而 $bchi$ 不是闭通道，因为两次经过节点 x_2；此图中共有四个回环即 bi、ch、dg 和 ef；有三组两两不相接触的回环即 bi-ef、bi-dg 和 ch-ef；没有三个及以上不相接触的回环。

三、信号流图的简化

与结构图一样，利用信号流图的等效变换可以使信号流图简化，常用的信号流图等效变换法则如表 2-2 所示。

表 2-2 信号流图的等效变换

等效变换	变换前	变换后
串联支路合并		
并联支路合并		
混合节点的消除 1		
混合节点的消除 2		
回路的消除		
反回路的消除		

控制系统的信号流图可根据变量关系方程，按流图组成和节点的数学关系绘制。在已知系统结构图的情况下，也可以根据信号流图和结构图的对应关系绘制。例如，图 2-37a 为一

控制系统的结构图，图 2-37b 为对应的信号流图。

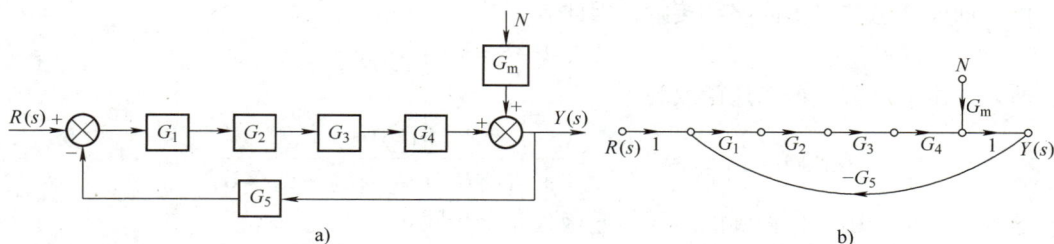

图 2-37   结构图与信号流图的转化

可以看出，信号流图不像结构图那样区分综合点和引出点，而是将信号相加或相减在支路传输（增益）上表示出来，如图 2-37b 中 $-G_5$ 表示信号相减，即负反馈。绘制信号流图之后，可利用其等效变换规则化简，进而得到从输入节点到输出节点的总传输，即控制系统的传递函数。

四、梅逊增益公式

在控制工程中，对于比较复杂的系统信号流图，常使用梅逊公式直接求取其传递函数。该公式表示为

$$G(s) = \frac{\sum\limits_{k=1}^{n} P_k \Delta_k}{\Delta} \qquad (2\text{-}45)$$

式中，Δ 称为特征式，$\Delta = 1 - \sum L_i + \sum L_i L_j - \sum L_i L_j L_k + \cdots$。$\sum L_i$ 为系统中各个回路的增益之和；$\sum L_i L_j$ 为系统中每两个不接触的回路增益乘积之和；$\sum L_i L_j L_k$ 为系统中所有三个不接触回路增益的乘积之和；P_k 是从输入端到输出端的第 k 条前向通道的传递函数；Δ_k 是与第 k 条前向通道不接触部分的 Δ 值。

下面通过两个例子说明梅逊公式的应用。

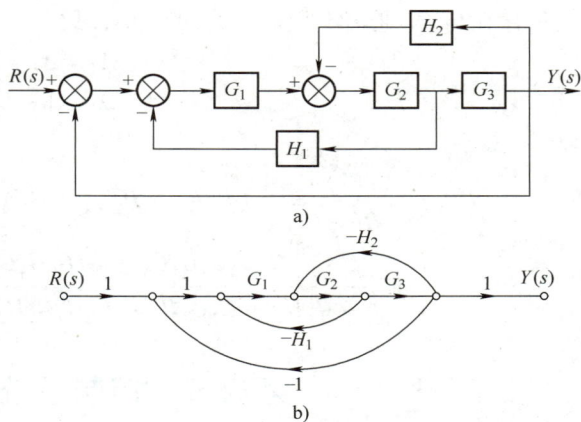

图 2-38   系统的动态结构图及信号流图

例 2-24   图 2-38a、b 所示是某系统的动态结构图及信号流图，试利用梅逊公式求系统闭环传递函数。

解： 在这个系统中，输入量与输出量之间只有一条前向通道，其传递函数为

$$P_1 = G_1 G_2 G_3$$

三个独立回路分别为

$$L_1 = -G_1 G_2 H_1, \quad L_2 = -G_2 G_3 H_2, \quad L_3 = -G_1 G_2 G_3$$

该系统中没有互不接触的回路，故其特征式为

$$\Delta = 1 - (L_1 + L_2 + L_3)$$

由于前向通道与三个回路都接触，因此有

$$\Delta_1 = 1 - 0 = 1$$

所以，由梅逊公式得传递函数为

$$G_B(s) = \frac{Y(s)}{R(s)} = \frac{P_1 \Delta_1}{\Delta} = \frac{G_1 G_2 G_3}{1 + G_1 G_2 H_1 + G_2 G_3 H_2 + G_1 G_2 G_3}$$

这与通过结构图简化得到的闭环传递函数完全相同。

例 2-25 对于如图 2-39 所示的系统，试利用梅逊公式求闭环传递函数。

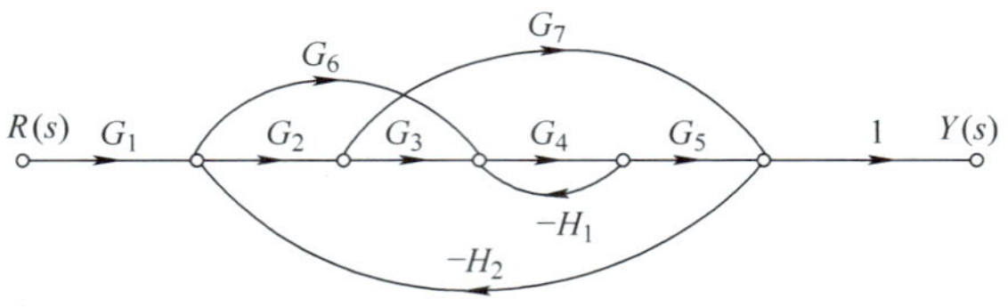

解： 该系统有三条前向通道：

$$P_1 = G_1 G_2 G_3 G_4 G_5$$
$$P_2 = G_1 G_6 G_4 G_5$$
$$P_3 = G_1 G_2 G_7$$

图 2-39 系统的信号流图

4 个独立回路：

$$L_1 = - G_4 H_1$$
$$L_2 = - G_2 G_7 H_2$$
$$L_3 = - G_6 G_4 G_5 H_2$$
$$L_4 = - G_2 G_3 G_4 G_5 H_2$$

有两个不相接触的回路 L_1 和 L_2，因此系统的特征式为

$$\Delta = 1 - (L_1 + L_2 + L_3 + L_4) + L_1 L_2$$

仅存在与 P_3 通道不相接触的回路 L_1，故

$$\Delta_1 = \Delta_2 = 1$$
$$\Delta_3 = 1 - L_1$$

所以

$$G(s) = \frac{Y(s)}{R(s)} = \frac{1}{\Delta}(P_1 \Delta_1 + P_2 \Delta_2 + P_3 \Delta_3)$$

$$= \frac{G_1 G_2 G_3 G_4 G_5 + G_1 G_6 G_4 G_5 + G_1 G_2 G_7 (1 + G_4 H_1)}{1 + G_4 H_1 + G_2 G_7 H_2 + G_6 G_4 G_5 H_2 + G_2 G_3 G_4 G_5 H_2 + G_4 G_2 G_7 H_1 H_2}$$

第八节　控制系统的传递函数

在前面几节中我们讨论了系统在给定信号作用下的传递函数，它无疑是十分重要的。但是，在实际工作过程中，如图 2-40 所示，系统的控制对象往往会受到干扰信号的作用，对系统的输出产生一定的影响，有时甚至使整个系统无法正常工作，因此只考虑输入量的作用是不完全的，还应考虑干扰作用于系统时的情况。

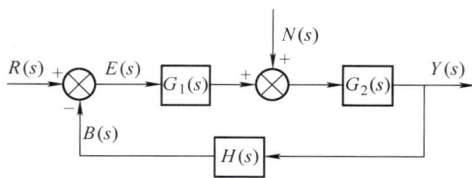

图 2-40 扰动作用下的系统结构图

为了便于以后的学习，针对图 2-40 所示系统，给出以下几个重要的概念。

一、系统的开环传递函数

定义 $G_K(s) = \dfrac{B(s)}{E(s)}$，即断开系统的主反馈通路所得的传递函数，有时可表示为前向通路传递函数与反馈传递函数之乘积，如图 2-40 所示为

$$G_K(s) = G_1(s) G_2(s) H(s)$$

二、$r(t)$ 作用时的闭环传递函数

此时不考虑扰动信号的影响，即 $n(t) = 0$，系统在参考输入 $r(t)$ 作用时的闭环传递函数为

$$G_B(s) = \frac{Y(s)}{R(s)} = \frac{G_1(s) G_2(s)}{1 + G_1(s) G_2(s) H(s)}$$

输出为

$$Y_r(s) = \frac{G_1(s) G_2(s)}{1 + G_1(s) G_2(s) H(s)} R(s)$$

它仅取决于闭环传递函数及输入信号。

三、干扰信号 $n(t)$ 对系统的影响

设输入信号 $r(t) = 0$。此时，在扰动信号作用下，系统输出与扰动信号间的传递函数为

$$\frac{Y(s)}{N(s)} = G_n(s) = \frac{G_2(s)}{1 + G_1(s) G_2(s) H(s)}$$

对应的系统输出为

$$Y_n(s) = G_n(s) N(s) = \frac{G_2(s) N(s)}{1 + G_1(s) G_2(s) H(s)} \tag{2-46}$$

式 (2-46) 表明干扰的作用对系统输出将产生影响。

当 $|G_1(s) G_2(s) H(s)| \gg 1$ 时有

$$Y_n(s) \approx \frac{N(s)}{G_1(s) H(s)} \tag{2-47}$$

从式 (2-47) 可以看出，要减小扰动信号对系统输出的影响，可以适当提高扰动作用点之前 $G_1(s)$ 的增益。

四、系统的总输出

由线性系统的基本性质可得，在输入信号 $r(t)$ 和扰动信号 $n(t)$ 同时作用时的系统总输出为

$$Y(s) = Y_r(s) + Y_n(s) = \frac{G_1(s) G_2(s)}{1 + G_1(s) G_2(s) H(s)} R(s) + \frac{G_2(s)}{1 + G_1(s) G_2(s) H(s)} N(s) \tag{2-48}$$

五、闭环系统的误差传递函数

在系统分析中，除了要了解输出量随输入信号变化的规律之外，经常还关心控制过程中

误差的变化规律，因为它的大小直接反映了系统的控制精度。在此设定输出量的测量值 $b(t)$ 与给定信号 $r(t)$ 之差为系统的误差，即

$$e(t) = r(t) - b(t) \text{ 或 } E(s) = R(s) - B(s) \tag{2-49}$$

误差传递函数反映了系统的稳态误差性能，利用它可以求出在以下不同情况下系统的稳态误差：

1）$r(t)$ 作用时，设 $n(t) = 0$

系统的误差传递函数为

因为 $\quad R(s) - E(s)G_1(s)G_2(s)H(s) = E(s)$

所以 $\quad R(s) = (1 + G_1(s)G_2(s)H(s))E(s)$ $\tag{2-50}$

$$G_{er}(s) = \frac{E(s)}{R(s)} = \frac{1}{1 + G_1(s)G_2(s)H(s)}$$

因此，当输入信号是变化的时候，该函数就可以描述随动系统的稳态性能。

2）$n(t)$ 作用时，设 $r(t) = 0$，系统误差传递函数

因为 $\quad (N(s) + E(s)G_1(s))G_2(s)H(s) = -E(s)$

所以 $\quad G_2(s)H(s)N(s) = -(1 + G_1(s)G_2(s)H(s))E(s)$ $\tag{2-51}$

系统误差传递函数为 $\quad G_{en}(s) = \dfrac{E(s)}{N(s)} = \dfrac{-G_2(s)H(s)}{1 + G_1(s)G_2(s)H(s)}$

扰动误差传递函数常用来衡量恒值调节系统的稳态性能。

3）系统的总误差为

$$E(s) = G_{er}(s)R(s) + G_{en}(s)N(s) = \frac{R(s)}{1 + G_1(s)G_2(s)H(s)} - \frac{G_2(s)H(s)N(s)}{1 + G_1(s)G_2(s)H(s)}$$

$$\tag{2-52}$$

考察上述式（2-50）~式（2-52），可以看出它们具有相同的分母，可认为具有相同的闭环极点，故系统的稳定特性是一致的。

对于前面所得到的闭环控制较开环控制有更好的控制效果的结论，可用式（2-48）说明如下：

当 $|G_1(s)G_2(s)H(s)| \geqslant 1$ 且 $|G_1(s)H(s)| \gg 1$ 时

$$Y(s) = \frac{G_1(s)G_2(s)R(s)}{1 + G_1(s)G_2(s)H(s)} + \frac{G_2(s)N(s)}{1 + G_1(s)G_2(s)H(s)} \approx \frac{R(s)}{H(s)} + 0 \times N(s)$$

由图 2-40 及式（2-49）可得

$$E(s) = R(s) - B(s) = R(s) - Y(s)H(s) \approx R(s) - R(s) = 0$$

这表明由于采用了反馈控制方式，通过适当地匹配部件的参数，可获得较高的控制精度，抗干扰能力强，能理想地复现、跟随输入信号。

六、反馈对控制系统的影响

图 2-41 为一闭环控制系统，$R(s)$ 为输入信号，$Y(s)$ 为输出信号，$E(s)$ 为误差信号，$B(s)$ 为反馈信号，$G(s)$ 和 $H(s)$ 分别为前向通道和反馈通道增益，由此不难得出系统闭环传递函数为

$$G_B(s) = \frac{Y(s)}{R(s)} = \frac{G(s)}{1 + G(s)H(s)} \qquad (2-53)$$

据此即可分析反馈在系统中的作用。

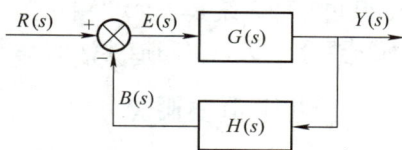

图 2-41　闭环控制系统

（1）反馈对系统增益的影响　由式（2-53）可以看出，闭环系统的增益比开环系统的增益多了一个因子 $1 + G(s)H(s)$，而 $G(s)H(s)$ 本身可正可负，使得 $G_B(s)$ 的增益增大或减小。在实际系统中，$G(s)$ 和 $H(s)$ 是频率的函数，故 $1 + G(s)H(s)$ 的幅值可能在某个频段大于1，而在另一频段小于1。所以，反馈可使系统增益在某个频段增大，而在另一频段减小。

（2）反馈对系统稳定性的影响　直观地看，当系统的输出失去控制时称系统不稳定。仍然考察式（2-55），若 $G(s)H(s) = -1$，则对于任意的有限输入，系统的输出均为无穷大，故系统不稳定。这意味着反馈可以使原来稳定的系统变得不稳定。同时，反馈也可使原来不稳定的系统变得稳定，如在图 2-41 中再增加一个外环，可得到图 2-42 所示的系统，对应的闭环传递函数为

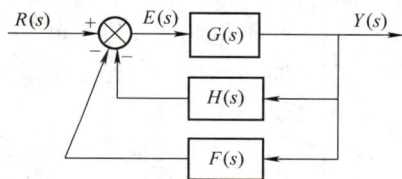

$$G_B(s) = \frac{Y(s)}{R(s)} = \frac{G(s)}{1 + G(s)H(s) + G(s)F(s)}$$

图 2-42　双闭环控制系统

这样，尽管此时因为 $G(s)H(s) = -1$ 使原系统不稳定，但通过适当的选择外环反馈增益 $F(s)$，仍有可能使整个系统稳定。所以说，反馈既可以改善系统的稳定性，又会因使用不当而破坏其稳定性。

（3）反馈对干扰的作用　任何物理系统在运行时都会受到外部信号的干扰或噪声的影响，为此，所设计的控制系统应当对干扰和噪声不敏感。反馈对干扰和噪声的抑制作用，在很大程度上取决于这些信号在系统中出现的位置，一般都可以利用反馈来减小干扰和噪声对系统的影响。

在图 2-40 所示的系统中，若 $R(s) = 0$，$H(s) = 0$ 时，$N(s)$ 单独作用产生的输出为

$$Y(s) = G_2(s)N(s) \qquad (2-54)$$

而有反馈存在时，$N(s)$ 单独作用产生的输出如式（2-46）所示。比较式（2-54）和式（2-46）可以看出，当 $|G_1(s)G_2(s)H(s)| \gg 1$ 且系统保持稳定时，作用在系统中的干扰或噪声就可被抑制或减弱。

第九节　线性系统的状态空间描述

前面介绍了基于控制系统输入、输出微分方程或传递函数建立系统数学模型的方法，它们的基本出发点是将系统当成一个"黑箱"来处理，即假设系统的内部信息未知，仅通过输入、输出变量反映系统变量间的动态因果关系。因此，上述方法常被称为"外部描述"。在单输入、单输出线性定常系统中，这种方法十分简便有效。然而，随着生产和科学技术的发展，对控制系统的要求不断提高，上述方法显出一定的局限性，于是导致了状态空间描述法的产生和发展。状态空间描述是一种对系统内部的描述，基本特点是认为系统的内部信息

可以得知，即系统是一个"白箱"。因此内部描述就是一种基于系统内部信息的数学模型。下面简要介绍状态空间描述法的基本概念，为今后学习现代控制理论打下基础。

一、几个重要概念

1. 状态与状态变量

所谓动态系统的状态，是指能够完全地描述系统时域行为的一个最小变量组，该变量组中的每个变量称为状态变量。其中，所谓完全地描述是指若给定了某个时刻 $t = t_0$ 时该变量组的值和 $t \geq t_0$ 时系统的输入变量，那么系统在 $t \geq t_0$ 的所有行为状态就完全确定了。所谓"最小"则指该变量组内的各变量之间是线性无关的，而它们与系统中的其他变量是线性相关的。

2. 状态向量与状态空间

如果一个系统有 n 个状态变量 $x_1(t)$，$x_2(t)$，$\cdots$，$x_n(t)$，用它们作为分量所构成的向量 $\boldsymbol{x}(t)$ 称为该系统的状态向量，即 $\boldsymbol{x}(t) = [x_1(t)，x_2(t)，\cdots，x_n(t)]^{\mathrm{T}}$；由 $x_1(t)$ 轴，$x_2(t)$ 轴，$\cdots$，$x_n(t)$ 轴组成的 n 维空间称为状态空间。状态在任一时刻都可以用状态空间中的一点表示，随时间的推移，状态不断变化，就在状态空间中形成一条运动轨迹。

3. 状态方程与输出方程

既然状态是完全地描述系统时域行为的一个最小变量组，如果这个变量组中的所有状态变量的时间响应已知，那么系统的整个动力学行为也就能够被充分地描述出来了。设多输入、多输出系统中有 r 个输入变量 $u_1(t)$，$u_2(t)$，$\cdots$，$u_r(t)$ 和 m 个输出变量 $y_1(t)$，$y_2(t)$，$\cdots$，$y_m(t)$，定义 n 个状态变量为 $x_1(t)$，$x_2(t)$，$\cdots$，$x_n(t)$，则可用下列方程描述系统：

$$
\begin{aligned}
\dot{x}_1(t) &= f_1(x_1, x_2, \cdots, x_n; u_1, u_2, \cdots, u_r) \\
\dot{x}_2(t) &= f_2(x_1, x_2, \cdots, x_n; u_1, u_2, \cdots, u_r) \\
&\vdots \qquad\qquad \vdots \\
\dot{x}_n(t) &= f_n(x_1, x_2, \cdots, x_n; u_1, u_2, \cdots, u_r)
\end{aligned}
\tag{2-55}
$$

系统的输出变量可表示为

$$
\begin{aligned}
y_1(t) &= g_1(x_1, x_2, \cdots, x_n; u_1, u_2, \cdots, u_r) \\
y_2(t) &= g_2(x_1, x_2, \cdots, x_n; u_1, u_2, \cdots, u_r) \\
&\vdots \qquad\qquad \vdots \\
y_m(t) &= g_m(x_1, x_2, \cdots, x_n; u_1, u_2, \cdots, u_r)
\end{aligned}
\tag{2-56}
$$

若定义

$$
\boldsymbol{x}(t) = \begin{pmatrix} x_1(t) \\ x_2(t) \\ \vdots \\ x_n(t) \end{pmatrix}, \quad
\boldsymbol{f}(\boldsymbol{x}, \boldsymbol{u}) = \begin{pmatrix} f_1(x_1, x_2, \cdots, x_n; u_1, u_2, \cdots, u_r) \\ f_2(x_1, x_2, \cdots, x_n; u_1, u_2, \cdots, u_r) \\ \vdots \\ f_n(x_1, x_2, \cdots, x_n; u_1, u_2, \cdots, u_r) \end{pmatrix}
$$

$$
\boldsymbol{y}(t) = \begin{pmatrix} y_1(t) \\ y_2(t) \\ \vdots \\ y_m(t) \end{pmatrix}, \quad
\boldsymbol{g}(\boldsymbol{x}, \boldsymbol{u}) = \begin{pmatrix} g_1(x_1, x_2, \cdots, x_n; u_1, u_2, \cdots, u_r) \\ g_2(x_1, x_2, \cdots, x_n; u_1, u_2, \cdots, u_r) \\ \vdots \\ g_m(x_1, x_2, \cdots, x_n; u_1, u_2, \cdots, u_r) \end{pmatrix}, \quad
\boldsymbol{u}(t) = \begin{pmatrix} u_1(t) \\ u_2(t) \\ \vdots \\ u_r(t) \end{pmatrix}
$$

则式（2-55）和式（2-56）可变成

$$\dot{x}(t)=f(x,u) \qquad (2\text{-}57)$$

$$y(t)=g(x,u) \qquad (2\text{-}58)$$

式（2-57）为状态方程，式（2-58）为输出方程。

图 2-43　状态空间描述的示意图

由以上可以看出，这种描述系统动力学行为的方法将输入/输出间的信息分为两段来描述，如图 2-43 所示。第一段是输入引起系统内部状态发生变化，用状态方程描述；第二段是系统内部状态变化引起系统输出的变化，用输出方程描述。由于这种描述方法可以深入到系统的内部，故称之为内部描述。

对式（2-57）和式（2-58）所示系统进行线性化得

$$\dot{x}(t)=A(t)x(t)+B(t)u(t) \qquad (2\text{-}59)$$

$$y(t)=C(t)x(t)+D(t)u(t) \qquad (2\text{-}60)$$

式（2-59）中 $A(t)$ 称为状态矩阵，$B(t)$ 称为输入矩阵，式（2-60）$C(t)$ 称为输出矩阵，$D(t)$ 称为传输矩阵。式（2-59）和式（2-60）的动态结构图如图 2-44 所示。

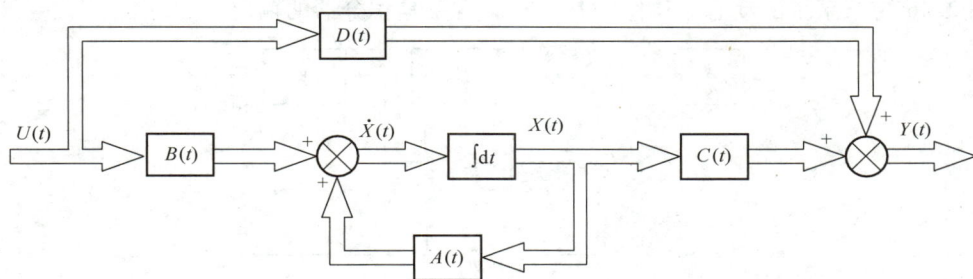

图 2-44　线性连续时间控制系统的动态结构图

下面举例说明如何写出状态方程和输出方程。

例 2-26　对于如图 2-45 所示的机械系统，假设系统是线性的，外力 $u(t)$ 是系统的输入量，质量 m 的位移 $y(t)$ 是系统的输出量，求位移 $y(t)$ 的状态空间表达式。

解：　由图可得系统的微分方程为

$$m\ddot{y}+b\dot{y}+ky=u \qquad (2\text{-}61)$$

定义状态变量为 $x_1(t)$ 和 $x_2(t)$，即 $x_1(t)=y(t)$，$x_2(t)=\dot{y}(t)$ 得到

$$\begin{cases} \dot{x}_1=x_2 \\ \dot{x}_2=-\dfrac{k}{m}x_1-\dfrac{b}{m}x_2+\dfrac{1}{m}u \end{cases} \qquad (2\text{-}62)$$

输出方程为

$$y=x_1 \qquad (2\text{-}63)$$

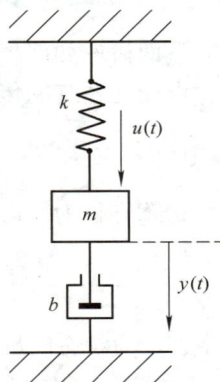

图 2-45　机械系统

采用向量矩阵表示可写成

$$\begin{pmatrix} \dot{x}_1 \\ \dot{x}_2 \end{pmatrix} = \begin{pmatrix} 0 & 1 \\ -\dfrac{k}{m} & -\dfrac{b}{m} \end{pmatrix} \begin{pmatrix} x_1 \\ x_2 \end{pmatrix} + \begin{pmatrix} 0 \\ \dfrac{1}{m} \end{pmatrix} u$$

输出方程可写成

$$y = (1 \quad 0) \begin{pmatrix} x_1 \\ x_2 \end{pmatrix} \tag{2-64}$$

显然式（2-64）为上述系统的状态方程和输出方程。

将上述方程写成标准形式，有

$$\dot{X} = AX + BU$$
$$Y = CX + DU$$

式中

$$A = \begin{pmatrix} 0 & 1 \\ -\dfrac{k}{m} & -\dfrac{b}{m} \end{pmatrix}, \quad B = \begin{pmatrix} 0 \\ \dfrac{1}{m} \end{pmatrix}, \quad C = (1 \quad 0), \quad D = 0 \tag{2-65}$$

图 2-46 为该系统的动态结构图，其中状态变量是积分器的输出。

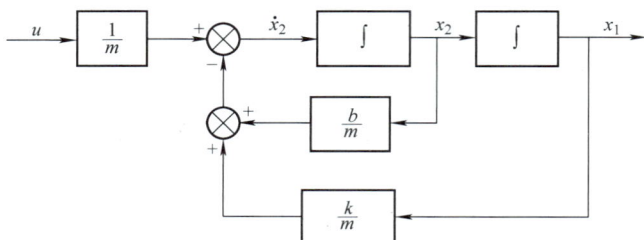

图 2-46   例 2-26 系统的动态结构图

二、传递函数与状态方程的关系

下面讨论如何根据状态方程求取单输入单输出系统的传递函数。

设线性系统的传递函数为

$$G(s) = \frac{Y(s)}{U(s)} \tag{2-66}$$

状态方程为

$$\dot{X} = AX + BU \tag{2-67}$$
$$Y = CX + DU \tag{2-68}$$

式中，X 为状态向量；U 为输入量；Y 为输出量。

对式（2-67）和式（2-68）进行拉普拉斯变换得

$$sX(s) - X(0) = AX(s) + BU(s)$$
$$Y(s) = CX(s) + DU(s)$$

根据传递函数的定义，设 $X(0) = 0$，于是得到 $sX(s) - AX(s) = BU(s)$，即

$$(s\boldsymbol{I}-\boldsymbol{A})\boldsymbol{X}(s)=\boldsymbol{B}\boldsymbol{U}(s)$$

用 $(s\boldsymbol{I}-\boldsymbol{A})^{-1}$ 乘上式等号两边得

$$\boldsymbol{X}(s)=(s\boldsymbol{I}-\boldsymbol{A})^{-1}\boldsymbol{B}\boldsymbol{U}(s) \tag{2-69}$$

将式（2-69）代入式（2-68）得到

$$\boldsymbol{Y}(s)=\left[\boldsymbol{C}(s\boldsymbol{I}-\boldsymbol{A})^{-1}\boldsymbol{B}+\boldsymbol{D}\right]\boldsymbol{U}(s) \tag{2-70}$$

故系统的传递函数为

$$\boldsymbol{G}(s)=\frac{\boldsymbol{Y}(s)}{\boldsymbol{U}(s)}=\boldsymbol{C}(s\boldsymbol{I}-\boldsymbol{A})^{-1}\boldsymbol{B}+\boldsymbol{D} \tag{2-71}$$

这是以 $\boldsymbol{A}$、$\boldsymbol{B}$、$\boldsymbol{C}$ 和 $\boldsymbol{D}$ 阵表示的传递函数。

例 2-27 以例 2-26 的状态方程为基础求出系统的传递函数。

解：将式（2-65）中的 $\boldsymbol{A}$、$\boldsymbol{B}$、$\boldsymbol{C}$ 和 $\boldsymbol{D}$ 阵代入式（2-71）得到

$$\boldsymbol{G}(s)=\boldsymbol{C}(s\boldsymbol{I}-\boldsymbol{A})^{-1}\boldsymbol{B}+\boldsymbol{D}$$

$$=\begin{bmatrix} 1 & 0 \end{bmatrix}\begin{bmatrix} s & -1 \\ \dfrac{k}{m} & s+\dfrac{b}{m} \end{bmatrix}^{-1}\begin{bmatrix} 0 \\ \dfrac{1}{m} \end{bmatrix}$$

由于

$$\begin{bmatrix} s & -1 \\ \dfrac{k}{m} & s+\dfrac{b}{m} \end{bmatrix}^{-1}=\frac{1}{s^2+\dfrac{b}{m}s+\dfrac{k}{m}}\begin{bmatrix} s+\dfrac{b}{m} & 1 \\ -\dfrac{k}{m} & s \end{bmatrix}$$

整理后，可得

$$\boldsymbol{G}(s)=\frac{1}{ms^2+bs+k}$$

该传递函数也可以通过对式（2-61）直接进行拉普拉斯变换得到。

设多输入、多输出系统中有 r 个输入变量 $u_1(t)$，$u_2(t)$，$\cdots$，$u_r(t)$ 和 m 个输出变量 $y_1(t)$，$y_2(t)$，$\cdots$，$y_m(t)$，定义

$$\boldsymbol{Y}(t)=\begin{bmatrix} y_1(t) \\ y_2(t) \\ \vdots \\ y_m(t) \end{bmatrix},\ \boldsymbol{U}(t)=\begin{bmatrix} u_1(t) \\ u_2(t) \\ \vdots \\ u_r(t) \end{bmatrix}$$

则传递函数定义为

$$\boldsymbol{G}(s)=\frac{\boldsymbol{Y}(s)}{\boldsymbol{U}(s)}=\boldsymbol{C}(s\boldsymbol{I}-\boldsymbol{A})^{-1}\boldsymbol{B}+\boldsymbol{D}$$

它的推导与式（2-71）的推导相同。因为输入变量是 r 维，输出变量是 m 维，故系统的传递函数是 $m\times r$ 的矩阵，一般称其为传递函数阵。

需要特别强调的是，虽然由一组状态方程只能得到一个传递函数（阵），但一个传递函数（阵）却可以对应若干不同的状态方程，这是因为对一个控制系统而言，状态变量的选择不是唯一的。通常将由传递函数（阵）列写状态方程称为实现问题，故传递函数（阵）的实现不是唯一的。选择不同的状态变量就可以得到不同的实现，人们最关心的是状态变量维数最小的实现即最小实现，有关这方面的内容将在后续课程中作详细介绍。

第十节 网络化控制系统的延迟与建模

近年来随着现场总线、工业以太网技术的成熟应用和性能造价比的不断提高，网络化控制系统（Networked Control Systems，NCSs）以其资源共享、系统分布控制、硬件连线较少、造价低、维护方便等优势，迅速应用于电力、交通、机器人、航空航天等各种系统和远程控制领域。目前网络化控制系统的研究正成为国际学术界网络与控制研究的一个热点。

一个典型的网络化控制系统结构如图 2-47 所示，所谓网络化控制系统是指借助于通信网络而构成环路的闭环反馈控制系统，对图 2-47 中的各个部分进行抽象处理后，系统典型结构如图 2-48 所示，其中 τ_1 和 τ_2 为网络延迟。由于反馈控制回路中通信网络的存在，使得传统控制理论的理想假设条件，如同步控制、无延迟信息传递和实时自动调节等，已经不再适用于网络化控制系统，必须对传统的控制理论进行重新研究才能应用到网络化控制系统中。

图 2-47 现实中的网络化控制系统

一、网络化控制中的延迟问题

在网络化控制系统中，控制器与远程控制对象的传感器及执行器等设备间通过通信网络进行信息交换时，由于源自多个设备的信息流量变化不规则、信息多包传输、多路径传输、数据包碰撞、网络拥塞、包时序错乱、包丢失、包重传、连接中断等原因，信息传输时间延迟不仅是不可避免的，而且这种由网络引起的延迟根据控制网络的不同，在大多数情况下都是时变的，甚至是随机的。

网络化控制系统中的延迟，主要由三部分（如图 2-48 所示）组成，即传感器到控制器的延迟 τ_1，控制器计算控制量的时间 τ_3，以及控制器到执行机构的延迟 τ_2。其中 τ_1 和 τ_2 由网络传输引起的，与网络带宽、网络调度算法、网络的拓扑结构等网络服务质量（QoS）相关，τ_2 则与控制算法的效率、控制器的计算速度相关。相对于 τ_1 和 τ_2，τ_3 很小而且与计算设备密切相关。我们假定控制器、传感器、执行机构所使用的时钟是同步的（用时钟同步算法可实现），网络中的数据流带有时间标签，则对控制端而言 τ_1 和 τ_3 已知，τ_2 未知。

传输过程中的时变延迟会大大降低控制系统的性能甚至引起系统不稳定。一般认为网络化控制系统的延迟有下面的几种模型：

（1）定常延迟 这是对网络化控制系统的延迟最简单的一种建模方法，实现使网络化控制系统具有定常延迟的一种方法是，将不确定的延迟通过引入信息接收和发送缓冲区实现延迟的确定化。这种方法的主要缺点是人为地将延迟扩大了，一般来说，延迟越大控制性能将变得越差。

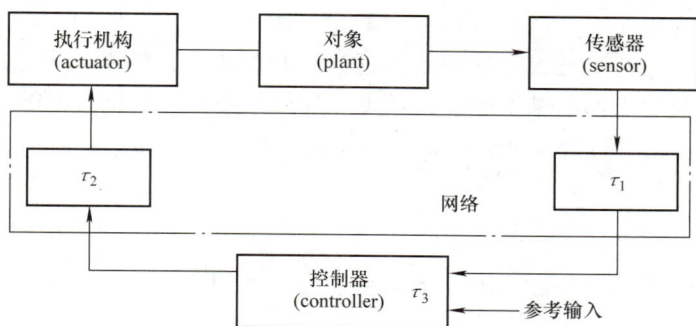

图 2-48 网络化控制系统的典型结构

（2）相互独立的随机延迟 传送的多个信息的延迟彼此独立。网络化控制系统的延迟通常是随机的，为了把延迟的随机性考虑到模型中，延迟可以从概率分布的角度来建模。进而可以采用随机控制的方法，利用随机控制理论，使设计出的控制器能够保证系统统计意义上的稳定性和性能指标。

（3）具有 Markov 概率分布的随机延迟 假设 k 时刻的传输延迟为 d_k，且 $m \leqslant d_k \leqslant n$，即最小传输延迟为 m，最大传输延迟为 n。概率分布特性受 Markov 链的约束表示根据 d_k 的值就可以确定 d_{k+1} 的概率分布情况。

目前，研究网络延迟问题有三种途径：一是在不考虑延迟的情况下设计控制器，应用调度算法设法保证信息的实时性，确保系统的稳定和性能，对此一般称之为网络调度问题；二是考虑网络延迟的影响，设计控制算法，使其在延迟存在甚至不确定的情况下能正常工作，并保证期望的性能指标，这称之为控制器设计问题；三是将上述两个方面的工作进行综合，称之为联合设计（Co-design）方法。

二、延迟网络化控制系统建模

在网络化控制系统中数据的采集和控制量的计算一般由计算机或者专用的数字设备来完成，所以用离散系统的分析方法来研究网络化控制系统是理所当然的。按照不同的工作模式，可以将网络化控制系统中的设备分为时间驱动和事件驱动两类。时间驱动的设备，它的工作由时钟控制，按照一定的周期执行操作；而事件驱动的设备所执行的操作由固定的事件触发，比如数据到达，缓冲区溢出等，没有固定的执行周期。对于不同的工作模式，控制方法不同。

对网络化控制系统进行建模时考虑到延迟问题，可根据实际情况作如下假设：

1）传感器节点由时间驱动，以固定的周期 $h(h>0)$ 对被控对象采样，并将数据（被控对象的状态量）存放在单个数据包中发送到网络。

2）控制器节点为事件驱动，采样数据到达时刻，计算控制量并输出。

3）执行器节点也为事件驱动，控制量到达时刻，执行相应的动作。

4）网络传输存在不确定延迟，不考虑数据包丢失，不考虑控制器计算时间 τ_3，控制回路总的延迟 $\tau_k = \tau_k^1 + \tau_k^2$，且为了研究方便，常假设总延迟小于采样周期，即 $0 \leqslant \tau_k \leqslant h$。

在不考虑噪声干扰的情况下，假设被控过程为

$$\dot{X}(t) = AX(t) + BU(t) \tag{2-72}$$

其中，$X(t) \in R^n$，$U(t) \in R^m$，A 和 B 为适当维数的矩阵，$U(t)$ 为控制输入。设采样周期为 h，同时系统满足上面的基本假设，对式（2-72）进行离散化，可得

$$x_{k+1} = \boldsymbol{\Phi} x_k + \boldsymbol{\Gamma}_0(\tau_k^1, \tau_k^2) u_k + \boldsymbol{\Gamma}_1(\tau_k^1, \tau_k^2) u_{k-1} \tag{2-73}$$

式中

$$\boldsymbol{\Phi} = \mathrm{e}^{Ah} \tag{2-74}$$

$$\boldsymbol{\Gamma}_0(\tau_k^1, \tau_k^2) = \int_0^{h-\tau_k^1-\tau_k^2} \mathrm{e}^{As} \mathrm{d}s B \tag{2-75}$$

$$\boldsymbol{\Gamma}_1(\tau_k^1, \tau_k^2) = \int_{h-\tau_k^1-\tau_k^2}^h \mathrm{e}^{As} \mathrm{d}s B \tag{2-76}$$

以上就是具有延迟的采样控制系统的基本模型。需要指出的是式（2-75）、式（2-76）中的 τ_k^2 对控制端而言是未知的，如何确定或者预估 τ_k^2 本身就是网络化控制系统研究的一个重要内容。在对延迟作出合理的假设或者建模之后，根据延迟的不同特性，可以采用最优控制、随机控制等控制方法，为以上系统设计相关的控制器，并进行稳定性的分析。

显然，网络化控制系统的出现对包括控制理论在内的许多研究领域都将产生重大影响，对传统控制理论相应地提出了新的挑战，对控制系统的分析也将从"系统与控制"的概念转变到"网络和控制"的范畴，分析的对象不再是孤立的控制设备或过程，而是整个网络化控制系统的稳定性分析、调度管理和鲁棒性控制等问题，有关这一领域的研究目前仍在进行之中。

第十一节 基于 MATLAB 的拉普拉斯变换
及系统模型转换实现

一、拉普拉斯变换与拉普拉斯反变换

利用 MATLAB 软件符号运算工具箱（*Symbolic Math Toolbox*）中所提供的函数 *laplace*（ ）和 *ilaplace*（ ）可方便地实现拉普拉斯变换和拉普拉斯反变换。

例 2-28 求函数 $f(t) = \mathrm{e}^{-0.4t} \cos 12t$（$t \geq 0$）的拉普拉斯变换式。

解： 根据题目要求，实现的代码如下：

```
syms t y;     % 定义两个符号变量 t,y
y = laplace(exp(-0.4 * t) * cos(12 * t));
```

运行结果：

```
y =
(s + 2/5)/((s + 2/5)^2 + 144)
```

例 2-29 求函数 $F(s) = \dfrac{10}{s^2+4} - \dfrac{3s}{s^2+4} + \dfrac{s+4}{(s+4)^2+16}$ 的拉普拉斯反变换。

解： 根据题目要求，实现的代码如下：

```
syms s f;
f = ilaplace(10/(s^2 + 4) - 3 * s/(s^2 + 4) + (s + 4)/((s + 4)^2 + 16))
```

运行结果：

f =

$5/2*4^{(1/2)}*\sin(4^{(1/2)}*t)-3*\cos(4^{(1/2)}*t)+\exp(-4*t)*\cos(4*t)$

上式结果显示较为复杂，可用函数"simple（[变量名]）"结果进行简化处理，以得到较为简单的表达式。

f = simple(f)

运行结果：

f =

$5*\sin(2*t)-3*\cos(2*t)+\exp(-4*t)*\cos(4*t)$

二、控制系统数学模型的种类与转换

在 MATLAB 里，可用四种数学模型表示一个给定的控制系统，即：传递函数模型、零、极点增益模型、状态空间模型和 MATLAB 里的 Simulink 结构图——动态结构图。其中，前三种模型每种都有连续系统和离散系统两种类别。

1. MATLAB 中控制系统的数学模型的建立

（1）传递函数模型的建立　利用函数 tf（ ）

sys = tf(num, den)　　　% 建立连续系统的传递函数模型，其中 num，den 分别为系统的
　　　　　　　　　　　　% 分子多项式和分母多项式的系数向量

sys = tf(num, den, Ts)　% 建立离散系统的传递函数模型，其中 Ts 为采样周期

（2）零极点增益模型的建立　利用函数 zpk（ ）

sys = zpk(z, p, k)

sys = zpk(z, p, k, Ts)

其中，参数 z，p，k 分别指系统的零点、极点和增益。

（3）状态空间模型的建立　利用函数 ss（ ）

sys = zpk(a, b, c, d)

sys = zpk(a, b, c, d, Ts)

其中，参数 a，b，c，d 分别对应于系统的 A，B，C，D 参数矩阵。

（4）动态结构图模型的建立　利用 Simulink

将构成一个控制系统的所有环节模块复制到所建立的模型文件（.mdl）窗口里，然后用信号线将各个模块图标连接起来就构成了能够描述一个控制系统的动态结构图。图 2-49 就是用 Simulink 建立的一个二阶线性系统的动态结构图模型。

2. 三种数学模型之间的转换

利用 MATLAB 控制系统工具箱（*Control System Toolbox*）中所提供的转换函数可方便地实现传递函数模型、零极点模型和状态空间模型三者之间的转换，转换函数如图 2-50 所示。

例 2-30　已知控制系统的传递函数 $G(s)=\dfrac{2s^2+18s+40}{s^3+6s^2+11s+6}$，试求其零、极点模型和状态空间模型。

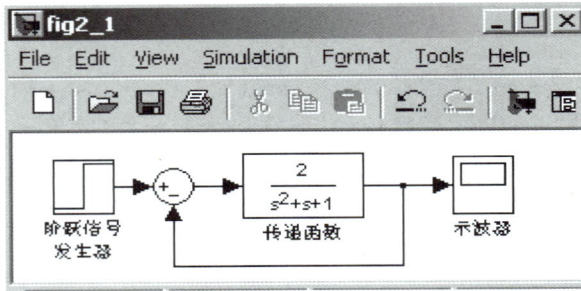

图 2-49　二阶线性系统的动态结构图模型

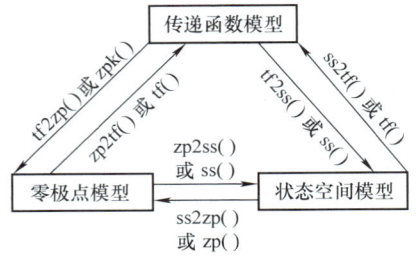

图 2-50　三种数学模型之间的转换

解： 根据题目要求，实现的代码如下：

num = [2 18 40];

den = [1 6 11 6];

F1 = tf(num,den)　% 建立传递函数模型

运行结果：

Transfer function：

$$2s^2 + 18s + 40$$

$$s^3 + 6s^2 + 11s + 6$$

F2 = zpk(F1)　% 转换成零、极点模型

运行结果：

Zero/pole/gain：

$$2(s+5)(s+4)$$

$$(s+3)(s+2)(s+1)$$

或 [z,p,k] = tf2zp(num,den)

F3 = zpk(z,p,k)

运行结果：

z =

　−5.0000

　−4.0000

p =

　−3.0000

　−2.0000

　−1.0000

k =

2

Zero/pole/gain：

$$2(s+5)(s+4)$$

```
------------------
(s+3)(s+2)(s+1)
F4 = ss(F1)    %转换成状态空间模型
```
运行结果：
```
a =      x1    x2     x3
   x1    -6    -2.75  -0.75
   x2    4     0      0
   x3    0     2      0
b =      u1
   x1    4
   x2    0
   x3    0
c =
         x1    x2     x3
   y1    0.5   1.125  1.25
d =
         u1
   y1    0
```
Continuous-time model.

例2-31 已知控制系统的零、极点模型 $G(s) = \dfrac{2(s+4)(s+5)}{(s+1)(s+2)(s+3)}$，试求其传递函数模型。

解： 根据题目要求，实现的代码如下：
```
z = [-4  -5]';
p = [-1  -2  -3]';
k = 2;
F1 = zpk(z,p,k)    %建立零、极点模型
```
运行结果：
```
Zero/pole/gain：
   2(s+4)(s+5)
------------------
(s+1)(s+2)(s+3)
F2 = tf(F1)        %转换成传递函数模型
```
运行结果：
```
Transfer function：
2s^2 + 18s + 40
------------------
s^3 + 6s^2 + 11s + 6
```
或 [num,den] = zp2tf(z,p,k)   %得到传递函数模型的分子和分母多项式的系数向量

（采用函数 tfdata( ) 也可得到同样的结果,例 [num,den] = tfdata(F1 ,′v′)

F3 = tf(num,den)

运行结果:

num =

     0   2   18   40

den =

     1   6   11   6

Transfer function:

   2s^2 + 18s + 40

- - - - - - - - - - - - - - - - - -

s^3 + 6s^2 + 11s + 6

此外,MATLAB 控制系统工具箱还提供了环节之间连接的函数,如:

series（ ）——串联连接,parallel（ ）——并联连接,feedback（ ）——反馈连接,读者可利用 MATLAB 的帮助系统（在 MATLAB 命令窗口中键入"help 函数名"）了解这些函数的用法。

小　　结

控制系统数学模型小结

本章主要讨论了线性系统数学模型的基本形式和建立方法及各模型之间的关系。动态系统的数学模型有两种形式:一种是输入/输出模式,另一种是状态变量模式。输入/输出模式中的传递函数是经典控制理论的基础,仅适用于单输入单输出系统,是对系统的"外部描述"。状态变量模式中的状态方程则是现代控制理论的基础,适用于多输入多输出系统,是对系统的"内部描述"。数学模型的两种模式之间是可以相互转换的。

微分方程式是根据物理系统所遵循的运动规律,直接列写得出的时域中各变量的关系式。传递函数是在初始条件为零时,系统输出量的拉普拉斯变换与输入量的拉普拉斯变换之比,是复数域的变量关系式。以传递函数为基础的数学模型,在分析和设计单输入单输出控制系统时,是一种很有效的工具。读者应该熟练掌握典型环节的传递函数,能够建立系统的动态结构图或信号流图,通过化简结构图或利用梅逊公式求出系统的传递函数。此外,还应理解各种情况下得到的系统闭环传递函数的意义。

典型例题解析

【典型例题 1】　交流 – 直流位置随动系统如图 2-51 所示,试列写系统的元器件传递函数,并用相应框图表示,然后绘出系统结构图。

解:（1）设负载效应满足且初始条件为零,列写各元器件运动微分方程,并分别进行拉普拉斯变换,得各元器件传递函数如下:

自整角机 $\dfrac{E(s)}{\Delta\Theta(s)} = K_s$

交流放大器 $\dfrac{U(s)}{E(s) - E_f(s)} = K_a$

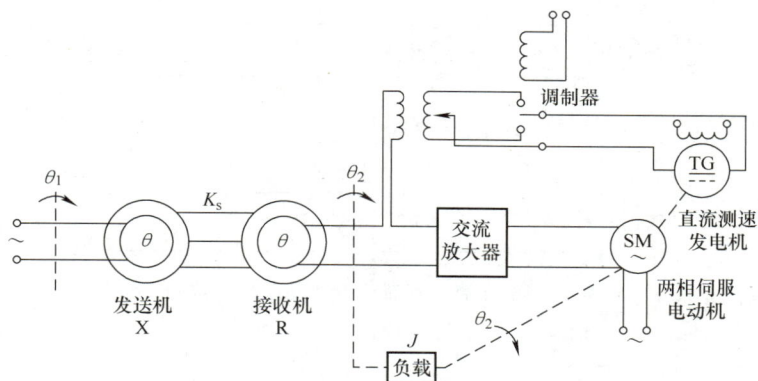

图 2-51　交流 – 直流位置随动系统

直流测速发电机与调制器（设调制器增益为 1）$\dfrac{E_f(s)}{\Theta_2(s)} = K_t s$

两相伺服电动机　　　　　$\dfrac{\Theta_2(s)}{U(s)} = \dfrac{K_m}{s(T_m s + 1)}$

其中

$$K_m = \frac{C_m}{f_m + C_\omega},\ T_m = \frac{J_m + J}{f_m + C_\omega}$$

（2）按上述各式绘制各元器件的环节单元和比较点单元框图，如图 2-52 所示。

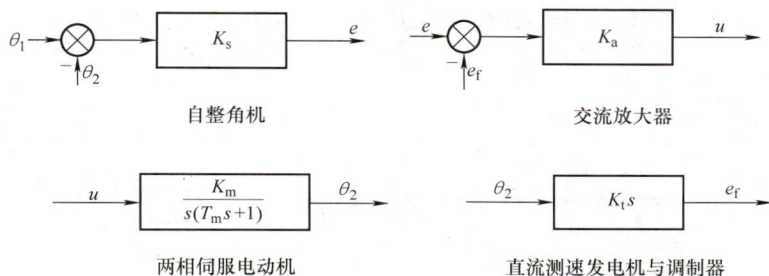

自整角机　　　　　　　　　　　　　　交流放大器

两相伺服电动机　　　　　　　　　　直流测速发电机与调制器

图 2-52　环节框图

（3）从与系统输入量 θ_1 有关的比较点开始，依据图 2-52 中的信号流向，把各环节框图连接起来，置系统输入量 θ_1 于最左端，系统输出量 θ_2 于最右端，便得到系统结构图，如图 2-53 所示。

【典型例题 2】　试简化图 2-54 所示系统结构图，并求出相应的传递函数 $C(s)/R(s)$ 和 $C(s)/N(s)$。

解：当仅考虑 $R(s)$ 作用时，经过反馈连接等效，可得简化结构图（见图 2-55），则系统传递函数为

$$\frac{C(s)}{R(s)} = \frac{\dfrac{G_1 G_2}{1 - G_2 H_2}}{1 + \dfrac{G_1 G_2}{1 - G_2 H_2} H_3} = \frac{G_1 G_2}{1 - G_2 H_2 + G_1 G_2 H_3}$$

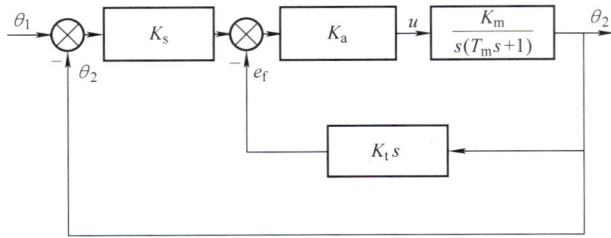

图 2-53　交流－直流位置随动系统结构图

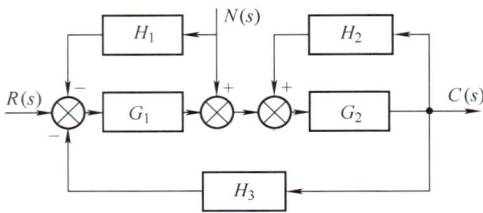

图 2-54　系统结构图

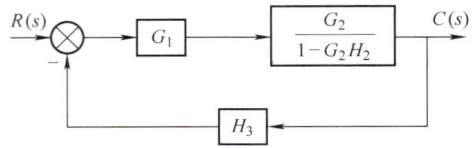

图 2-55　$R(s)$ 作用时的简化结构图

当仅考虑 $N(s)$ 作用，系统结构图如图 2-56 所示。系统经过比较点后移和串、并联等效，可得到简化结构图，如图 2-57 所示。则传递函数为

$$\frac{C(s)}{N(s)} = \frac{(1 - G_1 H_1) G_2}{1 - G_2 (H_2 - G_1 H_3)} = \frac{G_2 - G_1 G_2 H_1}{1 - G_2 H_2 + G_1 G_2 H_3}$$

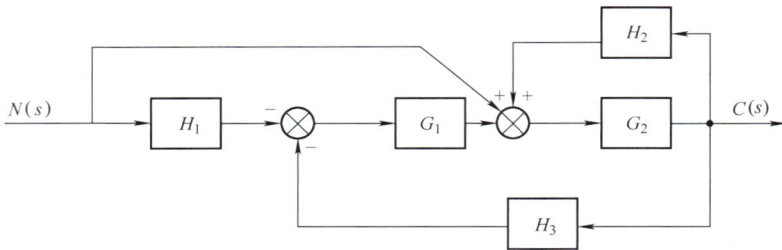

图 2-56　$N(s)$ 作用时的系统结构图

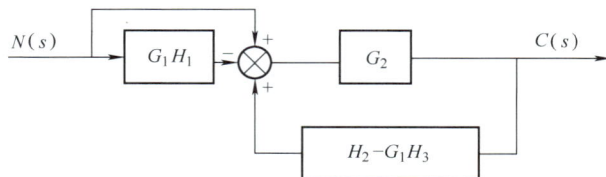

图 2-57　$N(s)$ 作用时的简化结构图

可用信号流图方法对结果进行验证。图 2-54 系统的信号流图如图 2-58 所示。

当仅考虑 $R(s)$ 作用，由图可知，本系统有一条前向通道，两个单独回路，无互不接触回路，即

$L_1 = G_2 H_2$，$L_2 = -G_1 G_2 H_3$，

$\Delta = 1 - (L_1 + L_2) = 1 + G_1 G_2 H_3 - G_2 H_2$

$p_1 = G_1 G_2$，$\Delta_1 = 1$

由梅森增益公式可得系统的传递函数为

$$\frac{C(s)}{R(s)} = \frac{\sum p_i \Delta_i}{\Delta} = \frac{G_1 G_2}{1 - G_2 H_2 + G_1 G_2 H_3}$$

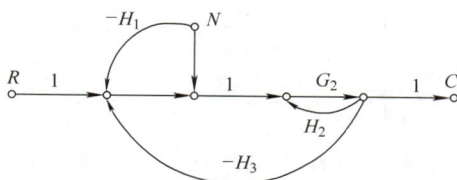

图 2-58 系统信号流图

当仅考虑 $N(s)$ 作用时，由图可知，本系统有两条前向通道，两个独立回路，无互不接触回路，即

$L_1 = G_2 H_2$，$L_2 = -G_1 G_2 H_3$，$\Delta = 1 - (L_1 + L_2) = 1 + G_1 G_2 H_3 - G_2 H_2$

$p_1 = G_2$，$\Delta_1 = 1$

$p_2 = -G_1 G_2 H_1$，$\Delta_2 = 1$

由梅森增益公式可得到系统的传递函数为

$$\frac{C(s)}{N(s)} = \frac{\sum p_i \Delta_i}{\Delta} = \frac{G_2 - G_1 G_2 H_1}{1 - G_2 H_2 + G_1 G_2 H_3}$$

习 题

2-1 下列方程中，$r(t)$ 和 $y(t)$ 分别为系统的输入和输出，试判断各方程所描述的系统的类型（线性或非线性、定常或时变、动态或静态）。

（1）$2t\ddot{y}(t) + 5\dot{y}(t) + e^{-t}y(t) = r(t)$

（2）$y(t) = r^2(t) + \sqrt{t}\,\ddot{r}(t)$

（3）$\dddot{y}(t) + 3\dot{y}(t) + 6y(t) + 10 = r(t)$

（4）$y(t) = e^{-r(t)}$

（5）$\ddot{y}(t) + 3\dot{y}(t)y^2(t) + 2y(t)\dot{r}(t) - r^2(t) = 0$

（6）$y(t) = \begin{cases} 0, & r(t) < 2 \\ 2r(t), & r(t) \geqslant 2 \end{cases}$

2-2 求图 2-59a ~ c 所示各信号 $f(t)$ 的象函数 $F(s)$。

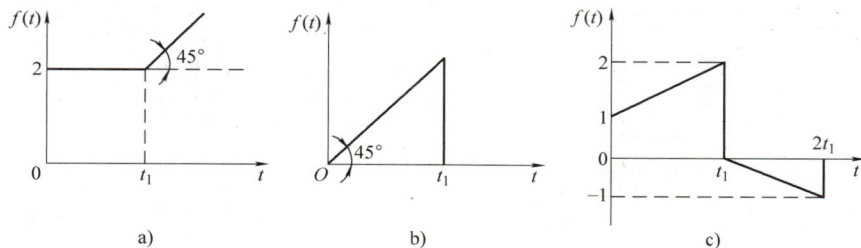

图 2-59 习题 2-2 图

2-3 求下列函数的拉普拉斯反变换 $f(t)$，其中（1）~（3）用手工求解，（4）~（6）写出用 MATLAB 语言求解的代码。

（1）$F(s) = \dfrac{s+2}{s^2 + 4s + 3}$ 　　（2）$F(s) = \dfrac{2s^2 - 5s + 1}{s(s^2 + 1)}$

（3） $F(s) = \dfrac{1}{s(s^2 + 2s + 2)}$　　　（4） $F(s) = \dfrac{1}{s^3 + 21s^2 + 120s + 100}$

（5） $F(s) = \dfrac{s^2 + 2s + 3}{(s+1)^3}$　　　（6） $F(s) = \dfrac{s+2}{s(s+1)^2(s+3)}$

2-4　用拉普拉斯变换法求解下列微分方程（设初值为零）。

（1） $T\dot{X}(t) + X(t) = r(t)$　$(r = 1(t), r = t)$

（2） $\ddot{X}(t) + \dot{X}(t) + X(t) = \delta(t)$

（3） $\ddot{X}(t) + 2\dot{X}(t) + X(t) = 1(t)$

2-5　求图 2-60 所示电子网络的传递函数 $u_o(s)/u_i(s)$。

2-6　运算放大器放大倍数很大，输入阻抗很大，输出阻抗很小，求图 2-61a、b 所示网络的传递函数。

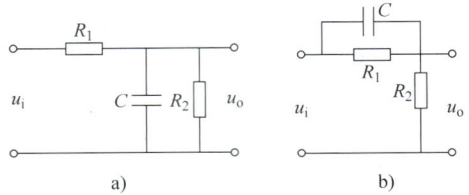

图 2-60　习题 2-5 图

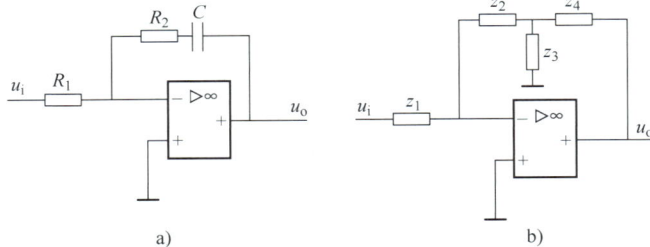

图 2-61　习题 2-6 图

2-7　证明图 2-62 所示两系统具有相似的数学表达式，其中 a 图 y_1 为输入位移，y_2 为输出位移；b 图 u_i 为输入电压，u_o 为输出电压。

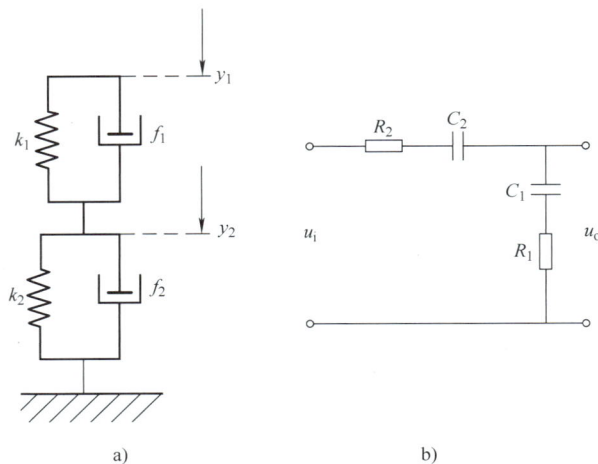

图 2-62　习题 2-7 图

2-8　一系统在零初始条件下，其单位阶跃响应为 $y(t) = 1(t) - 2e^{-2t} + e^{-t}$，试求系统的传递函数和脉冲响应。

2-9　已知一系统框图如图 2-63a 所示，试由图 2-63b 及图 2-63c 之形式来表示该系统。

2-10　求图 2-64a ~ c 所示系统的闭环传递函数 $Y(s)/R(s)$。

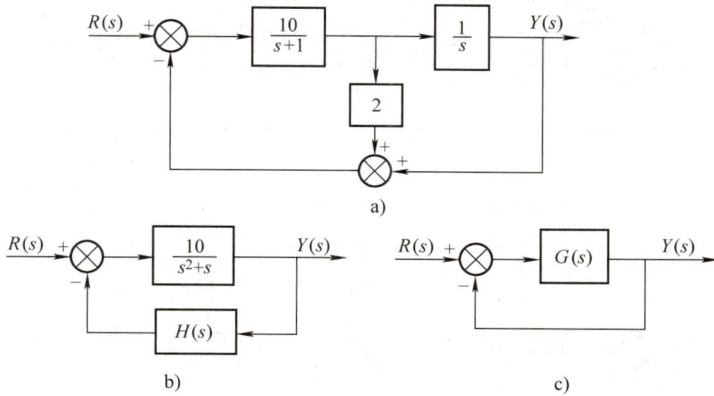

图 2-63　习题 2-9 图

2-11　求图 2-65a、b 所示系统的传递函数 $Y(s)/R(s)$。

2-12　求图 2-66 所示系统的传递函数 $Y(s)/R(s)$ 和 $E(s)/R(s)$。

2-13　系统微分方程式如下：

$$\begin{cases} \dot{x}_1 = k_1[r(t) - y(t) - \beta x_3] \\ x_2 = \tau\, \dot{r}(t) \\ T\,\dot{x}_3 + x_3 = x_1 + x_2 \\ y(t) = k_2 x_3 \end{cases}$$

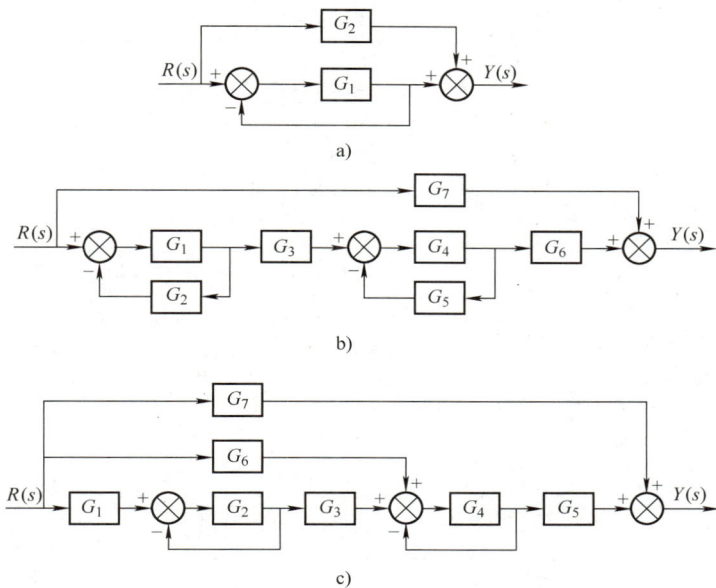

图 2-64　习题 2-10 图

式中，$r(t)$ 是输入量；$y(t)$ 是输出量；x_1、x_2、x_3 为中间变量；τ、β、k_1、k_2 为常数。试画出系统的动态结构图，并求传递函数 $Y(s)/R(s)$。

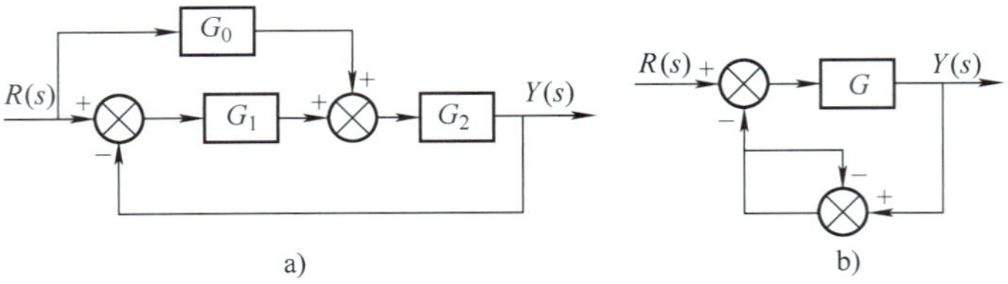

图 2-65　习题 2-11 图

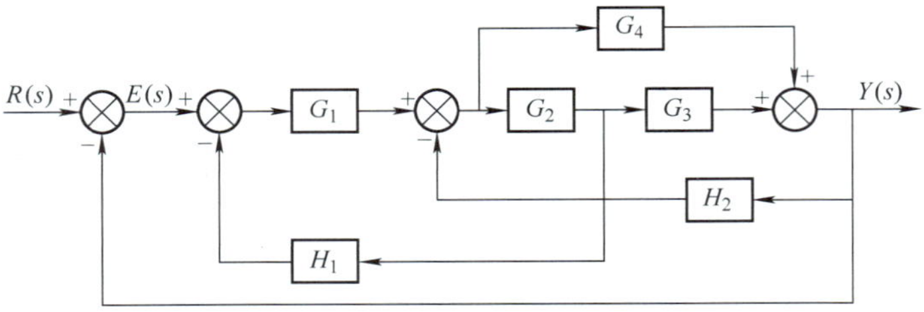

图 2-66　习题 2-12 图

2-14　设系统信号流图如图 2-67 所示，试求系统的传递函数 $Y(s)/R(s)$。若 $K_1 = 0$，为上述传递函数 $Y(s)/R(s)$ 保持不变，应如何修改 $G(s)$？

2-15　已知系统的信号流图如图 2-68 所示，试用梅逊公式求出各系统的闭环传递函数 $Y(s)/R(s)$。

2-16　已知某系统的信号流图如图 2-69 所示，试用梅逊公式求出系统的闭环传递函数 $Y(s)/R(s)$。

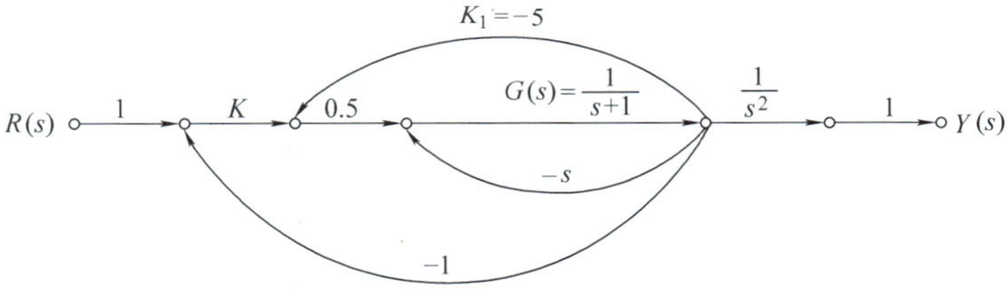

图 2-67　习题 2-14 图

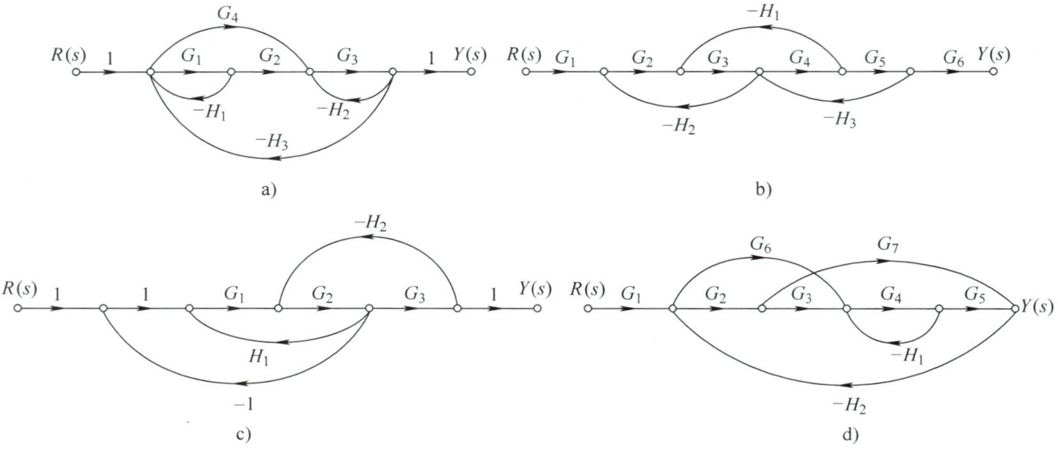

图 2-68　习题 2-15 图

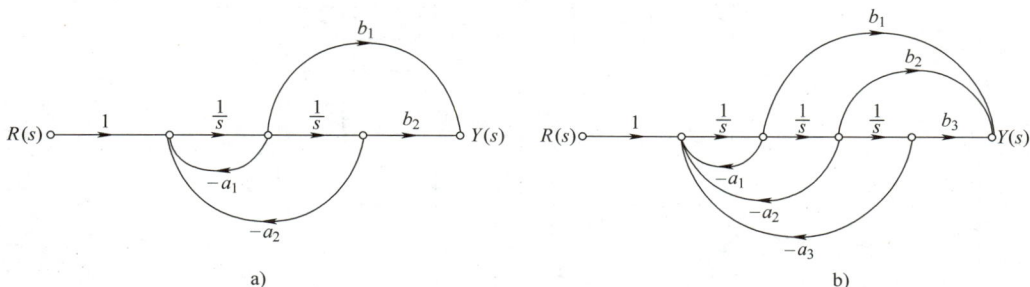

图 2-69　习题 2-16 图

2-17　已知系统动态结构图如图 2-70 所示。

（1）求传递函数 $Y(s)/R(s)$ 和 $Y(s)/N(s)$。

（2）若要消除干扰对输出的影响，则 $G_0(s) = ?$

2-18　已知系统的运动由以下微分方程组描述，试画出系统的结构图，并求出系统的传递函数 $\dfrac{Y(s)}{R(s)}$ 和 $\dfrac{Y(s)}{N(s)}$。

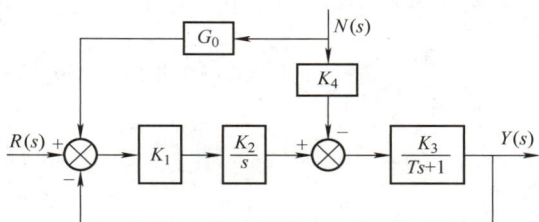

图 2-70　习题 2-17 图

$$\begin{cases} x_1 = K(r - y) & x_2 = \tau \dfrac{\mathrm{d}r}{\mathrm{d}t} \\[2mm] \dfrac{\mathrm{d}x_3}{\mathrm{d}t} = x_1 + x_2 - x_3 & T\dfrac{\mathrm{d}x_4}{\mathrm{d}t} + x_4 = x_3 + x_5 \\[2mm] y = x_4 - n & x_5 = T\dfrac{\mathrm{d}n}{\mathrm{d}t} + n \end{cases}$$

2-19　图 2-71 是两个相互有联系的控制系统，试确定传递函数 $Y_1(s)/R_1(s)$，$Y_1(s)/R_2(s)$，$Y_2(s)/R_1(s)$ 和 $Y_2(s)/R_2(s)$。

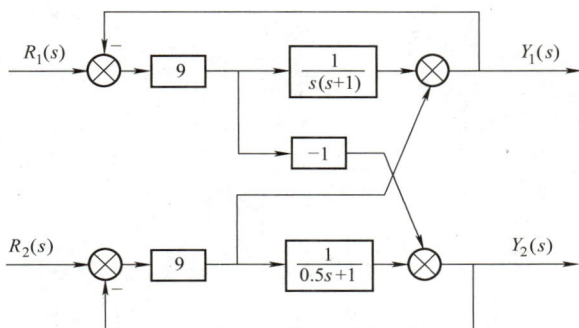

图 2-71　习题 2-19 图

2-20　试建立如图 2-72 所示系统的状态空间表达式，其中状态变量取为 $x_1 = i$，$x_2 = \dfrac{1}{C}\displaystyle\int i\mathrm{d}t$，并在此基础上求出系统的传递函数。

2-21　如图 2-73 所示为控制系统的控制框图，用 MATLAB 求出该系统的闭环传递函数。

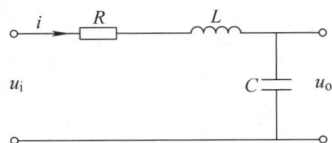

图 2-72　习题 2-20 图

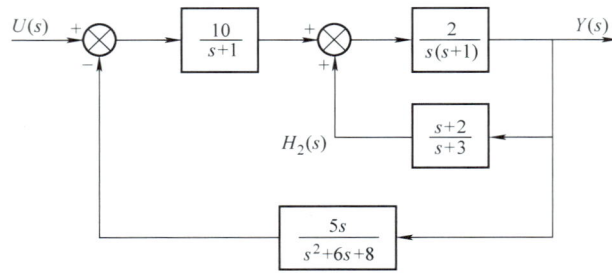

图 2-73   习题 2-21 图

2-22   已知某系统由三个环节串联组成，每个环节的传递函数分别为 $G_1 = \dfrac{2s^2 + 6s + 5}{s^3 + 4s^2 + 5s + 2}$、$G_2 = \dfrac{s^2 + 4s + 1}{s^3 + 9s^2 + 8s}$、

$G_3 = \dfrac{5(s+3)(s+7)}{(s+1)(s+4)(s+6)}$，用 MATLAB 求出该系统总的传递函数及对应的零、极点增益模型。

第三章　时域分析法

通过前面的学习，我们知道分析控制系统的首要工作就是要建立系统的数学模型。一旦获得了系统的数学模型，就可以采用各种不同的方法对系统进行分析和设计。

所谓时域分析就是给控制系统施加一定形式的输入信号，通过系统的时间响应来分析和研究其稳定性、动态性能和稳态性能。因此，时域分析是一种直接在时间域中对系统进行分析和研究的方法，具有直观性和准确性的优点。当输入信号一定时，系统输出量的时域表达式可由微分方程求得，也可由传递函数得到。由于传递函数与微分方程之间具有确定的关系，当初始条件为零时，一般利用传递函数进行研究更为简便和快捷。

在实际中，控制系统的输入信号往往是不确定的。为了便于分析和研究，可采用一些典型的时间函数为输入信号，这样不仅可以容易地对控制系统进行有效地定量分析，而且还能由此得到更为复杂的输入情况下系统的性能。

第一节　典型输入信号与时域性能指标

一、典型输入信号

在控制系统的设计中，一般是要求输入信号为已知的。在大多数的情况下，控制系统的实际输入是已知的。为了便于对各种不同的系统进行分析、设计和比较，往往需要假设一些有代表性的输入信号形式，称之为典型输入信号。这些典型输入信号在实际系统中较为常见，其数学表达式也比较简单。常用的典型输入信号有以下几种：

1. 阶跃函数

阶跃函数的定义为

$$r(t) = \begin{cases} 0, & t < 0 \\ A, & t \geq 0 \end{cases} \tag{3-1}$$

式中，A 为阶跃函数的阶跃值，如图 3-1 所示。当 $A = 1$ 时的阶跃函数称为单位阶跃函数，记为 $r(t) = 1(t)$，即有

$$r(t) = \begin{cases} 0, & t < 0 \\ 1, & t \geq 0 \end{cases} \tag{3-2}$$

单位阶跃函数的拉普拉斯变换式为

$$L[r(t)] = R(s) = \frac{1}{s} \tag{3-3}$$

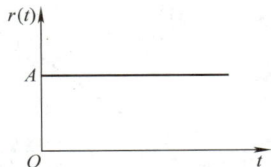

阶跃函数是不连续函数，其特点是在 $t \geq 0_+$ 的所有时刻均为常值。

图 3-1　阶跃函数的图形

在实际中，电源突通、电动机负载的突变等，都可认为具有阶跃函数的特点。

2. 斜坡函数

斜坡函数的定义为

$$r(t) = \begin{cases} 0, & t < 0 \\ Bt, & t \geq 0 \end{cases} \tag{3-4}$$

如图 3-2 所示，B 为斜坡系数。$B = 1$ 时的斜坡函数称之为单位斜坡函数，其拉普拉斯变换式为

$$L[r(t)] = R(s) = \frac{1}{s^2} \tag{3-5}$$

斜坡函数也称为等速度函数，它等于阶跃函数对时间的积分，而它对时间的导数就是阶跃函数。

在实际应用中，斜坡函数常常表示控制系统的输入量是随时间逐渐变化的状况。

3. 抛物线函数

抛物线函数的图形如图 3-3 所示，其表达式为

$$r(t) = \begin{cases} 0, & t < 0 \\ Ct^2, & t \geq 0 \end{cases} \tag{3-6}$$

式中，C 为抛物线系数。当 $C = 1/2$ 时称式（3-6）为单位抛物线函数，其拉普拉斯变换式为

$$L[r(t)] = R(s) = 2C\frac{1}{s^3} = \frac{1}{s^3} \tag{3-7}$$

抛物线函数也称为等加速度函数，它等于斜坡函数对时间的积分，而它对时间的导数则为斜坡函数。

4. 脉冲函数

脉冲函数如图 3-4 所示，其函数表达式如式（3-8）所示。

$$r(t) = \begin{cases} \dfrac{D}{\varepsilon}, & 0 < t < \varepsilon \\ 0, & t < 0 \text{ 及 } t > \varepsilon \end{cases} \tag{3-8}$$

当 $D = 1$ 时，记为 $\delta_\varepsilon(t)$，如图 3-4a 所示。令 $\varepsilon \to 0$，则式（3-8）称单位脉冲函数 $\delta(t)$，如图 3-4b 所示。

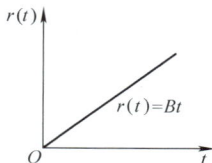

图 3-2　斜坡函数的图形　　图 3-3　抛物线函数的图形　　图 3-4　脉冲函数的图形

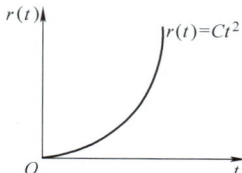

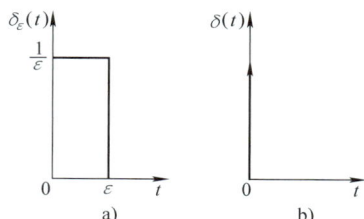

单位脉冲函数的拉普拉斯变换为

$$L[r(t)] = R(s) = \int_0^\infty \delta(t)\mathrm{e}^{-st}\mathrm{d}t = \lim_{\varepsilon \to 0}\int_0^\varepsilon \frac{1}{\varepsilon}\mathrm{e}^{-st}\mathrm{d}t = \lim_{\varepsilon \to 0}\left[\frac{1}{\varepsilon}\frac{-\mathrm{e}^{-st}}{s}\right]_0^\varepsilon$$

$$= \lim_{\varepsilon \to 0} \left[\frac{1 - \left(1 - \varepsilon s + \dfrac{\varepsilon^2 s^2}{2!} - \cdots \right)}{\varepsilon s} \right] = 1 \qquad (3\text{-}9)$$

由于 $\int_{-\infty}^{+\infty} \delta(t)\mathrm{d}t = 1$，所以单位脉冲函数是单位阶跃函数的导数，而单位阶跃函数则为单位脉冲函数对时间的积分。脉冲函数可表示输入信号为冲击输入量，如风力发电机系统受到阵风时的情形等。

5. 正弦函数

典型正弦函数如式（3-10）所示：

$$r(t) = A\sin\omega t \qquad (3\text{-}10)$$

式中，A 为振幅；ω 为角频率。

以正弦函数作为输入信号，当输入频率变化时，就可以求得系统在不同频率的输入作用时的稳态响应，这种响应称为频率响应。有关频率响应的内容，将在第五章中介绍。

二、动态过程与稳态过程

在典型输入信号的作用下，控制系统的时间响应由动态过程和稳态过程两部分组成。设系统的数学模型可由如下微分方程式所描述

$$a_n y^{(n)}(t) + a_{n-1} y^{(n-1)}(t) + \cdots + a_1 \dot{y}(t) + a_0 y(t)$$

$$= b_m r^{(m)}(t) + b_{m-1} r^{(m-1)}(t) + \cdots + b_1 \dot{r}(t) + b_0 r(t) \qquad (3\text{-}11)$$

式中的 $r(t)$ 和 $y(t)$ 分别为系统的输入作用和输出响应，系数 a_0，a_1，$\cdots$，a_n，b_0，b_1，$\cdots$，b_m 为实数。在输入作用和初始条件已知的情况下，可求得上述微分方程的解为 $y(t) = y_1(t) + y_2(t)$，其中 $y_1(t)$ 为动态响应，$y_2(t)$ 为稳态响应。

动态响应一般是指控制系统在典型输入信号的作用下，其输出量从初始状态到最终状态的响应。对于一个实际系统来说，由于滞后、摩擦等多种原因的存在，往往使系统的实际输出无法毫不畸变地反映输入信号的变化，而是表现为衰减、发散或等幅振荡的形式。显然，对于一个稳定的控制系统，其动态响应应在有限的时间内结束。

稳态响应则是指当时间 t 趋于无穷大时，系统在典型输入信号作用下的输出状态。稳态响应一般反映了系统的控制精度。

三、动态过程的性能指标

稳定的控制系统在单位阶跃函数的作用下，其动态过程随时间 t 变化的指标，称之为动态性能指标。图 3-5 为控制系统单位阶跃响应曲线的一般形式，其动态性能指标如下：

1. 最大超调量 $\sigma\%$（简称超调量）

最大超调量是指动态过程中，输出响应的最大值 $y_{\max}$ 超过对应于输入的稳态值 $y(\infty)$ 的最大偏离量与稳态值的百分比，即

$$\sigma\% = \frac{y_{\max} - y(\infty)}{y(\infty)} \times 100\%$$

式中，$y(\infty) = \lim\limits_{t \to \infty} y(t)$。若 $y(t_p) < y(\infty)$，则响应无超调量。

2. 延迟时间 t_d

延迟时间指输出响应第一次达到稳态值的 50% 时所需的时间。

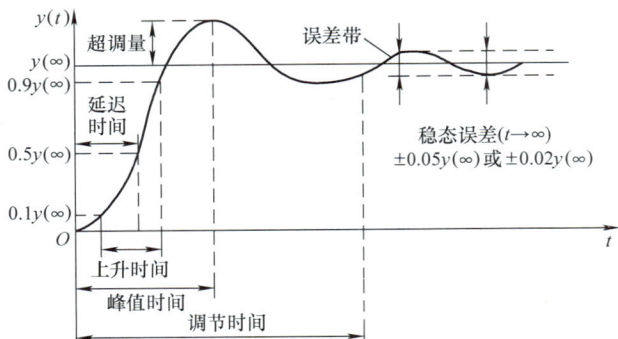

图 3-5　单位阶跃响应

动态过程的性能指标

3. 上升时间 t_r

上升时间一般是指输出响应第一次达到稳态值所需的时间，或指由稳态值的 10% 上升到 90% 所需的时间。上升时间反映了系统的响应速度。上升时间越短，响应速度越快。

4. 峰值时间 t_p

峰值时间是指输出响应超过稳态值达到第一个峰值（即 y_{max}）所需的时间。

5. 调节时间 t_s

当 $y(t)$ 与 $y(\infty)$ 之间误差达到规定的允许值（一般可取 $y(\infty)$ 的 $\pm 5\%$ 或 $\pm 2\%$ 为允许误差范围，可记为 Δ），且以后不再超过此值所需的最小时间称为调节时间或过渡过程时间。注意到当 $t \geqslant t_s$ 时，有 $|y(t) - y(\infty)| \leqslant y(\infty) \times \Delta\%$（$\Delta = 2$ 或 5）。

6. 振荡次数 N

在调节时间内，$y(t)$ 偏离 $y(\infty)$ 的振荡次数。

在上述各项性能指标中，峰值时间和上升时间表示动态过程进行的快慢，是衡量系统快速性的指标。超调量和振荡次数则反映了系统动态过程振荡激烈程度，是对系统响应平稳性的度量。而调节时间则综合反映了系统响应速度和平稳性。在实际中，超调量和调节时间为最常用的动态性能指标。

第二节　一阶系统分析

由一阶微分方程描述的系统，称为一阶系统。典型一阶系统的结构图如图 3-6 所示。由图可得系统的闭环传递函数为

$$G(s) = \frac{Y(s)}{R(s)} = \frac{1}{Ts + 1} \tag{3-12}$$

式中，T 为系统的时间常数，表征系统惯性的大小（以时间秒为量纲）。

一、一阶系统的单位阶跃响应

单位阶跃输入信号 $r(t) = 1(t)$ 的拉普拉斯变换式为 $1/s$，所以将 $R(s)$ 代入式（3-12）中，可得

$$Y(s) = G(s)R(s) = \frac{1}{Ts+1}\frac{1}{s}$$

整理后，可得

$$Y(s) = \frac{1}{s} - \frac{T}{Ts+1} = \frac{1}{s} - \frac{1}{s+1/T} \tag{3-13}$$

对上式进行拉普拉斯反变换，有

$$y(t) = 1 - \mathrm{e}^{-\frac{t}{T}} \tag{3-14}$$

$$\frac{\mathrm{d}y(t)}{\mathrm{d}t} = \frac{1}{T}\mathrm{e}^{-\frac{t}{T}}\bigg|_{t=0} = \frac{1}{T} \tag{3-15}$$

因此，一阶系统的单位阶跃响应为一条初始值为零（$t=0$）、最终值为 1（$t=\infty$）的指数曲线。由式（3-15）可知，在 $t=0$ 时，曲线的斜率为 $1/T$，当时间趋于无穷时，曲线的斜率为零。

图 3-6 为典型一阶系统的结构图，图 3-7 所示为由式（3-14）给出的指数响应曲线 $y(t)$。

由式（3-14），不难得到

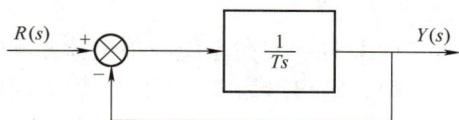

图 3-6 典型一阶系统的结构图

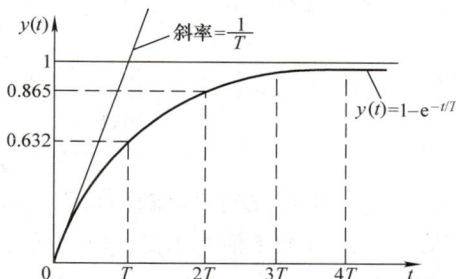

图 3-7 一阶系统的单位阶跃响应

$$
\begin{aligned}
t &= T, & y(T) &= 0.632 \\
t &= 2T, & y(2T) &= 0.865 \\
t &= 3T, & y(3T) &= 0.950 \\
t &= 4T, & y(4T) &= 0.982
\end{aligned}
$$

因此，尽管从数学分析的观点来看，只有当时间 t 趋于无穷大时，系统的响应才能达到稳态值 1。而在实际中，都可将响应曲线达到稳态值的 5%（对应 $t=3T$）或 2%（对应 $t=4T$）所对应的时间作为系统调节时间 t_s 的估计值。所以，一阶系统的时间常数 T 反映了系统动态过程的性质。T 越小，t_s 也相应越短，系统的动态过程时间就越短。

二、一阶系统的单位斜坡响应

单位斜坡函数 $r(t) = t$ 的拉普拉斯变换为 $1/s^2$，由式（3-12），一阶系统的输出可以求

得为

$$Y(s) = G(s)R(s) = \frac{1}{Ts+1}\frac{1}{s^2} = \frac{1}{s^2} - \frac{T}{s} + \frac{T^2}{Ts+1} \tag{3-16}$$

对式（3-16）进行拉普拉斯反变换，可得

$$y(t) = t - T + Te^{-\frac{t}{T}} \tag{3-17}$$

而误差信号 $e(t)$ 为

$$e(t) = r(t) - y(t) = T\left(1 - e^{-\frac{t}{T}}\right)$$

所以，当 t 趋于无穷大时，$e^{-\frac{t}{T}}$ 趋近于零，而误差信号趋近于 T，即

$$e(\infty) = T$$

图 3-8 为一阶系统的单位斜坡输出响应曲线。其中随着时间 t 的增加，系统的输出曲线与输入信号的差趋近于 T。显然，一阶系统的时间常数 T 越小，系统跟踪斜坡输入信号的能力越强，相应的稳态误差也越小。

三、一阶系统的单位脉冲响应

对于单位脉冲输入信号，$R(s) = 1$，因此式（3-12）所示系统的输出可以求得为

$$Y(s) = G(s)R(s) = \frac{1}{Ts+1} \tag{3-18}$$

式（3-18）的拉普拉斯反变换为

$$y(t) = \frac{1}{T}e^{-\frac{t}{T}}, t\geqslant 0 \tag{3-19}$$

而

$$\frac{dy(t)}{dT} = -\frac{1}{T^2}e^{-\frac{t}{T}}\bigg|_{t=0} = -\frac{1}{T^2} \tag{3-20}$$

图 3-9 为一阶系统的单位脉冲响应曲线。由图 3-9 可知，一阶系统的单位脉冲响应为一单调下降的曲线，初始值为 $1/T$，当时间趋于无穷大时，输出量为零。时间常数 T 同样反映了系统响应的快速性。

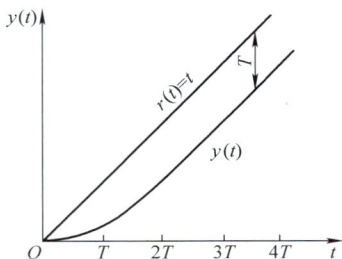

图 3-8 一阶系统的单位
斜坡输出响应曲线

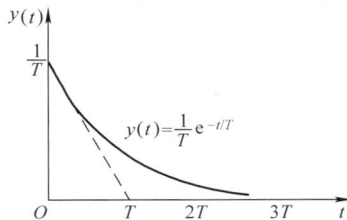

图 3-9 一阶系统的单位
脉冲响应曲线

通过以上分析，可以看出一阶系统在输入为典型信号作用时的性能可由其时间常数 T 表征。T 越小，系统的单位阶跃响应时间越短，斜坡响应的稳态误差越小。因此，一阶系统的时间常数越小，对系统的动、静态性能均有利。

同时，上述分析表明，对于单位斜坡输入信号，系统的输出量 $y(t)$ 为

$$y(t) = t - T + Te^{-\frac{t}{T}}, \quad t \geq 0$$

对单位阶跃输入信号，即对上式求导数，得到系统的输出量 $y(t)$ 为

$$y(t) = 1 - e^{-\frac{t}{T}}, \quad t \geq 0$$

而对于单位脉冲输入信号，即对单位阶跃输入响应求导数，可得系统的输出量 $y(t)$ 为

$$y(t) = \frac{1}{T}e^{-\frac{t}{T}}, \quad t \geq 0$$

由此看来，系统对输入信号导数的响应可由系统对原信号响应求导得到。同时也可以看出，系统对原信号积分的响应等于系统对原信号响应的积分，而积分常数由零初始条件确定。这是线性定常系统的重要特征，不仅适用于一阶线性定常系统，而且适用于任意阶的线性定常系统。

例 3-1 已知系统如图 3-10 所示，若要使系统的闭环放大系数为 1，调节时间为 0.1s，试求 K_0 和 K_t 的值为多少。

解： 求解本题时应紧紧抓住一阶闭环系统传递函数的标准形式与时间常数、放大系数之间的关系。系统闭环传递函数为

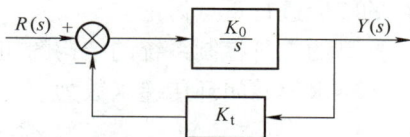

图 3-10 例 3-1 系统结构图

$$\frac{Y(s)}{R(s)} = \frac{K_0}{s + K_0 K_t} = \frac{\dfrac{1}{K_t}}{\dfrac{1}{K_t K_0}s + 1}$$

与式（3-12）给出的一阶系统闭环传递函数的标准形式比较可得

$$K = \frac{1}{K_t} = 1, \quad T = \frac{1}{K_0 K_t}$$

由此可得到 $K_t = \dfrac{1}{K} = 1$

$$t_s = 3T = \frac{3}{K_0 K_t} = 0.1\text{s} \quad （对应稳态值的95\%）$$

$$K_0 = 30$$

例 3-2 如图 3-11 所示单位反馈系统，$r(t) = 1 + t$，$y(t) = t$，试计算系统的开环传递函数，并求出性能指标 t_s、$\sigma_n\%$。

解： 由图可知系统闭环传递函数

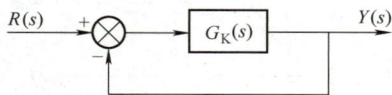

图 3-11 例 3-2 系统的结构图

$$G_B(s) = \frac{Y(s)}{R(s)} = \frac{G_K(s)}{1 + G_K(s)}$$

$$R(s) = \frac{1}{s} + \frac{1}{s^2}, \quad Y(s) = \frac{1}{s^2}$$

所以，有

$$G_B(s) = \frac{Y(s)}{R(s)} = \frac{1/s^2}{1/s + 1/s^2} = \frac{1}{1+s} = \frac{G_K(s)}{1 + G_K(s)}$$

$$(s+1)G_K(s) = 1 + G_K(s)，开环传递函数 \ G_K(s) = \frac{1}{s}$$

又因为 $G_B = \dfrac{1}{1+s}$，而 $T = 1\text{s}$，故 $\sigma_n\% = 0$，$t_s = 3T = 3\text{s}$。

第三节　二阶系统分析

由二阶微分方程描述的系统，称为二阶系统。对二阶系统的研究具有重要的意义，虽然在工程实践中遇到的系统很少是二阶的，而是三阶或者是更高阶次的，但常常可以用二阶系统去近似。同时，工程上常采用所谓二阶系统的最佳工程参数作为设计系统的依据。因此，本节将对二阶系统的响应进行重点讨论。

典型的二阶控制系统的结构图如图 3-12 所示。

不难求得其闭环传递函数为

图 3-12　典型的二阶控制系统的结构图

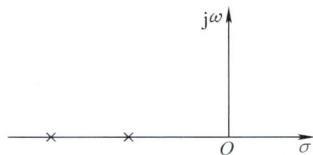

$$G_B(s) = \frac{Y(s)}{R(s)} = \frac{\omega_n^2}{s^2 + 2\zeta\omega_n s + \omega_n^2} \qquad (3\text{-}21)$$

其特征方程为

$$s^2 + 2\zeta\omega_n s + \omega_n^2 = 0 \qquad\qquad (3\text{-}22)$$

方程的特征根：

$$s^2 + 2\zeta\omega_n s + \omega_n^2 = \left(s + \frac{1}{T_1}\right)\left(s + \frac{1}{T_2}\right) = (s - s_1)(s - s_2) = 0$$

$$s_1 = -\left(\zeta - \sqrt{\zeta^2 - 1}\right)\omega_n \qquad s_2 = -\left(\zeta + \sqrt{\zeta^2 - 1}\right)\omega_n \qquad (3\text{-}23)$$

式中，ζ 称为阻尼比；ω_n 称为无阻尼自然振荡角频率（一般为固有的）。当 ζ 为不同值时，所对应的单位阶跃响应有不同的形式。

一、二阶系统单位阶跃响应的三种不同情况

1. 过阻尼二阶系统的单位阶跃响应（$\zeta > 1$）

在阻尼比 $\zeta > 1$ 的条件下，系统的特征方程有两个不相等的实数极点。由式(3-22)，可得

$$s^2 + 2\zeta\omega_n s + \omega_n^2 = \left(s + \frac{1}{T_1}\right)\left(s + \frac{1}{T_2}\right) = (s - s_1)(s - s_2) = 0$$

式中，$T_1 = \dfrac{1}{\omega_n\left(\zeta - \sqrt{\zeta^2 - 1}\right)}$；$T_2 = \dfrac{1}{\omega_n\left(\zeta + \sqrt{\zeta^2 - 1}\right)}$。

此时，由于 $\zeta > 1$，所以 T_1 和 T_2 均为实数，而且 $T_1 > T_2$，$\omega_n^2 = \dfrac{1}{T_1 T_2}$，图 3-13 为这两个实数极点在 s 平面的表示。

当输入信号为单位阶跃输入时，系统的闭环传递函数和输出响应分别如下：

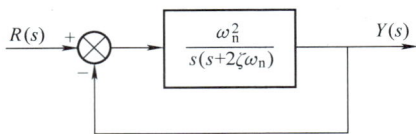

图 3-13　$\zeta > 1$ 时的二阶系统的闭环极点分布

$$G_B(s) = \frac{Y(s)}{R(s)} = \frac{1/T_1 T_2}{(s+1/T_1)(s+1/T_2)} = \frac{1}{(T_1 s+1)(T_2 s+1)}$$

$$Y(s) = G_B(s)R(s) = \frac{1}{(T_1 s+1)(T_2 s+1)}\frac{1}{s} = \frac{1}{s} + \frac{1}{(T_2/T_1-1)(s+1/T_1)}$$
$$+ \frac{1}{(T_1/T_2-1)(s+1/T_2)}$$

对上式进行拉普拉斯反变换，可得

$$y(t) = 1 + \frac{1}{T_2/T_1-1}e^{-\frac{1}{T_1}t} + \frac{1}{T_1/T_2-1}e^{-\frac{1}{T_2}t} \qquad (3\text{-}24)$$

由式（3-24）可以看出，响应是非振荡的，无超调。图 3-14 为典型二阶系统过阻尼单位阶跃响应曲线示意图。当时间 t 趋于无穷大时，响应中的瞬态分量都将趋于零，输出为 1。因此，该系统不存在稳态误差。

过阻尼二阶系统的性能指标，主要为调节时间 t_s，它反映了系统响应的快慢，对于调节时间 t_s 的求取，常采用工程近似的方法。当 $T_1 = 4T_2$ 时，若 $1 < \zeta < 1.25$，$t_s \approx 3.3T_1$

$T_1 > 4T_2$ 时，若 $\zeta > 1.25$，$t_s \approx 3T_1$

事实上，由式（3-24）可以看出，当 $T_1 > 4T_2$ 时，$e^{-\frac{t}{T_2}}$ 要比 $e^{-\frac{t}{T_1}}$ 衰减的快得多，所以系统可以近似成为一阶系统，此时仅考虑 T_1 的作用对系统的影响具有其合理性。

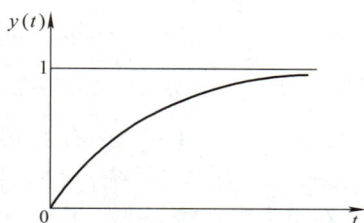

图 3-14　典型二阶系统过阻尼单位阶跃响应曲线示意图

2. 临界阻尼时的单位阶跃响应（$\zeta = 1$）

根据式（3-23），容易得到在阻尼比 $\zeta = 1$ 时，系统的闭环特征方程的根，即闭环系统的极点为

$$s_1 = s_2 = -\zeta\omega_n = -\omega_n$$

在 s 平面上，s_1 和 s_2 为重极点，如图 3-15 所示。此时，系统的闭环传递函数为

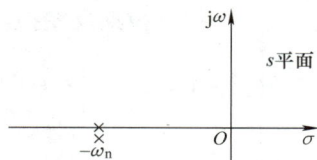

图 3-15　$\zeta = 1$ 时的二阶系统的闭环极点在 s 平面的分布

$$G_B(s) = \frac{Y(s)}{R(s)} = \frac{\omega_n^2}{(s+\omega_n)^2}$$

而　$$Y(s) = G_B(s)R(s) = \frac{\omega_n^2}{(s+\omega_n)^2}\frac{1}{s} = \frac{1}{s} - \frac{1}{s+\omega_n} - \frac{\omega_n}{(s+\omega_n)^2}$$

对上式取拉普拉斯反变换，得二阶系统临界阻尼时的单位阶跃响应为

$$y(t) = 1 - e^{-\omega_n t}(1+\omega_n t) \qquad (3\text{-}25)$$

式（3-25）表明，当 $\zeta = 1$ 时，二阶系统的单位阶跃响应是稳态值为 1 的无超调单调上升过程，其变化率为

$$\frac{dy(t)}{dt} = \omega_n^2 t e^{-\omega_n t}$$

所以，当 $t = 0$ 时，$\dfrac{\mathrm{d}y(t)}{\mathrm{d}t} = 0$；当 $t > 0$ 时，$\dfrac{\mathrm{d}y(t)}{\mathrm{d}t} > 0$，响应过程单调上升；当 $t \to \infty$ 时，$\dfrac{\mathrm{d}y(t)}{\mathrm{d}t} \to 0$，响应过程趋于常值 1。一般情况下，在临界阻尼条件下，二阶系统的单位阶跃响应称为临界阻尼响应，其响应曲线如图 3-16 所示。

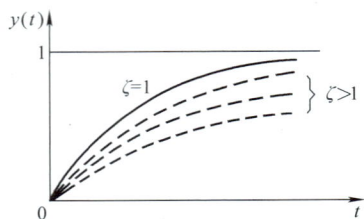

图 3-16　典型二阶系统临界阻尼单位阶跃响应曲线

3. 欠阻尼单位阶跃响应（$0 < \zeta < 1$）

当 $0 < \zeta < 1$ 时，系统处于欠阻尼状态。由式（3-23）知，此时，典型二阶系统的闭环极点为

$$s_1 = -\zeta\omega_n + \omega_n \sqrt{\zeta^2 - 1} = -\zeta\omega_n + \mathrm{j}\omega_n \sqrt{1 - \zeta^2} = -\zeta\omega + \mathrm{j}\omega_d$$

$$s_2 = -\zeta\omega_n - \omega_n \sqrt{\zeta^2 - 1} = -\zeta\omega_n - \mathrm{j}\omega_n \sqrt{1 - \zeta^2} = -\zeta\omega_n - \mathrm{j}\omega_d$$

式中，$\omega_d = \omega_n \sqrt{1 - \zeta^2}$ 为有阻尼自然振荡频率，而且 $\omega_n > \omega_d$。

图 3-17 为二阶系统 $\zeta < 1$ 时闭环极点在 s 平面的分布。

在单位阶跃输入下，系统的输出响应为

$$Y(s) = G_B(s)R(s) = \frac{\omega_n^2}{(s + \zeta\omega_n + \mathrm{j}\omega_d)(s + \zeta\omega_n - \mathrm{j}\omega_d)} \frac{1}{s}$$

$$= \frac{1}{s} - \frac{s + \zeta\omega_n}{(s + \zeta\omega_n)^2 + \omega_d^2} - \frac{\zeta\omega_n}{(s + \zeta\omega_n)^2 + \omega_d^2}$$

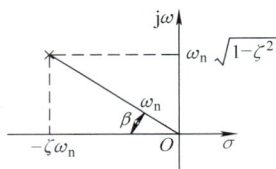

图 3-17　$\zeta < 1$ 时闭环极点在 s 平面的分布

对上式进行拉普拉斯反变换，可得其时间响应为

$$y(t) = 1 - \mathrm{e}^{-\zeta\omega_n t}\left[\cos\omega_d t + \frac{\zeta}{\sqrt{1 - \zeta^2}}\sin\omega_d t\right] = 1 - \frac{\mathrm{e}^{-\zeta\omega_n t}}{\sqrt{1 - \zeta^2}}\left\{\sqrt{1 - \zeta^2}\cos\omega_d t + \zeta\sin\omega_d t\right\}$$

$$(3-26)$$

为了计算的方便，可做一变换，亦即定义一个角度如图 3-17 所示。

$$\cos\beta = \zeta, \quad \sin\beta = \sqrt{1 - \zeta^2} \tag{3-27}$$

据此，式（3-26）可写成为

$$1 - \frac{\mathrm{e}^{-\zeta\omega_n t}}{\sqrt{1 - \zeta^2}}\left[\sin\left(\omega_n \sqrt{1 - \zeta^2}\, t + \beta\right)\right] = 1 - \frac{\mathrm{e}^{-\zeta\omega_n t}}{\sqrt{1 - \zeta^2}}\sin\left(\omega_d t + \arctan\frac{\sqrt{1 - \zeta^2}}{\zeta}\right) \tag{3-28}$$

图 3-18 为系统在欠阻尼状态下，单位阶跃响应曲线的示意图。

其稳态误差为

$$e(t) = r(t) - y(t) = 1 - y(t)$$

$$= \frac{\mathrm{e}^{-\zeta\omega_n t}}{\sqrt{1 - \zeta^2}}\sin\left(\omega_n \sqrt{1 - \zeta^2}\, t + \arctan\frac{\sqrt{1 - \zeta^2}}{\zeta}\right)$$

$$e_{ss}(\infty) = 0$$

式（3-28）表明，欠阻尼二阶系统的单位阶跃响应由稳态分量和瞬态分量两部分组成：稳态分量为 1，表明了典型二阶系统在单位阶跃输入下不存在稳态误差；瞬态分量为阻尼正弦振荡项，其振荡频率为 ω_d。由于瞬态分量衰减的速度决定于包络线 $\pm\dfrac{e^{-\zeta\omega_n t}}{\sqrt{1-\zeta^2}}$ 收敛的速度，当 ζ 为一定值时，包络线的收敛速度又取决于指数函数 $e^{-\zeta\omega_n t}$ 的幂，因此，$\zeta\omega_n$ 又常常被称之为衰减系数。由此看来，二阶系统在欠阻尼条件下其动态性能与系统的参数 ζ 和 ω_n 关系极大。

特别地，当 $\zeta=0$ 时，有

$$y(t)=1-\sin(\omega_n t+90°)=1-\cos\omega_n t$$

如图 3-19 所示，这是一条平均值为 1 的正、余弦形式的等幅振荡，其振荡频率为 ω_n，故称之为无阻尼振荡频率，它通常是由系统本身的结构参数所决定的。

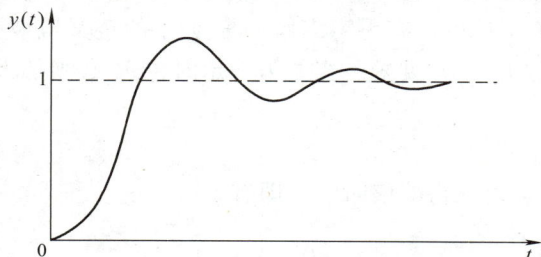

图 3-18　欠阻尼时系统响应曲线　　　　图 3-19　$\zeta=0$ 时二阶系统单位阶跃响应

图 3-20 给出了二阶系统在 ω_n 一定时，ζ 从 0 到 ∞ 变化时的闭环系统极点在 s 平面上的分布及对应的单位阶跃响应示意图。为了图的清晰，对于每个 ζ 值，图中只画出了一个极点。图 3-21 给出了典型二阶系统的单位阶跃响应曲线。

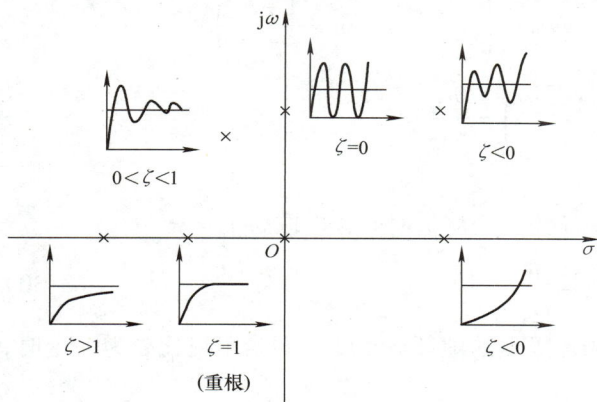

图 3-20　闭环系统极点在 s 平面上的分布图　　　图 3-21　典型二阶系统的单位阶跃响应曲线

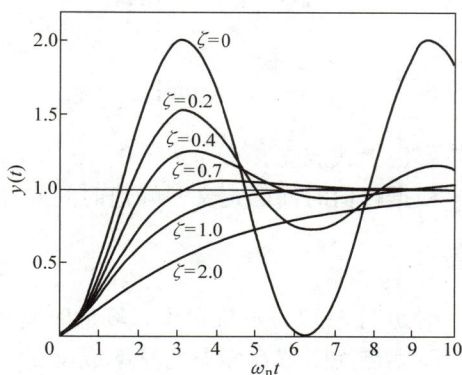

二、欠阻尼二阶系统的单位阶跃响应性能指标的计算

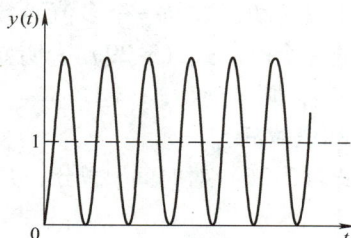

当 $0<\zeta<1$ 时，典型二阶系统的单位阶跃响应为衰减振荡的动态过程。根据式（3-26），可以计算出各动态性能指标。

1. 上升时间 t_r

根据上升时间的定义，当 $t=t_r$ 时，$y(t)=1$，由式（3-26），可得

$$1 - \mathrm{e}^{-\zeta\omega_n t_r}\left(\cos\omega_d t_r + \frac{\zeta}{\sqrt{1-\zeta^2}}\sin\omega_d t_r\right) = 1$$

即
$$\cos\omega_d t_r + \frac{\zeta}{\sqrt{1-\zeta^2}}\sin\omega_d t_r = 0, \quad \tan\omega_d t_r = \frac{-\sqrt{1-\zeta^2}}{\zeta}$$

设 $\beta = \arctan\dfrac{\sqrt{1-\zeta^2}}{\zeta}$，有 $\arctan\left(-\dfrac{\sqrt{1-\zeta^2}}{\zeta}\right) = \pi - \beta$

得
$$t_r = \frac{\pi - \beta}{\omega_n\sqrt{1-\zeta^2}} \tag{3-29}$$

由于反正切函数是一个多值函数，所以式（3-29）有无穷多解。根据 t_r 的定义应取数值最小的一个解。式（3-29）表明要使系统反应快，t_r 要短，当 ζ 为一定时，ω_n 必须加大；若 ω_n 一定，则 ζ 越小，t_r 越短。

2. 峰值时间 t_p

将式（3-26）对时间 t 微分，并令其为零，可求得峰值时间。即有

$$\frac{\mathrm{d}y(t)}{\mathrm{d}t}\bigg|_{t=t_p} = \sin\omega_d t_p \frac{\omega_n}{\sqrt{1-\zeta^2}}\mathrm{e}^{-\zeta\omega_n t_p} = 0$$

则
$$\sin\omega_d t_p = 0, \quad \omega_d t_p = 0,\ \pi,\ 2\pi,\ \cdots$$

有
$$t_p = \frac{\pi}{\omega_d} = \frac{\pi}{\omega_n\sqrt{1-\zeta^2}}$$

或者
$$\omega_d\cos\left(\omega_d t_p + \arctan\frac{\sqrt{1-\zeta^2}}{\zeta}\right) - \zeta\omega_n\sin\left(\omega_d t_p + \arctan\frac{\sqrt{1-\zeta^2}}{\zeta}\right) = 0$$

整理得
$$\tan\left(\omega_d t_p + \arctan\frac{\sqrt{1-\zeta^2}}{\zeta}\right) = \frac{\omega_d}{\zeta\omega_n} = \frac{\sqrt{1-\zeta^2}}{\zeta}$$

显然要使上式成立，有 $\omega_d t_p = 0,\ \pi,\ 2\pi,\ \cdots$

根据峰值时间的定义，峰值时间 t_p 对应于第一个峰值时间，应取 $\omega_d t_p = \pi$

于是有
$$t_p = \frac{\pi}{\omega_d} \tag{3-30}$$

对照图 3-17，不难发现，峰值时间与闭环极点的虚部成反比，即当阻尼比 ζ 为一定时，峰值时间与无阻尼自然振荡频率成反比。

3. 超调量 $\sigma\%$

由于超调量发生在峰值时间，此时 $t = t_p$，所以将式（3-30）代入式（3-28），可得

$$y(t)_{max} = y(t_p) = 1 - \frac{\mathrm{e}^{-\zeta\omega_n t_p}}{\sqrt{1-\zeta^2}}\sin(\omega_d t_p + \beta) = 1 - \frac{\mathrm{e}^{\frac{-\pi\zeta}{\sqrt{1-\zeta^2}}}}{\sqrt{1-\zeta^2}}\sin(\pi+\beta)$$

由图 3-17，存在
$$\sin(\pi+\beta) = -\sin\beta = -\sqrt{1-\zeta^2}$$

所以有
$$y(t_p) = 1 + \mathrm{e}^{-\pi\zeta/\sqrt{1-\zeta^2}}$$

根据超调量 $\sigma\%$ 的定义，

$$\sigma\% = \frac{y(t_p) - y(\infty)}{y(\infty)} \times 100\% = \frac{y(t_p) - 1}{1} \times 100\% = e^{-\pi\zeta/\sqrt{1-\zeta^2}} \times 100\% \quad (3\text{-}31)$$

由式（3-31）可见，二阶系统在欠阻尼条件下的超调量完全取决于 ζ 的取值，ζ 越小，$\sigma\%$ 越大。$\sigma\%$ 与 ζ 的关系曲线如图 3-22 所示。

4. 调节时间 t_s

根据调节时间的定义，当 $t \geq t_s$ 时，则有 $|y(t) - y(\infty)| \leq y(\infty) \times \Delta\%$，其中 $\Delta = 2$ 或 5。由式（3-28），当 $t \geq t_s$ 时，可得

$$|y(t) - y(\infty)| = |y(t) - 1| = \frac{e^{-\zeta\omega_n t}}{\sqrt{1-\zeta^2}} \sin\left(\omega_d t + \arctan\frac{\sqrt{1-\zeta^2}}{\zeta}\right) \quad (3\text{-}32)$$

显然，要获得上式关于时间 t_s 的解析解是困难的。在实践中，求取 t_s 的近似解的方法是通过用 $y(t)$ 的包络线取代 $y(t)$ 的实际响应曲线。由图 3-23 可见，系统的实际响应曲线 $y(t)$ 曲线总是被包含在一对包络线之内，其包络线表达式为 $1 \pm \dfrac{e^{-\zeta\omega_n t}}{\sqrt{1-\zeta^2}}$。

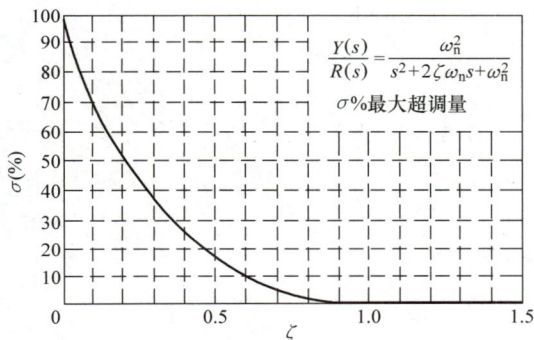

图 3-22　典型二阶系统 $\sigma\%$ 与 ζ 的关系曲线　　图 3-23　$y(t)$ 响应曲线及其包络线图

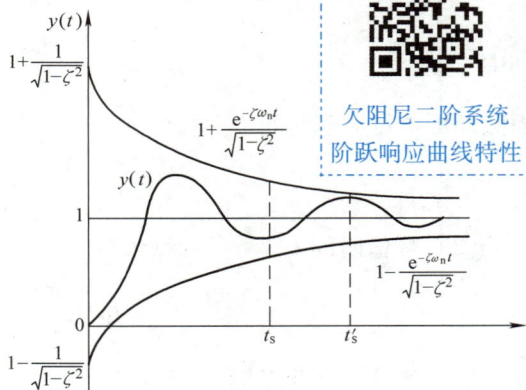

假设当 $t = t_s'$ 时，有 $\dfrac{e^{-\zeta\omega_n t_s'}}{\sqrt{1-\zeta^2}} = \Delta\%$

用 t_s' 近似表示 t_s，则有

$$t_s \approx \frac{1}{\zeta\omega_n}\left|\ln\left(0.02\sqrt{1-\zeta^2}\right)\right| \quad (\Delta = 2) \quad (3\text{-}33a)$$

或

$$t_s \approx \frac{1}{\zeta\omega_n}\left|\ln\left(0.05\sqrt{1-\zeta^2}\right)\right| \quad (\Delta = 5) \quad (3\text{-}33b)$$

当取 $0 < \zeta < 0.8$ 时，$\sqrt{1-\zeta^2} \approx 1$，则上式可再次近似为

$$t_s = \frac{4}{\zeta\omega_n} \quad (\Delta = 2) \quad (3\text{-}34a)$$

$$t_s = \frac{3}{\zeta\omega_n} \quad (\Delta = 5) \quad (3\text{-}34b)$$

上式表明，典型二阶系统的调节时间与阻尼比 ζ 和自然振荡频率 ω_n 的乘积成反比。结

合图 3-17，可以进一步看出，调节时间 t_s 与闭环极点在 s 平面的位置密切相关的。闭环极点距离虚轴越远，t_s 越短。

通过以上分析可以看出，典型二阶系统在单位阶跃输入下的各项动态性能指标之间存在着矛盾。如为了提高系统的响应速度，使 ω_n 很大，ζ 较小；而这样又会影响系统的超调量。因此，在生产实际中，设计系统的过程，也就是寻找合理的参数，使各项性能指标都达到相对最佳的过程。

例 3-3　如图 3-12 所示系统，其中 $\zeta = 0.6$，$\omega_n = 5 \text{rad/s}$。当输入为单位阶跃信号时，试求系统响应的上升时间 t_r、峰值时间 t_p、最大超调量 $\sigma\%$ 和调节时间 t_s。

解： 根据题目给出的 ζ 和 ω_n，可以求得

$$\omega_d = \omega_n \sqrt{1-\zeta^2} = 5 \times \sqrt{1-0.6^2}\,\text{rad/s} = 4\text{rad/s}$$

$$\zeta\omega_n = 0.6 \times 5\text{rad/s} = 3\text{rad/s}$$

（1）上升时间 t_r

$$t_r = \frac{\pi - \beta}{\omega_d} = \frac{3.14 - \beta}{4}\text{s}$$

其中

$$\beta = \arctan\frac{\omega_d}{\zeta\omega_n} = \arctan\frac{4}{3} = 0.93\text{rad}$$

因此，可求得上升时间 t_r 为

$$t_r = \frac{3.14 - 0.93}{4}\text{s} = 0.55\text{s}$$

（2）峰值时间 t_p

$$t_p = \frac{\pi}{\omega_d} = \frac{3.14}{4}\text{s} = 0.785\text{s}$$

（3）最大超调量 $\sigma\%$

$$\sigma\% = e^{-\pi\zeta \big/ \sqrt{1-\zeta^2}} \times 100\% = e^{-3.14 \times 0.6 \big/ \sqrt{1-0.6^2}} = 9.5\%$$

（4）调节时间 t_s

对于 2% 的允许误差，调节时间 t_s 为

$$t_s = \frac{4}{\zeta\omega_n} = \frac{4}{3}\text{s} = 1.33\text{s}$$

对于 5% 的允许误差，调节时间 t_s 为

$$t_s = \frac{3}{\zeta\omega_n} = \frac{3}{3}\text{s} = 1\text{s}$$

三、欠阻尼二阶系统的单位斜坡响应

对于欠阻尼二阶系统，当输入信号为单位斜坡函数 $r(t) = t$ 时，由式（3-21），可得系统的输出为

$$Y(s) = G_B(s)R(s) = \frac{\omega_n^2}{s^2 + 2\zeta\omega_n s + \omega_n^2}\frac{1}{s^2} \tag{3-35}$$

对上式进行拉普拉斯反变换得

$$y(t) = t - \frac{2\zeta}{\omega_n} + \frac{e^{-\zeta\omega_n t}}{\omega_n \sqrt{1-\zeta^2}} \sin(\omega_d t + 2\theta) \tag{3-36}$$

式中，$\theta = \arctan \dfrac{\sqrt{1-\zeta^2}}{\zeta}$，$\omega_d = \omega_n \sqrt{1-\zeta^2}$。

不难看出，此时的系统响应由瞬态分量 $y_1(t)$ 和稳态分量 $y_2(t)$ 两部分组成，其中

$$y_1(t) = \frac{e^{-\zeta\omega_n t}}{\omega_n \sqrt{1-\zeta^2}} \sin(\omega_d t + 2\theta)$$

$$y_2(t) = t - \frac{2\zeta}{\omega_n}$$

当时间趋近于无穷大时，瞬态分量可衰减为零；而稳态分量 $y_2(t)$ 与输入不同，系统存在稳态误差。根据定义，系统误差为

$$e(t) = r(t) - y(t) = t - \left[t - \frac{2\zeta}{\omega_n} + \frac{e^{-\zeta\omega_n t}}{\omega_d} \sin(\omega_d t + 2\theta) \right] = \frac{2\zeta}{\omega_n} - \frac{e^{-\zeta\omega_n t}}{\omega_d} \sin(\omega_d t + 2\theta)$$

由稳态误差的定义得

$$e_{ss} = \lim_{t \to \infty} e(t) = \frac{2\zeta}{\omega_n} \tag{3-37}$$

图 3-24 为二阶系统单位斜坡输入时的响应曲线，其稳态输出是一个与输入等斜率的斜坡函数，但存在一定的常值误差，值为 $2\zeta/\omega_n$。

由以上可知，要减小斜坡输入时的稳态误差，需要加大自然振荡频率 ω_n 或减小阻尼比 ζ，但这又将对系统响应的平稳性产生不利。因此，理论和实践证明仅靠调节系统的参数难以解决稳态精度与动态性能之间的矛盾。在设计系统时，一般可先根据对系统稳定性和稳态精度的要求，确定系统参数，然后再引入一些附加的环节，调整系统的等效阻尼比，以满足对动态性能的要求。

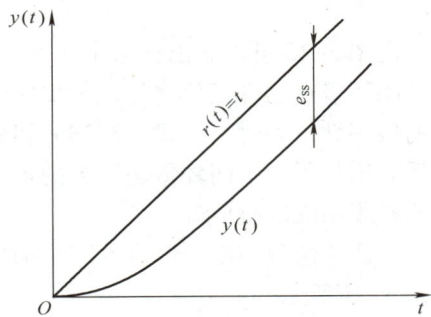

图 3-24　二阶系统的单位斜坡响应

四、二阶系统响应特性的改善

在改善二阶系统性能的方法中，比例－微分控制和输出量的速度反馈控制是两种常用的方法。

1. 误差信号的比例－微分控制

对于具有单位负反馈的二阶系统，在其前向通道中加入比例－微分环节（又称比例－微分调节器或 PD 调节器），其结构如图 3-25 所示。

由图 3-25 可知，系统输出量同时受误差信号和误差信号微分的双重控制，其中 T_d 为微分系数，系统的闭环传递函数为

$$G_B(s) = \frac{Y(s)}{R(s)} = \frac{\omega_n^2(1 + T_d s)}{s^2 + (2\zeta\omega_n + T_d \omega_n^2)s + \omega_n^2} \tag{3-38}$$

特征方程中 s 一次项系数为

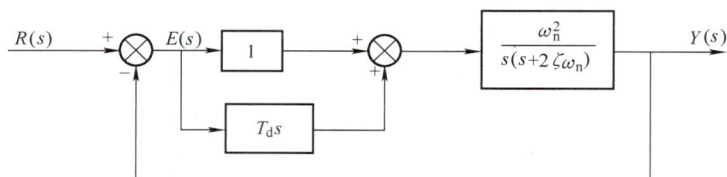

图 3-25　比例 – 微分控制的二阶系统

$$2\zeta\omega_n + T_d\omega_n^2 = 2\omega_n\left(\zeta + \frac{1}{2}T_d\omega_n\right) = 2\omega_n\zeta_d$$

式中
$$\zeta_d = \zeta + \frac{1}{2}T_d\omega_n > \zeta \tag{3-39}$$

　　显然，由于引入了比例 – 微分控制，增大了系统的等效阻尼比 ζ_d，根据前面讨论所得的结论，可使系统的振荡程度和超调量减弱，从而达到改善系统平稳性的目的。

　　对于典型二阶系统来说，在欠阻尼状态下有闭环极点

$$s_1 = -\zeta\omega_n + j\omega_n\sqrt{1-\zeta^2}$$
$$s_2 = -\zeta\omega_n - j\omega_n\sqrt{1-\zeta^2}$$

增加了比例 – 微分控制之后，其闭环极点为

$$s_1' = -\zeta_d\omega_n + j\omega_n\sqrt{1-\zeta_d^2}$$
$$s_2' = -\zeta_d\omega_n - j\omega_n\sqrt{1-\zeta_d^2}$$

　　由图 3-26 可以看出，由于 $\zeta_d > \zeta$（$\zeta_d < 1$），因此使得原系统的闭环极点实部幅值增加，虚部幅值减小，从而减少了原系统的振荡性。同时，由式（3-38）可知，采用了比例 – 微分控制后，增加了一个闭环传递函数的零点，其结果确在一定程度上改善了系统的响应。

　　比例 – 微分控制可以由 RC 网络或运算放大器来近似实现，如图 3-27 所示。

　　在实际中，考虑到网络的负载效应等因素的影响，多采用由运算放大器组成的网络。由于这一网络的高通特性，使系统易受噪声和干扰的影响，因此实用网络要更复杂一些。

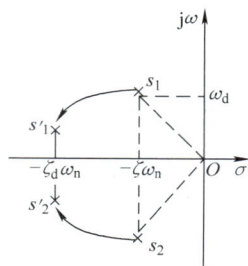

图 3-26　闭环极点变化示意图

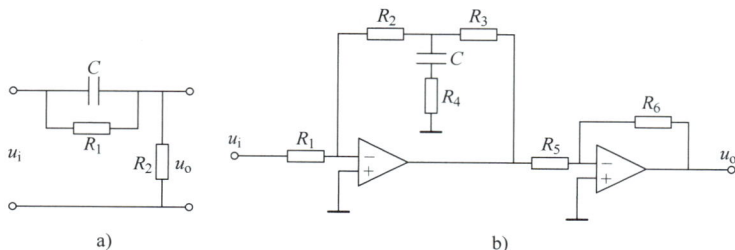

图 3-27　比例 – 微分控制的实现

a）RC 网络　b）运算放大器

例 3-4　设单位负反馈系统的开环传递函数为 $G_K(s) = \dfrac{0.4s+1}{s(s+0.6)}$，试求：

（1）该系统对单位阶跃输入信号的响应；

（2）该系统的 t_p、$\sigma\%$ 。

解： 系统的闭环传递函数为

$$G_\mathrm{B}(s) = \frac{Y(s)}{R(s)} = \frac{G_\mathrm{K}}{1 + G_\mathrm{K}} = \frac{0.4s + 1}{s^2 + s + 1}$$

$$Y(s) = G_\mathrm{B}(s)R(s), \qquad R(s) = \frac{1}{s}$$

故 $\quad Y(s) = \frac{0.4s + 1}{s^2 + s + 1} \cdot \frac{1}{s} = \frac{0.4s + 1}{s(s^2 + s + 1)} = \frac{1}{s} - \frac{s + \dfrac{1}{2}}{\left(s + \dfrac{1}{2}\right)^2 + \left(\dfrac{\sqrt{3}}{2}\right)^2} - \frac{\dfrac{1}{10} \times \dfrac{\sqrt{3}}{2} \times \dfrac{2}{\sqrt{3}}}{\left(s + \dfrac{1}{2}\right)^2 + \left(\dfrac{\sqrt{3}}{2}\right)^2}$

$$y(t) = 1 - e^{-0.5t}\left(\cos\frac{\sqrt{3}}{2}t + \frac{1}{5\sqrt{3}}\sin\frac{\sqrt{3}}{2}t\right) = 1 - 1.013e^{-0.5t}\sin\left(\frac{\sqrt{3}}{2}t + 83°\right) \quad (t \geq 0)$$

由于系统为非标准形式，故不可用前述计算公式，只能按定义去求解

$$y(t_\mathrm{r}) = 1 - e^{-0.5t_\mathrm{r}}\left(\cos\frac{\sqrt{3}}{2}t_\mathrm{r} + \frac{1}{5\sqrt{3}}\sin\frac{\sqrt{3}}{2}t_\mathrm{r}\right) = 1$$

$$\tan\frac{\sqrt{3}}{2}t_\mathrm{r} = -5\sqrt{3} = -8.66 = \tan(\pi - \beta)$$

式中，$\beta = \arctan 8.66 = 1.46\mathrm{rad}$，所以，$t_\mathrm{r} = \dfrac{\pi - \beta}{\sqrt{3}/2} \approx 1.94\mathrm{s}$

而由 $\dfrac{\mathrm{d}}{\mathrm{d}t}[y(t_\mathrm{p})] = 0$，得出 $t_\mathrm{p} = \dfrac{\pi - \alpha}{\sqrt{3}/2}$，$\alpha = 0.4\mathrm{rad}$，$t_\mathrm{p} \approx 3.16\mathrm{s}$

$$\sigma\% = \frac{y(t_\mathrm{p}) - y(\infty)}{y(\infty)} \times 100\% = 18\%$$

微分控制的本质上就是一种预测型的超前控制。通常在线性系统中，如果由于阶跃输入而造成的 $e(t)$ 斜率过大，紧接着就会出现一个大的超调，微分控制引入系统后，就可以测量 $e(t)$ 的瞬时变化，提前预测到将要出现的超调，并且在其出现之前做出适当地校正。显然，只有当稳态误差随时间变化时（对应动态）微分才能对系统有作用，而在稳态时，$e(t)$ 微分项就不起作用，因而比例–微分控制对系统在斜坡输入时的稳态误差无影响。

2. 输出量的微分反馈控制

将输出量的微分信号采用负反馈的形式，反馈到输入端并与误差信号相比较，构成输出量的微分反馈系统如图 3-28 所示，其中 K_t 为微分反馈系数。

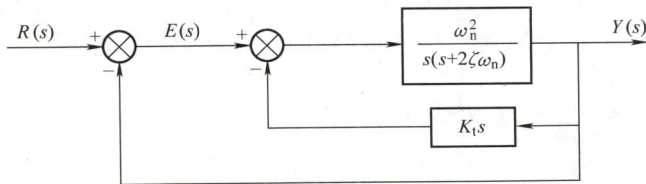

图 3-28　具有速度反馈控制的二阶系统

该系统的闭环传递函数为

$$\phi(s) = \frac{Y(s)}{R(s)} = \frac{\omega_n^2}{s^2 + (2\zeta\omega_n + K_t\omega_n^2)s + \omega_n^2}$$

其等效阻尼比

$$\zeta_t = \zeta + \frac{1}{2}K_t\omega_n > \zeta$$

由于 $\zeta_t > \zeta$，故使系统的等效阻尼比增大，抑制了输出量的超调和振荡，改善了系统的平稳性，同时

$$\phi_e(s) = \frac{E(s)}{R(s)} = \frac{s^2 + (2\zeta\omega_n + K_t\omega_n^2)s}{s^2 + (K_t\omega_n^2 + 2\zeta\omega_n)s + \omega_n^2}$$

当输入为单位斜坡输入信号时，有

$$E(s) = \phi_e(s)R(s) = \frac{s^2 + (2\zeta\omega_n + K_t\omega_n^2)s}{s^2 + (K_t\omega_n^2 + 2\zeta\omega_n)s + \omega_n^2} \frac{1}{s^2}$$

由终值定理，可以求出

$$e_\infty(t) = sE(s)\big|_{s=0} = \frac{2\zeta + K_t\omega_n}{\omega_n} = \frac{2\zeta}{\omega_n} + K_t$$

所以，系统在采用了输出量的微分反馈之后，使得在单位斜坡输入下的稳态误差由 $2\zeta/\omega_n$ 增至 $2\zeta/\omega_n + K_t$。这是由于输出量的微分反馈是使原来的误差信号 $e(t)$ 减去反馈量之后，再加到系统的执行机构，为了保持执行机构的跟踪速度，原来的误差信号就必须加大。因此，速度反馈会降低系统斜坡输入下的稳态精度。

输出反馈控制可采用测速发电机、速度传感器、RC 网络或运算放大器与位置传感器的组合等部件来实现。从实现的角度看，输出反馈控制部件比比例 - 微分的要复杂、昂贵一些。但它都能大大削弱内回路中被包围部件的非线性、参数漂移等不利影响，提高系统的可靠性。因此，输出微分反馈在实际中得到了广泛的应用。

例 3-5 如图 3-29 所示系统

（1）当 $a = 0$ 时，确定 ζ、ω_n、e_{sst}。

（2）当 ζ 为最佳时，确定系统的 a 和 e_{sst}。

（3）若要 ζ 为最佳时，$e_{sst} = 0.25$，确定系统中的 a 以及此时前向通道的放大系数为多少。

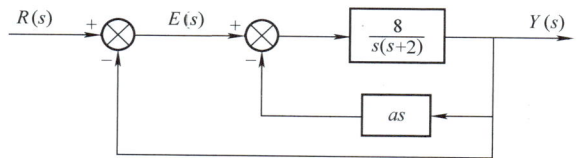

图 3-29 例 3-5 系统结构图

解：（1）当 $a = 0$ 时，$\dfrac{Y(s)}{R(s)} = \dfrac{8}{s^2 + 2s + 8}$

所以

$$\omega_n = \sqrt{8}\,\text{rad/s} = 2.825\,\text{rad/s}, \qquad \zeta = \frac{1}{\omega_n} = 0.354$$

斜坡输入时，$e_{sst} = \dfrac{2\zeta}{\omega_n} = \dfrac{0.708}{\sqrt{8}} = 0.25$

（2）当 $a \neq 0$ 时，$\dfrac{Y(s)}{R(s)} = \dfrac{8}{s^2 + (2 + 8a)s + 8}$

所以 $\omega_n = \sqrt{8}\text{rad/s} = 2.825\text{rad/s}$，$2\zeta_t\omega_n = 2 + 8a$，$a = \dfrac{2(\zeta_t\omega_n - 1)}{8} = 0.25$

其中取 $\zeta_t = 0.707$，则

$$e_{sst} = \frac{2\zeta + a\omega_n}{\omega_n} = \frac{2\zeta}{\omega_n} + a = 0.5$$

（3）若 $\zeta = 0.707$，$e_{sst} = 0.25$ 前向通路的放大系数为 K

此时

$$\frac{Y(s)}{R(s)} = \frac{K}{s^2 + (2 + Ka)s + K}$$

不难得到

$$\omega_n^2 = K,\quad \omega_n = \sqrt{K}$$

而对应于 $a = 0$ 时，有

$$\zeta_原 = 1/\sqrt{K}$$

而 $a \neq 0$ 时，有

$$2 + Ka = 2\zeta\omega_n = 2 \times 0.707 \times \sqrt{K} = 1.414\sqrt{K}$$

$$e_{sst} = \frac{2\zeta + a\sqrt{K}}{\sqrt{K}} = 0.25$$

解出 $K = 32$，$a = 0.187$。

通过以上分析，可以看出，通过对典型二阶系统增加比例 – 微分控制和输出微分反馈控制，都可以改善二阶系统的性能。从数学模型上看，比例 – 微分和输出微分反馈两种控制方法都是通过增大系统的阻尼来改善其动态响应，但对斜坡响应时稳态误差的影响有所不同。从物理过程来看，比例 – 微分控制是对误差进行预测从而实现超前控制；而输出微分反馈则是对输出量进行预测和反馈，后者的突出优点是具有较强抗干扰能力。

第四节　高阶系统分析

在实际工程中，几乎所有的控制系统都是高阶系统，因此需用高阶微分方程描述。对于高阶微分方程，要得到精确的解析解是困难的，所以，也难以获得所描述系统的动态性能指标。在工程上常采用主导极点的概念对高阶系统进行简化，以得到近似的结果。

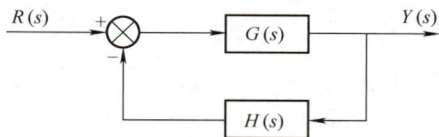

图 3-30　控制系统结构图

如图 3-30 所示，系统的闭环传递函数为

$$G_B(s) = \frac{Y(s)}{R(s)} = \frac{G(s)}{1 + G(s)H(s)}$$

$$= \frac{b_m s^m + b_{m-1} s^{m-1} + \cdots + b_1 s + b_0}{a_n s^n + a_{n-1} s^{n-1} + \cdots + a_1 s + a_0} \quad (m \leq n) \tag{3-40}$$

在单位阶跃输入下，输出响应的拉普拉斯变换为

$$Y(s) = G_B(s)R(s) = \frac{b_m s^m + b_{m-1} s^{m-1} + \cdots + b_1 s + b_0}{a_n s^n + a_{n-1} s^{n-1} + \cdots + a_1 s + a_0} \frac{1}{s}$$

$$= \frac{K \prod\limits_{i=1}^{m} (s + z_i)}{\prod\limits_{j=1}^{q} (s + s_j) \prod\limits_{k=1}^{r} (s^2 + 2\zeta_k \omega_k s + \omega_k^2)} \frac{1}{s} \tag{3-41}$$

式中，q 为实数极点的个数；r 为共轭复数极点的个数，$q + 2r = n \geq m$。设上述极点互异并都

位于 s 平面的左半平面，则经过整理后，可得

$$Y(s) = \frac{A_0}{s} + \sum_{j=1}^{q} \frac{A_j}{s+s_j} + \sum_{k=1}^{r} \frac{B_k s + C_k}{s^2 + 2\zeta_k \omega_k s + \omega_k^2} \tag{3-42}$$

式中，$0 < \zeta_k < 1$，且

$$A_0 = \lim_{s \to 0} s Y(s) = \frac{b_0}{a_0} \tag{3-43}$$

A_j 是 $Y(s)$ 在闭环实数极点 s_j 处的留数，可按下式计算

$$A_j = \lim_{s \to s_j} (s+s_j) Y(s), \quad (j=1,2,\cdots,q) \tag{3-44}$$

B_k 和 C_k 是与 $Y(s)$ 在闭环复数极点 $s = -\zeta_k \omega_k \pm j\omega_k \sqrt{1-\zeta_k^2}$ 处的留数有关的常系数。

对式（3-42）进行拉普拉斯反变换，可得系统的动态响应表达式为

$$y(t) = A_0 + \sum_{j=1}^{q} A_j e^{-s_j t} + \sum_{k=1}^{r} \left[B_k e^{-\zeta_k \omega_k t} \cos \sqrt{1-\zeta_k^2} \omega_k t + C_k e^{-\zeta_k \omega_k t} \sin \sqrt{1-\zeta_k^2} \omega_k t \right]$$

$$\tag{3-45}$$

式（3-45）表明，高阶系统的时间响应是由若干一阶系统和二阶系统的时间响应函数项组成的。如果高阶系统的全部闭环极点都具有负实部，那么随着时间 t 的增长，式（3-45）中的指数项和阻尼正弦（余弦）项均趋近于零，高阶系统为稳定的，其稳定输出值为 A_0。因此，动态响应的性质可以根据其传递函数的零、极点在 s 平面的分布情况进行分析。

例 3-6 设三阶系统的闭环传递函数为

$$G(s) = \frac{5(s^2 + 5s + 6)}{s^3 + 6s^2 + 10s + 8}$$

试确定其单位阶跃响应。

解： 将闭环传递函数进行因式分解，可得

$$G(s) = \frac{5(s+2)(s+3)}{(s+4)(s^2+2s+2)}$$

由于 $R(s) = \dfrac{1}{s}$，故

$$Y(s) = \frac{5(s+2)(s+3)}{(s+4)(s+1+j)(s+1-j)} \frac{1}{s}$$

其部分分式为

$$Y(s) = \frac{A_0}{s} + \frac{A_1}{s+4} + \frac{A_2}{s+1+j} + \frac{\tilde{A}_2}{s+1-j}$$

式中，A_2 与 $\tilde{A}_2$ 共轭。由式（3-43）和式（3-44）不难求出，$A_0 = 15/4$，$A_1 = -1/4$，$A_2 = (-7+j)/4$，$\tilde{A}_2 = (-7-j)/4$。

由此可得

$$y(t) = \frac{1}{4} \left[15 - e^{-4t} - 10\sqrt{2} e^{-t} \cos(t - 8°) \right]$$

例 3-7 已知系统的开环传递函数为

$$G(s) = \frac{5(s+20)}{s(s+4.59)(s^2 + 3.14s + 16.35)}$$

求单位反馈系统的单位阶跃响应。

解： 系统的闭环传递函数为

$$\frac{Y(s)}{R(s)} = \frac{5(s+20)}{s(s+4.59)(s^2+3.14s+16.35)+5(s+20)}$$

$$= \frac{5s+100}{s^4+8s^3+32s^2+80s+100}$$

$$= \frac{5(s+20)}{(s^2+2s+10)(s^2+6s+10)}$$

该系统的单位阶跃响应为

$$Y(s) = \frac{5(s+20)}{s(s^2+2s+10)(s^2+6s+10)}$$

$$= \frac{1}{s} + \frac{\frac{3}{8}(s+1)-\frac{17}{8}}{(s+1)^2+3^2} + \frac{-\frac{11}{8}(s+3)-\frac{13}{8}}{(s+3)^2+1^2}$$

对 $Y(s)$ 做拉普拉斯反变换，可以求得系统的时域响应：

$$y(t) = 1 + \frac{3}{8}e^{-t}\cos3t - \frac{17}{24}e^{-t}\sin3t - \frac{11}{8}e^{-3t}\cos t - \frac{13}{8}e^{-3t}\sin t \quad (t \geqslant 0)$$

通过以上分析，可得到以下结论：

1）对于闭环极点均位于 s 左半平面的高阶系统，极点为实数或共轭复数决定了各函数项的性质（即相应的函数项为指数项或衰减正、余弦函数项）。各函数项衰减的快慢取决于极点与虚轴的距离，离虚轴越远的极点相应的函数项衰减越快。

2）各函数项的系数取决于闭环系统的极、零点分布。若某极点远离原点，则相应项的系数很小；若某对极-零点十分接近，同时又远离其他极点和零点，则相应项的系数也很小，这对极-零点常称之为偶极子；若某极点远离零点而又接近原点或其他极点，则相应项的系数就比较大。系数较大且衰减慢的那些项在系统的动态过程中起主要的作用。

在高阶系统中，若存在一对共轭复数极点且满足如下条件：

1）这对共轭复数极点周围没有零点且距离虚轴最近。

2）其他闭环极点与虚轴的距离比这一对共轭复数极点与虚轴的距离大3倍以上。

则这一对共轭复数极点在输出时间响应 $y(t)$ 中的对应项系数较大且衰减最慢。因此，它对系统的动态响应过程起主要作用，高阶系统的单位阶跃响应形式和动态性能指标主要由它来决定，这对共轭复数极点称为闭环主导极点。满足主导极点条件的高阶系统可以近似成为二阶系统，这样就可将二阶系统的分析方法用于对高阶系统的分析。

应当强调，针对高阶系统引入主导极点概念的目的，是为读者在分析和研究高阶系统时提供思路，使其在实际中能够对所研究的问题有一个快捷、简明的判断。在工程实践中，随着计算机技术的完善和发展，为定量分析高阶系统提供了便利，如利用 MATLAB 仿真软件对系统进行动态响应分析，可获得准确的时间响应曲线。

第五节　稳定性与劳斯判据

稳定性是控制系统最重要的性能，也是系统能够正常运行的首要条

稳定性的基本概念

件。在实际运行过程中，控制系统总会受到来自内部和外界的各种干扰。如果系统不稳定，任何微小的扰动作用都将使系统偏离原来的平衡状态，并随时间的改变而发散，使系统最终无法正常工作。因此，如何分析系统的稳定性，改善和保证系统的稳定性能，是自动控制理论的主要任务之一。

一、稳定性的基本概念

任何系统在扰动作用下都会偏离原平衡状态，产生初始偏差。所谓稳定性，就是指系统当扰动消失后，由初始偏差状态恢复到原平衡状态的性能。

为了说明稳定性的基本概念，可考察如图 3-31 所示的直观示例。图 3-31a 所示小球在一个凹面上，原来平衡位置为 A_0，当小球受到外力（扰动）作用时由 A_0 偏移至 A_1；当外力消失后，小球经过若干次的振荡，最终仍可回

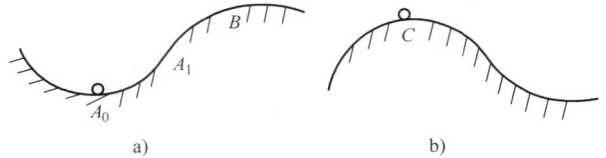

图 3-31　稳定性示意图

到原来的平衡位置 A_0。可以说，这个系统是稳定的。反之，如图 3-31b 所示，若小球的原平衡位置在 C 处，当受到外力而偏离了原平衡位置后，无论经过多长的时间，小球都不能回到原平衡位置 C，那么这个系统就是不稳定的。

假设系统具有一个平衡工作状态，如果系统受到有界扰动作用偏离了原平衡状态，无论扰动所引起的初始偏差有多大，当扰动取消后，系统都能以足够的精度恢复到初始的平衡状态，这样的系统称为大范围稳定的系统；而只有当扰动引起的偏差小于某一范围时，系统才能在消除扰动后恢复到初始平衡状态，否则就不能恢复到初始平衡状态的系统，则称之为小范围稳定的系统。

关于系统稳定性有多种定义方法，其中以俄国学者李雅普诺夫于 1892 年提出的方法最为著名，并一直沿用至今。关于李雅普诺夫稳定性的严格数学定义及稳定性定理，将在后续课程中予以介绍。

根据李雅普诺夫稳定性理论，首先假设系统只有一个平衡工作点，在该点上，当输入信号为零时，系统的输出信号亦为零。当扰动信号作用于系统时，系统的输出将偏离原平衡工作点。若取扰动信号消失时作为计时起点，则将 $t=0$ 时刻系统的输出量增量及其各阶导数作为初始偏差。于是，$t \geq 0$ 时的系统输出量增量的变化过程，可以认为是控制系统在初始扰动影响下的动态过程。据此，线性控制系统的稳定性可叙述如下：

若线性控制系统在初始扰动作用下，其动态过程随时间的推移逐渐衰减并趋于零（原平衡工作点），则称系统渐近稳定，简称系统稳定；反之，若在初始扰动作用下，系统的动态过程随时间的推移而发散，则称系统不稳定。

二、线性系统的稳定性

由于在此考虑的是扰动信号消失后的情形，所以，线性系统的稳定性是系统自身的固有特性，仅取决于系统的结构参数，而与初始条件及外作用无关。

设线性定常系统的输入输出微分方程为

$$a_n y^{(n)}(t) + a_{n-1} y^{(n-1)}(t) + \cdots + a_0 y(t) = b_m r^{(m)}(t) + b_{m-1} r^{(m-1)}(t) + \cdots + b_0 r(t)$$

$$(n \geq m)\quad(3\text{-}46)$$

由于稳定性仅与系统内部性质有关，而与外作用无关，因此系统的稳定性可按奇次微分方程来分析。

根据线性微分方程解的稳定性原理，对于式（3-46）所表示的系统，如果满足

$$\lim_{t \to \infty} y(t) = \lim_{t \to \infty} \dot{y}(t) = \cdots = \lim_{t \to \infty} y^{(n-1)}(t) = 0$$

则系统稳定。对应的系统特征方程为

$$D(s) = a_n s^n + a_{n-1} s^{n-1} + \cdots + a_1 s + a_0 = 0 \tag{3-47}$$

假设上式存在 k 个实根 λ_j（$j = 1, 2, \cdots, k$），r 对共轭复数根 $\sigma_i + j\omega_i$（$i = 1, 2, \cdots, r$，且 $k + 2r = n$）。设线性系统在初始条件为零时，作用信号为单位脉冲函数 $\delta(t)$，此时，系统输出响应为单位脉冲响应 $y(t)$，如式（3-48）所示。这相当于系统在扰动瞬时作用后，系统输出偏离原平衡工作点的问题。

$$y(t) = \sum_{j=1}^{k} C_j e^{\lambda_j t} + \sum_{i=1}^{r} e^{\sigma_i t}(A_i \cos\omega_i t + B_i \sin\omega_i t) \tag{3-48}$$

式中，A_i、B_i、C_j 为待定常数。

为了要保证系统的稳定性，即当 $t \to \infty$ 时，应有 $y(t) \to 0$。因此，λ_j 和 σ_i 的取值就是至关重要的，由式（3-48）可知：

1）若 $\lambda_j < 0$，$\sigma_i < 0$，$\omega_i \neq 0$，则当 $t \to \infty$ 时，$y(t) \to 0$。系统输出按振荡曲线衰减，并能够恢复到平衡状态，故系统为稳定的。

2）若 $\lambda_j < 0$，$\sigma_i < 0$，$\omega_i = 0$，$t \to \infty$，$y(t) \to 0$，系统输出按指数曲线衰减，系统仍为稳定的。

3）若 λ_j 或者 σ_i 中有一个大于零，则当 $t \to \infty$ 时，$y(t) \to \infty$，则系统不稳定。

4）只要 λ_j 中有一个为零或者 σ_i 中有一个为零时（对应特征方程具有纯虚根），则当 $t \to \infty$ 时，系统不能恢复原来平衡状态，或者为等幅振荡，系统仍处于临界稳定状态。在工程实践中，此时仍认为系统是不稳定的。

由以上分析可以看出线性系统稳定的充要条件是它的特征方程的根全部为负实数或者具有负的实数部分。因为特征方程的根在 s 平面上为一个点，故又可以说：线性系统稳定的充要条件是系统的所有闭环极点均位于 s 平面的左半部分。

三、劳斯稳定性判据及其应用

对于线性系统，要判断系统稳定与否，必须知道系统特征根在 s 平面的分布。对于一阶、二阶系统，这一点是很容易做到的，而对于高阶系统，求解其特征根一般说来是十分困难的，于是人们希望得到一种不需求解高阶方程而能判断系统稳定与否的方法。1877 年，英国学者劳斯（Routh）提出了判断系统稳定性的代数判据，称为劳斯判据。这种判据利用系统闭环特征方程中的各项系数进行代数运算，得到全部根位于 s 左半平面的条件，依此来判断系统是否稳定。应该说明的是该判据仅适用于特征方程为实系数的代数方程时的情况。

1. 必要条件（系统稳定的初步鉴别）

设已知系统的闭环特征方程式为

$$a_n s^n + a_{n-1} s^{n-1} + \cdots + a_1 s + a_0 = 0 \tag{3-49}$$

式中，所有系数均为实数。

要使上述特征方程的所有根均位于 s 左半平面，式（3-49）中的所有系数必须大于零，即 $a_i > 0$（$i = 0$，1，$\cdots$，n）。

证明： 设式（3-49）有 k 个实根 λ_j（$j = 1$，2，$\cdots$，k），r 对共轭复数根满足（$\sigma_i + \mathrm{j}\omega_i$）（$i = 1$，$2$，$\cdots$，$r$ 且 $k + 2r = n$），则它的左端可写为

$$D(s) = a_n(s - \lambda_1)(s - \lambda_2)\cdots(s - \lambda_k)\left[(s - \sigma_1)\right]^2 + \omega_1^2\right]\cdots\left[(s - \sigma_r)^2 + \omega_r^2\right] \quad (3\text{-}50)$$

若所有根均在左半平面，即 $\lambda_j < 0$，$\sigma_i < 0$，这样将式（3-50）展开后，方可得到式（3-49）的形式。

证毕。

根据以上结论，在判别系统稳定性时可事先检查一下系统特征方程式的系数是否均为正数，若有任何系数为负数或者等于零，无需做下一步的判别，系统必为不稳定的。

若 $a_i > 0$，（$i = 0$，1，2，$\cdots$，n），则对于二阶以上的系统，则还应作进一步的判别。

2. 劳斯判据

设系统的特征方程如式（3-49）所示，且 $a_i > 0$（$i = 0$，1，2，$\cdots$，n）

按特征方程系数列写劳斯行列表，如下所示：

s^n	a_n	a_{n-2}	a_{n-4}	$\cdots$
s^{n-1}	a_{n-1}	a_{n-3}	a_{n-5}	$\cdots$
s^{n-2}	b_1	b_2	b_3	$\cdots$
s^{n-3}	c_1	c_2	c_3	$\cdots$
s^{n-4}	d_1	d_2	d_3	$\cdots$
$\vdots$	$\vdots$	$\vdots$	$\vdots$	$\vdots$
s^0	$\cdots$	$\cdots$	$\cdots$	$\cdots$

其中，

$$b_1 = -\frac{1}{a_{n-1}}\begin{vmatrix} a_n & a_{n-2} \\ a_{n-1} & a_{n-3} \end{vmatrix} \qquad c_1 = -\frac{1}{b_1}\begin{vmatrix} a_{n-1} & a_{n-3} \\ b_1 & b_2 \end{vmatrix} \qquad d_1 = -\frac{1}{c_1}\begin{vmatrix} b_1 & b_2 \\ c_1 & c_2 \end{vmatrix}$$

$$b_2 = -\frac{1}{a_{n-1}}\begin{vmatrix} a_n & a_{n-4} \\ a_{n-1} & a_{n-5} \end{vmatrix} \qquad c_2 = -\frac{1}{b_1}\begin{vmatrix} a_{n-1} & a_{n-5} \\ b_1 & b_3 \end{vmatrix} \qquad d_2 = -\frac{1}{c_1}\begin{vmatrix} b_1 & b_3 \\ c_1 & c_3 \end{vmatrix}$$

$$b_3 = -\frac{1}{a_{n-1}}\begin{vmatrix} a_n & a_{n-6} \\ a_{n-1} & a_{n-7} \end{vmatrix} \qquad c_3 = -\frac{1}{b_1}\begin{vmatrix} a_{n-1} & a_{n-7} \\ b_1 & b_4 \end{vmatrix}$$

在上述计算过程中，为了数学上运算简单，可将每行中的各个数乘以某个正实数，不影响对系统稳定性的判断。

劳斯判据：若上述劳斯行列表中第一列所有元素均为正数，则特征方程的所有根的实部均在 s 平面的左边，此即为系统稳定的充要条件。若第一列中出现小于零的元素，系统就不稳定，且其符号变化的次数等于系统特征方程在 s 右半平面根的数目。

例 3-8　设系统特征方程为

$$s^4 + 6s^3 + 12s^2 + 11s + 6 = 0$$

试用劳斯判据判断该系统的稳定性。

解： 由所列方程可知所有系数均为正数，故需作进一步的判别。

劳斯行列表如下：

$$
\begin{array}{cccc}
s^4 & 1 & 12 & 6 \\[2mm]
s^3 & 6 & 11 & 0 \\[2mm]
s^2 & -\dfrac{(1\times 11 - 6\times 12)}{6} & -\dfrac{(1\times 0 - 6\times 6)}{6} & \\[4mm]
s^1 & -\dfrac{6\times\left(6\times 6 - \dfrac{61}{6}\times 11\right)}{61} & & \\[6mm]
s^0 & -\dfrac{61\times\left(\dfrac{61}{6}\times 0 - \dfrac{455}{61}\times 6\right)}{455} & & \\
\end{array}
$$

不难求出，左端的第一列各元素均为正实数，故该系统是稳定的。

事实上，$D(s) = s^4 + 6s^3 + 12s^2 + 11s + 6 = (s+2)(s+3)(s^2+s+1) = 0$

可解出四个特征根分别为：-2，-3 和 $-\dfrac{1}{2}\pm j\dfrac{\sqrt{3}}{2}$，均位于 s 左半平面。

例 3-9 设某系统特征方程为

$$s^4 + Ks^3 + s^2 + s + 1 = 0$$

试确定 K 的稳定范围。

解： 对应的劳斯行列表为

$$
\begin{array}{cccc}
s^4 & 1 & 1 & 1 \\[2mm]
s^3 & K & 1 & \\[2mm]
s^2 & \dfrac{K-1}{K} & 1 & \\[3mm]
s^1 & 1 - \dfrac{K^2}{K-1} & & \\[3mm]
s^0 & 1 & & \\
\end{array}
$$

为了保证系统稳定，要求

$$K > 0$$

$$\frac{K-1}{K} > 0$$

$$1 - \frac{K^2}{K-1} > 0$$

由第一个和第二个条件得知，K 必须大于 1，注意到 $1 - [K^2/(K-1)]$ 这一项总为负值，因为

$$\frac{K-1-K^2}{K-1} = \frac{-1 + K\,(1-K)}{K-1} < 0$$

所以，上述三个条件不能同时得到满足。因此，不存在能使系统稳定的 K 值。

例 3-10 设某系统特征方程为

$$s^5 + 3s^4 + 2s^3 + s^2 + 5s + 6 = 0$$

解： 对应的劳斯行列表为

$$
\begin{array}{cccc}
s^5 & 1 & 2 & 5 \\
\end{array}
$$

$$
\begin{array}{cccc}
s^4 & 3 & 1 & 6 \\
s^3 & \dfrac{5}{3} & 3 & \\
s^2 & -\dfrac{22}{5} & 6 & \\
s^1 & \dfrac{58}{11} & & \\
s^0 & 6 & &
\end{array}
$$

在此，第一列元素的符号改变了两次，所以有两个根在 s 右半平面，故系统不稳定。

例 3-11 一单位反馈系统的开环传递函数为

$$
G(s) = \frac{K}{s(0.1s+1)(0.25s+1)}
$$

试用劳斯判据确定系统稳定时，增益 K 的范围。

解： 系统的闭环特征方程为

$$
s(0.1s+1)(0.25s+1) + K = 0
$$

即

$$
0.025s^3 + 0.35s^2 + s + K = 0
$$

对应的劳斯行列表为

$$
\begin{array}{ccc}
s^3 & 0.025 & 1 \\
s^2 & 0.35 & K \\
s^1 & \dfrac{-(0.025K-0.35)}{0.35} & 0 \\
s^0 & K &
\end{array}
$$

根据劳斯判据，系统稳定的充要条件是

$$
K > 0
$$

$$
\frac{-(0.025K-0.35)}{0.35} > 0, \quad 即 \ K < 14
$$

所以保证系统稳定的条件是增益 K 应满足：$0 < K < 14$。

实际上，由劳斯行列表不难发现，对于三阶系统，只要其特征方程式

$$
a_3 s^3 + a_2 s^2 + a_1 s + a_0 = 0 \tag{3-51}
$$

的所有系数均大于零并且有
$$
a_1 a_2 > a_0 a_3 \tag{3-52}
$$

则其所表示系统的所有特征根均具有负实部。所以，判别三阶系统的稳定性不一定要计算劳斯行列表，只要检验特征方程的系数是否全部大于零且满足式（3-52）即可。此外，二阶系统只要特征方程的系数全部为正就一定稳定。

上述劳斯判据能够用于判断系统是否稳定和确定系统参数的允许范围，但无法给出系统稳定的程度。如果一个系统的所有特征根虽均位于 s 左半平面，但紧靠虚轴，其动态过程就会有较大的超调量和缓慢的响应，甚至会由于系统内部参数的微小变化，使特征根转移到 s

右半平面，导致系统不稳定。

为了保证系统稳定，且具有良好的动态特性，不仅要求系统的全部特征根在 s 左半平面且还希望能与虚轴有一定的距离。为此，可用新的变量 $s_1 = s + a$ 代入原系统的特征方程，几何上就是将 s 平面的虚轴左移一个常值 a，此值就是要求的特征根与虚轴的距离（即稳定度）如图 3-32 所示。此时，应用劳斯判据判别以 s_1 为变量的系统稳定性，就相当于确定原系统的稳定度。如果这时能够满足稳定条件，就说明原系统不但稳定，而且所有特征根均位于 $-a$ 的左侧。

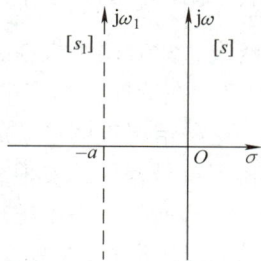

图 3-32 s 平面的坐标平移

例 3-12 在上例中，已求出增益 K 的稳定域为 $0 < K < 14$，现若要求系统的全部特征根均位于 $s = -1$ 的左侧，即稳定度 $a = 1$，试求此时增益 K 值的允许调整范围。

解： 由于要求特征根均位于 $s = -1$ 之左侧，所以取 $s = s_1 - 1$ 代入原特征方程

$$0.025s^3 + 0.35s^2 + s + K = 0$$

得

$$0.025(s_1 - 1)^3 + 0.35(s_1 - 1)^2 + (s_1 - 1) + K = 0$$

经整理得

$$s_1^3 + 11s_1^2 + 15s_1 + (40K - 27) = 0$$

列出劳斯行列表为

$$
\begin{array}{ccc}
s_1^3 & 1 & 15 \\
s_1^2 & 11 & 40K - 27 \\
s_1^1 & -[(40K - 27) - 11 \times 15]/11 & 0 \\
s_1^0 & 40K - 27 &
\end{array}
$$

由稳定的充要条件

$$-\frac{1}{11}[(40K - 27) - 11 \times 15] > 0, \text{即} K < 4.8$$

$$40K - 27 > 0, \text{即} K > 0.675$$

因此，当取稳定度 $a = 1$ 时，增益 K 的可调范围为 $0.675 < K < 4.8$。显然，比系统原来的稳定域 $0 < K < 14$ 要小。

在运用劳斯判据分析系统稳定性时，有时会遇到以下两种特殊情况，使劳斯行列表中的计算无法进行到底，因而需要进行相应的数学处理。

1）劳斯行列表中某行的第一列元素为零，而其余各元素不为零，或不全为零。

这时可用一个很小的正数 ε 来代替这个零，从而可使劳斯行列表能够继续运算下去。

例如，特征方程 $D(s) = s^4 + 3s^3 + s^2 + 3s + 1 = 0$

对应的劳斯行列表为

$$
\begin{array}{cccc}
s^4 & 1 & 1 & 1 \\
s^3 & 3 & 3 & \\
s^2 & 0 \leftarrow \varepsilon & 1 & \\
s^1 & 3 - \dfrac{3}{\varepsilon} & 0 & \\
s^0 & 1 & &
\end{array}
$$

将表中第三行的第一个元素 0 由小正数 ε 取代。因为 ε 很小，故 $\left(3 - \dfrac{3}{\varepsilon}\right) < 0$，所以第一列变号两次，故有两个根在 s 右半平面，系统不稳定。

2）在劳斯行列表中出现全为零的行。

这种情况表明系统的特征根中存在某些绝对值相同而符号相反的特征根。如存在两个大小相等符号相异的实根或共轭虚根，或者是对称于实轴的共轭复数根。

在劳斯行列表中出现全为零的行时，可用其上面一行的系数构造一个辅助方程 $F(s) = 0$，并将辅助方程对复变量 s 求导，用所得到的导数方程的系数取代全零行的元素，便可按劳斯稳定判据的要求继续计算行列表，直到得出完整的结果。辅助方程的阶次通常为偶数，它表明了数值相同而符号相反的根的个数。所有那些数值相同但符号相异的根，均可由辅助方程求得。

例如：已知系统特征方程为

$$D(s) = s^6 + s^5 - 2s^4 - 3s^3 - 7s^2 - 4s - 4 = 0$$

对应的劳斯行列表为

$$
\begin{array}{lcccc}
s^6 & 1 & -2 & -7 & -4 \\
s^5 & 1 & -3 & -4 & \\
s^4 & 1 & -3 & -4 & \text{（辅助方程 } F(s) \text{ 的系数）} \\
s^3 & 0 & 0 & 0 &
\end{array}
$$

在计算过程中，第四行各元素均为零，故取第三行各元素构成辅助方程

$$F(s) = s^4 - 3s^2 - 4 = (s^2 - 4)(s^2 + 1) = 0$$

取 $F(s)$ 对变量 s 的导数，得导数方程为

$$\frac{\mathrm{d}F(s)}{\mathrm{d}s} = 4s^3 - 6s = 0$$

用这个方程的系数代替第四行的全部零元素，然后再按规则计算劳斯行列表，得到

$$
\begin{array}{lcccc}
s^6 & 1 & -2 & -7 & -4 \\
s^5 & 1 & -3 & -4 & \\
s^4 & 1 & -3 & -4 & \\
s^3 & 4 & -6 & 0 & \left(\dfrac{\mathrm{d}F(s)}{\mathrm{d}s} = 0 \text{ 的系数}\right) \\
s^2 & -1.5 & -4 & & \\
s^1 & -16.7 & 0 & & \\
s^0 & -4 & & &
\end{array}
$$

从上表可以看出，第一列元素符号改变一次，故系统不稳定，有一个正实部根。由辅助方程 $F(s) = s^4 - 3s^2 - 4 = 0$ 不难解出系统的两组数值相同而符号相反的根，即 ± 2 和 $\pm \mathrm{j}$。

例 3-13 图 3-33 为由一个积分环节和两个惯性环节所组成的闭环系统，试分析系统中增益 K 及时间常数 T_1 和 T_2 的大小对系统稳定性的影响。

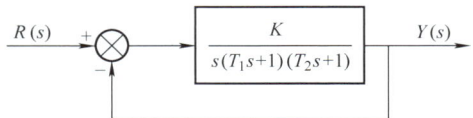

图 3-33　例 3-13 三阶闭环系统

解： 系统的闭环传递函数为

$$G(s) = \frac{K}{s(T_1 s + 1)(T_2 s + 1) + K}$$

其中 K 为系统开环增益，简称为增益。系统的特征方程为

$$D(s) = s(T_1 s + 1)(T_2 s + 1) + K = T_1 T_2 s^3 + (T_1 + T_2)s^2 + s + K = 0$$

根据系统稳定的必要条件，上述方程中各系数必须大于零。因为 T_1、T_2 为相应环节的时间常数，一般都是大于零的，所以只要增益 K 大于零即可；其次，由于系统为三阶系统，则由式（3-52）要求，系统稳定时应满足

$$T_1 + T_2 > KT_1 T_2$$

即

$$K < \frac{1}{T_1} + \frac{1}{T_2} = K_c$$

所以，当 $K > K_c$ 时，系统不稳定；当 $K = K_c$ 时，系统为临界稳定。

由此可知，系统参数 K、T_1 和 T_2 对系统稳定性的影响为：

1）当 $0 < K < K_c$ 时，系统是稳定的。

2）增大时间常数 T_1 和（或）T_2，对系统的稳定性不利，将使系统的增益 K 的调整范围变小。

3）减少时间常数的个数，对系统稳定性有利，如对于本例的三阶系统，若减少一个时间常数，则系统变成为二阶系统，其允许增益 K 可为无穷大。

第六节 稳态误差分析

稳态误差是衡量系统控制精度的，是控制系统设计中重要的静态指标。在实际中，由于被控系统本身的结构和输入信号的不同，其稳态输出量不可能完全达到理想值（与输入量一致），也不可能在任何扰动的作用下都能够准确地恢复到预期的平衡点。另外，系统中还存在着诸如摩擦、间隙、死区等非线性因素。因此，控制系统的稳态误差总是难以避免的，而设计控制系统的一个主要任务就是要使稳态误差尽可能的小，以满足实际应用的要求。当稳态误差足够小以至于可以忽略不计时，可以近似认为系统的稳态误差为零，这种系统被称为无差系统，而稳态误差不为零的系统则被称为有差系统。

一、误差及稳态误差的定义

控制系统的误差 $e(t)$ 一般定义为输出的期望值与实际值之差，即

$$e(t) = 期望值 - 实际值 \tag{3-53}$$

设控制系统的一般结构如图 3-34 所示。

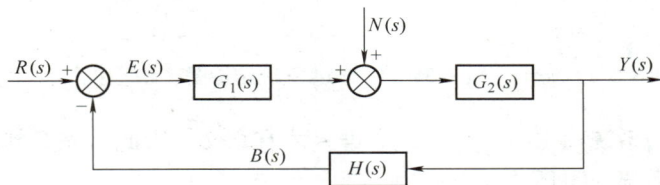

图 3-34 控制系统结构图

对于图 3-34 所示的系统典型结构，其误差的定义有两种：

（1）
$$e(t) = r(t) - y(t) \tag{3-54}$$
其中，系统的期望值就是输入信号 $r(t)$，而实际值就是系统的输出 $y(t)$。

（2）
$$e(t) = r(t) - b(t) \tag{3-55}$$
其中，期望值就是输入信号 $r(t)$，而实际值为输出量 $y(t)$ 的反馈值 $b(t)$。显然，当 $H(s) = 1$ 时，即单位反馈时，上述两定义是统一的。

由图 3-34 可知，误差信号 $e(t)$ 反映了系统在输入信号 $r(t)$ 和干扰信号 $n(t)$ 作用下的响应。对于高阶系统来说，求解 $e(t)$ 也是十分困难的。然而，如果只关注控制系统在稳态即 $t \to \infty$ 时的误差，问题就变的相对容易了。

稳态误差的定义：系统稳定以后，误差信号 $e(t)$ 的稳态值，即
$$e_{ss}(t) = \lim_{t \to \infty} e(t) = \lim_{t \to \infty} \left[L^{-1}(E(s)) \right] \tag{3-56}$$

二、稳态误差的计算

由图 3-34，当输入信号 $r(t)$ 和扰动信号 $n(t)$ 分别作用时，系统的误差传递函数分别为
$$G_R(s) = \frac{E_R(s)}{R(s)} = \frac{1}{1 + G_1(s)G_2(s)H(s)} \tag{3-57}$$

和
$$G_N(s) = \frac{E_N(s)}{N(s)} = -\frac{G_2(s)H(s)}{1 + G_1(s)G_2(s)H(s)} \tag{3-58}$$

式中，$E_R(s)$ 和 $E_N(s)$ 分别为由输入 $r(t)$ 和干扰 $n(t)$ 引起的误差。而系统的总的误差应为
$$E(s) = E_R(s) + E_N(s) \tag{3-59}$$

应用拉普拉斯变换的终值定理，可以方便地求得系统的稳态误差 e_{ss}，即
$$e_{ss} = \lim_{t \to \infty} e(t) = \lim_{s \to 0} sE(s) \tag{3-60}$$

式（3-60）就是系统稳态误差的计算式。需要注意的是利用该式求取稳态误差的条件是 $sE(s)$ 应在 s 右半平面及虚轴上（原点除外）解析，即 $sE(s)$ 的全部极点须位于 s 左半平面。根据终值定理求稳态误差 e_{ss} 可以归结为求误差 $e(t)$ 的拉普拉斯变换 $E(s)$，而 $E(s)$ 在系统结构和输入已知的条件下，是比较容易求得的。

例 3-14 已知系统结构如图 3-35 所示。当输入信号为 $r(t) = t$ 时，求系统的给定稳态误差。

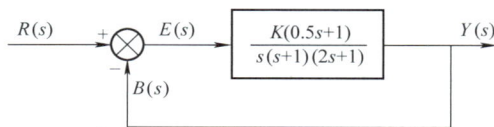

图 3-35 例 3-14 系统结构图

解： 由于只有当系统稳定时，计算稳态误差才有意义，因此首先要判断系统的稳定性。

由结构图写出系统的闭环特征方程为
$$s(s+1)(2s+1) + K(0.5s+1) = 0$$

经整理得
$$2s^3 + 3s^2 + (1 + 0.5K)s + K = 0$$

劳斯行列表为

$$
\begin{array}{ccc}
s^3 & 2 & 1+0.5K \\
s^2 & 3 & K \\
s^1 & \dfrac{-2K+3(1+0.5K)}{3} & 0 \\
s^0 & K &
\end{array}
$$

显然，系统稳定的充要条件是 $0<K<6$。根据式（3-57），相应的误差传递函数为

$$
G_R(s)=\frac{E(s)}{R(s)}=\frac{s(s+1)(2s+1)}{s(s+1)(2s+1)+K(0.5s+1)}
$$

而

$$
E(s)=G_R(s)R(s)=\frac{s(s+1)(2s+1)}{s(s+1)(2s+1)+K(0.5s+1)}\frac{1}{s^2}
$$

最后由终值定理求得稳态误差 e_{ss}

$$
e_{ss}=\lim_{s\to0}sE(s)=\lim_{s\to0}s\frac{s(s+1)(2s+1)}{s(s+1)(2s+1)+K(0.5s+1)}\frac{1}{s^2}=\frac{1}{K}
$$

计算结果表明，稳态误差的大小与系统的开环增益 K 有关，系统的开环增益越大，误差越小。由此可见，稳态精度与稳定性对 K 的要求是矛盾的。

例 3-15 已知系统如图 3-36 所示。当输入信号 $r(t)=1(t)$，干扰信号 $n(t)=1(t)$ 时，求系统的总的稳态误差。

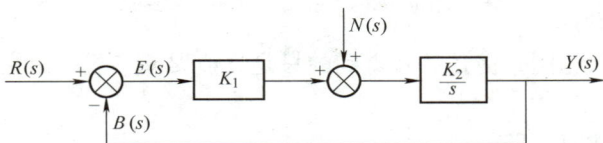

图 3-36 例 3-15 系统结构图

解：（1）对于本例，只要参数 K_1、K_2 均大于零，则系统一定是稳定的。

（2）在 $r(t)=1(t)$ 信号作用下（此时令 $n(t)=0$）

$$
E_R(s)=G_R(s)R(s)=\frac{s}{s+K_1K_2}\frac{1}{s}=\frac{1}{s+K_1K_2}
$$

在 $n(t)=1(t)$ 信号作用下（此时令 $r(t)=0$）

$$
E_N(s)=G_N(s)N(s)=-\frac{K_2}{s+K_1K_2}\frac{1}{s}
$$

由叠加原理得

$$
E(s)=E_R(s)+E_N(s)=\frac{1}{s+K_1K_2}-\frac{K_2}{s+K_1K_2}\frac{1}{s}
$$

（3）求 e_{ss}

$$
e_{ss}=\lim_{s\to0}sE(s)=\lim_{s\to0}s\left(\frac{1}{s+K_1K_2}-\frac{K_2}{s+K_1K_2}\frac{1}{s}\right)=-\frac{1}{K_1}
$$

由以上的分析和例题看出，稳态误差不仅与系统本身的结构和参数有关，而且与外作用有关。利用拉普拉斯变换的终值定理求得的稳态误差值或者是零，或者是常数，或者是无穷大，反映不出它随时间的变化过程。另外，对于有些输入信号，例如正弦函数，是不能应用终值定理的。

例 3-16　已知系统的结构图如图 3-37 所示。$G_0(s) = \dfrac{K}{s}$，分别求 $r(t) = \dfrac{1}{2}t^2$ 和 $r(t) = \sin\omega t$ 时系统的稳态误差。

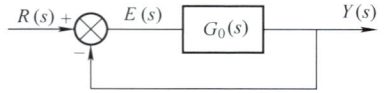

图 3-37　例 3-16 系统结构图

解：对于 $r(t) = \dfrac{1}{2}t^2$，则 $R(s) = \dfrac{1}{s^3}$

由式(3-57)，得

$$E(s) = \frac{R(s)}{1 + G_0(s)} = \frac{1}{s^2(s + K)} = \frac{1/K^2}{s + K} + \frac{1/K}{s^2} - \frac{1/K^2}{s}$$

因此得到

$$e(t) = L^{-1}[E(s)] = \frac{1}{K^2}e^{-Kt} + \frac{1}{K}t - \frac{1}{K^2} = \frac{1}{K^2}[e^{-Kt} + (Kt - 1)]$$

系统的误差有两个分量，一是动态分量 $\dfrac{1}{K^2}e^{-Kt}$，它随着时间的增加而衰减到零；一是稳态分量 $\dfrac{1}{K^2}(Kt - 1)$，随着时间的增加而增大，当 $t \to \infty$ 时，这个分量将趋于无穷大。所以，系统的稳态误差 $e_{ss} = \infty$，若利用终值定理，则有

$$e_{ss} = \lim_{s \to 0} sE(s) = \lim_{s \to 0} \frac{1}{s(s + K)} = \infty$$

两种方法虽然结果相同，但是后者得到的只是终值误差，看不出它是怎样随时间而趋于无穷大的。

当输入为正弦函数时，即

$$r(t) = \sin\omega t, \quad R(s) = \frac{\omega}{s^2 + \omega^2}$$

因为

$$E(s) = \frac{R(s)}{1 + G_0(s)} = \frac{s\omega}{(s + K)(s^2 + \omega^2)} = -\frac{K\omega}{K^2 + \omega^2}\frac{1}{s + K}$$
$$+ \frac{K\omega}{K^2 + \omega^2}\frac{s}{s^2 + \omega^2} + \frac{\omega^2}{K^2 + \omega^2}\frac{\omega}{s^2 + \omega^2}$$

而有

$$e(t) = -\frac{K\omega}{K^2 + \omega^2}e^{-Kt} + \frac{\omega}{K^2 + \omega^2}(K\cos\omega t + \omega\sin\omega t)$$

所以 $e_{ss}(t) = \dfrac{\omega}{K^2 + \omega^2}(K\cos\omega t + \omega\sin\omega t)$

当 $t \to \infty$ 时，e_{ss} 既不等于零，也不趋于无穷大。若直接利用终值定理，则会得出

$$e_{ss} = \lim_{s \to 0} sE(s) = \lim_{s \to 0} \frac{s^2\omega}{(s + K)(s^2 + \omega^2)} = 0$$

的错误结果。这是由于 $sE(s)$ 在 s 平面的虚轴上有极点，不能采用拉普拉斯变换终值定理的缘故。因此，利用式（3-56）来计算稳态误差是普遍成立的，而利用拉普拉斯变换终值定

理的式(3-60)求稳态误差时，应注意使用条件。

三、输入信号作用下系统的类型与静态误差系数

输入信号作用下系统的典型结构如图 3-38 所示。

其中开环传递函数 $G(s)H(s)$ 可以写成为若干个典型环节串联的形式

$$G(s)H(s) = \frac{K(\tau_1 s + 1)\cdots(\tau_m s^2 + 2\zeta\tau_m s + 1)\cdots}{s^\gamma(T_1 s + 1)\cdots(T_n s^2 + 2\zeta T_n s + 1)\cdots}$$

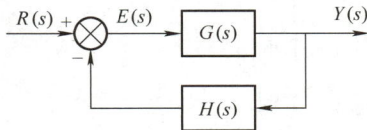

图 3-38 输入信号作用下系统的典型结构

(3-61)

式中，K 为开环增益；γ 为积分环节的数目。

由式（3-57）及图 3-38，可得

$$e_{ss} = \lim_{s\to 0} sE(s) = \lim_{s\to 0} s \frac{1}{1 + G(s)H(s)} R(s)$$

代入式（3-61），并取极限

$$e_{ss} = \lim_{s\to 0} s \frac{1}{1 + \frac{K}{s^\gamma}} R(s) = \lim_{s\to 0} \frac{s^{\gamma+1}}{s^\gamma + K} R(s)$$

(3-62)

显然，式（3-62）说明稳态误差 e_{ss} 除与外作用 $R(s)$ 有关外，还与系统的开环增益 K 和积分环节数目 γ 有关。以下讨论在几种典型输入作用下，系统的稳态误差与结构参数之间的关系。

1. 单位阶跃输入

已知 $r(t) = 1(t)$，$R(s) = \dfrac{1}{s}$，由式（3-62）可得

$$e_{ss} = \lim_{s\to 0} \frac{s^{\gamma+1}}{s^\gamma + K} \frac{1}{s} = \lim_{s\to 0} \frac{s^\gamma}{s^\gamma + K}$$

(3-63)

当 $\gamma = 0$ 时

$$e_{ss} = \frac{1}{1 + K}$$

(3-64)

当 $\gamma \geq 1$ 时

$$e_{ss} = 0$$

(3-65)

所以，在单位阶跃输入下，系统消除稳态误差的条件是 $\gamma \geq 1$，即在开环传递函数中至少要串联一个积分环节。

2. 单位斜坡输入

已知 $r(t) = t$，$R(s) = \dfrac{1}{s^2}$，由式（3-62）可得

$$e_{ss} = \lim_{s\to 0} \frac{s^{\gamma+1}}{s^\gamma + K} \frac{1}{s^2} = \lim_{s\to 0} \frac{s^{\gamma-1}}{s^\gamma + K}$$

(3-66)

当 $\gamma = 0$ 时

$$e_{ss} = \infty$$

(3-67)

当 $\gamma = 1$ 时

$$e_{ss} = \frac{1}{K}$$

(3-68)

当 $\gamma \geq 2$ 时

$$e_{ss} = 0$$

(3-69)

可见，在单位斜坡输入下，系统消除稳态误差的条件是 $\gamma \geq 2$。

3. 等加速度输入

已知 $r(t) = \dfrac{1}{2}t^2$，$R(s) = \dfrac{1}{s^3}$，同样由式（3-62），可得

$$e_{ss} = \lim_{s \to 0}\frac{s^{\gamma+1}}{s^\gamma + K}\frac{1}{s^3} = \lim_{s \to 0}\frac{s^{\gamma-2}}{s^\gamma + K} \tag{3-70}$$

当 $\gamma \leqslant 1$ 时

$$e_{ss} = \infty \tag{3-71}$$

当 $\gamma = 2$ 时

$$e_{ss} = \frac{1}{K} \tag{3-72}$$

当 $\gamma \geqslant 3$ 时

$$e_{ss} = 0 \tag{3-73}$$

因此，在等加速度信号输入下，系统要达到无稳态误差的条件是 $\gamma \geqslant 3$。

因此，要减小或消除稳态误差 e_{ss}，就要求增加积分环节的个数和提高系统的开环增益，显然，这与系统稳定性的要求是相矛盾的。对系统进行设计的任务之一就是合理地解决这一矛盾。

为了便于讨论和研究，常按 γ 的数目对系统进行分类。

若 $\gamma = 0$，即开环传递函数中没有串联积分环节，则称之为 0 型系统。

若 $\gamma = 1$，即开环传递函数中串联一个积分环节，则称之为 Ⅰ 型系统。

若 $\gamma = 2$，即开环传递函数中串联二个积分环节，则称之为 Ⅱ 型系统。

依此类推，$\gamma = 3$，即开环传递函数中串联三个积分环节，则称之为 Ⅲ 型系统。在实际中，当 $\gamma > 2$ 时，要使系统稳定是十分困难的。Ⅲ 型及 Ⅲ 型以上的系统较少使用。

根据开环系统积分环节的数目对系统进行分类的方法，以及输入信号的形式，可以对系统是否存在稳态误差及稳态误差的大小进行简捷的判断。一般说来，系统的类型越高，无差的跟踪典型输入信号的能力就越强。所以，系统的类型反映了系统对典型输入信号无差的度量，故又称无差度。

为了使稳态误差的计算更加方便，可定义如下静态误差系数。

（1）在阶跃输入下，定义静态位置误差系数 K_p 为

$$K_p = \lim_{s \to 0} G(s)H(s) \tag{3-74}$$

代入式（3-61）并取极限，有

$$K_p = \lim_{s \to 0}\frac{K}{s^\gamma} \tag{3-75}$$

当 $\gamma = 0$ 时，$K_p = K$，有

$$e_{ss} = \frac{1}{1+K} = \frac{1}{1+K_p} \tag{3-76}$$

当 $\gamma \geqslant 1$ 时，$K_p = \infty$，此时稳态误差为

$$e_{ss} = \frac{1}{1+K_p} = 0 \tag{3-77}$$

因此，K_p 的大小，反映了系统在阶跃输入下的稳态精度。K_p 越大，稳态误差就越小，即稳态精度越高。

（2）在斜坡输入下，定义静态速度误差系数 K_v 为

$$K_v = \lim_{s \to 0} sG(s)H(s) \tag{3-78}$$

代入式（3-61）并取极限，有

$$K_v = \lim_{s \to 0} \frac{K}{s^{\gamma-1}} \tag{3-79}$$

当 $\gamma = 0$ 时，$K_v = 0$，有 $\qquad\qquad e_{ss} = \infty \tag{3-80}$

当 $\gamma = 1$ 时，$K_v = K$，有 $\qquad\qquad e_{ss} = \frac{1}{K} = \frac{1}{K_v} \tag{3-81}$

当 $\gamma \geqslant 2$ 时，$K_v = \infty$，有 $\qquad\qquad e_{ss} = \frac{1}{\infty} = 0 \tag{3-82}$

因此，静态速度误差 K_v 的大小，反映了系统跟踪斜坡输入信号的能力。K_v 越大，相应的稳态误差越小，系统的精度就越高。需要说明的是，K_v 虽称之为速度误差系数，但在实际中计算出的稳态误差并不是速度的误差，而是系统在跟踪速度信号时产生的位置上的误差。

（3）在等加速度输入下，定义静态加速度误差系数 K_a 为

$$K_a = \lim_{s \to 0} s^2 G(s) H(s) \tag{3-83}$$

代入式（3-61）并取极限，有

$$K_a = \lim_{s \to 0} \frac{K}{s^{\gamma-2}} \tag{3-84}$$

当 $\gamma \leqslant 1$ 时，$K_a = 0$，有 $\qquad\qquad e_{ss} = \infty \tag{3-85}$

当 $\gamma = 2$ 时，$K_a = K$，有 $\qquad\qquad e_{ss} = \frac{1}{K} = \frac{1}{K_a} \tag{3-86}$

当 $\gamma \geqslant 3$ 时，$K_a = \infty$，有 $\qquad\qquad e_{ss} = \frac{1}{\infty} = 0 \tag{3-87}$

同理，静态加速度误差系数 K_a 反映了系统跟踪等加速度输入信号的能力，K_a 越大，稳态误差越小，精度越高。同样地，此时的稳态误差仍然是指位置上的误差，而不是加速度的误差。

综上所述，静态误差系数 K_p、K_v、K_a 与系统的类型一样，都是从系统本身的结构特征上体现了系统消除稳态误差的能力，或者说反映了系统跟踪典型输入信号的能力，表3-1 给出了不同输入信号作用下系统的稳态误差。

表 3-1　不同输入信号作用下系统的稳态误差

系统类型	静态误差系数			阶跃输入 $r(t) = r_0$	斜坡输入 $r(t) = v_0 t$	加速度输入 $r(t) = \frac{1}{2} a_0 t^2$
	K_p	K_v	K_a	$e_{ss} = \dfrac{r_0}{1+K_p}$	$e_{ss} = \dfrac{v_0}{K_v}$	$e_{ss} = \dfrac{a_0}{K_a}$
0	K	0	0	$\dfrac{r_0}{1+K}$	∞	∞
I	∞	K	0	0	$\dfrac{v_0}{K}$	∞
II	∞	∞	K	0	0	$\dfrac{a_0}{K}$
III	∞	∞	∞	0	0	0

例3-17 已知两个系统如图3-39所示。输入信号为$r(t) = 4 + 6t + 3t^2$,试分别求出两个系统的稳态误差。

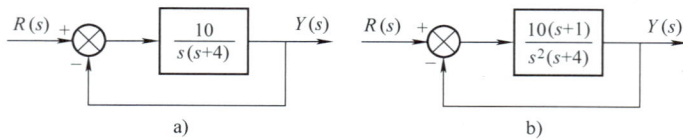

图3-39 例3-17 系统结构图

解:图3-39a 为Ⅰ型系统,由表3-1可知,系统不能跟随$r(t) = 3t^2$分量,所以$e_{ss} = \infty$。

图3-39b 为Ⅱ型系统,不难得出$K_a = 10/4$,所以,稳态误差$e_{ss} = 6/K_a = 24/10 = 2.4$。题中的加速度输入为$3t^2$,而非表3-1中所列出的标准形式$\frac{1}{2}t^2$,因而变换后$e_{ss}$也由原来的$1/K_a$变成为$6/K_a$。

本例说明,当输入为阶跃、斜坡、等加速度等诸函数的组合时,等加速度函数分量要求的系统类型最高。图3-39b 为Ⅱ型系统,能够跟踪输入信号中的等加速度函数分量,但存在稳态误差;而对于图3-39a,由于是Ⅰ型系统,故不能跟踪等加速度输入分量,稳态误差e_{ss}为无穷大。

四、改善系统稳态精度的方法

为降低或消除系统在输入信号和扰动作用下的稳态误差,可采用如下几种方法:

1. 增大开环增益

如前所述,为保证系统对参考输入的跟踪能力,增大扰动作用点以前的前向通道的增益,可以降低由扰动引起的稳态误差。

例3-18 设控制系统如图3-40所示。图中$R(s) = R_0/s$为阶跃输入信号;$M(s)$为比例控制器的输出,为被控对象的控制信号;$N(s) = n_0/s$为阶跃扰动输入。试求系统的稳态误差。

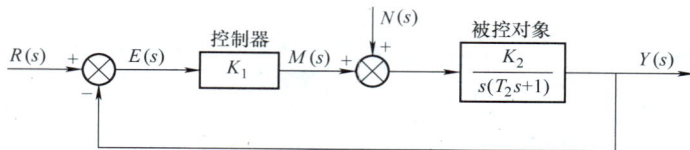

图3-40 例3-18 系统结构图

解:由图3-40可知,本例系统为Ⅰ型系统。令扰动$N(s) = 0$,则系统对阶跃输入信号的稳态误差为零。但是,如果令$R(s) = 0$,则系统在扰动作用下输出量的实际值为

$$Y_N(s) = \frac{K_2}{s(T_2s + 1) + K_1K_2}N(s)$$

而误差信号

$$E_N(s) = -Y_N(s) = -\frac{K_2}{s(T_2s + 1) + K_1K_2}N(s)$$

所以，系统在扰动作用下的稳态误差

$$e_{ssn} = \lim_{s \to 0} sE_N(s) = -\frac{n_0}{K_1} \tag{3-88}$$

由上例可知，增大扰动作用点之前的比例控制器增益 K_1，可以减小系统在阶跃扰动的稳态误差。式（3-88）表明，系统在阶跃扰动作用下的稳态误差与 K_2 无关。因此，增大扰动点之后的系统前向通道增益，不能改变系统对扰动的稳态误差数值。

增大系统的增益在实践中可以用增加放大器的放大倍数或提高信号电平等方法来实现，是一种简单、有效的提高系统精度的方法。但是，增大系统的增益又可能使系统的稳定性变得恶劣。为了解决这个矛盾，往往在提高 K 值的同时，又要采取其他相应的措施保证系统稳定。

2. 在前向通道中增加积分环节

增加积分环节，提高系统的类型，可以消除不同输入信号时稳态误差。

在控制系统的控制器中存在积分环节时，控制信号即为输入信号（误差信号）的积分。当输入误差信号 $e(t)$ 为零时，其控制器的输出信号 $u(t)$ 可能为非零值，如图 3-41a 所示。在比例控制下，由于控制器的输出信号仅是其输入误差信号的瞬时反映，当输入误差信号 $e(t)$ 为零时，所对应的 $u(t)$ 也为零，如图 3-41b 所示。当控制器中包含有积分控制作用时，可以消除阶跃输入所产生的稳态误差，同时也可能会导致系统响应振荡加剧。

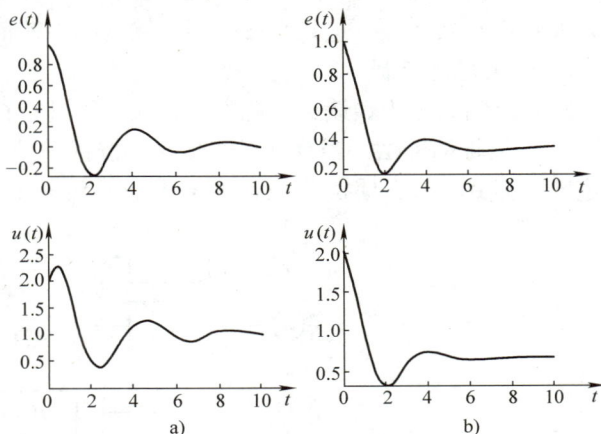

根据系统稳定性的概念，在系统的前向通道中增加积分环节，会改变系统闭环传递函数的极点数目和分布，最终也会对系统的稳定性产生影响。

图 3-41 输入误差信号和控制信号曲线图

例3-19 如果在例 3-18 中采用比例—积分控制器，如图3-42所示，试分别计算系统在阶跃扰动和斜坡扰动作用下稳态误差。

解： 由图3-42可知，在扰动作用点之前加入一个积分环节，该比例—积分控制器对扰动作用为 I 型系统，该系统在阶跃扰动作用下不存在稳态误差，而在斜坡扰动作用下存在稳态误差。

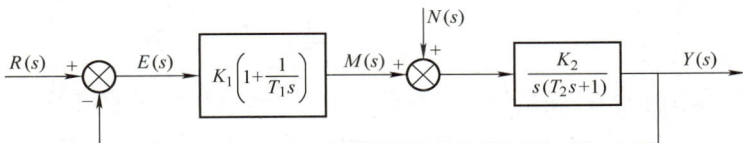

图 3-42 例 3-19 题系统结构图

由图 3-42 不难写出扰动作用下的系统误差表达式为

$$E_N(s) = -\frac{k_2 T_1 s}{T_1 T_2 s^3 + T_1 s^2 + K_1 K_2 T_1 s + K_1 K_2} N(s)$$

设 $sE_N(s)$ 的极点均位于 s 左半平面，则可用终值定理求出稳态误差。当 $N(s) = n_0/s$ 时，有

$$e_{ssn} = \lim_{s \to 0} sE_N(s) = -\lim_{s \to 0} \frac{n_0 K_2 T_1 s}{T_1 T_2 s^3 + T_1 s^2 + K_1 K_2 T_1 s + K_1 K_2} = 0$$

而当 $N(s) = n_1/s^2$ 时，有

$$e_{ssn} = \lim_{s \to 0} sE_N(s) = -\lim_{s \to 0} \frac{n_0 K_2 T_1}{T_1 T_2 s^3 + T_1 s^2 + K_1 K_2 T_1 s + K_1 K_2} = -\frac{n_1 T_1}{K_1}$$

与例3-18 的结论相比，当系统采用了比例—积分控制器后，有效地消除阶跃扰动作用所产生的稳态误差，由于积分的作用，只要稳态误差不为零，控制器就一定会产生一个保持增长的输出转矩以抵消阶跃扰动的影响，并不断减小这个误差，直到使输出误差为零。而当扰动作用为斜坡函数时，要实现系统的稳态误差为零，就需要控制器在稳态时输出一个反向的斜坡转矩与之相抵，这只有在控制器输入的误差信号为一个负值的常数时才有效。

3. 采用复合控制

复合控制又称为顺馈，用此方法对误差可进行补偿。补偿的方法又可分为两种。

（1）按扰动补偿 当扰动可测量时，按扰动补偿的系统的结构如图 3-43 所示。现在要确定补偿器 $G_N(s)$，使扰动 $n(t)$ 对输出 $y(t)$ 没有影响。

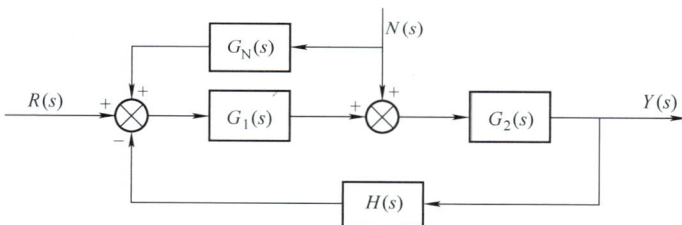

图 3-43　按扰动补偿的系统结构图

由图 3-43 求出输出 $y(t)$ 对扰动 $n(t)$ 的闭环传递函数为

$$G_{yn}(s) = \frac{Y(s)}{N(s)}\bigg|_{R(s)=0} = \frac{G_2(s) + G_N(s)G_1(s)G_2(s)}{1 + G_1(s)G_2(s)H(s)} \qquad (3\text{-}89)$$

若能使 $G_{yn}(s)$ 为零，则扰动对输出的影响就可消除。令 $G_{yn}(s) = 0$，即

$$G_2(s) + G_N(s)G_1(s)G_2(s) = 0$$

解出对于扰动补偿的条件为

$$G_N(s) = -\frac{1}{G_1(s)} \qquad (3\text{-}90)$$

从结构上看，扰动信号一路是经过 $G_N(s)$、$G_1(s)$ 到达结构图上第二个相加点；另一路是由扰动信号直接到达此相加点。满足式（3-90）也就是两条通道的信号在此相加点处正好大小相等，方向相反，从而实现了对扰动的补偿。

在一般情况下，由于 $G_1(s)$ 是 s 的有理真分式，所以只能近似的实现其倒数 $1/G_1(s)$。经常应用的是稳态补偿，即系统响应平稳下来以后，保证扰动对输出没有影响，实践证明，这是切实可行的。

（2）按输入补偿　按输入补偿的
系统的结构图如图 3-44 所示。

补偿器的传递函数 $G_R(s)$ 设在系统
的回路之外。因此，可以先设计系统的
回路，保证其具有较好的动态性能，然
后再设计补偿器 $G_R(s)$ 以提高系统对典
型输入信号的稳态精度。$G_R(s)$ 的作用
是系统在参考输入信号作用下使误差得到补偿。

图 3-44　按输入补偿的系统结构图

误差定义为

$$E(s) = R(s) - Y(s) \tag{3-91}$$

由图 3-43，有

$$Y(s) = \left[1 + G_R(s) \right] \frac{G(s)}{1 + G(s)} R(s) \tag{3-92}$$

所以

$$E(s) = R(s) - \frac{\left[1 + G_R(s) \right] G(s)}{1 + G(s)} R(s) = \left[1 - \frac{G(s) + G_R(s) G(s)}{1 + G(s)} \right] R(s)$$

$$= \frac{1 - G_R(s) G(s)}{1 + G(s)} R(s) \tag{3-93}$$

为使 $E(s) = 0$，应保证

$$1 - G_R(s) G(s) = 0 \tag{3-94}$$

即得

$$G_R(s) = \frac{1}{G(s)} \tag{3-95}$$

这就是补偿器的传递函数。这种按输入补偿的办法，实际上相当于将输入信号先经过一个环
节进行一下"整形"，然后再加给系统的回路，使系统既能满足动态性能的要求，又能保证
高稳态精度。

第七节　基于 MATLAB 的控制系统时域分析

利用 MATLAB 控制系统工具箱中所提供求取连续系统的单位阶跃响应函数 step（ ）、单
位冲激响应函数 impulse（ ）、任意输入信号下的响应函数 lsim（ ）等函数可方便地求出系
统在某信号作用下的响应。

同时该工具箱还提供了求取离散系统的单位阶跃响应函数 dstep（ ）、单位冲激响应函
数 dimpulse（ ）、任意输入信号下的响应函数 dlsim（ ）等函数。

本节将介绍如何利用这些函数进行控制系统的时域分析。

一、利用 MATLAB 绘制控制系统在各种输入下的响应曲线

例 3-20　已知二阶系统传递函数为

$$G(s) = \frac{\omega_n^2}{s^2 + 2\zeta \omega_n s + \omega_n^2}$$

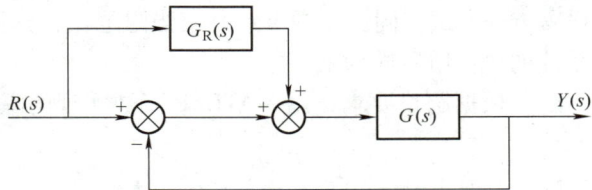

假设 $\omega_n = 1$，试在同一张图上绘制出当阻尼比 ζ 分别为 0、0.1、0.3、0.5、0.7、0.85、1.0 时系统的单位阶跃响应曲线。

解： 根据题目要求，用 MATLAB 函数实现的程序代码如下：

```
clear
t = 0:0.01:10;
zeta = [0,0.1,0.3,0.5,0.7,1.0,2.0];
for i = 1:length(zeta)
    num = 1;
    den = [1,2 * zeta(i),1];
    y(:,i) = step(num,den,t);
end
plot(t,y,t,ones(length(t),1),'k-.')
axis([0 10 0 2.2])
title('Plot of Unit - Setp Response Curves with \omega _ n = 1 and \zeta = 0,0.1,0.3,0.5,
0.7,0.85,1,'Position',[5 2.22],'FontSize',8)
xlabel('Time(sec)','Position',[9.8 -0.15],'FontSize',8)
ylabel('Response','Position',[-0.25 1],'FontSize',8)
text(3.5,2.0,'\zeta = 0','FontSize',8)
text(3.0,1.77,'0.1','FontSize',8)
text(3.0,1.42,'0.3','FontSize',8)
text(3.0,1.2,'0.5','FontSize',8)
text(3.5,1.08,'0.7','FontSize',8)
text(3.0,0.75,'1','FontSize',8)
text(3.0,0.48,'2','FontSize',8)
```

运行该程序得到图 3-45。

例 3-21 已知某控制系统的传递函数为

$$G(s) = \frac{5(s+1)}{s(s^3 + 4s^2 + 2s + 3)}$$

对于任意的输入信号，求系统的输出响应曲线。

（1）输入信号是 $u(t) = \sin(t + \pi/6)$ 时。

（2）输入信号是 $u(t) = 2\cos(5t + \pi/6)$ 时。

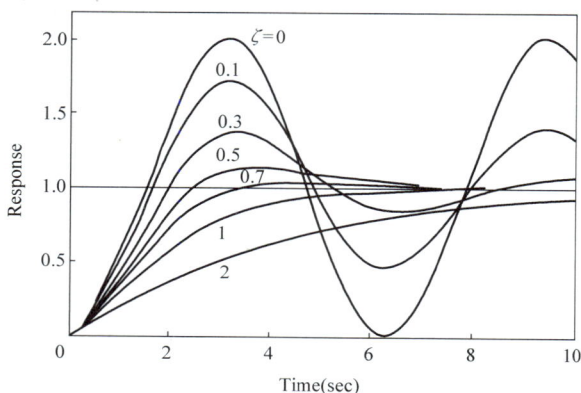

图 3-45 二阶系统阻尼比变化时的阶跃响应曲线簇

解： 根据题目要求，用 MATLAB 函数绘制正弦信号的输出响应曲线的程序代码如下：

```
clear
num = [5,5]; den = conv([1 0],[1 4 2 3]);
sys = tf(num,den);                          % 建立系统的传递函数模型
```

```
t = 0:0.1:50;
u = sin(t + pi/6);
y = lsim(sys,u,t);                    %求出正弦信号的输出响应
plot(t,y,'k')                         %绘制响应曲线
set(gca,'ytick', -4:1:8)
set(gca,'xtick',0:10:50)
title('Plot of Sinusoidal Signal Response Curves ')
xlabel('Time(sec)','FontSize',8)
ylabel('Response','FontSize',8)
grid
```

运行该程序得到图 3-46。

绘制余弦信号的输出响应曲线的程序代码如下：

```
clear
num = [5,5]; den = conv([1 0],[1 4 2 3]);
sys = tf(num,den);                    %建立系统的传递函数模型
t = 0:0.1:30;
u = 2 * cos(5 * t + pi/6);
y = lsim(sys,u,t);                    %求出正弦信号的输出响应
plot(t,y,'k')                         %绘制响应曲线
title('Plot of Cosine Signal Response Curves ')
xlabel('Time(sec)','FontSize',8)
ylabel('Response','FontSize',8)
grid
```

运行该程序得到图 3-47。

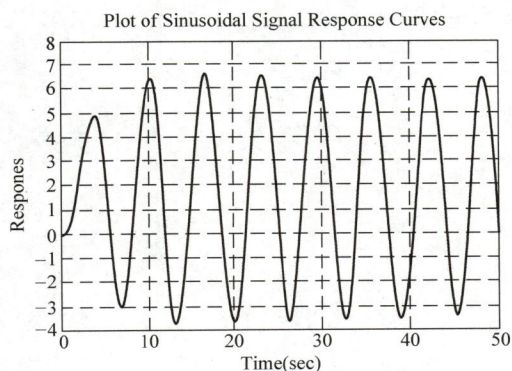

图 3-46　正弦信号的输出响应曲线

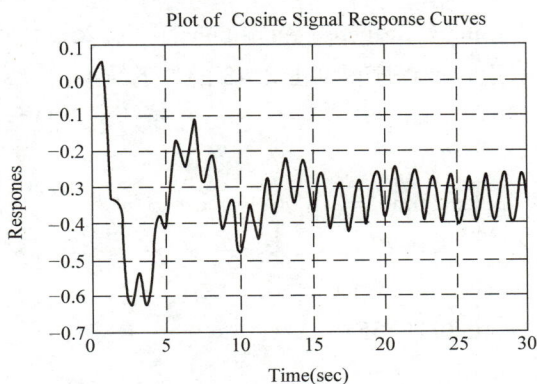

图 3-47　余弦信号的输出响应曲线

二、利用 MATLAB 求出系统阶跃响应的动态性能指标

例 3-22　已知某二阶系统的开环传递函数为

$$G(s) = \frac{1.25}{s^2 + s}$$

试计算系统的性能指标。

解： 根据题目要求，用 MATLAB 编写的程序代码如下：

```
clear
num = 1.25;
den = [1 1 0];
sys = tf(num, den);                              % 建立系统的开环传递函数模型
sys = feedback(sys, 1);                          % 建立系统的闭环传递函数模型
[y, t] = step(sys);                              % 求出该系统的单位阶跃响应
ytr = find(y > = 1);
rise_time = t(ytr(1))                            % 计算上升时间
[ymax, tp] = max(y);
peak_time = t(tp)                                % 计算峰值时间
max_overshoot = ymax - 1                         % 计算超调量
s = length(t);
while y(s) > 0.98 & y(s) < 1.02
    s = s - 1;
end
settling_time = t(s + 1)                         % 计算调整时间
plot(t, y, 'k', t, ones(length(t), 1), 'k -. ')  % 绘制响应曲线
axis([0 10 0 2.2])
title('Plot of Unit - Setp Response Curves ', 'Position', [5 2.22], 'FontSize', 8)
xlabel('Time(sec)', 'Position', [9.8 -0.15], 'FontSize', 8)
ylabel('Response', 'Position', [-0.25 1], 'FontSize', 8)
```

运行该程序得到图 3-48 的如下结果：

```
rise_time =
    2.0982
peak_time =
    3.0920
max_overshoot =
    0.207555
settling_time =
    7.5092
```

三、利用 MATLAB 分析系统的稳定性

只要求出控制系统闭环特征方程的根并判断其所有的根的实部是否都小于零，便可确定系统是否稳定，这在 MATLAB 中可用函数 roots（ ）实现。

例 3-23　设某系统的闭环特征方程为

$$s^3 + 41.5s^2 + 517s + 2.3 \times 10^4 = 0$$

试判断该系统是否稳定？

解： 根据题目要求，用 MATLAB 编写的程序代码如下：

```
clear
den = [1 41.5 517 2.3*10^4];
sys_roots = roots (den)
rootp_num = length (find (sys_roots >0))
if (rootp_num = =0)
    sprintf ('该系统是稳定的')
else
    sprintf ('该系统不稳定，有%d个非负根', rootp_num)
end
```

运行结果：

```
sys_roots =
        -42.1728
        0.3364 +23.3508i
        0.3364 -23.3508i
rootp_num =
        2
ans =
        该系统不稳定，有两个非负根
```

Plot of Unit−Setp Response Curves

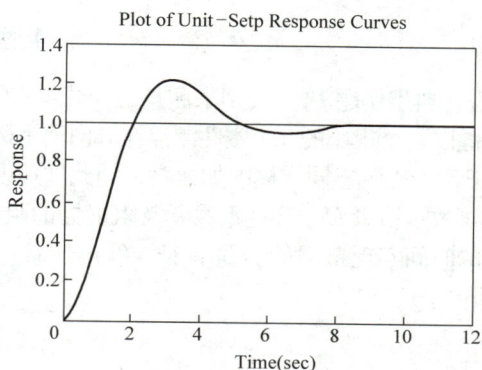

图 3-48　二阶系统的阶跃响应曲线

小　　结

本章讨论了如何根据系统的时间响应去分析系统的暂态和稳态性能及稳定性。

时域分析法是通过直接求解系统在典型初始状态和典型外作用下的时间响应，分析系统的控制性能。通常用单位阶跃响应的超调量、调节时间和稳态误差等项性能指标来评价系统性能的优劣。一阶、二阶系统的时间响应可由解析方法求得。其表示系统结构与参数关系的解析式是定量分析系统性能的重要基础和依据。对高阶系统的分析主要是在一定条件下通过引入主导极点的概念，将高阶系统简化成为一个低阶系统来加以分析和研究。

稳定性是系统能正常工作的首要条件，也是系统自身的一种固有特性。线性系统稳定的充分必要条件是：系统闭环传递函数的极点全部位于 s 平面的左半部。对于判别稳定性的代数判据，本章主要介绍了劳斯判据。

系统的稳态误差表征的是系统最终可能达到的控制精度。它不仅与系统的结构参数有关，而且还与输入信号的形式以及作用在系统中的位置有关。系统类型、稳态误差系数都是反映系统控制精度的指标。

<h1 style="text-align:center">典型例题解析</h1>

【典型例题 1】　设用来测量磁浮式试验雪橇加速度的机械式加速度计如图 3-49 所示，试验雪橇以一个很小的 δ（磁性漂浮在导向轨上的距离）上。由于质量 M 相对于加速度计机匣的位置 y 正比于机匣连同雪橇的加速度，因此加速度计可以测量雪橇的加速度 $a(t)$。要求设计加速度计的参数：质量 M，弹性系数 k 及阻尼器的阻尼系数 f，使加速度计具有合适的动态敏感性，以容许的时间实现希望的测量特征 $y(t) = qa(t)$，其中 q 为常数。已知初始条件为 $y(0) = -1$ 及 $\dot{y}(0) = 2$。

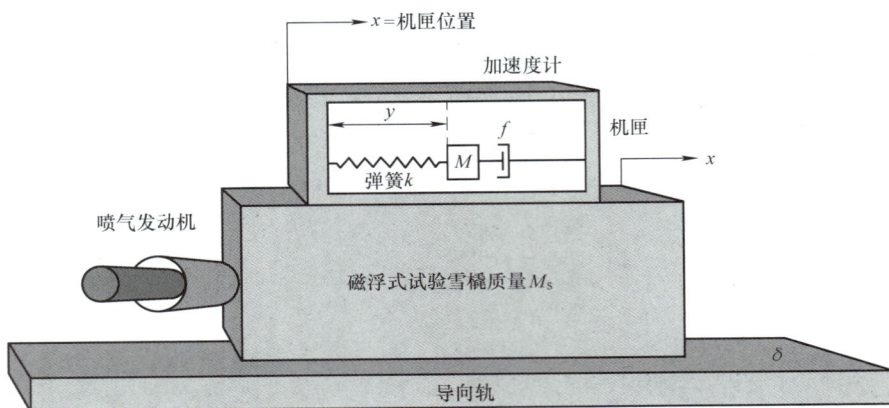

图 3-49　安装在喷气发动机试验雪橇上的加速度计

解：作用在质量 M 上的力的总和为

$$-f\frac{\mathrm{d}y}{\mathrm{d}t} - ky = M\frac{\mathrm{d}^2}{\mathrm{d}t^2}(y+x)$$

或者

$$M\frac{\mathrm{d}^2 y}{\mathrm{d}t^2} + f\frac{\mathrm{d}y}{\mathrm{d}t} + ky = -M\frac{\mathrm{d}^2 x}{\mathrm{d}t^2}$$

由于发动机推力为

$$F(t) = M_{\mathrm{s}}\frac{\mathrm{d}^2 x}{\mathrm{d}t^2}$$

从而得

$$M\ddot{y} + f\dot{y} + ky = -\frac{M}{M_{\mathrm{s}}}F(t)$$

整理后，有如下运动方程

$$\ddot{y} + \frac{f}{M}\dot{y} + \frac{k}{M}y = -\frac{F(t)}{M_{\mathrm{s}}}$$

选择加速度计参数 $f/M = 3$，$f/M = 2$ 且令 $F(t)/M_{\mathrm{s}} = Q(t) = R \cdot 1(t)$，其中 R 为阶跃函数的幅值，则运动方程的拉普拉斯变换为

$$[s^2 Y(s) - sy(0) - \dot{y}(0)] + 3[sY(s) - y(0)] + 2Y(s) = -Q(s)$$

带入已知初始条件 $y(0)$ 和 $\dot{y}(0)$，得

$$(s^2 + 3s + 2)Y(s) = -\frac{s^2 + s + R}{s}$$

于是，输出量的拉普拉斯变换式为

$$Y(s) = -\frac{s^2 + s + R}{s(s^2 + 3s + 2)} = -\frac{s^2 + s + R}{s(s+1)(s+2)}$$

将上式展开成部分分式，有

$$Y(s) = \frac{k_1}{s} + \frac{k_2}{s+1} + \frac{k_3}{s+2}$$

其中

$$k_1 = -\frac{s^2 + s + R}{(s+1)(s+2)}\bigg|_{s=0} = -\frac{R}{2}$$

$$k_2 = -\frac{s^2 + s + R}{s(s+2)}\bigg|_{s=-1} = R$$

$$k_3 = -\frac{s^2 + s + R}{s(s+1)}\bigg|_{s=-2} = -\frac{R+2}{2}$$

因而

$$Y(s) = -\frac{R}{2s} + \frac{R}{s+1} - \frac{R+2}{2(s+2)}$$

对上式进行拉普拉斯反变换，得加速度计输出

$$y(t) = \frac{1}{2}\big[-R + 2Re^{-t} - (R+2)e^{-2t}\big] \quad t \geqslant 0$$

若 $R = 3$，则 $y(t)$ 阶跃响应曲线如图 3-50 所示。由图可见，$y(t)$ 正比于 5s 后力的幅值。因此，在 5s 后进入稳态的情况下，响应 $y(t)$ 如同希望的那样，正比于加速度值。

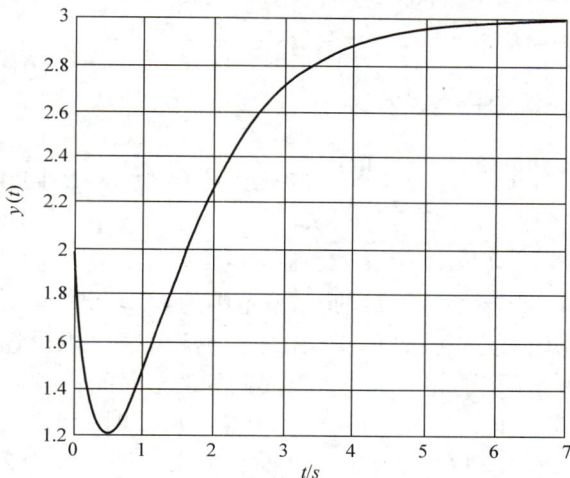

图 3-50　加速度计的阶跃响应

【典型例题 2】　设舰船消摆系统如图 3-51 所示，其中 $n(t)$ 为海涛力矩产生，且所有参数中除 K_1 外均为已知正值。如果 $n(t) = 10° \times 1(t)$，试求确保稳态误差值 $|e_{ssn}(\infty)| \leqslant 0.1°$ 的 K_1 值 [$e(t)$ 在输入端定义]。

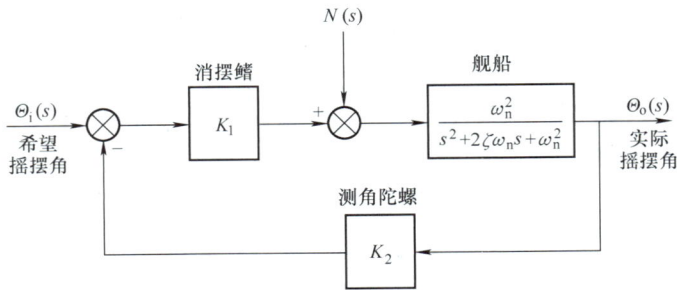

图 3-51　舰船消摆系统结构图

解： 根据图 3-51 可知系统的特征方程为

$$D(s) = (1/\omega_n^2)s^2 + (2\zeta/\omega_n)s + 1 + K_1 K_2 = 0$$

系统特征方程中 $n = 2$ 且各项系数为正，因此系统是稳定的。

由图 3-51 可知，舰船消摆系统为一负反馈系统，且在扰动 $N(s)$ 作用下，其前向通道传递函数为

$$G(s) = \frac{\omega_n^2}{s^2 + 2\zeta\omega_n s + \omega_n^2}$$

反馈通道传递函数为

$$H(s) = K_1 K_2$$

则

$$\Theta_o(s) = \frac{G(s)}{1 + G(s)H(s)}N(s) = \frac{1}{(1/\omega_n^2)s^2 + (2\zeta/\omega_n)s + 1 + K_1 K_2}N(s)$$

由于 $e(t)$ 在输入端定义，可得

$$E_n(s) = 0 - K_2\Theta_o(s) = -\frac{K_2}{(1/\omega_n^2)s^2 + (2\zeta/\omega_n)s + 1 + K_1 K_2}N(s)$$

用终值定理来求解系统的稳态误差，有

$$|e_{ssn}(\infty)| = \left|\lim_{s \to 0} sE_n(s)\right| = \lim_{s \to 0} s\frac{K_2}{(1/\omega_n^2)s^2 + (2\zeta/\omega_n)s + 1 + K_1 K_2}N(s)$$

$$= \lim_{s \to 0} s\frac{K_2}{(1/\omega_n^2)s^2 + (2\zeta/\omega_n)s + 1 + K_1 K_2}\frac{10}{s} = \frac{10K_2}{1 + K_1 K_2} \leqslant 0.1$$

故确保稳态误差值 $|e_{ssn}(\infty)| \leqslant 0.1°$ 的 K_1 值范围为 $K_1 \geqslant 100 - 1/K_2$。

【典型例题 3】　已知系统如图 3-52 所示，当局部反馈（内反馈）断开时，试求（1）$r(t) = 1(t)$、$n(t) = 0$ 时，系统的超调量、上升时间和调节时间；（2）$r(t) = 0$、$n(t) = 1(t)$ 时，系统的超调量和调节时间；（3）$r(t) = t$、$n(t) = 1(t)$ 时，系统的稳态误差。当局部反馈闭合时，试求：（1）$r(t) = 1(t)$、$n(t) = 0$ 时，要求超调量降为 20% 的 K_t 和调节时间；（2）$r(t) = 0$、$n(t) = 1(t)$时，K_t 取值同上，系统的超调量和调节时间；（3）$r(t) = t$、$n(t) = 1(t)$时，K_t 取值同上，系统的稳态误差。通过上述对比性计算，说明局部反馈（内反馈）的作用。

解： 当内反馈断开时：

（1）$r(t) = 1(t)$ 时的 $\sigma\%$、t_r 和 t_s。

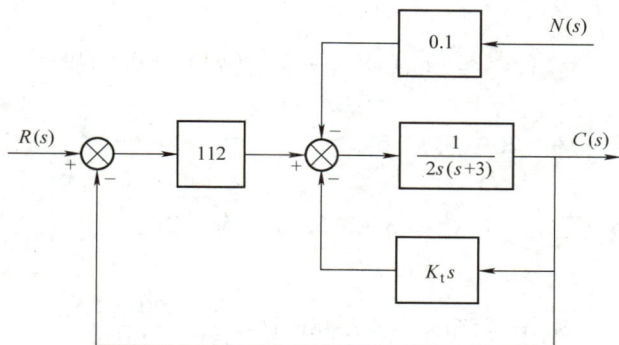

图 3-52 控制系统结构图

开环传递函数为

$$G(s) = \frac{\omega_n^2}{s(s+2\zeta\omega_n)} = \frac{56}{s(s+3)} = \frac{56/3}{s\left(\frac{1}{3}s+1\right)}$$

因此

$\zeta = 0.2$，$\omega_n = \sqrt{56}\mathrm{rad/s} = 7.48\mathrm{rad/s}$，$\omega_d = \omega_n\sqrt{1-\zeta^2} = 7.33\mathrm{rad/s}$，$K_v = \dfrac{56}{3}$

算得

$$\beta = \arccos\zeta = 78.46° = 1.37\mathrm{rad}$$

$$\sigma\% = e^{-\pi\zeta/\sqrt{1-\zeta^2}} \times 100\% = 52.7\%$$

$$t_r = \frac{\pi-\beta}{\omega_d} = 0.24\mathrm{s}, \quad t_s = \frac{3.5}{\zeta\omega_n} = 2.33\mathrm{s} \quad (\Delta=5)$$

（2）$n(t) = 1(t)$ 时的 $\sigma\%$ 和 t_s。

$$C_n(s) = -\frac{0.1}{2s(s+3)+112}N(s) = -8.93\times10^{-4}\frac{56}{s(s^2+3s+56)}$$

$$= -8.93\times10^{-4}\left[1 - \frac{1}{\sqrt{1-\zeta^2}}e^{-\zeta\omega_n t}\sin(\omega_d t+\beta)\right]$$

$$= -8.93\times10^{-4}\left[1 - 1.02e^{-1.5t}\sin(7.33t+78.46°)\right]$$

由于是线性系统，且 $\zeta = 0.2$，$\omega_n = 7.48\mathrm{rad/s}$，故

$$\sigma\% = 52.7\%, \quad t_s = 2.33\mathrm{s} \quad (\Delta=5)$$

（3）$r(t) = t$，$n(t) = 1(t)$ 时的稳态误差。

$$e_{ssr}(\infty) = \frac{1}{K_v} = 0.054$$

扰动作用下的稳态误差为

$$e_{ssn}(\infty) = -\lim_{s\to0}\frac{G_2 H}{1+G_1 G_2 H}sN(s)$$

对于本例，$G_1 = 112$，$G_2 = \dfrac{1}{2s(s+3)}$，$H=1$，而 $N(s) = 0.1/s$。于是算得

$$e_{ssn}(\infty) = -8.93\times10^{-4}$$

因而

$$e_{ss}(\infty) = |e_{ssr}(\infty)| + |e_{ssn}(\infty)| = 0.0549$$

当内反馈闭合时：

（1）$r(t) = 1(t)$，$\sigma\% = 20\%$ 的 K_t 和 t_s。

闭环特征方程为

$$s^2 + (3 + 0.5K_t)s + 56 = 0$$

故

$$\omega_n = \sqrt{56}\,rad/s = 7.48\,rad/s, \quad \zeta_t = \frac{3 + 0.5K_t}{14.96}$$

由

$$\sigma\% = e^{-\pi\zeta_t/\sqrt{1-\zeta_t^2}} = 0.2$$

算出

$$\zeta_t = 0.456, \quad K_t = 7.64$$

$$t_s = \frac{3.5}{\zeta_t \omega_n} = 1.03s \quad (\Delta = 5)$$

（2）$r(t) = 1(t)$，$K_t = 7.64$ 时的 $\sigma\%$ 和 t_s。

$$C_n(s) = -8.93 \times 10^{-4} \left(\frac{56}{s^2 + 6.82s + 56} \right) N(s)$$

由于 $\zeta_t = 0.456$ 和 $\omega_n = 7.48\,rad/s$ 不变，故得

$$\sigma\% = 20\%, \quad t_s = 1.03 \quad (\Delta = 5)$$

（3）$r(t) = t$，$n(t) = 1(t)$ 时的稳态误差

$$G(s) = \frac{56}{s(s + 3 + 0.5K_t)} = \frac{56}{s(s + 6.82)} = \frac{8.21}{s(0.147s + 1)}$$

可见，$K_v = 8.21$，因此

$$e_{ssr}(\infty) = \frac{1}{K_v} = 0.122$$

利用上面计算扰动误差公式，带入 $G_1 = 112$，$G_2 = \dfrac{0.5}{s(s + 6.82)}$，$H = 1$，$N(s) = \dfrac{0.1}{s}$，得

$$e_{ssn}(\infty) = -8.93 \times 10^{-4}$$

因而

$$e_{ss}(\infty) = |e_{ssr}| + |e_{ssn}| = 0.123$$

上述计算表明，接通测速内反馈可增大系统的阻尼比，不影响系统自然频率，但会降低系统的开环增益。因而，系统的超调量和调节时间均可减小，而斜坡输入时的稳态误差却会增大。由于内反馈处于扰动作用点之后，因此内反馈对扰动产生的稳态误差没有影响。

<h1 style="text-align:center">习 题</h1>

3-1 某系统结构图如图3-53 所示，要求调节时间 $t_s \leqslant 0.1s$，试确定系统反馈系数 K_t 的值。

3-2 设温度计为一惯性环节，把温度计放入被测物体内，要求在 $1\,min$ 时显示出稳态值的 98%，求此温度计的时间常数。

3-3 某系统在输入信号 $r(t) = 1 + t$ 作用下，测得输出响应为

$$y(t) = t + 0.9 - 0.9\mathrm{e}^{-10t}$$

已知初始条件为零，试求系统的传递函数 $Y(s)/R(s)$。

3-4　设控制系统如图3-54所示，试分析参数 b 的变化对系统阶跃响应动态性能的影响。

3-5　考虑图3-55所示系统。试证明传递函数 $Y(s)/X(s)$ 在右半 s 平面内有一个零点；然后求当 $x(t)$ 为单位阶跃信号时的 $y(t)$；画出 $y(t) - t$ 曲线。

3-6　已知振荡系统具有下列形式的传递函数，并假设已知阻尼振荡的记录如图 3-56 所示，根据记录图，确定阻尼比 ζ。

$$G(s) = \frac{\omega_\mathrm{n}^2}{s^2 + 2\zeta\omega_\mathrm{n}s + \omega_\mathrm{n}^2}$$

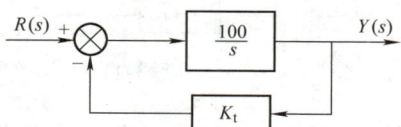

图 3-53　习题 3-1 图

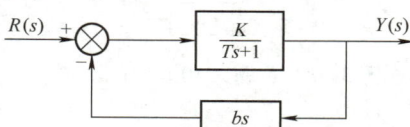

图 3-54　习题 3-4 图

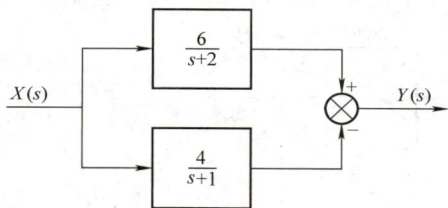

图 3-55　习题 3-5 图

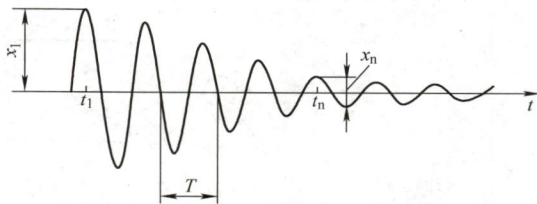

图 3-56　习题 3-6 图

3-7　某系统的单位阶跃响应为 $y(t) = 1 + 0.2\mathrm{e}^{-60t} - 1.2\mathrm{e}^{-10t}$，试确定：

（1）系统的闭环传递函数。

（2）确定系统的阻尼比和无阻尼自然振荡频率。

3-8　某系统结构图如图3-57所示，要求系统阻尼比 $\zeta = 0.6$，试确定 K_t 的值并计算动态性能指标 t_p、$\sigma\%$、t_s。

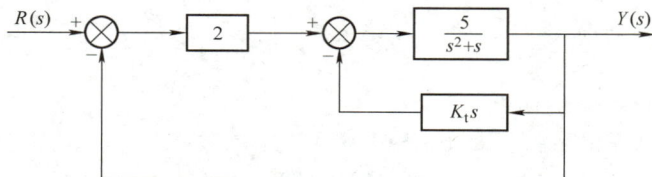

图 3-57　习题 3-8 图

3-9　设单位负反馈系统的开环传递函数为

$$G(s) = \frac{as + 1}{s(s + b)}$$

式中，$a = 0.4$，$b = 0.5$。

（1）求系统的开环零点和开环极点。

（2）求系统的闭环零点和闭环极点。

（3）确定系统的阻尼比 ζ 和自然振荡频率 ω_n。

（4）求系统的单位阶跃响应的 $\sigma\%$、t_r 和 t_s。

3-10　某一阶系统传递函数为

$$G(s) = \frac{10}{0.2s+1}$$

若想采用如图3-58 所示的控制结构将过渡时间 t_s 减小为原来的 10%，并保证总放大系数不变，试选择 K_H 和 K_0 的值。

3-11　系统如图3-59 所示，若要该系统在单位阶跃响应中的超调量 $\sigma\% = 25\%$，峰值时间 $t_p = 0.5s$，试确定 K 和 τ 的值

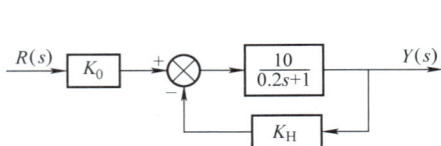

图 3-58　习题 3-10 图　　　　　图 3-59　习题 3-11 图

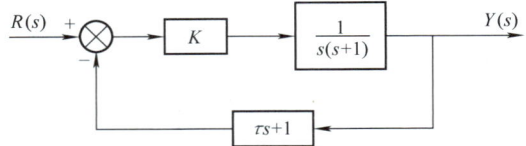

3-12　设电子心律起搏器系统如图 3-60 所示，其中模仿心脏的传递函数相当于一纯积分器。

（1）若 $\zeta = 0.5$ 对应最佳响应，问起搏器增益 K 应取多大？

（2）若期望心速为 60 次/min，突然接通起搏器，问 1s 后实际心速为多少？瞬时最大心速多大？

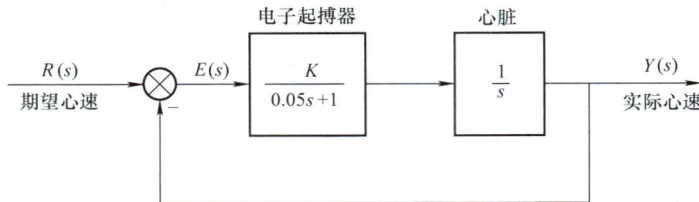

图 3-60　习题 3-12 图

3-13　系统的特征方程如下：

$$126s^3 + 219s^2 + 258s + 85 = 0$$

则其中有多少根的实部落在开区间（-1，0）内？

3-14　已知系统特征方程如下，试用劳斯判据判定系统的稳定性。若不稳定时确定系统在右半 s 平面的特征根数。

（1）$s^5 + 2s^4 + s^3 + 2s^2 + 4s + 5 = 0$

（2）$s^4 + 2s^3 + s^2 - 2s + 1 = 0$

（3）$s^5 + 2s^4 + 3s^3 + 6s^2 - 4s - 8 = 0$

3-15　设高速列车停车位置控制系统如图3-61 所示。已知参数：

$$K_1 = 1, \ K_2 = 1000, \ K_3 = 0.001, \ a = 0.1, \ b = 0.1$$

试证：只要放大器增益 K 大于零，系统都是稳定的。

3-16　试求如图3-62 所示系统的参数（K，ζ）的稳定域。

3-17　设单位负反馈系统的开环传递函数为

$$G_K(s) = \frac{K}{s(1 + s/3)(1 + s/6)}$$

若要求闭环特征方程的根的实部均小于 -1，求 K 的取值范围。

3-18　系统结构图如图3-63 所示。其中 $K_1 > 0$，$K_2 > 0$，$\beta \geq 0$。试分析

（1）β 值的大小对系统稳定性的影响。

（2）β 值的大小对系统动态性能（$\sigma\%$，t_s）的影响。

（3）β 值的大小对 $r(t) = at$ 作用下系统稳态误差的影响。

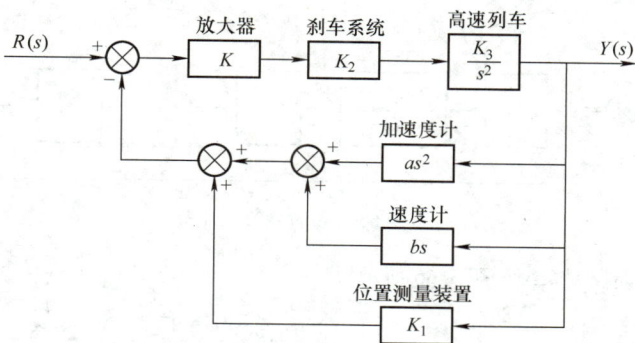

图 3-61 习题 3-15 图

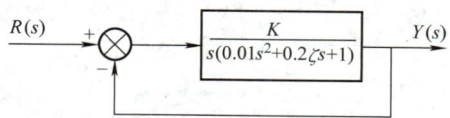

图 3-62 习题 3-16 图

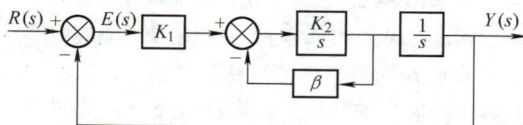

图 3-63 习题 3-18 图

3-19 设随动系统的微分方程为

$$T_M T_a \frac{\mathrm{d}^3 y(t)}{\mathrm{d}t^3} + T_M \frac{\mathrm{d}^2 y(t)}{\mathrm{d}t^2} + \frac{\mathrm{d}y(t)}{\mathrm{d}t} + K y(t) = K r(t)$$

式中，$y(t)$ 为系统输出量；$r(t)$ 为系统输入量；T_M 为电动机机电时间常数；T_a 为电动机电磁时间常数；K 为系统开环增益。初始条件全部为零。试讨论：T_a、T_M 与 K 之间的关系对系统稳定性的影响。

3-20 设控制系统结构如图3-64 所示，试求当扰动输入 $n(t) = 1(t)$ 时系统的稳态误差。

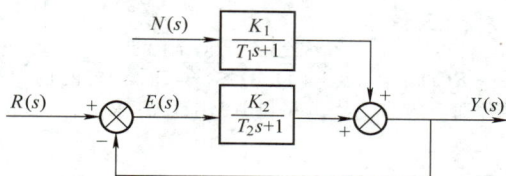

图 3-64 习题 3-20 图

3-21 已知单位反馈控制系统，其闭环传递函数为

$$\frac{Y(s)}{R(s)} = \frac{Ks + b}{s^2 + as + b}$$

试确定其开环传递函数，并证明在单位斜坡输入下，系统的稳态误差为

$$e_{ss} = \frac{1}{K_v} = \frac{a - K}{b}$$

3-22 已知一个单位负反馈控制系统，其开环传递函数为

$$G_K(s) = \frac{K}{s(Js + B)}$$

试讨论在单位斜坡响应下，改变 K 和 B 的值对稳态误差的影响；并且在 K 值较小、适中和较大时，画出典型的单位斜坡响应曲线。

3-23 仅靠调整参数无法稳定的系统，称为结构不稳定系统。图 3-65 为液位控制系统结构图。试判断该系统是否属于结构不稳定系统？若是，提出消除结构不稳定的有效措施。

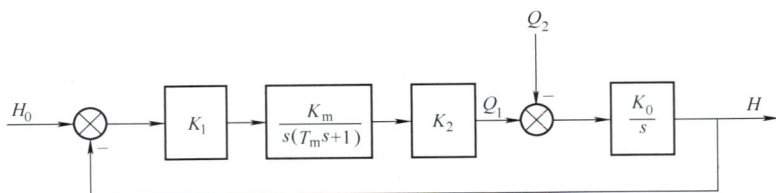

图 3-65　习题 3-23 图

3-24　某非单位反馈控制系统如图 3-66 所示，图中 $G_1(s)$ 的单位阶跃响应为 $\dfrac{8}{5}(1-e^{-5t})$。

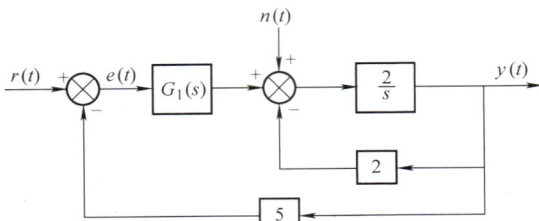

图 3-66　习题 3-24 图

(1) 若 $r(t)=20\cdot 1(t)$，求系统稳态输出 $c(\infty)$；
(2) 若 $r(t)=20\cdot 1(t)$，求系统的超调量 $\sigma\%$、调节时间 t_s 和稳态误差 $e_{ss}(\infty)$，并绘制输出响应曲线；(3) 若 $n(t)$ 为可测量的阶跃扰动信号，为消除扰动对稳态输出的影响，试设计顺馈补偿装置 $G_n(s)$，并画出相应的系统结构图。

3-25　已知单位负反馈系统前向通道的传递函数为

$$G(s)=\frac{80}{s^2+2s}$$

试利用 MATLAB 语言绘制其单位阶跃响应曲线和误差响应曲线。

3-26　已知单位负反馈系统的开环传递函数为

$$G_K(s)=\frac{K}{s(0.5s+1)(4s+1)}$$

试利用 MATLAB 语言绘制当 K 分别为 0.2、0.8、1.2 时的该系统的单位阶跃响应曲线（绘制在同一张图上），并求当 $K=0.8$ 时系统的性能指标。

3-27　已知由下式定义的高阶系统：

$$\frac{Y(s)}{R(s)}=\frac{6.3223s^2+18s+12.811}{s^4+6s^3+11.3223s^2+18s+12.811}$$

试利用 MATLAB 画出系统的单位阶跃响应曲线，并利用 MATLAB 求上升时间、峰值时间、最大过调量和调整时间。

3-28　已知由下式定义的系统：

$$\frac{Y(s)}{R(s)}=\frac{1}{s^2+2\zeta s+1}$$

式中 $\zeta=0$、0.2、0.4、0.6、0.8 和 1.0。试利用 "for loop" 命令编写 MATLAB 程序，求系统输出的二维图和三维图。系统的输入为单位阶跃函数。

第四章 根 轨 迹 法

控制系统闭环瞬态响应的基本特性，是由其闭环极点来确定的。极点在 s 平面上的分布不同，系统所表现出的动态特性也不同。因此，在分析、设计一个控制系统时，确定闭环极点在 s 平面的位置十分重要。按前章所述方法，系统闭环极点由解析方法计算得出，这对高阶系统来说并非易事。特别是在分析研究系统中某参数变化对闭环系统瞬态响应的影响时，需多次求解闭环极点，既费时繁琐，又易出错，显然不能达到从理论上快速、简便分析系统闭环性能的基本要求。所以，人们希望得到一种简单的方法。W. R. Evans 提出了一种图解方法可有效地确定当系统中某参数值连续变化时闭环极点在 s 平面上的变化轨迹，避免了此情况下计算求取高阶系统特征方程根的困难，从而在控制工程领域获得了广泛的应用。这种方法就称为根轨迹法。利用这种方法，可以通过分析闭环特征根随系统某个参数变化而在 s 平面上的变化轨迹，得到系统的闭环瞬态响应性能；还可以通过合理调节可变参数值或开环零、极点的位置与个数，使闭环极点改变其变化轨迹，以达到改善系统闭环性能的目的。因此，在实际工程中常利用根轨迹方法分析、设计系统。

第一节 根轨迹与根轨迹方程

一、根轨迹

所谓根轨迹就是指当系统中某个参量由零到无穷大变化时，其闭环特征根（极点）在 s 平面上移动的轨迹。

为建立根轨迹的基本概念，首先考察例 4-1 所示的二阶系统。

例 4-1 系统结构如图 4-1 所示，其开环传递函数为

$$G_{\mathrm{K}}(s) = \frac{K}{s(0.5s+1)} = \frac{2K}{s(s+2)}$$

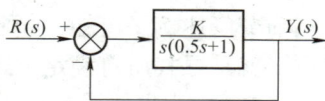

试分析开环放大系数 K 对系统闭环极点的影响。

图 4-1 例 4-1 二阶系统结构图

解： 系统有两个开环极点 $s_{1k}=0$，$s_{2k}=-2$；无开环零点。系统闭环传递函数为

$$G_{\mathrm{B}}(s) = \frac{Y(s)}{R(s)} = \frac{2K}{s^2+2s+2K}$$

闭环特征方程为 $\qquad D(s) = s^2 + 2s + 2K = 0$

根轨迹的基本概念

求得闭环特征方程的根为 $\qquad s_{1,2} = -1 \pm \sqrt{1-2K}$

由此可知，闭环特征根 s_1、s_2 在 s 平面上的位置将随系统开环放大系数 K 值的变化而变化，对其在阶跃响应下的变化过程分析如下：

1）$K=0$ 时 $s_1=0$、$s_2=-2$，解为两实根，相应的闭环瞬态响应为单调形式。

2）$K=0.5$ 时，$s_1=-1$、$s_2=-1$，解为两实重根，相应的闭环瞬态响应仍为单调形式。

3）$K=1$ 时，$s_1=-1+j$、$s_2=-1-j$，解为一对共轭复根，相应的闭环瞬态响应成为衰

减振荡形式。

4）随着 K 值继续增大，解仍为一对共轭复根，但闭环特征根 s_1、s_2 实部不变，虚部值逐渐增大，相应的闭环瞬态响应仍呈现为衰减振荡形式，但振荡愈加剧烈。

由上可知，当开环放大系数 K 值变化时，在 s 平面上将闭环极点 s_1、s_2 相应变化的运动轨迹连接起来，所得到的曲线即称为根轨迹（如图 4-2 所示）。显然 s_1、s_2 所处的位置不同，相应的闭环瞬态响应特性也是不同的（如图 4-3 所示）。因此，它为我们提供了一条解决问题的思路，即通过绘制和观察闭环特征根随 K 值的变化轨迹，可分析闭环系统瞬态响应性能的优劣。

对于复杂的高阶系统，上述通过直接求出闭环特征方程的根来绘制其轨迹的方法显然是难以实现的。下面我们寻求利用图解法绘制根轨迹图的一般方法。

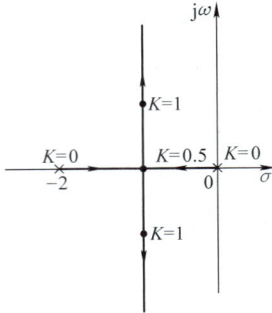

图 4-2 二阶系统的根轨迹图

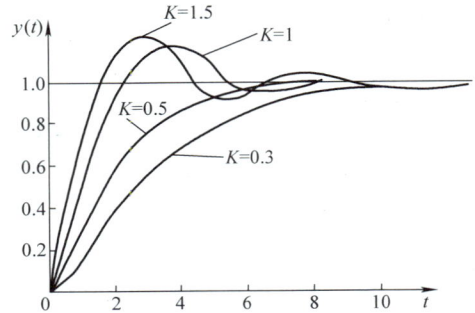

图 4-3 二阶系统的闭环瞬态响应曲线

二、根轨迹方程

系统的结构如图 4-4 所示，则闭环传递函数为

$$G_B(s) = \frac{Y(s)}{R(s)} = \frac{G(s)}{1 + G(s)H(s)}$$

其特征方程为 $1 + G(s)H(s) = 0$

也可表示为 $G(s)H(s) = -1$ (4-1)

从前节所述例子可知，绘制闭环特征方程根轨

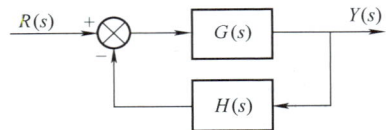

图 4-4 闭环控制系统结构图

迹实质上就是寻找所有满足上述方程的根，而满足方程（4-1）的任何 s 值必然在根轨迹上，故称式（4-1）为根轨迹方程。

设开环传递函数中有 m 个零点，n 个极点，将其表示为零、极点增益形式，有

$$G(s)H(s) = \frac{K^* \prod_{i=1}^{m}(s - z_i)}{\prod_{j=1}^{n}(s - p_j)} = -1 \quad (4-2)$$

根据复变函数的概念，上式又可表示为满足根轨迹方程两端幅值和相角分别相等的方程式，即有

$$\frac{K^* \prod_{i=1}^{m}|s - z_i|}{\prod_{j=1}^{n}|s - p_j|} = 1 \quad (4-3)$$

和 $\quad \sum_{i=1}^{m} \underline{/(s - z_i)} - \sum_{j=1}^{n} \underline{/(s - p_j)} = (2k+1)\pi \quad k = 0、\pm 1、\pm 2、\cdots \quad (4-4)$

式（4-3）称为幅值条件，式（4-4）则称为相角条件，分别为绘制根轨迹的两个基本条件。其中，K^* 称为根轨迹增益，与开环放大系数 K 成一定比例，是系统闭环根轨迹的重要参数。在系统参数给定的条件下，满足以上两式的点 s，随 K^* 的变化在 s 平面上的轨迹称为根轨迹。

一般绘制根轨迹主要依据相角条件式（4-4）。系统结构一定，传递函数即已确定，只要寻找出 s 平面上所有满足相角条件的点 s，即可绘出完整根轨迹。而幅值条件式（4-3）则常用于确定根轨迹上对应各点 s 的根轨迹增益值 K^*。

由基本条件可知，系统的开环传递函数是绘制闭环根轨迹的重要依据，而通常开环传递函数是由一些低阶的基本环节组合构成，其开环零、极点容易求得，使得我们能够以此为基础方便地绘制出系统闭环根轨迹。

下面举例说明如何按上述基本条件来绘制根轨迹图。

例 4-2 已知系统开环传递函数

$$G(s)H(s) = \frac{K_1(s - z_1)}{s(s - p_2)(s - p_3)}$$

其开环零、极点如图 4-5 所示，求取系统闭环根轨迹。

解： 在 s 平面任取一点 s_1，并画出从各个开环零、极点到 s_1 的向量；若 s_1 是根轨迹上的一个点（即满足 $1 + G(s)H(s) = 0$），那么它必然满足相角条件

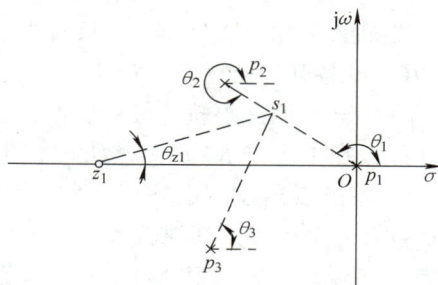

图 4-5 例 4-2 系统的开环零、极点分布图

$$\underline{/(s_1 - z_1)} - (\underline{/s_1} + \underline{/(s_1 - p_2)} + \underline{/(s_1 - p_3)}) = (2k + 1)\pi$$

即

$$\theta_{z_1} - (\theta_1 + \theta_2 + \theta_3) = (2k + 1)\pi$$

若 s_1 满足上式，则根据幅值条件可求出在这一点上的 K_1 值，即

$$K_1 = \frac{|s_1| \, |s_1 - p_2| \, |s_1 - p_3|}{|s_1 - z_1|}$$

所以在给出开环传函 $G(s)H(s)$ 的零、极点的分布图后，根轨迹的绘制过程为

1）寻找 s 平面上所有满足相角条件的 s 值。

2）利用幅值条件确定各点的 K_1 值。

由此看来，完全依据基本条件来求取各点以绘制根轨迹是十分困难的。因此，实际绘制根轨迹时是依据以根轨迹方程为基础的一些基本法则来进行的。掌握了这些基本法则，就可以快速、方便地绘制出所要求的根轨迹。

第二节　绘制根轨迹的基本法则

设控制系统的开环传递函数为

$$G(s)H(s) = \frac{K^*(s - z_1)\cdots(s - z_m)}{(s - p_1)(s - p_2)\cdots(s - p_n)} \tag{4-5}$$

式中，$G(s)H(s)$ 的零点和极点可以是实数也可以是复数。

一、根轨迹的起点

根轨迹始于开环极点，起点处 $K^* = 0$。

证明：将式（4-2）改写为

$$1 + G(s)H(s) = 1 + \frac{K^* \prod\limits_{i=1}^{m}(s-z_i)}{\prod\limits_{j=1}^{n}(s-p_j)} = 0$$

即有

$$\prod_{j=1}^{n}(s-p_j) + K^* \prod_{i=1}^{m}(s-z_i) = 0 \tag{4-6}$$

在根轨迹开始时，$K^* = 0$，只有当 s 等于 $G(s)H(s)$ 的各开环极点 P_j（$j = 1$，2，$\cdots$，n）才能满足上式，因此根轨迹最初位置必定是在 n 个开环极点上。当 K^* 从零增大时，根轨迹从各个开环极点出发。由式（4-5）可知，$G(s)H(s)$ 有 n 个极点，其根轨迹也一定有 n 个

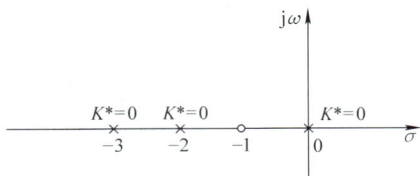

图 4-6 例 4-3 系统的开环零、极点分布图

分支，这也说明，系统根轨迹分支数与系统的阶数相同，n 阶系统的根轨迹分支有 n 条。

例 4-3 求下面系统的闭环根轨迹的起始点。

$$G(s)H(s) = \frac{K^*(s+1)}{s(s+2)(s+3)}$$

解：闭环特征方程为 $\qquad s(s+2)(s+3) + K^*(s+1) = 0$

不难看出，开环的三个极点与 $K^* = 0$ 时的闭环特征方程的根是相同的，就是说开环极点就是 $K^* = 0$ 时的闭环极点，亦即闭环根轨迹的起始点（如图 4-6 所示）。

二、根轨迹的终点

根轨迹终止于开环传递函数的零点，终点处 $K^* = \infty$。

证明：将式（4-6）重写为如下形式：

$$\frac{1}{K^*}\prod_{j=1}^{n}(s-p_j) + \prod_{i=1}^{m}(s-z_i) = 0 \tag{4-7}$$

当 $K^* \to \infty$ 时，只有当 s 等于 $G(s)H(s)$ 的各开环零点 $z_i(i = 1$，2，$\cdots$，m）才能满足上式，于是 n 条闭环根轨迹中有 m 条分支必定趋向 m 个开环零点，最终位置必定是在 m 个开环零点上。而其余 $n-m$ 条闭环根轨迹终止于何处，由以下证明得出结论。

利用幅值条件得

$$K^* = \frac{\prod\limits_{j=1}^{n}|s-p_j|}{\prod\limits_{i=1}^{m}|s-z_i|} \qquad (n \geqslant m) \tag{4-8}$$

$K^* \to \infty$ 时，s 趋近于开环零点 z_i（$i = 1$，2，$\cdots$，m）可满足式（4-8），与前述结论一

致。此外，当 $s \to \infty$ 时也满足该关系式，即有

$$\lim_{K^* \to \infty} K^* = \lim_{s \to \infty} \frac{\prod\limits_{j=1}^{n} |s - p_j|}{\prod\limits_{i=1}^{m} |s - z_i|} = \lim_{s \to \infty} \frac{|s|^n}{|s|^m} = \lim_{s \to \infty} |s|^{n-m} \qquad (n \geq m)$$

此式说明：当 $K^* \to \infty$ 时，必有 $s \to \infty$，亦即剩余的 $n - m$ 条分支在 s 平面上趋向于无穷远处。这完全可以认为有 $n - m$ 个"隐藏"在无穷远处的零点，将这些无穷远零点考虑在内，系统开环的零、极点数实际上是相等的。因此概括地说，系统 n 条闭环根轨迹起始于各开环极点，而终止于各开环零点（包括无穷远零点）。

在上面例 4-3 中，有一条根轨迹分支趋近于 $(-1, j0)$ 点，而另外两条分支将趋于无穷远处。

三、根轨迹的对称性

根轨迹各分支连续且关于实轴对称。

由系统闭环特征方程可证，特征方程为 s 的代数多项式，其中任何参数的连续变化都会导致闭环特征根的连续变化，其轨迹曲线一定是连续的；此外，特征方程的各阶系数均为实数，其特征根（闭环极点）或者为实数（在实轴上），或者为共轭复数，在 s 平面上显然关于实轴对称。

四、根轨迹的渐近线

由于开环零点数 $m \leq$ 开环极点数 n，则当 $K^* \to \infty$ 时，趋向无穷远的根轨迹有 $n - m$ 条，这 $n - m$ 条根轨迹的方位可由渐近线决定。

1. 渐近线的倾斜角

由前节知，除 m 条分支终止于 m 个零点外，其余 $n - m$ 条分支趋于无穷远处 $n - m$ 个不同的方向，其相应的方向角 φ_a 可按下面方法确定。

渐近线就是 $s \to \infty$ 时的根轨迹的方位，所以位于在渐近线上无穷远处的一点，到每一开环零点、极点的向量的相角基本相等。因此，由相角条件可得

$$\underline{/G(s)H(s)} = -(n-m)\varphi_a = (2k+1)\pi$$

所以
$$\varphi_a = (2k+1)\pi / (n-m) \qquad k = 0, \ \pm 1, \ \pm 2, \ \cdots$$

式中，当 $k = 0$ 时，渐近线与实轴的夹角为最小。

2. 渐近线与实轴的交点

因为根轨迹对称于实轴，故渐近线也对称于实轴，所有渐近线必然与实轴相交，其交点坐标为

$$\sigma_a = \frac{\sum\limits_{j=1}^{n} p_j - \sum\limits_{i=1}^{m} z_i}{n - m}$$

其证明从略，相关内容可参阅本书所附参考文献。

例 4-4　已知系统的闭环特征方程如下，求根轨迹的渐近线。

$$s(s+4)(s^2 + 2s + 2) + K_1(s+1) = 0$$

解： 用含 K_1 的项除以不含 K_1 的项（通常称为 Golden Rule），得

$$G(s)H(s) = \frac{K_1(s+1)}{s(s+4)(s^2+2s+2)}$$

渐近线倾角计算如下：

$$k = 0 \qquad \varphi_{a1} = 180°/3 = 60°$$
$$k = 1 \qquad \varphi_{a2} = 540°/3 = 180°$$
$$k = -1 \qquad \varphi_{a3} = -180°/3 = -60°$$

渐近线与实轴的交点为

$$\sigma_a = \frac{(0-4-1+j-1-j)-(-1)}{4-1} = -\frac{5}{3}$$

最后绘出的渐近线如图 4-7 所示。

五、实轴上的根轨迹

实轴上某段区域右边的实数零点和实数极点总数为奇数时，这段区域必为根轨迹的一部分。

开环传递函数的共轭复数极点和零点对实轴上的根轨迹的位置没有影响。这是因为一对共轭复数极点或零点到实轴上某点产生的相角之和总为 360°，如图 4-8a 所示，亦即 s_1 点相对于这些复数根与相角条件无关，换句话说，复数根对实轴的净作用为零。事实上，当实轴上某实验点 s_1 右方的实数极点和实数零点的总数为奇数时，由于在 s_1 点右边的每个实极点产生的相角为 $-180°$，实零点 $+180°$，那么依据相角条件，该点必位于根轨迹上。图 4-8b 中，实轴上 $[p_2, z_2]$ 以及 $[p_1, z_1]$ 区域均满足相角条件，故为根轨迹段。

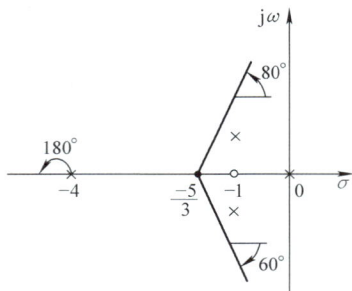

图 4-7 例 4-4 系统闭环根轨迹的渐近线

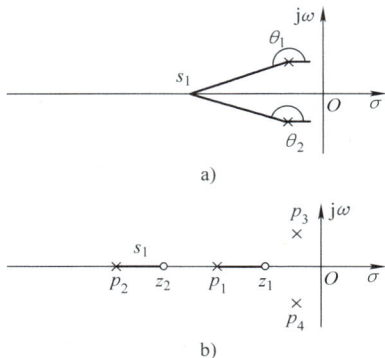

图 4-8 实轴上的根轨迹

六、根轨迹的出射角（起始角）和入射角（终止角）

出射角：始于开环极点的根轨迹，在起点处的切线与水平线的正方向夹角 θ_{p1}。

入射角：止于开环零点的根轨迹，在终点处的切线与水平线的正方向夹角 θ_{z1}。

根据相角条件

$$\underline{/G(s)H(s)} = (2k+1)\pi$$

在图 4-9a 中靠近开环极点 p_1 的根轨迹上取实验点 s_1，则有

$$\underline{/(s_1 - z_1)} - \underline{/(s_1 - p_1)} - \underline{/(s_1 - p_2)} - \underline{/(s_1 - p_3)} = (2k+1)\pi$$

当 $s_1 \to p_1$ 时，各开环零、极点引向 s_1 的向量就变成各零、极点引向 p_1 的向量，而此时 $\underline{/(s_1 - p_1)}$ 即为所求始于开环极点 p_1 的根轨迹出射角 θ_{p1}，如图 4-9a 所示。

所以

$$-\theta_{p1} = (2k+1)\pi + \underline{/(p_1 - p_2)} + \underline{/(p_1 - p_3)} - \underline{/(p_1 - z_1)}$$

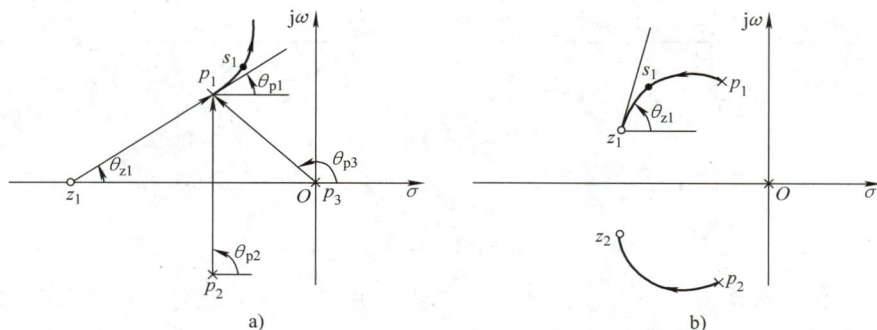

图 4-9　系统闭环根轨迹的出射角和入射角

同理可由图 4-9b 求得其入射角 θ_{z1}。于是得求取出射角、入射角的一般表达式

$$\begin{cases} \theta_{p1} = \displaystyle\sum_{i=1}^{m} \underline{/(p_1 - z_i)} - \sum_{j=2}^{n} \underline{/(p_1 - p_j)} - (2k+1)\pi \\ \theta_{z1} = \displaystyle\sum_{j=1}^{n} \underline{/(z_1 - p_j)} - \sum_{i=2}^{m} \underline{/(z_1 - z_i)} + (2k+1)\pi \end{cases}$$

例 4-5　已知系统开环传递函数为

$$G_{\mathrm{K}}(s) = \frac{K^*(s+1.5)(s+2+j)(s+2-j)}{s(s+2.5)(s+0.5+1.5j)(s+0.5-1.5j)}$$

求闭环系统大致根轨迹。

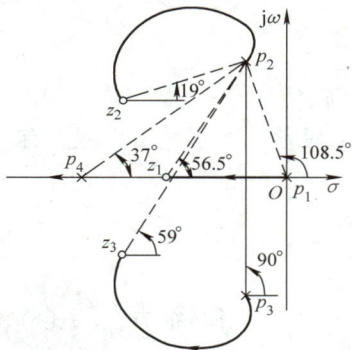

图 4-10　例 4-5 系统的闭环根轨迹

解： 开环极点 $p_1 = 0$；$p_4 = -2.5$，$p_{2,3} = -0.5 \pm j1.5$；开环零点 $z_1 = -1.5$，$z_{2,3} = -2 \pm j$；实轴上 $(-\infty, -2.5]$ 和 $[-1.5, 0]$ 区域为根轨迹。

渐近线：因为 $n = 4$，$m = 3$，故有一条根轨迹趋于无穷远处。

$$\varphi_{\mathrm{a}} = \frac{\pi}{4-3} = 180°;$$

出（入）射角：$\begin{cases} \theta_{p2} = 56.5° + 59° + 19° - 90° - 37° - 108.5° - 180° = -281° = 79° \\ \theta_{z2} = 153° + 199° + 121° + 63.5° - 117° - 90° + 180° = 149.5° \end{cases}$

闭环系统根轨迹如图 4-10 所示，图中标出了求取出射角 θ_{p2} 时对应的各点相角关系。

七、根轨迹上的分离点和会合点

根轨迹上的分离点和会合点是与特征方程式的重根相对应的。

由图 4-11 可看出：①图 4-11a 表示实轴上根轨迹的两条分支在 d 点相遇出现重根，然后从实轴分离进入复平面；②图 4-11b 表示复平面上两条根轨迹的分支在实轴上 d 点会合，形成重根，然后在实轴上继续变化至终点。

判别实轴上分离点或会合点时，可以按是否伸向复平面来判断。

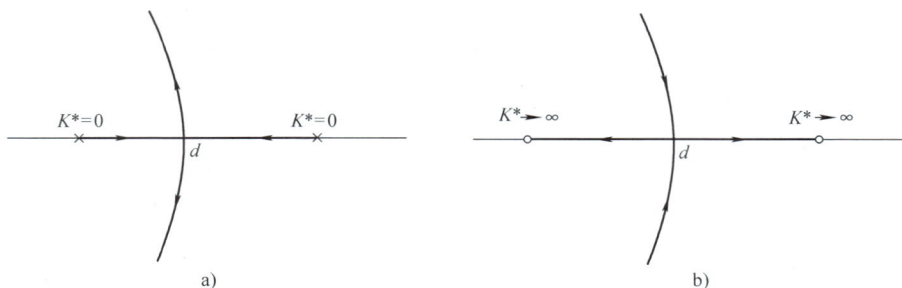

图 4-11 根轨迹的分离点和会合点

事实上，这些分离点（会合点）都对应了特征方程的一对重根，亦即当方程式中的 K 值变化到某一个值时，方程会出现重根。这些重根不一定位于实轴上，也可能位于复平面中，要根据实际方程确定。

分离点（会合点）坐标的求取方法如下。

方法一 分离点的坐标可由方程

$$\sum_{j=1}^{n} \frac{1}{d - p_j} = \sum_{i=1}^{m} \frac{1}{d - z_i}$$

来确定。

证明： 由根轨迹方程，有

$$1 + \frac{K^* \prod_{i=1}^{m} (s - z_i)}{\prod_{j=1}^{n} (s - p_j)} = 0$$

即有闭环特征方程 $D(s) = \prod_{j=1}^{n} (s - p_j) + K^* \prod_{i=1}^{m} (s - z_i) = 0$

根轨迹在 s 平面上相遇，说明闭环特征方程有重根，设其值为 d，根据代数中的重根条件，有

$$\begin{cases} D(s) = \prod\limits_{j=1}^{n} (s - p_j) + K^* \prod\limits_{i=1}^{m} (s - z_i) = 0 \\ D'(s) = \dfrac{\mathrm{d}}{\mathrm{d}s} [\prod\limits_{j=1}^{n} (s - p_j) + K^* \prod\limits_{i=1}^{m} (s - z_i)] = 0 \end{cases}$$

或

$$\prod_{j=1}^{n} (s - p_j) = -K^* \prod_{i=1}^{m} (s - z_i) \tag{4-9}$$

$$\frac{\mathrm{d}}{\mathrm{d}s} \prod_{j=1}^{n} (s - p_j) = -K^* \frac{\mathrm{d}}{\mathrm{d}s} \prod_{i=1}^{m} (s - z_i) \tag{4-10}$$

式（4-10）除以式（4-9），得

$$\frac{\dfrac{\mathrm{d}}{\mathrm{d}s}\prod_{j=1}^{n}(s-p_j)}{\prod_{j=1}^{n}(s-p_j)}=\frac{\dfrac{\mathrm{d}}{\mathrm{d}s}\prod_{i=1}^{m}(s-z_i)}{\prod_{i=1}^{m}(s-z_i)}$$

推出

$$\frac{\mathrm{d}\ln\prod_{j=1}^{n}(s-p_j)}{\mathrm{d}s}=\frac{\mathrm{d}\ln\prod_{i=1}^{m}(s-z_i)}{\mathrm{d}s}$$

因为

$$\ln\prod_{j=1}^{n}(s-p_j)=\sum_{j=1}^{n}\ln(s-p_j)\,,\ \ln\prod_{i=1}^{m}(s-z_i)=\sum_{i=1}^{m}\ln(s-z_i)$$

所以上式又可为

$$\sum_{j=1}^{n}\frac{\mathrm{d}\ln(s-p_j)}{\mathrm{d}s}=\sum_{i=1}^{m}\frac{\mathrm{d}\ln(s-z_i)}{\mathrm{d}s}$$

所以有

$$\sum_{j=1}^{n}\frac{1}{s-p_j}=\sum_{i=1}^{m}\frac{1}{s-z_i}$$

从中解出 s，即为分离点 d 的坐标。

例 4-6　已知 $D(s)=s^3+3s^2+2s+K^*=0$，试求根轨迹分离点或会合点。

解：开环传递函数 $G(s)=\dfrac{K^*}{s(s+1)(s+2)}$ 没有零点，所以

$$\sum_{j=1}^{3}\frac{1}{s-p_j}=\frac{1}{s}+\frac{1}{s+1}+\frac{1}{s+2}=0$$

即

$$3s^2+6s+2=0$$

解得 $s_1=-0.423$，$s_2=-1.57$。由于实轴上存在根轨迹的区域为 $(-\infty,\ -2]$ 和 $[-1,\ 0]$，故 $s_2=-1.57$ 不可能为分离点，舍去。

方法二　设闭环系统特征方程为

$$f(s)=A(s)+K^*B(s)=0 \tag{4-11}$$

式中，$A(s)$、$B(s)$ 中均不包含 K^*，则系统闭环重根（根轨迹的分离点或会合点）可由下式确定：

$$A(s)B'(s)-A'(s)B(s)=0 \tag{4-12}$$

证明：为了说明重根的求法，先分析一个三阶方程。设 $f(s)$ 为三阶特征多项式，则当系统可变参数 K^* 为定值，s 在实数范围内变化，$f(s)$ 随 s 变化的函数关系曲线如图 4-12 所示。取不同定值 K^*，该曲线将沿纵轴方向上下移动，曲线与横轴相交点有 $f(s)=0$，交点值即为系统特征方程的实数根，于是由此可分析系统闭环实数极点变化情况。

曲线①对应于 $K^*=0$，方程有三个根（s_1，s_2，s_3），对应三个开环极点。

曲线②对应于 K^* 增大到 K' 情况。$K^*=K'$ 时，$f(s)\rightarrow s$ 曲线由①下移至②，方程的三个根（s'_1，s'_2，s'_3）中 s'_1 和 s'_2 重合在一起，曲线②上的 a 点即为重根点，相应于根轨迹上的实数分离点或会合点。

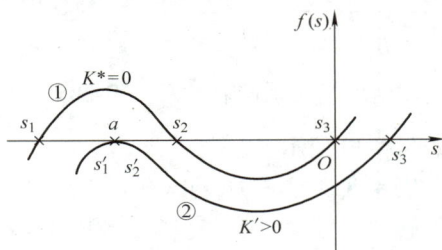

图 4-12　三阶特征多项式 $f(s)$ 关于 s 的变化曲线

显然在 a 点处，函数 $f(s)=0$，其一阶导数 $f'(s)=0$。因此对式（4-11）求关于 s 的一阶导数 $f'(s)$，且令 $f'(s)=0$，就可求出分离点。由

$$f'(s) = A'(s) + K^* B'(s) = 0 \qquad (4-13)$$

得

$$K^* = -\frac{A'(s)}{B'(s)}$$

所以式（4-11）成为

$$f(s) = A(s) - \frac{A'(s)}{B'(s)} B(s) = 0$$

整理即得式（4-12）。

证毕。

利用式（4-12），可以方便地求取与重根相对应的 K^* 值。另外，由式（4-11）可得

$$K^* = -\frac{A(s)}{B(s)}$$

关于 s 求一阶导数

$$\frac{\mathrm{d}K^*}{\mathrm{d}s} = \frac{A(s)B'(s) - A'(s)B(s)}{B^2(s)}$$

若令 $\mathrm{d}K^*/\mathrm{d}s = 0$，则同样可得到式（4-12），故分离点也常用求取 $\mathrm{d}K^*/\mathrm{d}s = 0$ 的根的方法直接得出。

注意：求出 $\mathrm{d}K^*/\mathrm{d}s = 0$ 的根后，一般应代回原式验证，使得到的 $K^* > 0$，才真正是根轨迹上的分离点或会合点，有时也可直接根据图形判断确定。

例 4-7 已知 $D(s) = s^3 + 3s^2 + 2s + K^* = 0$，求系统闭环根轨迹的分离点坐标值。

解： $D(s) = s^3 + 3s^2 + 2s + K^* = 0$，则开环传递函数为

$$G(s)H(s) = \frac{K^*}{s(s+1)(s+2)}$$

$$K^* = -s^3 - 3s^2 - 2s$$

所以

$$\frac{\mathrm{d}K^*}{\mathrm{d}s} = -3s^2 - 6s - 2 = 0$$

解出 $s_1 = -0.42$，$s_2 = -1.57$。

将上述结果代入原式中得 $K^* = 0.385 \Big|_{s_1 = -0.42}$、$K^* = -0.38 \Big|_{s_2 = -1.57} < 0$，所以 s_2 应舍去。其根轨迹如图 4-13 所示。

例 4-8 已知 $D(s) = s(s+2) + K^*(s+4) = 0$，求闭环系统根轨迹的分离点和会合点。

解：

$$D(s) = s(s+2) + K^*(s+4) = 0$$

所以

$$G(s)H(s) = \frac{K^*(s+4)}{s(s+2)}$$

按式（4-11）先写出 $A = s(s+2)$，则 $A' = 2s+2$、$B = s+4$，则 $B' = 1$，将 A，A'，B，B' 代入式（4-12）中，得

$$s^2 + 8s + 8 = 0$$

解出分离点 $s_1 = -1.17$，会合点 $s_2 = -6.83$，据此绘出根轨迹如图 4-14 所示。

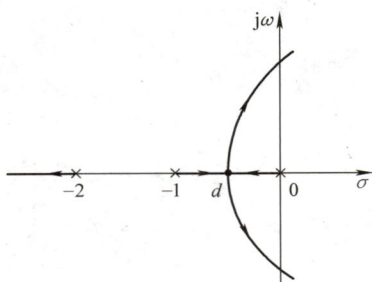

图 4-13　例 4-7 系统的闭环根轨迹

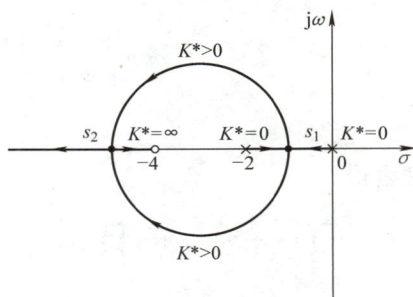

图 4-14　例 4-8 系统的闭环根轨迹

八、根轨迹与虚轴的交点

根轨迹与虚轴相交意味着极点中有一部分位于虚轴上，即闭环特征方程有纯虚根 $\pm j\omega$，系统处于临界稳定状态。

因此，将 $s = \pm j\omega$ 代入特征方程中，得

$$1 + G(j\omega)H(j\omega) = 0$$

可知必有

$$\mathrm{Re}[1 + G(j\omega)H(j\omega)] + \mathrm{Im}[1 + G(j\omega)H(j\omega)] = 0$$

即

$$\begin{cases} \mathrm{Re}[1 + G(j\omega)H(j\omega)] = 0 \\ \mathrm{Im}[1 + G(j\omega)H(j\omega)] = 0 \end{cases} \tag{4-14}$$

从上式中就可解出虚轴上交点 ω_c 值和对应的临界开环增益 K_c^* 值。

例 4-9　已知系统开环传函为

$$G(s) = \frac{K^*}{s(s+1)(s+2)}$$

求出根轨迹与虚轴的交点。

解： 系统的闭环特征方程为

$$D(s) = s(s+1)(s+2) + K^* = s^3 + 3s^2 + 2s + K^* = 0$$

$$D(j\omega) = (j\omega)^3 + 3(j\omega)^2 + 2j\omega + K^*$$

有

$$\begin{cases} -3\omega^2 + K^* = 0 \\ -\omega^3 + 2\omega = 0 \end{cases}$$

联立可解出

$$\begin{cases} \omega_1 = 0 \\ K_c^* = 0 \end{cases} \qquad \begin{cases} \omega_{2,3} = \pm 1.414 \\ K_c^* = 6 \end{cases}$$

其根轨迹与图 4-13 相同，由图可以直观地看到，当 $K^* > 6$ 之后，系统闭环极点将进入右半平面，系统动态响应将发散变化。由此可知，此系统稳定的条件是 $0 < K^* < 6$。

九、根之和

系统的闭环特征方程为

$$1 + \frac{K^* \prod\limits_{i=1}^{m} (s - z_i)}{\prod\limits_{j=1}^{n} (s - p_j)} = 0$$

展开，整理后得

$$\prod_{j=1}^{n} (s - p_j) + K^* \prod_{i=1}^{m} (s - z_i) = s^n + a_1 s^{n-1} + \cdots + a_{n-1} s + a_n \qquad (4\text{-}15)$$

式中，a_1，$\cdots$，a_n 均为已知常数，当 $n - m \geqslant 2$ 时，$a_1 = -\sum\limits_{j=1}^{n} p_j$，为所有开环极点之和。同时，系统的闭环特征方程可写成

$$\prod_{i=1}^{n} (s - s_i) = s^n + \left(-\sum_{i=1}^{n} s_i \right) s^{n-1} + \cdots + \prod_{i=1}^{n} (-s_i) = 0 \qquad (4\text{-}16)$$

式中，s_i 为特征方程的根，即为闭环极点。

比较式（4-15）、式（4-16），得出结论：当 $n - m \geqslant 2$ 时，特征方程中第二项的系数 a_1 与 K^* 无关，开环极点的 n 个值之和 $a_1 = -\sum\limits_{j=1}^{n} p_j$ 总是等于闭环特征方程 n 个根之和，即

$$\sum_{i=1}^{n} s_i = \sum_{j=1}^{n} p_j = 常数$$

由于闭环特征根之和为常数，则在这种情况下，如果有一些闭环极点随着 K^* 的增大，沿根轨迹向左移动，则必有另一些极点沿根轨迹向右移动。了解了这一点，有助于确定根轨迹的大致形状。

综上所述，对如图 4-4 所示典型结构的闭环系统，绘制根轨迹的规则总结如下：

1）根轨迹的分支数等于开环极点数，每一分支起始于一个开环极点，其中 m 条终止于开环零点处，其余的 $n - m$ 条终止于无穷远处。

2）根轨迹与实轴对称。

3）实轴上根轨迹右边的开环实零、极点之和为奇数。

4）当 s 很大时，$n - m$ 条根轨迹逐渐趋近于它们的渐近线，这些渐近线与实轴的夹角和交点为

$$\varphi_a = \frac{(2k+1)\pi}{n-m} \qquad k = 0、\pm 1、\pm 2、\cdots$$

$$\sigma_a = \frac{G(s)H(s) 极点的实部之和 - G(s)H(s) 零点的实部之和}{n-m}$$

5）分离点或会合点，由方程 $\mathrm{d}K^*/\mathrm{d}s = 0$，或 $A(s)B'(s) - A'(s)B(s) = 0$ 的根来决定。

6）根轨迹的出射角和入射角按下式计算：

出射角 $\theta_{p1} = $（起始点 p_1 至各开环零点相角之和）$-$（p_1 至其他各开环极点相角之和）$-$ $(2k+1)\pi$

入射角 $\theta_{z1} = $（终止点 z_1 至各开环极点相角之和）$-$（z_1 至其他各开环零点相角之和）$+$ $(2k+1)\pi$

7）根轨迹与虚轴的交点，可令特征方程 $s = \mathrm{j}\omega$ 来求得 ω_c 和 K_c^*。

8）根轨迹上任一点的 s_1 所对应的 K_1 值可按下式计算：

$$K_1 = \frac{\text{从 } G(s)H(s) \text{ 各极点至 } s_1 \text{ 的所有向量长度之积}}{\text{从 } G(s)H(s) \text{ 各零点至 } s_1 \text{ 的所有向量长度之积}}$$

需要指出：根轨迹只能确定闭环系统的极点，而系统的瞬态响应是由闭环极点和零点共同决定的，因此只要系统的闭环极点相同，它们的根轨迹就可能相同，而由于零点并不相同，其动态响应却是不同的。

例 4-10 已知系统的特征方程为

$$D(s) = s(s+5)(s+6)(s^2+2s+2) + K^*(s+3) = 0$$

试利用基本法则绘制根轨迹。

解： 由 "Golden Rule" 得

$$G(s)H(s) = \frac{K^*(s+3)}{s(s+5)(s+6)(s^2+2s+2)}$$

在此

$$A(s) = s(s+5)(s+6)(s^2+2s+2), B(s) = s+3$$

按基本法则，可先确定一些根轨迹的特征，之后再绘出完整根轨迹。

1）由于开环极点有 5 个，故有 5 条根轨迹分支。

2）5 条分支起始于 $G(s)H(s)$ 的 5 个极点，即为

$$p_1 = 0, \ p_2 = -5, \ p_3 = -6, \ p_{4,5} = -1 \pm j$$

3）这 5 条分支的终点是 $G(s)H(s)$ 的零点 $z = -3$ 及无穷远处。

4）有 4 条根轨迹趋向无穷远，故有 4 条渐近线，它们的特征为

$$\varphi_a = \frac{(2k+1)\pi}{5-1} = 45°, \ -45°, \ -135°, 135°$$

$$\sigma_a = \frac{(-5-6-1-1) - (-3)}{4} = -2.5$$

根据以上结果，可大致确定根轨迹的趋向，一般来说，根轨迹究竟在渐近线的哪一边，要到最后才能知道（此时可绘出大致图形）。

5）实轴上的根轨迹位于 $[-6, -5]$ 和 $[-3, 0]$ 区域内。

6）根轨迹离开复数极点 $p_4 = -1+j$ 的出射角为

$$\theta_{p4} = \underline{/(p_4+3)} - (\underline{/p_4} + \underline{/(p_4+1+j)} + \underline{/(p_4+5)} + \underline{/(p_4+6)}) - (2k+1)\pi$$

据上式求得各向量的倾角代入，得

$$\theta_{p4} = 26.6° - (135° + 90° + 11° + 14°) - (2k+1)180°$$

取 $k = 0$，求得 $\theta_{p4} = -43.4°$，同理有 $\theta_{p5} = -\theta_{p4} = 43.4°$。

7）根轨迹与虚轴的交点，将原式写成

$$s^5 + 13s^4 + 54s^3 + 82s^2 + (60+K^*)s + 3K^* = 0$$

将 $s = j\omega$ 代入，并将虚、实部分开，有

$$\begin{cases} j[\omega^5 - 54\omega^3 + (60+K^*)\omega] = 0 \\ 13\omega^4 - 82\omega^2 + 3K^* = 0 \end{cases}$$

解此高阶代数方程，并舍去不合理解，求得 $K_c^* = 35$，$\omega_c = \pm1.35$。

8）根轨迹的分离点，图 4-15 表明，实轴上根轨迹只有一个分离点，按

$$A(s)B'(s) - A'(s)B(s) = 0$$

可得

$$s^5 + 13.5s^4 + 66s^3 + 142s^2 + 123s + 45 = 0$$

用试探法求得 $s = -5.53$。

依据以上结果，可绘出较精确的根轨迹图如图 4-15 所示。

例 4-11 设负反馈系统的开环传递函数为

$$G(s)H(s) = \frac{K^*(s+z)}{s(s+p)} \qquad (z > p)$$

证明当 K^* 由 $0 \to \infty$ 变化时，根轨迹为一个圆。

证一： 因为根轨迹上任何一点均应满足特征方程，将根轨迹的复数部分 $s = \sigma + j\omega$ 代入方程，则

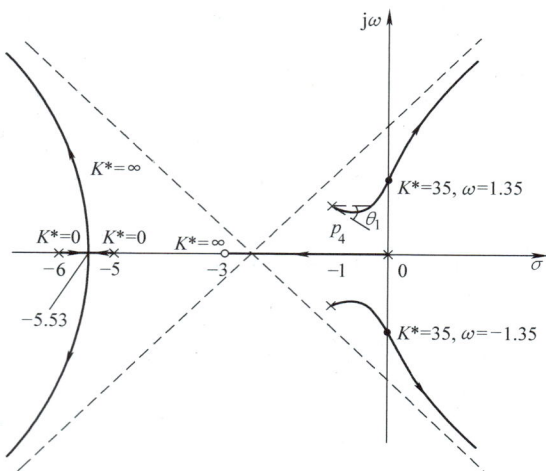

图 4-15　例 4-10 系统的闭环根轨迹

$$s(s+p) + K^*(s+z) = 0$$
$$(\sigma + j\omega)(\sigma + j\omega + p) + K^*(\sigma + j\omega + z) = 0$$

整理得

$$K^*(z+\sigma) + \sigma(p+\sigma) - \omega^2 + j\omega(p + 2\sigma + K^*) = 0$$

即

$$K^*(z+\sigma) + \sigma(p+\sigma) - \omega^2 = 0 \tag{4-17}$$

$$p + 2\sigma + K^* = 0 \tag{4-18}$$

由式（4-18）得

$$K^* = -(p + 2\sigma)$$

代入式（4-17），得

$$(\sigma + z)^2 + \omega^2 = z^2 - pz \tag{4-19}$$

显然是圆心位于 $(-z, 0)$，半径为 $R = \sqrt{z^2 - pz}$ 的圆方程，证毕。

证二： 由相角条件，有

$$\underline{/(s+z)} - \underline{/s} - \underline{/(s+p)} = (2k+1)\pi$$

$$\underline{/(\sigma + j\omega + z)} - \underline{/(\sigma + j\omega)} = \underline{/(\sigma + j\omega + p)} + (2k+1)\pi$$

表示为

$$\arctan \frac{\omega}{\sigma + z} - \arctan \frac{\omega}{\sigma} = \arctan \frac{\omega}{\sigma + p} + (2k+1)\pi$$

利用三角公式

$$\tan(\theta_1 \pm \theta_2) = \frac{\tan\theta_1 \pm \tan\theta_2}{1 \mp \tan\theta_1 \tan\theta_2}, \tan[(2k+1)\pi] = 0$$

所以

$$\frac{\dfrac{\omega}{\sigma + z} - \dfrac{\omega}{\sigma}}{1 + \dfrac{\omega^2}{\sigma(z+\sigma)}} = \frac{\omega}{\sigma + p}$$

整理后可求得与式（4-19）同样结果 $(\sigma + z)^2 + \omega^2 = z^2 - zp$。证毕。

　　以上，我们介绍了在已知系统开环传递函数情况下，如何求取系统闭环根轨迹的规则与方法，并在表 4-1 中列出一些常见的开环零、极点分布及其相应根轨迹大致形状供参考。但作图只是手段，我们的目的是要通过绘制得到的根轨迹图分析系统的开环增益对系统闭环极点分布的影响，而知道了闭环极点和零点的分布（零点的分布一般易得），就可以对系统动态性能进行定性和定量的分析。

表 4-1　开环零、极点分布及其相应的根轨迹

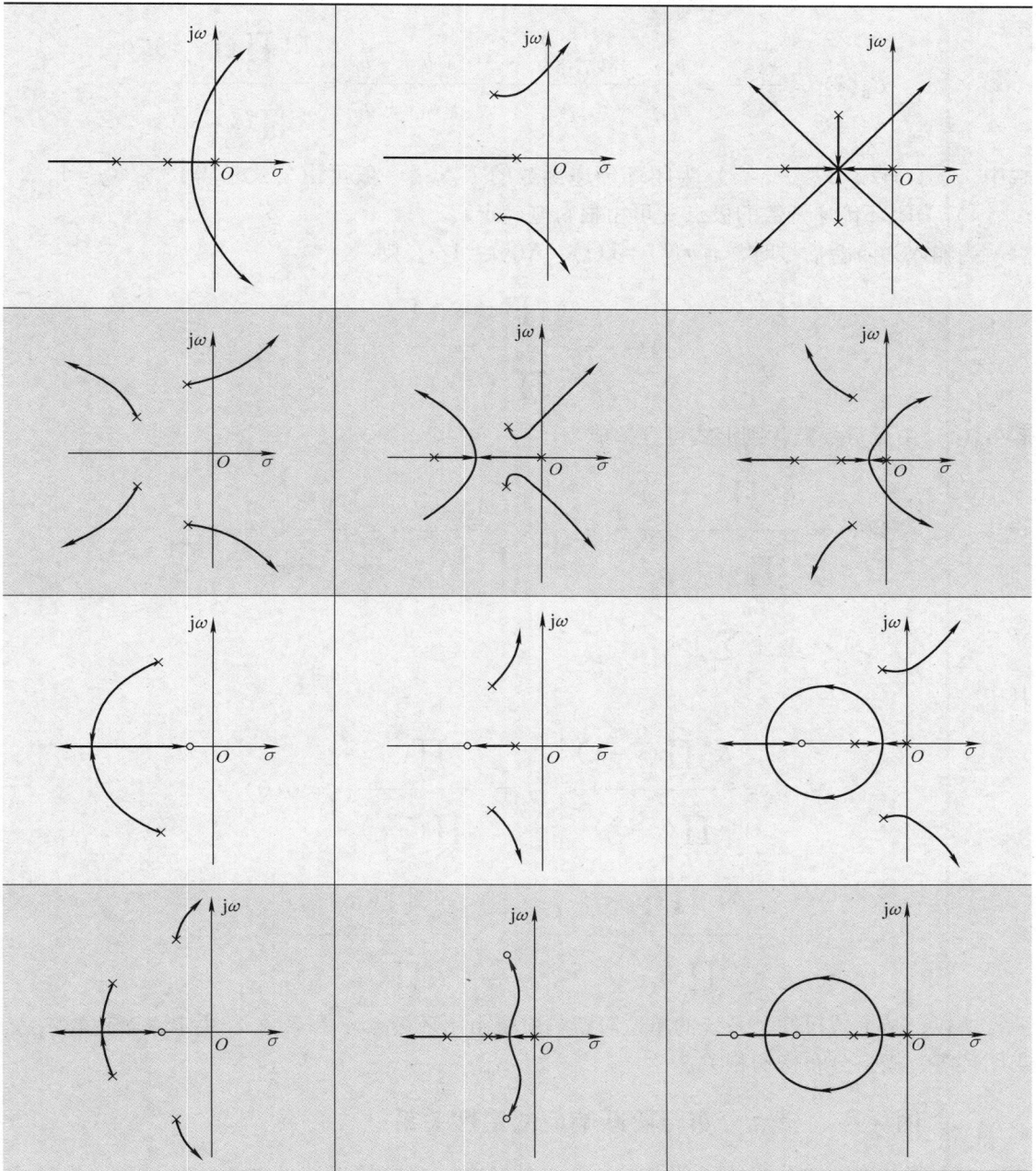

第三节　系统闭环零、极点分布与阶跃响应的关系

一、用闭环零、极点表示的阶跃响应解析式

设 n 阶系统闭环传递函数为

$$G_{\mathrm{B}}(s) = \frac{Y(s)}{R(s)} = \frac{b_m s^m + b_{m-1} s^{m-1} + \cdots + b_1 s + b_0}{a_n s^n + a_{n-1} s^{n-1} + \cdots + a_1 s + a_0} = \frac{K^* \prod\limits_{i=1}^{m} (s - z_i)}{\prod\limits_{j=1}^{n} (s - s_j)}$$

式中，z_i（$i = 1, 2, \cdots, m$）为闭环传递函数的零点（一般可由公式求得）；s_j（$j = 1, 2, \cdots, n$）为闭环传递函数的极点（可由根轨迹确定）。

当输入为阶跃信号时，有 $r(t) = 1(t)$，$R(s) = 1/s$，则

$$Y(s) = \frac{K^* \prod\limits_{i=1}^{m} (s - z_i)}{\prod\limits_{j=1}^{n} (s - s_j)} \frac{1}{s}$$

若 $G_{\mathrm{B}}(s)$ 中无重极点，则上式可分解成为

$$Y(s) = \frac{K^* \prod\limits_{i=1}^{m} (s - z_i)}{\prod\limits_{j=1}^{n} (s - s_j)} \frac{1}{s} = \frac{A_0}{s} + \frac{A_1}{s - s_1} + \cdots + \frac{A_n}{s - s_n} = \frac{A_0}{s} + \sum_{k=1}^{n} \frac{A_k}{s - s_k}$$

$$y(t) = A_0 + \sum_{k=1}^{n} A_k \mathrm{e}^{s_k t}$$

其中

$$A_0 = \left. \frac{K^* \prod\limits_{i=1}^{m} (s - z_i)}{\prod\limits_{j=1}^{n} (s - s_j)} \right|_{s=0} = \frac{K^* \prod\limits_{i=1}^{m} (-z_i)}{\prod\limits_{j=1}^{n} (-s_j)} = G(0)$$

$$A_k = \left. \frac{K^* \prod\limits_{i=1}^{m} (s - z_i)}{\prod\limits_{j \neq k}^{n} (s - s_j)} \frac{1}{s} \right|_{s=s_k} = \left. \frac{K^* \prod\limits_{i=1}^{m} (s_k - z_i)}{s_k \prod\limits_{j=1}^{n} (s_k - s_j)} \right|_{j \neq k}$$

所以，从上式可知，系统的单位阶跃响应将由闭环极点 s_k 和系数 A_k 决定，而系数 A_k 又与闭环零、极点分布密切相关。

二、闭环零、极点分布与阶跃响应的定性关系

由上节结论可知系统的闭环极点、零点的分布，决定着系统动态响应的性能。一般来说，为使系统动态响应的平稳性好一些，动态过程快一些，闭环的零、极点的分布就应该满

足一定关系。我们将通过以下分析，得出几点结论：

1）要求系统稳定，则闭环极点都必须位于 s 左半平面。

2）要求快速性好，则

① 使响应中每个分量 $e^{s_k t}$ 衰减快，即 $|\mathrm{Re}(s_k)|$ 大，故闭环极点要远离虚轴；

② 要使平稳性好，振荡要小，则复数极点最好位于 s 平面中与负实轴成 $\pm 45°$ 夹角线附近，所以有阻尼比 $\zeta = \cos\theta = \cos 45° = 0.707$，此时系统的平稳性和快速性都较理想。

3）要使动态过程尽快结束，要求 A_k 要小。从响应表达式可知，若 $A_k \to 0$，则输出可以不失真的反映输入信号。特别的，$A_k = 0$ 时，则输出可以毫不失真的反映输入变化。

因为
$$A_k = \left. \frac{K^* \prod\limits_{i=1}^{m}(s_k - z_i)}{s_k \prod\limits_{j=1}^{n}(s_k - s_j)} \right|_{k \neq j}$$

闭环零、极点与阶跃
响应的定性关系

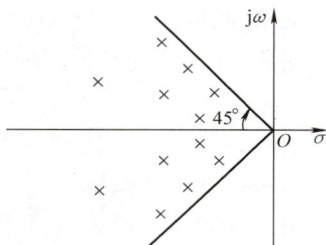

其中，s_j、z_i 为某一确定 K^* 时的闭环极点、零点。

为使 A_k 尽可能小，由上式知，应使分母大，分子小，亦即闭环极点之间的距离尽量拉开，而闭环零点 z_i 与相应闭环极点 s_k 要尽量靠近。

综合以上分析，闭环零、极点分布应满足如下定性关系：

1）各闭环极点 $\mathrm{Re}(s_j) < 0$，$j = 1, 2, \cdots, n$。

2）s_j 要远离虚轴，且分布在 45°线附近。

3）闭环极点间距大，闭环零、极点间距小。

设离虚轴最近的闭环极点为 s_k，则经过分析可以看出，其对应的暂态分量（$A_k e^{s_k t}$）衰减最慢，对系统的动态过程起着主要的作用；若有一个零点靠近甚至与 s_k 相等，则系数 A_k 的值就会很小以至趋于零，相应（$A_k e^{s_k t}$）分量的影响就可以忽略不计，此时系统的动态性能主要由其他相对较远离虚轴的闭环极点来决定，从而系统的快速性就有所提高。闭环零、极点分布定性关系示意图如图 4-16 所示。

以上结论，为我们通过闭环根轨迹分析系统提供了依据。

图 4-16 闭环零、极点分布
定性关系示意图

三、闭环主导极点与偶极子

1. 闭环主导极点

离虚轴最近的闭环极点，称为闭环主导极点。它们对系统的影响最大，在系统动态响应中起主要的、决定性的作用。一般当系统中其他闭环极点的实部绝对值比闭环主导极点的实部绝对值大 2~3 倍以上，则在工程分析计算中，可忽略这些闭环极点的作用，只用闭环主导极点来估算系统的性能指标。此时可将系统近似成为一阶或二阶系统，并可以使用第三章中所给出的公式计算相应的性能指标。

2. 偶极子

在上面分析闭环主导极点时，除了要看它是否离虚轴近，还要看它附近是否有闭环零点，闭环零点的存在将大大削弱它附近的闭环极点对系统性能的影响，其原因在前节讨论中

已经说明。当这对闭环零、极点相距很近时，它们就构成偶极子。一般认为，偶极子对系统的作用可忽略不计。所以，在确定闭环主导极点时，应将偶极子去除。

3. 利用闭环主导极点的概念估算系统的性能指标

有了闭环主导极点的概念，我们就可以把一个高阶系统近似成为一个一阶或二阶系统，然后计算出相应的性能指标。

例 4-12 已知某系统闭环传递函数

$$G_B(s) = \frac{1}{(0.67s+1)(0.01s^2+0.08s+1)}$$

试计算在单位阶跃输入时的系统输出超调量 $\sigma\%$ 和调节时间 t_s。

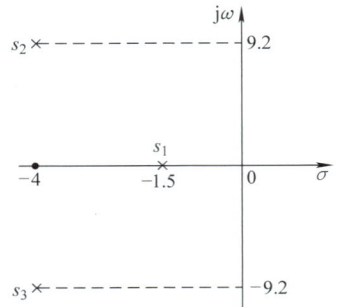

图 4-17 例 4-12 系统的闭环零、极点分布图

解： 该闭环系统有 3 个极点，$s_1 \approx -1.5$，$s_{2,3} = -4 \pm j9.2$。零、极点分布如图 4-17 所示。

极点 s_1 距虚轴较近，故为闭环主导极点，而将 $s_{2,3}$ 略去，系统被近似为一阶系统：

$$G_B'(s) = \frac{1}{0.67s+1}$$

由第三章可知：

超调量 $\sigma\% \approx 0$

调节时间 $t_s = 3T = 3 \times 0.67\text{s} \approx 2\text{s}$

例 4-13 已知系统闭环传递函数为

$$G_B(s) = \frac{0.59s+1}{(0.67s+1)(0.01s^2+0.08s+1)}$$

试估算系统的性能指标。

解： 该闭环系统有 3 个极点 $s_1 = -1.5$、$s_{2,3} = -4 \pm j9.2$，一个零点 $z = -1.7$。闭环零、极点分布如图 4-18 所示。

由图可见，闭环极点 s_1 和闭环零点 z_1 相距很近，构成偶极子，故闭环主导极点应选为 $s_{2,3}$，此时系统被近似表示为一个二阶系统

$$G_B'(s) = \frac{1}{0.01s^2+0.08s+1} = \frac{100}{s^2+8s+100}$$

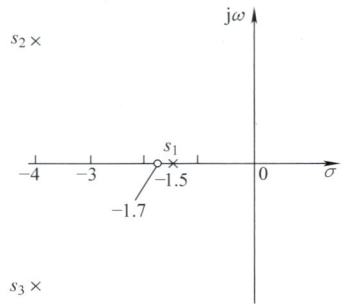

图 4-18 例 4-13 系统的闭环零、极点分布图

可求得 $\zeta = 0.4$，$\omega_n = 10\text{rad/s}$。所以 $\sigma\% = e^{-\pi\zeta/\sqrt{1-\zeta^2}} \times 100\% = 25\%$，$t_s = 3.5/(\zeta\omega_n) = 3.5/4\text{s} \approx 0.9\text{s}$

例 4-14 已知单位反馈系统开环传递函数为

$$G_K(s) = \frac{K}{s(s+1)(0.5s+1)}$$

应用根轨迹法分析系统的稳定性，并分析 $\zeta = 0.5$ 时的性能指标。

解: $G_K = \dfrac{2K}{s\,(s+1)\,(s+2)} = \dfrac{K^*}{s\,(s+1)\,(s+2)}$，式中 $K^* = 2K$

（1）作根轨迹图。

1）有 3 条根轨迹；

2）实轴上存在根轨迹的区域为 $(-\infty,\,-2]$ 和 $[-1,\,0]$；

3）根轨迹的渐近线与实轴的夹角和交点处的横坐标分别为

$$\varphi_a = \frac{(2K+1)\pi}{3} = 60°,\,-60°,180°$$

$$\sigma_a = \frac{-1-2}{3} = -1$$

4）求分离点坐标 d

利用 $\dfrac{1}{d} + \dfrac{1}{d+1} + \dfrac{1}{d+2} = 0$，或 $\dfrac{\mathrm{d}K}{\mathrm{d}s} = 3s^2 + 6s + 2 = 0$，得

$$d_1 = -0.423,\ \ d_2 = -1.58（舍去）$$

5）求根轨迹与虚轴的交点

$$D(s) = s^3 + 3s^2 + 2s + K^* = 0$$

将 $s = \mathrm{j}\omega$ 代入，有

$$\begin{cases} -\omega^3 + 2\omega = 0 \\ -3\omega^2 + K^* = 0 \end{cases}$$

解得 $\omega_1 = 0$，$\omega_{2,3} = \pm\sqrt{2}$，$K^* = 6$，$K = 3$

闭环系统的根轨迹如图 4-19 所示。

（2）稳定性分析，当 $K > 3$ 时，根轨迹伸向 s 右半平面，系统不稳定。

（3）根据对阻尼比 ζ 的要求，求出主导极点 s_1、s_2（闭环极点）。首先画出 $\zeta = 0.5$ 的阻尼线，它与负实轴的夹角为 $60°$，由图 4-19 测得

$$s_1 = -0.33 + \mathrm{j}0.58, s_2 = -0.33 - \mathrm{j}0.58$$

又可用幅值条件 $|GH| = 1$，即 $\dfrac{K^* \prod\limits_{i=1}^{m}\,(s-z_i)}{\prod\limits_{j=1}^{n}\,(s-p_j)} = 1$

求得对应于 s_1 时的 K^* 值为

$$\begin{aligned} K^* &= |s_1||s_1-p_2||s_1-p_3| \\ &= 0.67 \times 0.886 \times 1.77 = 1.05 \end{aligned}$$

所以 $K = 0.525$。

已知两极点 $s_{1,2} = -0.33 \pm \mathrm{j}0.58$，利用比较系数法

$$s^3 + 3s^2 + 2s + 1.05 = 0 \Leftrightarrow [(s+0.33)^2 + 0.58^2][s+s_3] = 0$$

解出 $s_3 = -2.36$。因为 $|\mathrm{Re}\,(s_3)| \gg |\mathrm{Re}\,(s_{1,2})|$，故认为 $s_{1,2}$ 为闭环主导极点。

于是有

利用闭环主导极点
估算系统性能指标

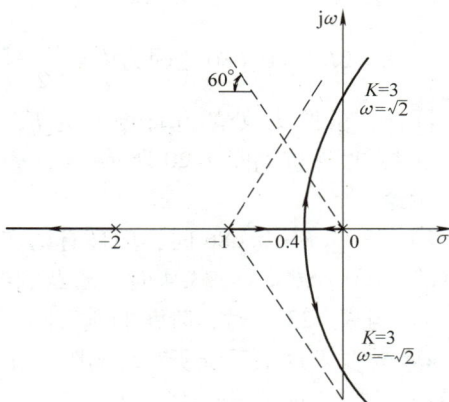

图 4-19　例 4-14 系统的闭环根轨迹图

$$G_{\mathrm{B}}(s) = \frac{1.05}{(s+2.36)(s+0.33+\mathrm{j}0.58)(s+0.33-\mathrm{j}0.58)} \approx \frac{0.445}{s^2+0.667s+0.445}$$

所以 $\quad \omega_{\mathrm{n}} = \sqrt{0.445} = 0.667, \zeta = 0.667/(2\times0.667) = 0.5$

$$\sigma\% = \mathrm{e}^{-\pi\zeta/\sqrt{1-\zeta^2}} \times 100\% = 16.3\%, t_s = 3.5/(\zeta\omega_{\mathrm{n}}) = 3.5/(0.5\times0.667)\mathrm{s} = 10.5\mathrm{s}$$

第四节　系统阶跃响应的根轨迹分析

本节通过示例说明如何利用根轨迹法来分析系统在阶跃信号作用下的动态过程。

例 4-15　设负反馈系统的开环传递函数为

$$G(s)H(s) = \frac{K^*(s+z)}{s(s+p)} \qquad (z>p)$$

求系统闭环根轨迹，并分析 $p=2$，$z=4$ 时系统的动态性能。

解：利月例 4-11 结果，得

$$(\sigma+z)^2 + \omega^2 = z^2 - pz$$

显然，这是一个以 σ、ω 为变量的圆的方程，圆心为 $(-z, 0)$，半径为 $\sqrt{z^2-pz}$。

将 $p=2$，$z=4$ 代入，系统的分离点、会合点为 $d_1 = -1.172$，$d_2 = -6.83$。对应 d_1 处所对应的开环增益

$$K_1^* = \frac{|d||d_1+2|}{d_1+4} = \frac{1.17 \times 0.828}{2.28} = 0.34$$

$$K = 2K_1^* = 0.686, \left(因为 K = \frac{4K^*}{2}\right)$$

同样，求得 d_2 处的开环增益为 $K_2^* = 11.7$，$K = 23.4$，根轨迹如图 4-20 所示。

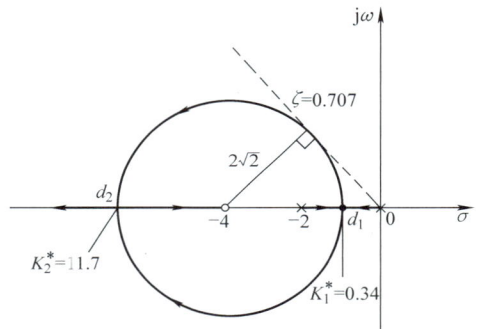

图 4-20　例 4-15 系统的闭环根轨迹图

讨论：

1）当 $0 < K < 0.686$ 时，闭环有两实极点，响应为非周期的。

2）当 $0.686 < K < 23.4$ 时，阶跃响应为振荡衰减过程。

3）当 $K > 23.4$ 时，阶跃响应又同 1），但动态过渡过程较快些。

4）若要求这个系统所对应的阻尼比为最小，也即要求圆的切线与负实轴的夹角的余弦为最小，则 $\zeta = \cos\beta = \cos45° = 0.707$。$\zeta = 0.707$ 时所对应的闭环极点，可由圆求得为 $s_{1,2} = -2 \pm \mathrm{j}2$。因为 $\zeta = 0.707$，故系统具有较好的平稳性和快速性。因此该系统是一个稳定系统，即无论 K 值如何，系统均稳定。只是不同的 K 值对其动态性能影响不同。

例 4-16　单位反馈系统的传递函数为

$$G(s)H(s) = \frac{K^*}{s^2(s+10)}$$

试绘出系统的闭环根轨迹，并分析其性能。

解：该系统共有 3 个开环极点，$p_1 = 0$，$p_2 = 0$，$p_3 = -10$。根据根轨迹法则，可求得系

统闭环根轨迹如图 4-21a 所示写成

$$s^3 + 10s^2 + K^* = 0 \Rightarrow \begin{cases} -j\omega^3 = 0 \\ -10\omega^2 + K^* = 0 \end{cases} \Rightarrow \begin{cases} \omega = 0 \\ K^* = 0 \end{cases}$$

这说明，这个系统的根轨迹在 $K^* > 0$ 时，均在 s 右平面，系统不稳定。若在系统中附加一个负实数零点 z_1 用来改善系统的动态性能，则系统的开环传递函数为

$$G_K(s) = \frac{K^*(s - z_1)}{s^2(s + 10)}$$

$$\varphi_a = \frac{\pi}{2}, \sigma_a = \left(\frac{-10 - (z_1)}{2} \right)$$

若将 z_1 设在 $(-10, 0)$ 区域内，$\sigma_a < 0$，则其闭环根轨迹如图 4-21b 所示。显然，此时无论开环增益 K^* 值如何，系统均稳定，系统的阶跃响应是衰减振荡的，且振荡的频率随 K^* 的增大而增大。若 $z_1 < -10$ 时，因为此时的渐近线交点 $\sigma_a > 0$，故系统仍为不稳定的。因此，附加开环零点对系统影响很大，但只有引入零点的位置适当才能起到良好作用。

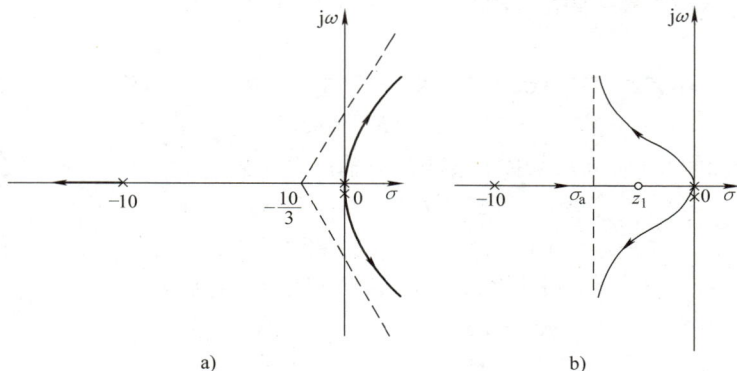

图 4-21 例 4-16 系统的闭环根轨迹图

例 4-17 某单位反馈系统的开环传递函数为

$$G(s)H(s) = \frac{K^*(s + 1)}{s(s - 1)(s^2 + 4s + 16)}$$

试作系统的闭环根轨迹。

解： 在本例中，系统开环传递函数中有位于 s 右半平面的极点或零点，像这样的系统称为非最小相位系统（非最小相位系统的概念见第五章）。而前面所说的开环零、极点均位于 s 左半平面，称为最小相位系统。由幅值条件和相角条件可知，绘制这两种系统的根轨迹规则是相同的，故前述方法均可采用。

1）四阶系统有 4 条根轨迹。

2）实轴上 $(-\infty, -1]$ 和 $[0, 1]$ 为根轨迹。

3）根轨迹的渐近线与实轴的夹角和交点处的横坐标分别为

$$\varphi_a = \frac{(2k + 1)\pi}{3} = \{60°, -60°, 180°\}$$

$$\sigma_a = \frac{+1 - 2 - 2 - (-1)}{3} = -\frac{2}{3}$$

4）求分离点坐标 d

$$\frac{1}{d} + \frac{1}{d-1} + \frac{1}{d+2+j2\sqrt{3}} + \frac{1}{d+2-j2\sqrt{3}} = \frac{1}{d+1}$$

解得 $\qquad d_1 = 0.46, d_2 = -2.22, d_{3,4} = -0.79 \pm j2.16$

其中 $d_1 = 0.46$，$d_2 = -2.22$ 为分离点坐标，$d_{3,4}$ 舍去。

5）求起始角。因为，$106° - 120° - 130.5° - 90° - \theta_{p1} = 180°$，所以 $\theta_{p1} = -54.5°$，$\theta_{p2} = 54.5°$。

6）求与虚轴的交点（劳斯法）

$$D(s) = s(s-1)(s^2+4s+16) + K^*(s+1) = s^4 + 3s^3 + 12s^2 + (K^*-16)s + K^* = 0$$

列出劳斯表：

s^4	1	12	K^*
s^3	3	K^*-16	0
s^2	$(52-K^*)/3$	K^*	
s^1	$(-(K^*)^2+59K^*-832)/(52-K^*)$	0	
s^0	K^*		

要使系统稳定 $K^* > 0, 52 - K^* > 0$，即 $0 < K^* < 52$ 且 $-(K^*)^2 + 59K^* - 832 > 0$

所以 $\qquad 23.3 < K^* < 35.7$

为求根轨迹与虚轴的交点，取 s^2 中的系数组成辅助多项式

$$(52-K^*)s^2 + 3K^* = 0$$

即 $\qquad -(52-K^*)\omega^2 + 3K^* = 0$

由 $\qquad \omega^2 = 3K^*/(52-K^*)$，分别取 K^* 的临界值

解得 $\qquad K^* = 23.3$ 时，$\omega = \pm 1.56\text{rad/s}$

$\qquad K^* = 35.7$ 时，$\omega = \pm 2.56\text{rad/s}$

因此，从根轨迹可看出，这个系统是条件稳定系统，只有当 $23.3 < K^* < 35.7$ 时，系统方可稳定，在其他范围内，系统均不稳定。其根轨迹如图 4-22 所示。

例 4-18 单位反馈系统如图 4-23 所示。

（1）绘出根轨迹，分析系统稳定性。

（2）估算 $\sigma\% = 16.3\%$ 时的 K 值。

解：

$$G_K = \frac{K}{(0.5s+1)^4} = \frac{16K}{(s+2)^4} = \frac{K^*}{(s+2)^4}$$

所以：

（1）开环系统有 4 个重极点，故有 4 条根轨迹分支。

（2）渐近线

$$\varphi_a = \frac{(2k+1)\pi}{4} = \pm 45°, \pm 135°$$

$$\sigma_a = -8/4 = -2$$

（3）起始角

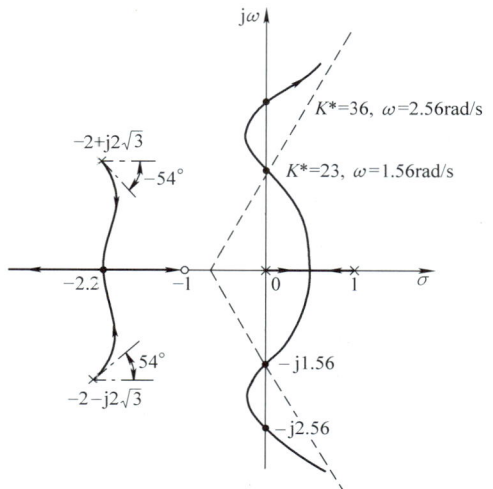

图 4-22 例 4-17 系统的闭环根轨迹图

$$\theta_{p_1} = \frac{(2k+1)\pi}{4} = \pm 45°, \pm 135°$$

下面证明根轨迹与渐近线完全重合。

设 s_1 为根轨迹上的任一点，代入相角方程中，得

$$4(\underline{/(s_1+2)}) = (2k+1)\pi$$

$$\underline{/(s_1+2)} = (2k+1)\pi/4 = \varphi_a$$

可见，根轨迹上任意点 s_1 均在渐近线上，故根轨迹必然与渐近线完全重合。

（4）求与虚轴交点。

随 K^* 的增加，根轨迹沿渐近线将与虚轴交于 $\pm j2$。

将 $s = j2$ 代入幅值条件 $\dfrac{K^*}{|(s+2)^4|} = 1$

求得 $\dfrac{K^*}{|j2+2|^4} = \dfrac{K^*}{(\sqrt{2^2+2^2})^4} = 1 \Rightarrow K^* = 64$

开环增益为 $K = 64/16 = 4$，

可知，当 $K > 4$ 时，系统不稳定。由 $\sigma\% = e^{\frac{-\pi\zeta}{\sqrt{1-\zeta^2}}} \times 100\% = 16.3\%$，解出 $\zeta = 0.5$。所以在根轨迹上作阻尼线 $\arccos\zeta = \beta = 60°$，此时与根轨迹交于一点 s_1，容易得到 $s_{1,2} = -0.73 \pm j1.27$，将此值代入幅值条件

$$K^* = |(-0.73 + j1.27 + 2)|^4 = 10.41$$

求出 $K = 10.41/16 = 0.65$

本例实质上是利用了闭环主导极点的概念，将四阶系统化成二阶系统来处理，这样做是否可行可以利用根之和法则来验证。

由 $s_{1,2} = -0.73 \pm j1.27$，可求得 $s_{3,4} = -3.27 \pm j1.27$（因为 $2 \times 3.27 + 2 \times 0.73 = 8$）。

显然，$|\mathrm{Re}(s_3)|/|\mathrm{Re}(s_1)| = 4.5$，满足忽略条件。

其根轨迹如图 4-24 所示。

例 4-19 分析如图 4-25 所示的典型二阶系统中 ζ 对系统动态性能的影响

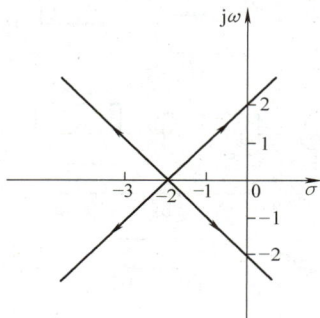

图 4-23 例 4-18 系统结构图

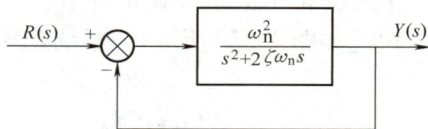

图 4-24 例 4-18 单位反馈系统的闭环根轨迹图

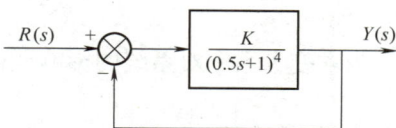

图 4-25 典型二阶系统的结构图

解： 已知系统的开环传递函数为

$$G(s) = \frac{\omega_n^2}{s(s + 2\zeta\omega_n)}$$

为求变参数 ζ 对系统的影响，可对原系统进行变化，闭环特征方程为

$$s^2 + 2\zeta\omega_n s + \omega_n^2 = 0$$

用不含变参数 ζ 的部分通除特征方程，得

$$G'(s) = \frac{2\zeta\omega_n s}{s^2 + \omega_n^2} = \frac{2\zeta\omega_n s}{(s + j\omega_n)(s - j\omega_n)}$$

所以：

$\zeta = 0$ 时，系统有一对闭环虚数根，闭环输出响应为等幅振荡；

$0 < \zeta < 1$ 时，系统有一对共轭复根，闭环输出响应为衰减振荡；

$\zeta = 1$ 时，系统有一对实重根，闭环输出响应单调变化，为临界振荡点。

该系统的闭环根轨迹如图 4-26 所示。由根轨迹绘制规则可验证如下。

$$\zeta = \frac{-s^2 - \omega_n^2}{2\omega_n s} = -\frac{s}{2\omega_n} - \frac{\omega_n}{2s}$$

$$\frac{d\zeta}{ds} = \frac{-1}{2\omega_n} + \frac{\omega_n}{2s^2} = 0 \Rightarrow \frac{1}{\omega_n^2} = \frac{1}{s^2} \Rightarrow s = \pm\omega_n$$

取 $s = -\omega_n$ 时，由特征方程求得 $\zeta = 1$。$\zeta > 1$ 时，系统有一对单实数根，闭环输出响应单调变化。

例 4-20 分析、比较微分控制和速度反馈对位置随动系统的影响（控制系统的结构图如图 4-27 所示），设 $K = 5$。

解： 由图 4-27a 知，系统开环传递函数为

$$G_{1K}(s) = \frac{1}{s(s + 0.2)}$$

求得闭环极点为 $s = -0.1 \pm j0.995$

仅改变 K，性能不够理想，采用串联比例微分校正环节（如图 4-27b 所示），系统开环传递函数为

$$G_{2K} = \frac{5(1 + 0.8s)}{s(5s + 1)}$$

采用反馈比例微分校正环节，即速度反馈校正（如图 4-27c 所示），系统开环传递函数成为

$$G_{3K} = \frac{5(1 + 0.8s)}{s(5s + 1)}$$

于是，据以上各开环传递函数绘出相应闭环根轨迹如图 4-28a、b、c 所示。分析

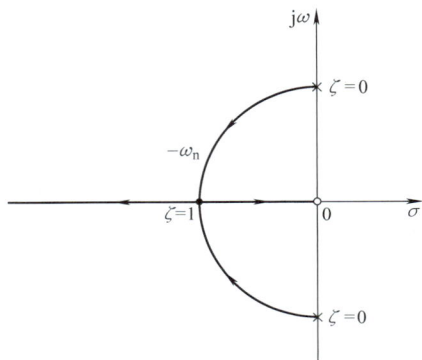

图 4-26 典型二阶系统的闭环根轨迹图

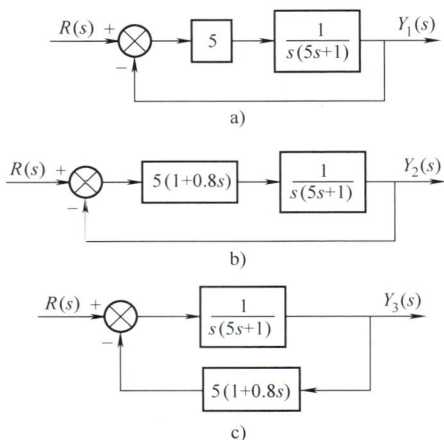

图 4-27 例 4-20 系统 3 种校正方式对应结构图

图 4-28b、c，明显看到，采用串联比例微分校正和采用速度反馈校正所得闭环根轨迹图形完全一样，通过适当调整 K 值均能使系统闭环稳定性得以改善，输出响应趋于平稳，超调减小。

由图 4-28 确定出 $K = 5$ 时相应各闭环极点，并写出完整的闭环传递函数如下，相应的脉冲响应时域表达式和时域响应曲线也分别求得如式（4-20）、式（4-21）和图 4-29 中曲线②、③所示。

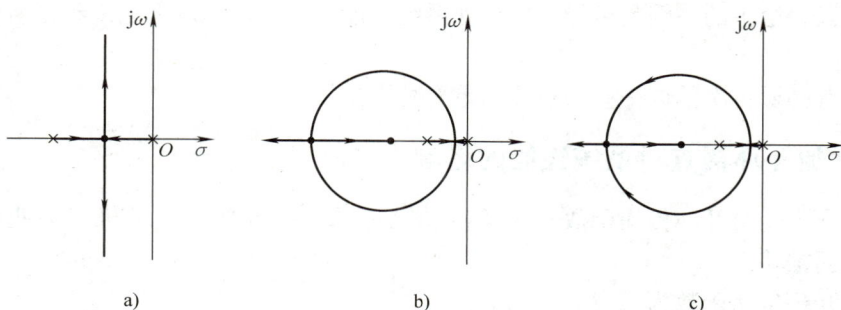

图 4-28   例 4-20 系统 3 种校正方式对应的闭环根轨迹

$$G_{2\text{B}}(s) = \frac{1 + 0.8s}{(s + 0.5 + \text{j}0.866)(s + 0.5 - \text{j}0.866)}$$

$$y_2(t)_{脉冲} = \text{e}^{-0.5t}(0.8\cos0.866t + 0.693\sin0.866t) \tag{4-20}$$

$$G_{3\text{B}}(s) = \frac{1/5}{(s + 0.5 + \text{j}0.866)(s + 0.5 - \text{j}0.866)}$$

$$y_3(t)_{脉冲} = 0.23\text{e}^{-0.5t}\sin0.866t \tag{4-21}$$

由式（4-20）、式（4-21），并结合图 4-29 可知，闭环极点完全相同情况下，两种校正方式结果与未加校正措施前响应曲线①相比，具有比例微分校正的系统响应呈现出最短的上升时间，而具有速度反馈校正的系统具有最小的超调量，呈现最好的相对稳定性。

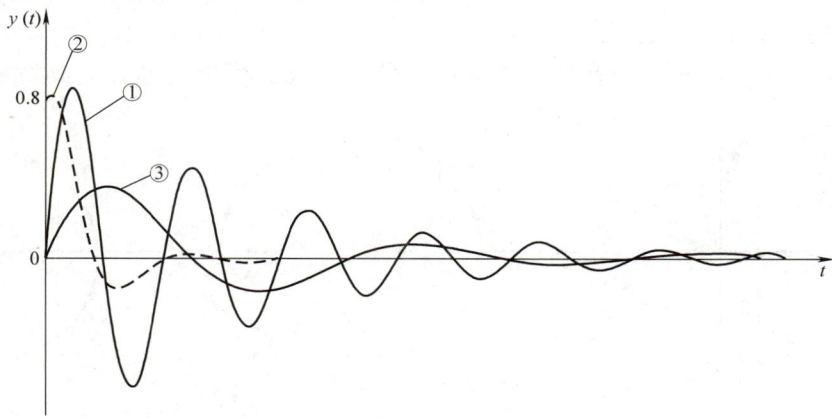

图 4-29   例 4-20 系统 3 种校正方式的脉冲响应曲线

第五节　开环极点和零点的变化对系统性能的影响

通过以上学习，我们可以看到，根轨迹方法的一个重要特点是对于大多数复杂程度已定的系统，分析者或设计者可利用某些或全部作图规则在 s 平面上绘出根轨迹的草图，进而对系统动态性能做出迅速判断。

一般来说，如果不需要做出准确根轨迹图时，可跳过某些规则而勾画出根轨迹略图以节约时间。所以，绘出的略图是否能粗略反映系统性能，在一定程度上取决于分析者的经验与技巧。

为此，有必要再次强调一些根轨迹的重要特点。

一、增加开环极点对系统性能的影响

一般情况下，给开环传递函数 $G(s)H(s)$ 增加一个 s 左半平面内的极点会使原来的根轨迹朝右半平面推移。

设二阶开环传递函数为

$$G(s)H(s) = \frac{K^*}{s(s+a)}$$

它的根轨迹如图 4-30a 所示。由图可知，此时系统闭环稳定性很好。无论 K^* 值如何变化，不会引起系统不稳定。

现引入一个开环极点 $s_1 = -b$，则

$$G(s)H(s) = \frac{K^*}{s(s+a)(s+b)} \qquad (b > a)$$

此时，根轨迹渐近线夹角 φ_a 由 $\pm 90°$ 改变为 $\pm 60°$。分离点也向右移了，如果 $a = 1$，$b = 2$，则分离点 d 由 -0.5 成为 -0.422。当 K^* 超过临界值 K_{c1} 时，闭环系统将不稳定，相应根轨迹如图 4-30b 所示。

若再增加一个极点 $s_2 = -c$，根轨迹成为图 4-30c 所示情况。此时为四阶系统，根轨迹渐近线夹角 φ_a 为 $\pm 45°$ 和 $\pm 135°$，分离点进一步向虚轴移动，稳定性更差，系统临界稳定的 K^* 值变小，即 $K_{c2} < K_{c1}$。

根据以上分析，可知增加开环极点一般会使闭环动态性能变差，尤其对稳定性影响较大。

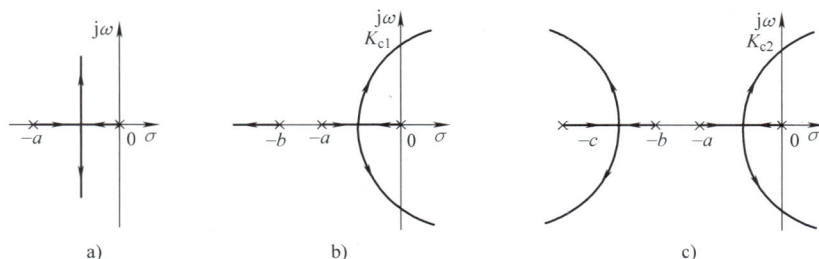

图 4-30　增加极点对根轨迹形状的影响

二、增加开环零点对系统性能的影响

给 $G(s)H(s)$ 增加零点会使根轨迹向 s 左半平面移动。如图 4-31 所示，在 $G(s)H(s) = \dfrac{K^*}{s(s+a)}$ 中引入一个零点 $z_1 = -b$ 且 $b>a$，所得到的根轨迹向左弯曲形成一个圆，从而改善了系统的相对稳定性。

一般说来，增加零点对增强系统稳定性、改善系统动态性能有利。

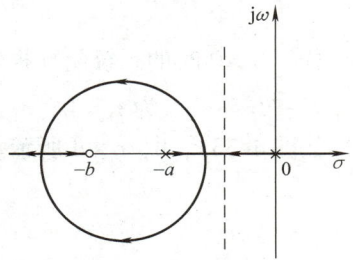

三、移动开环极点和零点的影响

上面内容提到，绘制根轨迹时不仅应遵循一定的规则，而且应对方法原理有较全面的理解及对绘制技巧的掌握。

图 4-31 增加零点对根轨迹形状的影响

例 4-21 分析对应特征方程 $s^2(s+a) + K^*(s+b) = 0$ 的闭环根轨迹形状。

解： 由特征方程有
$$G(s)H(s) = \frac{K^*(s+b)}{s^2(s+a)}$$

取 $b=1$，则其分离点
$$d = \frac{a+3}{4} \pm \frac{1}{4}\sqrt{a^2-10a+9}$$

与开环极点位置 $s=-a$ 有关。取不同 a 值，则开环零、极点相对位置不同，可导致根轨迹的形状有不同变化，如图 4-32 所示。

图 4-32a 为 $a<b$ 情况，图 4-32b 为 $a=b$ 情况，图 4-32c 为 $a>b$ 情况，图 4-32d 为 $a \gg b$ 情况。

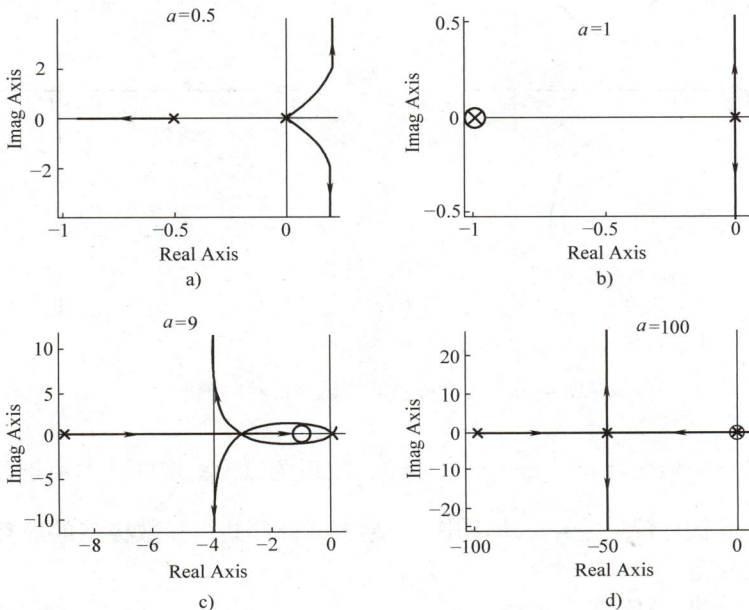

图 4-32 零、极点相对位置对根轨迹形状的影响

由例 4-21 可知，开环极点越远离虚轴，系统闭环稳定性越好。

例 4-22　已知某系统特征方程为 $s(s^2+2s+a)+K^*(s+2)=0$，即

$$G(s)H(s)=\frac{K^*(s+2)}{s(s^2+2s+a)}$$

分析 $a>0$ 时的系统闭环根轨迹。

解： 开环极点为 $s_1=0$，$s_{2,3}=(-2\pm\sqrt{4-4a})/2$，取不同 a 值（标注在图中）绘出根轨迹如图 4-33a、b、c、d 所示。

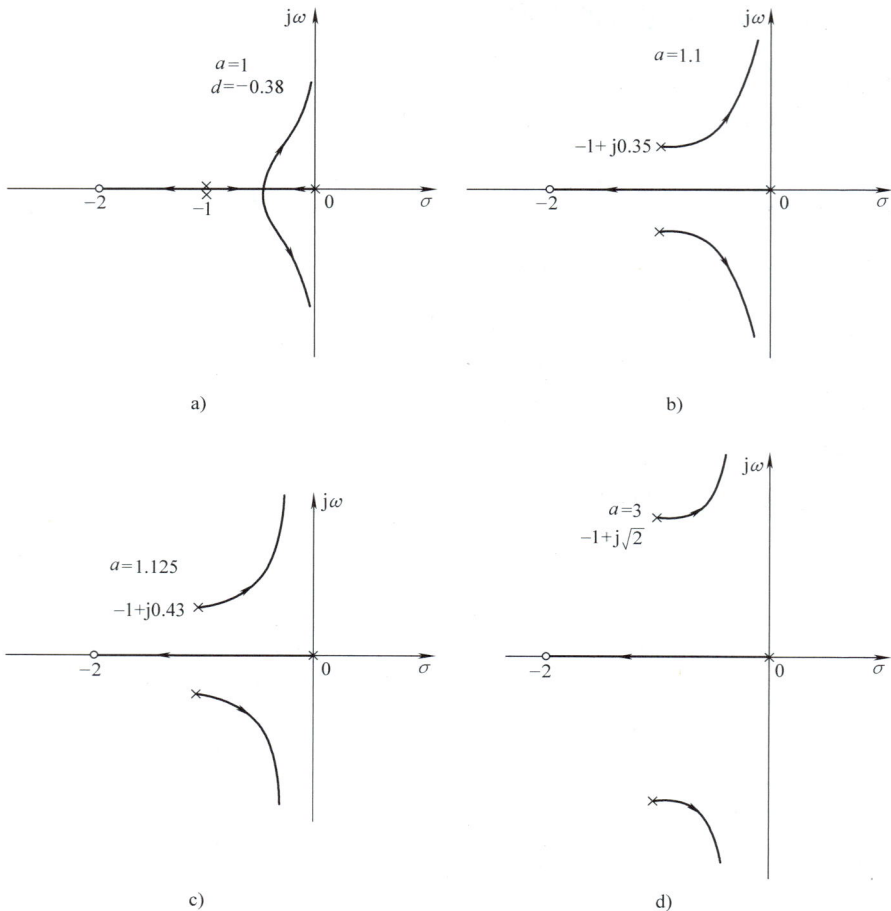

图 4-33　移动极点对根轨迹形状的影响

由于渐近线与实轴交点 $\sigma_a=\dfrac{-2+(2)}{2}=0$，故系统恒为稳定的，但由于开环极点位置不同，导致根轨迹形状有较大差异。本例中，a 越大，开环共轭复数极点的虚部值就越大，造成系统闭环性能变差。

例 4-23　已知开环传递函数为

$$G(s)H(s) = \frac{K(Ts+1)}{s(s+1)(s+2)}$$

试分析时间常数 T 对系统闭环动态性能的影响。

解： $D(s) = s(s+1)(s+2) + K(Ts+1)$，令 $T=0$，则

$$G_1 = \frac{K_1}{s(s+1)(s+2)} \tag{4-22}$$

据此绘出的根轨迹如图 4-34a 所示，可认为是以 T 为参量变化的根轨迹的起点。

若 $T \neq 0$，则 $\qquad\qquad s(s+1)(s+2) + K_1 + K_1 Ts = 0$

可得 $$G_2 = \frac{TK_1 s}{s(s+1)(s+2) + K_1} \tag{4-23}$$

据式（4-23）取不同 K_1 值而绘制的根轨迹可以得到随参数 T 变化的一组根轨迹族，起点均在图 4-34a 的根轨迹上，如 $K_1 = 20$ 时，$G_2(s)$ 的三个开环极点值分别为 $0.425 \pm j2.2$、-3.85，代入式（4-23），成为

$$G_2(s) = \frac{20Ts}{(s+3.85)(s-0.425-j2.2)(s-0.425+j2.2)}$$

作 $T^* = 20T$ 的根轨迹，如图 4-34b 中虚线所示为 T 变化时，复平面上闭环根轨迹变化情况。

当 $0 \leqslant T < \infty$ 时，对应于三个不同 K_1 值的根轨迹作于图上，渐近线仍按一般规则得出

$$\sigma_1 = \frac{-3.85 + 0.425 + 0.425}{3-1} = -1.5$$

由于不论 K_1 为何值，$G_2(s)$ 的极点之和总等于 -3，它的零点之和总等于 0。故渐近线始终为 $\sigma_1 = -1.5$ 的直线。

绘制随 T 变化的根轨迹实际就是分析了微分作用对根轨迹的影响。

当 T 增大时，系统的微分作用加强，特征根向左半 s 平面移动，稳定性变好，取 $K_1 = 20$ 时，由图可知，$T > T_c = 0.23$ 时，为系统的稳定区域。

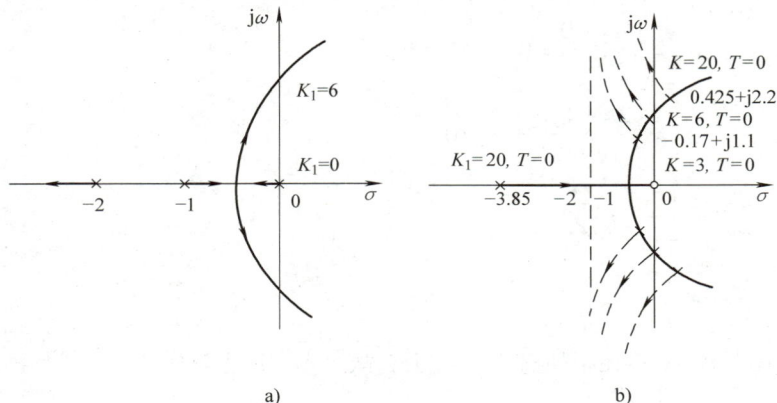

a)   b)

图 4-34 移动零点对根轨迹形状的影响

此例中，原系统的开环零点为 $z = -1/T$，故以上绘制以 T 为参量的根轨迹过程即相当

于移动原系统开环零点对系统动态性能影响的分析。可知开环零点越靠近虚轴，作用越强，对系统闭环动态性能及稳定性的改善越明显。

第六节 特殊根轨迹

一、参数根轨迹

系统的可变参数不仅仅是开环增益 K，还可以是开环传递函数中其他任何一个系统参数，如例 4-23 中的参量 T。

对其他参量也可按照绘制规则做出相应的根轨迹图，此时所得到的根轨迹就称为参数根轨迹。

上节例 4-23 已给出详细的关于可变参数 T 的参数根轨迹绘制过程。值得注意的是，在绘制参数根轨迹时，首先必须求得以可变参数 T 为开环根轨迹增益的等效开环传递函数表达式，如式（4-23）所示，然后在固定其他参数值（如式中的 K_1）情况下，绘出可变参数 $0 \leq T < \infty$ 的完整根轨迹（如图 4-34b 所示）。

例 4-24 已知反馈系统的开环传递函数为 $G(s) = \dfrac{1}{s(s+a)}$，绘制以 a 为参变量的根轨迹。

解： 给定系统的特征方程为

$$1 + \frac{1}{s(s+a)} = 0$$

经代数变换，化成

$$1 + \frac{as}{s^2+1} = 0$$

开环零点 $z_1 = 0$，$m = 1$；开环极点 $p_{1,2} = \pm j$，$n = 2$；分支数为 2；实轴上的根轨迹为 $(-\infty, 0]$。

渐近线
$$\sigma_a = \frac{j-j-0}{2-1} = 0$$

$$\varphi_a = \frac{(2k+1)\pi}{2-1} = 180°$$

会合点
$$\sum_{i=1}^{n} \frac{1}{d-p_i} = \sum_{i=1}^{m} \frac{1}{d-z_i}$$

$$\frac{1}{d-j} + \frac{1}{d+j} = \frac{1}{d}$$

解得 $d = \pm 1$，其中 $d = 1$ 不在根轨迹上，舍去；故 $d = -1$ 是会合点。

出射角
$$\varphi_{p1} = (2k+1)\pi + 90° - 90° = 180°$$

$$\varphi_{p2} = -180°$$

最后得到系统以 a 为参变量的根轨迹如图 4-35 所示。

二、多回路根轨迹

当系统结构为多回路形式时，如图 4-36 所示。欲绘制系统闭环根轨迹，则必须先确定开环极点，但由于内回路的存在，若系统等效开环传递函数中含有变化的其他参数，则系统相应的开环零、极点难以确定，闭环根轨迹就无法按照前述规则绘制。因此，多回路情况下的系统闭环根轨迹绘制有其特有的规律，须遵循以下原则。

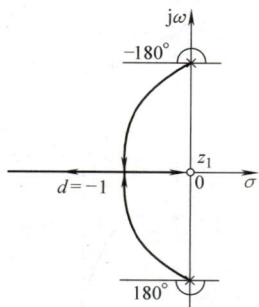

图 4-35　例 4-24 参数根轨迹

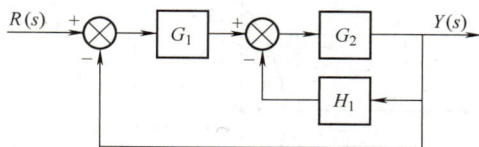

图 4-36　多回路系统典型结构形式

1）由内回路的开环零、极点按照规则绘制随内回路参量变化的根轨迹图，从而确定内回路的极点分布。

2）由内外回路的零、极点构成整个系统的开环零、极点，按单回路法各项规则绘出系统闭环根轨迹图。

3）据此得到的闭环根轨迹可确定多回路系统闭环极点的分布，而其闭环零点需由系统闭环传递函数来决定。

例 4-25　已知多回路系统如图 4-37 所示，试绘制闭环系统的根轨迹。

解：内回路开环传递函数为

$$G_{K1}(s) = \frac{2K_i s}{s(s+1)(s+2)}$$

令 $K_1 = 2K_i$，为内回路开环根轨迹增

图 4-37　例 4-25 多回路系统结构图

益，则可绘出内回路闭环根轨迹，如图 4-38a 所示。

内回路闭环传递函数为

$$G_{B1}(s) = \frac{2}{s(s+1)(s+2) + 2K_i s}$$

其闭环极点必位于已绘出的内回路闭环根轨迹上，取 $K_1 = 2.5$，即 $K_i = 1.25$ 时，对应的内回路闭环极点分别为 $p_1 = 0$、$p_{2,3} = -1.5 \pm j1.5$。

所以

$$G_{B1}(s) = \frac{2}{s(s+1.5+j1.5)(s+1.5-j1.5)}$$

求得多回路系统的开环传递函数为

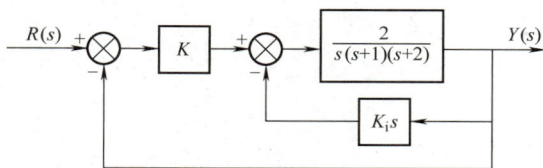

$$G(s) = \frac{2K}{s(s+1.5+j1.5)(s+1.5-j1.5)}$$

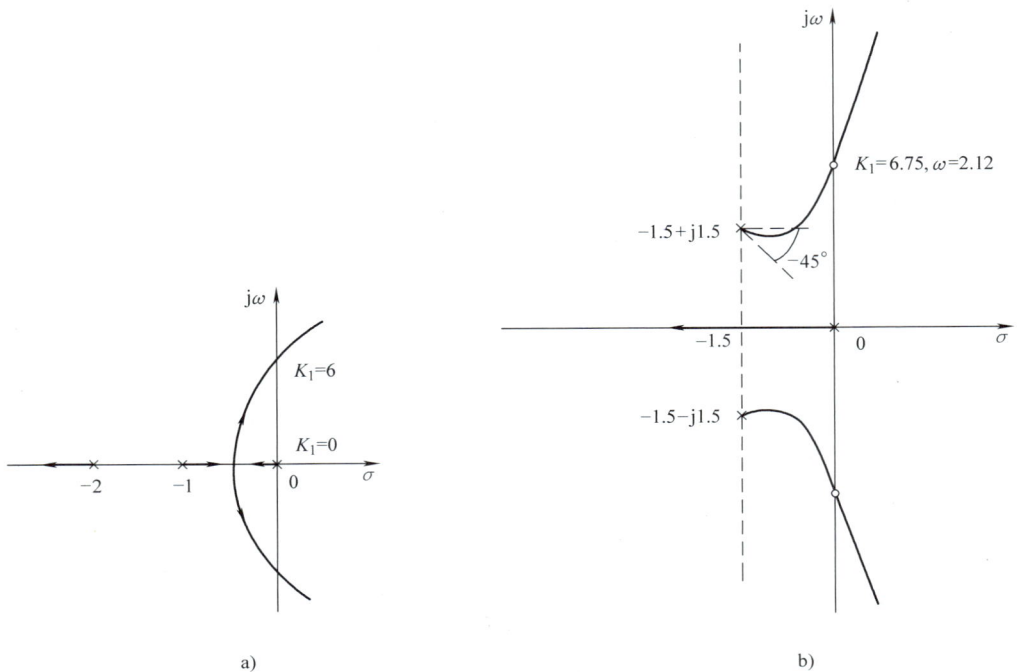

a)   b)

图 4-38   例 4-25 多回路系统的闭环根轨迹图

再设 $K^* = 2K$ 为外回路开环根轨迹增益，则按照根轨迹绘制各项规则有如下结论。

1）负实轴为根轨迹。

2）渐近线

$$\varphi_a = \frac{(2k+1)\pi}{3} = \{60°, 180°, -60°\}$$

$$\sigma_a = \frac{-3}{3} = -1$$

3）起始角

$$\theta_{p2} = \pi - 135° - 90° = -45°$$

4）与虚轴之交点

$$D_2(j\omega) = s(s+1.5+j1.5)(s+1.5-j1.5) + K^* = 0$$

$$\omega_1 = 0, \omega_{2,3} = \pm 2.12$$

$$K^* = 13.5, K = 6.75$$

求得的系统闭环根轨迹如图 4-38b 所示。

同理，取不同 K_i 值即可给出起点不同的多回路系统闭环根轨迹。

三、零度根轨迹

在复杂控制系统中，可能会出现具有正反馈的内回路（如图 4-39 所示），对这种情况需十分谨慎，因为若内回路不稳定，一旦外环测量回路断线或损坏，则将造成系统严重故障，无法运行。因此，利用根轨迹方法讨论分析具有正反馈内回路系统的闭环根轨迹是具有实际意义的，可通过分析对此类系统提出改善措施，避免故障的发生。

由图 4-39 知，内回路等效传递函数为

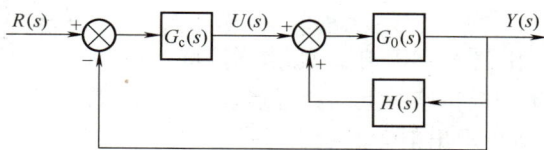

图 4-39　具有正反馈内回路系统的结构图

$$G_B = \frac{Y(s)}{U(s)} = \frac{G_0}{1 - G_0 H}$$

得其特征方程为

$$D(s) = 1 - G_0 H = 0$$

即有 $G_0 H = 1 \Rightarrow \begin{cases} |\ G_0 H\ | = 1 \\ \underline{/}\ G_0 H = 2k\pi\ (k = 0,\ \pm 1,\ \pm 2,\ \cdots) \end{cases}$

由此看出，正反馈情况下所遵循的幅值条件与负反馈时完全相同，而不同点在于相角条件必须遵循 $(2k + 0)\pi$ 的条件，故常称为零度根轨迹（0°根轨迹）。

因此，与前述方法相比，绘制根轨迹时注意涉及相角条件的规则发生如下改变。

1）渐近线与实轴的夹角为

$$\varphi_a = \frac{2k\pi}{n - m}(k = 0, \pm 1, \pm 2, \cdots)$$

2）在实轴上某一个区域，若其右方开环实数零、极点个数之和为偶数，则该区域为根轨迹。

3）出射角为　　　$\theta_{p1} = -2k\pi + \sum_{i=1}^{m} \underline{/}\ (p_1 - z_i) - \sum_{j=2}^{n} \underline{/}\ (p_1 - p_j)$

入射角为　　　　$\theta_{z1} = 2k\pi + \sum_{j=1}^{n} \underline{/}\ (z_1 - p_j) - \sum_{i=2}^{m} \underline{/}\ (z_1 - z_i)$

其他规则不必改变。

例 4-26　已知单位正反馈系统开环传递函数为

$$G(s) = \frac{K^*(s + 2)}{(s + 3)(s^2 + 2s + 2)}$$

试确定使系统稳定的临界增益值。

解：

1）开环极点 $p_1 = -1 + j$，$p_2 = -1 - j$，$p_3 = -3$，开环零点 $z_1 = -2$。

2）实轴上 $(-\infty, -3]$ 和 $[-2, +\infty)$ 为根轨迹。

3）求根轨迹渐近线的倾角与交点。

$$\varphi_a = \frac{2k\pi}{3 - 1} = \{0°, 180°\}$$

显然，渐近线与实轴重合；故无需再求渐近线交点。

4）确定分离点（会合点）。

$$\frac{1}{d + 2} = \frac{1}{d + 3} + \frac{1}{d + 1 + j} + \frac{1}{d + 1 - j}$$

$$(d + 0.8)(d^2 + 4.7d + 6.23) = 0$$

$$d = -0.8$$

由图 4-40 知，此点实际上应为 $[-2, +\infty)$ 根轨迹段上的会合点。

5）求出射角。

$$\theta_{p1} = 45° - (90° + 26.6°) = -71.6°, \theta_{p2} = 71.6°$$

6）求临界开环增益 K_c^*。

由图 4-40 看到，实轴上根轨迹通过原点时为临界稳定点，相应根轨迹增益为

图 4-40　例 4-26 零度根轨迹图

$$K_c^* = \frac{|-1+j| \times |-1-j| \times |3|}{|0-(-2)|} = 3$$

因为 $K = K^*/3$，所以临界开环放大系数 $K_c = 1$。所以为使正反馈系统稳定，必须使 $K_c < 1$。

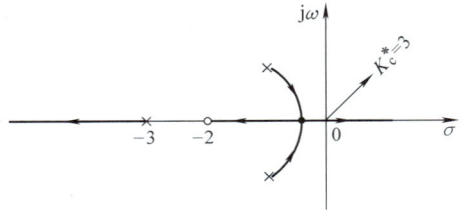

四、非最小相位系统的根轨迹

若控制系统开环传递函数零、极点均位于 s 左半平面，则称为最小相位系统，以上所述根轨迹绘制规则均可适用。若系统具有位于 s 右半平面的开环零、极点，则称为非最小相位系统。非最小相位系统根轨迹的绘制并未增加难度，只需根据系统实际结构形式按以下原则绘制即可。

非最小相位系统的根轨迹

1）对于负反馈系统，按前述一般规则绘制。

2）对于正反馈系统，按前述零度根轨迹规则绘制。

下面再举一个非最小相位系统根轨迹绘制的典型例子。

例 4-27　求系统开环传递函数为 $G_K(s) = e^{-\tau s}G(s)$ 的系统闭环根轨迹。其中

$$G(s) = \frac{K_1}{s(s+1)}, \tau = 0.5$$

解： $e^{-\tau s}$ 为一纯延迟环节，在一定条件下可以近似地认为 $e^{-\tau s} \approx 1 - \tau s = 1 - 0.5s$，于是开环传递函数化为

$$G_K(s) = \frac{K_1(1-\tau s)}{s(s+1)} = -\frac{K_1\tau\left(s - \dfrac{1}{\tau}\right)}{s(s+1)} = -\frac{K^*(s-2)}{s(s+1)}$$

式中，K^* 为等效开环根轨迹增益，$K^* = K_1\tau = 0.5K_1$。

开环极点和零点为：$p_1 = 0$，$p_2 = -1$，$z_1 = 2$，含有 s 右半平面零点，故为非最小相位系统；又因开环传递函数为负，相当于正反馈情况。所以本例根轨迹要注意按照零度根轨迹规则绘制。

实轴上根轨迹段：$[-1, 0]$ 和 $[2, +\infty)$。

从根轨迹分布知，既存在分离点，也存在会合点，求取过程如下：

由

$$A'(s)B(s) - B'(s)A(s) = 0$$

得

$$(2s+1)(s-2) - s(s+1) = s^2 - 4s - 2 = 0$$

可解得 $s_1 = -0.45$，$s_2 = 4.45$ 分别为实轴上的分离点、会合点。

与虚轴交点：令 $s = j\omega$，代入特征方程，得

$$s(s+1) - K^*(s-2)\Big|_{s=j\omega} = j\omega(j\omega+1) - K^*(j\omega-2) = 0$$

即 $\qquad (2K^* - \omega^2) + j\omega(1 - K^*) = 0$

求解，得 $\qquad K^* = 1,\ \omega^2 = 2K^* = 2$

因此，根轨迹于 $K_c^* = 1$ 时与虚轴相交，交点为 $\omega_c = \pm\sqrt{2}\,\text{rad/s}$。系统闭环根轨迹如图 4-41 所示。

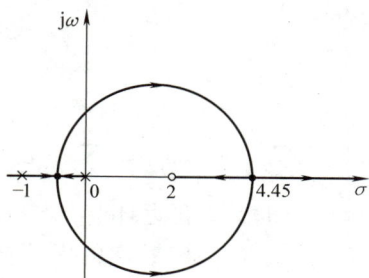

图 4-41　例 4-27 非最小相位系统根轨迹图

五、延迟系统的根轨迹

控制系统中含有纯延迟环节 $e^{-\tau s}$ 称为延迟系统，其系统典型结构如图 4-42 所示。延迟系统的闭环根轨迹绘制有其特殊性，与前述绘制方法有很大区别，需考虑以下原则：

设延迟系统开环传递函数为

$$G_K(s) = e^{-\tau s} G(s)$$

其闭环传递函数即为

$$G_B(s) = \frac{Y(s)}{R(s)} = \frac{e^{-\tau s} G(s)}{1 + e^{-\tau s} G(s)}$$

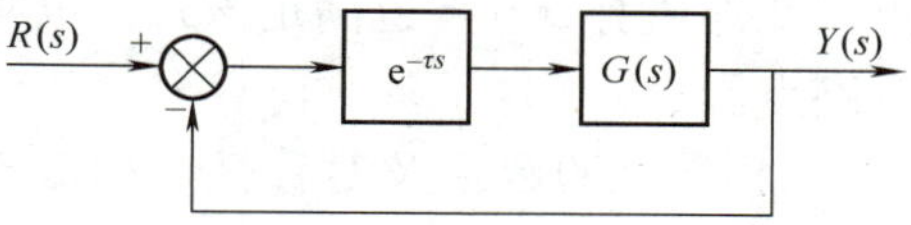

图 4-42　典型延迟系统结构图

式中，$e^{-\tau s}$ 是复变量 s 的超越方程，相应系统的闭环根轨迹亦应具有一定的特点，即其闭环特征根有无穷多个。一般的，$e^{-\tau s}$ 可展开为如下形式：

$$e^{-\tau s} = \frac{1}{e^{\tau s}} = \frac{1}{1 + \tau s + \dfrac{\tau^2}{2!}s^2 + \cdots}$$

或

$$e^{-\tau s} = 1 - \tau s + \frac{\tau^2}{2!}s^2 - \cdots$$

所以，在一定条件下（延迟时间常数 τ 较小）可近似表示为 $e^{-\tau s} \approx \dfrac{1}{1 + \tau s}$，或 $e^{-\tau s} = 1 - \tau s$。

这样的近似处理后，我们仍可按一般规则画出系统的近似根轨迹来，如上节例 4-27。然而当 τ 较大、不能近似的情况下，我们讨论它的绘制规则。

开环传递函数进一步表示为 $\qquad G_K(s) = \dfrac{K_g B(s)}{A(s)} e^{-\tau s} \qquad (4\text{-}24)$

因为 $s = \sigma + j\omega$，所以根轨迹方程应为

$$\frac{K_g \displaystyle\prod_{i=1}^{m}(s - z_i) e^{-\sigma\tau} e^{-j\omega\tau}}{\displaystyle\prod_{j=1}^{n}(s - p_j)} = -1 \qquad (4\text{-}25)$$

此情况下的幅值条件和相角条件分别为

$$e^{-\sigma\tau} \left| \frac{\prod\limits_{i=1}^{m} (s - z_i)}{\prod\limits_{j=1}^{n} (s - p_j)} \right| = \frac{1}{K_g} \tag{4-26}$$

和
$$\sum_{j=1}^{n} \underline{/(s - p_j)} - \sum_{i=1}^{m} \underline{/(s - z_i)} = (2k + 1)\pi - \omega\tau \qquad (k = 0, \pm 1, \pm 2, \cdots) \tag{4-27}$$

当 $\tau = 0$ 时，无延迟环节，与一般系统相同；当 $\tau \neq 0$ 时，特征根 $s = \sigma + j\omega$ 的实部会影响幅值条件式（4-26）；它的虚部会影响相角条件式（4-27）。注意：此情况下相角条件不是常数，而是随 ω 变化的函数。因此相应的闭环根轨迹绘制规则应予以改变，讨论如下。

1）起点（$K_g = 0$），由幅值条件式（4-26）可知，$K_g = 0$，则除开环极点 p_j 满足方程式是起点外，$\sigma = -\infty$ 也满足该式，也应是起点，称为无穷远开环极点，且由于 ω 连续变化，$\sigma = -\infty$ 的无穷远起点有无限多个。

2）终点（$K_g = \infty$），由幅值条件式（4-26）可知，$K_g = \infty$，则开环零点 z_i 满足该式是终点，此外还有 $\sigma = \infty$ 也满足该式，也应是终点，称为无穷远开环零点，同样有无限多个无穷远终点。

3）根轨迹的数目及对称性，相应于无限多个无穷远开环零、极点，根轨迹有无穷多条，且均关于实轴对称。

4）实轴上由于 $s = \sigma$、$\omega = 0$，由式（4-27）可知，此时延迟环节对根轨迹相角不起作用，实轴上的根轨迹段仍按前述法则进行。

5）分离点与会合点，按下式进行
$$A'(s)B(s)e^{-\tau s} - [e^{-\tau s}B(s)]'A(s) = 0$$

6）渐近线，在第 2）条规则中，有 $\sigma = \infty$、$K_g = \infty$。这时 s 平面上所有有限个开环零点、极点到无穷远处 σ 的向量相角都等于零，有
$$\sum_{j=1}^{n} \underline{/(s - p_j)} - \sum_{i=1}^{m} \underline{/(s - z_i)} = 0 \bigg|_{K_g = \infty} = (2k + 1)\pi - \omega\tau$$

所以得渐近线为水平线，它与虚轴的交点为 $\omega = \dfrac{(2k + 1)\pi}{\tau}$。

取 $k = 0$、± 1、± 2、$\cdots$，得无穷多条渐近线。又因为在 $K_g = 0$ 时，有根轨迹分支起始于 $\sigma = -\infty$ 处，此时 s 平面上的所有开环零、极点到 σ 的向量相角都等于 π，有
$$\sum_{j=1}^{n} \underline{/(s - p_j)} - \sum_{i=1}^{m} \underline{/(s - z_i)} = (n - m)\pi = (2k + 1)\pi - \omega\tau$$

即
$$\omega = \frac{(2k + 1)\pi - (n - m)\pi}{\tau} = \frac{2k\pi}{\tau} \qquad (n - m) = 奇数$$

$$\omega = \frac{(2k + 1)\pi - (n - m)\pi}{\tau} = \frac{(2k + 1)\pi}{\tau} \qquad (n - m) = 偶数$$

所以，$K_g = 0$ 时的渐近线亦为水平线，它与虚轴交点满足上式，且也因取 k 不同而有无穷多条。

综上所述，有
$$\omega = \frac{N\pi}{\tau}$$

延迟系统渐近线与虚轴交点情况见表4-2。

表4-2　延迟系统渐近线与虚轴交点

$n-m$	$K_g = 0$	$K_g = \infty$
奇	$N = 2k$	$N = 2k+1$
偶	$N = 2k+1$	

以上各式及表中 k 均取 0、± 1、± 2、$\cdots$。

7）出射角与入射角，按相角条件，有

$$\theta_{p_1} = (\pi - \omega\tau) - \left(\sum_{j=2}^{n} \underline{/(p_1 - p_j)} - \sum_{i=1}^{m} \underline{/(p_1 - z_i)} \right)$$

$$\theta_{z_1} = (\pi + \omega\tau) + \left(\sum_{j=1}^{n} \underline{/(z_1 - p_j)} - \sum_{i=2}^{m} \underline{/(z_1 - z_i)} \right)$$

8）根轨迹与虚轴的交点，可按相角条件去求（此时实部为零），令 $s = j\omega$ 代入相角条件

$$\sum_{j=1}^{n} \underline{/(s - p_j)} - \sum_{i=1}^{m} \underline{/(s - z_i)} = \sum_{j=1}^{n} \underline{/(j\omega - p_j)} - \sum_{i=1}^{m} \underline{/(j\omega - z_i)} = (2k+1)\pi - \omega\tau$$

当 p_j、z_i 均为实数时，简单的，有

$$\sum_{j=1}^{n} \arctan \frac{\omega}{(-p_j)} - \sum_{i=1}^{m} \arctan \frac{\omega}{(-z_i)} = (2k+1)\pi - \omega\tau$$

所求得的无穷多个虚轴交点，取最靠近实轴的作为主根轨迹与虚轴交点。

多条根轨迹与虚轴相交时的开环根轨迹增益，可由幅值条件式（4-26）来求，此时 $s = j\omega'$，$\sigma = 0$，取其中最小的作为临界开环增益 K_{gc}，即有

$$K_{gc} = \left| \frac{\prod_{j=1}^{n} (j\omega' - p_j)}{\prod_{i=1}^{m} (j\omega' - z_i)} \right|$$

上式中 ω' 取最靠近实轴的根轨迹与虚轴交点值。

例 4-28　某延迟系统开环传递函数为 $G_K = \dfrac{K_g e^{-\tau s}}{s+1}$，试求闭环系统的根轨迹。

解：系统特征方程为

$$D(s) = 1 + \frac{K_g e^{-\tau s}}{s+1} = 0$$

即

$$\frac{K_g e^{-\tau s}}{s+1} = -1$$

相角条件　　　　$-\omega\tau - \underline{/(s+1)} = (2k+1)\pi \qquad (k = 0, \pm 1, \pm 2, \cdots)$

在实轴上 $\omega = 0$，故有 $\underline{/(s+1)} = (2k+1)\pi$，故 $(-\infty, -1]$ 应为根轨迹段。

在复平面上，设相角条件中 $k = 0$ 对应根轨迹为主根轨迹，且相角用角度形式表示，则

$$\underline{/(s+1)} = \pm 180° - 57.3\omega\tau$$

按此式代入不同 ω 值可求得对应虚轴上每一 ω 值的复平面上的相应各点的相角，连接各点即得主根轨迹（如图 4-43a 所示）。

由本节规则 1）可知，$K_g = 0$ 时，$s = -1$ 为起点，而 $s = -\infty$ 也是起点，两起点间必有分离点，其坐标按规则 5）求取。

由 $K_g = -\dfrac{s+1}{e^{-\tau s}}$，令 $\dfrac{dK_g}{ds} = 0$，求得分离点坐标，$s = -\left(1 + \dfrac{1}{\tau}\right)$。

渐近线按规则 6）求取。由表 4-2，有

$K_g = 0$ 时：$\omega = \pm \dfrac{2k\pi}{\tau}$，$\omega = 0$、$\pm \dfrac{2\pi}{\tau}$、$\pm \dfrac{4\pi}{\tau}$、…

$K_g = \infty$ 时：$\omega = \pm \dfrac{(2k+1)\,\pi}{\tau}$，$\omega = \pm \dfrac{\pi}{\tau}$、$\pm \dfrac{3\pi}{\tau}$、…

当 k 为不同值时，所求得的无穷多条直线方程，即为根轨迹无限多个起点和终点处的渐近线方程。

根轨迹与虚轴的交点。主根轨迹由实轴上分离后进入复平面，向距实轴最近的 $s = +\infty$ 的两条渐近线 $\omega = \pm \pi/\tau$ 趋近，故必经过虚轴；另外，由渐近线方程可知，随 K_g 值增大至 $K_g = \infty$，从负无穷远处极点 $s = -\infty$ 出发的无穷多条根轨迹趋于正无穷远处零点 $s = +\infty$，均经过虚轴。故虚轴上交点可知有无穷多个，按规则 8）求取如下。

将 $s = j\omega$ 代入相角条件，可求得 $\omega = -\tan\omega\tau$。

当 τ 一旦确定，应能求出满足上式的无穷多个交点值 ω，其中最靠近实轴的即为主根轨迹与虚轴交点，本例中，$\dfrac{\pi}{2\tau} < |\omega_0^*| < \dfrac{\pi}{\tau}$。相应的临界稳定增益值 $K_{gc}^* = |j\omega + 1|\Big|_{\omega = \omega_0^*}$。

据上绘出本例延迟系统闭环主根轨迹如图 4-43b 所示。

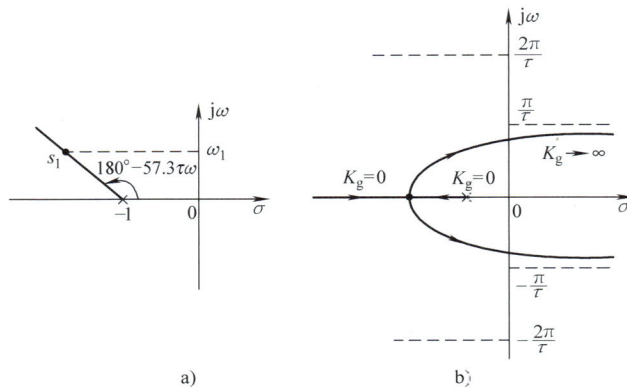

a)   b)

图 4-43　例 4-28 延迟系统的闭环主根轨迹图

例 4-29　某延迟系统开环传递函数为

$$G_K(s) = \frac{K_g e^{-\tau s}}{s(s+1)}$$

试求 $\tau = 1$ 时的闭环根轨迹。

解：

1）起点 $K_g = 0$ 为：$p_1 = 0$，$p_2 = -1$；其余无限多个起点为 $s = -\infty$，其渐近线由表 4-2 可得为

$$\omega = \pm \frac{(2k+1)\pi}{\tau} = \pm\pi、\pm3\pi、\cdots$$

2）终点（$K_g = \infty$）为：$s = \infty$，其渐近线由表 4-2 求得为 $\omega = \pm \frac{(2k+1)\pi}{\tau} = \pm\pi、\pm3\pi、\cdots$

虽然形式上与无穷远处起点渐近线相同，但注意对应 $k = 0$ 时主根轨迹趋于无穷零点的两条渐近线为 $\omega = \pm\pi$（如图 4-44 所示）。

3）实轴上根轨迹为 $[-1, 0]$。

4）求分离点。

$$A'(s)B(s)e^{-\tau s} - [e^{-\tau s}B(s)]'A(s) = 0 \Rightarrow \tau s^2 + (2+\tau)s + 1 = 0$$

$$s_1 = \frac{1}{2\tau}[-(2+\tau) \pm \sqrt{\tau^2 + 4}] \bigg|_{\tau=1} = -0.38$$

5）根轨迹与虚轴的交点，当 $s = j\omega$，$\tau = 1$ 时，可得

$$\arctan\omega + \frac{\pi}{2} = \pm\pi - \omega \Rightarrow \omega = \tan\left(\frac{\pi}{2} - \omega\right) \Rightarrow \omega = 0.87、6.64、\cdots$$

此时 $K_{gc} = |j\omega| \cdot |j\omega + 1| \big|_{\omega=0.87、6.64、\cdots} = 1.157、42、\cdots$

注意：当延迟时间 τ 很小时，则根轨迹与虚轴交点的 ω 值将很大，临界放大倍数也很大，说明延迟环节的影响减弱。一般 τ 为毫秒级时，近似有 $e^{-\tau s} \approx \frac{1}{1+\tau s}$。

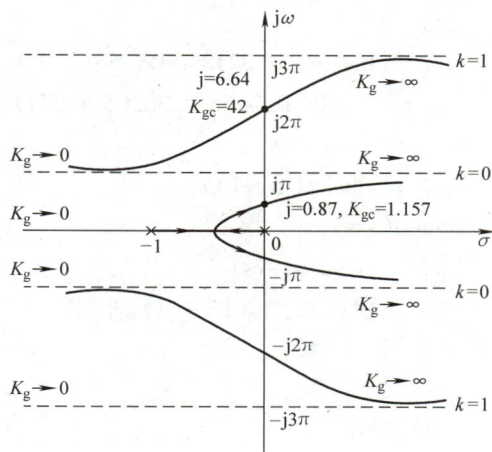

图 4-44　例 4-29 延迟系统的闭环根轨迹图

第七节　基于 MATLAB 的控制系统根轨迹分析

MATLAB 控制系统工具箱中专门提供了函数 rlocus（ ）用来绘制系统的根轨迹、rlocfind（ ）用来计算给定根的根轨迹增益、pzmap（ ）用来绘制系统的零极点图等。

本节将向大家介绍如何利用这些函数绘制根轨迹或进行有关根轨迹的计算，然后在此基础上利用根轨迹法对系统性能进行分析。

一、利用 pzmap（ ）绘制系统的零、极点图，并判断系统的稳定性

例 4-30　已知某高阶系统开环传递函数为

$$G(s) = \frac{0.0001s^3 + 0.0218s^2 + 1.0436s + 9.3599}{0.0006s^3 + 0.0268s^2 + 0.06365s + 6.2711}$$

试绘制该闭环系统的零、极点图，并判断闭环系统的稳定性。

解：根据题目要求，用函数 pzmap（ ）实现的程序代码如下。

```
clear
num = [0.0001 0.0218 1.0436 9.3599];
den = [0.0006 0.0268 0.06365 6.2711];
sys = tf(num,den);
sys = feedback(sys,1);
pzmap(sys)
[p,z] = pzmap(sys)
```

运行该程序得到如图 4-45 所示的零、极点图及如下结果：

```
p =
  -45.4298
  -11.9994 + 18.6425i
  -11.9994 - 18.6425i
z =
  -154.2949
  -52.0506
  -11.6545
```

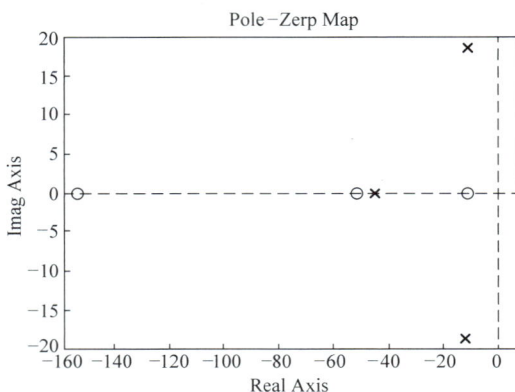

图 4-45　高阶系统的零、极点图

由图 4-45 和求出的闭环零、极点数值结果都可以判断出该系统稳定。

二、利用 rlocus （ ） 绘制系统的根轨迹图

函数 rlocus()可用来绘制系统的根轨迹，它既可用于连续时间系统也可用于离散时间系统，其常用格式有以下两种：

1）rlocus（num，den）用于绘制系统的根轨迹，其中增益 k 是自动选取的。

2）[r，k] = rlocus（num，den，k）可以用指定的 k 来绘制系统的根轨迹图。这种带有输出变量的引用函数，可返回系统复根轨迹的位置矩阵 r 及其相应的增益向量 k，而不直接绘制根轨迹。

例 4-31 已知某高阶系统开环传递函数为

$$G(s) = \frac{K(s+0.8)}{s(s-1)(s^2+4s+16)}$$

试绘制系统的根轨迹并求出使系统稳定的 K 的范围。

解： 根据题目要求，用函数 rlocus()实现的程序代码如下：

```
clear
num = [1 0.8];
den = conv(conv([1 0],[1 -1]),[1 4 16]);
sys = tf(num,den);
rlocus(sys)
hold on
jjx(sys);       %绘制渐近线
s = jjx(sys)    %得到渐近线与实轴交点的横坐标值
```

[K,Wcg] = imwk(sys)　　% 得到根轨迹与虚轴交点处的频率和相应的增益

set(findobj('marker','x') ,'markersize',8,'linewidth',1. 5,'Color','k') ;

set(findobj('marker','o') ,'markersize',8,'linewidth',1. 5,'Color','k') ;

该函数中调用的两个子函数 jjx( ),imwk( )代码如下:

% 绘制根轨迹的渐近线并求出渐近线与实轴交点的横坐标值

```
function s = jjx( sys)
        sys = tf( sys) ;
        num = sys. num{1} ;
        den = sys. den{1} ;
        p = roots( den) ;   % 求开环极点
        z = roots( num) ;    % 求开环零点
        n = length( p) ;      % 确定开环极点数
        m = length( z) ;      % 确定开环零点数
        if n > m
            s = ( sum( p) - sum( z))/( n - m) ;    % 确定渐近线与实轴交点的横坐标值
            sd = [ ] ;
            if nargout < 1      % 若函数没有输出变量
                for i = 1 :n- m
                    sd = [ sd,s] ;
                end
                sysa = zpk( [ ] ,sd,1) ;
                hold on;
                [ r,k] = rlocus( sysa) ;
                for i = 1 :n- m
                    plot( real( r( i,:) ) ,imag( r( i,:) ) ,'k:') ;
                end
            end
        else
            disp( '没有渐近线!') ;
            s = [ ] ;
        end
```

% 求根轨迹与虚轴交点处的频率和相应的增益

```
function [ K,Wcg] = imwk( sys)
        sys = tf( sys) ;
        num = sys. num{1} ;
        den = sys. den{1} ;
        asys = allmargin( sys) ; % 求出所有的稳定裕量和穿越频率
        Wcg = asys. GMFrequency ; % 得到与虚轴交点处的频率,单位:rad/sec
K = asys. GainMargin ; % 得到相应的增益
```

运行该程序得到如图 4-46 所示的根轨迹图和如下结果：

s =

    − 0. 7333

K =

    20. 8090   39. 9999

Wcg =

    1. 2656   2. 8284

开环系统共有 4 个极点和 1 个零点，因此渐近线与实轴的交角为 ±60°。根轨迹与虚轴的交点有两个，分别在频率为 1. 2656rad/s 和 2. 8284rad/s 处，对应的系统增益为 20. 8090 和 39. 9999。

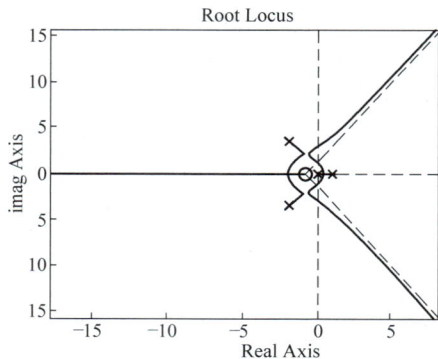

图 4-46　根轨迹图

显然该反馈控制系统是一个条件稳定系统。由根轨迹图和计算结果可知，当 20. 8090 < K < 39. 9999 时系统才稳定；当 K 为其他值时，从图 4-46 可看出系统存在 s 右半平面的极点，故此时系统不稳定。

例 4-32　已知某系统的开环传递函数为

$$G(s) = \frac{(s + k)}{Ts^2}$$

试绘制以 T 为参量的参数根轨迹。

解： 根据题目要求，用 MATLAB 函数实现的程序代码如下：

```
clear
kk = [2 4 6 8 10];
for j = 1:5
num = [1 kk(j)];
den = [1 0 0];
GH = tf(num,den)
hold on
r = rlocus(num,den);
rlocus(num,den);
hold on
plot(r,'LineWidth',2),
        axis([−24. 4 4 −10 10]),
        kk1 = ['K = ',num2str(kk(j))];
text(−kk(j) −. 8, −. 8,kk1),pause(. 5),
title('G(s)H(s) = (1/T)(s + k)/s^2 − − − − 参数 T 下的广义根轨迹','
FontWeight', 'bold'),
end
```

运行该程序得到如图 4-47 所示的参数根轨迹图和如下结果：

Transfer function：

s + 2

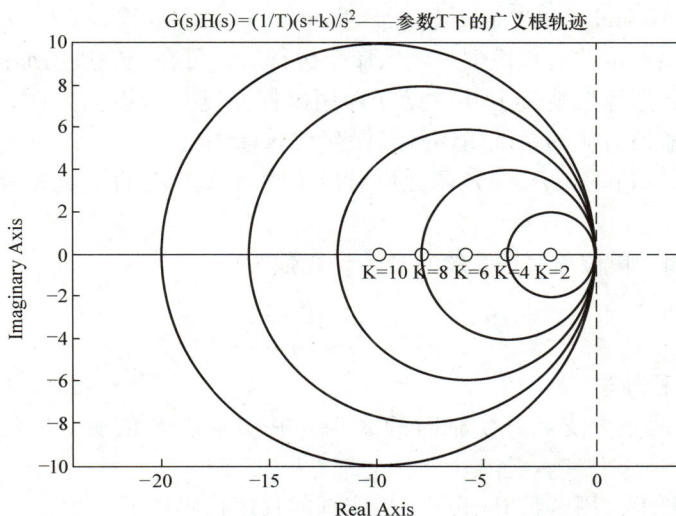

图 4-47　参数根轨迹图

```
 - - - - -
s^2

Transfer function：

s + 4
 - - - - -
s^2

Transfer function：

s + 6
 - - - - -
s^2

Transfer function：

s + 8
 - - - - -
s^2

Transfer function：

s + 10
 - - - - - -
s^2
```

三、利用 rlocfind（ ）求出根轨迹上任意点处的增益值

函数 rlocfind（ ）可计算出与根轨迹上极点相对应的根轨迹增益，它既可用于连续时间系统也可用于离散时间系统。其命令格式如下：

1）[k，poles] = rlocfind(sys)

2）[k，poles] = rlocfind(sys，p)

[k, poles] = rlocfind (sys) 函数输入参量 sys 可以是由函数 tf ()、zpk ()、ss () 中任何一个所建立的线性定常对象模型。函数命令执行后,可在根轨迹图形窗口中显示十字形光标,当用户用鼠标选择根轨迹上某一点(即用鼠标左键单击该点)时,其相应的增益保存在 k 中,与该增益值对应的系统闭环极点保存在 poles 中。

[k, poles] = rlocfind (sys, p) 函数可对指定根计算对应的增益 k 及该增益值对应的闭环极点 poles。

例 4-33 已知一单位负反馈系统开环传递函数为

$$G(s) = \frac{K}{s(0.5s+1)(4s+1)}$$

1)绘制系统的根轨迹。

2)求根轨迹的两条分支离开实轴时的 K 值,并确定该 K 值所对应的系统的所有闭环极点。

解: 根据题目要求,用函数 rlocfind () 实现的程序代码如下:

```
clear
num = 1;
den = conv(conv([1 0],[0.5 1]),[4 1]);
sys = tf(num,den);
rlocus(sys)
axis([-3 1 -3 3])
hold on
jjx(sys);%绘制渐近线
[k,poles] = rlocfind(sys)
set(findobj('marker','x'),'markersize',8,'linewidth',1.5,'Color','k');
set(findobj('marker','o'),'markersize',8,'linewidth',1.5,'Color','k');
```

运行过程中,在命令窗口中将会出现如下提示信息:

> > Select a point in the graphics window

及如图 4-48 所示的增益选择界面,在图中分离点处用鼠标左键单击该点,得到如图 4-49 所示的根轨迹图和如下结果:

```
selected _ point =
   -0.1232 - 0.0093i
k =
   0.0590
poles =
   -2.0083
   -0.1208 + 0.0090i
   -0.1208 - 0.0090i
```

可见用函数 rlocfind ( ) 可方便地得到根轨迹上分离点处的增益值和该增益值所对应的闭环系统的全部极点。同时也可以看到,由于用户在选取点时很难完全交于实轴上,所以用这种方法只能得到近似的增益值,一般情况下这种近似解已能满足实际需要,如果想要得到精确的增益值，可用下面的程序实现。

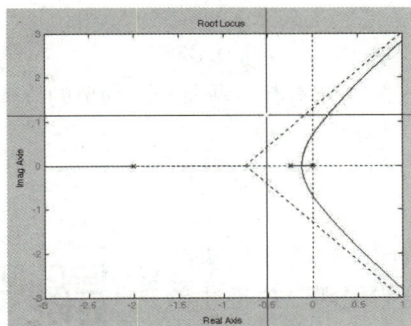

图 4-48 增益选择界面

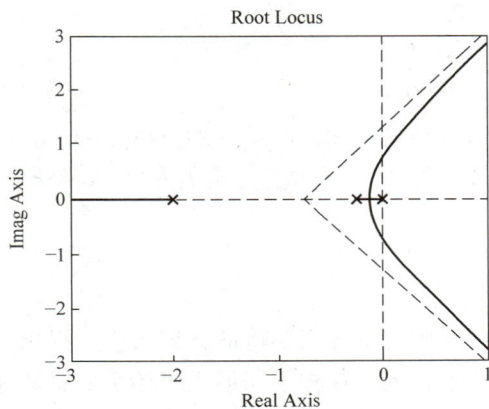

图 4-49 选取点后的根轨迹图

```
% 求根轨迹与实轴的分离点及该分离点所对应的增益值
function [K,s] = breakin(sys)
    sys = tf(sys);
    num = sys. num{1};
    den = sys. den{1};
    a = conv(den,polyder(num));
    b = conv(num,polyder(den));
    dk _ ds = ([zeros(1,length(b) - length(a)),a] - b);
    ss = roots(dk_ds);              % 得到分离点
    K = [];
    s = [];
    syms nums dens
    for i = 1:length(ss)
        nums = poly2sym(num,'s');          % 得到分子多项式的表达式
        dens = poly2sym(den,'s');          % 得到分母多项式的表达式
        Kk(i) = - subs(dens /nums,'s',ss(i));% 得到某个分离点所对应的增益值
        if Kk(i) > 0
            K = [K,Kk(i)];
            s = [s,ss(i)];                 % 舍去负增益所对应的分离点
        else
            S = '此系统没有分离点！'Y;
        end
    end
```

用语句[k,s] = breakin(sys)代替[k,poles] = rlocfind(sys)，然后运行上述程序得到如下

结果：

k =

　0.0587

s =

　−0.1208

由运行结果可知，此系统的分离点为 −0.1208，对应的增益为 0.0587。

值得注意的是，直接由分离点方程 $dK/ds = 0$ 可求得两个分离点，要舍去 K 为负的分离点。

小　　结

本章从控制系统闭环特征方程入手，提出了系统闭环根轨迹的基本概念。详细叙述了各种不同形式闭环系统根轨迹的绘制规则，并通过实例说明如何应用根轨迹法分析系统动态响应性能。

根轨迹法小结

1）所谓根轨迹就是指当系统中某参量（通常情况下指系统开环放大系数 K）由零到无穷大变化时，闭环特征根（极点）在 s 平面上移动的轨迹。

2）由根轨迹方程 $G(s)H(s) = -1$ 得出的幅值条件、相角条件是绘制系统闭环根轨迹的基本公式和重要依据。

$$\frac{K^* \prod\limits_{i=1}^{m} |s - z_i|}{\prod\limits_{j=1}^{n} |s - p_j|} = 1$$

$$\sum_{i=1}^{m} \underline{/s - z_i} - \sum_{j=1}^{n} \underline{/s - p_j} = (2k+1)\pi \qquad (k = 0, \pm1, \pm2\cdots)$$

3）用基于幅值条件和相角条件的根轨迹绘制基本法则，可以根据已知的系统开环传递函数，方便、快捷地绘制线性定常系统的闭环根轨迹。

4）绘制规则给出了根轨迹起点、终点，根轨迹的对称性，根轨迹的渐近线与实轴交点、倾斜角，实轴上的根轨迹段，根轨迹的出射角、入射角，根轨迹的分离点、会合点以及根轨迹与虚轴的交点和临界稳定开环增益等的确定和计算方法。

5）绘制得到的闭环根轨迹可确定全部闭环极点和相应开环增益，结合相应的闭环零点，可对系统闭环动态性能做出比较快速的分析。

6）距离虚轴最近、对系统动态性能起主要的、决定性影响的闭环极点称为闭环主导极点；而在 s 平面上相距很近的一对闭环极点和零点则称为偶极子，分析中应充分注意闭环主导极点和偶极子对输出响应的影响作用。

7）根轨迹的一些重要特点对进一步应用根轨迹法分析和设计性能优良的控制系统具有指导性意义。

8）开环传递函数中增加位于 s 左半平面内的开环极点会使原根轨迹向 s 右半平面移动，使系统闭环动态性能变差；而增加位于 s 左半平面内的开环零点会使原根轨迹向 s 左半平面移动，使系统闭环动态性能得到改善。开环零、极点在 s 平面上位置的移动有可能使根轨迹形状发生较大变化，从而对系统动态性能产生重要影响，应予以充分的重视。

9）绘制非 K 变量的闭环根轨迹称为参数根轨迹。绘制中应注意正确运用"Golden Rule"将开环传递函数化为以非 K 变量为开环根轨迹增益的等效开环传递函数，再按照绘制规则求得所要求的参数根轨迹。

10）当系统结构为多回路形式时，应先由内回路的开环零、极点按照规则绘制随内回路参量变化形成的根轨迹，从而确定内回路的极点分布；再由内外回路的零、极点构成整个系统的开环零、极点，按单回路法各项规则绘出完整的多回路系统闭环根轨迹图。

11）当系统为正反馈回路形式时，其绘制闭环根轨迹的幅值条件不变，相角条件成为 $\underline{/G(s)H(s)}=2k\pi(k=0,\pm1,\pm2,\cdots)$，称为 0°根轨迹。绘制时应注意对与相角条件相关的规则要作相应改变，即渐近线倾角、实轴上根轨迹段、出射角、入射角等的求取和确定要遵从和满足 0°根轨迹相角条件要求。

12）控制系统具有位于 s 右半平面的开环零、极点，称为非最小相位系统。非最小相位系统根轨迹的绘制直接根据系统为负反馈或正反馈的实际结构形式按一般规则或按 0°根轨迹规则绘制即可。

13）含有纯延迟环节 $e^{-\tau s}$ 的延迟系统闭环根轨迹绘制有其特殊性。延迟系统根轨迹的绘制规则依据其相应的幅值条件和相角条件，即

$$e^{-\sigma\tau}\left|\frac{\prod_{i=1}^{m}(s-z_i)}{\prod_{j=1}^{n}(s-p_j)}\right|=\frac{1}{K_g}$$

和 $$\sum_{j=1}^{n}\underline{/(s-p_j)}-\sum_{i=1}^{m}\underline{/(s-z_i)}=(2k+1)\pi-\omega\tau\quad(k=0,\pm1,\pm2,\cdots)$$

由于系统闭环特征方程中含有超越函数 $e^{-\tau s}$，使得系统闭环极点有无限多个，相应就有无限多条闭环根轨迹分支。其中最靠近实轴的根轨迹分支称为主根轨迹，对延迟系统动态性能影响最大，故一般应绘制准确，便于分析系统性能；而对其他由无穷远极点出发趋于无穷远零点的多条根轨迹，仅需大致勾画其变化趋势即可。

若纯延迟时间常数 τ 较小，常将 $e^{-\tau s}$ 近似表示为最小相位或非最小相位环节并据相应绘制规则做出近似闭环根轨迹，而对系统分析的影响不大。

14）利用 MATLAB 控制系统工具箱（Control System Toolbox）中提供的专用语句函数，可方便的绘制系统闭环根轨迹，从而大大简化了根轨迹绘制和闭环极点求取过程，使得闭环控制系统动态性能分析更为方便。

典型例题解析

【典型例题1】 设一位置随动系统如图 4-50 所示。

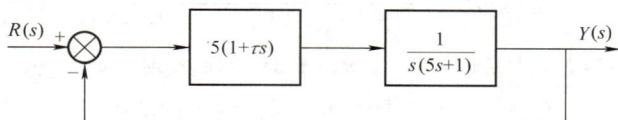

图 4-50 位置随动系统

试求：（1）绘制以 τ 为参变量的根轨迹。

（2）求系统的阻尼比 $\zeta = 0.5$ 时的闭环传递函数。

解：（1）系统的开环传递函数为

$$G(s) = \frac{5(1+\tau s)}{s(5s+1)} = \frac{1+\tau s}{s(s+0.2)}$$

对应的闭环传递函数为

$$T(s) = \frac{G(s)}{1+G(s)} = \frac{1+\tau s}{s(s+0.2)+1+\tau s}$$

闭环特征方程为

$$s^2 + 0.2s + 1 + \tau s = 0$$

$$1 + \frac{\tau s}{s^2 + 0.2s + 1} = 1 + G_1(s) = 0$$

式中

$$G_1(s) = \frac{\tau s}{s^2 + 0.2s + 1}$$

据此，做出以 τ 为参变量的根轨迹（如图 4-51 所示），不难证明，该根轨迹复数部分是一个圆，其方程为

$$\sigma^2 + \omega^2 = 1$$

（2）因为 $\theta = \arccos \zeta = \arccos 0.5 = 60°$，故通过坐标原点作一与负实轴成 $60°$ 的射线，并于圆弧相交于 s_1 点（如图 4-51 所示）。

根据幅值条件，由图求得系统工作于 s_1 点时的 τ 值，即

$$\tau = \frac{|s_1 p_1||s_1 p_2|}{|s_1 O|} = \frac{1.9 \times 0.42}{1} = 0.8$$

相应的闭环传递函数为

$$T(s) = \frac{1+0.8s}{(s+0.5+j0.87)(s+0.5-j0.87)}$$

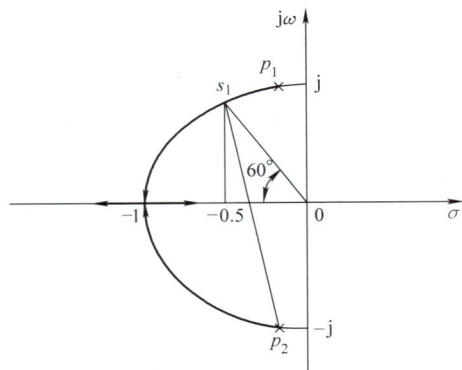

图 4-51　根轨迹图

【典型例题 2】 已知系统开环传递函数

$$G(s)H(s) = \frac{K^*}{(s^2+2s+10)(s^2+4s+5)}, K^* > 0$$。在没有确认反馈极性时，将系统构成闭环都能稳定运行，试确定此时 K^* 所处的范围。

解：系统的开环传递函数

$$G(s)H(s) = \frac{K^*}{(s^2+2s+10)(s^2+4s+5)}$$

（1）当系统的反馈极性为负时，由系统的开环传递函数可知系统的闭环特征方程为

$$D(s) = (s^2+2s+10)(s^2+4s+5) + K^*$$
$$= s^4 + 6s^3 + 23s^2 + 50s + 50 + K^* = 0$$

令 $s = j\omega$，将其代入上式可得

$$(j\omega)^4 + 6(j\omega)^3 + 23(j\omega)^2 + 50(j\omega) + 50 + K^* = 0$$

即

$$\begin{cases} \omega^4 - 23\omega^2 + 50 + K^* = 0 \\ -6\omega^3 + 50\omega = 0 \end{cases}$$

由于 $\omega \neq 0$，可得系统临界稳定时参数

$$\omega = \pm 2.89 \mathrm{rad/s}, \ K^* = 72.3$$

（2）当系统的反馈极性为正时，由系统的开环传递函数可知系统的闭环特征方程为

$$D(s) = (s^2 + 2s + 10)(s^2 + 4s + 5) - K^*$$
$$= s^4 + 6s^3 + 23s^2 + 50s + 50 - K^* = 0$$

令 $s = j\omega$，将其带入上式可得

$$(j\omega)^4 + 6(j\omega)^3 + 23(j\omega)^2 + 50(j\omega) + 50 - K^* = 0$$

即

$$\begin{cases} \omega^4 - 23\omega^2 + 50 - K^* = 0 \\ -6\omega^3 + 50\omega = 0 \end{cases}$$

由于此时部分根轨迹布满实轴，其余根轨迹不穿过虚轴，可得临界稳定时参数

$$\omega = 0, \ K^* = 50$$

因此，当系统的反馈极性为负，$K^* < 72.3$ 时系统能稳定运行；当系统的反馈极性为正，$K^* < 50$ 时系统能稳定运行。在没有确认反馈极性时，$0 < K^* < 50$ 闭环系统均可稳定运行。

仿真曲线如图 4-52 和图 4-53 所示。

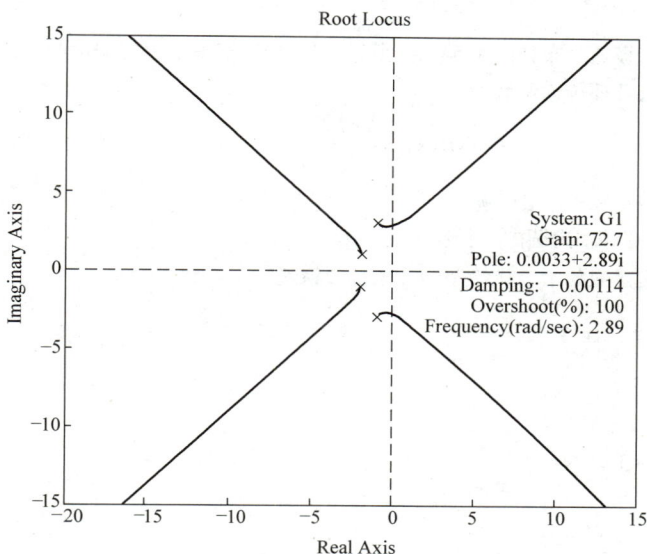

图 4-52　反馈极性为负时系统根轨迹图

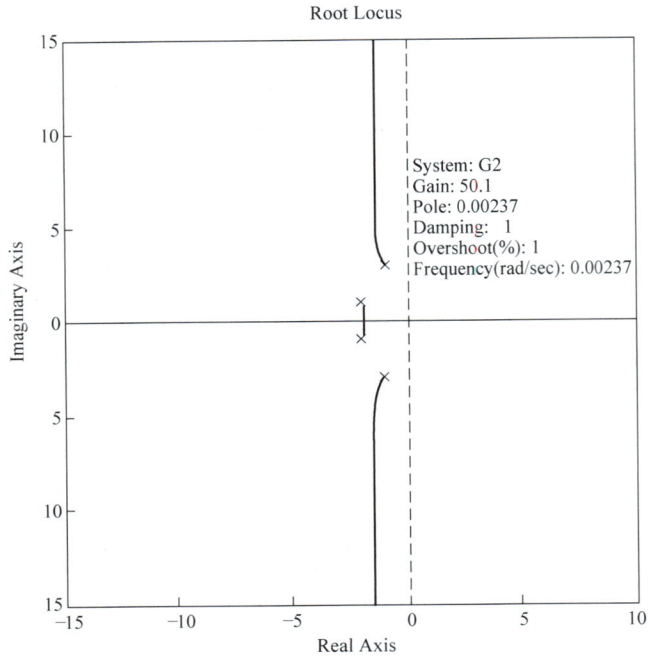

图 4-53 反馈极性为正时系统零度根轨迹图

习 题

4-1 已知开环零、极点分布如图 4-54a ~ f 所示，试概略绘制相应的闭环根轨迹图。

4-2 设负反馈系统开环传递函数为

$$G(s)H(s) = \frac{K^*(s+a)}{s(s+b)} \qquad (a > b)$$

（1）试作 K^* 从 $0 \to \infty$ 的闭环根轨迹。

（2）证明其轨迹是圆并求出圆的半径和圆心。

4-3 已知开环传递函数如下，试绘制闭环系统根轨迹。

（1）$G(s) = \dfrac{K^*}{s(s+3)}$

（2）$G(s) = \dfrac{K^*}{s(s^2 + 2s + 3)}$

（3）$G(s) = \dfrac{K^*(s+1)}{s^2(s+3.6)}$

（4）$G(s) = \dfrac{K^*(s^2+1)}{s(s+2)}$

4-4 已知某负反馈系统前向通道和反馈通道传递函数分别为

$$G(s) = \frac{K^*(s-1)}{s^2 + 4s + 4}, H(s) = \frac{5}{s+5}$$

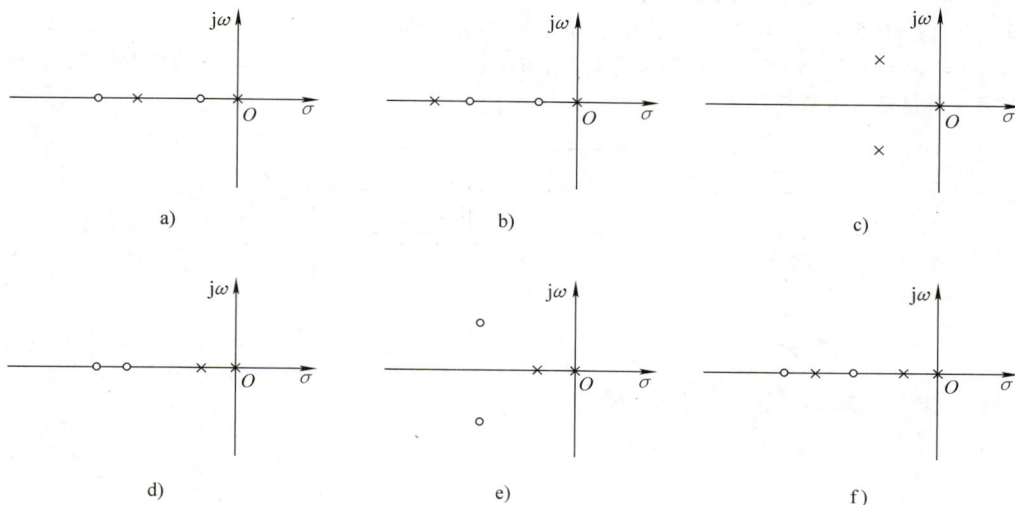

图 4-54 开环传递函数零、极点分布图

（1）绘制 K^* 从 $0 \to \infty$ 变化时系统的根轨迹并确定使闭环系统稳定的 K^* 值的范围。

（2）若已知系统闭环极点中有一实数极点 $s_1 = -1$，试确定系统的闭环传递函数。

4-5 设非最小相位负反馈系统的开环传递函数为

$$G(s)H(s) = \frac{K^*(1-s)}{s(s+2)}$$

试绘制系统的根轨迹并求使系统产生重根和纯虚根时对应的 K^* 值。

4-6 已知系统的结构图如图 4-55 所示，绘制 K^* 从 $0 \to \infty$ 变化时系统闭环根轨迹，并确定系统稳定时 K^* 值的范围。

4-7 已知控制系统的开环传递函数为

$$G(s) = \frac{K^*(s+1)}{s^2(s+2)(s+4)}$$

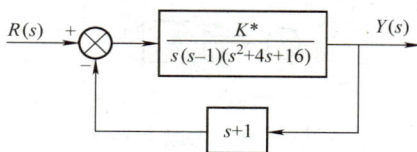

图 4-55 习题 4-6 图

分别画出正反馈和负反馈系统的根轨迹图，并指出它们的稳定情况有何不同？

4-8 用根轨迹法确定图 4-56 所示系统无超调的 K 值范围。

4-9 已知系统开环传递函数为

$$G_K(s) = \frac{K^*(s+1)}{s(s-3)}$$

（1）试绘制负反馈系统的根轨迹。

（2）用根轨迹法确定当 $K^* = 10$ 时系统的闭环极点。

4-10 已知系统开环传递函数为

$$G_K(s) = \frac{K^*}{s(s+1)(s+2)}$$

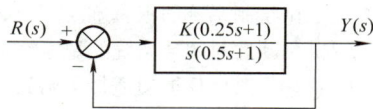

图 4-56 习题 4-8 图

试绘制正反馈系统的根轨迹。

4-11 反馈控制系统的开环传递函数为

$$G(s) = \frac{K^*(s+2)}{s(s+1)(s+3)}$$

（1）作 K^* 从 $0 \to \infty$ 的闭环根轨迹图。

（2）求当 $\zeta = 0.5$ 时，闭环的一对主导极点值，并求其 K^* 值。

4-12 某系统如图 4-57 所示。现要求系统工作在欠阻尼状态，且在 $r(t) = t$ 时的稳态误差 $e_{ss}(\infty) \leqslant 0.2$，试确定满足要求的 K 值范围。

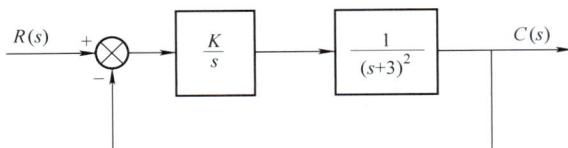

图 4-57 习题 4-12 图

4-13 设负反馈控制系统的开环传递函数为

$$G(s) = \frac{K^*}{(s-1)(s^2 + 4s + 7)}$$

欲要求系统的闭环极点均位于 s 左半平面，试确定 K^* 的范围。

4-14 已知系统的结构图如图 4-58 所示。

（1）绘制以 τ 为变量的根轨迹。

（2）求系统在欠阻尼状态下的 τ 值范围。

4-15 设系统结构如图 4-59 所示，试绘出闭环根轨迹并分析 K 值的变化对系统阶跃响应 $Y(s)$ 的影响。

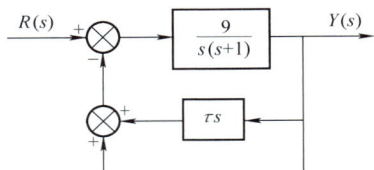

图 4-58 习题 4-14 图

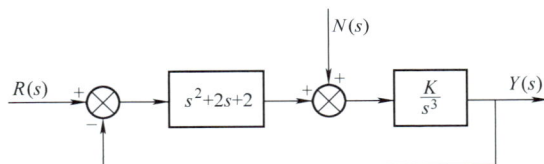

图 4-59 习题 4-15 图

4-16 某负反馈系统前向通道和反馈通道的传递函数分别为

$$G(s) = \frac{K^*}{s^2(s+2)(s+5)}, H(s) = 1$$

（1）试绘制系统的根轨迹。

（2）判断此时闭环系统的稳定性。

（3）如果改变反馈通道传递函数使 $H(s) = 1 + 2s$，试判断改变后系统的稳定性，并讨论 $H(s)$ 改变对系统性能的影响。

4-17 单位反馈系统的开环传递函数为

$$G(s) = \frac{K^*}{s(s+2)(s+4)}$$

（1）绘制 K^* 由 $0 \to \infty$ 变化的根轨迹。

（2）系统产生持续等幅振荡时的 K^* 值和振荡频率。

（3）求产生重根和纯虚根时的 K^* 值。

（4）确定系统呈阻尼振荡瞬态响应的 K^* 值范围。

（5）求主导复数极点具有阻尼比为 0.5 时的 K^* 值。

4-18 已知某系统开环传递函数为

$$G_K(s) = \frac{K}{s\left(\frac{1}{3}s + 1\right)\left(\frac{1}{2}s^2 + s + 1\right)}$$

试用 MATLAB 绘制系统的根轨迹和渐近线。

4-19　已知单位反馈系统开环传递函数为

$$G_K(s) = \frac{K^*(s + 0.2)}{s^2(s + 3.6)}$$

利用 MATLAB 画出系统的根轨迹，并确定 $K^* = 2$ 时闭环极点的位置。

第五章 频 率 法

频率响应法简称频率法，其基本思想起源于通信科学。频率法将控制系统中的各个信号看作是由许多不同频率正弦信号合成的，这些不同频率的正弦信号在传递过程中，振幅和相角按照一定的函数关系变化，从而使系统呈现出多种多样的运动形式。与将控制系统"一揽子"用一个微分方程来表示的方法相比，使用频率响应法分析系统性能的主要优点是：

1）不需要求解微分方程。

2）可用实验的方法测出系统的频率特性，进而建立系统的数学模型。

3）可以设计出使不希望的频率成分的噪声达到忽略不计的系统。

尤其是后面两点，是前述根轨迹法和时域分析法所难以达到的。

第一节 频率特性的概念

一、频率特性的基本概念

如图 5-1 所示的一阶 RC 电路，当输入为一正弦电压 u_1 时

$$u_1 = U_1 \sin \omega t$$

在稳态情况下，输出电压 u_2 亦为同一频率的正弦电压，

$$u_2 = U_2 \sin(\omega t + \varphi)$$

根据电路知识，有

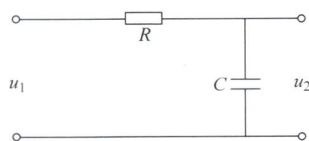

图 5-1　一阶 RC 电路

$$\dot{U}_2 = \frac{\dfrac{1}{\mathrm{j}\omega C}}{R + \dfrac{1}{\mathrm{j}\omega C}} \dot{U}_1 = \frac{1}{1 + \mathrm{j}\omega RC} \dot{U}_1$$

则

$$\frac{\dot{U}_2}{\dot{U}_1} = \frac{1}{1 + \mathrm{j}\omega RC} \tag{5-1}$$

显然，$\dot{U}_2$ 和 $\dot{U}_1$ 的比值，一方面与电路参数 RC 有关，同时，又与输入电压 u_1 的频率有关。当电路参数一定时，式（5-1）表明了稳态输出电压 u_2 随 u_1 的频率变化的特性，故称为该电路的频率特性，用 $G(\mathrm{j}\omega)$ 表示为

$$G(\mathrm{j}\omega) = \frac{1}{1 + \mathrm{j}\omega RC} = \frac{1}{1 + \mathrm{j}\omega T} \tag{5-2}$$

式中，T 为时间常数，$T = RC$。

将以上分析扩展到一般情况，对频率特性可定义为：零初始条件的线性系统或环节，在正弦信号作用下，稳态输出与输入的复数比（相量比）。

由于 $G(j\omega)$ 是一个复数，可以用幅值、相位表示为相量形式，即

$$G(j\omega) = A(\omega)e^{j\varphi(\omega)} \rightarrow \begin{cases} A(\omega) = \left| \dfrac{\dot{U}_2}{\dot{U}_1} \right| = \dfrac{1}{\sqrt{1 + (RC\omega)^2}} \\ \varphi(\omega) = \underline{/\dot{U}_2} - \underline{/\dot{U}_1} = -\arctan(RC\omega) \end{cases} \quad (5-3)$$

$A(\omega)$ 为 $\dot{U}_2$ 与 $\dot{U}_1$ 的幅值比，它是 ω 的函数，称为幅频特性；

$\varphi(\omega)$ 为 $\dot{U}_2$ 与 $\dot{U}_1$ 的相位差，也是 ω 的函数，称为相频特性；

$G(j\omega)$ 同时包括幅值比和相位差，称为幅相频率特性。

图 5-2 表示了式（5-2）的幅相频率特性、幅频特性和相频特性。

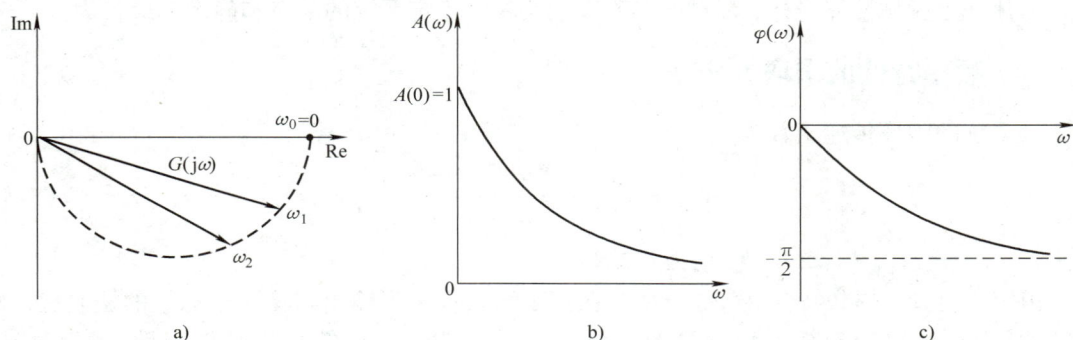

图 5-2 一阶 RC 电路的频率特性

a）幅相频率特性 b）幅频特性 c）相频特性

二、闭环频域性能指标

用频率响应法分析系统时，经常要采用一些所谓的频域性能指标。一般常用的有以下几种物理量：

1. 零频振幅比 $A(0)$

零频振幅比 $A(0)$ 是指零频（$\omega = 0$）时，系统稳态输出与输入的振幅比。对于单位反馈系统，$A(0)$ 与 1 之差，反映了系统的稳态精度，$A(0)$ 越接近 1，系统的稳态精度越高。如 $A(0) = 1$，则表示系统阶跃响应的终值等于输入，系统的稳态误差为零。$A(0) \neq 1$，则表明系统有差。

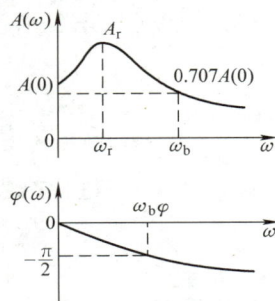

2. 谐振峰值 A_r

谐振峰值 A_r 是指幅频特性 $A(\omega)$ 的最大值，如图 5-3 所示。它表明系统在频率为 ω_r 的正弦输入信号作用下，有共振的倾向。

一般而言，峰值 A_r 越大，系统的平稳性越差，系统的阶跃响应将产生较大的超调量。为保证系统具有较好的平稳性，一

图 5-3 闭环频域性能指标图示

般在实际应用中要求 $A_r \leqslant 1.4A(0)$。

3. 频带宽度 ω_b

频带宽度 ω_b 是指幅频特性 $A(\omega)$ 从 $A(0)$ 衰减到 $0.707A(0)$ 时所对应的频率。ω_b 越高,则 $A(\omega)$ 曲线由 $A(0)$ 到 $0.707A(0)$ 所覆盖的频率区间 $(0, \omega_b)$ 就越宽,意味着系统所包括的各种频率的成分就越丰富,失真越小。这样,系统复现快速变化的信号的能力就越强,这也意味着系统的快速性好。反之,系统的反应则可能比较迟钝,失真大,快速性差。

4. 相频宽 $\omega_{b\varphi}$

相频宽 $\omega_{b\varphi}$ 是指相频特性 $\varphi(\omega)$ 等于 $-\pi/2$ 时所对应的频率。相频特性 $\varphi(\omega)$ 一般为负数,表明系统的稳态输出一般在相位上滞后于输入。相频宽 $\omega_{b\varphi}$ 越大,则系统对于同样频率的输入信号的滞后就相对越小。这就意味着系统跟踪输入的能力强,反应迅速,快速性好。

上述几个频域性能指标,都在一定程度上反映了稳定系统的动态和静态响应行为。

三、频率特性的求取方法

设系统的闭环传递函数为

$$G(s) = \frac{Y(s)}{R(s)} = \frac{b_m s^m + \cdots + b_0}{a_n s^n + \cdots + a_0} \tag{5-4}$$

式中,$a_0 、 \cdots 、 a_n$,$b_0 、 \cdots 、 b_m$ 均为实常数。

由定义可知,幅频特性 $A(\omega)$ 为系统在正弦输入作用下输出与输入稳态量的振幅比,相频特性 $\varphi(\omega)$ 为输出与输入稳态量的相位差,$A(\omega)$ 和 $\varphi(\omega)$ 统称为频率特性。频率特性 $G(j\omega)$ 可以表示为复数函数 $A(\omega)e^{j\varphi(\omega)}$ 的形式,它与系统的传递函数有如下重要关系:

$$G(s)|_{s=j\omega} = G(j\omega) = A(\omega)e^{j\varphi(\omega)} \tag{5-5}$$

式中

$$A(\omega) = |G(j\omega)| \tag{5-6}$$

$$\varphi(\omega) = \underline{/G(j\omega)} \tag{5-7}$$

也就是说,要求得频率特性 $G(j\omega)$,只要将传递函数 $G(s)$ 中的 s 以 $j\omega$ 来取代即可。

证明: 设系统的输入 $r(t) = A_m \sin\omega t$,振幅为 A_m,相位 $\varphi_r = \omega t$。

$$Y(s) = G(s)R(s) = \frac{b_m s^m + \cdots + b_0}{a_n s^n + \cdots + a_0}R(s) = \frac{b_m s^m + \cdots + b_0}{a_n s^n + \cdots + a_0}\frac{A_m \omega}{s^2 + \omega^2} \tag{5-8}$$

设系统极点互异,则

$$Y(s) = \sum_{i=1}^{n} \frac{C_i}{s - s_i} + \left(\frac{B}{s + j\omega} + \frac{D}{s - j\omega} \right) \tag{5-9}$$

式中,$B 、 D 、 C_i$ 均为待定系数。

对式 (5-9) 进行拉普拉斯反变换,有

$$y(t) = \sum_{i=1}^{n} C_i e^{s_i t} + (B e^{-j\omega t} + D e^{+j\omega t}) \tag{5-10}$$

对于稳定系统,s_i 均为负值,当 $t \to \infty$ 时,有 $\sum C_i e^{s_i t} \to 0$,故有

$$y_s(t) = B e^{-j\omega t} + D e^{+j\omega t} \tag{5-11}$$

$y_s(t)$ 是系统动态响应 $y(t)$ 中的稳态分量,这恰是所要求解的部分。其中

$$B = G(s)\frac{A_m\omega}{s^2+\omega^2}(s+j\omega)\bigg|_{s=-j\omega} = G(-j\omega)A_m\frac{\omega}{-2j\omega}$$

$$= |G(j\omega)|e^{-j\underline{/G(j\omega)}}A_m\frac{1}{-2j} = \frac{|G(j\omega)|}{2}A_m e^{-j\left[\underline{/G(j\omega)}-\frac{\pi}{2}\right]}$$

$$D = \frac{|G(j\omega)|}{2}A_m e^{j\left[\underline{/G(j\omega)}-\frac{\pi}{2}\right]}$$

同理有

可得

$$y_s(t) = \frac{|G(j\omega)|}{2}A_m\{e^{-j\left[\omega t+\underline{/G(j\omega)}-\pi/2\right]} + e^{j\left[\omega t+\underline{/G(j\omega)}-\pi/2\right]}\}$$

$$= \frac{|G(j\omega)|}{2}2A_m\cos\left(\omega t+\underline{/G(j\omega)}-\frac{\pi}{2}\right)$$

$$= |G(j\omega)|A_m\sin\left(\omega t+\underline{/G(j\omega)}\right) \tag{5-12}$$

所以，系统的稳态输出是与输入同频率的正弦振荡，其振幅 A_y 与相位 φ_y 分别为

$$\begin{cases} A_y = |G(j\omega)|A_m \\ \varphi_y = \omega t + \underline{/G(j\omega)} \end{cases}$$

系统稳态输出与输入的振幅比（幅频特性）为

$$A(\omega) = \frac{A_y}{A_m} = |G(j\omega)| = |G(s)|_{s=j\omega} \tag{5-13}$$

系统稳态输出与输入的相位差（相频特性）为

$$\varphi(\omega) = \varphi_y - \varphi_r = (\omega t + \underline{/G(j\omega)}) - \omega t = \underline{/G(j\omega)} = \underline{/G(s)}|_{s=j\omega} \tag{5-14}$$

系统的频率特性为

$$A(\omega)e^{j\varphi(\omega)} = |G(j\omega)|e^{j\underline{/G(j\omega)}} = G(j\omega) = G(s)|_{s=j\omega} \tag{5-15}$$

式（5-5）由此得证。

根据频率特性的物理定义，也不难通过实验方法获取系统的频率特性。

需要注意的是：

1）频率特性既可用于描述一个系统，也可用于描述系统的一个元件。

2）频率特性只适用于描述线性系统。

3）频率特性虽然定义为系统在正弦输入作用下的稳态输出与输入的复数比，但它也是系统的动态数学模型描述，因为它包含着系统变化过程的动态信息。

四、系统时域响应与频率特性之间的一般关系

设线性定常系统的输入信号 $r(t)$ 和输出信号 $y(t)$ 均满足狄里赫利条件，并且绝对可积，则可求得傅里叶变换如下：

$$R(j\omega) = \int_{-\infty}^{+\infty} r(t)e^{-j\omega t}dt$$

$$Y(j\omega) = \int_{-\infty}^{+\infty} y(t)e^{-j\omega t}dt$$

根据频率特性的定义知，系统的频率特性为

$$G(j\omega) = \frac{Y(j\omega)}{R(j\omega)} = |G(j\omega)| e^{j\angle G(j\omega)}$$

$$= A(\omega) e^{j\varphi(\omega)} = A(\omega)\cos\varphi(\omega) + jA(\omega)\sin\varphi(\omega)$$

根据傅里叶反变换的定义知，输出的时域响应为

$$y(t) = \frac{1}{2\pi}\int_{-\infty}^{+\infty} Y(j\omega) e^{j\omega t} d\omega = \frac{1}{2\pi}\int_{-\infty}^{+\infty} G(j\omega) R(j\omega) e^{j\omega t} d\omega$$

显然，已知系统的频率特性 $G(j\omega)$ 和输入信号的频谱 $R(j\omega)$，根据上式就可以求得系统输出的时域响应。

由于单位脉冲信号的傅里叶变换为 1，当输入为单位脉冲信号时，系统的脉冲响应为

$$g(t) = \frac{1}{2\pi}\int_{-\infty}^{+\infty} G(j\omega) e^{j\omega t} d\omega \qquad (5\text{-}16)$$

式（5-16）的左侧是稳定的时域响应，右侧积分式中的 $G(j\omega)$ 为系统的频率特性，这便是系统频率特性与时域响应之间的一般数学关系。所以，根据频率特性可以研究系统的时域响应。

当系统输入为单位阶跃信号时，即 $r(t) = 1(t)$，系统输出的单位阶跃响应 $h(t)$ 可以用卷积公式求得：

$$h(t) = \int_0^t g(t-\tau) r(\tau) d\tau = \int_0^t g(t-\tau) d\tau \qquad (5\text{-}17)$$

下面，我们对用频率特性研究系统时域响应的物理意义进行说明。

我们知道，一个满足狄里赫利条件的周期函数 $f(t)$ 可以用收敛的傅里叶级数表示，其复数形式为

$$f(t) = \sum_{n=-\infty}^{+\infty} C_n e^{jn\omega t}, \qquad n = \cdots, -1, 0, 1, 2, \cdots, k, \cdots \qquad (5\text{-}18)$$

式中，$C_n = \frac{1}{T}\int_{-\frac{T}{2}}^{\frac{T}{2}} f(t) e^{-jn\omega t} dt$。

因此，$f(t)$ 为各次谐波的正弦函数叠加而成。系数 C_n 的幅值与相位表示了 n 次谐波的幅值和相位数。这些系数的集合称为输入周期信号 $f(t)$ 的频谱。由式（5-18）知，周期信号的频谱是离散的。

满足狄里赫利条件的非周期函数（连续函数）$f(t)$ 如果是绝对可积，就可以用傅里叶积分表示，即

$$f(t) = \frac{1}{2\pi}\int_{-\infty}^{+\infty} F(j\omega) e^{j\omega t} d\omega \qquad (5\text{-}19)$$

而

$$F(j\omega) = \int_{-\infty}^{+\infty} f(t) e^{-j\omega t} dt \qquad (5\text{-}20)$$

称为 $f(t)$ 的傅里叶变换。其实质是将一个非周期时间函数 $f(t)$ 分解为无限多个复数正弦函数，每一个正弦函数的幅值可以由傅里叶变换得到。

所以，非周期函数的频谱一般用 $F(j\omega)$ 表示，它是一个连续的频谱。单位阶跃函数的频

谱便是一个频率从 0 到无穷大的连续频谱，且随着频率 ω 的增高幅值成反比衰减。

　　系统的频率特性决定了系统在不同频率的正弦信号输入下的响应。由于线性系统满足叠加原理，所以，周期信号作用于系统，等效于多个具有离散频谱的正弦信号同时作用于系统，系统输出为所有正弦响应的同时线性叠加。同理，非周期信号作用于系统，等效于组成此非周期信号的各频率正弦信号作用于系统。研究系统不同频率正弦信号的响应情况，就可以研究系统对任意非周期信号的响应特性，从而研究特定时域的响应性能，这便是式（5-16）和式（5-17）的物理意义。

第二节　典型环节的频率特性

　　系统通常是由若干典型环节所组成。因此，掌握典型环节的频率特性，是深入掌握系统特性的基础。

一、惯性环节（一阶系统）

传递函数

$$G(s) = \frac{1}{Ts + 1} \tag{5-21}$$

频率特性

$$G(j\omega) = \frac{1}{j\omega T + 1} \tag{5-22}$$

频率特性一般有以下三种图示形式：

1）幅频 $A(\omega)$ 和相频 $\varphi(\omega)$ 特性曲线（在直角坐标系直接图示）。

2）对数频率特性曲线（又称 Bode 图）。

3）幅相频率特性曲线（又称极坐标图 Polar Plot）。

下面结合一阶系统的频率特性讨论，分别加以介绍。

1. 幅频 $A(\omega)$ 和相频 $\varphi(\omega)$ 特性曲线

根据

$$G(j\omega) = |G(j\omega)| e^{j\angle G(j\omega)} = \frac{1}{\sqrt{\omega^2 T^2 + 1}} e^{-j\arctan(\omega T)} = A(\omega) e^{j\varphi(\omega)}$$

幅频特性为

$$A(\omega) = \frac{1}{\sqrt{\omega^2 T^2 + 1}} \tag{5-23}$$

相频特性为

$$\varphi(\omega) = -\arctan(\omega T) \tag{5-24}$$

　　当 ω 从 $0 \rightarrow \infty$ 变化时，在直角坐标系中可得一阶系统的 $A(\omega)$、$\varphi(\omega)$ 特性曲线，如图 5-4 所示。由图可知：

1）$A(\omega)$ 从 1 开始单调衰减，无谐振峰值。其中 $A(0) = 1$，$A(\infty) = 0$，$\varphi(\omega)$ 由 $0 \rightarrow -\pi/2$。当 $\omega = 1/T$ 时，有

$$\begin{cases} A(\omega) = 0.707A(0) \\ \varphi(\omega) = -\pi/4 \end{cases}$$

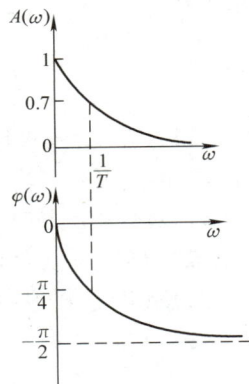

图 5-4　一阶系统的幅频和相频特性

2）由频带宽的定义，当 $A(\omega)$ 衰减到 $A(0)$ 的 0.707 时所对应的角频率为频带宽度。因此，$\omega_b = 1/T$。由于一阶系统阶跃响应的调节时间 $t_s = 3T = 3/\omega_b$，所以，频带越宽，调节时间越短。

2. 对数频率特性曲线（Bode 图）

假设一个控制系统由三个环节串联组成，其开环传递函数为

$$G(s) = G_1(s)G_2(s)G_3(s) = (1 + T_1 s)\frac{1}{s}\frac{K}{1 + T_2 s}$$

它的幅频特性和相频特性分别为

$$\begin{cases} A(\omega) = \sqrt{1 + (\omega T_1)^2}\,\dfrac{1}{\omega}\dfrac{K}{\sqrt{1 + (\omega T_2)^2}} \\ \varphi(\omega) = \arctan(\omega T_1) - 90° - \arctan(\omega T_2) \end{cases}$$

由于相频 $\varphi(\omega)$ 为加减运算，比较容易。而幅频 $A(\omega)$ 为乘除运算，比较麻烦。为使计算简单一些，对 $A(\omega)$ 取以 10 为底的常用对数，得

$$\lg A(\omega) = \lg \sqrt{1 + (\omega T_1)^2} + \lg \frac{1}{\omega} + \lg \frac{K}{\sqrt{1 + (\omega T_2)^2}}$$

这样，就把 $A(\omega)$ 的乘除运算变成为加减运算。$\varphi(\omega)$ 本身就是加减运算，不用再取对数。

通常在对数 $\lg A(\omega)$ 前面乘以 20，使其计算单位变成分贝，用 dB 表示，称 $L(\omega) = 20\lg A(\omega)$ 为对数幅频特性。在图示幅频、相频特性曲线时，为了能把一个较宽频率范围的图形紧凑地表示在一张尺寸合适的图纸上，横轴 ω 采用对数分度，这对扩展频率特性的低、高频大为方便。这样就形成了一个半对数坐标系，如图 5-5 所示。

有了以上知识，就可以画出一阶系统的对数幅频、相频特性曲线了。

（1）对数幅频特性曲线　已知一阶系统的幅频特性为

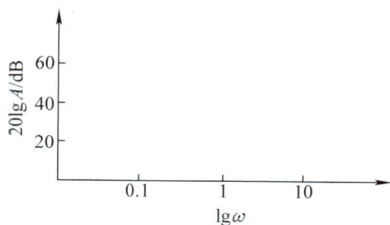

图 5-5　半对数坐标系

$$A(\omega) = \frac{1}{\sqrt{\omega^2 T^2 + 1}}$$

$$\begin{aligned} L(\omega) &= 20\lg|G(j\omega)| = 20\lg A(\omega) \\ &= 20\lg \frac{1}{\sqrt{\omega^2 T^2 + 1}} = 20\lg 1 - 20\lg \sqrt{\omega^2 T^2 + 1} = -20\lg \sqrt{\omega^2 T^2 + 1} \end{aligned}$$

对 ω 不同的值，逐点求得相应的分贝值，在半对数坐标系中绘出的对数幅频特性如图 5-6 中虚线所示。由图可见，随着 ω 的增加，一阶系统的对数幅频特性 $L(\omega)$ 由 0dB 逐渐下降至 $-\infty$。

（2）对数相频特性曲线　相频特性的表达式为 $\varphi(\omega) = -\arctan(\omega T)$。当 ω 取不同的值时，逐点求得相应弧度值，绘出的对数相频特性如图 5-6 中曲线②所示。由图可见，随 ω 增加，$\varphi(\omega)$ 从 0 变化至 $-\pi/2$。

当 $\omega = 1/T$ 时

$$\begin{aligned} L(\omega) &= 20\lg A(\omega) = -20\lg \sqrt{\omega^2 T^2 + 1} \\ &= -20\lg \sqrt{2} = -3\text{dB} \end{aligned}$$

$$\varphi(\omega) = -\arctan(\omega T) = -\frac{\pi}{4}$$

所以，在对数图中，一阶系统的频带宽 ω_b 可由 $20\lg A(\omega)$ 衰减至 $-3\mathrm{dB}$，或者由 $\varphi(\omega)$ 等于 $-\pi/4$ 时所对应的 ω 值确定。一阶系统（惯性环节）的频率特性 $1/(\mathrm{j}\omega T+1)$ 具有低通滤波器的作用。这是因为，对于高于 $\omega=1/T$ 的频率，其对数幅值迅速地向 $-\infty$ 降落。这说明，在一阶系统中，输出仅可正确地跟踪低频输入。在高频（$\omega \gg 1/T$）时，由于输出的幅值趋近于零，输出的相角趋近于 $-90°$，所以，如果输入函数中包含有许多谐波成分，经过此环节后，

図 5-6　一阶系统的对数频率特性

输入中的低频分量能够得到较为准确的反映。而高频分量的幅值由于被严重衰减，并产生较大相位移，输入中的高频分量几乎不能得到反映。因此，一阶系统（元件）只能较精确地复现定常或缓慢变化的信号。

（3）$20\lg A(\omega)$ 的实用（近似）曲线　由于 $20\lg A(\omega)$ 是一条曲线，需要计算许多点才能精确绘制出来。在实际中，常用近似曲线来取代。

对于一阶系统，已知 $L(\omega)=20\lg A(\omega)=-20\lg\sqrt{\omega^2 T^2+1}$，当 $\omega \ll 1/T$ 时，即 $\omega T \ll 1$ 时，$\omega^2 T^2$ 可忽略，即有

$$20\lg A(\omega) \approx -20\lg 1 = 0$$

亦即，在 $\omega \ll 1/T$ 范围内，$20\lg A(\omega)$ 可近似看作 $0\mathrm{dB}$ 的一条水平直线。

同理，当 $\omega \gg 1/T$ 时，即 $\omega T \gg 1$ 时

$$20\lg A(\omega) \approx -20\lg(\omega T)$$

亦即在 $\omega \gg 1/T$ 范围内，$20\lg A(\omega)$ 可近似看作一条斜线。另外

$\omega=1/T$ 时，$-20\lg(\omega T)=-20\lg 1=0\mathrm{dB}$（原应为 $-3\mathrm{dB}$）

$\omega=10/T$ 时，$-20\lg(\omega T)=-20\lg 10=-20\mathrm{dB}$

$\omega=10^2/T$ 时，$-20\lg(\omega T)=-20\lg 100=-40\mathrm{dB}$

$\omega=10^n/T$ 时，$-20\lg(\omega T)=-20\lg 10^n=-20n\mathrm{dB}$

可见，ω 每上升 10 倍，$-20\lg(\omega T)$ 下降 $20\mathrm{dB}$。所以，$-20\lg(\omega T)$ 是一条斜率为 $-20\mathrm{dB/dec}$（dec 读作十倍频程）的直线。

综上所述，惯性环节的对数幅频特性可近似为

$\omega \leqslant 1/T$，取 $20\lg A(\omega)=0$，即 $L(\omega)=0$

$\omega \geqslant 1/T$，取 $20\lg A(\omega)=-20\lg(\omega T)$，即 $L(\omega)=-20\lg(\omega T)$

故一阶系统（惯性环节）的对数幅频特性曲线 $L(\omega)$ 可近似看作由两条直线组成：以 $\omega=1/T$ 为转折频率，$\omega<1/T$ 取 $0\mathrm{dB}$ 的水平直线，$\omega>1/T$ 时取斜率为 $-20\mathrm{dB/dec}$ 的直线，如图 5-6 中曲线①所示。

可见，以直线取代曲线作图很方便，而产生的最大误差在 $\omega=1/T$ 处，其值为 $-3\mathrm{dB}$。此外，若时间常数 T 改变，对数幅频、相频特性曲线的形状完全不变，只需将曲线左右平移至

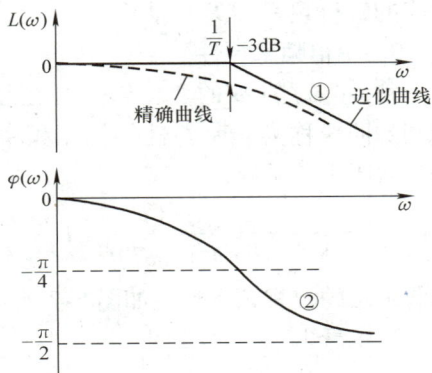

相应的转折频率 $1/T$ 处即可。

3. 幅相频率特性

将 $G(j\omega)$ 随 ω 的变化轨迹画在复数平面上，所得到的曲线称为频率特性的幅相频率特性或极坐标图。对于一阶系统，有

$$G(j\omega) = \frac{1}{1+j\omega T} = \frac{1}{1+(\omega T)^2} - j\frac{\omega T}{1+(\omega T)^2} = U + jV$$

据此画出的幅相频率特性如图 5-7 所示。

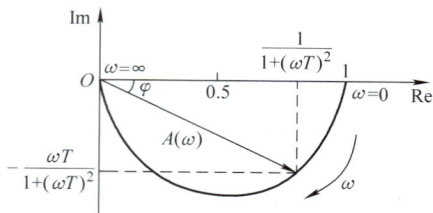

图 5-7　一阶系统的幅相频率特性

不难看出，$\omega = 1/T$ 时

$$G(j\omega) = \frac{1}{2} - j\frac{1}{2}$$

$$A(\omega) = 1/\sqrt{2} = 0.707$$

$$\varphi(\omega) = -45°$$

当 ω 从 0 变到 $1/T$ 时，$A(\omega)$ 变化较小——信号衰减较慢；

当 $\omega > 5/T$ 时，$A(\omega) \to 0$，$\varphi(\omega) \to -90°$——信号衰减较快。

由此亦可看出一阶系统的低通频率特性。另外，由于

$$\left(U - \frac{1}{2}\right)^2 + V^2 = \left[\frac{1-\omega^2 T^2}{2(1+\omega^2 T^2)}\right]^2 + \left[\frac{-\omega T}{1-\omega^2 T^2}\right]^2 = \left(\frac{1}{2}\right)^2$$

所以，对应 $0 \leqslant \omega \leqslant \infty$，一阶系统的幅相频率特性是一个以（0.5，j0）为圆心，0.5 为半径的半圆。

二、振荡环节（二阶系统）

典型振荡环节的传递函数为

$$G(s) = \frac{\omega_n^2}{s^2 + 2\zeta\omega_n s + \omega_n^2} \tag{5-25}$$

将 $s = j\omega$ 代入，得

$$G(j\omega) = \frac{\omega_n^2}{(j\omega)^2 + 2\zeta\omega_n(j\omega) + \omega_n^2} \tag{5-26}$$

1. 幅频特性 $A(\omega)$ 及相频特性 $\varphi(\omega)$

$$A(\omega) = |G(j\omega)| = \frac{\omega_n^2}{\sqrt{(\omega_n^2 - \omega^2)^2 + (2\zeta\omega_n\omega)^2}}$$

$$= \frac{1}{\sqrt{\left[1 - \left(\frac{\omega}{\omega_n}\right)^2\right]^2 + \left(2\zeta\frac{\omega}{\omega_n}\right)^2}} \tag{5-27}$$

$$\varphi(\omega) = \underline{/G(j\omega)} = -\arctan\frac{2\zeta\omega_n\omega}{\omega_n^2 - \omega^2} = -\arctan\frac{2\zeta\frac{\omega}{\omega_n}}{1 - \left(\frac{\omega}{\omega_n}\right)^2} \tag{5-28}$$

从式（5-27）、式（5-28）可知，当 ω 从 $0\to\infty$ 变化时，$A(\omega)$ 从 1 开始，最终衰减为零，有无峰值取决于阻尼比 ζ 的取值。而相频 $\varphi(\omega)$ 则由 $0\to-\pi$。

振荡环节的频率特性有两个特征点：

特征点 1

$\omega=\omega_n$ 时

$$\begin{cases} A(\omega_n)=\dfrac{1}{2\zeta} \\ \varphi(\omega_n)=-\pi/2 \end{cases}$$

特征点 2

令 $\dfrac{dA(\omega)}{d(\omega)}=0$，可求得 $A(\omega)$ 的谐振频率为

$$\omega_r=\omega_n\sqrt{1-2\zeta^2} \tag{5-29}$$

将 ω_r 代入 $A(\omega)$ 中，可得振荡环节的谐振峰值

$$A_r=\frac{1}{2\zeta\sqrt{1-\zeta^2}} \tag{5-30}$$

振荡环节的 $A(\omega)$ 和 $\varphi(\omega)$ 曲线如图 5-8 所示。

由式（5-29）、式（5-30）可以看出：

1）当 $0.707\leqslant\zeta<1$ 时，ω_r 为虚数，说明谐振频率不存在，不会有谐振峰值发生，$A(\omega)$ 随频率的变化是单调衰减的。应当指出的是，此时环节的阶跃响应随时间的变化仍为振荡性质的，但是，振幅随频率的变化却是单调衰减的。

2）当 $0<\zeta<0.707$ 时，ω_r 为实数，$A(\omega)$ 出现峰值，$A_r=\dfrac{1}{2\zeta\sqrt{1-\zeta^2}}>1$。并且，$\zeta$ 越小，谐振峰值 A_r 及谐振频率 ω_r 越高，并有 $\omega_r=\omega_n\sqrt{1-2\zeta^2}<\omega_n$。

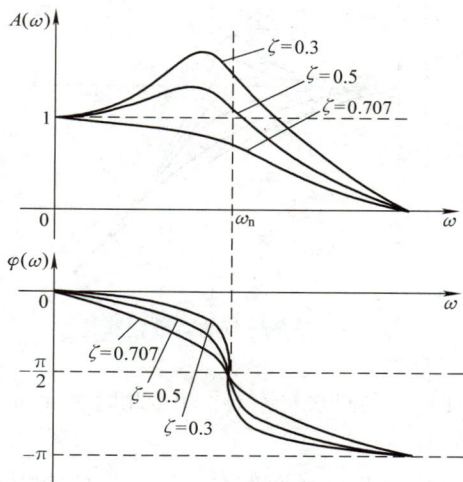

图 5-8　振荡环节的 $A(\omega)$ 和 $\varphi(\omega)$ 曲线

3）$\zeta=0$，$A_r\to\infty$，$\omega\to\omega_n$，谐振频率与环节的自然振荡频率相同，引起环节共振，处于临界不稳定状态。

4）$\zeta=0.707$ 时，阶跃响应即快又稳，比较理想（也称为"二阶最佳"）。在 $\zeta=0.707$，$\omega=\omega_n$ 时，可由式（5-27）解出

$$A(\omega)=\frac{1}{\sqrt{\left(1-\left(\dfrac{\omega}{\omega_n}\right)^2\right)^2+\left(\dfrac{2}{\sqrt 2}\dfrac{\omega}{\omega_n}\right)^2}}=0.707$$

亦即这种情况下的频带宽 $\omega_b=\omega_n$。

5）当 $\zeta\gg1$ 时，幅频特性与一阶系统相似（当 ζ 足够大时，可将二阶系统 $G(s)$ 的一个

极点忽略，近似为一阶系统）。

2. 对数频率特性

$$L(\omega) = 20\lg A(\omega) = 20\lg \frac{1}{\sqrt{\left(1 - \left(\dfrac{\omega}{\omega_n}\right)^2\right)^2 + \left(2\zeta\dfrac{\omega}{\omega_n}\right)^2}}$$

$$= -20\lg\sqrt{\left(1 - \left(\dfrac{\omega}{\omega_n}\right)^2\right)^2 + \left(2\zeta\dfrac{\omega}{\omega_n}\right)^2}$$

$$\varphi(\omega) = \underline{/G(j\omega)} = -\arctan\frac{2\zeta\dfrac{\omega}{\omega_n}}{1 - \left(\dfrac{\omega}{\omega_n}\right)^2}$$

对于不同的 ζ 值，可绘出相应的对数频率特性曲线如图 5-9 和图 5-10 所示。

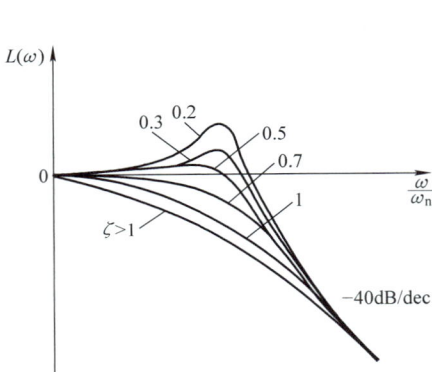

图 5-9　振荡环节的对数幅频特性　　　　图 5-10　振荡环节的相频特性

由频带宽度的定义可知，此时频带 ω_b 应对应于 $20\lg A(\omega)$ 衰减至 $-3\mathrm{dB}$ 时所对应的角频率。

同样，振荡环节的对数幅频特性曲线也可近似表示。

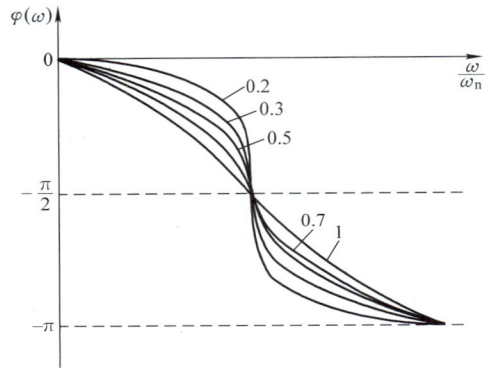

当 $\omega/\omega_n \ll 1$ 时，忽略 ω/ω_n 的影响，可得

$$20\lg A(\omega) \approx -20\lg 1 = 0$$

当 $\omega/\omega_n \gg 1$ 时，可有

$$20\lg A(\omega) \approx -20\lg\sqrt{\left[1 - \left(\frac{\omega}{\omega_n}\right)^2\right]^2} \approx -20\lg\left(\frac{\omega}{\omega_n}\right)^2 = -40\lg\frac{\omega}{\omega_n}$$

上式为 $\lg\omega$ 的一次函数，故在半对数坐标中为一条直线，直线的斜率为 $-40\mathrm{dB/dec}$。所以振荡环节对数幅频特性曲线的近似作法是：以 ω_n 为分界线，当 $\omega < \omega_n$ 时，取 $20\lg A(\omega) = 0$。当 $\omega > \omega_n$ 时，取斜率为 $-40\mathrm{dB/dec}$ 的直线。在 $\omega = \omega_n$ 处，产生的误差为 $20\lg A(\omega) = -20\lg(2\zeta)$。在 $\zeta = 0.4 \sim 0.7$ 时，曲线的近似程度较好，ζ 过大、过小都会存在较大误差。

3. 幅相频率特性

根据式 (5-25)

$$G(j\omega) = \frac{\omega_n^2}{(j\omega)^2 + 2\zeta\omega_n(j\omega) + \omega_n^2}$$

$$= \frac{1 - \left(\dfrac{\omega}{\omega_n}\right)^2}{\left(1 - \dfrac{\omega^2}{\omega_n^2}\right)^2 + \left(2\zeta\dfrac{\omega}{\omega_n}\right)^2}$$

$$- j\frac{2\zeta\dfrac{\omega}{\omega_n}}{\left(1 - \dfrac{\omega^2}{\omega_n^2}\right)^2 + \left(2\zeta\dfrac{\omega}{\omega_n}\right)^2} = U + jV$$

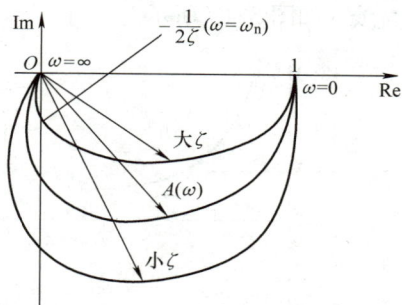

图 5-11　振荡环节的幅相特性

据此在复平面上可画出幅相频率特性曲线如图 5-11 所示。

（1）当 $\omega = 0$ 时，$U(\omega) = 1$，$V(\omega) = 0$。起始点在实轴上的 （1，j0） 处。

（2）当 $\omega = \omega_n$ 时，$U(\omega) = 0$，$V(\omega) = -\dfrac{1}{2\zeta}$。此时幅相频率特性与负虚轴相交。

（3）当 $\omega \to \infty$ 时，$A(\omega) = 0$，$\varphi(\omega) \to -\pi$，$G(j\omega)$ 与负实轴相切并终止于坐标原点。

因此，振荡环节的幅相频率特性是从正实轴开始，经过第四象限，穿过负虚轴，在第三象限与负实轴相切，终止于坐标原点。若 $\zeta \leqslant 0.707$，$A(\omega)$ 会有一个大于 1 的幅值，其大小则取决于 ζ 值的大小。

三、积分环节

积分环节的传递函数为

$$G(s) = \frac{1}{s} \tag{5-31}$$

频率特性为

$$G(j\omega) = \frac{1}{j\omega} = \frac{1}{\omega}e^{-j\left(\frac{\pi}{2}\right)} \tag{5-32}$$

1. 幅频特性 $A(\omega)$ 及相频特性 $\varphi(\omega)$

$$A(\omega) = \frac{1}{\omega} \tag{5-33}$$

$$\varphi(\omega) = -\frac{\pi}{2} \tag{5-34}$$

如图 5-12 所示，幅频特性为双曲函数，随 ω 变化逐渐衰减到零。相频特性为一常数 $-\pi/2$，与 ω 变化无关。

这种环节是相位滞后环节，它的低通特性较好。

2. 对数频率特性

$$20\lg A(\omega) = -20\lg\omega$$

$$\varphi(\omega) = -\frac{\pi}{2}$$

积分环节的对数幅频特性是一条斜率为 $-20\mathrm{dB/dec}$ 的直线，相频特性为一条 $-\pi/2$ 的水平直线，如图 5-13 所示。

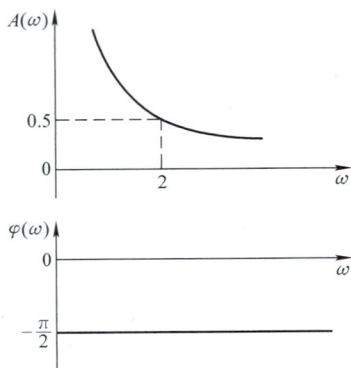

图 5-12　积分环节的 $A(\omega)$ 和 $\varphi(\omega)$

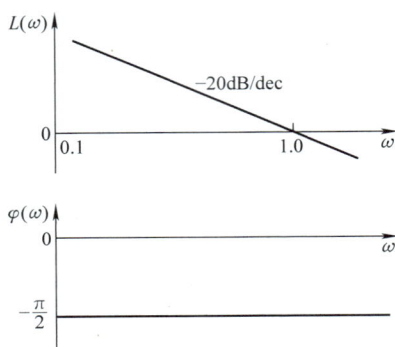

图 5-13　积分环节的对数频率特性

若有 n 个积分环节串联时，则有

$$G(j\omega) = \frac{1}{(j\omega)^n} \rightarrow \begin{cases} 20\lg A(\omega) = 20\lg\left|\frac{1}{(j\omega)^n}\right| = -20n\lg\omega \\ \varphi(\omega) = -\frac{n\pi}{2} \end{cases}$$

可见，有 n 个积分环节串联，其合成对数幅频特性曲线为一条斜率为 $-n \times 20\mathrm{dB/dec}$ 的直线，相频特性为 $-n \times \pi/2$ 的水平直线。

3. 幅相频率特性

根据

$$G(j\omega) = \frac{1}{j\omega} = -j\frac{1}{\omega} = U + jV = 0 - j\frac{1}{\omega}$$

不难看出，ω 从 $0 \rightarrow \infty$ 变化时，幅相频率特性是沿负虚轴变化的一条直线，如图 5-14 所示。

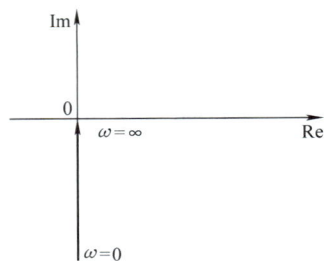

图 5-14　积分环节的
幅相特性

四、微分环节

微分环节分为理想微分环节和一阶微分环节。

理想微分环节的传递函数为

$$G(s) = s \tag{5-35}$$

频率特性为

$$G(j\omega) = j\omega \tag{5-36}$$

1. 幅频特性 $A(\omega)$ 及相频特性 $\varphi(\omega)$

$$A(\omega) = \omega \tag{5-37}$$

$$\varphi(\omega) = \frac{\pi}{2} \tag{5-38}$$

如图 5-15 所示，幅频特性为一条直线。相频特性为一常数 $\pi/2$，与 ω 变化无关。不难看出，这种环节有相位超前和高通特性。

2. 对数频率特性

$$20\lg A(\omega) = 20\lg\omega$$

$$\varphi(\omega) = \frac{\pi}{2}$$

如图 5-16 所示，对数幅频特性是一条斜率为 +20dB/dec 的直线，相频特性是一条高度为 $\pi/2$ 的水平直线。

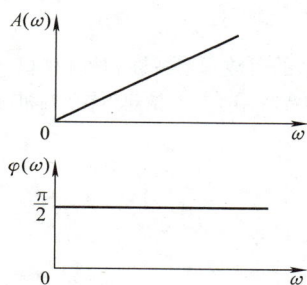

图 5-15　微分环节的 $A(\omega)$ 和 $\varphi(\omega)$　　　图 5-16　微分环节的对数频率特性

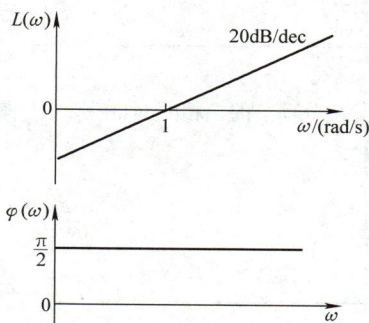

3. 幅相频率特性

$$G(\mathrm{j}\omega) = \mathrm{j}\omega = U + \mathrm{j}V = 0 + \mathrm{j}\omega$$

当 ω 从 $0\to\infty$ 变化时，幅相频率特性是一条沿正虚轴变化的直线，如图 5-17 所示。

一阶微分环节的传递函数为 $G(s) = 1 + \tau s$，频率特性为 $G(\mathrm{j}\omega) = 1 + \mathrm{j}\omega\tau$，其对数频率特性和幅相频率特性如图 5-18 所示。

五、比例环节

传递函数

$$G(s) = G(\mathrm{j}\omega) = K \tag{5-39}$$

1. 幅频特性 $A(\omega)$ 及相频特性 $\varphi(\omega)$

$$A(\omega) = K \tag{5-40}$$

$$\varphi(\omega) = 0 \tag{5-41}$$

2. 对数频率特性

$$20\lg A(\omega) = 20\lg K$$

幅频 $A(\omega)$、相频 $\varphi(\omega)$ 及对数频率特性如图 5-19 所示。

当 $K > 1$ 时，$20\lg K > 0$，对输入有放大作用；

当 $K < 1$ 时，$20\lg K < 0$，对输入有衰减作用。

3. 幅相频率特性

$$G(\mathrm{j}\omega) = U + \mathrm{j}V = K$$

相应的图形如图 5-20 所示，它只是复数平面正实轴上的一个点。

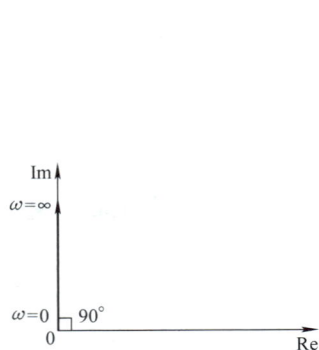

图 5-17 微分环节的幅相频率特性

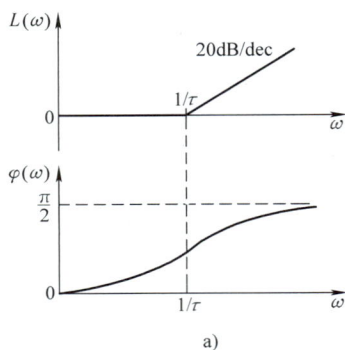

图 5-18 一阶微分环节的对数频率特性和幅相频率特性

a）一阶微分环节的对数频率特性 b）一阶微分环节的幅相频率特性

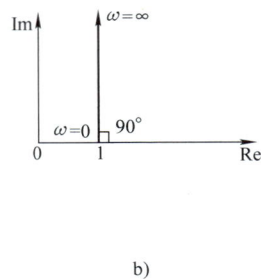

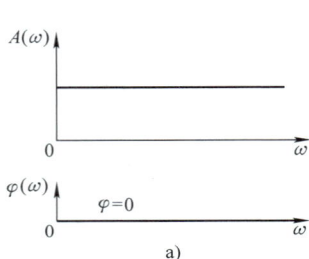

图 5-19 比例环节的 $A(\omega)$ 和 $\varphi(\omega)$ 以及对数频率特性

a）比例环节的 $A(\omega)$ 和 $\varphi(\omega)$ b）比例环节的对数频率特性

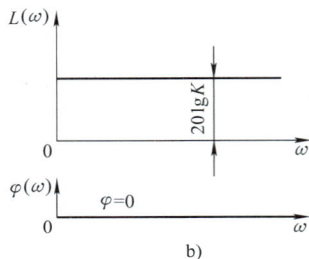

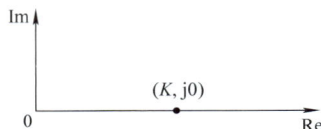

图 5-20 比例环节的幅相特性

六、一阶不稳定环节

传递函数

$$G(s) = \frac{1}{Ts-1} \tag{5-42}$$

由于特征方程中有负号，故环节不稳定。其频率特性为

$$G(j\omega) = \frac{1}{j\omega T - 1} = \frac{1}{\sqrt{\omega^2 T^2 + (-1)^2}} e^{-j[-\pi + \arctan(\omega T)]} \tag{5-43}$$

幅频与相频特性分别为

$$A(\omega) = |G(j\omega)| = \frac{1}{\sqrt{\omega^2 T^2 + 1}} \tag{5-44}$$

$$\varphi(\omega) = -\pi + \arctan(\omega T) \tag{5-45}$$

与一阶惯性环节相比较，幅频特性相同，而相频特性则不同。如图 5-21 所示，当 ω 从 $0 \to \infty$ 变化时，惯性环节的 $\varphi(\omega)$ 从 $0 \to -\pi/2$，一阶不稳定环节的 $\varphi(\omega)$ 则从 $-\pi \to -\pi/2$，起始相角的绝对值较惯性环节要大。故称一阶不稳定环节为非最小相位环节。

定义：在右半 s 平面无极点和零点的传递函数称为最小相位传递函数，反之则称为非最小相位传递函数，与此相对应的系统亦称为最小相位系统和非最小相位系统。

若系统中存在非最小相位环节，由于非最小相位环节产生较大的相位滞后，会影响系统的稳定性与快速性。

判别方法：对于最小相位系统，$\omega = 0 \to \infty$ 变化时，$\varphi(\omega) = 0 \to -90°(n-m)$。而对于非最小相位系统，$\varphi(\omega)$ 则不满足此关系。其中 $n-m$ 为传递函数的极点个数与零点个数之差。

在分析系统时，一般只有对最小相位系统，才能依据 A_m 和 ω_b 等频域性能指标分析系统性能。

七、延迟环节（典型的非最小相位环节）

传递函数与频率特性分别为

$$G(s) = e^{-Ts} \tag{5-46}$$
$$G(j\omega) = e^{-j T\omega} = \cos\omega T - j\sin\omega T \tag{5-47}$$

幅频特性与相频特性分别为

$$A(\omega) = 1 \tag{5-48}$$
$$\varphi(\omega) = -\omega T \tag{5-49}$$

对数幅频特性为

$$L(\omega) = 20\lg A(\omega) = 0 \tag{5-50}$$

延迟环节的相频特性是随 ω 线性变化的，而幅频特性是不随 ω 变化的常数。

对数幅频特性在伯德图上是一条沿 ω 轴变化的水平直线，相频特性则是按照指数规律变化的曲线。

幅相频率特性在复数平面上为一个单位圆。

延迟环节的幅相频率特性和对数频率特性分别如图 5-22、图 5-23 所示。

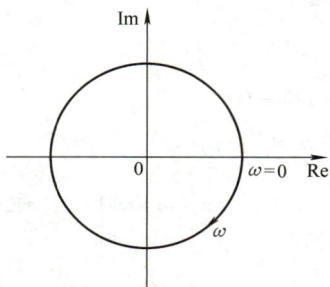

图 5-21　一阶不稳定环节的对数频率特性

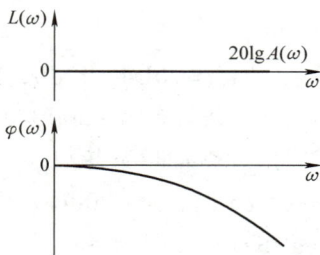

图 5-22　延迟环节的幅相频率特性

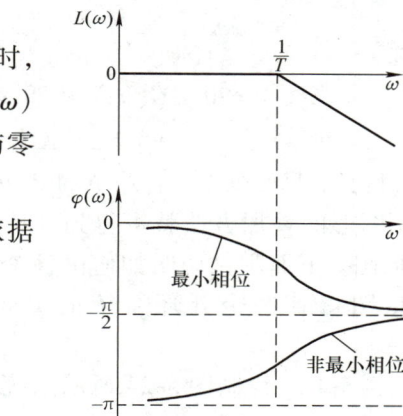

图 5-23　延迟环节的对数频率特性

第三节　开环系统对数频率特性图的绘制

一、系统开环对数频率特性图（Bode 图）

由各典型环节串联组成的开环系统，其对数幅频、相频特性之间为加、减关系。设

$$G(\mathrm{j}\omega) = G_1(\mathrm{j}\omega) G_2(\mathrm{j}\omega) G_3(\mathrm{j}\omega) \cdots G_n(\mathrm{j}\omega) \tag{5-51}$$

则有

$$L(\omega) = 20\lg|G(\mathrm{j}\omega)| = 20\lg|G_1(\mathrm{j}\omega)| + 20\lg|G_2(\mathrm{j}\omega)| + \cdots + 20\lg|G_n(\mathrm{j}\omega)| \tag{5-52}$$

$$\varphi(\omega) = \underline{/G(\mathrm{j}\omega)} = \underline{/G_1(\mathrm{j}\omega)} + \underline{/G_2(\mathrm{j}\omega)} + \cdots + \underline{/G_n(\mathrm{j}\omega)} \tag{5-53}$$

　　因此，只要画出了各环节的 Bode 图后，利用图形的叠加方法就可得到开环系统的 Bode 图。下面举例说明如何由各个环节的 Bode 图得到一个开环系统的 Bode 图的方法。

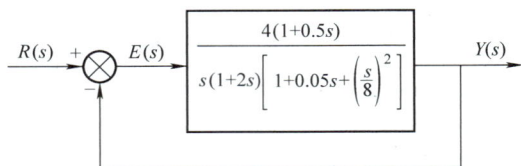

图 5-24　例 5-1 系统结构

例5-1　绘制图 5-24 所示系统的开环 Bode 图。

　　解：由图 5-24 可知，系统的开环频率特性为

$$G(\mathrm{j}\omega) = \frac{4(1 + \mathrm{j}0.5\omega)}{\mathrm{j}\omega(1 + \mathrm{j}2\omega)\left(1 + \mathrm{j}0.05\omega + \left(\dfrac{\mathrm{j}\omega}{8}\right)^2\right)}$$

　　按照上式，可以将系统看作是由比例、积分、惯性、一阶微分和振荡环节组成的开环系统。对数幅频和相频特性分别为

$$\begin{aligned}
L(\omega) &= L_1(\omega) + L_2(\omega) + L_3(\omega) + L_4(\omega) + L_5(\omega)\\
&= 20\lg4 - 20\lg\omega - 20\lg\sqrt{1 + (2\omega)^2} + 20\lg\sqrt{1 + (0.5\omega)^2}\\
&\quad - 20\lg\sqrt{\left(1 - \dfrac{\omega^2}{64}\right)^2 + (0.05\omega)^2}
\end{aligned}$$

$$\begin{aligned}
\varphi(\omega) &= \varphi_1(\omega) + \varphi_2(\omega) + \varphi_3(\omega) + \varphi_4(\omega) + \varphi_5(\omega)\\
&= 0° - 90° - \arctan2\omega + \arctan0.5\omega - \arctan\frac{0.05}{1 - \left(\dfrac{\omega}{8}\right)^2}
\end{aligned}$$

$L_1(\omega)$：$L_1(\omega) = 20\lg4 = 12\mathrm{dB}$，为一条水平直线，$\varphi_1(\omega) = 0$；

$L_2(\omega)$：是一条斜率为 $-20\mathrm{dB/dec}$ 的直线，穿越频率 $\omega = 1$，$\varphi_2(\omega) = -\pi/2$。

$L_3(\omega)$：在 $\omega < \omega_1$ 时为零

　　　　　$\omega > \omega_1$ 时，为 $-20\mathrm{dB/dec}$ 的直线 $\Big\}$转折频率 $\omega_1 = 0.5$，$\varphi_3(\omega) = 0 \sim -\pi/2$

$L_4(\omega)$：在 $\omega < \omega_2$ 时为零

　　　　　$\omega > \omega_2$ 时，为 $20\mathrm{dB/dec}$ 的直线 $\Big\}$转折频率 $\omega_2 = 2$，$\varphi_4(\omega) = 0 \sim \pi/2$

$L_5(\omega)$：在 $\omega < \omega_3$ 时为零

　　　　　$\omega > \omega_3$ 时，为 $-40\mathrm{dB/dec}$ 的直线 $\Big\}$转折频率 $\omega_3 = 8$，$\varphi_5(\omega) = 0 \sim -\pi$

　　根据以上分析结果，将 $L_i(\omega)$、$\varphi_i(\omega)$ 分别画出，然后再进行图形叠加，就可画出该系统的 Bode 图，如图 5-25 所示。

例5-2　绘制下例传递函数所示系统的 Bode 图。

$$G(\mathrm{j}\omega) = \frac{\mathrm{e}^{-\mathrm{j}\omega T}}{1 + \mathrm{j}\omega T}$$

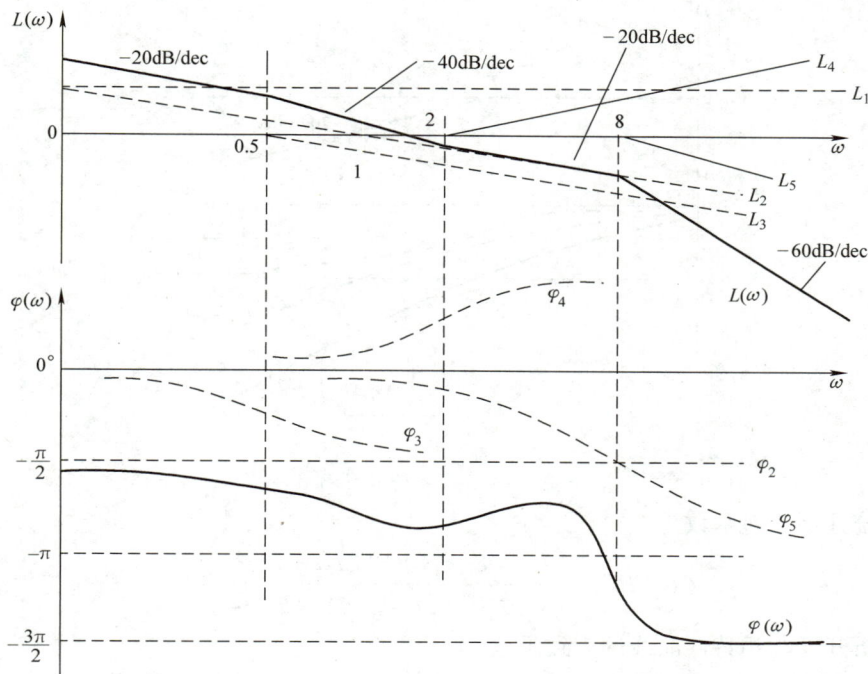

图 5-25　例 5-1 系统开环 Bode 图

解： 对数幅频特性为

$$20\lg|G(j\omega)| = 20\lg|e^{-j\omega T}| + 20\lg\left|\frac{1}{1+j\omega T}\right|$$

$$=0-20\lg|1+j\omega T| = 20\lg\sqrt{1+(\omega T)^2} = \begin{cases} 0, & \omega < \dfrac{1}{T} \\ -20\lg(\omega T), & \omega \geqslant \dfrac{1}{T} \end{cases}$$

相频特性为

$$\varphi(\omega) = \angle G(j\omega) = \angle e^{-j\omega T} + \angle\frac{1}{1+j\omega T} = -57.3\omega T - \arctan(\omega T)$$

可画出该传递函数相应的 Bode 图，如图 5-26 所示。

至此，仅仅说明了开环 Bode 图的基本画法，至于 Bode 图在系统分析中的作用，以后将逐步加以讨论。

二、开环系统幅相频率特性图

根据系统开环频率特性表达式，可以通过描点法绘制出系统开环幅相特性曲线。所谓幅相特性曲线是指当频率 ω 从 0^+ 变化到 $+\infty$ 时，频率特性矢量的矢端在 G 平面上描绘的轨迹，也称奈奎斯特（Nyquist）图，简称奈氏图。描点法绘制系统奈氏图的方法比较简单，但很烦琐，在此略。事实上，在实际的系统分析与设计中，经常使用到近似的奈氏图。

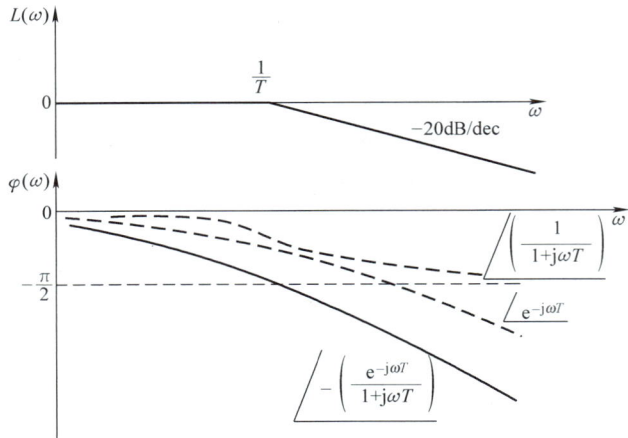

图 5-26 例 5-2 系统开环 Bode 图

设系统开环传递函数为

$$G(s)H(s) = \frac{K(\tau_1 s + 1)(\tau_2 s + 1)\cdots}{s^v(T_1^2 s^2 + 2\zeta_1 T_1 s + 1)(T_2 s + 1)\cdots}$$

我们来分析开环幅相特性曲线的大致画法。

1. 幅相特性曲线的起点（$\omega = 0^+$）与终点（$\omega = +\infty$）

对于最小相位系统来说，奈氏图的起点如图 5-27 所示。

在 $G(s)$ 的表达式中，令 $s = j\omega$，并取 $\lim\limits_{\omega \to 0^+} G(j\omega)$ 的极限，可得到幅相特性曲线的起点坐标。

对于 0 型系统（$v = 0$），起点在正实轴 K 处。

对于 Ⅰ 型系统（$v = 1$），起点在负虚轴无穷远处。

对于 Ⅱ 型系统（$v = 2$），起点在负实轴无穷远处。

对于 Ⅲ 型系统（$v = 3$），起点在正虚轴无穷远处。

以此类推，可以看出：从起点处，幅相特性随 ω 开始变化，有相位超前则曲线逆时针方向转，有相位滞后则曲线顺时针方向转。

奈氏图的终点是指 $\omega \to \infty$ 时的点，即 $|G(j\omega)|_{\omega=\infty}$ 的极限。由于一般实际系统 $n > m$，所以 $\lim\limits_{\omega \to \infty} |G(j\omega)| = 0$，所以图中曲线终点一般都在 GH 平面的原点处，趋向 GH 平面的原点的方位由 $\lim\limits_{\omega \to \infty} \underline{/G(j\omega)} = (n-m)\left(-\dfrac{\pi}{2}\right)$ 决定，如图 5-27 所示。

由此可见，起始点的位置和方位取决于 K 和积分环节数 v，终点的方位取决于分母多项式和分子多项式阶数之差（$n-m$）。

2. 幅相特性与实轴交点的坐标

奈氏图与实轴交点的坐标是曲线上一个重要的

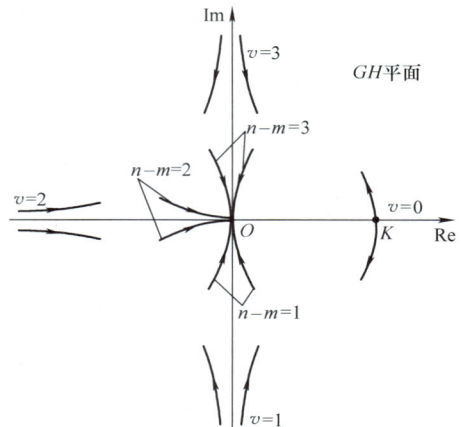

图 5-27 奈氏图的起点和终点

参数，绘图时应精确计算出来。

设 $\omega = \omega_g$ 时，幅相特性曲线与实轴有交点，则有

$$\text{Im}[G(j\omega_g)] = 0$$

或

$$\varphi(\omega_g) = \underline{/G(j\omega_g)} = k\pi \quad (k = 0, \pm 1, \cdots)$$

称 ω_g 为穿越频率，意为穿越实轴的频率，而幅相特性曲线与实轴交点的坐标值为

$$\text{Re}[G(j\omega_g)] = G(j\omega_g)$$

3. 开环幅相特性曲线的变化规律（仅适用于最小相位系统）

从典型环节的频率特性图可知，在开环传递函数表达式 $G(s)$ 中，凡分子上有时间常数的环节，幅相特性的相位超前，曲线向逆时针方向变化，而分母上有时间常数的环节，相位滞后，幅相特性曲线向顺时针方向变化。

有了以上三点，就可以快速绘制出幅相特性的大致图形，具体例子见下一节的介绍。

三、根据频率特性图确定传递函数

根据频率特性的定义可知，稳定系统的频率响应是与输入同频率的正弦信号，而幅值衰减和相位滞后由系统的幅频特性和相频特性决定，所以可以根据频率特性图确定系统的传递函数。

由对数幅频渐近特性曲线可以确定最小相位系统的传递函数，这是对数幅频渐近特性曲线绘制的逆问题，下面举例说明其方法和步骤。

例5-3 已知最小相位系统的对数幅频渐近曲线如图5-28所示。曲线部分是对谐振峰值附近的修正线，试确定系统的传递函数。

解：（1）根据 $L(\omega)$ 图低频段特性确定系统积分或微分环节的个数

因为对数幅频渐近曲线的低频渐近线的斜率为 $-20v\text{dB/dec}$，由图5-28可知低频渐近线的斜率为 $+20\text{dB/dec}$，故有 $v = -1$，系统会有一个理想微分环节。

（2）确定系统传递函数结构形式

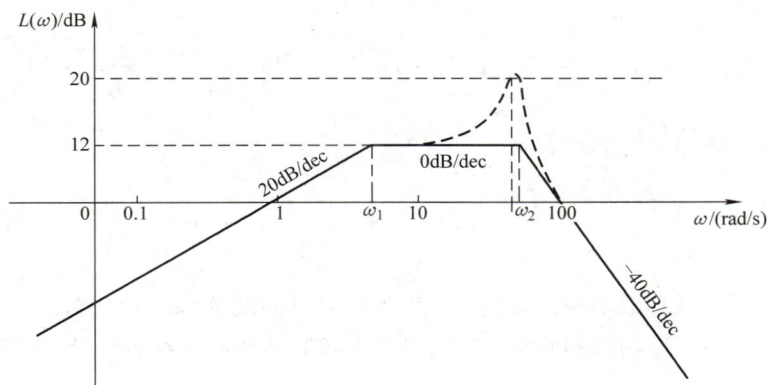

图5-28 例5-3系统对数频率特性曲线

由于对数幅频渐近曲线为分段折线，其各转折点对应的频率为所含一阶环节或二阶环节的转折频率，每个转折频率处斜率的变化取决于环节的种类。本例中有两个转折频率：

$\omega = \omega_1$ 处，斜率从 $+20\text{dB/dec}$ 变为 0dB/dec，斜率变化为 -20dB/dec，对应惯性环节。

$\omega = \omega_2$ 处，斜率变化为 -40dB/dec，对应振荡环节，并且在 ω_2 附近存在谐振。根据谐振的峰值可以确定对应振荡环节的阻尼比 ζ 值。

由此可知，图 5-28 所示系统有如下结构的传递函数：

$$G(s)H(s) = \frac{Ks}{(T_1 s + 1)(T_2^2 s^2 + 2T_2 \zeta s + 1)}$$

式中，T_1、T_2、ζ、K 为待定参数。

（3）由图示条件确定传递函数的参数

根据转折频率可以确定 $T_1 = \dfrac{1}{\omega_1}$，$T_2 = \dfrac{1}{\omega_2}$

振荡环节的谐振峰值 $20\lg A_r = 8\text{dB}$

而

$$A_r = \frac{1}{2\zeta \sqrt{1 - \zeta^2}}$$

即

$$20\lg \frac{1}{2\zeta \sqrt{1 - \zeta^2}} = 8\text{dB}$$

故有

$$4\zeta^4 - 4\zeta^2 + 10^{-\frac{8}{10}} = 0$$

解之可得

$$\zeta_1 = 0.203,\ \zeta_2 = 0.980$$

因为 $0 < \zeta < 0.707$ 时，存在谐振峰值，故应选 $\zeta = 0.203$。

由图 5-28 可知，当 $\omega = 1$ 时，$L(\omega) = 0\text{dB}$，且是在对数幅频渐近曲线的低频段，低频段渐近线方程为

$$L_d(\omega) = 20\lg K\omega$$

令

$$L_d(\omega)|_{\omega=1} = 20\lg K \times 1 = 0\text{dB}$$

所以

$$K = 1$$

由对数幅频渐近曲线可知

$$20\lg\omega_1 = 12\text{dB}$$

解之得

$$\omega_1 = 10^{\frac{12}{20}} = 3.98$$

又因为在高频段，当 $\omega = 100$ 时，$L(\omega) = 0\text{dB}$，所以 $\dfrac{12}{\lg\omega_2 - \lg 100} = -40$，即 $\omega_2 = 100 \times 10^{\frac{-12}{40}} = 50.1$，则所求的传递函数为

$$G(s)H(s) = \frac{s}{\left(1 + \dfrac{s}{3.98}\right)\left(\left(\dfrac{s}{50.1}\right)^2 + 2\dfrac{0.203}{50.1}s + 1\right)}$$

值得注意的是，只有最小相位系统，对数幅频渐近曲线才和传递函数之间有一一对应关系，非最小相位系统传递函数的确定，应同时考虑幅频和相频曲线，一般比较复杂。

第四节　控制系统的频域稳定判据

这一节重点介绍如何利用开环系统的频率特性来判断闭环系统的稳定性。

Nyquist 判据是利用开环系统的幅相频率特性来判断闭环系统稳定性的一个准则，简称

奈氏判据。

奈氏判据确定了开环系统的频率特性与闭环系统瞬态响应之间的联系，它不仅能判断闭环系统的稳定性，而且利用它可以找到改善闭环系统瞬态响应的方法。因而它是构成经典控制理论的重要基础。

下面分两种情况考虑：

1. 开环传递函数中没有 $s = 0$ 的极点（即 $\gamma = 0$，0 型系统）

设系统结构如图 5-29 所示，且

$$G_B(s) = \frac{G(s)}{1 + G(s)H(s)}$$

这个系统稳定的充要条件就是 $G_B(s)$ 的所有极点，即特征方程 $1 + G(s)H(s) = 0$ 的所有根都位于 s 左半平面。所以在没有零点极点对消的情况下，闭环系统的稳定性取决于 $1 + G(s)H(s) = 0$ 的根的位置。

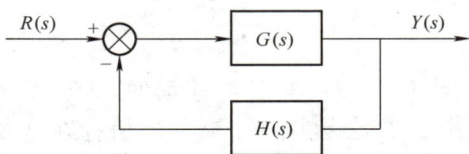

图 5-29　控制系统结构图

在分析和设计系统时，开环传递函数往往以下面形式出现：

$$G_K = G(s)H(s) = \frac{Q(s)}{P(s)} = \frac{(s - z_1)(s - z_2)\cdots}{(s - p_1)(s - p_2)\cdots} = \frac{\prod_{i=1}^{m}(s - z_i)}{\prod_{i=1}^{n}(s - p_i)} \tag{5-54}$$

对于实际物理系统，总有 $n \geq m$，因此，特征多项式应为

$$D(s) = 1 + G(s)H(s) = 1 + \frac{Q(s)}{P(s)} = \frac{P(s) + Q(s)}{P(s)} = \frac{\prod_{i=1}^{n}(s - r_i)}{\prod_{i=1}^{n}(s - p_i)} \tag{5-55}$$

其中，式（5-55）分子、分母的阶数是相同的，所以其零点和极点的个数是相同的。另外，通过比较式（5-54）、式（5-55）两式，可以看出

1）开环极点 = $G(s)H(s)$ 的极点 = $D(s)$ 的极点。

2）开环零点 = $G(s)H(s)$ 的零点。

3）闭环极点 = $D(s)$ 的零点。

显然，式（5-55）的极点是容易获知的，因为它就是开环极点。但要得到式（5-55）的零点却不容易，而这些零点又恰恰反映了系统的重要性质。下面利用复变函数中的辐角原理寻找一种确定位于 s 右半平面的 $D(s)$ 的零点的方法，从而建立判别系统稳定与否的奈氏判据。

（1）辐角原理　设 $D(s)$ 的零点、极点在 s 平面上的分布如图 5-30 所示。

设 $D(s)$ 是一个单值有理函数，在 s 平面上除有限个点外，在指定范围内的其余各点上均为解析的。对于 s 平面上指定域内的每一个解析点，在 $D(s)$ 平面上必有一点与之相对应。现在 s 平面内作一个闭合路径 Γ，并在闭合路径 Γ 上取一点 s' 作为实验点，则 $D(s)$ 中各零点和极点到 s' 点的向量为

$$(s' - r_i) = R_{i1}e^{j\theta_{i1}},\ (s' - p_i) = P_{i1}e^{j\varphi_{i1}}$$

式中，r_i 和 p_i 分别为系统闭环特征方程的零点和极点；R_{i1} 为式（5-55）分子中各因子的幅值；θ_{i1} 为式（5-55）分子中各因子的相角；P_{i1} 为式（5-55）分母中各因子的幅值；φ_{i1} 为式（5-55）分母中各因子的相角。因此，式（5-55）可写成为

$$1 + G(s)H(s) = \prod \frac{R_{i1}}{P_{i1}} e^{j\sum_{i=1}^{n}(\theta_{i1}-\varphi_{i1})}$$

(5-56)

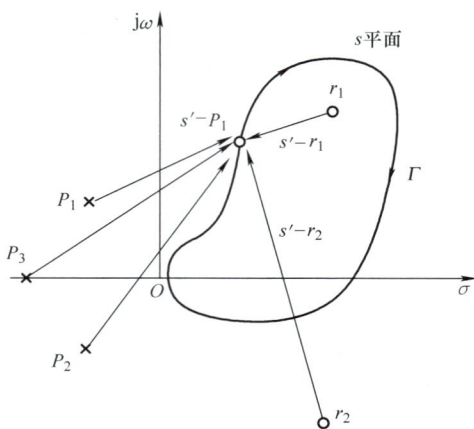

图 5-30 s 平面闭合路径

当实验点 s' 在 Γ 上移动时，$D(s) = 1 + G(s)H(s)$ 也必然有一个对应的值存在（如 s' 经过 s_1，s_2，$\cdots$，对应有 $D(s_1)$，$D(s_2)$，$\cdots$）。那么当 s' 沿路径 Γ 顺时针方向移动时，向量 $(s'-r_i)$ 和 $(s'-p_i)$ 的幅值和相角都发生变化，由式（5-56）可知，此时 $[1+G(s)H(s)]$ 的幅值和相角也随之变化。这样就在 $1+G(s)H(s)$ 平面绘出了一个相应的轨迹 Γ'，如图 5-31 所示。可以证明，这个轨迹 Γ' 也是闭合的。

Γ' 的走向可以是顺时针的，也可以是逆时针的，这取决于 $D(s)$ 的性质。

假设 Γ 仅包围零点 r_1，当 s' 沿路径 Γ 顺时针移动一周时，未被 Γ 包围的那些零点和极点相应的向量的净相角变化等于零，而向量 $(s'-r_1)$ 的相角 θ_1 变化了 -2π（顺时针）。由于向量 $(s'-r_1)$ 是由 $[1+G(s)H(s)]$ 的零点构成，故当 s' 沿 Γ 顺时针移动一周时，$[1+G(s)H(s)]$ 的相角也相应地变化 -2π，即 Γ' 顺时针绕坐标原点一圈。

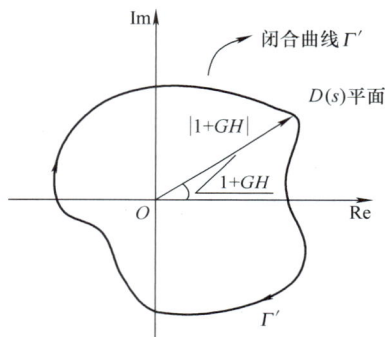

图 5-31 $D(s)$ 平面轨迹

如果包围在 Γ 内的是 $1+G(s)H(s)$ 的一个极点，那么当 s' 沿 Γ 顺时针移动一周时，向量 $1+G(s)H(s)$ 的端点则绕 $1+G(s)H(s)$ 平面的坐标原点逆时针描绘一个闭合路径 Γ'。（这是由于极点是在 $D(s)$ 的分母上，$(s'-p_i)$ 顺时针变化 -2π，对 $D(s)$ 的贡献为 $+2\pi$）

为了确定 s 右半平面内 $1+G(s)H(s)$ 的所有零、极点数，可将封闭路径 Γ 扩大到整个 s 右半平面，这时对应的路径 Γ 称之为奈氏路径（由虚轴和 s 右半平面组成），如图 5-32 所示。而在 $1+G(s)H(s)$ 平面上的映射 Γ' 称为奈氏曲线。由以上分析不难推理，当 s 沿奈氏路径顺时针变化一周时，奈氏曲线顺时针绕 $1+G(s)H(s)$ 平面坐标原点的次数 N 应为

$$N = Z - P$$

(5-57)

式中，Z、P 分别是位于 s 右半平面内的 $1+G(s)H(s)$ 的零点、极点数；N 为奈氏曲线 Γ' 绕 $1+G(s)H(s)$ 平面坐标原点的次数，$N>0$ 为顺时针，$N<0$ 为逆时针。

由式（5-57）可知，一旦我们知道了 $D(s)$ 位于 s 右半平面的极点数 P（实质上是开环极点数），并根据奈氏曲线顺时针绕 $1+G(s)H(s)$ 坐标原点的次数 N，就可确定 $1+G(s)H(s)$ 在右半 s 平面的零点数，从而就可确定闭环系统的稳定性。

（2）奈氏判据 根据以上讨论，奈氏路径由 s 平面中的整个虚轴和无穷大右半平面所组成。当 s 在半径为无穷大的半圆上运动时，由于

$$\lim_{s \to \infty}[1 + G(s)H(s)] = 1$$

所以，s 平面上无穷大半圆变换到 $1 + G(s)H(s)$ 平面中，就成为了 $(1, j0)$ 一点。这样，真正的奈氏曲线，是由 s 沿 $j\omega$ 轴的变化情况来确定。因此，奈氏曲线可看成是当 s 仅沿 s 平面上的 $j\omega$ 轴变化时，在 $1 + G(s)H(s)$ 平面中的映射曲线。这样，只需将 $1 + G(s)H(s)$ 中的 s 变成 $j\omega$，再令 ω 从 $-\infty \to +\infty$，按 $1 + G(j\omega)H(j\omega)$ 函数画出的曲线就是奈氏曲线。

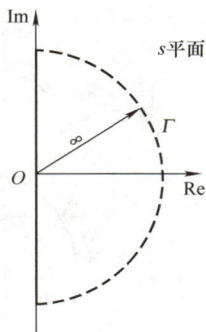

图 5-32 奈氏路径

注意到 $G(j\omega)H(j\omega) = G^*(j\omega)H^*(j\omega)$（* 表示共轭复数），所以，当 s 沿 s 平面中的 $+j\omega$ 轴和 $-j\omega$ 轴变化时，在 $1 + G(j\omega)H(j\omega)$ 平面的映射曲线是关于实轴镜像对称的。因此，只要画出 ω 从 $0 \sim +\infty$ 变化时的一半曲线即可，另一半奈氏曲线（ω 从 $0 \sim -\infty$ 变化时）可根据实轴镜像对称特性画出。例如

$$1 + G(j\omega)H(j\omega) = 1 + \frac{\prod_{i=1}^{m}(j\omega + z_i)}{\prod_{i=1}^{n}(j\omega + p_i)}$$

当 $\omega = 0$ 时，$1 + G(j\omega)H(j\omega) =$ 常数。$\omega = \infty$ 时，$1 + G(j\omega)H(j\omega) = 1$。这说明，当 ω 从 $0 \to +\infty$ 变化时，奈氏曲线从正实轴上某一点开始按顺时针方向变化，最后终止于 $(1, j0)$ 点上。如图 5-33a 所示，图中实线为 ω 从 $0 \sim +\infty$ 变化时的奈氏曲线，ω 从 $0 \sim -\infty$ 变化时的奈氏曲线则可根据实轴镜像对称特性画出，如图中虚线所示。

还可将 $1 + G(j\omega)H(j\omega)$ 视为单位向量 1 与向量 $G(j\omega)H(j\omega)$ 的向量和，如图 5-33b 所示。这样，$1 + G(j\omega)H(j\omega)$ 曲线对原点的包围就等效于 $G(j\omega)H(j\omega)$ 曲线对 $(-1, j0)$ 点的包围。

实际上，由于 $1 + G(j\omega)H(j\omega)$ 和 $G(j\omega)H(j\omega)$ 仅相差一个 1，把 $1 + G(j\omega)H(j\omega)$ 平面中的坐标虚轴向右移动一个单位，就变成了 $G(j\omega)H(j\omega)$ 平面中的坐标虚轴，而 $1 + G(j\omega)H(j\omega)$ 平面中的坐标原点就成为了 $G(j\omega)H(j\omega)$ 平面中的 $(-1, j0)$ 点。这样，奈氏曲线就成为开环幅相频率特性 $G(j\omega)H(j\omega)$ 曲线，奈氏曲线对 $1 + G(j\omega)H(j\omega)$ 平面坐标原点的环绕，就成了开环幅相频率特性曲线对 $G(j\omega)H(j\omega)$ 平面坐标中的 $(-1, j0)$ 点的环绕，式（5-57）中的 N 就成为 $G(j\omega)H(j\omega)$ 曲线对 $(-1, j0)$ 点的环绕次数。

为了保证闭环系统稳定，$1 + G(s)H(s)$ 的零点都应位于 s 左半平面。因此，令式（5-57）中的 $Z = 0$，则有

$$N = -P \tag{5-58}$$

注意，此处 P 是开环不稳定极点数，亦即 $G(s)H(s)$ 在 s 右半平面的极点数。

这样，就建立了闭环系统稳定性与开环幅相频率特性曲线之间的关系。这个关系由奈氏判据表述如下：

① 当开环系统稳定时（此时 $P = 0$，$G_k(s) = G(s)H(s)$ 在 s 右半平面无极点），如果相应于 ω 从 $-\infty \to +\infty$ 变化时的 $G(j\omega)H(j\omega)$ 曲线不包围 $(-1, j0)$ 点（即 $N = 0$），则闭环系

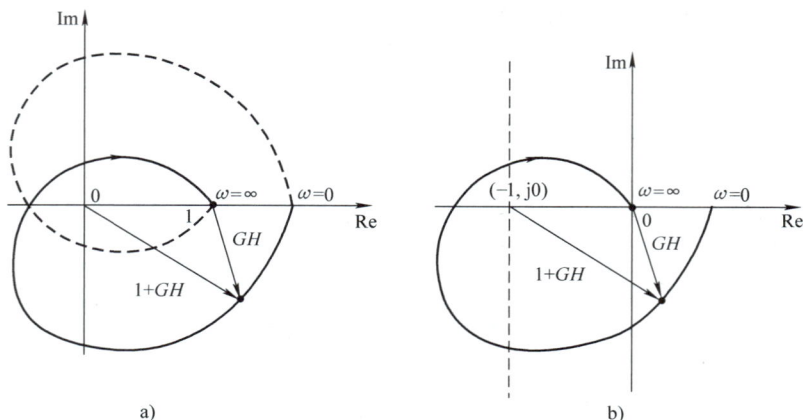

图 5-33 $1 + GH$ 平面与 GH 平面关系

a) $1 + GH$ 平面   b) GH 平面

统是稳定的, 否则是不稳定的。

② 当开环系统不稳定时 ($P \neq 0$, $G(s)H(s)$ 在 s 右半平面有极点), 如果相应于 ω 从 $-\infty \rightarrow +\infty$ 变化时的 $G(j\omega)H(j\omega)$ 曲线逆时针环绕 (-1, j0) 点的次数 N 等于 P, 则闭环系统稳定, 否则为不稳定。

为简单起见, 通常取 $\omega = 0 \rightarrow +\infty$ 来画 $G(j\omega)H(j\omega)$ 曲线, 若闭环系统稳定, $Z = 0$ 则应有

$$N = \frac{1}{2}(Z - P) = -\frac{P}{2} \tag{5-59}$$

例5-4   绘制以下开环系统的奈氏曲线, 并分析其闭环系统稳定性。

$$G(s)H(s) = \frac{K}{(1 + T_1 s)(1 + T_2 s)}$$

解:

$$G(j\omega)H(j\omega) = \frac{K}{(1 + T_1 s)(1 + T_2 s)} \bigg|_{s = j\omega} = \frac{K}{(1 + j\omega T_1)(1 + j\omega T_2)}$$

$$= K \frac{(1 - j\omega T_1)(1 - j\omega T_2)}{[\sqrt{1 + (\omega T_1)^2}\sqrt{1 + (\omega T_2)^2}]^2} = K \frac{1 - \omega^2 T_1 T_2 - j\omega(T_1 + T_2)}{[1 + (\omega T_1)^2][1 + (\omega T_2)^2]}$$

$$= \frac{K(1 - \omega^2 T_1 T_2)}{[1 + (\omega T_1)^2][1 + (\omega T_2)^2]} - j\frac{K\omega(T_1 + T_2)}{[1 + (\omega T_1)^2][1 + (\omega T_2)^2]}$$

$$\varphi(\omega) = -\arctan\frac{\omega(T_1 + T_2)}{1 - \omega^2 T_1 T_2}$$

当 $\omega = 0$ 时, $G(j\omega)H(j\omega) = K \underline{/0°}$

当 $\omega = \infty$ 时, $\lim_{\omega \to \infty} G(j\omega)H(j\omega) = 0 \underline{/-180°}$

又令实部 $\text{Re}[G(j\omega)H(j\omega)] = 0$, 得

$$1 - \omega^2 T_1 T_2 = 0 \Rightarrow \omega = 1/\sqrt{T_1 T_2}$$

据此, 可画得近似的奈氏曲线如图 5-34 所示。当 K 增加时, $G(j\omega)H(j\omega)$ 曲线成比例向外扩张, 但形状不变。然而, 不论 K 值如何变化, $G(j\omega)H(j\omega)$ 曲线都不会包围 (-1, j0)

点，故闭环系统稳定。

例5-5 试绘制如下开环系统的奈氏图，判别其闭

环系统的稳定性，其中 $T_1 = 0.2$，$T_2 = 0.5$，$T_3 = 1$。

$$G(j\omega) = \frac{K}{(1 + T_1 s)(1 + T_2 s)(-1 + T_3 s)}$$

解： $|G(j\omega)| = \dfrac{K}{\sqrt{1 + \omega^2 T_1^2}\sqrt{1 + \omega^2 T_2^2}\sqrt{1 + \omega^2 T_3^2}}$

$\angle G(j\omega) = -\arctan\omega T_1 - \arctan\omega T_2 - 180° + \arctan\omega T_3$

$\omega = 0$，$|G(j\omega)| = K$，$\angle G(j\omega) = -180°$

$\omega = \infty$，$|G(j\omega)| = 0$，$\angle G(j\omega) = -270°$

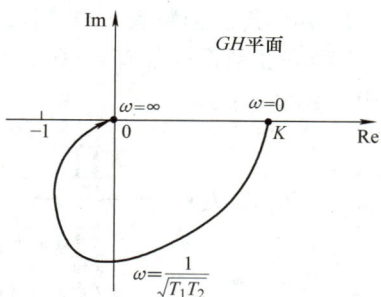

图 5-34 例 5-4 系统奈氏图

当 $\omega = \sqrt{3}$ 时，$\angle G(j\omega) = -180°$，此时的 $|G(j\omega)| = 0.357K$ 系统的奈氏图如图 5-35 所示，由于系统含有一个不稳定的极点，故 $P = 1$，要使系统稳定，N 应该等于 -1，即 $G(j\omega)$ 曲线逆时针围绕着 $(-1, j0)$ 点一圈，也即 $(-1, j0)$ 点应该落在负实轴的 $(-K, -0.357K)$ 段。因此系统的稳定条件应该是 $K > 1$ 和 $0.367K < 1$，即 $1 < K < 2.8$。这样的系统称为条件稳定系统，在系统设计中应尽力避免这类情况。

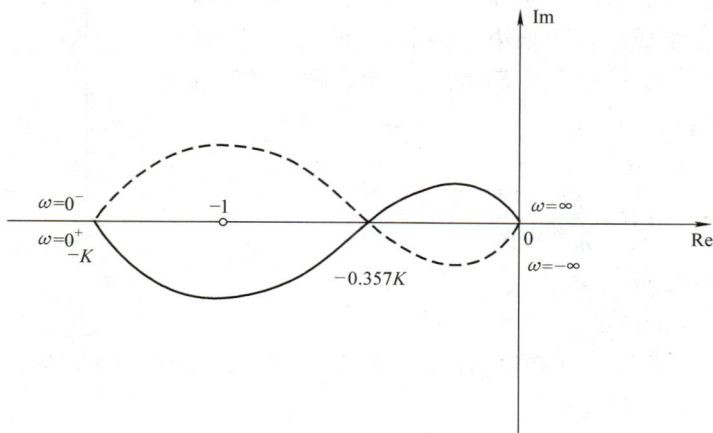

图 5-35 例 5-5 系统奈氏图

例5-6 系统开环传递函数为

$$G(s) = \frac{s + 2}{(s + 1)(s - 1)}$$

试判别其闭环系统的稳定性。

解： 这是一个开环不稳定系统，在 s 右半平面有一个开环极点，故 $P = 1$。

当 $\omega = 0$ 时，$|G(j\omega)| = 2$，$\angle G(j\omega) = -180°$

当 $\omega = \infty$ 时，$|G(j\omega)| = 0$，$\angle G(j\omega) = -90°$

可画出奈氏曲线如图 5-36 所示。由图可知：

ω 从 $-\infty \rightarrow +\infty$ 变化时，奈氏曲线逆时针环绕 $(-1, j0)$ 点一次，$N = -1$，$P = 1$，$Z = N + P = 0$，闭环系统稳定。

2. 开环传递函数有 $s=0$ 的极点的情况

Ⅰ型和Ⅱ型系统都有 $s=0$ 的极点，其开环传递函数
可用下式表示：

$$G(s)H(s) = \frac{K\prod_{i=1}^{m}(s+z_i)}{s^\nu\prod_{i=1}^{n}(s+p_i)}$$

$$= \frac{K(s+z_1)(s+z_1)\cdots(s+z_m)}{s^\nu(s+p_1)(s+p_2)\cdots(s+p_n)}$$

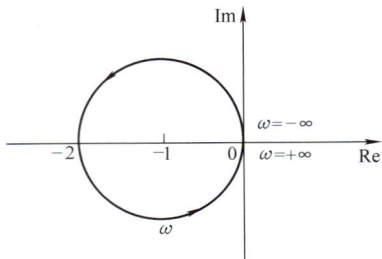

图 5-36　例 5-6 系统奈氏图

式中，ν 是传函中位于原点上的极点个数。

由于 s 平面上的坐标原点是奈氏路径上的一点，将这一点的 s 值代入上式中，就使 $|G(j\omega)H(j\omega)| = \infty$，这表明坐标原点是 $G(s)H(s)$ 的奇点，即在此点处 $G(j\omega)H(j\omega)$ 不解析。为了使奈氏路径不通过这些奇点，可设想将这些奇点挖除，但路径仍能包含 s 右半平面内的所有闭环和开环极点。为此，以原点为圆心，作一个半径为无限小的半圆，使奈氏路径沿着这个无限小的半圆绕过原点，如图 5-37 所示。

这样，奈氏路径就是由 $-j\omega$ 轴、无限小半圆、$j\omega$ 轴和无限大半圆 4 部分组成。在无限小半圆上，s 可表示为 $s=\rho e^{j\theta}$，当无限小半圆的半径趋近于零时，这个奈氏路径仍可包围整个右半 s 平面。

令 $\nu=1$ 和 $\rho\to 0$，得

$$GH = \frac{K'}{\rho e^{j\theta}} = \frac{K'}{\rho}e^{-j\theta}$$

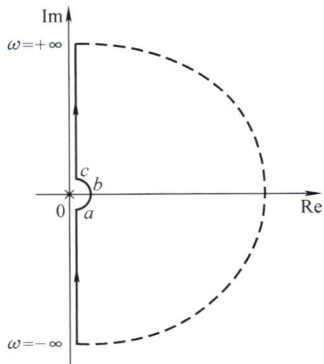

图 5-37　有 $s=0$ 极点时的奈氏路径

式中，$K'=K\dfrac{|z_1 z_2\cdots z_m|}{|p_1 p_2\cdots p_n|}$。

根据上式可将 s 平面上的无限小半圆变换到 $G(s)H(s)$ 平面上的曲线路径。

（1）根据图 5-37，对应 a 点

$$\underbrace{|s|\to 0^-,\rho\to 0,\theta\to-\frac{\pi}{2}}_{s\text{ 平面}}, \quad \underbrace{|G(s)H(s)|\to\infty,\varphi=-\theta=\frac{\pi}{2}}_{G(s)H(s)\text{ 平面}}$$

这说明 s 平面无限小圆上的 a 点变换到 $G(s)H(s)$ 平面上为正虚轴上无穷远处的一点。

（2）对应 b 点

$$\underbrace{|s|\to 0,\rho\to 0,\theta=0}_{s\text{ 平面}}, \quad \underbrace{|G(s)H(s)|=\infty,\varphi=0}_{D(s)\text{ 平面}}$$

因而，b 点变换到 $G(s)H(s)$ 平面上为正实轴上无穷远处的一点。

（3）对应 c 点

$$\underbrace{|s|\to 0^+,\rho\to 0,\theta\to\frac{\pi}{2}}_{s\text{ 平面}}, \quad \underbrace{|G(s)H(s)|\to\infty,\varphi=-\frac{\pi}{2}}_{D(s)\text{ 平面}}$$

因而 c 点变换到 $G(s)H(s)$ 平面上为负虚轴上无穷远处一点。

当 s 沿无限小半圆由 a 点移动到 b 点、再移动到 c 点时，其角度 θ 逆时针方向改变了 $180°$，而 $G(s)H(s)$ 的角度则顺时针方向相应改变了 $180°$（如果是 ν 型系统，则 $G(s)H(s)$ 的角度相应变化了 $\nu \times 180°$）。s 平面上的小半圆 abc 变换到 $G(s)H(s)$ 平面上为一半径为无限大的半圆 $a'b'c'$，如图 5-38 所示。

结合 s 平面上小半圆的路径，整个频率特性仍为闭合的，正负频率的低频端连接在一起，故仍可用奈氏判据来判定系统的稳定性。

例 5-7　绘制如下系统的奈氏曲线，并分析其闭环系统的稳定性。

$$G(s) = \frac{K}{s(1 + T_1 s)(1 + T_2 s)}$$

图 5-38　与无限小半圆的对应

解：（1）将频率特性用实、虚部形式表示

$$G(j\omega) = \frac{K}{j\omega(j\omega T_1 + 1)(j\omega T_2 + 1)} = \frac{K/\omega}{j\left[(1 - \omega^2 T_1 T_2) + j\omega(T_1 + T_2)\right]}$$

$$= \frac{K/\omega}{-\omega(T_1 + T_2) + j(1 - \omega^2 T_1 T_2)}$$

$$= \frac{-K(T_1 + T_2)}{1 + \omega^2(T_1^2 + T_2^2) + \omega^4 T_1^2 T_2^2} - j\frac{(1 - \omega^2 T_1 T_2)K/\omega}{1 + \omega^2(T_1^2 + T_2^2) + \omega^4 T_1^2 T_2^2} = U(\omega) + jV(\omega)$$

式中，$U(\omega) = \dfrac{-K(T_1 + T_2)}{1 + \omega^2(T_1^2 + T_2^2) + \omega^4 T_1^2 T_2^2}$；$V(\omega) = \dfrac{-\dfrac{K}{\omega}(1 - \omega^2 T_1 T_2)}{1 + \omega^2(T_1^2 + T_2^2) + \omega^4 T_1^2 T_2^2}$

（2）求 $G(j\omega)$ 曲线与负实轴的交点

令 $V(\omega) = 0$，解出 $\omega = 1/\sqrt{T_1 T_2}$。将 $\omega = 1/\sqrt{T_1 T_2}$ 代入实部 $U(\omega)$，可求得 $G(j\omega)$ 曲线与负实轴的交点。若闭环系统稳定，则应有 $|U(\omega)| < 1$，即

$$|U(\omega)| = \frac{K(T_1 + T_2)}{1 + \omega^2(T_1^2 + T_2^2) + \omega^4 T_1^2 T_2^2} = \frac{K(T_1 + T_2)}{1 + \dfrac{T_1^2 + T_2^2}{T_1 T_2} + 1}$$

$$= \frac{K(T_1 + T_2)}{\dfrac{(T_1 + T_2)^2}{T_1 T_2}} = \frac{K T_1 T_2}{T_1 + T_2} < 1$$

显然，只有 $K < \dfrac{T_1 + T_2}{T_1 T_2}$，系统闭环稳定。

（3）作出近似的奈氏曲线

当 $\omega = 0$ 时，$|G(j\omega)| = \infty$，$\angle G(j\omega) = -90°$。当 $\omega = \infty$ 时，$|G(j\omega)| = 0$，$\angle G(j\omega) = -270°$。据此画出的奈氏曲线如图 5-39 所示。

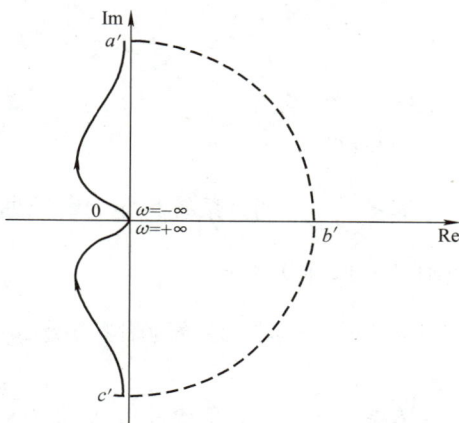

若取 $T_1 = 1$，$T_2 = 0.5$，那么奈氏曲线与实轴的交点为

$$U(\omega) = \frac{-K(T_1 T_2)}{T_1 + T_2} = -\frac{0.5}{1.5}K = -\frac{1}{3}K$$

则 $K < 3$ 时系统稳定。

（4）总结

当 $K < \dfrac{T_1 + T_2}{T_1 T_2}$ 时，系统稳定，奈氏曲线

不包围（−1，j0）点；

当 $K = \dfrac{T_1 + T_2}{T_1 T_2}$ 时，系统为临界稳定；

当 $K > \dfrac{T_1 + T_2}{T_1 T_2}$ 时，奈氏曲线包围（−1，

j0）点，闭环系统不稳定。

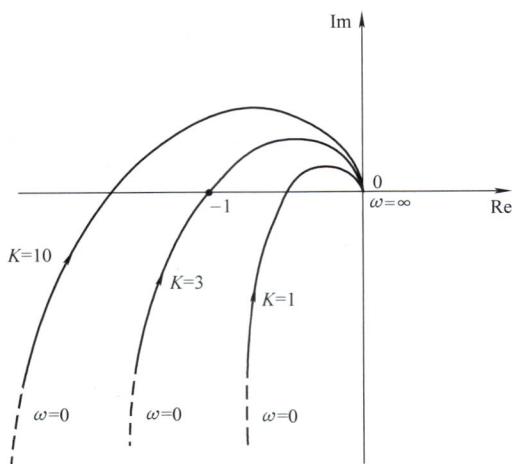

图 5-39　例 5-7 系统奈氏图

例 5-8　绘制如下五阶Ⅱ型系统的开环幅相频率特性曲线，判定闭环系统的稳定性。

$$G(j\omega)H(j\omega) = \frac{K(1 + j\omega T_4)}{(j\omega)^2 (1 + j\omega T_1)(1 + j\omega T_2)(1 + j\omega T_3)}$$

式中，$T_4 > T_1$、T_2 及 T_3。

解： 幅频特性与相频特性分别为

$$A(\omega) = \frac{K\sqrt{1 + T_4^2 \omega^2}}{\omega^2 \sqrt{1 + T_1^2 \omega^2}\sqrt{1 + T_2^2 \omega^2}\sqrt{1 + T_3^2 \omega^2}}$$

$$\varphi(\omega) = -180° + \arctan\omega T_4 - \arctan(\omega T_3)$$
$$- \arctan\omega T_2 - \arctan(\omega T_1)$$

$\omega = 0$ 时，$A(\omega) = \infty$，$\varphi(\omega) = -180°$

$\omega = \infty$ 时，$A(\omega) = 0$，$\varphi(\omega) = -360°$

对应于某一 K 值的开环幅相频率特性曲线如图 5-40 所示。由于原系统开环稳定（$P = 0$），而奈氏曲线又未环绕（−1，j0）点，$N = 0$，故闭环系统稳定。若增大 K 值，使 $G(j\omega)H(j\omega)$ 曲线在（−1，j0）左边穿越负实轴，则闭环系统就不稳定了。

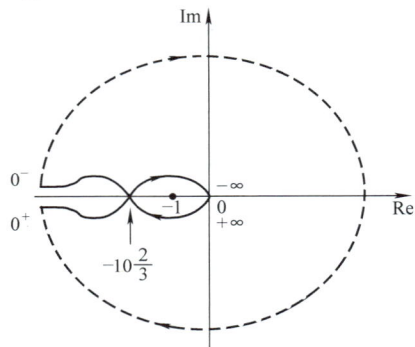

图 5-40　例 5-8 的奈氏图

例 5-9　设系统开环传递函数为

$$G(s)H(s) = \frac{K(T_2 s + 1)}{s^2 (T_1 s + 1)}$$

试分析系统的稳定性。

解： 闭环系统的稳定性取决于 T_1 与 T_2 的取值。图 5-41 示意出 T_1 与 T_2 不同关系时的奈氏曲线。

当 $T_1 < T_2$ 时，一阶微分先起作用，$G(j\omega)H(j\omega)$ 不包围（−1，j0）点，闭环系统稳定；

$T_1 = T_2$ 时，系统临界稳定；

$T_1 > T_2$ 时，$G(j\omega)H(j\omega)$ 曲线顺时针绕（−1，j0）点两次（$N = 2$）。又因为 $P = 0$，所以

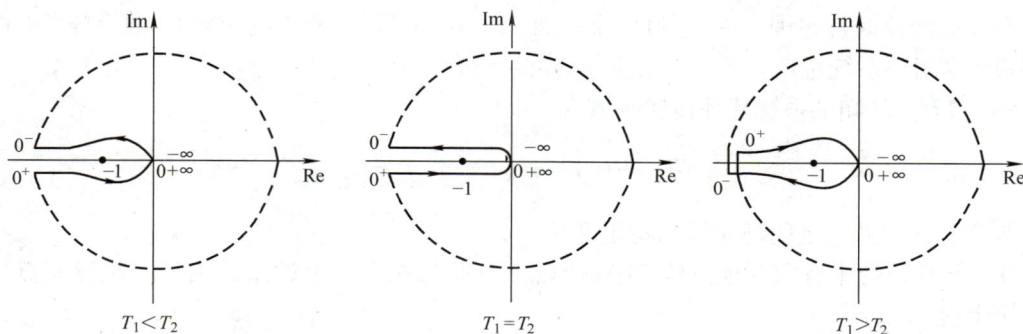

$T_1 < T_2$ $T_1 = T_2$ $T_1 > T_2$

图 5-41 例 5-9 的奈氏图

$Z = 2$，故系统有两个闭环极点位于 s 右半平面，系统不稳定。

例 5-10 试判断如下非最小相位系统的稳定性：

$$G(s)H(s) = \frac{K}{s(s-1)}$$

解： $G(s)H(s)$ 中有一个 s 右半平面的极点（$s = 1$），因此 $P = 1$。由于

$$\angle\, G(j\omega)H(j\omega)\,|_{\omega \to 0^+} = -90° - 180° = -270°$$

$$\angle\, G(j\omega)H(j\omega)\,|_{\omega \to \infty} = -180°$$

画得奈氏曲线如图 5-42 所示。

奈氏曲线顺时针包围（-1，j0）点一次，因此 $N = 1$，$Z = N + P = 2$。故闭环有两个极点在 s 右半平面，系统不稳定。

例 5-11 在上例所示系统中增加一个开环零点，开环传递函数为

$$G(s)H(s) = \frac{K(s+3)}{s(s-1)}$$

判定系统的闭环稳定性。

解： 系统仍为开环不稳定系统（$P = 1$）。由于

$$\angle\, G(j\omega)H(j\omega)\,|_{\omega \to 0^+} = -90° - 180° = -270°$$

$$\angle\, G(j\omega)H(j\omega)\,|_{\omega \to \infty} = -90°$$

画得奈氏曲线如图 5-43 所示。

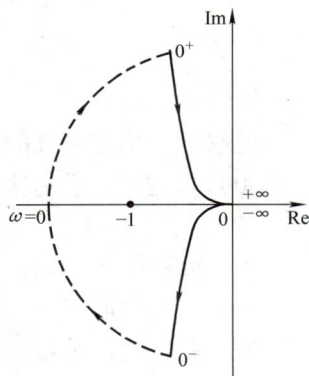

图 5-42 例 5-10 的奈氏曲线

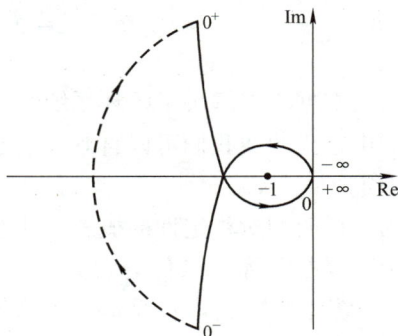

图 5-43 例 5-11 的奈氏曲线

奈氏曲线反时针包围（-1, j0）点一圈，即 $N = -1$，而 $Z = N + P = 0$。故 s 右半平面无闭环极点，闭环系统稳定。

例 5-12 已知某系统开环传递函数为

$$G(s)H(s) = \frac{(4s+1)}{s^2(s+1)(2s+1)}$$

试绘制奈氏曲线并判定闭环系统的稳定性。

解： 开环系统中有两个极点位于坐标原点，所以在 s 平面上的奈氏路径要绕过原点。在小半圆上有

$$s = \lim_{\rho \to 0} \rho e^{j\theta} \qquad \theta \text{ 从 } -\frac{\pi}{2} \to 0 \to \frac{\pi}{2}$$

在 $G(s)H(s)$ 平面上的相应表达式为

$$\lim_{\rho \to 0} \frac{4\rho e^{j\theta}+1}{\rho^2 e^{j2\theta}(\rho e^{j\theta}+1)(2\rho e^{j\theta}+1)} = \lim_{\rho \to 0}\frac{1}{\rho^2 e^{j2\theta}} = \infty\, e^{-j2\theta}$$

所以小半圆的映射曲线为一个半径为无穷大的圆弧，相角由 $\pi \to 0 \to -\pi$。

在 s 平面上半径为无穷大的半圆可表示为

$$s = \lim_{R \to \infty} R e^{j\varphi} \qquad \varphi \text{ 从 } \frac{\pi}{2} \to 0 \to -\frac{\pi}{2}$$

在 $G(j\omega)H(j\omega)$ 平面上的映射曲线为

$$\lim_{R \to \infty} \frac{4Re^{j\varphi}+1}{R^2 e^{j2\varphi}(Re^{j\varphi}+1)(2Re^{j\varphi}+1)} = 0e^{-j3\varphi}$$

所以这部分映射曲线的幅值为 0，相角从 $-\frac{3}{2}\pi$

变化到 0，然后又从 0 变化到 $-\frac{\pi}{2}$。

据此画得的奈氏曲线如图 5-44 所示。

由图可见，奈氏曲线包围了（-1, j0）点，由于 $P = 0$，故该系统为不稳定系统。

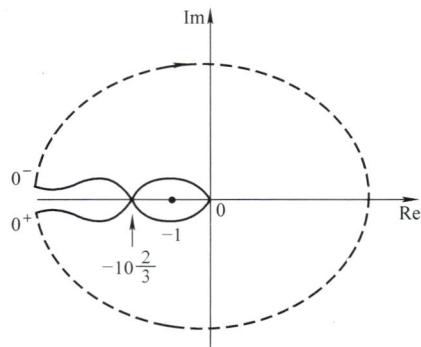

图 5-44　例 5-12 的奈氏图

第五节　稳 定 裕 量

奈氏判据不仅解决了闭环系统绝对稳定性的判别问题，而且也能够反映稳定系统的稳定程度。由奈氏曲线我们可以直观地看出，如果奈氏曲线距（-1, j0）点越近，系统就越倾向不稳定。

为了说明相对稳定性的概念，假定两个系统的闭环主导极点不同，如图 5-45 所示。比较这两个系统的闭环极点位置及其对应的奈氏曲线，可以看出，当奈氏曲线移近（-1, j0）点时，系统闭环极点就移近 $j\omega$ 轴，系统相对稳定性就变差，反过来也一样。这两个系统虽都是稳定的，但稳定程度显然是不一样的。

确定系统的相对稳定性有着重要的实际意义。

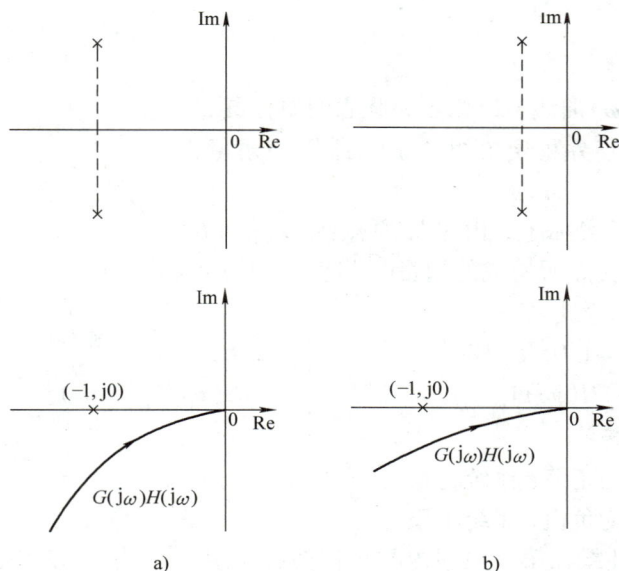

图 5-45 极点位置及其对应奈氏图

a) 系统 1 b) 系统 2

一、幅相频率特性与相对稳定性

1. 幅值裕量

定义：开环幅相频率特性 $G(j\omega)H(j\omega)$ 与实轴相交时的幅值的倒数称为幅值裕量，用 K_g 表示，即为

$$K_g = \frac{1}{|G(j\omega)H(j\omega)|}\bigg|_{\omega=\omega_g} \tag{5-60}$$

式中，ω_g 满足 $\underline{/G(j\omega)H(j\omega)}|_{\omega=\omega_g} = -180°$。根据定义，不难看出：

1）奈氏曲线与负实轴的交点距原点越近，幅值稳定裕量就越大。

2）$G(j\omega)H(j\omega)$ 若在 $0 \sim -1$ 之间多次穿越负实轴，应以离 $(-1,j0)$ 较近的那个点来计算 K_g。

3）对于最小相位系统：

$K_g > 1$ 时闭环系统稳定；

$K_g = 1$ 时闭环系统临界稳定；

$K_g < 1$ 时闭环系统不稳定。

4）对于非最小相位系统，为了要使闭环系统稳定，$G(j\omega)H(j\omega)$ 曲线必须环绕 $(-1, j0)$ 点。此时，稳定系统的幅值裕量可能会小于 1。

一般来说，K_g 越大，系统越稳定。幅值裕量仅是反映闭环控制系统相对稳定性的指标之一。例如，对于图 5-46 所示系统，虽然两系统具有相同的幅值稳定裕量，但事实上，曲线 B 所示的系统稳定性要比曲线 A 的稳定性好。这是因为在系统的其他参数变化时，曲线 A 容易通过甚至包围 $(-1, j0)$ 点，故曲线 A 所示系统相对稳定性要差一些。所以，仅用幅值裕量表示系统的相对稳定性还不够充分。为了确切反映系统的相对稳定性，还需引入相角裕量的概念。

2. 相角裕量

定义：$G(j\omega)H(j\omega)$ 曲线与以原点为圆心的单位圆相交时，稳定系统达到临界稳定尚可增加的滞后相角量，称为相角裕量 γ。

如图 5-47 所示，实际上，由坐标原点到 $G(j\omega)H(j\omega)$ 曲线与单位圆的交点所构成的向量 $\overrightarrow{OA}$ 与负实轴的夹角，就是相角裕量 γ。因此

$$\gamma = 180° + \varphi(\omega_c) \tag{5-61}$$

式中，$\varphi(\omega_c) = \underline{/G(j\omega)H(j\omega)}|_{\omega=\omega_c}$；$\omega_c$ 满足 $|G(j\omega)H(j\omega)|_{\omega=\omega_c} = 1$。

对于最小相位系统：

$\gamma > 0$，相角裕量为正值，系统稳定；

$\gamma < 0$，相角裕量为负值，系统不稳定。

若 $G(j\omega)H(j\omega)$ 曲线在第三象限内与单位圆相交多次，那就应以最接近负实轴的那个交点计算 γ 值。

例 5-13 单位反馈系统的开环传递函数为

$$G(s) = \frac{as+1}{s^2}$$

试确定相角裕量 $\gamma = 45°$ 时的 a 值。

解:

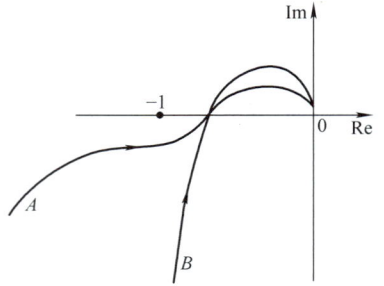

图 5-46 相对稳定性比较

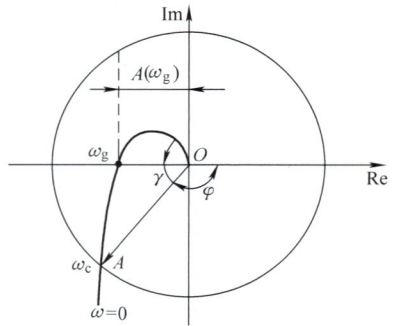

图 5-47 K_g，γ 的几何示意图

$$G(j\omega) = \frac{aj\omega+1}{(j\omega)^2} = -\frac{1+ja\omega}{\omega^2} = U(\omega) + jV(\omega)$$

$$U(\omega) = -\frac{1}{\omega^2}, \quad V(\omega) = -\frac{a}{\omega}$$

画出该系统的奈氏曲线如图 5-48 所示。由于

$$A(\omega) = \sqrt{1+a^2\omega^2}/\omega^2$$

$$\varphi(\omega) = \arctan a\omega - 180°$$

按相角裕量的定义，有

$$A(\omega) = \frac{\sqrt{1+a^2\omega_c^2}}{\omega_c^2} = 1 \Rightarrow \omega_c^4 = 1 + a^2\omega_c^2$$

因题目的要求，相角裕量应为

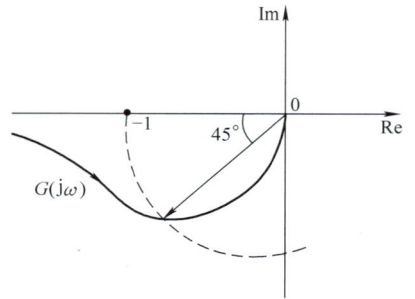

图 5-48 例 5-13 的奈氏图

$$\gamma = 180° + \varphi(\omega_c) = 45°$$

故有

$$\varphi(\omega_c) = \arctan a\omega_c - 180° = 45° - 180°$$

即

$$\arctan a\omega_c = 45° \Rightarrow a\omega_c = 1$$

整理可得

$$\omega_c^4 = a^2\omega_c^2 + 1 = 1 + 1 = 2 \Rightarrow \omega_c = \sqrt[4]{2}\,\text{rad/s} = 1.19\,\text{rad/s}$$

$$a = 1/\omega_c = 1/1.19 = 0.84$$

由奈氏曲线还可以看出，本系统的幅值裕量为无穷大。

二、对数频率特性与相对稳定性

前边我们根据系统的开环幅相频率特性，讨论了幅值裕量和相角裕量的定义。下边我们再讨论一下系统的开环对数频率特性与系统稳定裕量之间的关系。

开环幅相频率特性的对数特性与奈氏曲线有如下对应关系：

1）$G(j\omega)H(j\omega)$平面上以原点为圆心的单位圆，对应于对数幅频特性中的零分贝线。这是因为$|G(j\omega)H(j\omega)|_{单位圆}=1$，而$\lg 1=0$。

2）$G(j\omega)H(j\omega)$平面上的负实轴，对应于对数相频特性图上的$-180°$线。

根据以上关系，不难在对数频率特性图上找到稳定裕量的确定方法。

以最小相位系统为例，如图5-49所示。我们不难得出以下结论：

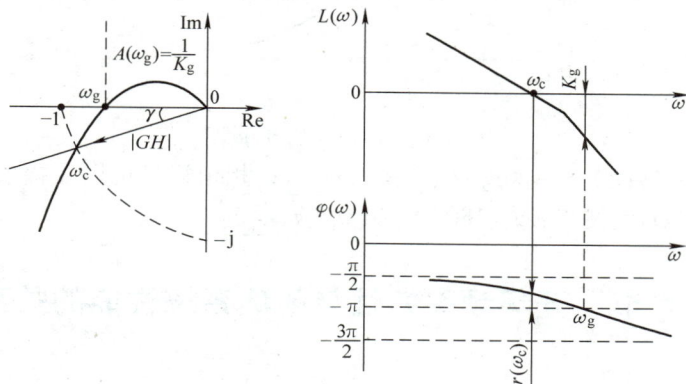

图5-49　奈氏图与Bode图对应关系

1）若对数幅频曲线穿越零分贝线时的相角$\varphi(\omega_c)$小于$-180°$（$|\varphi(\omega_c)|>180°$），系统不稳定。$\varphi(\omega_c)$大于$-180°$（$|\varphi(\omega_c)|<180°$），系统稳定。$\varphi(\omega_c)$与$-\pi$线之间的差距即为相角裕量γ。

2）若相频曲线穿越$-180°$线时的对数幅频特性的值为正，系统不稳定，为负则系统稳定。此时的对数幅频特性值的负值即为幅值裕量。

例5-14　系统的开环传递函数为

$$G(s)H(s)=\frac{10}{s(1+0.02s)(1+0.2s)}$$

根据开环对数频率特性确定系统的稳定裕量。

解： 可画出该系统的对数频率特性如图5-50所示，由图可以测出：

（1）$\omega_g=16\text{rad/s}$时，$L(\omega_g)=-15\text{dB}$，故$K_g=15\text{dB}$。这说明，如果系统开环传递系数再增加15dB，对数幅频特性曲线就会在相角穿越频率上与零分贝线相交，这和奈氏曲线通过$(-1,j0)$点的情况相一致，这时系统将处于临界稳定状态。

（2）$\omega_c=7\text{rad/s}$时，$\underline{/G(j\omega)H(j\omega)}=-125°$，因此$\gamma=180°-125°=55°$。这说明，如果给系统的开环传递函数增加一个在$\omega_c$处会产生55°相位滞后的迟后环节，系统将成为临界稳定。

总之，在对数频率特性图上，幅值裕量可以在相角穿越频率ω_g处，在对数幅频特性L

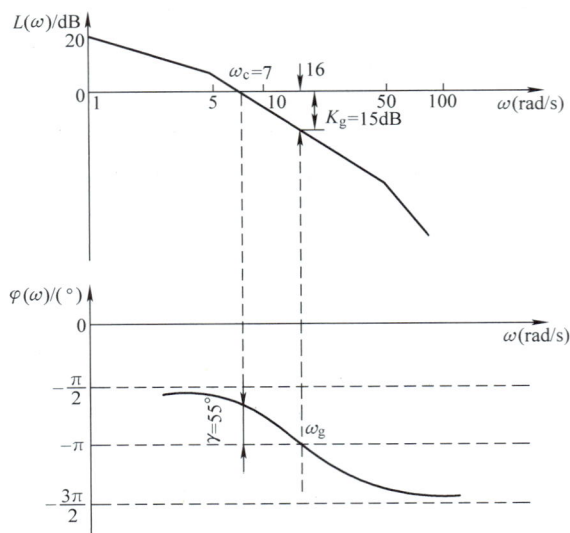

图 5-50　例 5-14 的 Bode 图

(ω) 上测出：$K_g = -L(\omega_g) = -20\lg|G(\omega_g)H(\omega_g)|$；相角裕量可以在幅值穿越频率 ω_c 处，在对数相频特性 $\varphi(\omega)$ 上测出：$\gamma = 180° + \angle G(\omega_g)H(\omega_g)$。

第六节　开环频率特性与闭环系统性能的关系

一、系统开环频率特性与稳态误差的关系

对于反馈系统来说，开、闭环传递函数之间的关系为

$$G_B(s) = \frac{G}{1 + G_K} = \frac{G}{1 + GH}$$

因此，在系统的结构、参数一定时，G_K 也是一定的，那么闭环系统的动态响应和稳态性能就为一定。因此，就能够通过分析开环频率特性来了解系统的闭环响应性能。

在第三章时域分析法中我们知道，稳态误差 e_{ss} 决定于系统开环传递函数中积分环节的数目 ν 和开环增益 K，而对数幅频特性的低频段恰恰反映了这两个参量。

设 $20\lg|G_K|$ 的渐近曲线在第一个转折频率之前的区段为低频段，此时则有

$$G_K(s) \approx K/s^{\nu} \tag{5-62}$$

低频段的对数幅频特性近似为

$$20\lg|G_K(j\omega)| \approx 20\lg(K/\omega^{\nu}) = 20\lg K - 20\lg\omega^{\nu} \tag{5-63}$$

随着 ν 的不同，曲线的斜率不同。所以，确定开环增益 K 的方法有以下两种：

1）令 $20\lg|G_K| = 0$，也就是说，低频段的对数幅频特性渐进曲线或其延长线与零分贝线相交时，可得

$$20\lg K/\omega^{\nu} = 0 \Rightarrow K = \omega^{\nu} \tag{5-64}$$

所以，可以根据对数幅频特性渐近线或其延长线与零分贝线的交点频率 ω 确定开环增益 K。对于 Ⅰ 型系统，$K_v = \omega$；对于 Ⅱ 型系统，$K_a = \omega^2$。

2）由于 $20\lg|G_K| \approx 20\lg K - 20\lg\omega^\nu$，若令 $\omega=1$，则有

$$20\lg|G_K(\omega)| = 20\lg K \tag{5-65}$$

这样，根据对数幅频特性渐近线或其延长线在 $\omega=1$ 时的幅值就可确定开环增益 K。

图 5-51 示意出如何根据低频段的对数幅频特性渐近线或其延长线确定开环增益 K 的几种情况。

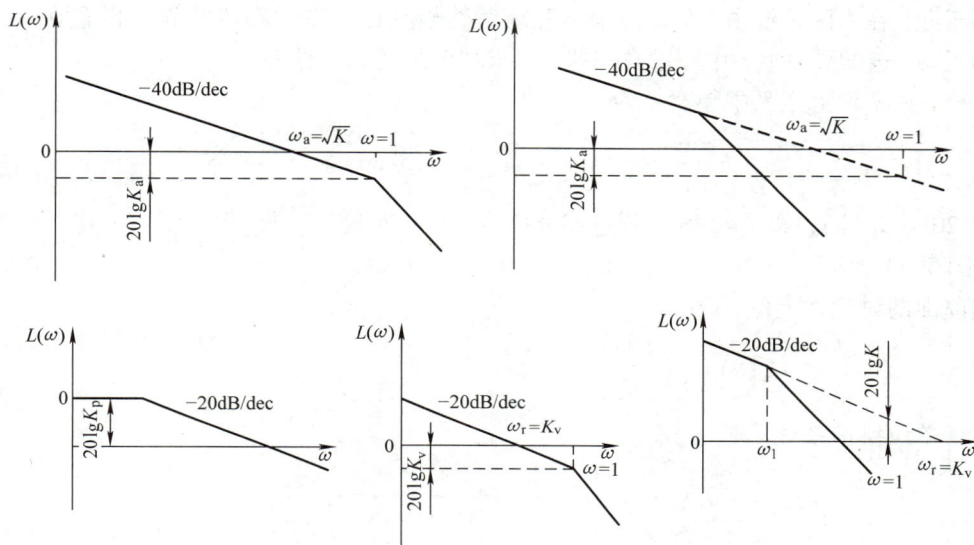

图 5-51　$L(\omega)$ 与 K 的关系

由以上分析可以看出，低频段斜率负的越多（积分环节多），位置越高（开环增益大），系统稳态误差就越小。但是，这又往往与系统稳定性的要求相矛盾。

二、开环频率特性与动态性能的关系

1. 定性关系

由奈氏判据可以知道，$(-1, j0)$ 点附近的频率特性，充分反映了系统的稳定性，更进一步讲，它也能反映系统的快速性。而 $(-1, j0)$ 点又相当于开环对数幅频特性曲线中的零分贝线，因此，分析开环对数幅频特性曲线在零分贝线附近的情况，对分析系统的动态性能有着指导意义。

通常，开环对数幅频特性 $20\lg|G_K(j\omega)|$ 穿越零分贝线时的频率为 ω_c，称为开环截止频率，在这个频率周围的区段称为中频段。有以下几种情况：

1）若 $20\lg|G_K(j\omega)|$ 的中频段斜率为 $-20\mathrm{dB/dec}$，而且占据的频率区间较宽，如图 5-52 所示。

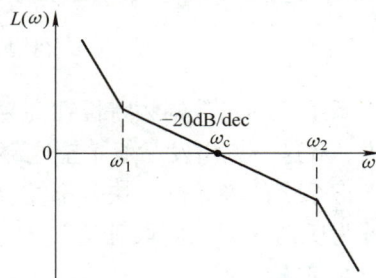

图 5-52　中频段情况之一

为了说明问题，我们可近似地认为整个频率特性为 $-20\mathrm{dB/dec}$ 的直线，这时对应的开环传递函数为

$$G_K(s) = K/s = \frac{\omega_c}{s}$$

对于单位反馈系统，则有

$$G_{\mathrm{B}}(s) = \frac{G_{\mathrm{K}}}{1 + G_{\mathrm{K}}} = \frac{\omega_{\mathrm{c}}/s}{1 + \omega_{\mathrm{c}}/s} = \frac{1}{s/\omega_{\mathrm{c}} + 1}$$

这相当于一个一阶系统，$t_{\mathrm{s}} = 3/\omega_{\mathrm{c}}$，其阶跃响应按指数规律变化，没有振荡，稳定程度较高。显然，截止频率 ω_{c} 越高，t_{s} 越小，系统的快速性越好。

基于此，在实际系统中，总是设法将开环对数幅频特性在中频段的斜率设置在 $-20\mathrm{dB}/\mathrm{dec}$，并且 ω_{c} 选的高一些，中频段宽一些，以求得较好的动态性能。

另外，在工程上定义中频宽 h 为

$$h = \frac{\omega_2}{\omega_1} \qquad (5\text{-}66)$$

2）$20\lg|G_{\mathrm{K}}(\mathrm{j}\omega)|$ 以 $-40\mathrm{dB}/\mathrm{dec}$ 过零分贝线，而且 h 较宽，如图 5-53 所示。

与前面的讨论相类似，设

$$G_{\mathrm{K}}(s) = \frac{K}{s^2} = \frac{\omega_{\mathrm{c}}^2}{s^2}$$

图 5-53　中频段情况之二

对于单位反馈系统，则有

$$G_{\mathrm{B}}(s) = \frac{G_{\mathrm{K}}(s)}{1 + G_{\mathrm{K}}(s)} = \frac{\omega_{\mathrm{c}}^2/s^2}{1 + \omega_{\mathrm{c}}^2/s^2} = \frac{\omega_{\mathrm{c}}^2}{s^2 + \omega_{\mathrm{c}}^2}$$

这相当于一个 $\xi = 0$ 的二阶系统，所对应的阶跃响应为等幅振荡的。

因此，开环幅频特性以 $-40\mathrm{dB}/\mathrm{dec}$ 为斜率过零分贝线的系统，一般 $\sigma\%$ 和 t_{s} 都比较大，稳定性远不如以 $-20\mathrm{dB}/\mathrm{dec}$ 为斜率过零分贝线的系统。

实践证明：一个控制系统的开环幅频特性，最好以 $-20\mathrm{dB}/\mathrm{dec}$ 过零分贝线。并且，中频宽 h 和 ω_{c} 都尽可能大一些，以保证系统响应的稳定性和快速性。

3）$20\lg|G_{\mathrm{K}}(\mathrm{j}\omega)|$ 在中频段以后的区段（$\omega > \omega_2 > \omega_{\mathrm{c}}$）称为高频段，在这些区段往往有

$$20\lg|G_{\mathrm{K}}| \ll 0 \Rightarrow |G_{\mathrm{K}}(\mathrm{j}\omega)| \ll 1 \qquad (5\text{-}67)$$

故有

$$|G_{\mathrm{B}}(\mathrm{j}\omega)| = \left| \frac{G(\mathrm{j}\omega)}{1 + G_{\mathrm{K}}(\mathrm{j}\omega)} \right| \approx |G(\mathrm{j}\omega)| \qquad (5\text{-}68)$$

系统开环对数幅频特性在高频段的幅值，直接反映了系统对输入端高频干扰信号的抑制能力，从这一点出发一般希望这部分的分贝值越小越好（抑制高频干扰能力强）。

把系统的稳、准、快等都结合在一起，对应不同的频段，分析所对应的系统性能，这也被称为所谓的"三频段理论"。当然，这种分析只是定性的，总的来说也是比较粗糙的。

2. 定量关系

系统动态性能指标的最主要特征，在时域内可用超调量 $\sigma\%$ 和过渡过程调节时间 t_{s} 来描述。

在第三章中，给出了二阶系统的特征参数和动态性能指标之间的定量关系。现在用开环频率特性来定量研究二阶系统的闭环动态性能，一般常采用开环截止频率 ω_{c} 和相角裕量 γ

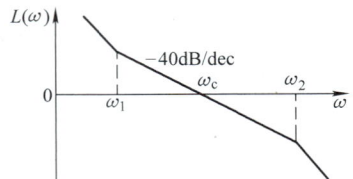

这两个特征量进行研究。

（1）相角裕量 γ 和超调量 $\sigma\%$ 之间的关系　二阶系统的闭环传递函数为

$$G_B(s) = \frac{\omega_n^2}{s^2 + 2\zeta\omega s + \omega_n^2}$$

则对应的开环传递函数为

$$G_K(s) = \frac{\omega_n^2}{s(s + 2\zeta\omega_n)} = \frac{\omega_n/(2\zeta)}{s\left(\dfrac{1}{2\zeta\omega_n}s + 1\right)}$$

开环频率特性为

$$G_K(j\omega) = \frac{\omega_n/(2\zeta)}{(j\omega)\left(\dfrac{1}{2\zeta\omega_n}j\omega + 1\right)}$$

在开环截止频率处，$\omega = \omega_c$，$|G_K(j\omega)| = 1$，因此

$$|G_K(j\omega)| = \frac{\omega_n^2}{\omega_c\sqrt{\omega_c^2 + 4\zeta^2\omega_n^2}} = 1 \Rightarrow (\omega_c^2)^2 + 4\zeta^2\omega_n^2\omega_c^2 - \omega_n^4 = 0$$

由此可得

$$\omega_c = \omega_n\sqrt{-2\zeta^2 + \sqrt{4\zeta^4 + 1}} \tag{5-69}$$

亦即

$$\left(\frac{\omega_c}{\omega_n}\right)^2 = \sqrt{4\zeta^4 + 1} - 2\zeta^2 \tag{5-70}$$

又知二阶系统的相角裕量为

$$\gamma = \varphi(\omega_c) + 180° = -90° - \arctan\frac{\omega_c}{2\zeta\omega_n} + 180°$$

$$= 90° - \arctan\frac{\omega_c}{2\zeta\omega_n} = \arctan\frac{2\zeta\omega_n}{\omega_c} = \arctan\frac{2\zeta}{\sqrt{\sqrt{4\zeta^4+1}-2\zeta^2}} \tag{5-71}$$

$$\left(\text{因为 } \tan\gamma = \cot\left(\arctan\frac{\omega_c}{2\zeta\omega_n}\right) = \frac{1}{\tan\left(\arctan\dfrac{\omega_c}{2\zeta\omega_n}\right)} = \frac{2\zeta\omega_n}{\omega_c}\right)$$

由此可得 γ 和 ζ 之间的关系曲线如图 5-54 所示。

在 $\zeta \leq 0.7$ 的范围内，其关系可近似用一条直线表示：$\zeta \approx 0.01\gamma$。上述表明，选择 $30° \sim 60°$ 的相角裕量，对应的阻尼比约为 $0.3 \sim 0.6$。有了 ζ 与 γ 的关系，若已知 γ，求得相应的 ζ，就可按式（5-72）计算出相应的超调量：

$$\sigma\% = e^{-\pi\zeta/\sqrt{1-\zeta^2}} \tag{5-72}$$

图 5-54　γ 与 ζ 之间的关系

（2）相角裕量 γ 和调节时间 t_s 的关系　根据以上分析结果

$$\gamma = \arctan\frac{2\zeta}{\sqrt{\sqrt{4\zeta^4+1}-2\zeta^2}} \tag{5-73}$$

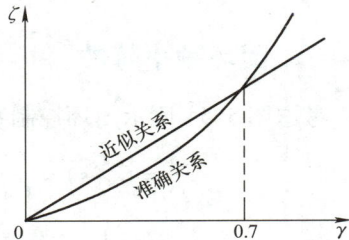

由第三章知 $t_s = \dfrac{3}{\zeta\omega_n}(\zeta < 0.9)$，所以有

$$t_s\omega_c = \frac{3}{\zeta}\sqrt{-2\zeta^2 + \sqrt{4\zeta^4 + 1}} \qquad (5\text{-}74)$$

由式（5-73）和式（5-74），可得

$$t_s\omega_c = \frac{6}{\tan\gamma} \qquad (5\text{-}75)$$

可以看出，调节时间 t_s 与相角稳定裕量 γ 以及开环截止频率 ω_c 都有关。在已知二阶系统 γ 和 ω_c 的情况下，就可按照式（5-75）计算调节时间 t_s。

在此顺便再提一下，对于二阶系统，谐振频率为

$$\omega_r = \omega_n\sqrt{1 - 2\zeta^2} \qquad (5\text{-}76)$$

$\zeta > 0.707$，闭环不发生谐振，若 $\zeta < 0.707$，有谐振峰值为

$$A_r = \frac{1}{\sqrt{\left(1 - \dfrac{\omega^2}{\omega_n^2}\right)^2 + \left(2\zeta\dfrac{\omega}{\omega_n}\right)^2}}\Bigg|_{\omega = \omega_r} = \frac{1}{2\zeta\sqrt{1 - \zeta^2}} \qquad (5\text{-}77)$$

频带宽度可由下式解出

$$A(\omega_b) = \frac{\omega_n^2}{\sqrt{(\omega_n^2 - \omega_b^2)^2 + 4\zeta^2\omega_n^2\omega_b^2}} = 0.707 \qquad (5\text{-}78)$$

故有

$$\frac{\omega_b}{\omega_n} = \sqrt{1 - 2\zeta^2 + \sqrt{2 - 4\zeta^2 + 4\zeta^4}} \qquad (5\text{-}79)$$

一般情况下，$\omega_c\uparrow \to \omega_b\uparrow \to t_s\downarrow$，系统反应迅速。

需要指出，上述定量关系只适用于二阶系统。高于二阶的系统，要得到类似的解析关系式是十分困难的。对于高阶系统，工程上一般都将其近似为一个具有主导极点的二阶系统来进行分析和估算。

第七节 闭环频率特性

一、闭环频率特性

考虑图 5-55 所示闭环控制系统，其闭环传递函数为

$$\frac{Y(s)}{R(s)} = G_B(s) = \frac{G(s)}{1 + G(s)H(s)}$$

$$= \frac{1}{H(s)}\frac{G(s)H(s)}{1 + G(s)H(s)}$$

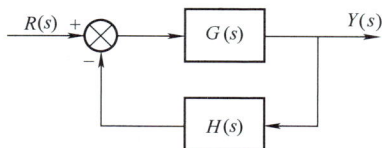

图 5-55 闭环系统

式中，$H(s)$ 为主反馈通道的传递函数，一般为常数。

由上式可知，该闭环传递函数 $G_B(s)$ 可以看成是一个前向通道传递函数为 $G(s)H(s)$ 的单位反馈系统和一个比例环节 $1/H(s)$ 的串联。此时闭环频率特性的形状不受影响。因此，研究闭环系统频域指标时，只需针对单位反馈系统进行。

闭环频率特性为

$$G_{\mathrm{B}}(\mathrm{j}\omega) = \frac{Y(\mathrm{j}\omega)}{R(\mathrm{j}\omega)} = M(\omega)\mathrm{e}^{\mathrm{j}\alpha(\omega)}$$

式中，$M(\omega)$ 为闭环幅频特性；$\alpha(\omega)$ 为闭环相频特性。

对于单位反馈系统，开环频率特性和闭环频率特性之间的关系为

$$\frac{Y(\mathrm{j}\omega)}{R(\mathrm{j}\omega)} = \frac{G(\mathrm{j}\omega)}{1 + G(\mathrm{j}\omega)} \tag{5-80}$$

根据式（5-80），可以用图解法求闭环频率特性。

设系统的开环频率特性奈氏图如图 5-56 所示。由图可见，向量 $\overrightarrow{OA}$ 表示 $G(\mathrm{j}\omega_1)$，其中 ω_1 为 A 点的频率，向量 $\overrightarrow{OA}$ 的长度为 $|G(\mathrm{j}\omega_1)|$，向量 $\overrightarrow{OA}$ 的相角为 $\angle G(\mathrm{j}\omega_1)$。从 $-1 + \mathrm{j}0$ 点到奈氏图上的向量 $\overrightarrow{PA}$ 表示 $1 + G(\mathrm{j}\omega_1)$。因此，$\overrightarrow{OA}$ 与 $\overrightarrow{PA}$ 之比就是闭环频率特性，即

$$G(\mathrm{j}\omega_1) = \overrightarrow{OA} = |\overrightarrow{OA}|\mathrm{e}^{\mathrm{j}\varphi}$$

$$1 + G(\mathrm{j}\omega_1) = \overrightarrow{PA} = |\overrightarrow{PA}|\mathrm{e}^{\mathrm{j}\theta}$$

$$\frac{Y(\mathrm{j}\omega)}{R(\mathrm{j}\omega)} = G_{\mathrm{B}}(\mathrm{j}\omega) = \frac{G(\mathrm{j}\omega)}{1 + G(\mathrm{j}\omega)} = \frac{\overrightarrow{OA}}{\overrightarrow{PA}} = \frac{|\overrightarrow{OA}|}{|\overrightarrow{PA}|}\mathrm{e}^{\mathrm{j}(\varphi-\theta)}$$

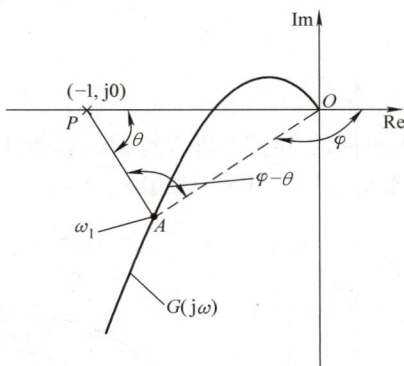

图 5-56　系统的开环频率特性奈氏图

说明，$\omega = \omega_1$ 时的闭环频率特性的幅值是向量 $\overrightarrow{OA}$ 与 $\overrightarrow{PA}$ 幅值之比；闭环频率特性的相角等于向量 $\overrightarrow{OA}$ 与 $\overrightarrow{PA}$ 之间的夹角，即 $\varphi - \theta$。当测量出不同频率处向量的大小和相角后，就可以求出闭环频率特性曲线。

上述图解法虽能说明 $G_{\mathrm{B}}(\mathrm{j}\omega)$ 与 $G(\mathrm{j}\omega)$ 的几何关系，但实际应用起来并不方便。所以，工程中常用等 M 圆（等幅轨迹）图或等 N 圆（等相角轨迹）图以及尼柯尔斯图绘制闭环频率特性。

二、等 M 圆图

设单位反馈系统的开环频率特性为

$$G(\mathrm{j}\omega) = X(\omega) + \mathrm{j}Y(\omega)$$

则闭环频率特性为

$$G_{\mathrm{B}}(\mathrm{j}\omega) = \frac{G(\mathrm{j}\omega)}{1 + G(\mathrm{j}\omega)} = \frac{X + \mathrm{j}Y}{1 + X + \mathrm{j}Y} = M(\omega)\mathrm{e}^{\mathrm{j}\alpha(\omega)} \tag{5-81}$$

其幅值方程为

$$M = \frac{|X + \mathrm{j}Y|}{|1 + X + \mathrm{j}Y|} = \frac{\sqrt{X^2 + Y^2}}{\sqrt{(1 + X)^2 + Y^2}}$$

或写成

$$M^2 = \frac{X^2 + Y^2}{(1 + X)^2 + Y^2}$$

因此有

$$X^2(1 - M^2) - 2M^2X - M^2 + (1 - M^2)Y^2 = 0 \tag{5-82}$$

如果 $M=1$，则方程（5-82）变为 $X=-\dfrac{1}{2}$，这是一条通过点 $\left(-\dfrac{1}{2}, 0\right)$ 且平行于 Y 轴的直线。

如果 $M \neq 1$，则方程（5-82）可以写为

$$Y^2 + \left(X + \frac{M^2}{M^2-1}\right)^2 = \frac{M^2}{(M^2-1)^2} \tag{5-83}$$

式（5-83）是一个圆的方程，其圆心的坐标和半径分别为

$$X_0 = -\frac{M^2}{M^2-1}, \ Y_0 = 0$$

$$r_0 = \frac{M}{M^2-1}$$

给出不同的 M 值，可以算得一簇等 M 圆图，如图 5-57 所示。例如，对于 $M=1.3$，其圆心为 $(-2.45, 0)$，半径为 1.88。

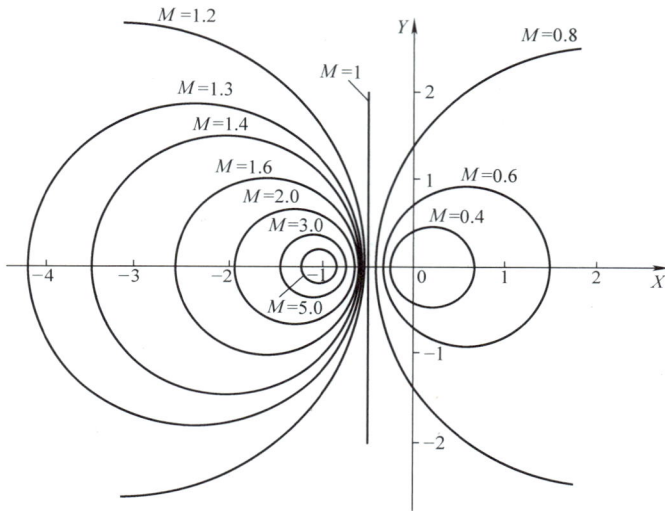

图 5-57　一簇等 M 圆

由图 5-57 可见，当 $M>1$ 时，M 圆的半径随 M 值的增大而减小。位于负实轴上的圆心不断向 $(-1, j0)$ 点靠近。$M=\infty$ 时，$r_0=0$，圆心收敛于 $(-1, j0)$ 点。

当 $M<1$ 时，随着 M 值的减小，M 圆的半径也越来越小，其位于正实轴的圆心不断地向原点靠近，当 $M=0$ 时，$r_0=0$，圆心收敛于原点。

三、等 N 圆图

根据式（5-81），闭环频率特性 $G_B(j\omega)$ 的相角可以表示为

$$\underline{/G_B(j\omega)} = \alpha(\omega) = \underline{\Bigg/ \frac{X+jY}{1+X+jY}} = \arctan\frac{Y}{X} - \arctan\left(\frac{Y}{1+X}\right) = \arctan\left(\frac{Y}{X^2+X+Y^2}\right)$$

在此注意

$$\tan(A-B) = \frac{\tan A - \tan B}{1+\tan A \cdot \tan B}$$

设 $\tan\alpha(\omega) = N$

则有

$$N = \frac{Y}{X + X^2 + Y^2}$$

即

$$X^2 + X + Y^2 - \frac{1}{N}Y = 0$$

上述方程两端同时加上 $\frac{1}{4} + \left(\frac{1}{2N}\right)^2$，解得

$$\left(X + \frac{1}{2}\right)^2 + \left(Y - \frac{1}{2N}\right)^2 = \frac{1}{4} + \left(\frac{1}{2N}\right)^2 \tag{5-84}$$

当 N 为常数时，式（5-84）是一个圆的方程，其圆心位于 $x_0 = -1/2$，$y_0 = 1/(2N)$，半径为 $\sqrt{\left(\frac{1}{2}\right)^2 + \left(\frac{1}{2N}\right)^2}$，例如，当 $\alpha = 30°$ 时，$N = \tan\alpha = 0.577$，且与 $\alpha = 30°$ 对应的圆的圆心和半径分别为 （-0.5，0.866）和 1。给出不同的 N（或 α）值，可以画出一簇等 N 圆，如图 5-58 所示，对于给定的 α 值，等 N 圆实际上不是一个完整的圆，而只是一段圆弧。这是因为一个角度加上 $\pm 180°$（或者它的倍数）后，其正切值保持不变。

利用等 M 圆和等 N 圆，根据开环奈奎斯特图与各圆的交点，可以直接求出全部闭环频率特性的幅值与相角。

图 5-59a 表示了叠加在等 M 圆上的 $G(j\omega)$ 曲线。图 5-59b 表示了叠加在等 N 圆上的 $G(j\omega)$ 曲线。根据这两幅图，可以求出闭环频率特性。$M = 1.1$ 这个圆在频率 $\omega = \omega_1$ 处与 $G(j\omega)$ 曲线相交，这意味着在此频率上，闭环频率特性的幅值等于 1.1。$G(j\omega)$ 曲线与 $M = 2$ 的圆相切，说明在 $G(j\omega)$ 上只有一个点能使闭环幅值等于 2，这点的频率 ω_4，就是谐振频率，其幅值 $M = 2$ 为谐振峰值。从而可以从 5-59a 图上画出闭环幅频特性曲线，如图 5-59c 所示。同理可以从图 5-59b 上画出闭环相频特性曲线，如图 5-59c 所示。

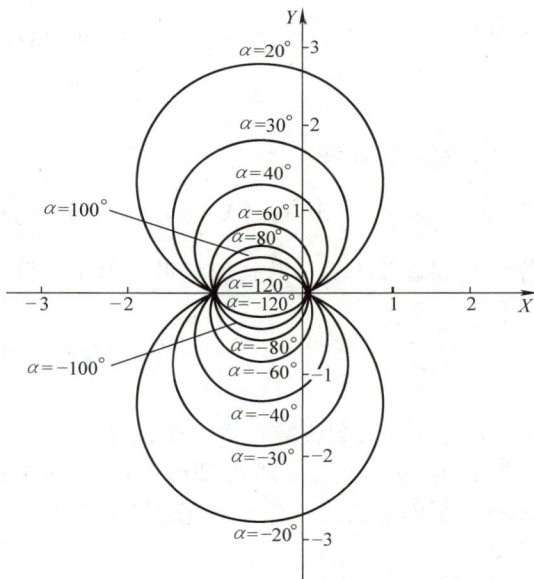

图 5-58　一簇等 N 圆

四、尼科尔斯图

由于绘制开环对数频率特性比较简便，因此，在对数幅 - 相特性平面上，由等 M 圆和等 N 圆组成的图线称为尼科尔斯图。

设单位反馈系统的开环频率特性为

$$G(j\omega) = A(\omega)e^{j\varphi(\omega)}$$

则其相应的闭环频率特性为

$$G_B(j\omega) = M(\omega)e^{j\alpha(\omega)} = \frac{G(j\omega)}{1 + G(j\omega)} = \frac{A(\omega)e^{j\varphi(\omega)}}{1 + A(\omega)e^{j\varphi(\omega)}} \tag{5-85}$$

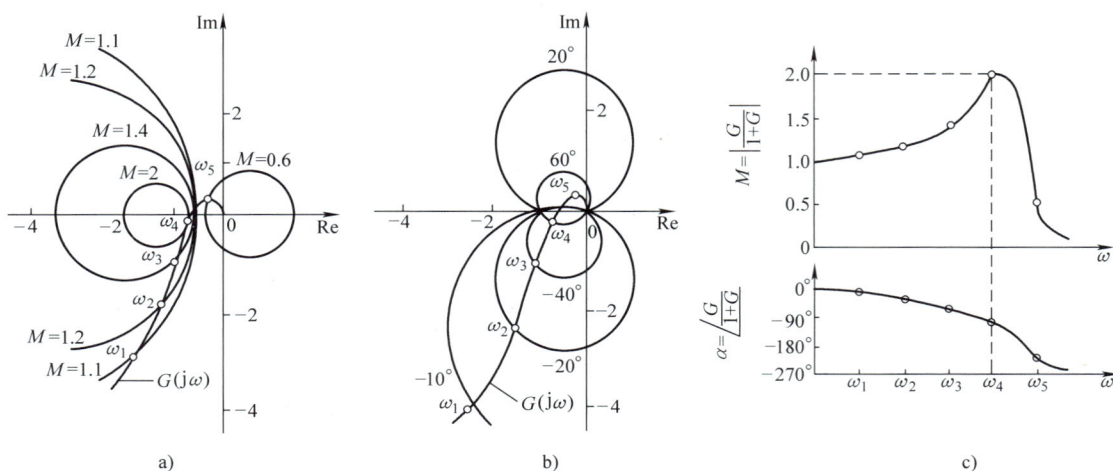

图 5-59

a) 叠加在一簇 M 圆上的 $G(j\omega)$ 轨迹 b) 叠加在一簇 N 圆上的 $G(j\omega)$ 轨迹 c) 闭环频率响应曲线

为方便起见，设 $M(\omega)$、$A(\omega)$、$\alpha(\omega)$ 和 $\varphi(\omega)$ 分别为 M、A、α、φ，则由式（5-85）可得

$$M\mathrm{e}^{\mathrm{j}(\alpha-\varphi)} + MA\mathrm{e}^{\mathrm{j}\alpha} = A$$

运用欧拉公式展开得

$$M\left[\cos(\alpha-\varphi) + A\cos\alpha\right] + \mathrm{j}M\left[\sin(\alpha-\varphi) + A\sin\alpha\right] = A$$

由等式两端虚部相等，并且取分贝为单位可得

$$L = 20\lg A = 20\lg\frac{\sin(\varphi-\alpha)}{\sin\alpha} \tag{5-86}$$

式中，L 为开环对数幅频特性，单位为 dB。

取 α 为某一常数，即得 $20\lg A$ 和 φ 的单值函数。如果令 φ 从 $0° \sim 360°$ 变化，则在 $20\lg A$—φ 平面上获得一条与 α 值相对应的曲线，称为等 α 线。取不同的 α 值，则得等 α 值曲线簇。

式（5-85）可改写为

$$M\mathrm{e}^{\mathrm{j}\alpha} = \left(\frac{\mathrm{e}^{\mathrm{j}\varphi}}{A} + 1\right)^{-1}$$

按欧拉公式，又有

$$M\mathrm{e}^{\mathrm{j}\alpha} = \left[\frac{\cos\varphi}{A} - \mathrm{j}\frac{\sin\varphi}{A} + 1\right]^{-1}$$

则有闭环幅频特性

$$M = \left(1 + \frac{1}{A^2} + \frac{2\cos\varphi}{A}\right)^{-\frac{1}{2}}$$

经简化得关于 A 的一元二次方程式

$$A^2 - 2A\frac{M^2}{1-M^2}\cos\varphi - \frac{M^2}{1-M^2} = 0$$

求解得

$$A = \frac{\cos\varphi \pm \sqrt{\cos^2\varphi + M^{-2} - 1}}{M^{-2} - 1}$$

$$L = 20\lg A = 20\lg\frac{\cos\varphi \pm \sqrt{\cos^2\varphi + M^{-2} - 1}}{M^{-2} - 1}$$

取 M 为某一常数，令 φ 从 $0° \sim -360°$ 变化，计算对应的 $L(\omega)$，在 $L(\omega) - \varphi$ 平面得到一条等 M 曲线。设定不同的 M 值，就可求得等 M 值曲线簇。将上述等 α 值与等 M 值曲线组合在对数幅相图上，即纵轴为 $L(\omega)$，横轴为 $\varphi(\omega)$，就构成了如图 5-60 所示的尼科尔斯图线。

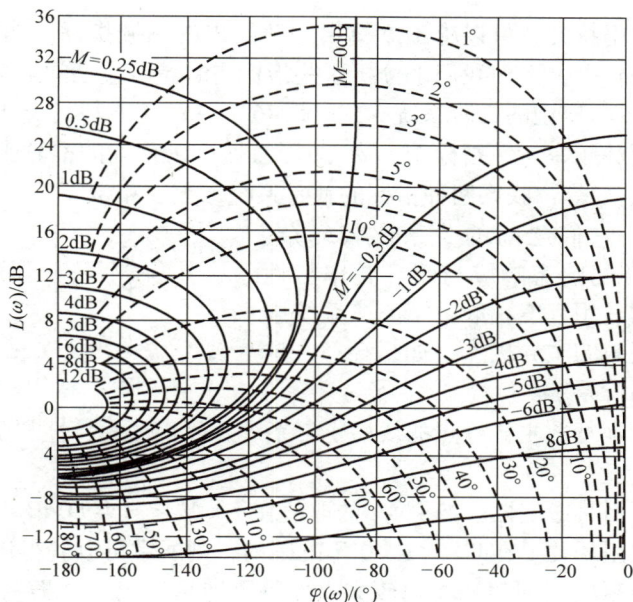

图 5-60　尼科尔斯图

下面举例说明尼科尔斯图的用法。

例 5-15　考虑一个单位反馈控制系统，其开环传递函数为

$$G(j\omega) = \frac{K}{j\omega(1 + j\omega)}$$

试确定增益 K 值，使得 $M_r = 1.4$。

解：为了确定增益 K，第一步工作是画出下列函数的极坐标图：

$$\frac{G(j\omega)}{K} = \frac{1}{j\omega(1 + j\omega)}$$

图 5-61 表示了 $M_r = 1.4$ 的轨迹和 $G(j\omega)/K$ 的轨迹。改变增益值不影响相角，仅使曲线

在垂直方向移动。当 $K > 1$ 时，曲线垂直向上移动；当
$K < 1$ 时，曲线垂直向下移动。在图 5-61 上，为了能使
$G(j\omega)/K$ 轨迹与所需要的 M_r 轨迹相切，$G(j\omega)/K$ 轨迹必
须升高 4dB。这时，整个 $G(j\omega)/K$ 轨迹位于 $M_r = 1.4$ 的
轨迹外侧。根据 $G(j\omega)/K$ 轨迹垂直移动的值，可以确定
能够提供必要的 M_r 值的增益。因此，求解方程

$$20\lg K = 4$$

得到

$$K = 1.59$$

这里得到的结果与前面得到的结果是相同的。

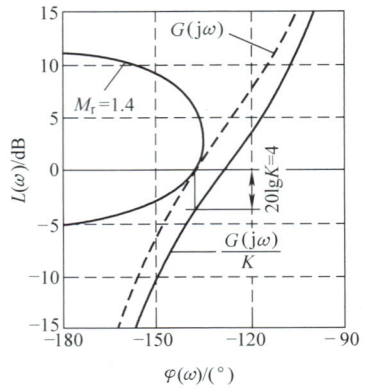

图 5-61　利用尼科尔斯图确定增益 K

五、闭环频率特性的指标与时域响应的关系

通过绘制闭环频率特性，可以求出本章第一节给出的频域指标，如谐振峰值 M_r、谐振
频率 ω_r 及频带宽度 ω_b 等，下面我们来分析这些指标与时域响应之间的关系。

对于图 5-62 所示的典型的二阶系统，式（5-76）～式（5-79）给出闭环频率特性指标
的解析表达式。从闭环频率特性指标 M_r、ω_r、ω_b 数据可以精确的推算出二阶系统的时域响
应指标，如 $\sigma\%$、t_r、t_s 等，联系两种指标的就是系统参数 ζ 和 ω_n。

对于高阶系统，它们之间的关系比较复杂。
图 5-62 所示二阶系统的瞬态响应与闭环频率特性
的关系对高阶系统的适用程度，取决于高阶系统中
是否存在一对共轭复数的主导极点，如果存在，这
种关系可以推广到高阶系统。

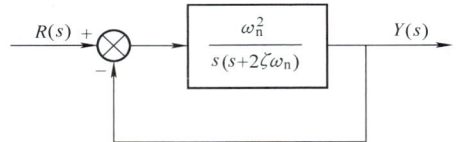

图 5-62　典型二阶系统

对于具有一对共轭复数主导极点的线性定常系统，闭环频率特性与阶跃响应之间通常存
在下列关系：

1）M_r 值表征了相对稳定性。如果 M_r 的取值在 $1 < M_r < 1.4$（0dB $< M_r <$ 3dB）范围内，
这相当于系统的等效阻尼比 ζ 在 $0.4 < \zeta < 0.7$ 范围内，则通常可以获得满意的平稳性。如果
M_r 的值大于 1.5，阶跃响应的超调将比较大，而且可能呈现出多次振荡。一般而言，M_r 值
越大，阶跃响应的超调量就越大。这是由于系统对谐振频率附近的谐波分量失真地放大了，
因而造成严重的问题。

2）谐振频率 ω_r 的大小表征了瞬态响应的速度，对于欠阻尼系统而言，ω_r 与系统中
的阻尼自然频率 ω_n 很接近。ω_r 的值越大，瞬态响应越快，即上升时间 t_r 与 ω_r 成反比变化。

3）闭环频带宽度 ω_b 表征了系统调节速度的快慢和高频谐波特性。频带较宽时，有利
于减小在单位阶跃输入时所对应过渡过程时间；频带较窄时，时域响应往往比较缓慢。简言
之，带宽和系统的调节速度成正比。为使系统能够精确的跟踪任意输入信号，系统必须有大
的带宽，但从抑制高频噪声的观点来看，带宽不应太大，设计时通常需要折衷考虑。

上述三个闭环频域指标在评价系统的性能时比较常用。当系统不能近似为具有一对共轭
复数极点的二阶系统时，上述定性的规律依然存在，只是性能指标的计算较复杂，一般写不
出解析表达式。实践证明，根据一对主导极点分析和校正系统的方法，在应用得当时，是比

较有效和省时的。

另外，还有不少根据闭环频率特性指标估算时域响应性能的工程近似计算公式，由于受本书篇幅限制，这里不再赘述了。有兴趣的读者请参考有关书籍。

六、系统闭环和开环频率特性指标的关系

二阶系统的开环频域指标 ω_c 与 γ 和闭环频域指标 ω_b、ω_r、M_r 之间有确定性的关系，如式（5-69）~式（5-79）所述。通过二阶系统参数 ζ 与 ω_n，将两者联系在一起。对于高阶系统，两者之间的解析表示式很难写出，但定性的或近似的关系仍然存在。ω_c 与 ω_b 有着密切的关系。如果两个系统的稳定程度相仿，则 ω_c 大的系统，ω_b 也大；ω_c 小的系统 ω_b 也小。因此 ω_b 与 ω_c 之间近似为正比例的关系，它们都决定了系统的响应速度。鉴于闭环谐振峰值 M_r 和开环相角裕量 γ 都能表征系统的相对稳定性，所以 M_r 与 γ 之间也有近似的关系。

设系统开环相频特性可以表示为

$$\varphi(\omega) = -180° + \gamma(\omega) \tag{5-87}$$

其中，$\gamma(\omega)$ 表示相角相对于 $-180°$ 的相移，因此开环频率特性可以表示为

$$G(j\omega) = A(\omega)e^{j\varphi(\omega)} = A(\omega)e^{-j[180° - \gamma(\omega)]}$$

根据欧拉公式，可得

$$G(j\omega) = A(\omega)[-\cos\gamma(\omega) - j\sin\gamma(\omega)] \tag{5-88}$$

闭环幅频特性

$$M(\omega) = \left| \frac{G(j\omega)}{1 + G(j\omega)} \right| = \frac{A(\omega)}{\sqrt{1 + A^2(\omega) - 2A(\omega)\cos\gamma(\omega)}} = \frac{1}{\sqrt{\left[\dfrac{1}{A(\omega)} - \cos\gamma(\omega)\right]^2 + \sin^2\gamma(\omega)}}$$

$$\tag{5-89}$$

一般情况下，$M(\omega)$ 在取极大值附近，即 $\omega \approx \omega_r$ 时，变化比较小，且有 ω_r 常位于 ω_c 附近，即有

$$\cos\gamma(\omega_r) \approx \cos\gamma(\omega_c) = \cos\gamma \tag{5-90}$$

在式（5-89）中，当 $A(\omega) = \dfrac{1}{\cos\gamma(\omega)}$ 时，$M(\omega)$ 为极值，谐振峰值可以表示为

$$M_r = M(\omega_r) = \frac{1}{|\sin\gamma(\omega_r)|} \approx \frac{1}{|\sin\gamma|} \tag{5-91}$$

γ 为相角裕量。当 γ 值较小时，式（5-91）的近似程度较高。控制系统设计时，一般先根据控制要求提出闭环频域指标 ω_b 和 M_r，再由式（5-91）确定相角裕量 γ 和选择合适的截止频率 ω_c，然后根据 γ 和 ω_c 选择校正网络的结构并确定参数。

第八节　传递函数的实验确定法

一、实验建模法

在分析和设计控制系统时，第一步工作是要确定被控系统的数学模型。第二章中建立数学模型的方法是根据机理的解析建模，通常称解析建模问题为"白箱"问题。在实际控制

工程中，能够用解析法建模的对象非常有限，大量的被控对象由于过于复杂而需要用实验测试法进行建模，这类需要根据特定的输入/输出信号得到系统数学模型的问题，称为"黑箱"问题，又称之为系统辨识问题。

所谓辨识就是在输入输出数据的基础上，从一种给定的模型中确定一个与被辨识系统等价的模型。从采用的输入与输出信号的形式上来看，经典的系统辨识方法又有时域法、频率特性法和相关分析辨识法等。时域法一般选取脉冲信号或阶跃信号作为给定信号，通过测量稳定时域响应曲线，推算出被识对象的传递函数。频率特性法是通过施加不同频率的正弦信号，测量系统输出的幅值与相位来求取系统的频率特性。而相关辨识法的理论依据是卷积积分形式的互相关函数定义式，如下式所示：

$$R_{ug}(\tau) = \int_0^\infty g(\nu)R_u(\tau - \nu)\mathrm{d}\nu \tag{5-92}$$

即平稳随机输入与输出的互相关函数 $R_{ug}(\tau)$ 等于系统的脉冲响应 $g(\tau)$ 与输入的自相关函数 $R_u(\tau)$ 的卷积。这意味着互相关函数 $R_{ug}(\tau)$ 恰好相当于系统对某个波形与自相关函数 $R_u(\tau)$ 相同的确定性输入信号的响应。只要预先测出相关函数 $R_u(\tau)$ 和 $R_{ug}(\tau)$，就可通过反卷积运算求出稳定的脉冲响应。这种方法可以在被控过程正常运行下使用，即可在线完成，所以具有更加实际的意义。时域法和频率特性法的优点是输入信号比较简单，但在线辨识时可能会对被控系统带来较大的干扰。近年来，基于神经网络和模糊逻辑的智能辨识方法日趋完善并得到了广泛的应用，为解决复杂系统的建模与控制问题提供了新方法。本节主要讲述频率响应建模法。

二、用正弦输入信号确定传递函数

频率响应法的重要意义就是它可以通过简单的频率响应实验，确定线性被控对象或元件的传递函数。如果可以在一定频率范围内足够多的频率上测量出幅值比和相位移，就可以据此得到稳定的 Bode 图，再利用渐近线便可以确定传递函数。

在进行频率响应实验时，必须要有适当的正弦信号发生器。信号可以是机械的、电气的或是气动的。对于大时间常数系统，实验时所需的频率范围为 $0.001 \sim 10\mathrm{Hz}$；对于小时间常数系统，为 $0.1 \sim 1000\mathrm{Hz}$，以便给系统施以充分的激励。

对于最小相位系统，可以由实验测量到的 Bode 图，方便地求出系统的传递函数。系统是不是最小相位系统，可以通过检查频率响应曲线的高频特性来确定。由实验所得到的相角曲线，为我们提供了一种检查对数幅频曲线求出传递函数的方法。对于最小相位系统，实验得到的相角曲线必须与幅值曲线推导出的传递函数求得的理论相角曲线相吻合。这两条相角曲线在超低频范围内和超高频范围内都应该严格的相符，这是由于幅值曲线的斜率与相角曲线的相位有严格的对应关系。如果由实验得到的相角在很高的频率（所有的转折频率之上）上不等于 $-\dfrac{\pi}{2}(n-m)$（式中 n 和 m 分别表示传递函数分母多项式与分子多项式的阶次），则传递函数必是一个非最小相位传递函数。

如果在高频段，由计算得到的相位滞后与实验得到的相位滞后相差小于 $180°$，则在传递函数中一定有一个零点位于右半 s 平面；如果计算出的相位滞后与实验得到的相位滞后相差一个正常的相位变化率，则系统中必存在传递滞后时间，即存在纯滞后环节。

例 5-16　假设系统的实验频率响应曲线如图 5-63 所示，试确定该系统的传递函数。

解：求传递函数的第一步工作，是以斜率为 ±20dB/dec 及其倍数的渐近线逼近对数幅值曲线，如图所示，然后估计转折频率。对于图 5-63 所示的系统，需要对下列形式的传递函数进行估计：

$$G(j\omega) = \frac{K(1+0.5j\omega)}{j\omega(1+j\omega)\left[1+2\zeta\left(j\dfrac{\omega}{8}\right)+\left(j\dfrac{\omega}{8}\right)^2\right]}$$

通过检验 $\omega = 6\text{rad/s}$ 附近的谐振峰值，可以估计出阻尼比 ζ 的值。参考图可确定 ζ 为 0.5。增益 K 在数值上等于低频渐近线的延长线与 0dB 直线交点处的频率值，因此求得 K 值为 10。于是，$G(j\omega)$ 可以暂时确定为

图 5-63　例 5-16 图

$$G(j\omega) = \frac{10(1+0.5j\omega)}{j\omega(1+j\omega)\left[1+\left(j\dfrac{\omega}{8}\right)+\left(j\dfrac{\omega}{8}\right)^2\right]}$$

即

$$G(s) = \frac{320(s+2)}{s(s+1)(s^2+8s+64)}$$

因为没有校验相角曲线，所以这个传递函数还是一个暂时性的。

一旦知道了对数幅值曲线上的各个转折频率，传递函数中每一个相应因子的相角曲线就可以容易地画出来。这些因子的相角曲线之和，就是所设传递函数的相角曲线。在图中，$G(j\omega)$ 的相角曲线用 $\underline{/G}$ 表示，由图可以清楚地看出，计算出的相角曲线与实验得到的相角曲线之间存在差别。在超高频时，这两条曲线之间的差别呈现为一种定常的变化率。因此，相角曲线之间的差别必定是由传递函数延迟引起的。

因此，假设完整的传递函数为 $G(s)e^{-\tau s}$，因为在超高频时，计算出的相角与实验得到的相角之间相差 0.2ω，所以求得的 τ 值为

$$\lim_{w\to\infty}\frac{\mathrm{d}}{\mathrm{d}\omega}\underline{/G(j\omega)e^{-j\omega\tau}} = -\tau = -0.2$$

即

$$\tau = 0.2\text{s}$$

这就证明了确实存在传递函数延迟，于是由实验曲线可以确定完整的传递函数为

$$G(s)e^{-\tau s} = \frac{320(s+2)e^{-0.2s}}{s(s+1)(s^2+8s+64)}$$

三、几点说明

1）国产的超低频频率特性测试仪都是根据相关分析法原理设计制造的专用测量仪器。

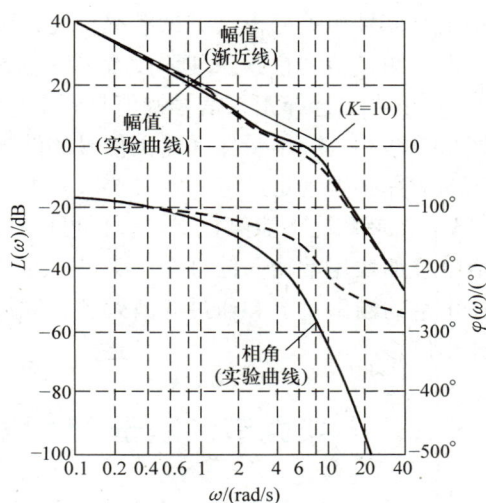

采用正弦信号相关分析法测试频率特性，可以抑制被测系统或元件的非线性及噪声干扰的影响，提高测量精度，其原理请读者参考有关频率特性测试仪使用说明书。

2）适当的选择正弦信号幅值与频率范围是至关重要的。如果输入信号的幅值太大，则会使系统饱和。应尽量保证输出信号的波形是正弦的，以确定系统工作在线性范围内。频率范围的选择必须满足给定的频带要求。

3）如果系统不能停止工作，也可以在线进行频率法试验测量，此时可以把小幅值的正弦信号叠加在正常输入信号上。于是，对于线性系统而言，由实验信号引起的输出量也被叠加在正常的输出量上。通过滤波处理，测量出正弦信号的响应，从而得到输出正弦信号的幅值和相位移。

第九节　基于 MATLAB 的控制系统频域分析

Bode 图和奈氏图是频率响应法中的两种重要图形，使用 MATLAB 可以精确地画出这两种频率特性曲线图。

一、利用 MATLAB 绘制 Bode 图

控制系统的 Bode 图由对数幅频特性和相频特性两幅图组成，对于连续线性时不变系统，可以通过 MATLAB 命令"bode"来绘制这两幅图。

1. 无返回变量的"bode"命令

命令调用格式如下：

bode（num，den）

bode（num，den，w）

bode（A，B，C，D）

bode（A，B，C，D，w）

bode（sys）

运行这些指令 Bode 图会直接显示在计算机屏幕上。这些命令中参数 num、den 分别为传递函数的分子多项式和分母多项式；A、B、C、D 为系统状态描述中的相应矩阵；sys 的含义与前面章节中的含义相同，用来定义控制系统；w 规定了绘图的频率范围。

如果需要指出绘制 Bode 图的频率范围可以使用如下命令获得：

W = logspace（d1，d2，n）

这个命令可以产生频率自变量的采样点，具体的操作是在十进制数 10^{d1} 和 10^{d2} 之间产生 n 个用对数分度的等距离点。

例 5-17　考虑图 5-64 所示系统，系统的开环传递函数为 $G(s) = \dfrac{9(s^2 + 0.2s + 1)}{s(s^2 + 1.2s + 9)}$，试用 MATLAB命令绘制系统开环 Bode 图。

解： 由系统开环传递函数可知

num = [0 9 1.89]；

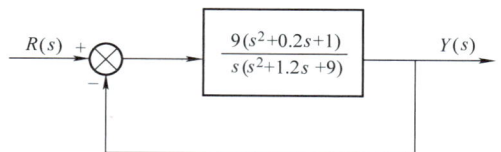

图 5-64　例 5-17 系统结构图

$$den = [1\ 1.2\ 9\ 0];$$

根据上述命令绘制 Bode 图，实现程序如下：

```
% MATLAB Program for Example 5-17-1
num = [0 9 1.8 9];
den = [1 1.2 9 0];
bode(num,den);
xlabel('Frequency rad/s','fontsize',10)
ylabel('Phase deg        Gain dB','fontsize',10)
title('Bode Diagram of G(s) = 9(s^2 + 0.2s + 1)/[s(s^2 + 1.2s + 9)]','fontsize',10)
```

绘制图形如图 5-65 所示。

由于程序中没有指定频率范围，MATLAB 自动选择频率范围。如果用户需要指定频率范围可以采用 logspace 命令来完成。修改上面程序如下：

```
% MATLAB Program for Example 5-17-2
num = [0 9 1.8 9];
den = [1 1.2 9 0];
w = logspace(-2,1,100);
bode(num,den,w);
xlabel('Frequency rad/s','fontsize',10)
ylabel('Phase deg        Gain dB','fontsize',10)
title('Bode Diagram of G(s) = 9(s^2 + 0.2s + 1)/[s(s^2 + 1.2s + 9)]','fontsize',10)
grid on
```

运行例程 5-17-2 得到图 5-66 所示的 Bode 图。

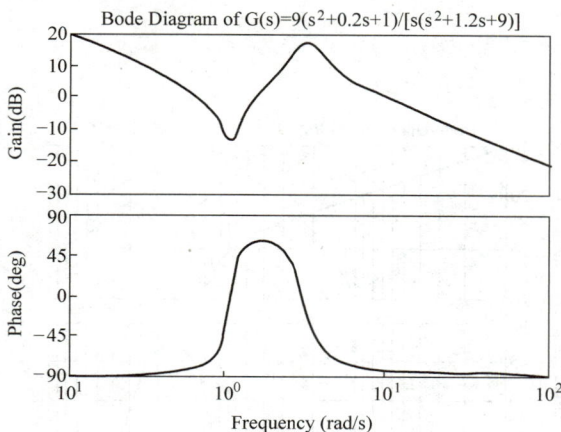

图 5-65　例 5-17 的 Bode 图（自动选频）　　图 5-66　指定频率范围（$\omega = 0.01 \sim 10 \text{rad/s}$）

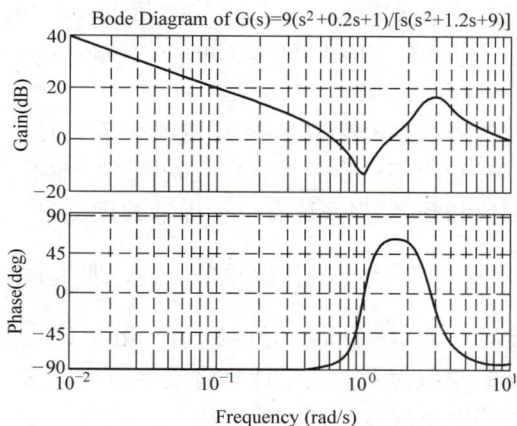

2. 具有返回变量的 "bode" 命令

命令调用格式如下：

```
[mag,phase,w] = bode(num,den)
[mag,phase,w] = bode(num,den,w)
```

$$[\,mag,phase,w\,] = bode(\,A,B,C,D\,)$$

$$[\,mag,phase,w\,] = bode(\,A,B,C,D,w\,)$$

$$[\,mag,phase,w\,] = bode(\,sys\,)$$

具有返回变量的"bode"命令不会在屏幕上绘制出 Bode 图，而是返回系统频率特性的幅值和相角向量和对应的频率向量。相角是以度为单位的。返回的幅值可以通过公式 magdB = 20 * log10（mag）转换成幅值的 dB 值。利用有返回变量的"bode"命令得到的特定频率点处的幅值和相角，可以通过作半对数坐标图（semilogx 指令）得到幅频特性和相频特性。利用下面一段程序可以绘制出如图 5-67 所示的 Bode 图。

```
% MATLAB Program for Example 5-15-3
num = [0 9 1.89];
den = [1 1.29 0];
w = logspace(-2,3,100);
[mag,phase,w] = bode(num,den,w);
magdB = 20 * log10(mag);
subplot(2,1,1)
semilogx(w,magdB,'k-','linewidth',1.5)
xlabel('Frequecy (rad/s)','fontsize',14)
ylabel('Gain dB','fontsize',14)
title('Bode Diagram of G(s) = 9(s^2 + 0.2s + 1)/[s(s^2 + 1.2s + 9)]','fontsize',14)
grid on
subplot(2,1,2)
semilogx(w,phase,'k-','linewidth',1.5)
xlabel('Frequecy (rad/s)','fontsize',14)
ylabel('Phase deg','fontsize',14)
grid on
```

当指定了绘制 Bode 图的频率范围时，bode 命令将逐点计算指定点处频率特性的幅值和频率。当系统有位于虚轴的极点时，如 $G(s) = \dfrac{1}{s^2 + 1}$，其极点为 $\pm 1j$，如果指定要计算 $\omega = 1\,rad/s$ 时的幅值，由于该点处的幅值为无穷大，计算将发生溢出。这种情况下应该避开幅值的极点，以避免上述问题。

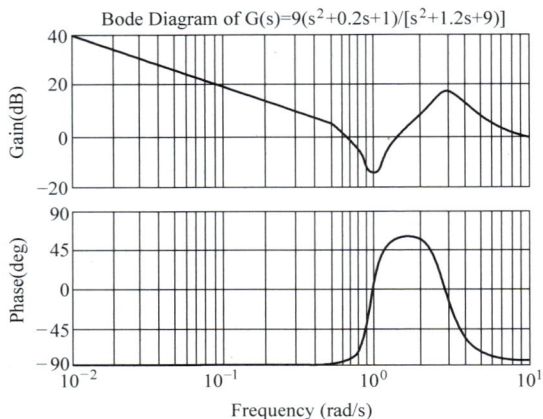

图 5-67　指定频率范围（$\omega = 0.01 \sim 1000\,rad/s$）

幅值裕量和相角裕量是最小相位系统的两个重要的性能指标，利用 MATLAB 还可以很方便地求解系统的幅值裕量和相角裕量。求取这两个量的 MATLAB 命令为

$$[\,Gm,Pm,Wcg,Wcp\,] = margin(\,mag,phase,w\,)$$

其中输入参量为 bode 命令的返回变量，输出参量 Gm 为增益裕量，Pm 为相位裕量，Wcg 为相位穿越 $-180°$ 时的交界频率，Wcp 为增益 $=0dB$ 时的频率。

应用下面例程可以很方便地求出幅值裕量和相角裕量，如图 5-68 所示。

```
% MATLAB Program for Example 5-15-4
num = [0 9 1.8 9];
den = [1 1.2 9 0];
w = logspace(-2,3,100);
[mag,phase,w] = bode(num,den,w);
magdB = 20 * log10(mag);
[Gm,Pm,Wcg,Wcp] = margin(mag,phase,w)
subplot(2,1,1)
semilogx(w,magdB,'k-','linewidth',1.5)
xlabel('Frequecy (rad/s)','fontsize',14)
ylabel('Gain dB','fontsize',14)
ttext = strcat('Gain margin = ',num2str(Gm),' Phase margin = ',num2str(Pm));
title(ttext,'fontsize',14)
grid on
subplot(2,1,2)
semilogx(w,phase,'k-','linewidth',1.5)
xlabel('Frequecy (rad/s)','fontsize',14)
ylabel('Phase deg','fontsize',14)
grid on
```

当系统采用状态空间描述时，也可以通过类似方法得到 Bode 图。

例 5-18 用状态空间描述的系统：

$$\begin{cases} \begin{bmatrix} \dot{x}_1 \\ \dot{x}_2 \end{bmatrix} = \begin{bmatrix} 0 & 1 \\ -25 & -4 \end{bmatrix} \begin{bmatrix} x_1 \\ x_2 \end{bmatrix} + \begin{bmatrix} 0 \\ 25 \end{bmatrix} u \\ y = \begin{bmatrix} 1 & 0 \end{bmatrix} \begin{bmatrix} x_1 \\ x_2 \end{bmatrix} \end{cases}$$

使用如下程序可以绘制 Bode 图。

```
% MATLAB Program for Example 5-18
A = [0 1; -25 -4];
B = [0;25];
C = [1 0];
D = [0];
bode(A,B,C,D)
title('Bode Diagram')
```

得到 Bode 图如图 5-69 所示。

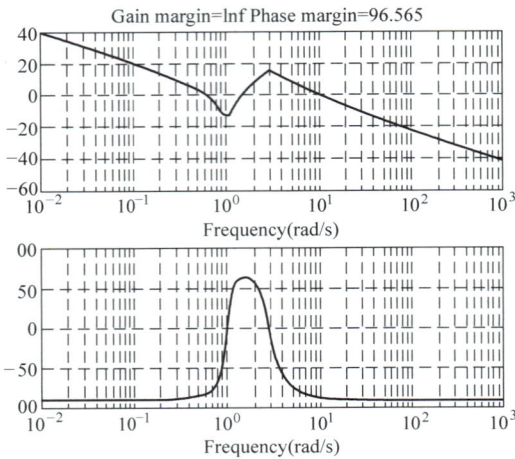

图 5-68 幅值裕量和相角裕量

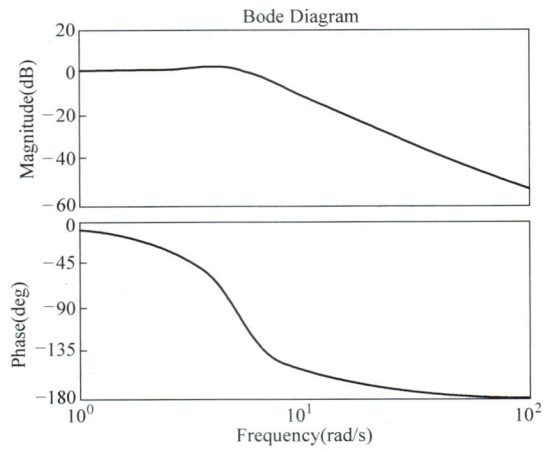

图 5-69 例 5-18 系统的 Bode 图

二、利用 MATLAB 绘制奈氏图

控制系统的奈氏图既可以判断系统闭环稳定性，又可以确定系统的相对稳定性。可以通过手工方法画出粗略的奈氏图，也可以通过 MATLAB 命令 nyquist 画出比较精确的奈氏图。

1. 没有返回变量的 nyquist 指令

命令格式如下：

nyquist(num,den)

nyquist(num,den,w)

nyquist(A,B,C,D)

nyquist(A,B,C,D,w)

nyquist(sys)

输入参数与 bode 命令相同。该命令执行后将在屏幕上绘制出系统的奈氏图。

例 5-19 系统的传递函数 $G(s) = \dfrac{1}{s^2 + 0.8s + 1}$，使用 MATLAB 绘制奈氏图。

解： 使用如下程序可以绘制出系统的奈氏图：

% MATLAB Program for Example 5-19

num = [1];

den = [1.8 1];

nyquist(num,den)

title('Nyqusit Diagram')

得到的图形如图 5-70 所示，图中用十字标记了（-1，j0）点。绘图时，图形的坐标范围将自动确定。如果需要控制坐标可以通过 axis 命令进行，该命令的使用格式如下：

axis([xmin,xmax,ymin,ymax])

其中 xmin，xmax，ymin，ymax 分别为横纵坐标的最小值和最大值。例 5-20 中给出了该命令的使用方法。

例 5-20　单位反馈系统的开环传递函数为 $G(s) = \dfrac{1}{s(s+1)}$，绘制系统的奈氏图。

解：使用程序如下：

```
% MATLAB Program for Example 5-20
num = [1];
den = [1 1 0];
nyquist(num,den)
title('Nyqusit Diagram')
axis([-2 2 -5 5])
title('Nyquist Plot of G(s) = 1/[s(s+1)]')
```

程序运行后得到的奈氏图如图 5-71 所示。

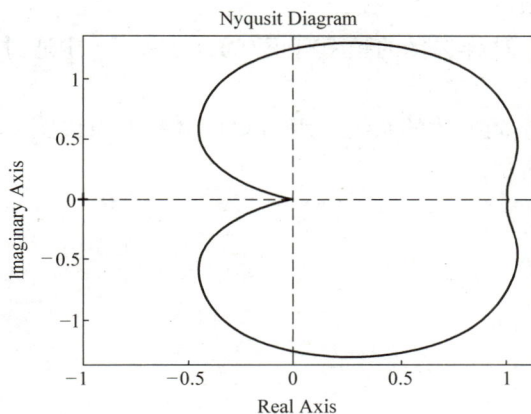

图 5-70　例 5-19 系统奈氏图　　　　　图 5-71　例 5-20 系统奈氏图

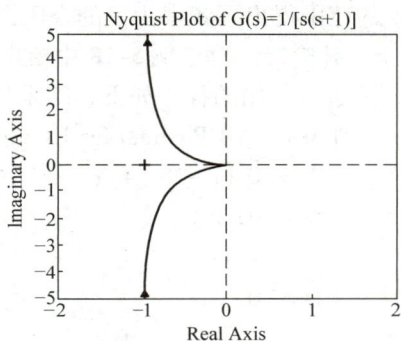

2. 有返回变量的 nyquist 指令

指令格式如下：

[re,im,w] = nyquist(num,den)

[re,im,w] = nyquist(num,den,w)

[re,im,w] = nyquist(A,B,C,D)

[re,im,w] = nyquist(A,B,C,D,w)

[re,im,w] = nyquist(sys)

返回变量为对应于频率向量 w 的频率特性的实部和虚部向量。这组命令不会在屏幕上绘制频率特性图，可以进一步通过 plot 命令将得到的实部和虚部向量画在复平面上。例 5-21 说明了这种使用方法。

例 5-21　系统的开环传递函数 $G(s) = \dfrac{1}{s^3 + 1.8s^2 + 1.8s + 1}$，绘制系统的奈氏图。

解：使用程序如下：

```
% MATLAB Program for Example 5-21
```

```
num = [ 1 ] ;
den = [ 1 1. 8 1. 8 1 ] ;
w1 = 0. 01 :01 :10 ;
w2 = 10 :1 :200 ;
w3 = 200 :2 :500 ;
w = [ w1 ,w2 ,w3 ] ;
[ re ,im ,w ] = nyquist( num ,den ,w )
plot( re ,im )
axis( [ -2 2 -2 2 ] )
grid on
title( 'Nyquist Plot of G( s ) = 1/[ s^3 + 1.8s^2 +
1. 8s + 1 ] )' )
```

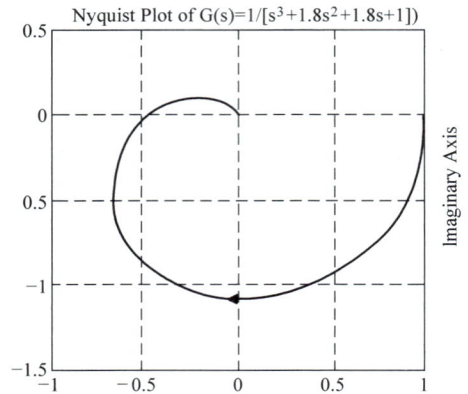

图 5-72 例 5-21 系统奈氏图

程序运行后得到的奈氏图如图 5-72 所示。

例 5-19、例 5-20 中频率是自动选择的，这样选择的频率有正有负。例 5-21 中通过指定 w 的范围得出了频率为正的奈氏图。

例 5-22 对于例 5-18 中给出的用状态空间描述的系统，用 MATLAB 绘制奈氏图。

解：使用的程序如下，结果如图 5-73 所示。

```
% MATLAB Program for Example 5-22
    A = [ 0 1 ; -25 -4 ] ;
    B = [ 0 ;25 ] ;
    C = [ 1 0 ] ;
    D = [ 0 ] ;
    nyquist( A ,B ,C ,D )
    title( 'Nyquist Diagram' )
```

对于新版的 MATLAB，当给绘制出的奈氏图用 grid 命令加坐标线时，将显示出等幅值线，以便进行进一步分析，例如将上面程序加上等阻尼线则显示如图 5-74 所示的结果。

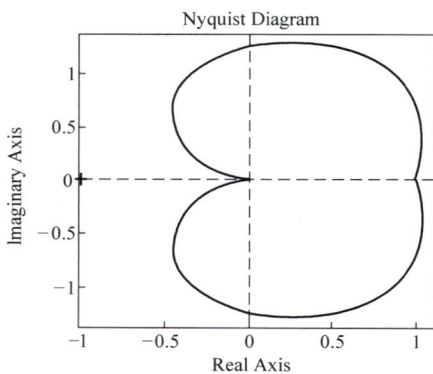

图 5-73 例 5-22 系统奈氏图

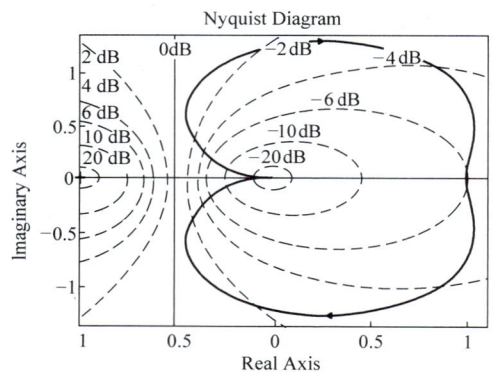

图 5-74 带有等阻尼线的奈氏图

```
% MATLAB Program for Example 5-22-2
A = [0 1; -25 -4];
B = [0;25];
C = [1 0];
D = [0];
nyquist(A,B,C,D)
title('Nyquist Diagram')
grid
```

三、利用 MATLAB 分析系统的稳定性（采用奈氏判据和对数判据）

例 5-23　已知控制系统的开环传递函数为 $G(s) = \dfrac{K}{(s+1)(0.5s+1)(0.2s+1)}$，试用奈氏判据判定开环放大系数 K 为 10 和 50 时闭环系统的稳定性。

解：绘制 $K = 10$ 时开环系统奈氏图，程序代码如下：

```
% MATLAB Program for Example 5-23
clear
G = tf(10,conv([1 1],conv([0.5 1],[0.2 1])));
nyquist(G);
set(findobj('marker','+'),'markersize',10);
set(findobj('marker','+'),'linewidth',1.5);
```

运行结果如图 5-75a 所示。

绘制 $K = 50$ 时开环系统奈氏图，程序代码如下：

```
G1 = tf(50,conv([1 1],conv([0.5 1],[0.2 1])));
nyquist(G1);
set(findobj('marker','+'),'markersize',10);
set(findobj('marker','+'),'linewidth',1.5);
```

运行结果如图 5-75b 所示。

为了更清楚地看出奈氏曲线是否包围 $(-1, j0)$ 点，将图 5-75b 局部放大，如图5-75c 所示。由上面两个开环系统奈氏图 5-75a 和 5-74c 可知，当 $K = 10$ 时，奈氏曲线不包围 $(-1, j0)$ 点，因此闭环系统是稳定的；当 $K = 50$ 时，奈氏曲线顺时针包围 $(-1, j0)$ 点两圈，表明系统有两个右半 s 平面的极点，是不稳定的。

例 5-24　已知某系统的开环传递函数为

$$G(s) = \frac{16(19s+1)(0.44s+1)}{(0.625s+1)(0.676s-1)(43.5s-1)(0.033s+1)\left[(0.02s)^2+0.015s+1\right]}$$

试用 MATLAB 绘制系统的开环对数幅频特性和开环对数相频特性图，用对数判据分析系统闭环稳定性，并求出相角裕量和增益裕量。

解：根据题目要求，用 MATLAB 函数实现的绘制 Bode 图程序代码如下：

```
% MATLAB Program for Example 5-24
```

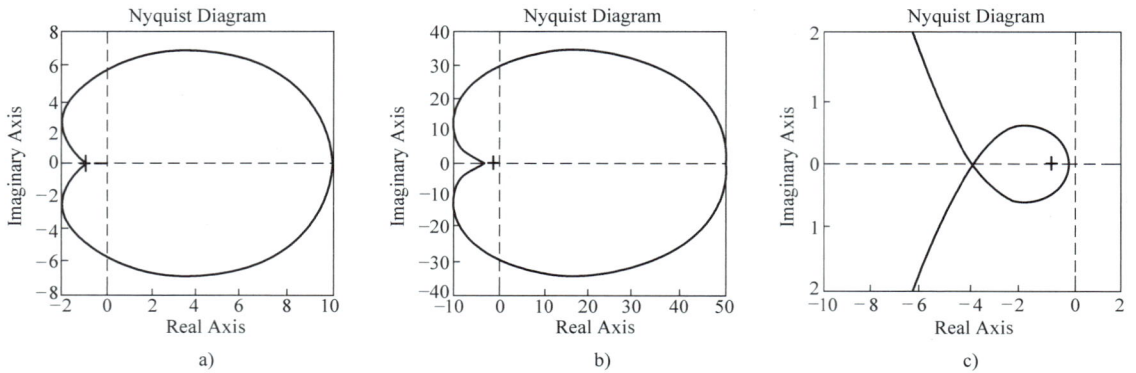

图 5-75 例 5-23 系统的奈氏图

a）$K=10$　b）$K=50$　c）局部放大图

```
clear
num = 16 * conv([19 1],[0.44 1]);
den1 = conv([0.625 1],conv([0.676 -1],[43.5 -1]));
den2 = conv([0.033 1],[0.02^2 0.015 1]);
den = conv(den1,den2);
G = tf(num,den);
bode(G);
grid
[Gm,Pm,Wcg,Wcp] = margin(G)
```

运行该程序得到图 5-76 和如下结果：

```
Gm =
    4.8931
Pm =
    53.0206
Wcg =
    32.0305
Wcp =
    7.2028
```

由图可知，响应曲线在 $L(\omega)>0$ 频段内对 $-180°$ 线有 1 次正穿越，而系统开环传递函数有两个位于右半 s 平面的极点，即 $p=2$。正负穿越次数之差为 $1-0=1=\dfrac{p}{2}$，所以闭环系统是稳定的。

由 margin 函数可以得到：截止频率 $\omega_c = \text{Wcp} = 7.21\text{rad/s}$，相角裕量 $\gamma = \text{Pm} = 53.02°$；相角穿越频率 $\omega_g = \text{Wcg} = 32.12\text{rad/s}$，幅值裕量 $K_g = \text{Gm} = 4.88$。

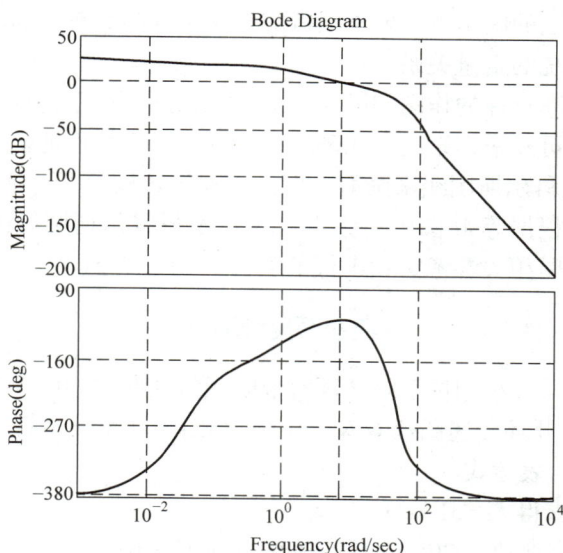

图 5-76　例 5-24 系统的 Bode 图

小　　结

本章讨论了用于分析控制系统性能的频率特性方法。频率特性与微分方程、传递函数一样能够反映系统的动、静态性能，是线性系统（或部件）数学模型的又一种表现形式。与时域分析法、根轨迹分析法相比，频率特性法的主要优势在于，频率特性可以通过实验方法来测取。另外，如果系统设计中需要考虑对干扰噪声的抑制能力问题时，采用频率法就更为直接方便。因此，频率法是经典控制理论的核心内容之一。

本章重点掌握的内容有：

1）频率特性定义为：线性系统（或部件）在正弦输入作用下的稳态输出与输入的复数比。频率特性可用幅频、相频特性来表征，幅频、相频特性具有明确的物理含义，应熟练掌握。

2）频率法基本上是一种作图分析方法，奈氏图、Bode 图的画取是频率法的基本内容，应熟练掌握。

3）根据最小相位系统的对数幅频特性写出相应的传递函数，既是频率特性画取的逆问题，又是通过实验方法求取数学模型的重要步骤，也是必须熟练掌握的重要内容。

4）奈氏判据是根据系统的开环频率特性判定系统闭环稳定性的著名判据，它与劳斯稳定判据具有同样重要的应用意义。奈氏判据不仅能够方便判定一个系统的稳定与否，更为有用的是，能够从图形上直观看出参数变化对系统性能的影响，揭示改善系统性能的信息。因此，熟练应用奈氏判据无疑是本章重点掌握的内容之一。

5）考虑到系统参数变化以及外界干扰对系统稳定性的影响，要求系统不仅能稳定工作，而且要有足够的稳定裕量。在频率特性中，稳定裕量通常用相位裕量 γ 和幅值裕量 K_g 来表示，应熟练掌握 γ 和 K_g 的求取问题。

6）根据频域参数 γ、K_g、ω_c 以及 ω_r、ω_n 和 A_r 分析系统的时域性能指标 $\sigma\%$、t_s、t_r

等，是频率特性分析方法的归结点。要求读者应熟练掌握频域参数与时域性能指标之间的定性关系，并掌握二阶系统的定量关系。

本章主要讨论了频率特性的作图问题以及如何根据开环频率特性分析系统闭环性能的问题。需要指出的是，也可以根据系统的闭环频率特性分析系统性能。闭环频率特性可用等 M 圆图、等 N 圆图以及尼科尔斯图线来画取，但由于作图比较复杂，实际上较少采用。因此，本书较少篇幅讨论如何根据等 M 圆图、等 N 圆图以及尼科尔斯图线画取闭环频率特性的问题，有兴趣的读者可参阅相关参考文献进行了解。

典型例题解析

【典型例题 1】 设某最小相位系统开环对数幅频特性曲线如图 5-77 所示。要求：
（1）写出该系统的开环传递函数 $G(s)$；（2）判断闭环系统是否稳定，并说明理由。

解：（1）求 $G(s)$ 表达式。

因 $20\lg K = 30\text{dB}$，求得 $K = 31.62$；

在 $\omega = 0.1$ 处，斜率变化为 20，对应一阶微分环节 $(10s+1)$；

在 $\omega = \omega_1$ 处，斜率变化为 -20，对应惯性环节为 $\dfrac{1}{s/\omega_1 + 1}$。

因 $L(\omega_1) = 40\text{dB}$，$L(0.1) = 30\text{dB}$，而

$$\frac{40-30}{\lg \omega_1 - \lg 0.1} = 20,\ \lg 10\omega_1 = \frac{1}{2}$$

求得 $\omega_1 = \dfrac{\sqrt{10}}{10}\text{rad/s} = 0.316\text{rad/s}$。

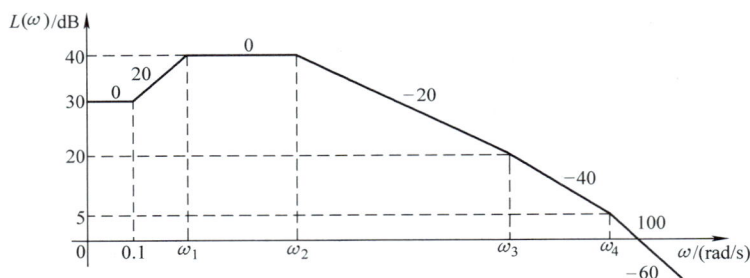

图 5-77 开环对数幅频特性

在 $\omega = \omega_2$ 处，斜率变化为 -20，对应于 $\dfrac{1}{s/\omega_2 + 1}$。同理，在 ω_3 和 ω_4 处，分别对应于 $\dfrac{1}{s/\omega_3 + 1}$ 和 $\dfrac{1}{s/\omega_4 + 1}$。

由于 $L(100) = 0$，$L(\omega_4) = 5$，所以

$$\frac{5-0}{\lg \omega_4 - \lg 100} = -60,\ \lg \frac{\omega_4}{100} = -\frac{1}{12}$$

求得 $\omega_4 = 82.54\text{rad/s}$。同理

$$L(\omega_3) = 20, \quad \frac{20-5}{\lg(\omega_3/\omega_4)} = -40, \quad \omega_3 = 34.81\,\text{rad/s}$$

$$L(\omega_2) = 40, \quad \frac{40-20}{\lg(\omega_2/\omega_3)} = -20, \quad \omega_2 = 3.48\,\text{rad/s}$$

于是，开环传递函数为

$$G(s) = \frac{10\sqrt{10}\left(\dfrac{s}{0.1}+1\right)}{(\sqrt{10}s+1)\left(\dfrac{s}{3.48}+1\right)\left(\dfrac{s}{34.81}+1\right)\left(\dfrac{s}{82.54}+1\right)}$$

（2）判断闭环系统的稳定性　因截止频率 $\omega_c = 100$，系统为最小相位系统，故相角裕度
$$\gamma = 180° + \varphi(\omega_c)$$

$$= 180° + \arctan\frac{100}{0.1} - \arctan 100\sqrt{10} - \arctan\frac{100}{3.48} - \arctan\frac{100}{34.81} - \arctan\frac{100}{82.54}$$

$$= -29.51° < 0°$$

故闭环系统不稳定。

【典型例题2】　设二阶系统如图5-78a所示。若分别加入测速反馈校正，$0.1 < K_t < 1.5$（见图5-78b）和比例–微分校正 $0.1 \le K_d \le 1.5$（见图5-78c），并设 $\omega_n = 1\,\text{rad/s}$，$\zeta = 0.2$，试确定各种情况下相角裕度 γ 的范围，并加以比较。

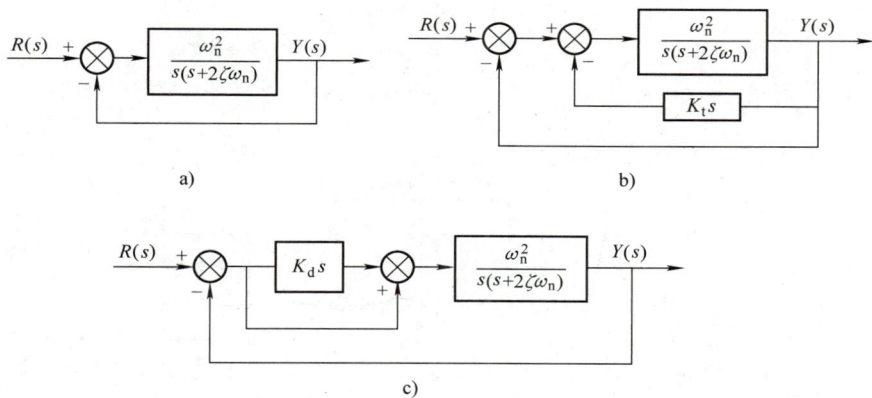

图5-78　二阶系统结构图

解：（1）对于图5-78a，系统为典型二阶系统，有

$$\omega_c = \omega_n\sqrt{\sqrt{1+4\zeta^4}-2\zeta^2}$$

$$\gamma = 180° + \varphi(\omega_c) = 90° - \arctan\frac{\omega_c}{2\zeta\omega_n}$$

代入 $\omega_n = 1\,\text{rad/s}$，$\zeta = 0.2$，解得

$$\omega_c = 0.96\,\text{rad/s}, \quad \gamma = 22.62°$$

MATLAB 验证，令 $\omega_n = 1$，$\zeta = 0.2$，作系统开环对数频率特性及单位阶跃响应，分别如图5-79和图5-80所示。测得

$$\omega_c = 0.96081\,\mathrm{rad/s},\quad \gamma = 22.603°$$

$$\sigma\% = 52\%,\ t_p = 3.02\mathrm{s},\ t_s = 17.2\mathrm{s}\ (\Delta = 2),\ e_{ss}(\infty) = 0$$

（2）对于图 5-78b，系统的开环传递函数为

$$G_2(s) = \frac{\omega_n^2}{s(s + 2\zeta\omega_n + K_t\omega_n^2)} = \frac{1}{s(s + 0.4 + K_t)}$$

则开环频率特性为

$$G_2(j\omega) = \frac{1}{j\omega(j\omega + 0.4 + K_t)} = \frac{1}{\omega(\sqrt{(0.4 + K_t)^2 + \omega^2})} \angle \left(-90° - \arctan\frac{\omega}{0.4 + K_t} \right)$$

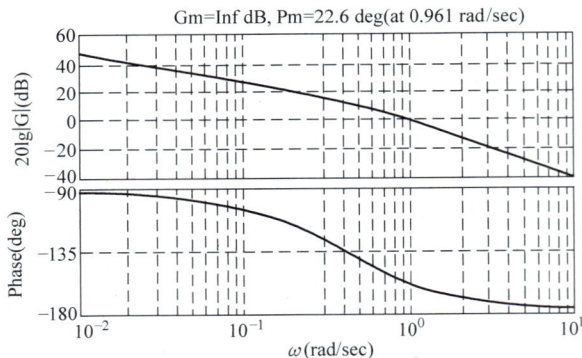

图 5-79 $G(s) = \dfrac{\omega_n^2}{s(s + 2\zeta\omega_n)}$ （$\omega_n = 1\,\mathrm{rad/s}$, $\zeta = 0.2$）时开环对数频率特性

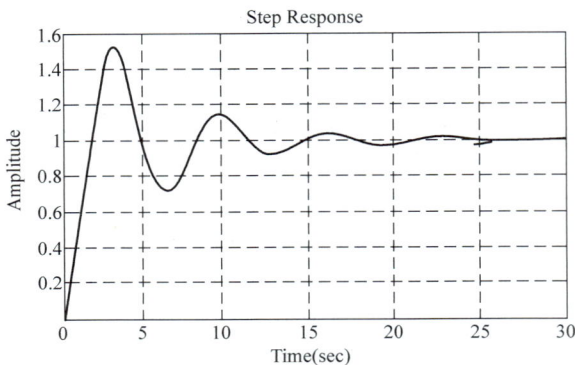

图 5-80 $G(s) = \dfrac{\omega_n^2}{s(s + 2\zeta\omega_n)}$ （$\omega_n = 1\,\mathrm{rad/s}$, $\zeta = 0.2$）时系统单位阶跃响应

由 $|G(j\omega_c)| = \left| \dfrac{1}{\omega_c\sqrt{(0.4 + K_t)^2 + \omega_c^2}} \right| = 1$，解得

$$\omega_c = \sqrt{\frac{-(0.4 + K_t)^2 + \sqrt{(0.4 + K_t)^4 + 4}}{2}}$$

由于 $0.1 < K_t < 1.5$，则

$$0.51\text{rad/s} < \omega_c < 0.94\text{rad/s}$$

再由

$$\gamma = 180° + \varphi(\omega_c) = 90° - \arctan\frac{\omega_c}{0.4 + K_t} = \arctan\sqrt{\frac{2}{-1 + \sqrt{1 + \frac{4}{(0.4 + K_t)^4}}}}$$

由于 $0.1 < K_t < 1.5$，则

$$28° < \gamma < 75°$$

MATLAB 验证：令 $\omega_n = 1\text{rad/s}$，$\zeta = 0.2$，$K_t = 0.1$ 及 $K_t = 1.5$，作系统开环对数频率特性及单位阶跃响应，分别如图 5-81 和图 5-82 所示。测得

$$\omega_c = 0.50843 \sim 0.93956\text{rad/s}, \quad \gamma = 28.02° \sim 75.019°$$

$$\sigma\% = 0\% \sim 44\%, \quad t_p = 3.07 \sim 8.02\text{s}, \quad t_s = 5.28 \sim 14.1\text{s} \ (\Delta = 2), \quad e_{ss}(\infty) = 0$$

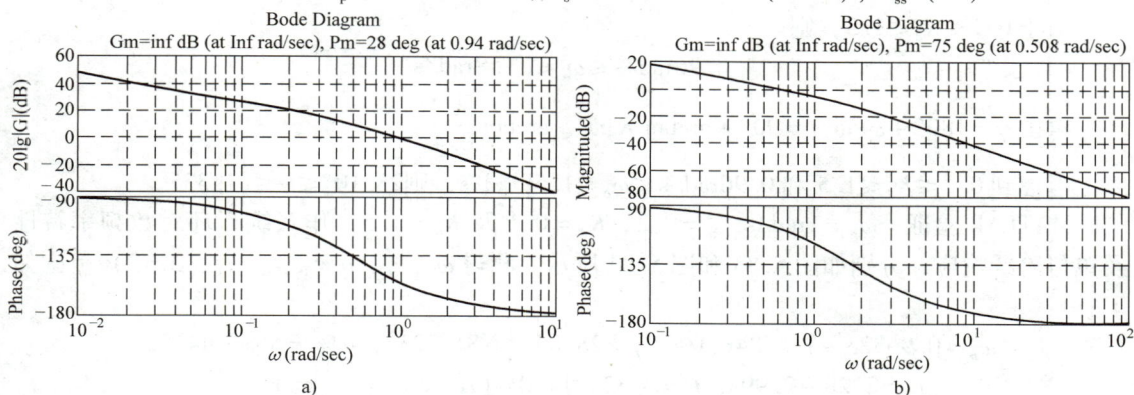

图 5-81 开环对数频率特性

a) $G(s) = \dfrac{\omega_n^2}{s(s + 2\zeta\omega_n + K_t\omega_n^2)}$ ($\omega_n = 1\text{rad/s}$，$\zeta = 0.2$，$K_t = 0.1$)

b) $G(s) = \dfrac{\omega_n^2}{s(s + 2\zeta\omega_n + K_t\omega_n^2)}$ ($\omega_n = 1\text{rad/s}$，$\zeta = 0.2$，$K_t = 1.5$)

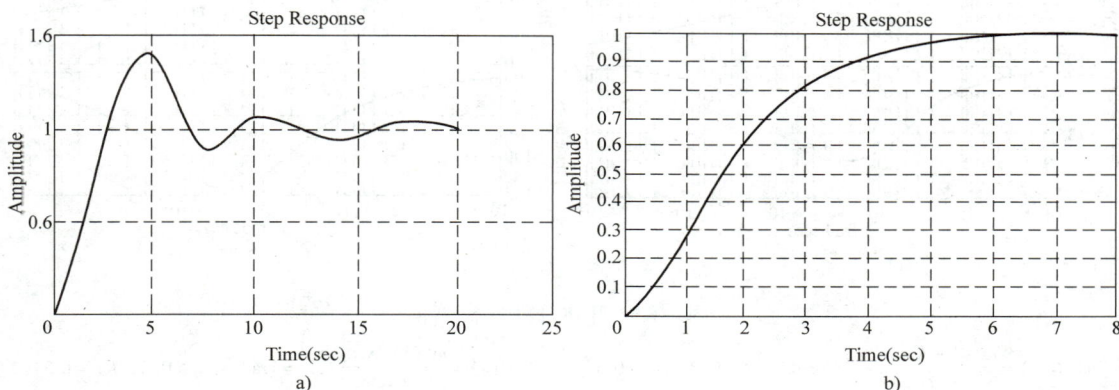

图 5-82 单位阶跃响应

a) $G(s) = \dfrac{\omega_n^2}{s(s + 2\zeta\omega_n + K_t\omega_n^2)}$ ($\omega_n = 1\text{rad/s}$，$\zeta = 0.2$，$K_t = 0.1$)

b) $G(s) = \dfrac{\omega_n^2}{s(s + 2\zeta\omega_n + K_t\omega_n^2)}$ ($\omega_n = 1\text{rad/s}$，$\zeta = 0.2$，$K_t = 1.5$)

（3）对于图 5-78c，系统的开环传递函数为

$$G_3(s) = \frac{\omega_n^2(1 + K_d s)}{s(s + 2\zeta\omega_n)} = \frac{1 + K_d s}{s(s + 0.4)}$$

则开环频率特性为

$$G_3(j\omega) = \frac{1 + jK_d\omega}{j\omega(j\omega + 0.4)} = \frac{\sqrt{1 + (K_d\omega)^2}}{\omega(\sqrt{0.4^2 + \omega^2})} \angle \left(\arctan K_d\omega - 90° - \arctan \frac{\omega}{0.4} \right)$$

由 $|G(j\omega_c)| = \left| \dfrac{\sqrt{1 + (K_d\omega_c)^2}}{\omega_c(\sqrt{0.4^2 + \omega_c^2})} \right| = 1$，解得

$$\omega_c = \sqrt{\frac{K_d^2 - 0.16 + \sqrt{(K_d^2 - 0.16)^2 + 4}}{2}}$$

由于 $0.1 \leq K_d \leq 1.5$，则

$$0.96\text{rad/s} \leq \omega_c \leq 1.58\text{rad/s}$$

再由 $\gamma = 180° + \varphi(\omega_c) = 90° + \arctan K_d\omega_c - \arctan \dfrac{\omega_c}{0.4}$

考虑到 $0.1 \leq K_d \leq 1.5$ 和 $0.96\text{rad/s} \leq \omega_c \leq 1.58\text{rad/s}$，则 $28.10° \leq \gamma \leq 81.33°$。

MATLAB 验证：$\omega_n = 1\text{rad/s}$，$\zeta = 0.2$，$K_d = 0.1$ 及 $K_d = 1.5$，作系统开环对数频率特性及单位阶跃响应，分别如图 5-83 和图 5-84 所示。测得 ω_c，γ，$\sigma\%$，t_p，t_s $(\Delta = 2)$ 范围如下：

$$\omega_c = 0.96323 \sim 1.5784\text{rad/s}, \quad \gamma = 28.054° \sim 81.323°, \quad \sigma\% = 5\% \sim 44\%,$$

$$t_p = 2.28 \sim 2.99\text{s}, \quad t_s = 4.32 \sim 14.0\text{s} \ (\Delta = 2), \quad e_{ss}(\infty) = 0$$

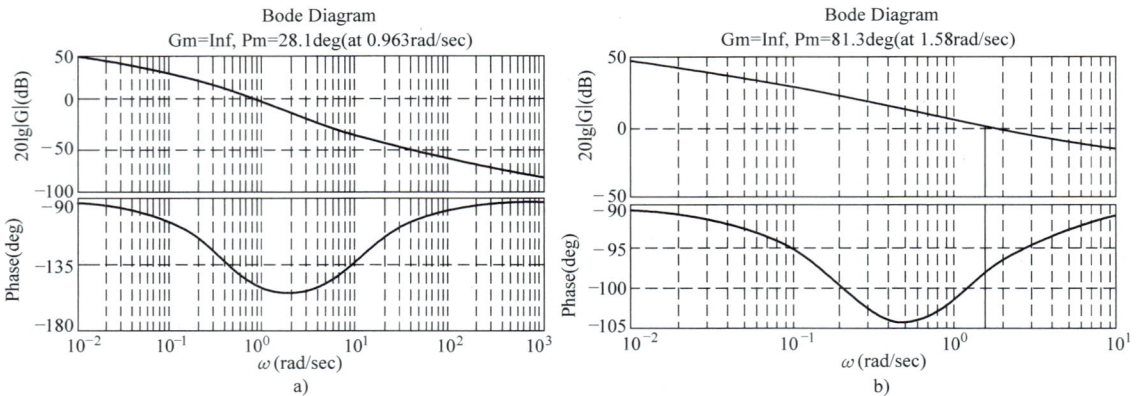

图 5-83 开环对数频率特性

a）$G(s) = \dfrac{\omega_n^2(1 + K_d s)}{s(s + 2\zeta\omega_n)}$（$\omega_n = 1\text{rad/s}$，$\zeta = 0.2$，$K_d = 0.1$）　b）$G(s) = \dfrac{\omega_n^2(1 + K_d s)}{s(s + 2\zeta\omega_n)}$（$\omega_n = 1\text{rad/s}$，$\zeta = 0.2$，$K_d = 1.5$）

综上可知，对于典型二阶系统，加入测速反馈校正装置，通过减小系统的截止频率来提高系统的相角裕度；而比例－微分校正装置，则是通过超前校正来提高系统的相角裕度，同时也提高了系统的截止频率。

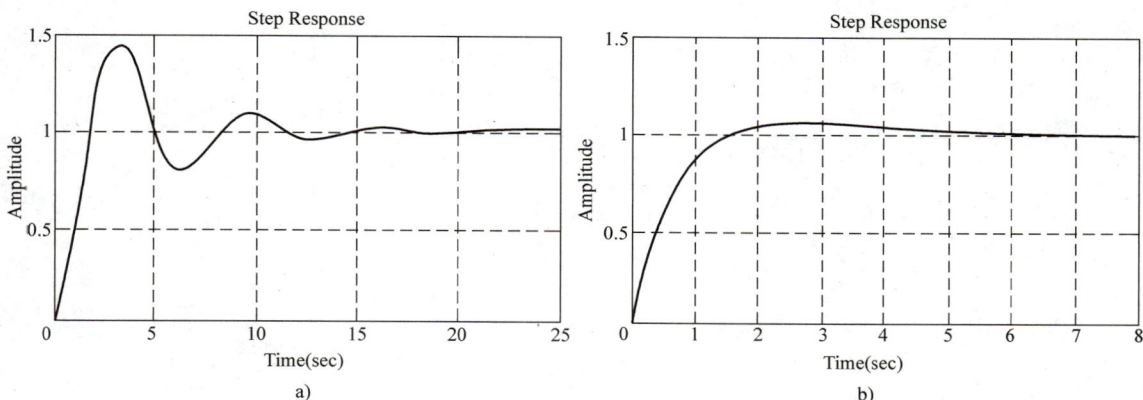

图 5-84 单位阶跃响应

a) $G(s) = \dfrac{\omega_n^2(1 + K_d s)}{s(s + 2\zeta\omega_n)}(\omega_n = 1,\ \zeta = 0.2,\ K_d = 0.1)$ b) $G(s) = \dfrac{\omega_n^2(1 + K_d s)}{s(s + 2\zeta\omega_n)}(\omega_n = 1,\ \zeta = 0.2,\ K_d = 1.5)$

习 题

5-1 设系统结构图如图 5-85 所示。试根据频率特性的物理意义,求在输入信号 $r(t) = \sin(t + 30°) - 2\cos(2t - 45°)$ 作用下。系统的稳态输出 $y_{ss}(t)$ 和稳态误差 $e_{ss}(t)$。

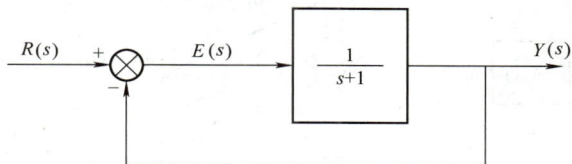

图 5-85 习题 5-1 图

5-2 典型二阶系统的开环传递函数 $G(s) = \dfrac{\omega_n^2}{s(s + 2\zeta\omega_n)}$,当输入 $r(t) = 2\sin t$ 时,系统的稳态输出为 $y_{ss}(t) = 2\sin(t - 45°)$,试确定参数 ω_n 和 ζ。

5-3 绘制下列传递函数的对数幅频渐近特性曲线

(1) $G(s) = \dfrac{2}{(2s + 1)(8s + 1)}$

(2) $G(s) = \dfrac{200}{s^2(s + 1)(10s + 1)}$

(3) $G(s) = \dfrac{75(0.2s + 1)}{s(s^2 + 16s + 100)}$

(4) 用 MATLAB 绘制上面传递函数的精确 Bode 图。

5-4 已知最小相位系统的对数幅频渐近特性曲线如图 5-86 所示,试确定系统的开环传递函数。

5-5 设反馈系统如图 5-87a 所示,其中 $G_a(s)$、$G_b(s)$ 都是最小相位传递函数。若已知开环系统和 $G_a(s)$ 的对数幅频渐近特性曲线如图 5-87b 所示,试确定 $G_b(s)$ 的传递函数。

5-6 绘制下列传递函数的奈氏图。如果奈氏图穿越 G 平面的负实轴,求出与负实轴交点处的频率和幅值。

(1) $G(s) = \dfrac{1}{s(1 + s)(1 + 2s)}$

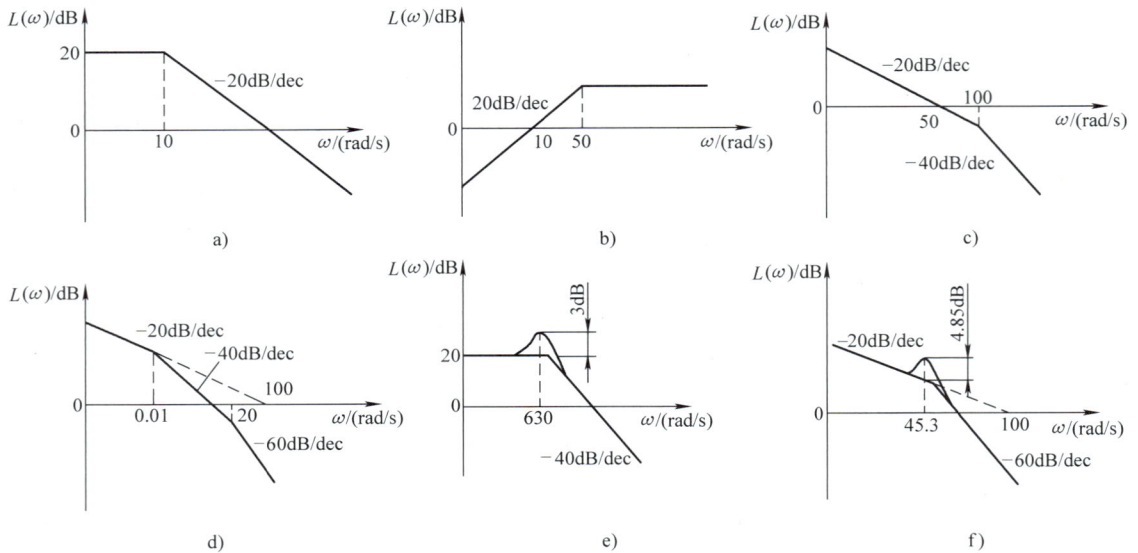

图 5-86 习题 5-4 图

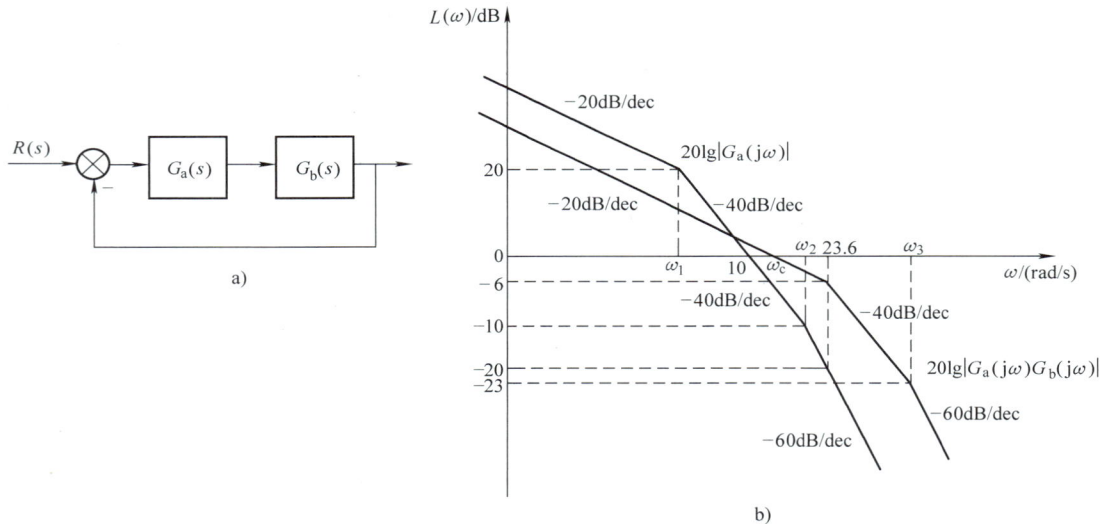

图 5-87 习题 5-5 图

（2）$G(s) = \dfrac{1}{s^2(1+s)(1+2s)}$

（3）$G(s) = \dfrac{s+2}{(s+1)(s-1)}$

（4）用 MATLAB 编制程序绘制上述系统奈氏图，验证前面的计算结果。

5-7　系统开环传递函数 $G(s) = \dfrac{K(-T_2s+1)}{s(T_1s+1)}$，其中 K、T_1、$T_2 > 0$，当取 $\omega = 1\text{rad/s}$ 时，$\left/\!\!\!\!\!\underline{}\, G(j\omega)\right. = -180°$，$|G(j\omega)| = 0.5$，当输入为单位速度信号时，系统的稳态误差为 0.1，试写出系统的开环传递函数和频率特性表达式。

5-8　已知系统的开环传递函数 $G(s) = \dfrac{K(T_3s+1)}{s^2(T_1s+1)(T_2s+1)}$，其中 K、T_1、T_2、$T_3 > 0$，试绘制 $T_3 <$

$T_1 + T_2$ 和 $T_3 > T_1 + T_2$ 时，系统的开环幅相曲线，并判断系统的稳定性。

5-9　已知系统的开环频率特性的奈氏图如图 5-88 所示，试判断系统的稳定性。其中 P 为开环不稳定极点个数，ν 为积分环节个数。

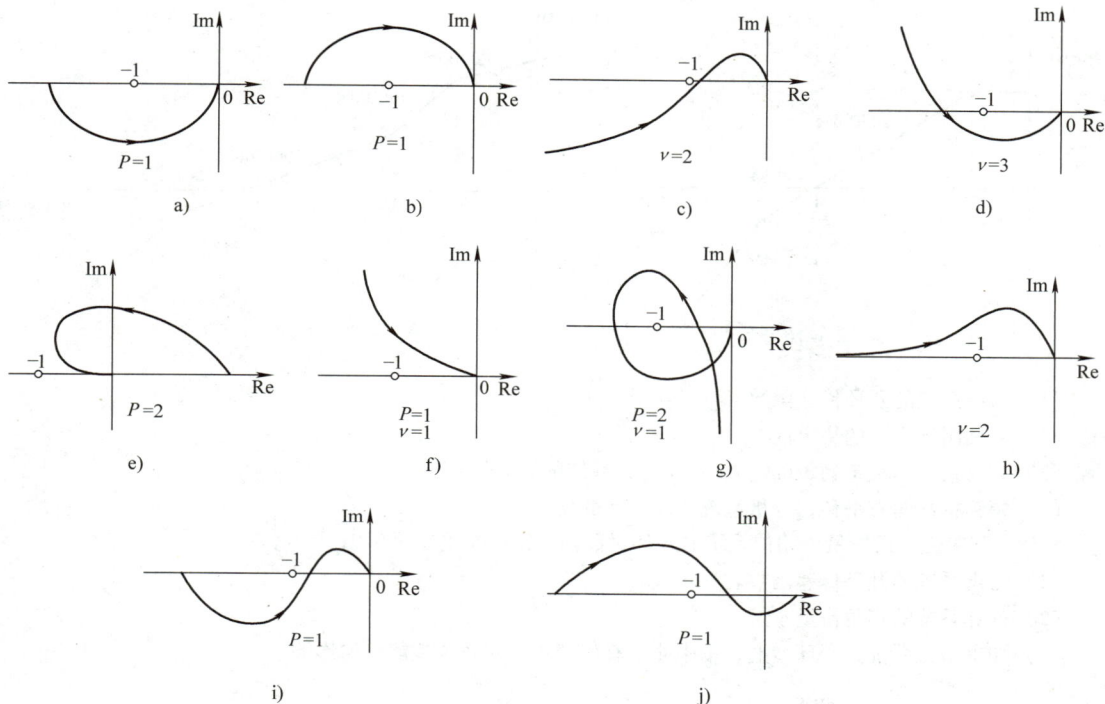

图 5-88　习题 5-9 图

5-10　已知系统的开环传递函数 $G(s) = \dfrac{K}{s(Ts+1)(s+1)}$，其中 K、$T > 0$，试根据奈氏判据，确定其闭环稳定条件。

（1）K、T 的稳定范围。

（2）$T = 2$ 时，K 值的范围。

（3）$K = 10$ 时，T 值的取值范围。

5-11　若单位反馈系统的开环传递函数 $G(s) = \dfrac{Ke^{-0.8s}}{s+1}$，试确定使系统稳定的 K 值范围。

5-12　已知单位反馈系统开环传递函数 $G(s) = \dfrac{K}{s(Ts+1)}$ 若要求将截止频率提高 a 倍，相角裕度保持不变，问 K、T 应如何变化？

5-13　对于典型二阶系统，已知参数 $\omega_n = 3s^{-1}$，$\zeta = 0.7$，试确定截止频率 ω_c 和相角裕量 γ。

5-14　对于典型二阶系统，已知参数 $\sigma\% = 15\%$，$t_s = 3s$，试计算相角裕量 γ。

5-15　单位反馈系统的开环传递函数为 $G(s) = \dfrac{K}{s(1+T_1 s)(1+T_2 s)}$，试推导用 T_1、T_2 和幅值裕量表示的 K 的表达式。

5-16　一单位反馈最小相位系统的开环对数幅频特性如图 5-89 所示，试求：

1） 单位阶跃输入时的稳态误差。

2） 系统的闭环传递函数。

5-17 一单位反馈最小相位系统的开环对数幅频特性如图 5-90 所示，试求：

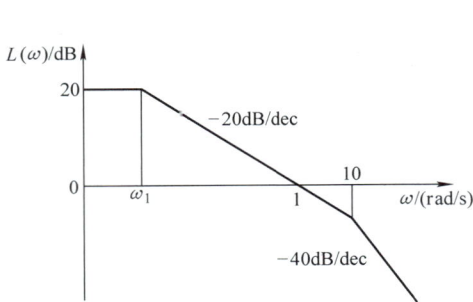

图 5-89 习题 5-16 图

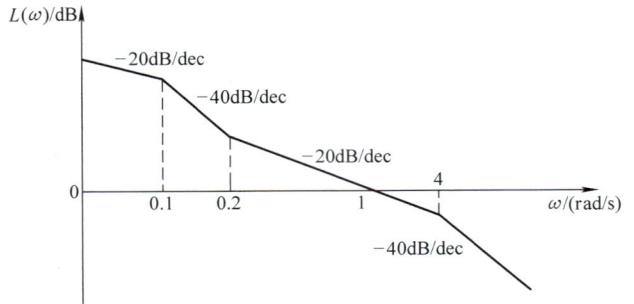

图 5-90 习题 5-17 图

（1） 写出系统的开环传递函数。

（2） 判别闭环系统的稳定性。

（3） 如果系统是稳定的，确定 $r(t)=t$ 时，系统的稳态误差。

（4） 幅频特性向右平移，分析系统性能有何变化。

5-18 某单位负反馈最小相位系统的开环对数幅频特性曲线如图 5-91 所示。

（1） 写出系统的开环传递函数。

（2） 计算系统的相角裕量 γ。

（3） 如果增大系统的开环增益，图中曲线有何变化，对系统性能有何影响？

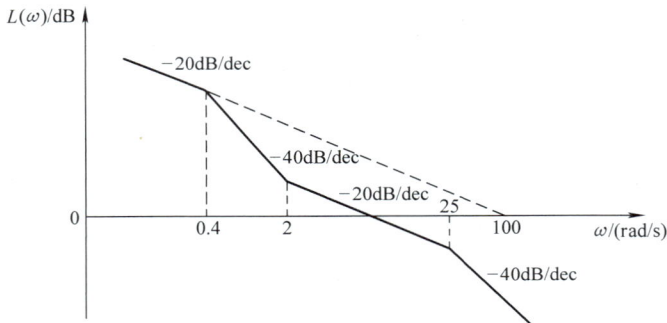

图 5-91 习题 5-18 图

5-19 系统框图如图 5-92 所示，试确定使系统稳定的 K_h 范围。

5-20 一反馈控制系统如图 5-93 所示，试求：

（1） 画出 $G_c(s)=1$ 时开环系统的奈氏图，并确定使系统稳定的最大 K 值。

（2） 当 $G_c(s)=\dfrac{s+1}{s}$ 时，确定 K 值与系统稳定性的关系。

5-21 已知系统的开环传递函数为：$G(s)=\dfrac{K}{s(s+1)(0.1s+1)}$，试用 MATLAB：

（1） 绘制当开环放大系数 $K=5$ 和 $K=20$ 时系统的奈氏图，并分析闭环系统的稳定性。

（2） 求相角裕量和幅值裕量。

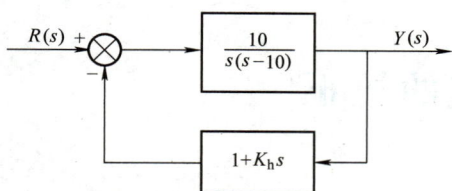

图 5-92　习题 5-19 图

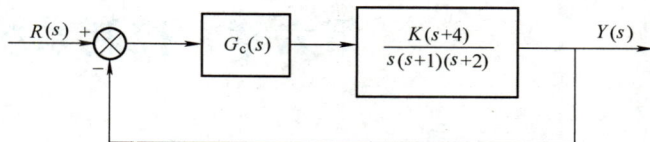

图 5-93　习题 5-20 图

第六章　控制系统的校正

在前面两章中，重点介绍了分析控制系统的根轨迹法和频率特性法。在此基础上，本章着重讨论它们的应用问题，即控制系统的校正和设计。

第一节　引　言

一个控制系统，就其广义来说，可以分为被控对象和控制器两部分，如图 6-1 所示。

图中，$G_c(s)$ 为控制器。当控制系统的被控对象确定之后，根据工作条件和预期目标，可以提出对控制系统的性能要求，也就是以前所说的性能指标。性能指标的选择是控制系统设计的重要内容。一般来说，性能指标可按时域和频域划分，如下所示：

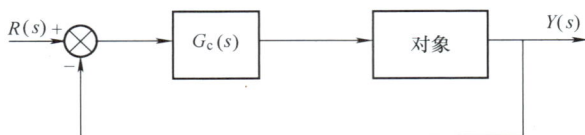

图 6-1　控制系统结构

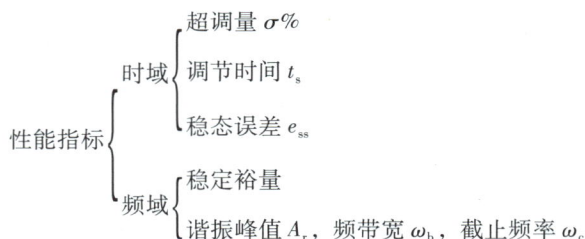

$$
\text{性能指标}
\begin{cases}
\text{时域}
\begin{cases}
\text{超调量 } \sigma\% \\
\text{调节时间 } t_s \\
\text{稳态误差 } e_{ss}
\end{cases} \\
\text{频域}
\begin{cases}
\text{稳定裕量} \\
\text{谐振峰值 } A_r\text{，频带宽 } \omega_b\text{，截止频率 } \omega_c
\end{cases}
\end{cases}
$$

需要特别指出的是：对于一个实际的自动控制系统，在提出所希望达到的性能指标时，应该从生产的实际需求出发，切忌一味追求高指标，以避免系统结构过于复杂，成本增加。

在确定了合理的性能指标之后，就可以进行系统的初步设计了，这包括选择和确定系统的执行元件（机构）、测量元件、放大器等。一般情况下，可以调整的仅为放大器的增益。但是，多数情况下仅靠调整放大器的增益是不能满足系统的性能指标要求的，必须引入一些附加装置来修正系统的性能，使其全面满足各项性能指标，这就称之为校正。这些人为引入系统的附加装置称为系统校正装置。

根据校正装置在系统中的不同位置，校正方式一般分为串联校正、并联校正、前置校正和补偿校正四种。其中最为常用的是前两种，下面予以简单介绍。

1. 串联校正

校正装置 $G_c(s)$ 与系统不可变部分 $G_o(s)$ 相串联，如图 6-2 所示。

2. 并联校正

校正装置 $G_c(s)$ 置于系统的局部反馈支路上，又称反馈校正，如图 6-3 所示。

以上两种方式各有其优缺点，在以后的讨论中将逐步给予介绍。

在第五章中曾指出，开环系统的对数频率特性与系统的闭环性能有着密切关系，这些关系可以为我们进行有效的系统校正提供思路。从频率法角度讲，一般可以将校正问题归结为以下几类：

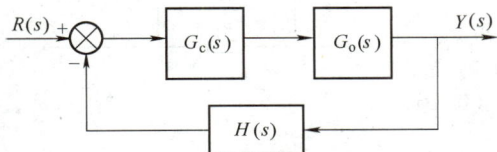

图 6-2　串联校正

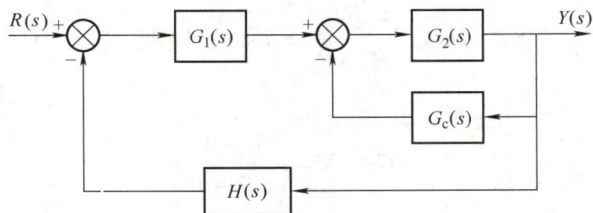

图 6-3　反馈校正

1）如果系统稳定且有较满意的暂态响应，但稳态误差太大，这时就必须增加低频段的增益来减小稳态误差，同时保持中频及高频段的特性不变。

2）如果系统稳定且有满意的误差精度，但其动态性能较差时，则应改变频率特性的中频段甚至高频段，以改变其截止频率和相角裕度。

3）如果一个系统的静、动态性能均不令人满意，就必须改善整个特性，既要增加低频段增益，又要改变中频段甚至高频段。

以上几种情况如图 6-4 所示。

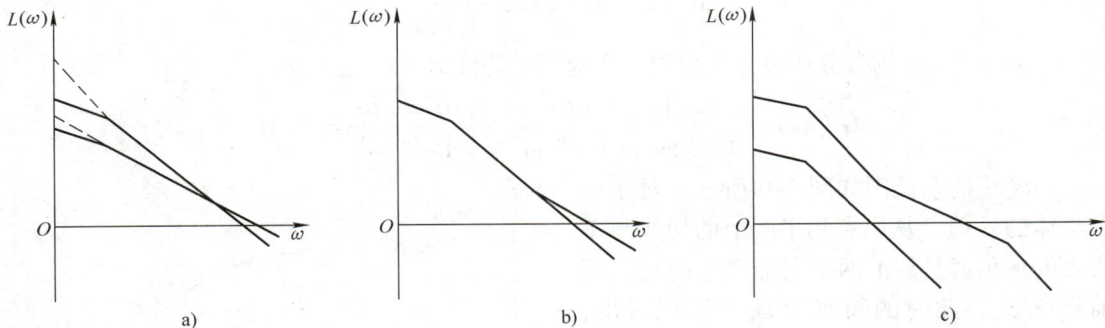

图 6-4　反映校正思路的几种典型情况

a）改变低频段　b）改变高频段　c）低中高频段均改变

第二节　基于频率法的串联校正

串联校正是实际应用最为广泛的校正方式，通常采用以下几种校正装置。

一、超前校正

1. 超前校正网络及校正思路

图 6-5 为一个超前校正网络。

$$G_c(s) = \frac{E_o(s)}{E_i(s)} = \frac{R_2}{R_1 + R_2} \cdot \frac{R_1 Cs + 1}{\dfrac{R_2}{R_1 + R_2} R_1 Cs + 1}$$

令 $R_1 C = T$，$\dfrac{R_2}{R_1 + R_2} = a < 1$，则有

$$G_c(s) = \alpha \frac{Ts + 1}{aTs + 1} = \frac{s + \dfrac{1}{T}}{s + \dfrac{1}{\alpha T}} \qquad (6\text{-}1)$$

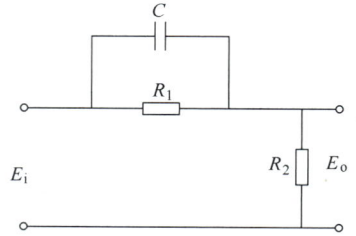

图 6-5 超前校正网络

也可写成

$$G_c(s) = \frac{E_o(s)}{E_i(s)} = \frac{1}{\alpha} \cdot \frac{1 + \alpha Ts}{1 + Ts} \qquad (6\text{-}2)$$

式中，$T = \dfrac{R_1 R_2 C}{R_1 + R_2}$；$\alpha = \dfrac{R_1 + R_2}{R_2} > 1$。

由上式可知，由于 $\alpha > 1$，如果用该网络进行串联校正，就会造成系统开环增益的衰减。为了补偿超前网络带来的衰减，需要另加一个放大器。这时，超前网络加放大器的传递函数为

$$G_c{}'(s) = \alpha G_c(s) = \frac{1 + \alpha Ts}{1 + Ts} \qquad (6\text{-}3)$$

式中，$\alpha T > T$，比例微分环节先起作用。相应频率特性为

$$G_c(j\omega) = \frac{1 + \alpha Tj\omega}{1 + Tj\omega} = \frac{1 + \alpha T^2 \omega^2}{1 + T^2 \omega^2} + j \frac{\alpha T\omega - T\omega}{1 + T^2 \omega^2} = U + jV$$

该网络的奈氏图如图 6-6 所示。对于一个具体的 α 值，从原点到半圆上的切线与正实轴的夹角就是超前网络所能产生的最大超前相角 φ_m，此时的频率为 ω_m。可以看出，φ_m 随 α 的增加而增加：$\alpha \to \infty$，$\varphi_m \to 90°$。正是由于这个原因，该网络称为超前网络。

可以证明，图 6-6 是一个半圆，其方程为

$$\left(U - \frac{\alpha + 1}{2}\right)^2 + V^2 = \left(\frac{\alpha - 1}{2}\right)^2 \qquad (6\text{-}4)$$

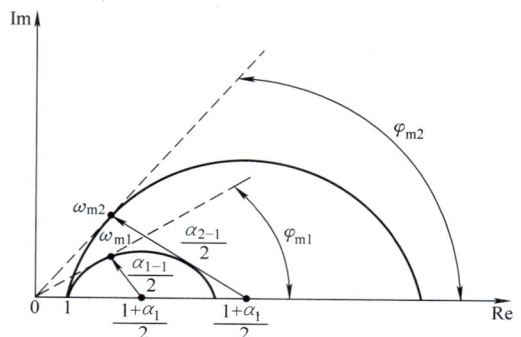

图 6-6 超前网络奈氏图

另外，根据

$$\varphi = \underline{/\,G_c{}'(j\omega)} = \arctan \frac{(\alpha - 1)\omega T}{1 + \alpha \omega^2 T^2}$$

可以解出，当 $\omega = \omega_m$ 时，φ 达到最大值 φ_m

$$\omega_m = \frac{1}{\sqrt{\alpha} T} \qquad (6\text{-}5)$$

$$\varphi_{\mathrm{m}} = \arcsin\frac{\alpha-1}{\alpha+1} \qquad (6-6)$$

超前网络的对数频率特性如图6-7所示。

由图可知，由于

$$\lg\omega_{\mathrm{m}} = \frac{1}{2}\left(\lg\frac{1}{T} + \lg\frac{1}{\alpha T}\right)$$

也可推导出

$$\omega_{\mathrm{m}} = \frac{1}{\sqrt{\alpha}T}$$

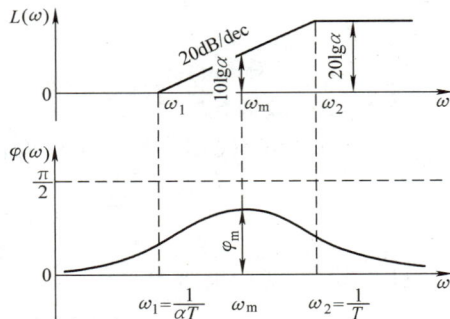

图6-7　超前网络对数频率特性

可见ω_{m}恰好是对数频率特性曲线的几何中点，此处超前网络贡献的超前相角最大。下面举例说明如何应用超前网络对系统进行串联校正。

例6-1　设一单位反馈控制系统的开环传递函数为

$$G_{\mathrm{K}}(s) = \frac{K}{s(1+0.1s)}$$

现在要求系统的稳态误差系数$K_{\mathrm{v}}=100$，相角裕量$\gamma\geqslant55°$，幅值裕量$K_{\mathrm{g}}\geqslant10$，试确定该系统的校正装置。

解：先按稳态误差系数要求确定K值

$$K_{\mathrm{v}} = \lim_{s\to0}sG(s) = \lim_{s\to0}s\frac{K}{s(1+0.1s)} = K = 100$$

故有

$$G(\mathrm{j}\omega) = \frac{100}{\mathrm{j}\omega(1+\mathrm{j}0.1\omega)}$$

据此画出的对数频率特性曲线如图6-8中的曲线①所示。由图可测得原系统的相角裕量γ和幅值裕量K_{g}分别为：$\gamma=15°$，$K_{\mathrm{g}}=\infty$。所以，相角裕量远小于

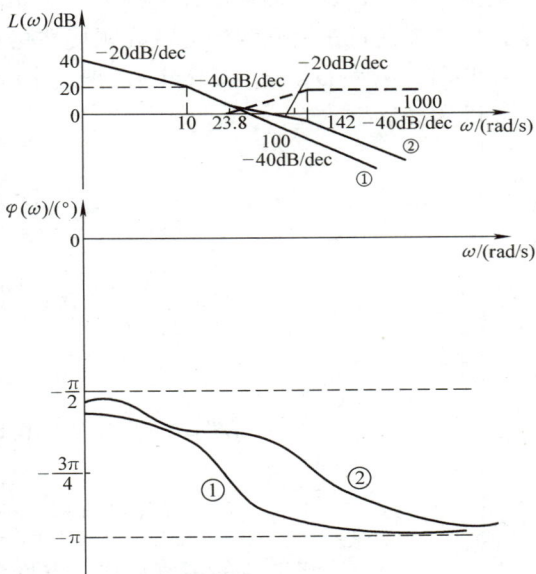

图6-8　例6-1对数频率特性曲线

要求值。也说明在$K=100$时，系统可能产生剧烈的振荡，根据题意，至少需要增加40°的超前角才能满足相角裕量γ的要求。

值得注意的是，超前校正装置不仅改变了对数频率特性中的相角曲线，也改变了幅值曲线，使得幅值穿越频率升高。在新的幅值穿越频率上，原系统的滞后相角会增大，这就要求超前校正装置产生的最大超前角也要相应的增加。为此，需要增加一定的补偿角，故φ_{m}由增加40°改为增加45°。所以

$$\sin\varphi_{\mathrm{m}} = \sin45° = \frac{\alpha-1}{\alpha+1}$$

也即

$$\frac{\alpha - 1}{\alpha + 1} = \frac{1}{\sqrt{2}}$$

解出 $\alpha = 5.83$，取为 6。

将 α 值代入式（6-5）中，可求得超前网络的相角达最大时的频率为

$$\omega_{\mathrm{m}} = \frac{1}{T\sqrt{\alpha}} = \frac{1}{\sqrt{6}T} = \frac{0.41}{T}$$

这时超前网络的幅值为

$$|G_{\mathrm{c}}{}'(\mathrm{j}\omega)| = \left|\frac{1 + \mathrm{j}\omega\alpha T}{1 + \mathrm{j}\omega T}\right|_{\omega = \omega_{\mathrm{m}}} = \left|\frac{1 + \mathrm{j}\sqrt{\alpha}}{1 + \mathrm{j}(1/\sqrt{\alpha})}\right| = \sqrt{\alpha} = \sqrt{6} = 2.45$$

$$L'(\omega_{\mathrm{m}}) = 20\lg\sqrt{\alpha} = 20\lg 2.45 = 10\lg 6 = 10 \times 0.778 = 7.78\mathrm{dB}$$

说明在 $\omega = \omega_{\mathrm{m}}$ 处，超前网络使系统的幅值增加了 7.78dB。

选取校正后，系统的幅值穿越频率等于 ω_{m}，在此频率上，超前网络应把原系统的幅值补偿掉，才能使校正后系统的对数幅频特性在此处过零分贝线。由图中查出原系统幅值 $L = -7.78$dB时的频率 $\omega = \omega_{\mathrm{m}} = 55\mathrm{rad/s}$，把这个频率选为校正后系统的幅值穿越频率（此时对应 $\gamma = 55°$）。令

$$\omega_{\mathrm{m}} = \frac{1}{\sqrt{6}T} = 55\mathrm{rad/s}$$

解得

$$T = \frac{1}{\sqrt{6} \times 55} = 0.007\mathrm{s}, \qquad \frac{1}{T} \approx 142\mathrm{s}^{-1}$$

由此得到

$$\alpha T = 6 \times 0.007\mathrm{s} = 0.042\mathrm{s}, \frac{1}{\alpha T} \approx 23.8\mathrm{s}^{-1}$$

$$G_{\mathrm{c}}{}'(s) = \frac{1 + \alpha Ts}{1 + Ts} = \frac{1 + 0.042s}{1 + 0.007s}$$

为了补偿超前网络造成的幅值衰减，应将系统的放大系数增大为原来的 6 倍。校正后的对数频率特性曲线如图 6-8 中的曲线②所示。

由校正后的对数频率特性曲线可以测得，校正后系统的相角裕量为 58°，幅值穿越频率为 $\omega_{\mathrm{c}}' = 55\mathrm{rad/s}$，幅值裕量为 ∞。

2. 超前校正步骤

由超前校正网络的特性和例 6-1 分析可知，相位超前装置对系统性能会有以下几方面影响：

1）减少开环频率特性在幅值穿越频率上的负斜率，提高系统稳定性。

2）增加开环频率特性在幅值穿越频率附近的正相角和相角裕量，减少阶跃响应的超调量。

3）提高系统的频带宽度，增强系统响应的快速性。

4）不会影响系统的稳态误差。

综上所述，可归纳为两高、两少、一不变，主要改善系统的动态性能。

对例 6-1 的校正过程进行归纳总结，不难得出串联超前校正的一般步骤：

1）根据对稳态误差的要求，求出开环增益 K。

2）根据求得的 K 值，画出未校正系统的开环对数频率特性。

3）在未校正系统相角裕量基础上，确定系统需要增加的超前角 φ_m。

设未校正系统的相角裕量为 γ_o，要求相角裕量为 γ_c，则 $\varphi_m = \gamma_c - \gamma_o + \varepsilon$。$\varepsilon$ 为补偿角，以补偿因为截止频率提高所带来的相角衰减。若未校正系统的幅值穿越斜率为 -20dB/dec，则 ε 取 5° 为宜。若是 -40dB/dec，ε 可取 10° 左右。

4）由 φ_m 确定超前网络的衰减系数 α

$$\alpha = \frac{1 + \sin\varphi_m}{1 - \sin\varphi_m} \tag{6-7}$$

5）根据 α 值计算出超前校正网络在 ω_m 处产生的幅值增加量：$L' = 10\lg\alpha$。

6）根据 L' 的数值，在未校正系统的对数频率特性曲线上查找相对应的频率值 ω，并将此值作为 ω_m。

7）根据所得到的 α 和 ω_m，计算

$$T = \frac{1}{\omega_m \sqrt{\alpha}} \tag{6-8}$$

由此确定 $G_c(s)$

$$G_c(s) = \frac{1 + \alpha Ts}{1 + Ts}\frac{1}{\alpha}$$

注意几个限制条件：

1）若原系统不稳定，则需补偿的超前角 φ_m 较大，这样就容易使校正后系统的噪声干扰严重，甚至造成系统失控，不宜采用超前校正。

2）在穿越频率附近相角迅速减小的系统，也不宜采用超前校正（因为这时由于 ω_c 增加，原系统增加的相角衰减数值可能超过超前补偿角的数值，超前网络就起不到补偿滞后相角的作用）。

3）若采用无源校正网络，则在校正网络前或后应加放大器，或者调整原系统的开环增益，以补偿 $1/\alpha$ 的影响。若采用有源校正环节，可直接实现 $G_c(s) = \dfrac{1 + \alpha Ts}{1 + Ts}$，并未产生衰减作用，则不必再添加补偿放大器，设计中由设计者灵活掌握。

一般来说，若要求系统的响应快、超调小，可采用串联校正系统（但原系统需为稳定，只是稳定裕量较小）。

二、滞后校正

1. 滞后校正网络及校正思路

如图 6-9 所示，是一个滞后网络的电路原理图。当输入为正弦电压 E_i 时，输出 E_o 也为正弦，但其相角滞后于 E_i。容易得出该网络的传递函数为

$$G(s) = \frac{E_o(s)}{E_i(s)} = \frac{1 + R_2 Cs}{1 + (R_1 + R_2)Cs} = \frac{1 + aTs}{1 + Ts} \tag{6-9}$$

式中，$T = (R_1 + R_2)C$；$a = R_2/(R_1 + R_2) < 1$。

通过上式可以看出，滞后网络的传递系数等于 1，所以将其串接在系统前向通道中，不会减小系统的传递系数，因而也不会影响系统的稳态误差。滞后网络的奈氏图如图 6-10 所示。

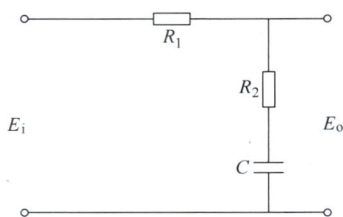

图 6-9　滞后校正网络

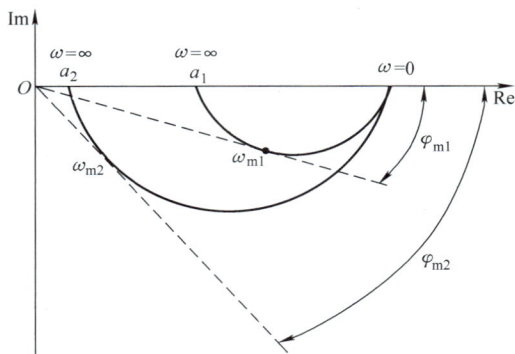

图 6-10　滞后网络的奈氏图

与超前网络类似，对于任一个 a 值（$a < 1$），从坐标原点到半圆的切线与正实轴的夹角，就是滞后网络的最大相角 φ_m。a 值越小，φ_m 的绝对值越大。$a \to 0$ 时，$\varphi_m \to -90°$。

图 6-11 所示为滞后网络的对数频率特性曲线。不难得出最大滞后相角的表达式如下：

$$\sin\varphi_m = \frac{a - 1}{a + 1}$$

由图 6-11 可知，在第一个转折频率之后，对数特性的幅值和相位均为负数。因此，在把它作为串接校正装置使用时，它不仅可以增大系统的滞后相角，且能减小上述频率范围中的对数幅值。

至于滞后校正的作用，可参照图 6-12 来说明。

设某单位反馈系统的对数频率特性曲线如图 6-12 中的曲线①所示。可以看出，$20\lg|G|$ 在中频段的穿越斜率为 -40dB/dec，因此，系统动态响应平稳性差。由相频特性可以看出，相角裕度很小，系统接近临界稳定。

串入滞后校正之后，校正环节的转折频率 $1/(aT)$ 和 $1/T$ 均设在远离 ω_{c1} 的地方，如图 6-12 中 $L(\omega)$ 曲线③。校正后的系统（如图中 $L(\omega)$ 曲线②所示）具有新的截止频率 ω_{c2}，并且以 -20dB/dec 斜率过零分贝线。显然 $\omega_{c2} < \omega_{c1}$，故系统是以牺牲快速性而换取稳定性的提高。从相频特性来看，滞后校正虽带来了负的相移，但由于处于低频段，对系统的稳定裕量不会有大的影响。而由于新的截止频率 ω_{c2} 前移，使对应的相角裕量还能有所增加，改善了原系统的动态性能。

另外，串入滞后校正后，并不改变原系统最低频段的特性，故不影响稳态精度。相反，还可以适当提高开环增益，进一步改善静态性能。因此，高稳定、高精度系统常采用滞后校正。

下面举例说明采用滞后校正的基本思路。

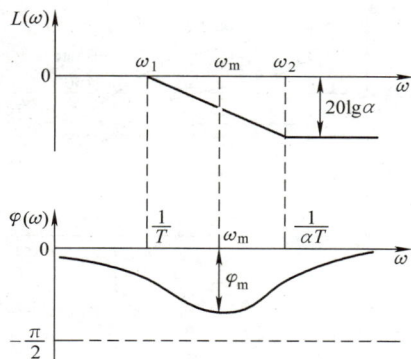

图 6-11 滞后网络频率特性

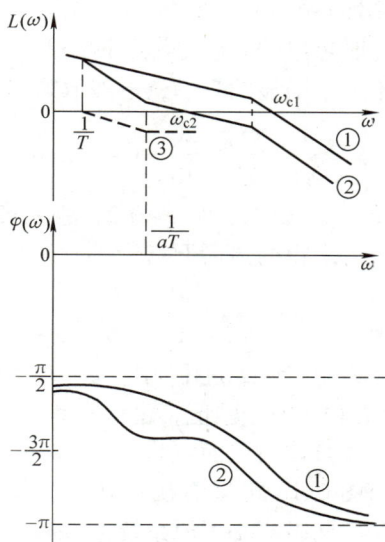

图 6-12 滞后校正作用

例6-2 设一单位反馈系统的开环传递函数为

$$G(s) = \frac{2500K}{s(s+25)}$$

现要求相角稳定裕量 $\gamma \geq 45°$，$K \geq 1$，试确定系统的校正装置。

解： 首先画出 $K=1$ 时的系统对数频率特性曲线，如图 6-13 中曲线①所示。

由图可知，此时系统的相角裕量只有 25°（$\gamma = 25°$）。现用滞后网络进行校正，目的是要增大相角裕量。

若选择校正后的幅值穿越频率 $\omega_c' = 25\text{rad/s}$，由图可测得此时的相角裕量可达到 $\gamma = 45°$。这就意味着，应设法找一个滞后网络，把原系统在 $\omega = 25\text{rad/s}$ 处的幅频特性数值减小到零，并对此频率附近的相角曲线不产生明显影响（因为只有这样，才能维持 $\gamma = 45°$）。但是事实上，滞后网络在新的幅值穿越频率 ω_c' 上也要产生一个不大的负相角，所以，实际的 ω_c' 要选得比 25rad/s 稍小一些才行，如可选 $\omega_c' = 20\text{rad/s}$。

可以测量得到，未校正系统在 $\omega_c' = 20\text{rad/s}$ 处的对数幅值为 14dB，故滞后网络在频率 $\omega' = 20\text{rad/s}$ 上的幅频特性对数值应近似等于 -14dB。这样，才能使校正后系统在此频率上的幅频特性对数值等于 0dB，使 ω_c' 成为校正后系统的截止频率。

已知滞后网络对数幅值的最大值为 20lg$a$，原系统在 ω_c' 上的对数幅值为

$$L(\omega_c') = 20\lg|G(j\omega_c')|$$

于是有

$$20\lg|G(j\omega_c')| + 20\lg a = 0$$

或者

$$20\lg|G(j\omega_c')| = L(\omega_c') = -20\lg a \quad (a<1)$$
$$a = 10^{-L(\omega_c')/20} \quad (a<1)$$

这样，将 $L(\omega_c') = 14dB$ 代入，可得 $a \approx 0.2$。

此时求出的 a 就是滞后网络两个转折频率的比值。为了使滞后网络对原系统在 ω_c' 处的相角不产生明显的影响，一般取第二个转折频率为

$$\omega_2 = \frac{1}{aT} = \frac{\omega_c'}{10} = \frac{20}{10}\,rad/s = 2\,rad/s$$

所以 $aT = 1/2$。而 $a = 0.2$，故 $T = 2.5s$。

这样求得的滞后网络为

$$G_c(s) = \frac{1 + 0.5s}{1 + 2.5s}$$

在以上计算过程中，ω_2 取为 $\omega_c'/$ 10rad/s（10 为经验值，也可在 5 ~ 10 之间选取，视具体情况而定）。

由图 6-13 可以看出，在 $\omega > 0.4rad/s$ 时，滞后网络减小了原系统 $G(j\omega)$ 的幅值，但并不影响低频范围内（$\omega < 0.4rad/s$）的幅值。而且，对 ω_c' 附近的相频特性曲线也无明显的影响，由校正后的对数频率特性曲线，可以查得 $\gamma' = 50°$，符合题意要求。

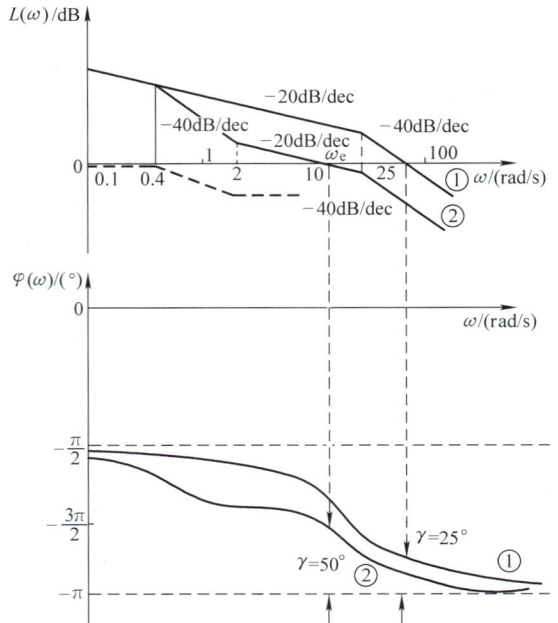

图 6-13 例 6-2 系统对数频率特性曲线

2. 滞后校正步骤

利用滞后网络对系统进行校正，对系统性能有如下影响：

1）用低通滤波性质来改变幅频特性曲线，使幅值穿越频率减小，借以提高系统的稳定裕量。而在穿越频率处应保持相频特性近似不变。

2）在保持系统原有稳定裕量不变的情况下，可以通过增大系统的开环增益，使 e_{ss} 减小。

3）由于幅值穿越频率减小，系统的频带宽度减小，使系统相角裕量增加，谐振峰值减小，稳定性变好。

4）由于系统频带宽度减小，使系统响应的上升时间增大。

通过以上分析，滞后校正不能用于要求增加频带宽度、提高系统响应快速性的场合。

一般来说，用相位滞后网络校正系统的步骤为

1）根据稳态误差的要求确定开环增益 K。

2）画出未校正系统的对数频率特性曲线。

3）确定与相角裕量要求相对应的频率 ω_c'（其方法就是在原系统的相频特性上找到与相角裕量要求所对应的频率）。

4）在未校正系统的对数频率特性曲线上，测取与 ω_c' 相对应的幅频特性分贝值 $L(\omega_c')$，并按照下式计算 a：

$$a = 10^{-L(\omega_c')/20} \tag{6-10}$$

5）按下式计算 T：

$$\frac{1}{aT} = \frac{\omega_c'}{10} \Rightarrow G(s) = \frac{1 + aTs}{1 + Ts} \quad (a < 1) \tag{6-11}$$

综上所述，相位超前校正可满足系统的上升时间和超调量减小，但加大了系统的频带宽，使系统变得比较敏感，易受噪声影响（牺牲抑制噪声干扰能力，改善动态性能）；相位滞后校正能够提高稳定裕量，减小系统的超调量，但系统的频带变窄，延长了上升时间（牺牲快速性，提高稳定性）。

兼顾上述校正网络的优点，可以采用滞后 – 超前网络。

三、滞后 – 超前校正

这一校正网络综合了滞后、超前两种校正网络的优点，其电路原理图如图 6-14 所示。可以求得这个网络的传递函数为

$$G(s) = \frac{1 + \alpha T_1 s}{1 + T_1 s} \frac{1 + a T_2 s}{1 + T_2 s} \qquad (6\text{-}12)$$

当 $\alpha > 1$ 且 $a < 1$ 时，上式右端第一项具有超前作用，第二项有滞后作用。所以，该网络在低频范围内，输出电压相位滞后于输入电压。在高频范围内，输出电压相位则超前于输入电压。

采用滞后 – 超前网络对系统进行校正时，可分两个独立步骤进行：先按滞后校正步骤对系统进行校正，使系统具有一定的稳定裕量。然后再将滞后校正后的系统当作未校正系统，按超前校正步骤进行校正，使系统全面达到性能指标的要求。具体校正方法作为习题练习，在此不再多述。

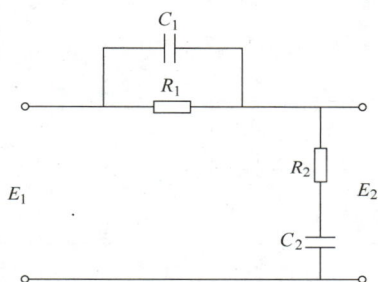

图 6-14　滞后 – 超前网络

四、其他校正网络

除了上述三种最基本的校正装置以外，还有多种校正装置，校正的基本原理如上所述。表 6-1 给出了常用无源校正网络的电路图、传递函数及对数幅频渐近特性曲线图。在实际系统中采用无源网络对系统进行串联校正时，由于存在负载效应问题，有时会影响原来希望的控制规律。因此，往往采用有源校正装置，在工业过程控制中，尤其如此。

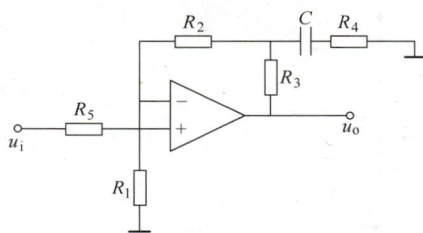

图 6-15　同相输入的有源校正网络

有源校正网络有多种形式。图 6-15 为同相输入的有源校正网络，其传递函数为输出电压 $U_o(s)$ 与输入电压 $U_i(s)$ 之比，即

$$G_c(s) = \frac{U_o(s)}{U_i(s)}$$

根据电路及电子学知识，可以推导出该有源校正网络的传递函数为

$$G_c(s) = \frac{U_o(s)}{U_i(s)} = K \frac{1 + T_1 s}{1 + T_2 s}$$

式中

$$K = \frac{R_1 + R_2 + R_3}{R_1}, T_1 = \frac{(R_1 + R_2 + R_4)R_3 + (R_1 + R_2)R_4}{R_1 + R_2 + R_3}C$$

$$T_2 = R_4 C$$

如果选择元件参数，使

$$R_1 \ll R_v, R_2 \gg R_3 \gg R_4$$

式中，R_v 是运算放大器的内阻。则近似有

$$T_1 = (R_3 + R_4)C > T_2$$

$G_c(s)$ 为有源超前校正装置。

常用有源校正网络的电路图、传递函数及对数幅频渐近特性曲线如表 6-2 所示。

表 6-1 常用无源校正网络

电路图	传递函数	对数幅频渐近特性曲线
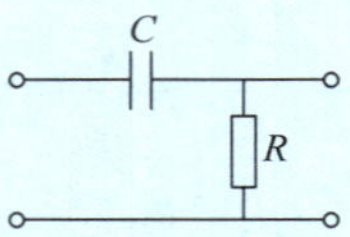	$G(s) = \dfrac{Ts}{Ts+1}$ $T = RC$	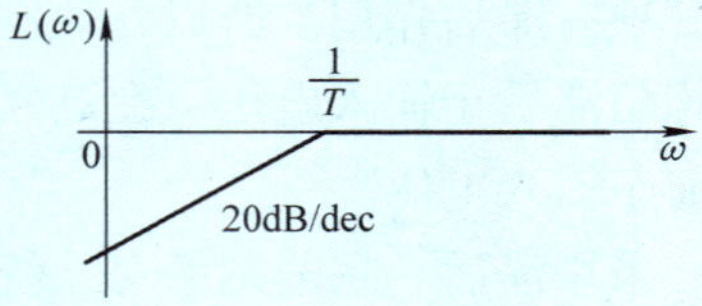
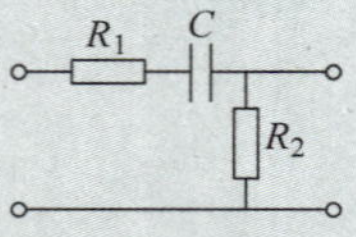	$G(s) = \dfrac{T_2 s}{T_1 s + 1}$ $T_1 = (R_1 + R_2)C$ $T_2 = R_1 C$	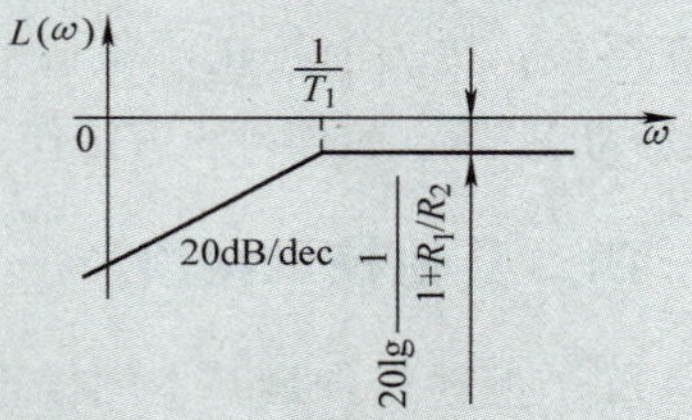
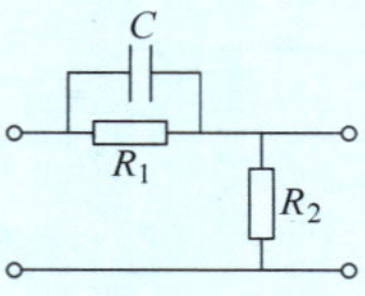	$G(s) = G_o \dfrac{T_1 s + 1}{T_2 s + 1}$ $G_o = R_2 / (R_1 + R_2)$ $T_1 = R_1 C$ $T_2 = \dfrac{R_1 R_2}{R_1 + R_2}C$	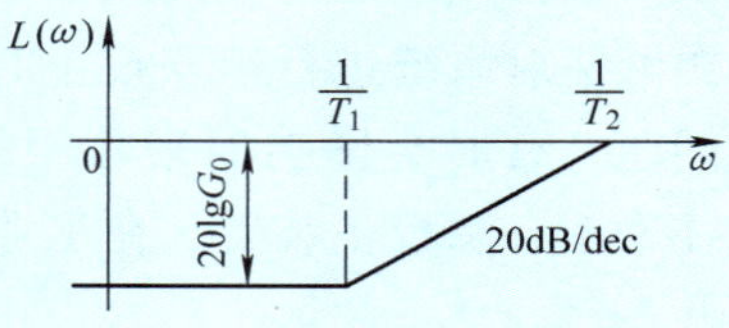
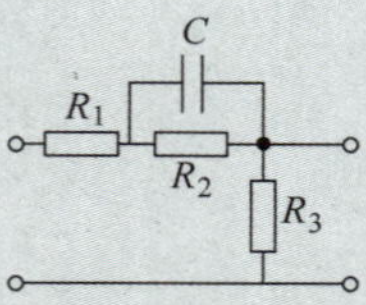	$G(s) = G_o \dfrac{T_1 s + 1}{T_2 s + 1}$ $G_o = R_3 / (R_1 + R_2 + R_3)$ $T_1 = R_2 C$ $T_2 = \dfrac{(R_1 + R_3)R_2}{R_1 + R_2 + R_3}C$	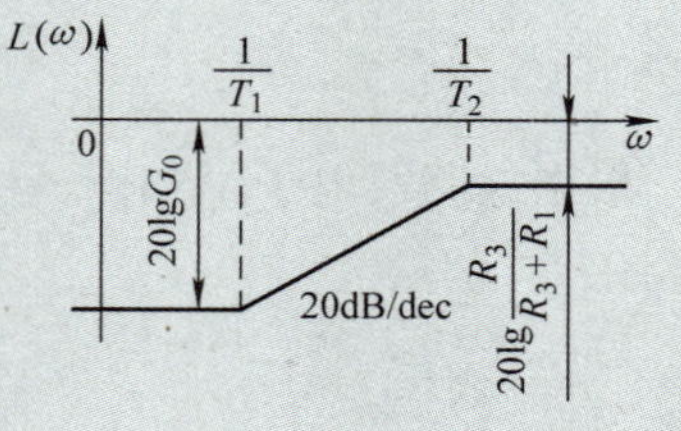

（续）

电路图	传递函数	对数幅频渐近特性曲线
	$$G(s) = \frac{T_1 T_2 s^2}{T_1 T_2 s^2 + (T_1 + T_2 + R_1 C_2)s + 1}$$ $$\approx \frac{T_1 T_2 s^2}{(T_1 s + 1)(T_2 s + 1)}$$ （$R_1 C_2$ 可忽略时） $$T_1 = R_1 C_1$$ $$T_2 = R_2 C_2$$	
	$$G(s) = \frac{1}{Ts + 1}$$ $$T = RC$$	
	$$G(s) = \frac{T_2 s + 1}{T_1 s + 1}$$ $$T_1 = (R_1 + R_2)C$$ $$T_2 = R_2 C$$	
	$$G(s) = G_o \frac{T_2 s + 1}{T_1 s + 1}$$ $$G_o = R_3 / (R_1 + R_3)$$ $$T_1 = \left(R_2 + \frac{R_1 R_3}{R_1 + R_3}\right)C$$ $$T_2 = R_2 C$$	
	$$G(s) = \frac{1}{T_1 T_2 s^2 + \left[T_2\left(1 + \frac{R_1}{R_2}\right) + T_1\right]s + 1}$$ $$T_1 = R_1 C_1$$ $$T_2 = R_2 C_2$$	
	$$\frac{1}{T_1 T_2 s^2 + \left[T_2\left(1 + \frac{R_1}{R_2}\right) + T_1 \frac{R_1 + R_2 + R_3}{R_4}\right]s + G_o'}$$ $$T_1 = R_1 C_1, \quad T_2 = \frac{R_3 + R_4}{R_4} R_2 C_2$$ $$G_o' = \frac{R_1 + R_2 + R_3 + R_4}{R_4}$$	

（续）

电路图	传递函数	对数幅频渐近特性曲线
R_1, R_2, R_3, R_4, C	$$G(s) = \frac{1}{G_0'}\,\frac{T_2 s + 1}{T_1 s + 1}$$ $$G_0' = 1 + \frac{R_1}{R_2 + R_3} + \frac{R_1}{R_4}$$ $$T_1 = \frac{1 + R_1/R_2 + R_1/R_4}{1 + R_1/(R_2 + R_3) + R_1/R_4}\,T_2$$ $$T_2 = (R_2 R_3 / R_2 + R_3)\,C$$	$L(\omega)$，转折频率 $\frac{1}{T_1}$, $\frac{1}{T_2}$；$20\lg G_0'$；-20dB/dec；$-20\lg\left(1 + \frac{R_1}{R_2} + \frac{R_1}{R_4}\right)$
C_1, R_1, R_2, C_2	$$G(s) = \frac{T_1 T_2 s^2 + (T_1 + T_2)s + 1}{T_1 T_2 s^2 + \left[T_2\left(1 + \dfrac{R_1}{R_2}\right) + T_2 \right]s + 1}$$ $$T_1 = R_1 C_1$$ $$T_2 = R_2 C_2$$	$L(\omega)$，转折频率 $\frac{1}{T_1}$, $\frac{1}{T_2}$；-20dB/dec，20dB/dec；$$h = 20\lg\frac{T_1 + T_2}{T_1\left(1 + \dfrac{R_1}{R_2}\right) + T_2}$$
R_3, R_2, C_2, R_1, C_1	$$\frac{(T_1 s + 1)(T_2 s + 1)}{T_1 T_2\left[1 + \dfrac{R_2 R_3}{R_1(R_2 + R_3)}\right]s^2 + \left[T_1\left(1 + \dfrac{R_3}{R_1}\right) + T_2\right]s + 1}$$ $$T_1 = R_1 C_1 \qquad T_2 = (R_2 + R_3)C_2$$ $$L_\infty = -20\lg\left[1 + \frac{R_2 R_3}{R_1(R_2 + R_3)}\right]$$	$L(\omega)$，转折频率 $\frac{1}{T_a}$, $\frac{1}{T_1}$, $\frac{1}{T_2}$, $\frac{1}{T_b}$；L_∞；-20dB/dec，20dB/dec
R_3, R_2, C_2, R_1, C_1	$$\frac{(T_1 s + 1)(T_2 s + 1)}{T_1 T_2\left(1 + \dfrac{R_3}{R_1}\right)s^2 + \left[T_2 + T_1\left(1 + \dfrac{R_2}{R_1} + \dfrac{R_3}{R_1}\right)\right]s + 1}$$ $$T_1 = R_1 C_1$$ $$T_2 = R_2 C_2$$	$L(\omega)$，转折频率 $\frac{1}{T_a}$, $\frac{1}{T_1}$, $\frac{1}{T_2}$, $\frac{1}{T_b}$；L_∞；-20dB/dec，20dB/dec；$$L_\infty = -20\lg\left(1 + \frac{R_3}{R_1}\right)$$
C_1, R_1, R_2, C_2	$$G(s) = \frac{T_1 T_2 s^2 + T_2 s + 1}{T_1 T_2 s^2 + \left[T_1\left(1 + \dfrac{R_1}{R_2}\right) + T_2\right]s + 1}$$ $$T_1 = \frac{R_1 R_2}{R_1 + R_2}C_2,\ T_2 = (R_1 + R_2)C_1$$	$L(\omega)$；$$\omega = \frac{1}{\sqrt{T_1 + T_2}}$$ -20dB/dec，20dB/dec；$$h = 20\lg\left[\frac{T_2}{T_1}\left(1 + \frac{R_2}{R_1}\right) + 1\right]$$
R_4, C_2, R_3, R_2, R_1, C_1	$$\frac{T_1 T_2\left[1 + \dfrac{R_2 R_3}{R_1(R_2 + R_3 + R_4)}\right]s^2 + (T_1 + T_2)s + 1}{T_1 T_2\left[1 + \dfrac{R_3(R_2 + R_4)}{R_1(R_2 + R_3 + R_4)}\right]s^2 + \left[T_1\left(1 + \dfrac{R_3}{R_1}\right) + T_2\right]s + 1}$$ $$T_1 = R_1 C_1,\ T_2 = (R_2 + R_3 + R_4)C_2$$ $$(T_1 \geqslant T_2)$$ $$L_\infty = 20\lg\left[\frac{1 + R_2 R_3/R_1(R_2 + R_3 + R_4)}{1 + R_3(R_2 + R_4)/R_1(R_2 + R_3 + R_4)}\right]$$	$L(\omega)$，转折频率 $\frac{1}{T_a}$, $\frac{1}{T_c}$, $\frac{1}{T_d}$, $\frac{1}{T_b}$；L_∞；-20dB/dec，20dB/dec

表6-2　常用有源校正网络

类别	电路图	传递函数	伯德图
比例 （P）		$G(s)=K$ $K=\dfrac{R_2}{R_1}$	
微分 （D）		$G(s)=K_t s$ K_t 为测速发电机输出斜率	
积分 （I）		$G(s)=\dfrac{1}{Ts}$ $T=R_1 C$	
比例-微分 （PD）		$G(s)=K(1+\tau s)$ $K=\dfrac{R_2+R_3}{R_1}$ $\tau=\dfrac{R_2 R_3}{R_2+R_3}C$	
比例-积分 （PI）		$G(s)=\dfrac{K}{T}\left(\dfrac{1+Ts}{s}\right)$ $K=\dfrac{R_2}{R_1}$ $T=R_2 C$	
比例-积分-微分 （PID）		$G(s)=K\dfrac{(1+Ts)(1+\tau s)}{Ts}$ $K=\dfrac{R_2}{R_1}$ $T=R_2 C_2$ $\tau=R_1 C_1$	

（续）

类别	电路图	传递函数	伯德图
滤波型调节器（惯性环节）	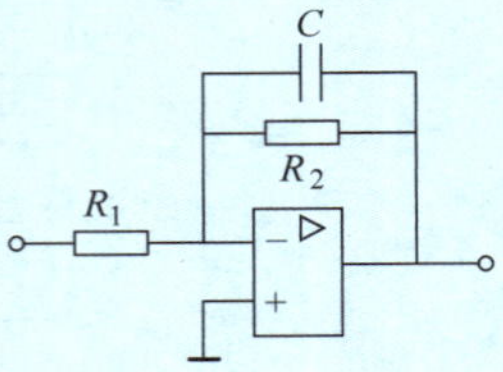	$G(s) = \dfrac{K}{1+Ts}$　$K = \dfrac{R_2}{R_1}$　$T = R_2 C$	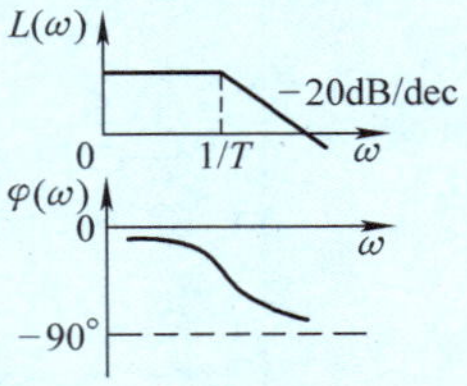

五、按希望对数幅频特性综合串联校正装置

希望对数幅频特性是按规定的性能指标绘制的，它就是校正后系统所期望的特性，具体综合步骤为：

1）根据规定的性能指标绘制希望对数幅频特性，并绘制原系统的对数幅频特性。

2）将二者进行比较，求出校正装置的对数幅频特性。

3）根据 2）中得到的对数幅频特性，确定校正装置的具体形式和参数。

这种方法原则上适用于任何一种形式的校正装置，使用范围很广。但是，仅适用于最小相位系统。因为只有这种系统，幅频特性和相频特性才有确定的关系，才能按照幅频特性的形状确定系统的瞬态响应性能。

设希望开环传递函数为 $G_d(s)$，原系统开环传递函数为 $G(s)$，校正装置的传递函数为 $G_c(s)$，于是有

$$G_d(s) = G(s)G_c(s) \Rightarrow G_c(s) = \frac{G_d(s)}{G(s)} \tag{6-13}$$

其对数幅频特性为

$$L_c(\omega) = L_d(\omega) - L(\omega) \tag{6-14}$$

由此可见，只要给出希望对数幅频特性和原系统的对数幅频特性，就可以得到校正装置的对数幅频特性。因此，这种方法的关键就是如何绘制（或得到）希望对数幅频特性。下面着重对两种系统进行一些较深入的研究和讨论。

1. 典型 II 型系统

$$G(s) = \frac{K(1+T_2 s)}{T_i T_m s^2 (1+T_3 s)} = \frac{K_a (1+T_2 s)}{s^2 (1+T_3 s)} \tag{6-15}$$

式中，K_a 为稳态加速度误差系数，$K_a = K/T_i T_m$。

图 6-16 可表示上述系统。其对数频率特性曲线根据系统内参数的不同而不同。

一般所希望的特性如图 6-17 所示。

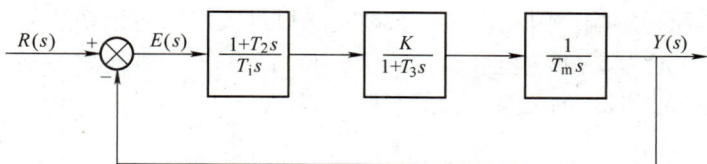

图 6-16　典型 II 型系统

对数幅频特性由 -40、-20、-40 三段折线组成 2-1-2 特性。$\omega_o = \sqrt{K_a}$ 决定了横轴与特性的相对位置，中频宽 h 决定于

$$h = \frac{\omega_3}{\omega_2} = \frac{T_2}{T_3} \qquad (T_2 > T_3)$$

（1）h 与 A_r 的关系

$$\varphi = -180° + \arctan\omega T_2 - \arctan\omega T_3 \tag{6-16}$$

$$\gamma = 180° + \varphi(\omega) = \arctan\omega T_2 - \arctan\omega T_3 \tag{6-17}$$

式中，γ 是 ω 的函数。

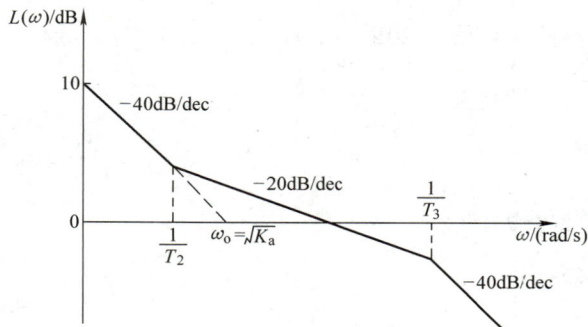

图 6-17　典型 II 型系统希望对数特性

令式（6-17）的导数为零，即 $\dfrac{\mathrm{d}\gamma}{\mathrm{d}\omega} = 0$，可得 γ 为最大时的频率 ω_m 和最大值 γ_m

$$\omega_m = \frac{1}{\sqrt{T_2 T_3}} = \frac{1}{T_3 \sqrt{h}} \tag{6-18}$$

$$\gamma_m = \arctan \frac{h-1}{2\sqrt{h}} \tag{6-19}$$

又因为，当 γ 为最大时，对应于最小的闭环谐振峰 A_r，可以求得二者之间关系为

$$\gamma_m = \arctan \frac{1}{\sqrt{A_r^2 - 1}} = \arctan \frac{h-1}{2\sqrt{h}} \tag{6-20}$$

所以，h 与 A_r 有如下关系：

$$A_r = \frac{h+1}{h-1} \quad 或者 \quad h = \frac{A_r+1}{A_r-1} \tag{6-21}$$

因此，若已知 h 就可由上式求出 A_r，或由 A_r 求出最小的 h 值。

（2）T_2、T_3 与 A_r 和 ω_o 的关系　可以求得 T_2、T_3 与 A_r 和 ω_o 的近似关系为

$$\begin{cases} T_2 = \dfrac{1}{\omega_o} \sqrt{\dfrac{A_r}{A_r - 1}} \\[4mm] T_3 = \dfrac{1}{\omega_o} \sqrt{\dfrac{A_r(A_r - 1)}{(A_r + 1)^2}} = \dfrac{T_2}{h} \end{cases} \tag{6-22}$$

在上述近似关系中，中频段 h 越短，控制系统在技术上越容易实现。由于 h 加大，同时也提高了中频段右端的频率，而与其相应的时间常数就要减小（$\omega_3 \uparrow \rightarrow T_3 \downarrow$）。这样高频噪

声就容易对系统有明显影响。因此，一般 h 不宜选得过大，以防止系统的抗干扰能力变差。根据工程经验，h 一般为 5~8 为宜。

（3）穿越频率 ω_c 和 ω_o 的关系　在低频段，有

$$20\lg \frac{K_a}{\omega^2} = 20\lg \frac{\omega_o^2}{\omega^2} \tag{6-23}$$

在中频段，可以求得

$$\omega_c = K_a T_2 \tag{6-24}$$

此时幅值为 $20\lg \dfrac{\omega_c}{\omega}$，$\omega = \omega_2 = 1/T_2$ 时，低频段与中频段幅值相等。

在转折处有

$$\frac{\omega_o^2}{1/T_2^2} = \frac{\omega_c}{1/T_2} \Rightarrow \omega_c = \omega_o^2 T_2 \tag{6-25}$$

整理可得

$$\left.\begin{array}{ll} T_2 = \dfrac{1}{\omega_c}\dfrac{A_r}{A_r - 1} & \text{或者} \quad \dfrac{\omega_2}{\omega_c} = \dfrac{A_r - 1}{A_r} = \dfrac{2}{h+1} \\[3mm] T_3 = \dfrac{1}{\omega_c}\dfrac{A_r}{A_r + 1} & \text{或者} \quad \dfrac{\omega_3}{\omega_c} = \dfrac{A_r + 1}{A_r} = \dfrac{2h}{h+1} \end{array}\right\} \tag{6-26}$$

总之，由上述预期的频率特性，就可按上述各个关系，求得 Ⅱ 型系统的各个希望参数。一般来说，Ⅱ 型系统具有较好的抗干扰能力，但跟随性能差一些。

2. 典型 Ⅰ 型系统

$$G(s) = \frac{1}{T_i s}\frac{K}{1 + T_1 s} = \frac{K_v}{s(1 + T_1 s)} \tag{6-27}$$

$$|G_B(j\omega)| = \left|\frac{K_v}{(K_v - T_1\omega^2) + j\omega}\right| = \frac{K_v}{\sqrt{(K_v - T_1\omega^2) + \omega^2}} \tag{6-28}$$

典型 Ⅰ 型系统的对数频率特性曲线如图 6-18 所示。

对于典型 Ⅰ 型系统，期望特性可按照闭环幅频特性的最大值应小于等于设计所要求的 A_r 这一原则来确定，即应由

$$\frac{K_v}{\sqrt{(K_v - T_1\omega^2)^2 + \omega^2}} \leqslant A_r \xrightarrow{\text{求导解}\omega}$$

$$K_v T_1 \leqslant \frac{A_r^2 + A_r\sqrt{A_r^2 - 1}}{2} \tag{6-29}$$

所以，若给定 T_1 值，可按要求的 A_r 求出相应的 K_v 允许值。同样，根据 K_v 也可求出 T_1 的允许值。

一般来说，典型 Ⅰ 型系统具有较好的跟随性，而抗干扰能力差一些。

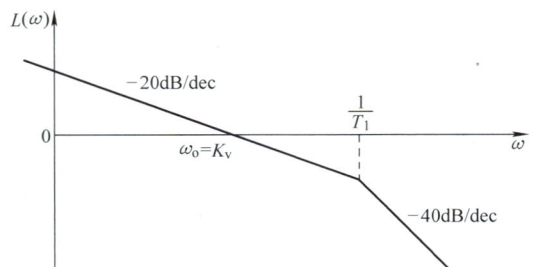

图 6-18　典型 Ⅰ 型系统对数频率特性曲线

3. 希望对数幅频特性的绘制

（1）低频段　先确定低频段的斜率，然后根据误差的要求决定它的位置。如 $K_v = \omega_o$（Ⅰ型系统）。

（2）中频段　取 -20dB/dec 过零分贝线，穿越频率 ω_c 决定于对调节时间 t_s 的要求，转折频率则由 A_r 决定。

（3）高频段　一般由系统中的小时间常数决定，可以使这段特性曲线与原系统的特性曲线相一致以简化系统。

表6-3给出了典型Ⅱ型系统的阶跃响应性能与频域参数之间的关系，可供设计时参考。

表6-3　典型Ⅱ型系统的阶跃响应性能指标

A_r	1.1	1.3	1.5	1.7
$\sigma(\%)$	13.8	26.5	37.2	44.6
$\omega_0 t_s$	7.7	5.8	5.4	7.3

实际中，也常采用以下两个近似估算公式来得到频域指标和时域指标的关系：

$$\sigma = 0.16 + 0.4\left(\frac{1}{\sin\gamma} - 1\right), 35° \leqslant \gamma \leqslant 90° \tag{6-30}$$

$$t_s = \frac{K_0 \pi}{\omega_c} \tag{6-31}$$

式中，$K_0 = 2 + 1.5\left(\frac{1}{\sin\gamma} - 1\right) + 2.5\left(\frac{1}{\sin\gamma} - 1\right)^2$，$35° \leqslant \gamma \leqslant 90°$，$\gamma$ 为要求的相角裕量，与闭环谐振峰 A_r 有如下近似关系：

$$A_r \approx \frac{1}{\sin\gamma} \tag{6-32}$$

而闭环谐振峰 A_r 与阻尼比 ζ 的关系利用第五章中的二阶定量公式（5-77）估算。一般，高阶系统实际的性能指标好于近似公式估算的指标。因此，校正中为方便常采用公式（6-30）~式(6-32)对系统进行初步设计，既保证满足实际系统要求，又留有一定的裕量。

第三节　基于根轨迹法的串联校正

根据第四章的分析，控制系统开环传递函数零、极点个数及其在 s 平面上的位置分布，决定了系统的闭环系统根轨迹，根轨迹上各点与系统闭环各项时域性能指标以及系统输出量 $y(t)$ 的动态行为有着明确的对应关系。因此，当系统性能指标是以时域形式给出时，如 t_r、t_p、t_s、σ_p，或 ζ、ω_n 等，采用根轨迹法进行校正设计较为方便，而且可通过校正过程分析和研究系统参数变化对闭环瞬态性能的影响。

根轨迹法校正的主要特点是，将提出的系统性能指标期望值化为对系统闭环主导极点位置参数的要求，通过调整根轨迹增益或引入适当校正装置，利用增益和所增加的开环零、极点的变化，改变原有根轨迹形状，以使期望的闭环主导极点位于或接近校正后的闭环根轨迹上，得到满意的或接近期望要求的系统闭环性能指标。

对一个实际系统进行根轨迹校正，单凭超调量、上升时间、峰值时间和调节时间等时域指标确定出准确的期望闭环主导极点位置十分困难，因为系统动态性能不是由闭环主导极点单独就能决定的，还要受到系统中其他闭环极点位置影响，并且与闭环零点位置也有关。所以在工程实践中，往往采用如下较为实用的简便方法。

将所研究系统假设为无零点二阶振荡系统，利用其系统参数 ζ、ω_n 与二阶系统性能指标 t_r、t_p、t_s、σ_p 对应的解析表达式（见第三章第三节的分析），由期望的时域性能指标求出期望闭环主导极点在 s 平面上应位于的区域，考虑到其他零、极点的影响，尤其是高阶系统情况下更应注意，应留有充分的裕量，使得经校正后的系统具有接近期望要求的动态性能。

确定期望闭环主导极点要掌握以下原则：若希望系统输出量超调量 σ_p 越小，则系统参数中阻尼比 ζ 就应接近 1，由 $\zeta = \cos\theta$ 确定在 s 平面应满足的等阻尼线与负实轴的夹角 θ 就应越小，期望极点必须位于此等阻尼线以内；若希望系统调节时间 t_s 越短，由 $t_s = (3\sim4)/(\zeta\omega_n)$ 确定期望极点的负实部垂线在 s 平面上就应越远离虚轴，期望极点必须位于此垂直线以左；若希望系统上升时间 t_r、峰值时间 t_p 越快，同样分析可知，无阻尼振荡频率 ω_n 圆周线与圆点距离越远越好，期望极点必须位于此圆周线以外。综合考虑所得结果为图 6-19 所示形式。

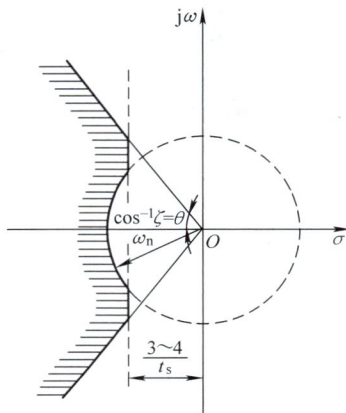

图 6-19 期望闭环主导极点与时域指标关系示意图

一、串联超前校正

当原系统动态响应性能基本满足指标要求，但其开环增益需调整增大以满足稳态误差指标要求，而这样将会造成原系统闭环稳定性变差，甚至出现不稳定现象时；或当原系统稳定但其动态响应性能较差，不能满足要求时，均可考虑采用如图 6-2 结构形式的串联超前校正装置（图中 $G_o(s)$ 是系统被控对象传递函数，$G_c(s)$ 即为串联在前向通道上的超前校正装置传递函数）。

用根轨迹法设计串联超前校正装置步骤如下：

1）按照前述原则根据给定的系统性能指标求出相应的一对期望闭环主导极点 s_1、s_2（s_1 与 s_2 共轭），如图 6-20 所示。

2）绘制未校正前原系统的根轨迹图，如果根轨迹不能经过期望闭环主导极点，则表明仅调整增益 K_1 无法满足给定要求，需加校正装置。如果未校正系统的根轨迹位于期望闭环主导极点右侧，则应采用串联超前校正装置

$$G_c(s) = \frac{1 + \alpha T s}{1 + T s}, \alpha > 1$$

超前校正环节 $G_c(s)$ 的加入，使系统开环传递函数各增加一个零、极点 z_c、p_c（见

图 6-20），而且零点 z_c 更靠近原点，其作用将会使原系统根轨迹向左弯曲，系统更趋稳定。

3）加串联超前校正环节 $G_c(s) = \dfrac{1 + \alpha Ts}{1 + Ts}$ 后，为使校正后的根轨迹能经过期望闭环主导极点 s_1、s_2，以下相角条件必须满足：

$$\underline{\big/\,G_c(s_1)} + \underline{\big/\,G_o(s_1)} = \pm(2k+1)\pi \tag{6-33}$$

据此，求出超前校正装置的零、极点应提供的超前角 φ_c（见图 6-20）

$$\varphi_c = \underline{\big/\,G_c(s_1)} = \varphi_z - \varphi_p = \underline{\big/\,(s_1 - z_c)} - \underline{\big/\,(s_1 - p_c)} = \pm(2k+1)\pi - \underline{\big/\,G_o(s_1)} \tag{6-34}$$

4）确定超前校正装置参数。由图 6-20 可知，当 φ_c 角给定，校正装置 $G_c(s)$ 的零、极点位置不能唯一被确定，要综合原系统 $G_o(s)$ 的零、极点位置和校正环节参数易求取、装置易实现等因素灵活确定。

5）校验所设闭环主导极点 s_1、s_2 的主导作用，若未达设计要求，则需按照上述步骤重新确定校正装置零、极点的位置，进而调整校正装置参数使之达到要求。

下面给出根轨迹法确定串联超前校正环节参数实例。

例6-3　设系统开环传递函数为

$$G_o(s) = \frac{K_1}{s(s+1)(s+4)}$$

设计串联超前校正装置，使校正后系统的阻尼比 $\zeta = 0.5$，无阻尼自然振荡频率 $\omega_n = 2\text{rad/s}$。

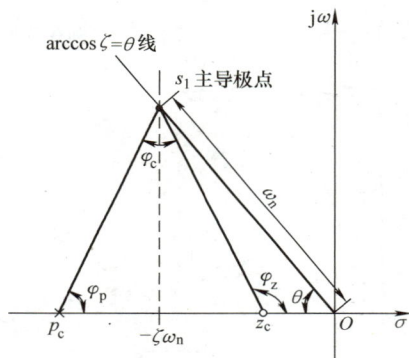

图 6-20　超前校正应满足的相角条件

解：

（1）由给定的性能指标，求得系统期望闭环主导极点为 $s_{1,2} = -1 \pm j\sqrt{3}$，将其标注在图 6-21 中。

（2）求出原系统的闭环根轨迹如图 6-21 所示，可知期望闭环主导极点 $s_{1,2}$ 位于其左侧而不在原闭环根轨迹上。按前述原则应引入串联相位超前校正装置，使根轨迹向左移动，以尽量满足指标要求。

（3）根据图 6-22 及式（6-33），求得超前校正环节的超前角 φ_c 为

$$\varphi_c = \underline{\big/\,G_c(s_1)} = \pm(2k+1)\pi - \underline{\big/\,G_o(s_1)} = -180° + \underline{\big/\,(s_1)} + \underline{\big/\,(s_1+1)} + \underline{\big/\,(s_1+4)}$$
$$= -180° + 120° + 90° + 30° = 60°$$

据此，可以设计实现校正装置参数。

（4）由图 6-22 可见，原系统有一开环极点 $p_2 = -1$ 与期望闭环极点 s_1 具有相同负实部，设置校正装置的零点 z_c 在它附近，以保证主导极点的主导作用。

故试取 $z_c = -1.2$，再按 $\varphi_c = 60°$ 要求，用作图方法求得 $p_c = -4.95$。

（5）校验是否满足性能指标要求。增加校正环节后的系统开环传递函数为

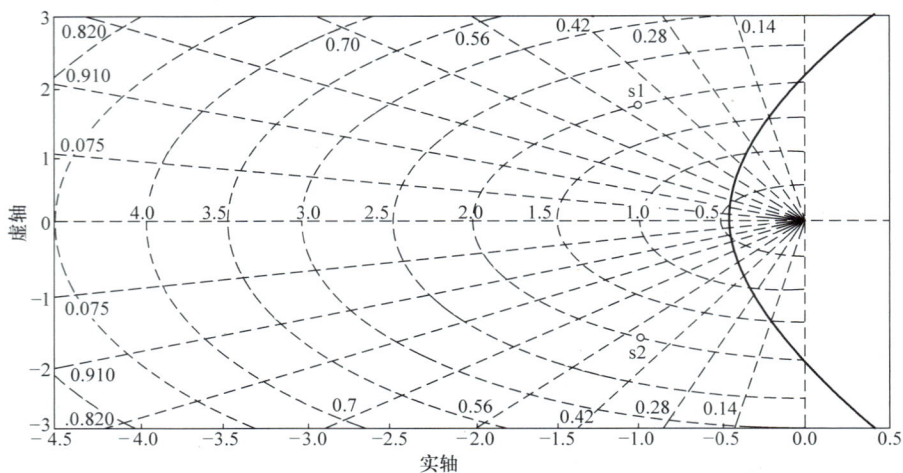

图 6-21　例 6-3 原系统根轨迹图与期望闭环主导极点

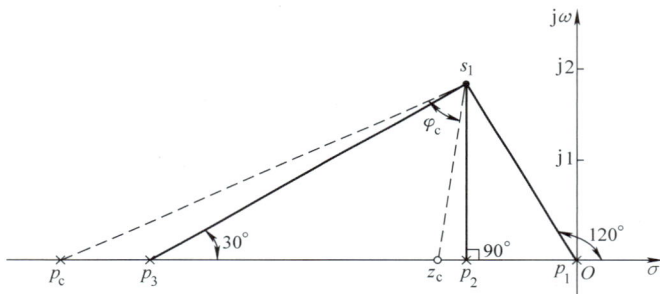

图 6-22　例 6-3 超前校正环节零、极点位置与超前角 φ_c

$$G(s) = G_c(s)G_o(s) = \frac{K_1(s+1.2)}{s(s+1)(s+4)(s+4.95)}$$

作出校正后系统闭环根轨迹图如图 6-23 所示。

由图中 s_1 与开环传递函数各零、极点之间的距离求得

$$K_1 = \frac{|s_1||s_1+1||s_1+4||s_1+4.95|}{|s_1+1.2|} = 29.6845$$

于是得校正后闭环系统传递函数为

$$G_B(s) = \frac{K_1(s+1.2)}{s(s+1)(s+4)(s+4.95) + K_1(s+1.2)}$$

$$= \frac{29.6845(s+1.2)}{(s+6.61)(s+1.353)(s^2+1.987s+3.982)}$$

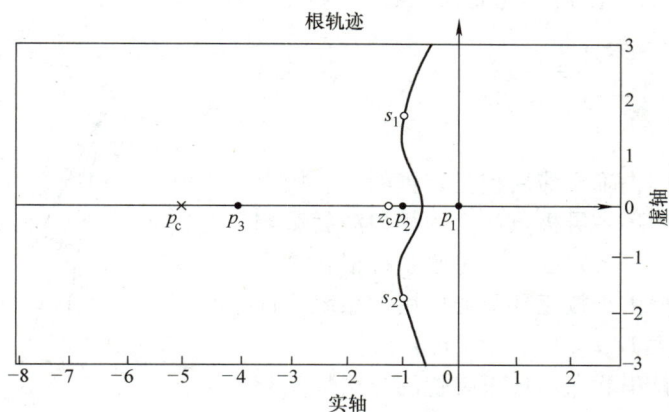

图 6-23　例 6-3 校正后系统闭环根轨迹图

系统的单位脉冲响应求得如图 6-24 中校正后曲线，可知与校正前无零点二阶振荡系统动态性能曲线相当一致，闭环主导极点明显起到对瞬态性能的主导作用，其他零、极点对系统暂态响应影响甚微，各项性能指标全面达到要求。

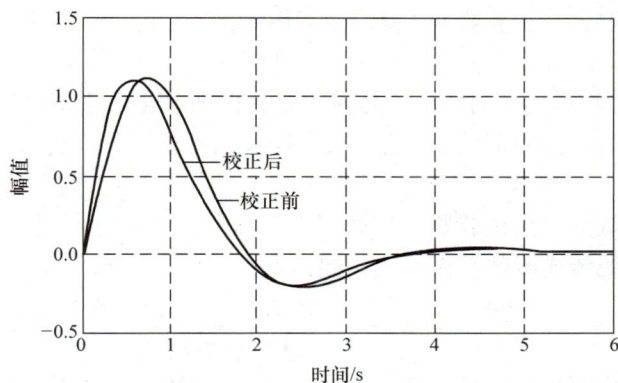

图 6-24　校正后闭环系统的单位脉冲响应波形比较

二、串联滞后校正

当系统瞬态响应尚为满意，但稳态性能需要大幅度提高时，需采用滞后校正。串联滞后校正的特点在于既能改善系统的稳态性能，又能基本保持系统原来的瞬态性能，其校正作用主要体现在增大开环传递系数，而使瞬态响应不发生明显变化。这就意味着，所串联的校正装置 $G_c(s) = \dfrac{1 + \alpha Ts}{1 + Ts}(\alpha < 1)$，一般取为在原点附近的一对开环偶极子形式，即滞后校正装置的零、极点 z_c、p_c 设置在 s 平面上靠近坐标原点处，并使它们之间的距离很近，即有

$$|G_c(s)| = \frac{|1 + \alpha Ts|}{|1 + Ts|} \approx 1$$

$z_c = -1/(\alpha T)$，$p_c = -1/T$，且 $0 < |p_c| < |z_c| \ll 1$

并有
$$\frac{|z_c|}{|p_c|} = \frac{1}{\alpha} \qquad (6-35)$$

如图 6-25 所示。

按照这样的原则去确定滞后校正装置的零、极点参数，使其对期望闭环主导极点产生的相角滞后影响很小，大约限制在 $|\varphi_c| < 5°$ 以内，对原系统根轨迹形状没有显著影响，但由于校正环节的作用，系统容许的开环增益却能增大 $1/\alpha = |z_c|/|p_c|$ 倍。

用根轨迹法设计串联滞后校正装置的方法步骤与设计串联超前校正装置类似。

1）绘出原系统根轨迹图，根据所提出的动态性能指标，决定是否采用滞后校正。

2）根据动态性能指标选择期望闭环主导极点位置。

图 6-25 滞后环节的零、极点分布及其相角关系

3）作与期望等阻尼线 $\zeta = \cos\theta$ 不大于 $\gamma = 10°$ 夹角的直线，过期望闭环主导极点 s_1 交于负实轴，该交点即可取为校正装置 $G_c(s)$ 的零点值 z_c。

4）按照稳态指标要求计算滞后校正环节极点值 p_c。

5）依据相角条件验算期望的闭环主导极点是否已在校正后系统闭环根轨迹上。

6）校验系统各项性能指标是否满足要求，若未达要求，重新进行以上工作，直至满足指标要求。

仍以上例说明串联滞后校正装置参数如何求取确定。

例 6-4 设原系统传递函数与例 6-3 相同，即
$$G_o(s) = \frac{K_1}{s(s+1)(s+4)}$$

要求设计串联滞后校正装置以满足性能指标 $\zeta = 0.5$、$t_s = 10s$，且开环放大系数 $K \geqslant 5$。

解：（1）根据第三章的近似计算式 $t_s = (3.0 \sim 4.0)/(\zeta\omega_n)$，易求得无阻尼自然振荡频率 ω_n 为
$$\omega_n = (3 \sim 4)/(\zeta t_s) = (3 \sim 4)/(0.5 \times 10)\,\text{rad/s} = 0.6 \sim 0.8\,\text{rad/s}$$

取 $\omega_n = 0.8$，求得期望闭环主导极点在 s 平面上的位置
$$s_{1,2} = -\zeta\omega_n \pm j\omega_n\sqrt{1-\zeta^2} = -0.4 \pm j0.6928$$

（2）绘出原系统的闭环根轨迹如图 6-26 所示，由图可见，期望闭环主导极点 $s_{1,2}$ 位于根轨迹上，故可以认为系统瞬态性能是满足要求的，不必为此采取措施。

（3）计算当闭环主导极点为 $s_{1,2} = -0.4 \pm j0.6928$ 时系统的开环增益。由图 6-26 求得
$$K_1 = |s_1||s_1+1||s_1+4| = 2.6879$$

故未校正系统的开环放大系数为
$$K = K_1/4 = 2.6879/4 = 0.672 \ll 5$$

远不能满足稳态指标要求。按以上分析，应加入串联滞后校正装置。

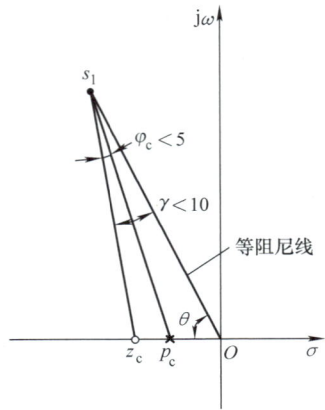

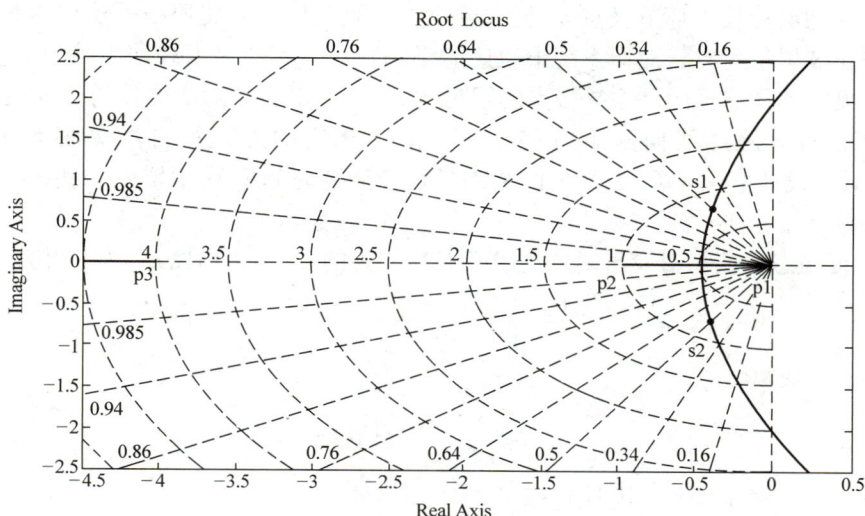

图 6-26　例 6-4 原系统根轨迹图与期望闭环主导极点

（4）为满足要求的开环放大系数 K，按式（6-34）求得滞后校正装置的系数 $1/\alpha$ 应为

$$1/\alpha = 5/0.672 = 7.44$$

考虑留有一定余地，取 $1/\alpha = 10$。

（5）作由 s_1 出发与等阻尼线 $\zeta = \cos\theta$、夹角 γ 小于 $10°$ 直线，实取夹角 γ 为 $6°$，由该直线与负实轴的交点 -0.1 即可确定为 z_c，相应的极点即求得为 $p_c = \alpha z_c = -0.01$。

（6）校正后系统的开环传递函数为

$$G(s) = G_c(s)G_o(s) = \frac{K_1(s + 0.1)}{s(s + 1)(s + 4)(s + 0.01)}$$

（7）求出校正后系统的闭环根轨迹如图 6-27 所示。

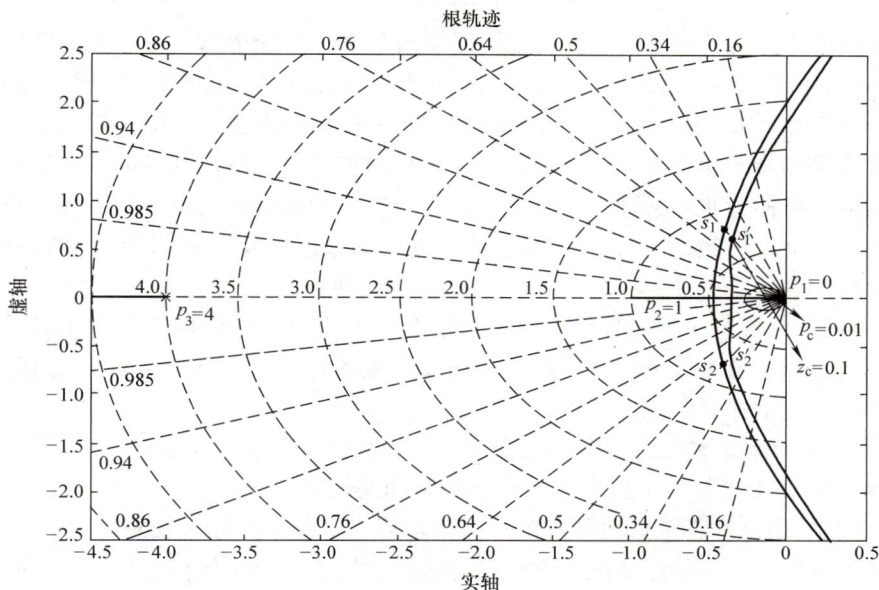

图 6-27　例 6-4 校正后系统的闭环根轨迹

因为加入的滞后校正环节极点 p_c 更靠近原点，故其作用会使原根轨迹向右移动。不过由于滞后校正装置的特点，对原系统根轨迹的影响很小，不会对系统输出响应有多大改变。由图6-27可见，如欲保证闭环主导极点的阻尼比 $\zeta = 0.5$ 不变，则所设计的主导极点 s_1 位置需略加改变，沿等阻尼线向右下方移至 s_1'。此时相应的无阻尼自然振荡频率 ω_n 约为 0.7rad/s，低于设计值 $\omega_n = 0.8$，造成的结果只是使调整时间 t_s 稍稍增大一些，基本上仍能满足性能指标要求。

（8）验证稳态性能。对应于闭环主导极点为 s_1' 时的 K_1 值可由图 6-27 求得为

$$K_1 = \frac{|s_1'||s_1'+1||s_1'+4||s_1'+0.01|}{|s_1'+0.1|} = 2.44$$

相应的开环放大系数 K 为

$$K = \frac{K_1 \times 0.1}{4 \times 0.01} = 6.1 > 5$$

可知完全满足设计要求的稳态性能指标。

如果对调节时间 t_s 要求较严格，必须小于 10s，则在确定主导极点时，可在校正后系统闭环根轨迹上取比设计值 $\omega_n = 0.8$ 再大些的点，这样会使系统的阻尼比 ζ 略小于设计值 0.5，时域指标超调量 σ_p 略有增加，但若仍在允许范围之内，其校正结果也是合理的。

三、串联滞后-超前校正及反馈校正

由以上基于根轨迹法设计超前校正及滞后校正装置方法可知，串联超前校正装置用来满足系统提出的动态响应指标，串联滞后校正装置主要用以满足系统静态性能指标。若同时对系统动、静态性能提出严格的设计指标，可能会出现单独采用超前或滞后校正装置都无法满足指标的现象。这样就可能需要采用串联滞后-超前校正装置

$$G_c(s) = \frac{1 + \alpha T_1 s}{1 + T_1 s} \frac{1 + \beta T_2 s}{1 + T_2 s} \qquad (\alpha > 1, \ \beta < 1)$$

基于根轨迹法的设计过程是，先考虑满足系统的动态性能要求，按以上步骤将超前校正装置部分参量 α、T_1 确定，再来考虑用滞后校正装置满足系统的静态性能指标，如果滞后校正环节将原系统开环放大系数增大 $1/\beta$ 倍能够满足系统的稳态要求，则按以上步骤、方法再将滞后校正装置部分的参量 β、T_2 确定。如若指标要求过于严格，则参数、设计求取过程及校正装置确定过程都将非常繁琐，需反复计算、试凑，绘制各种情况下的闭环根轨迹图，并且需要不断校验是否满足指标要求。具体设计过程通过习题练习。下面给出的是一般设计步骤：

1）绘出校正前原系统的闭环根轨迹图，根据给定的动态性能指标，选择期望闭环主导极点位置，考虑到系统中其他零、极点及增加校正装置造成的影响，应注意留有一定裕量，先不考虑开环增益指标要求。

2）通过选择合理的超前校正环节参数 α、T_1，实现闭环主导极点 $s_{1,2}$，计算 s_1 具有的开环根轨迹增益 K_1，求出与给定要求增益值之间的相差倍数。

3）按照系统稳态性能指标对开环增益的要求值，合理选择滞后校正环节的参数 β、T_2，并在确定参数过程中，尽量注意减少对已设计实现的期望闭环主导极点位置的影响。

4）通过绘图、计算、分析，全面校验校正后系统的各项性能指标。

基于根轨迹法的反馈校正装置设计方法，其主要依据是第四章中参数根轨迹和多回路根轨迹绘制方法。但实际工程中，设计局部反馈校正装置使用根轨迹法比较麻烦，需多次绘制参数根轨迹或多回路根轨迹，设计过程同样是反复试凑、计算参量，远不及用频率特性法简便有效，一般很少应用。

第四节　PID　校　正

在工程实际中，PID 控制器是应用最为广泛的控制器之一，由比例单元 P（Proportional）、积分单元 I（Integral）和微分单元 D（Derivative）所构成，即利用偏差、偏差的积分值、偏差的微分值实现对系统的控制，简称 PID 控制。第二节表 6-2 所列出的有源校正网络即是用来实现这种控制规律的装置，通常称为 PID 控制器或调节器。

PID 控制器自问世至今已有 70 多年的历史，它以其结构简单、稳定性好、工作可靠、调整方便而成为工业控制的主要技术之一。当被控对象的结构和参数不能完全掌握，或得不到精确的数学模型时，传统控制理论的方法往往很难奏效，系统控制器的结构和参数必须依靠经验和现场调试来确定。在实际应用中，当我们不完全了解一个系统和被控对象，或不能通过有效的测量手段来获得系统参数时，采用 PID 校正控制技术，往往能获得较好效果。本节对 PID 校正控制及其校正装置参数设计基本方法作简要介绍。

一、PID 控制基本概念

由 PID 控制器构成的控制系统结构如图 6-28 所示。

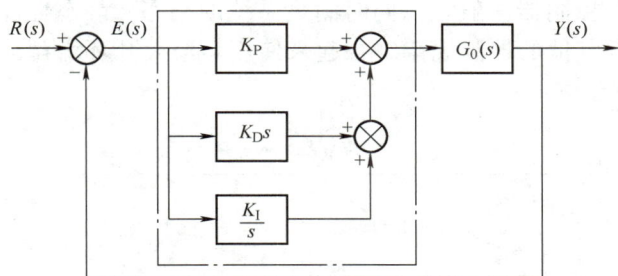

图 6-28　带有 PID 控制器的控制系统结构图

由图可知，PID 控制就是根据系统的误差 $e(t)$，利用比例、积分、微分计算出综合控制量 $u(t)$，对被控对象输出 $y(t)$ 实施控制的过程。

控制器输出和控制器输入（误差）之间的关系在时域中可用公式表示如下：

$$u(t) = K_P\Big(e(t) + T_D\frac{\mathrm{d}e(t)}{\mathrm{d}t} + \frac{1}{T_I}\int e(t)\,\mathrm{d}t\Big) \tag{6-36}$$

式中，$e(t)$ 表示误差，也是控制器的输入；$u(t)$ 是控制器的输出；K_P 为比例系数；T_I 积分时间常数；T_D 为微分时间常数。

对式（6-36）两端拉普拉斯变换，有

$$U(s) = \left[K_P + \frac{K_I}{S} + K_D S \right] E(s) \tag{6-37}$$

式中，$U(s)$ 和 $E(s)$ 分别为 $u(t)$ 和 $e(t)$ 的拉普拉斯变换，K_P、K_I、K_D 分别为控制器的比例、积分、微分系数，与 PID 参数之间关系如下式：

$$T_D = K_D/K_P, \quad T_I = K_P/K_I \tag{6-38}$$

常见的工业控制器由比例、积分、微分三种基本控制规律或它们的组合构成。

二、基本控制规律

式（6-36）、式（6-37）表明，PID 控制器可认为是由比例单元（P）、积分单元（I）和微分单元（D）组合而成，比例、积分、微分三种控制规律各自特点如下：

1. 比例 P 控制

比例 P 控制器的数学模型可表示为式（6-39）和式（6-40）：

$$u(t) = K_P e(t) \tag{6-39}$$

$$G_c(s) = \frac{U(s)}{E(s)} = K_P \tag{6-40}$$

比例控制是一种最简单的控制方式。其控制器的输出与输入误差信号成比例关系，按比例反映系统的偏差，系统一旦出现了偏差，比例调节立即产生调节作用以减少偏差。但由于调节方法单一，只能减小稳态误差，不能完全消除偏差；同时增大比例系数，会加快系统响应速度，但会导致系统稳定性下降，甚至会造成系统不稳定；对二阶系统而言，增加比例系数相当于增加系统的固有频率 ω_n，减小阻尼比 ζ，增加系统振荡程度。如图 6-29 所示，增大系统开环增益使得系统阶跃响应上升时间变快，超调量增加，调整时间变快，斜坡响应的稳态误差变小。采用 P 控制器一般难以同时满足系统的动态、静态性能要求，在工程实际中，一般把 P 控制器与其他的控制规律组合起来使用。增大开环增益前后斜坡响应曲线对比如图 6-30 所示。

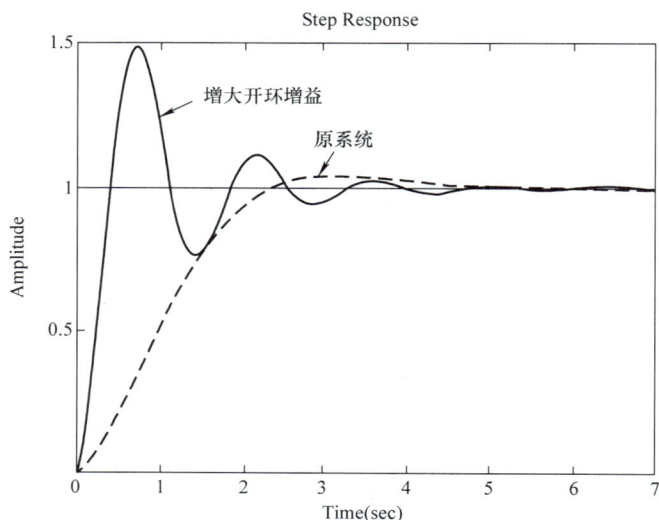

图 6-29　增大开环增益前后阶跃响应曲线对比

Linear Simulation Results

增大开环增益

原系统

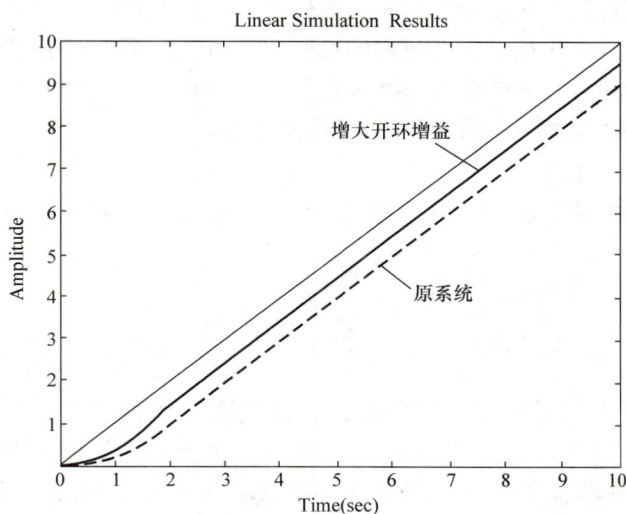

图 6-30 增大开环增益前后斜坡响应曲线对比

2. 积分（I）控制

积分 I 控制器的数学模型可表示为式（6-41）和式（6-42）：

$$u(t) = K_I \int e(t)\,dt = \frac{K_P}{T_I} \int e(t)\,dt \tag{6-41}$$

$$G_c(s) = \frac{U(s)}{E(s)} = \frac{K_I}{s} \tag{6-42}$$

在积分控制中，控制器的输出与输入误差信号的积分成正比关系。只要有误差存在，积分调节就不断进行，直至无差，积分调节停止，积分调节输出保持常值。系统引入一个积分控制器，相当于在系统中加入一个 $s=0$ 的极点，可提高系统型别，消除稳态误差，提高无差度。积分作用的强弱取决于积分时间常数 T_I 值，T_I 越小，积分作用就越强。反之 T_I 大则积分作用弱。

由于积分器的输出只能随着积分时间的增长而逐渐跟踪输入信号的变化，因此积分调节会降低系统的响应速度；同时，增加积分环节会增加系统的阶次，从而降低系统的相对稳定性，甚至会引起系统的结构不稳定；所以，积分作用常与另两种控制规律结合，组成 PI 调节器或 PID 调节器以满足系统性能指标的综合要求。

3. 微分（D）控制

微分 D 控制器的数学模型可表示为式（6-43）和式（6-44）：

$$u(t) = K_D \frac{d(e(t))}{dt} = K_P T_D \frac{d(e(t))}{dt} \tag{6-43}$$

$$G_c(s) = \frac{U(s)}{E(s)} = K_D s \tag{6-44}$$

在微分控制中，控制器的输出与输入误差信号的微分成正比关系。微分作用反映系统偏差信号的变化率，具有预见性，能预见偏差变化的趋势，因此能产生超前的控制作用。系统引入一个微分控制器，相当于在系统中加入一个 $s=0$ 的零点，增加系统阻尼，改善系统的动态性能。由于系统在稳态时微分项为零，所以微分控制不影响稳态误差。应注意的是，微分作用对噪声干扰有放大作用，因此过强的加微分调节，对系统抗干扰不利。此外，微分反映的是变化率，而当输入没有变化时，微分作用输出为零。因此微分作用不能单独使用，需要与另外两种调节规律相结合，组成 PD 或 PID 控制器。

4. 比例积分（PI）控制

比例积分控制器的数学模型可表示为式（6-45）和式（6-46）：

$$u(t) = K_P e(t) + \frac{K_P}{T_I}\int e(t)\,\mathrm{d}t \tag{6-45}$$

$$G_c(s) = \frac{U(s)}{E(s)} = K_P + \frac{K_I}{s} = \frac{sK_P + K_I}{s} = K_P\left(1 + \frac{1}{T_I s}\right) \tag{6-46}$$

比例积分控制既克服了纯比例调节不能消除稳态误差的缺点，又避免了纯积分调节响应慢、动态性能不好的缺点，因此被广泛使用。比例积分控制器相当于给原始系统引入一个 $s = -K_I/K_P$ 的零点和一个 $s = 0$ 的极点。极点可以提高系统的型别，消除或者减少系统的稳态误差，负零点可以用来减少系统的阻尼，缓冲极点对系统稳定性和动态过程带来的不利影响。从频率特性角度来看，PI 控制实质上相当于滞后校正，通过牺牲系统快速性而获得高的稳态性能。图 6-31 给出了 PI 控制前后阶跃响应对比图，比例积分控制使得系统阶跃响应调整时间变慢，超调量减小。

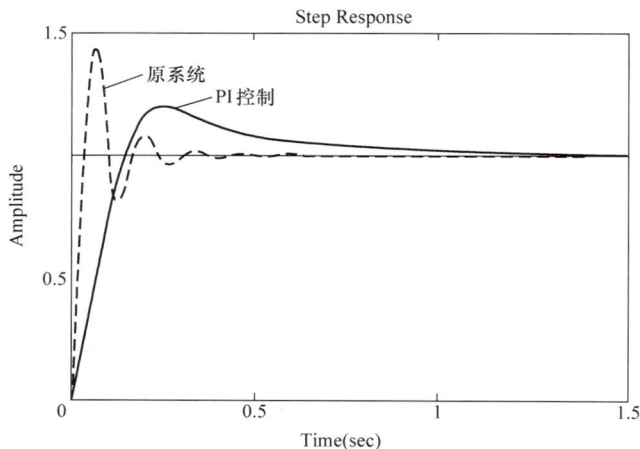

图 6-31　PI 控制前后阶跃响应对比

5. 比例微分（PD）控制

比例微分控制器数学模型可表示为式（6-47）和式（6-48）：

$$u(t) = K_P e(t) + K_D \frac{\mathrm{d}(e(t))}{\mathrm{d}t} \tag{6-47}$$

$$G_c(s) = \frac{U(s)}{E(s)} = K_P + K_D s \tag{6-48}$$

在第三章二阶系统性能改善中曾提到该控制方法，相当于给系统增加一个 $s = -K_P/K_D$ 的负零点，增加系统阻尼，减少系统的振荡程度，改善了系统的平稳性，同时微分的预测控制提高了系统响应的快速性。从根轨迹角度，增加系统在左半平面的零点，使得根轨迹向左弯曲；从频率特性角度（见表6-2），PD控制是通过提供具有超前相位的频率特性，改善了系统的稳定性和动态性能。但是微分系数不能过大，否则对于输入噪声产生明显的放大作用。图6-32是比例微分控制对典型二阶系统阶跃响应的改善效果对比，比例微分控制使得系统阶跃响应调整时间变快，超调量减小。

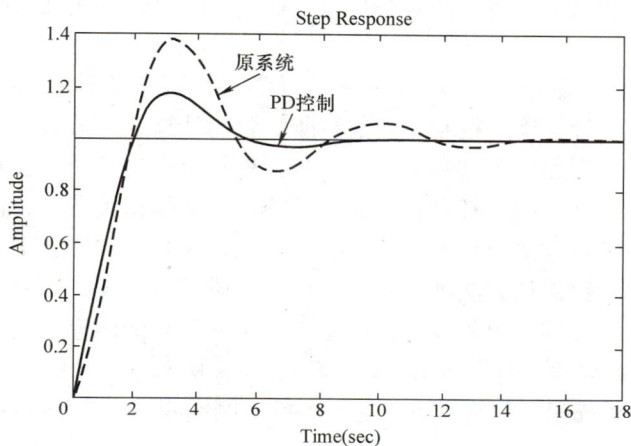

图6-32 PD控制前后阶跃响应对比

6. 比例积分微分 PID 控制器

PID控制器数学模型可表示为式（6-49）和式（6-50）：

$$u(t) = K_\mathrm{P}e(t) + K_\mathrm{I}\int e(t)\,\mathrm{d}t + K_\mathrm{D}\frac{\mathrm{d}(e(t))}{\mathrm{d}t} \qquad (6\text{-}49)$$

$$G_\mathrm{c}(s) = \frac{U(s)}{E(s)} = K_\mathrm{P} + \frac{K_\mathrm{I}}{s} + K_\mathrm{D}s = \frac{K_\mathrm{D}s^2 + K_\mathrm{P}s + K_\mathrm{I}}{s} = K_\mathrm{P}\left(1 + \frac{1}{sT_\mathrm{I}} + T_\mathrm{D}s\right) \qquad (6\text{-}50)$$

PID控制器集三种控制规律的特点，既有比例作用的及时迅速，又有积分作用的消除余差能力，还有微分作用的超前控制功能。当偏差出现时，微分动作，抑制偏差的变化；比例也同时起消除偏差的作用，使偏差幅度减小，由于比例作用是持久和起主要作用的控制规律，因此可使系统比较稳定；而积分作用慢慢把余差克服掉。三个参数与系统时域响应指标的关系如表6-4所示。只要三个作用的控制参数选择得当，便可充分发挥三种控制规律的优点，缩短系统的上升时间和调节时间、减小超调量和稳态误差、得到较为理想的控制效果。从频率特性角度，PID控制器是滞后-超前校正，可以对系统的动态和稳态性能同时进行改善。

表6-4 控制器参数与系统时域响应指标的关系

控制器参数增大	上升时间	最大超调量	调节时间	稳态误差
K_P	减小	增大	微小变化	减小
K_I	减小	增大	增大	消除
K_D	微小变化	减小	减小	微小变化

三、PID 控制器的参数设计

PID 控制器的参数设计方法并不唯一，需根据被控过程的特性设计、计算 PID 控制器的比例系数 K_P、积分时间常数 T_I 和微分时间常数 T_D 的大小，或是相应的比例、积分、微分系数 K_P、K_I、K_D。正是因为 PID 控制器待求参数少，设计实现方便简单，对被控对象模型精度要求不严格，控制效果明显，使其在很多工业过程甚至是非线性或时变系统范围都得到广泛的应用。

PID 校正参数设计方法很多，概括起来有两大类：一是理论计算法。它主要是依据系统的数学模型，经过理论计算确定控制器参数，所得到的计算数据虽具有指导意义，最终还必须通过工程实际运行过程加以调试和修改。二是工程整定法，常用方法有临界比例度法、反应曲线法和衰减法等，其共同点都是直接通过系统试验取得相关数据，再按照工程经验公式对控制器参数进行整定，方法简单、易于掌握，在工程实际中被广泛采用。

由于 PID 控制器参数设计方法种类繁多，设计手段灵活多样，本书限于篇幅，不可能逐一介绍，主要通过以下实例给出基本方法供参考。深入研究的内容与论述请参阅有关专著。

例 6-5 已知被控对象传递函数 $G_o(s) = K_I/[s(s+0.1)]$，试采用 PID 控制方法设计一个控制器 $G_c(s)$，使系统闭环稳定，且具有 $\gamma = 45°$ 的相角裕量，对单位斜坡参考输入的稳态误差 e_{ss} 小于等于 $1/20$。

解： 由系统稳态要求 $e_{ss} \leqslant 1/20 = 1/K_v$，求得 $K_v \geqslant 20$；再由静态误差系数 K_v 与开环增益 K_I 的关系，得 $K_I \geqslant 2$；绘出 $K_I = 2$ 时 $G_o(s) = 2/[s(s+0.1)]$ 的对数频率特性曲线〔见图 6-33 中 $L_o(\omega)$〕。

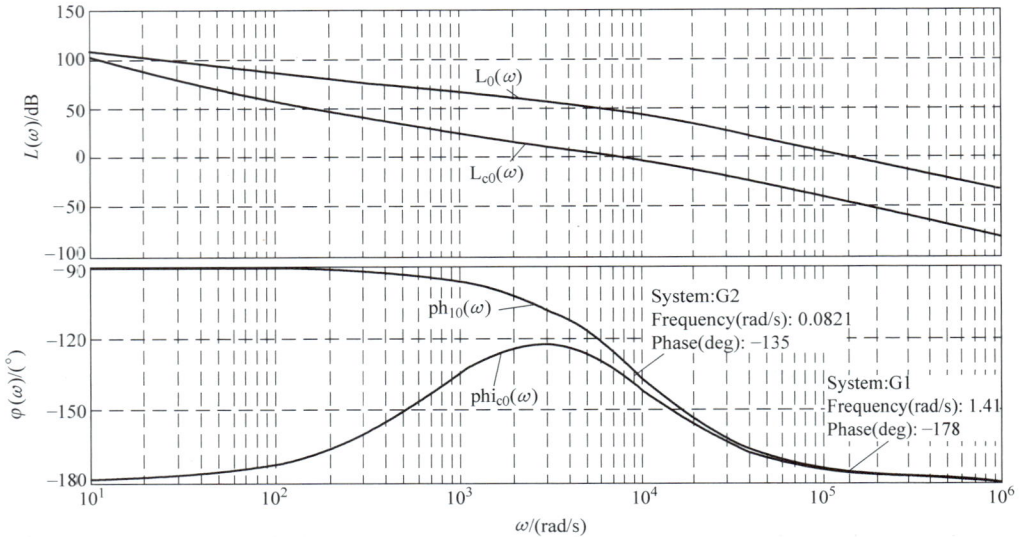

图 6-33 例 6-5 校正前后 $G_o(s)$ 与 $G_{co}(s)$ 对数频率特性曲线的比较

图中求得 $\gamma = 4°$，远低于要求的相角裕度，$\omega_c = 1.4 \text{rad/s}$，因对快速性无特殊要求，设计中以满足其他指标为主。

按本节前文分析，以满足稳态性能为主时，可考虑 PI 校正控制。

由式（6-37），令 $K_D = 0$，可推得典型 PI 调节器传递函数为

$$G_c(s) = K_I(1 + \tau s)/s \qquad (6-51)$$

式中，$\tau = K_P/K_I$。

由表6-2，绘出典型 PI 控制器的对数频率特性曲线如图6-34 所示。

因为 PI 控制器作用原理相当于滞后校正，参数设计可按串联滞后环节原则确定。

按要求的相角裕量，并考虑留有一定裕量，取 $\gamma' = 50°$。在原系统开环对数频率特性曲线上找到对应 $\gamma' = 50°$ 处的 $\omega_g' = 0.082\text{rad/s}$，相应幅频特性值 $L(\omega_g') = 45.5\text{dB}$。据此，由 $20\log K_P = -L(\omega_g') = -45\text{dB}$ 求得：$K_P = 0.0053$。

图 6-34 典型 PI 控制器的对数频率
特性曲线

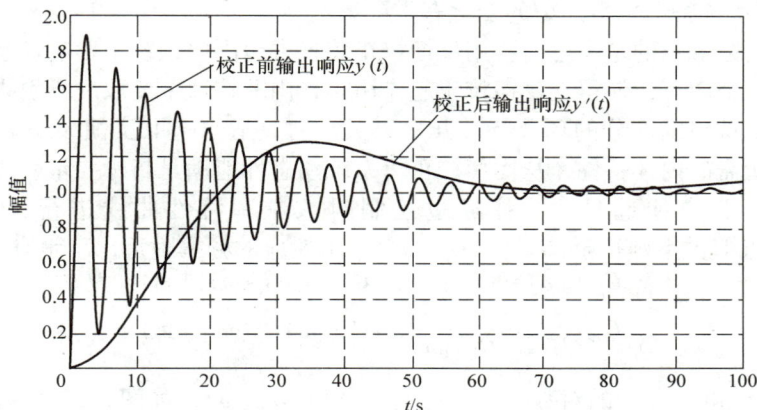

为减少对相角裕量校正效果的影响，PI 控制器转折频率 $\omega = 1/\tau = K_I/K_P$ 选择远离 ω_g' 处，取 $1/\tau = \omega_g'/10 = 0.0082\text{rad/s}$，求得：$K_I = 0.000044$。于是，PI 控制器传递函数

$$G_c(s) = \frac{0.000044(1 + 122s)}{s}$$

校正后系统开环等效传递函数为

$$G_{c0}(s) = G_c(s)G_o(s) = \frac{0.0106(s + 0.0082)}{s^2(s + 0.1)}$$

校正后系统开环等效传递函数对数频率特性曲线如图6-33 中 $L_{c0}(\omega)$。

经验证，系统开环传递函数由 I 型校正成为 II 型，速度误差系数 K_v 无穷大，$e_{ss} = 1/K_v = 0$；新的截止频率 $\omega_c' = 0.082\text{rad/s}$，相应的相角裕量 $\gamma = 180° + \underline{/G_{c0}(j\omega_c')} = 180° - 135° = 45°$。校正前后系统闭环输出动态阶跃响应曲线如图6-35 所示，由图看出，校正结果完全满足所要求的性能指标。

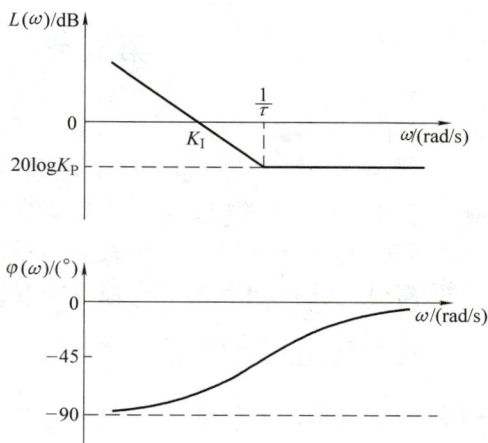

图 6-35 校正前后系统闭环输出动态阶跃响应曲线

第五节 反 馈 校 正

反馈校正一般是指在主反馈环内局部通道上，加入反馈环节，形成内环路（如图 6-36 所示），以改善系统性能的校正方式，亦称并联校正。与串联校正一样，同为工业工程自动化控制中应用非常广泛的校正方式。反馈校正的目的在于改善系统的动态性能，其校正步骤一般比较复杂，方法也不唯一，需根据实际系统具体要求灵活运用、设计实现。本节主要介绍基于频率法的反馈校正装置设计原理与方法。

一、反馈校正基本思路

图 6-36 中局部闭环部分（以下统称内环）的传递函数为

$$G_{2c}(s) = \frac{Y(s)}{R_1(s)} = \frac{G_2(s)}{1 + G_2(s)G_c(s)}$$

$$(6-52)$$

设内环本身稳定。内环部分的开环传递函数为 $G_2(s)G_c(s)$，故其开环幅频特性为 $|G_2(j\omega)G_c(j\omega)|$。

图 6-36 反馈校正系统结构图

由分析可知，当 $|G_2(j\omega)G_c(j\omega)| \ll 1$ 时，有

$$G_{2c}(j\omega) \approx G_2(j\omega)$$

当 $|G_2(j\omega)G_c(j\omega)| \gg 1$ 时，有

$$G_{2c}(j\omega) \approx \frac{1}{G_c(j\omega)}$$

$$(6-53)$$

以上分析表明，当内环的开环频率特性幅值远小于 1 时，反馈校正作用很弱，可认为内环是开路的，因此校正后内环的传递函数近似等于原环节的传递函数；当内环的开环频率特性幅值远大于 1 时，反馈作用很强，校正后内环的传递函数被大大改变，已完全不是原环节传递函数 $G_2(s)$ 形式，而主要由反馈校正装置的传递函数 $G_c(s)$ 决定。因此，反馈校正装置 $G_c(s)$ 对已校正系统特性发生期望的变化有重要影响。

由此引出反馈校正的基本思路：用反馈校正装置去包围原系统中影响动态性能提高的某些环节，构成一个内环，使得在反馈校正起作用时，内环特性主要取决于引入的反馈校正装置，而与系统中被包围部分的环节特性几乎无关，通过适当选取反馈校正装置的结构和参数，即可获得所需的内环特性，从而使校正后系统动态性能满足指标要求。

在实际中，为方便起见，往往通过绘制对数频率特性曲线进行设计。为此，将式（6-53）的近似关系延拓至 $|G_2(j\omega)G_c(j\omega)| = 1$ 对应的频率附近，于是有

$$G_{2c}(j\omega) \approx G_2(j\omega), \quad |G_2(j\omega)G_c(j\omega)| \leqslant 1$$

$$G_{2c}(j\omega) \approx \frac{1}{G_c(j\omega)}, \quad |G_2(j\omega)G_c(j\omega)| \geqslant 1$$

$$(6-54)$$

绘出 $G_2(j\omega)$ 和 $\dfrac{1}{G_c(j\omega)}$ 的对数幅频特性 $L_2(\omega)$ 和 $-L_c(\omega)$，如图 6-37 所示。注意 $\dfrac{1}{G_c(j\omega)}$ 的幅频特性可以由 $G_c(j\omega)$ 的幅频特性方便地获得 $\left[20\lg \dfrac{1}{|G_c(j\omega)|} = -20\lg|G_c(j\omega)| \right]$，所以

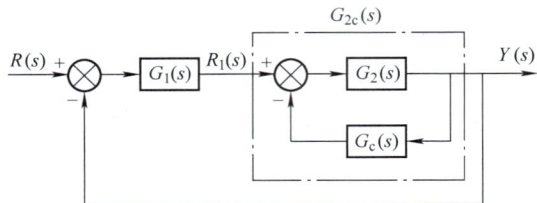

$20\lg \dfrac{1}{\mid G_{\mathrm c}(\mathrm j\omega)\mid}=-L_{\mathrm c}(\omega)\Big]$。两条频率特性相交处是在 $\mid G_2(\mathrm j\omega)G_{\mathrm c}(\mathrm j\omega)\mid=1$ 即 $\mid G_2(\mathrm j\omega)\mid=$ $-1/\mid G_{\mathrm c}(\mathrm j\omega)\mid$ 的频率处。由式（6-54）可知，当 $\omega\leqslant\omega_1$ 和 $\omega\geqslant\omega_2$（即在低频段和高频段）

时，内环的近似对数频率特性与原有环节 $G_2(\mathrm j\omega)$ 的近似对数频率特性 $L_2(\omega)$ 重合，而在 $\omega_1\leqslant\omega\leqslant\omega_2$ 时，内环的近似对数频率特性与 $\dfrac{1}{G_{\mathrm c}(\mathrm j\omega)}$ 的近似对数频率特性 $-L_{\mathrm c}(\omega)$ 重合。于是可方便地得到内环的近似频率特性 $L_{2\mathrm c}(\omega)$（图6-37中粗线所示）。

必须注意，在 $\mid G_2(\mathrm j\omega)G_{\mathrm c}(\mathrm j\omega)\mid=$ 1 的频率附近，系统频率特性将产生一定的误差，而且与绘制典型环节的对数频率特性曲线不同，

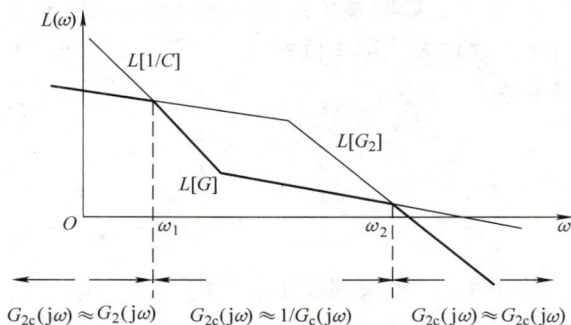

图6-37　$G_{2\mathrm c}(\mathrm j\omega)$ 与 $G_2(\mathrm j\omega)$ 和 $\dfrac{1}{G_{\mathrm c}(\mathrm j\omega)}$ 的幅频特性曲线

这段频率上的误差没有直接可用的修正方案。由于校正后系统的瞬态性能主要取决于校正后等效开环传递函数 $G_1(s)G_{2\mathrm c}(s)$ 相应对数频率特性曲线 $20\lg\mid G_1(\mathrm j\omega)G_{2\mathrm c}(\mathrm j\omega)\mid$ 在其截止频率附近的形状，一般在该截止频率附近只要满足系统内环等效对数频率特性 $20\lg\mid G_{2\mathrm c}(\mathrm j\omega)\mid\gg$ 1 条件，近似处理的结果还是足够准确的，最大误差在工程允许误差范围之内。

二、反馈校正的特点

1. 削弱非线性影响

反馈校正有降低被包围环节非线性特性影响的性能。设图6-36中 $G_2(s)$ 为具有饱和特性的非线性环节，则在三种不同输入信号电平下，系统的时间响应曲线如图6-38a所示。图中表明，反馈校正环节的加入，使响应曲线几乎不受输入电平的影响，变化被有效削弱。如果断开反馈校正装置，则系统时间响应如图6-38b所示，图中系统输出响应曲线清楚地表明了非线性特性影响的严重性。

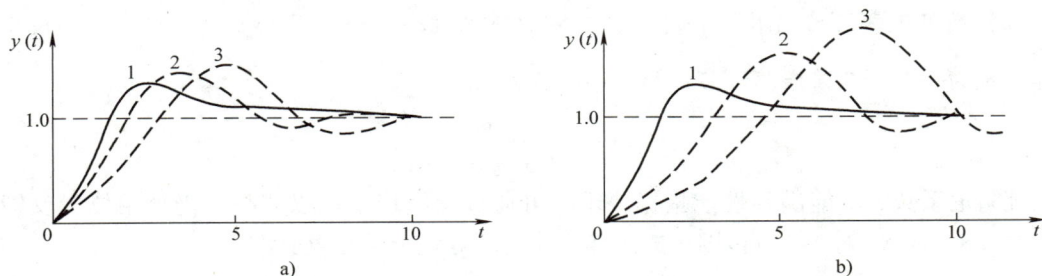

图6-38　反馈校正对饱和非线性特性的作用

2. 改变系统参数或环节性质

具有改变系统参数或环节性质的能力是反馈校正又一重要的特点。

（1）减小时间常数　若被校正环节传递函数为 $G_2(s) = K_1/(T_1 s + 1)$ 的惯性环节，其时间常数 T_1 较大，影响整个系统的响应速度，则采用 $G_c(s) = K_h$ 为反馈校正装置包围 $G_2(s)$ 构成内环，这种方式称作位置反馈校正，其中 K_h 为常数，称为位置反馈系数。于是内环等效传递函数为

$$G_{2c}(s) = \frac{\dfrac{K_1}{T_1 s + 1}}{1 + \dfrac{K_1}{T_1 s + 1} K_h} = \frac{\dfrac{K_1}{1 + K_1 K_h}}{\dfrac{T_1}{1 + K_1 K_h} s + 1} = \frac{K_{2c}}{T_{2c} s + 1}$$

上式表明，位置反馈校正后，$T_{2c} < T_1$、$K_{2c} < K_1$，被包围环节的传递系数和时间常数都减小了 $1/(1 + K_1 K_h)$。传递系数 K_{2c} 的下降可通过提高前级放大器的增益来弥补，而时间常数 T_{2c} 的下降却有助于加快整个系统的响应速度，提高响应的快速性。

如果用传递函数 $G_c(s) = K_t s$（K_t 称为速度反馈系数）包围如下传递函数：

$$G_2(s) = \frac{K_m}{s(T_m s + 1)}$$

这种校正形式称为速度反馈校正。此时内环传递函数成为

$$G_{2c}(s) = \frac{\dfrac{K_m}{1 + K_m K_t}}{s\left(\dfrac{T_m}{1 + K_m K_t} s + 1 \right)} = \frac{K_{2c}}{s(T_{2c} s + 1)}$$

在电力传动控制系统中常常采用这种速度反馈控制结构，$G_2(s)$ 可认为是电动机模型传递函数，而 $G_c(s)$ 即是测速发电机的传递函数，其速度/电压测速系数即为速度反馈系数。

分析内环等效传递函数可知，电动机采用速度反馈后，其传递函数从结构形式上可以保持与校正前相同，仍包含一个积分环节，使静态性能得到保证，同时其传递系数 K_{2c} 和时间常数 T_{2c} 却较原环节下降了 $(1 + K_m K_t)$ 倍，动态响应快速性得到提高，但应注意采取措施补偿开环增益。否则，因速度反馈校正造成的开环增益下降得不到全补偿，将会影响系统稳态调节精度。

（2）改变振荡环节的阻尼系数　设图 6-32 中 $G_1(s) = 1/s$，$G_2(s) = \dfrac{\omega_n^2}{s + 2\zeta\omega_n}$，则校正前闭环系统为一典型二阶振荡环节，其传递函数为

$$G_B(s) = \frac{\omega_n^2}{s^2 + 2\zeta\omega_n s + \omega_n^2}$$

若系统阻尼系数 ζ 不能满足性能指标要求，可通过反馈校正加以调整。仍采用位置反馈校正，取 $G_c(s) = K_h$ 对 $G_2(s)$ 包围构成内环，使内环等效传递函数成为

$$G_{2c}(s) = \frac{\omega_n^2}{s + 2\zeta\omega_n + K_h\omega_n^2} = \frac{\omega_n^2}{s + 2(\zeta + K_h\omega_n)\omega_n} = \frac{\omega_n^2}{s + 2\zeta'\omega_n}$$

与校正前环节 $G_2(s)$ 相比较，阻尼系数 ζ 改变为 ζ'，可通过适当调节 K_h 值得到恰当的、满足系统性能指标要求的阻尼系数。应当指出，采用这种方法改变阻尼系数 ζ 的特点在于，引入

的反馈校正环节只对阻尼系数本身产生影响，而对原系统开环增益 K、无阻尼自然振荡频率 ω_n 均不会产生任何影响。而通过改变前向通道上的开环增益虽也能得到期望的阻尼系数 ζ，但同时系统开环增益 K、无阻尼自然振荡频率 ω_n 都会受到影响而改变，若系统动态性能对 ζ、ω_n 均提出严格要求时，则难以综合考虑同时满足要求。

（3）改变积分环节性质 若原系统中 $G_2(s) = 1/(T_1 s)$ 为积分时间常数为 T_1 的积分环节，则采用位置反馈校正 $G_c(s) = K_h$ 包围 $G_2(s)$ 构成内环后，其内环等效传递函数变为

$$G_{2c}(s) = \frac{K}{Ts + 1}$$

可知经反馈校正后，原积分环节被改变成一个典型惯性环节，其放大系数 $K = 1/K_h$，惯性时间常数 $T = T_1/K_h$。控制系统设计中常常采用反馈校正方法改变系统内部某环节性质，使之满足系统性能指标的特殊要求。

3. 降低对参数变化的敏感性

以位置反馈包围惯性环节为例，假如无位置反馈时惯性环节的传递系数 K_1 产生一个小偏差值 ΔK_1，变为 $K_1 + \Delta K_1$，则相对增量用 $\Delta K_1/K_1$ 表示；采用位置反馈后的传递系数为 $K_1' = K_1/(1 + K_1 K_h)$，则其发生偏差变化后的增量为

$$\Delta K_1' = \frac{\partial K_1'}{\partial K_1} \Delta K_1 = \frac{\Delta K_1}{(1 + K_1 K_h)^2}$$

由上式可写出其相对增量

$$\frac{\Delta K_1'}{K_1'} = \frac{\dfrac{\Delta K_1}{K_1}}{1 + K_1 K_h}$$

分析可知，反馈校正后传递系数变化的相对增量比校正前传递系数变化的相对增量减小了 $(1 + K_1 K_h)$。

对于反馈校正包围其他比较复杂环节的情况，同样也可得到类似校正效果。如对图6-32所示的开环系统，若由于参数变化或其他因素引起传递函数 $G_2(s)$ 改变，产生一个增量 $\Delta G_2(s)$，导致在 $R_1(s)$ 作用下，对象输出 $Y(s)$ 变化为

$$Y(s) + \Delta Y(s) = [G_2(s) + \Delta G_2(s)] R_1(s)$$

产生的输出增量是

$$\Delta Y(s) = \Delta G_2(s) R_1(s)$$

内环系统则对应有

$$Y(s) + \Delta Y(s) = G_{2c}(s) R_1(s) = \frac{G_2(s) + \Delta G_2(s)}{1 + [G_2(s) + \Delta G_2(s)] G_c(s)} R_1(s)$$

系统开环增益加大时，$|[G_2(s) + \Delta G_2(s)] G_c(s)|$ 增加，由 $\Delta G_2(s)$ 引起的输出增量 $\Delta Y(s)$ 减小。在深度反馈条件下，$|[G_2(s) + \Delta G_2(s)] G_c(s)| \gg 1$，近似有 $G_{2c}(s) \approx 1/G_c(s)$，即系统几乎不受 $G(s)$ 的影响。因此在实际系统中，采用局部反馈校正环节包围某个性能很差、影响系统整体性能提高的环节，以抑制其不良影响是非常有效的。

4. 抑制噪声

在控制系统局部反馈通路中，加入不同传递函数形式的反馈校正装置可以起到与串联校正装置同样的作用，同时还可以有效削弱噪声的影响。例如，图 6-39 是一个实际系统的部

分结构图，描述了采用滞后反馈校正的飞机 – 自动驾驶仪舵回路系统特性。

系统未加校正装置时，该舵回路稳定性能不好，且出现自激振荡现象。如果在舵回路前向通道中串联无源超前校正环节，则会使舵回路对噪声反应非常敏感并引起舵机不正常工作。为补偿开环增益的下降，需引入解调、调制等复杂的放大器线路加以实现。而通过在反馈通道中采用滞后网络实现反馈校正，既可以起到消除自激振荡和提高舵回路稳定性的作用，又能避免串联超前环节校正的不足。因此，反馈校正虽不能直接抑制噪声，通过采用这种方法，却间接地起到了抑制噪声的效果，控制系统设计中可作为有效的手段加以综合考虑。

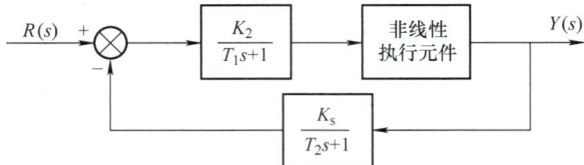

图 6-39 某实际系统的部分结构图

采用反馈校正的系统，必然是多环系统，而用频率响应法解决多环系统的校正问题，目前尚缺乏有效的统一方法。然而式（6-54）表明，反馈校正装置传递函数的倒数在主要频段内近似等效于串联校正装置的传递函数，因此也可利用串联校正装置设计方法去确定反馈校正装置的参数。

进行反馈校正设计时，应特别注意保证内环稳定性的要求。如果反馈校正装置参数选择不当而使系统内环不稳定，则整个系统无法稳定可靠地工作，对系统进行调试也极不方便。因此反馈校正后形成的系统内环路最好是稳定的。

三、反馈校正装置参数设计与综合步骤

由以上分析，归纳出反馈校正装置参数设计与综合步骤如下：

1）确定在系统固有部分中打算加以局部反馈校正的部分，也就是内环回路前向通道的传递函数，记作 $G_2(s)$。画出 $G_2(s)$ 的对数频率特性。

2）设计出经过反馈校正后期望的内环等效传递函数，记作 $G_{2c}(s)$。画出 $G_{2c}(s)$ 的对数频率特性 $L_{2c}(\omega)$。

3）把对数频率特性 $L_{2c}(\omega)$ 反号，即得 $1/G_{2c}(s)$ 的对数频率特性 $-L_{2c}(\omega)$。由反馈校正原理可知，反馈校正装置的传递函数即应为 $G_c(s) = 1/G_{2c}(s)$。当然这样得到的 $G_c(s)$ 可能不是真有理分式。为了使 $G_c(s)$ 在物理上可实现，通常需要修改它的高频段，使 $\omega \to \infty$ 时有 $L_c(\omega) \to -\infty$。

4）校验内环稳定性。要求内环稳定是为了便于外环调整和设计，如果内环回路不稳定，必须修改所设计的 $G_c(s)$，或者在内环中加入校正环节。

5）根据式（6-41），只有当 $|G_2(j\omega)G_c(j\omega)| \gg 1$ 时，$G_c(s)$ 才与 $G_{2c}(s)$ 互为倒数。因此必须校核 $|G_2(j\omega)G_c(j\omega)| \gg 1$ 在主要频段（中频段）是否成立。若不成立，则需重新设计 $G_c(s)$。

显然与串联校正一样，反馈校正装置的结构、参数设计也是一个反复试凑的过程。下面举例说明实际设计过程。

例 6-6 控制系统的结构图如图 6-40 所示，其中

$$G_1(s) = \frac{238}{0.06s+1}, \quad G_2(s) = \frac{228}{0.36s+1}, \quad G_3(s) = \frac{0.0208}{s}$$

试设计反馈校正装置，使系统的性能指标为：$\sigma \leqslant 25\%$，$t_s \leqslant 0.8s$。

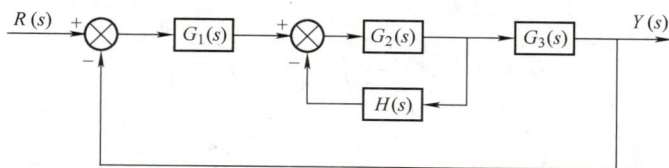

图 6-40　例 6-6 控制系统结构图

解： 校正前系统的开环传递函数为

$$G_0(s) = G_1(s)G_2(s)G_3(s) = \frac{1130}{s(0.06s+1)(0.36s+1)}$$

（1）绘制原系统的对数幅频特性 $L_0(\omega)$，如图 6-37 所示。

（2）绘制系统的期望对数幅频特性。

根据近似计算公式

$$\sigma = 0.16 + 0.4\left(\frac{1}{\sin\gamma}-1\right),\ 35° \leqslant \gamma \leqslant 90°$$

$$t_s = \frac{K_o\pi}{\omega_c}$$

$$K_o = 2 + 1.5\left(\frac{1}{\sin\gamma}-1\right) + 2.5\left(\frac{1}{\sin\gamma}-1\right)^2,\ 35° \leqslant \gamma \leqslant 90°$$

求得 $\sigma \leqslant 25\%$ 时对应的 $M_p \leqslant 1.23$，$t_s \leqslant 0.8s$ 对应的 $\omega_c \geqslant 9.7\mathrm{rad/s}$。取 $\omega_c = 10\mathrm{rad/s}$，期望特性的交接频率 ω_2 可依据期望对数幅频特性校正一节中式（6-26）求得

$$\omega_2 \leqslant \omega_c \frac{M_p-1}{M_p} = 1.87\mathrm{rad/s}$$

取 $\omega_2 = 1.1\mathrm{rad/s}$。

为简化校正装置，取中高频段的转折频率 $\omega_3 = 16.7\mathrm{rad/s}$。过 $\omega_3 = 10\mathrm{rad/s}$ 做 $-20\mathrm{dB/dec}$ 的直线过 0dB 线，低端至 $\omega_2 = 1.1\mathrm{rad/s}$ 处的 A 点，高端至 $\omega_3 = 16.7\mathrm{rad/s}$ 处的 B 点。再由 A 点做 $-40\mathrm{dB/dec}$ 的直线向低频段延伸与 $L_0(\omega)$ 相交于 C 点，该点的频率约为 $\omega_1 = 0.009\mathrm{rad/s}$，过 B 点做 $-40\mathrm{dB/dec}$ 的直线向高频段延伸与 $L_0(\omega)$ 相交于 D 点，该点的频率为 $\omega_4 = 190\mathrm{rad/s}$。由以上步骤得到的期望对数幅频特性 $L_K(\omega)$，如图 6-41 所示。

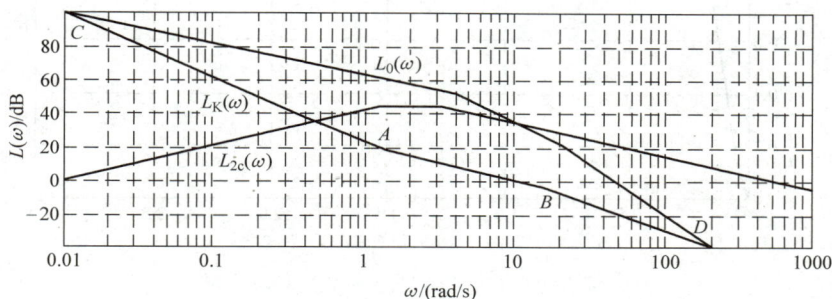

图 6-41　控制系统的对数幅频特性曲线

（3）将 $L_0(\omega) - L_K(\omega)$ 得到 $20\lg|G_2(j\omega)G_c(j\omega)|$，如图 6-37 中 $L_{2c}(\omega)$ 所示，求出对应的传递函数为

$$G_2(s)G_c(s) = \frac{K_4 s}{(T_2 s + 1)(T_3 s + 1)}$$

式中

$$K_4 = 1/0.009 = 111, \quad T_2 = 1/1.1\text{s} = 0.9\text{s}, \quad T_3 = 1/2.78\text{s} = 0.36\text{s}$$

于是，求得反馈校正环节传递函数

$$G_c(s) = \frac{G_2(s)G_c(s)}{G_2(s)} = \frac{0.487s}{0.9s + 1}$$

校正后系统开环传递函数

$$G(s) = G_1(s)G_{2c}(s)G_3(s) = G_1(s)G_3(s)\frac{G_2(s)}{1 + G_2(s)G_c(s)}$$

$$= \frac{1130}{s(0.06s + 1)(0.36s + 1)}\frac{1}{1 + \dfrac{111s}{(0.9s + 1)(0.36s + 1)}}$$

$$= \frac{1130(0.9s + 1)}{s(0.06s + 1)[(0.9s + 1)(0.36s + 1) + 111s]} = \frac{1130(0.9s + 1)}{s(0.06s + 1)(0.0029s + 1)(112.26s + 1)}$$

相应闭环传递函数

$$G_B(s) = \frac{G(s)}{1 + G(s)} = \frac{1130(0.9s + 1)}{s(0.06s + 1)(0.0029s + 1)(112.26s + 1) + 1130(0.9s + 1)}$$

$$= \frac{52065.095(s + 1.111)}{(s + 345.3)(s + 1.275)(s^2 + 14.94s + 131.4)}$$

校正后系统闭环输出响应如图6-42所示。

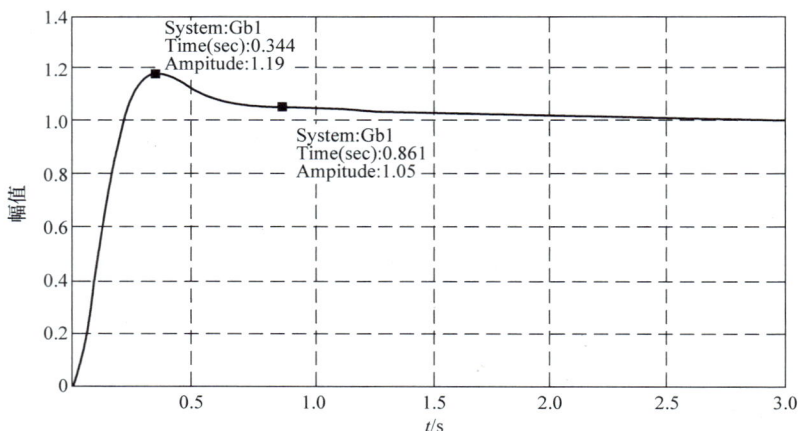

图 6-42　例 6-6 反馈校正后系统闭环输出响应

四、测速 – 相角超前网络反馈校正

前面已分析，纯速度反馈校正，存在降低系统增益的缺点，若选用测速 – 相角超前网络反馈校正，既可提高系统的响应速度，又不会降低系统增益。因此有些控制系统，如火炮控制系统就采用这种校正方案。下面通过例题说明这种反馈校正的参数选择方法。

例 6-7　设控制系统如图 6-43 所示。未校正系统开环增益 $K_1 = 440$，电动机时间常数 $T_1 = 0.025\text{s}$，试根据相角裕量 $\gamma > 50°$ 和截止频率 $\omega_c < 50\text{rad/s}$ 要求，选择测速反馈系数 K_t 和超前网络时间常数 T_2。

解：由图 6-43 可写出系统开环传递函数

$$\frac{Y(s)}{E(s)} = \frac{K_1(T_2 s + 1)}{s(T's + 1)(T''s + 1)} \tag{6-55}$$

式中

$$T' = \frac{T_1 T_2}{T''} \tag{6-56}$$

$$T'' = -T' + T_1 + (1 + K_1 K_t) T_2 \tag{6-57}$$

可画出系统的等效结构图如图 6-44 所示。

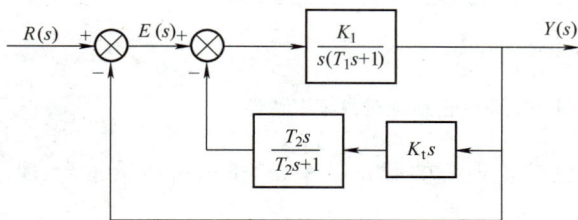

图 6-43　例 6-7 控制系统结构图　　　　　图 6-44　例 6-7 控制系统等效结构图

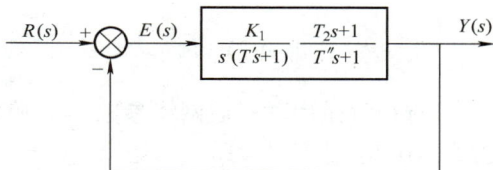

由图可见，校正后系统增益不变。此外，在参数选择过程中，若保证 $T_2 < T''$，则必有 $T' < T_1$。于是，从传递函数 $\frac{K_1}{s(1 + T's)}$ 部分来看，相当于增益保持不变而时间常数减小的纯测速反馈校正；而从传递函数 $\frac{K_1}{s(1 + T's)}$ 部分来看，由于 $T_2 < T''$，上述反馈校正又相当于在系统前向通路中串接了相位滞后环节，因此系统稳定性和抑制噪声能力有所提高。根据上述分析，用试探法选择反馈校正装置参数的过程是：令 T_2 / T'' 为不同值，选出满足相角裕量和截止频率指标的 T_2 / T'' 值，然后计算测速反馈系数 K'_t 和超前网络时间常数 T_2，最后选择合适的测速发电机和超前网络元件值，其具体步骤如下：

1）绘制未校正系统的开环对数幅频特性，确定校正前的截止频率 ω'_{c1} 和相角裕量 γ'_1。未校正系统对数幅频特性如图 6-45 中 $L'_1(\omega)$ 所示。由图得到 $\omega'_{c1} = 135\text{rad/s}$，算出 $\gamma'_1 = 16.5°$，说明未校正系统的截止频率大，相角裕量小，输出噪声电平高，稳定性能差。

2）选择纯测速校正参数 T'，提高系统的相角裕量。

令 $T_2 / T'' = 0.1$，算出 $T' = (T_2 / T'') / T_1 = 0.0025\text{s}$，此时系统在不计入等效串联滞后网络校正时的传递函数

$$G_2(s) = \frac{K_1}{s(T's+1)} = \frac{440}{s(0.0025s+1)}$$

其对数幅频特性如图 6-45 中 $L_2'(\omega)$ 所示。由图可得截止频率 $\omega_{c2}' = 420\text{rad/s}$，相应的相角裕量可算出为 $\gamma_2' = 43.6°$。因此，纯测速反馈校正可以提高系统相角裕量，但数值尚未满足要求，而截止频率却拉得太宽，抑制噪声能力更加恶化。

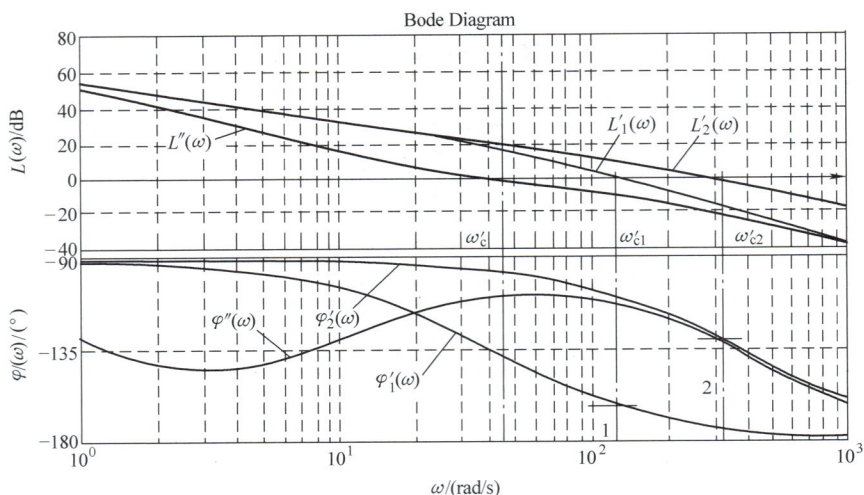

图 6-45 例 6-7 测速-相角超前网络反馈校正系统对数频率特性

3) 选择等效串联滞后网络参数 T_2，确定已校正系统的截止频率 ω_c'' 和相角裕量 γ''。现在选 $T_2 = 0.1\text{s}$，则 $T'' = 1\text{s}$，于是

$$\frac{T_2s+1}{T''s+1} = \frac{0.1s+1}{s+1}$$

此时已校正系统开环传递函数

$$G_2(s)G_c(s) = \frac{440(0.1s+1)}{s(0.0025s+1)(s+1)}$$

其对数幅频特性如图 6-45 中 $L''(\omega)$ 所示。由图得到 $\omega_c'' = 42\text{rad/s}$，算出 $\gamma'' = 72°$，已全部满足性能指标要求。如果经实际调试所得结果不满足指标要求，可另选 T_2 值进行计算。此外，T_2/T'' 值也可另行选定。

4) 选测速发电机与反馈超前网络参数。由式 (6-45) 得

$$K_t = \frac{1}{K_1}\left(\frac{T'' + T' - T_1}{T_2} - 1\right) \approx 0.02\text{V/(rad/s)}$$

据此可实际选用输出斜率为 0.023V/(rad/s) 的永磁式直流测速发电机。

根据 $T_2 = RC = 0.1\text{s}$ 选择的反馈超前无源网络参数如图 6-46 所示。

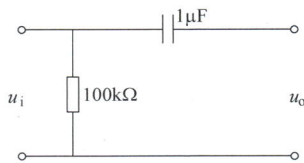

图 6-46 例 6-7 选用的反馈超前无源网络

五、反馈校正与串联校正的比较

为了满足各项性能指标要求，可以采用串联校正，也可以采用反馈校正，它们各有特点，在实际工作中要根据具体情况选用。

串联校正装置结构简单，成本低廉，设计计算和调整试验比较容易。但未校正系统的参数稳定性对串联校正的校正效果有一定影响。对系统要求不高的场合一般采用串联校正。

反馈校正对被反馈校正装置包围的环节要求不高，同时可以削弱系统非线性特性的影响，提高响应速度，降低对参数变化的敏感性以及抑制噪声的影响。但是，反馈校正的设计计算和调整、维修比较麻烦。此外，反馈校正装置本身参数也必须稳定，否则同样影响校正效果。因此，对系统要求较高的场合，特别是低速平稳性要求较高的系统，宜选用反馈校正。

第六节　复　合　校　正

串联校正和反馈校正是控制系统工程中常用的校正方法，在一定程度上可以使已校正系统满足给定的性能指标。然而，如果控制系统存在强扰动，特别是低频强扰动，或者是稳态精度和动态性能难以兼顾的情况。如为减小稳态误差，可以采用提高系统的开环增益 K，或增加串联积分环节的办法，但由此可能导致系统的相对稳定性变差，所以采用一般的反馈控制方法难以满足要求。为此，在实际控制中，广泛采用一种把前馈控制和反馈控制有机结合起来的校正方法，有可能既减小系统稳态误差，又保证系统的动态性能，这就是复合校正。

一、按参考输入前馈补偿的复合校正

图 6-47 给出了按参考输入前馈补偿的复合控制结构图，图中 $G_c(s)$ 为反馈控制系统的控制器，$G_r(s)$ 为前馈控制器。除了原有的反馈控制以外，参考输入还通过前馈控制器对被控对象进行开环控制。

对于线性系统可以应用叠加原理，故有

$$Y(s) = \frac{G_r(s)G_o(s) + G_c(s)G_o(s)}{1 + G_c(s)G_o(s)}R(s) \tag{6-58}$$

如果选择前馈控制器 $G_r(s)$ 的传递函数为

$$G_r(s) = \frac{1}{G_o(s)} \tag{6-59}$$

则可使输出响应完全复现参考输入，于是系统的动态和稳态误差都为零，具有理想的时间响应特性。式（6-59）称为全补偿条件。

根据图 6-47 可求出误差表达式 $E(s)$

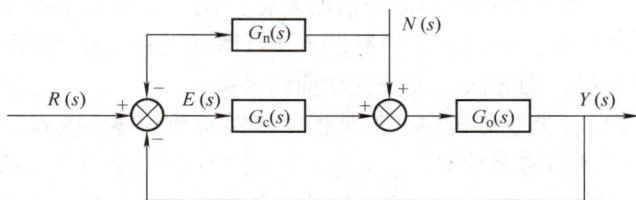

图 6-47　按参考输入前馈补偿的复合控制结构图

$$E(s) = \frac{1 - G_r(s)G_o(s)}{1 + G_c(s)G_o(s)}R(s) \tag{6-60}$$

上式说明在全补偿条件下，应有 $E(s)=0$。前馈控制器 $G_r(s)$ 的存在，使系统中增加了一个输入信号 $G_r(s)R(s)$，其产生的误差信号与原参考输入 $R(s)$ 产生的误差信号大小相等而方向相反，总的误差为零。

二、按扰动前馈补偿的复合校正

图 6-48 给出了按扰动前馈补偿的复合控制结构图，在原反馈控制系统中增加了扰动补偿控制器 $G_n(s)$。

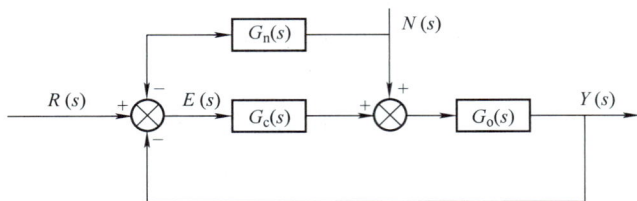

图 6-48　按扰动前馈补偿的复合控制结构图

考虑扰动 $N(s)$ 作用时，可认为参考输入 $R(s)=0$，则有

$$Y(s) = \frac{[1 - G_n(s)G_c(s)]G_o(s)}{1 + G_c(s)G_o(s)}N(s) \tag{6-61}$$

如果选择扰动补偿控制器 $G_n(s)$ 的传递函数为

$$G_n(s) = \frac{1}{G_c(s)} \tag{6-62}$$

则可使输出响应 $Y(s)$ 不受扰动 $N(s)$ 的影响，即必有 $Y(s)=0$ 以及 $E(s)=0$，于是系统受扰动后的动态和稳态误差都为零。因此式（6-61）称为对扰动误差的全补偿条件。

三、几点说明

以上的结论仅在理想条件下成立，实际中应结合系统特点灵活应用。

1）实现按扰动前馈补偿的复合控制，要求外界扰动量是可测量的，经检测、转换得到的扰动信号，通过补偿控制器 $G_n(s)$ 馈送至系统输入端综合后产生控制效果。若不能检测到扰动信号，则无法实现按扰动前馈补偿。

2）在上述分析中，都是根据传递函数为零、极点对消能够实现的基础上得到的。由于系统开环传递函数 $G_c(s)G_o(s)$ 中有惯性或积分环节，所以分母多项式 s 的阶次比分子多项式 s 的阶次要高（$n > m$）。从补偿条件中可以看到，要求选择前馈控制器的传递函数分别是被控对象 $G_o(s)$ 或控制器 $G_c(s)$ 的倒数，即 $G_r(s)$ 或 $G_n(s)$ 的分子多项式 s 的阶次要高于其分母多项式 s 的阶次，这就要求前馈控制器是一个高阶的理想微分环节。这在实际中是做不到的，所以无法实现传递函数中的零、极点完全对消。实际系统中往往采用合理的近似环节予以实现。

3）实际中 $G_o(s)$ 与 $G_c(s)$ 及 $G_r(s)$、$G_n(s)$ 中的元件参数会变化，所以全补偿不能保证。

因此，对复合控制要有正确的认识，使用得当，对减小稳态误差能有较明显的作用，但对动态误差所起的作用有限。此外，复合控制并不影响系统传递函数的极点，所以，如果设计成功，其系统的稳定性与未引入前馈控制时的反馈控制系统相同。

第七节　基于 MATLAB 的控制系统校正

本节介绍如何利用 MATLAB 软件实现基于频率法和根轨迹法的控制系统校正问题。

一、频率法串联校正

1. 基于频域法的串联超前校正

频率法串联超前校正设计通常采用伯德图进行。超前校正环节的传递函数设为

$$G_c = K_c \frac{\alpha Ts + 1}{Ts + 1}, \ \alpha > 1$$

采用 MATLAB 设计串联超前校正环节的步骤，可参照本章第二节中所述的串联超前校正步骤进行，下面通过举例加以说明。

例 6-8　已知燃油调节系统的开环传递函数为 $G(s) = \dfrac{2}{s(1 + 0.25s)(1 + 0.1s)}$，用频率法设计超前校正环节。要求静态速度误差系数为 3，相角裕量不小于 45°。

解：根据静态误差系数 $K_v = 3$，可以得到校正环节的增益 $K_c = 1.5$。设计频率法超前校正的 MATLAB 子函数如下：

```
function Gc = plsj(G, kc, yPm)
G = tf(G);
[mag, pha, w] = bode(G * kc);
Mag = 20 * log10(mag);
[Gm, Pm. Wcg, Wcp] = margin(G * kc);
phi = (yPm - getfield(Pm, 'Wcg')) * pi/180;
alpha = (1 + sin(phi))/(1 - sin(phi));
Mn = -10 * log10(alpha);
Wcgn = spline(Mag, w, Mn);
T = 1/(Wcgn * sqrt(alpha));
Tz = alpha * T;
Gc = tf([Tz 1], [T 1]);
```

注意程序中 margin 函数的调用方式与前面不同，pm. Wcg 返回一个结构类型的变量，用后面的 getfield 函数可以提取该相应位域的值。Spline 函数用来获得幅值为 Mn 时对应的频率值。

主程序代码如下：

```
% MATLAB Program for Example 6-8
    num = 2;
```

```
den = conv([1 0], conv([.25 1],[.1 1]));
G = tf(num,den);
kc = 1.5;
yPm = 45 + 10;                    % 取裕度 10deg
Gc = plsj(G,kc,yPm)              % 求超前校正环节
Gy _ c = feedback(G,1)           % 求校正前系统闭环传递函数
Gx _ c = feedback(G * kc * Gc,1)  % 求校正后系统闭环传递函数
figure(1)
step(Gy _ c,'r',5);
hold on
step(Gx _ c,'b - . ',5)
figure(2)
bode(G,'r')
hold on
bode(G * Gc * kc,'b')
figure(3)
nyquist(G,'r')
hold on
nyquist(G * kc * Gc,'b')
```

程序运行后在命令窗口显示如下结果：

Transfer function：

0. 4249 s + 1
----
0. 2922 s + 1

Transfer function：

              2
----
0. 025 s^3 + 0. 35 s^2 + s + 10

Transfer function：

                1. 275 s + 3
----
0. 007304 s^4 + 0. 1273 s^3 + 0. 6422 s^2 + 2. 275 s + 3

同时图形窗口 1 ~ 3 显示分别如图 6-49 ~ 图 6-51 所示。

根据运行结果，超前校正环节传递函数为 $G_c = \dfrac{0.4249s + 1}{0.2922s + 1}$。由运行结果可知，引入超前校正环节后，系统的带宽增大，闭环系统的谐振峰值下降，静态速度误差系数增大。

Step Response

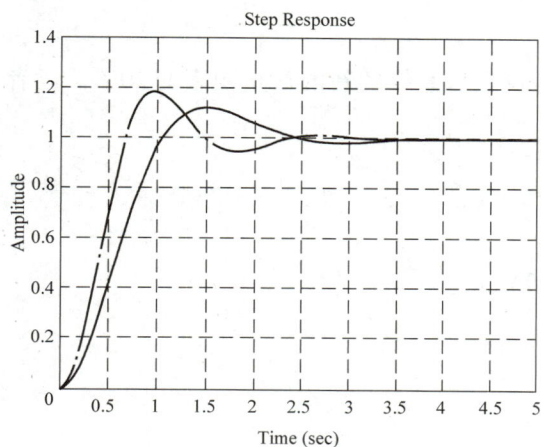

图 6-49 校正前后阶跃响应的对比图

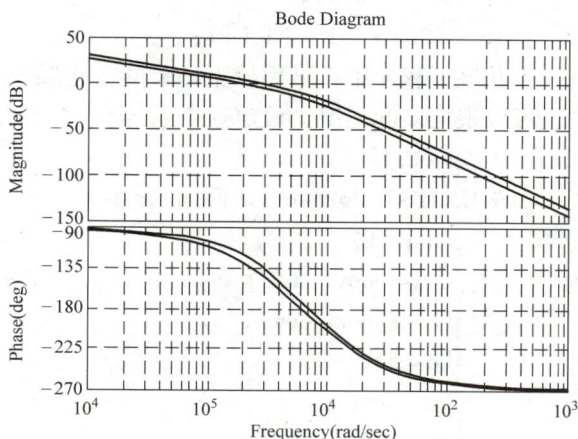

Bode Diagram

图 6-50 校正前后开环对数频率特性

2. 基于频域法的串联滞后校正

滞后校正环节传递函数设为

$$G_c = K_c \frac{aTs+1}{Ts+1}, \ a < 1$$

采用 MATLAB 设计串联滞后校正环节的步骤，可参照本章第二节中所述的串联滞后校正步骤进行，下面通过举例加以说明。

例 6-9 已知工业锅炉控制系统的开环传递函数为 $G = \dfrac{1}{s(s+1)(0.25s+1)}$，试用频率法设计滞后校正环节。静态速度误差系数大于 5，相角裕量大于 40°。

解：根据静态速度误差系数的要求，取 $K_c = 5$。设计频率法滞后校正的 MATLAB 子函数如下：

```
function Gc = plzh(G,kc,dPm)
G = tf(G);
[mag,phase,w] = bode(G * kc);
wcg = spline(phase,w,dPm-180);
magdb = 20 * log10(mag);
Gr = -spline(w,magdb,wcg);
a = 10^(Gr/20);
```

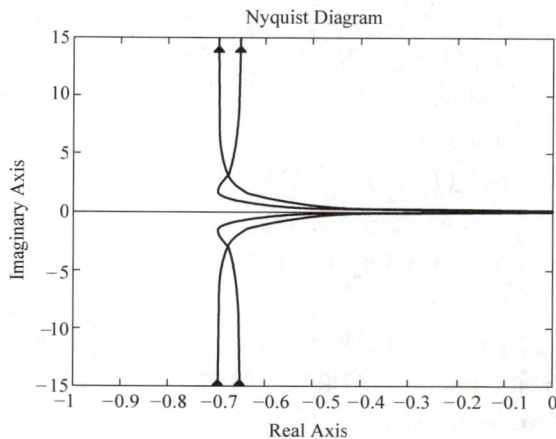

Nyquist Diagram

图 6-51 校正前后开环奈氏图

T = 10/(a * wcg) ;

Gc = tf([a * T 1],[T 1]) ;

在该子程序中，滞后校正环节的截止频率是校正后系统的新的截止频率的 10% 。读者也可以根据实际情况，设定这个系数。

主程序如下：

% MATLAB Program for Example 6-9

```
num = 1 ;
den = conv([ 1,0],conv([ 1 1],[0. 25 1])) ;
G = tf( num,den) ;
kc = 5 ;
Pm = 40 ;
dPm = Pm + 10 ;
Gc = plzh( G,kc,dPm)              % 求滞后校正环节
Gy _ c = feedback( G,1)           % 求校正前系统闭环传递函数
Gx _ c = feedback( G * kc * Gc,1)  % 求校正后系统闭环传递函数
figure(1)
step( Gy _ c,'r-. ',20) ;
hold on
step( Gx _ c,'b',20)
grid on
figure(2)
bode( G,'r')
hold on
bode( G * Gc * kc,'b')
grid on
[ aGm,aPm,aWcg,aWcp] = margin( G * kc * Gc)
```

在命令窗口运行结果显示如下：

Transfer function：

16. 42 s + 1

----

113. 8 s + 1

Transfer function：

$$\frac{1}{0.25\ s^3 + 1.25\ s^2 + s + 1}$$

Transfer function：

$$\frac{82.1\ s + 5}{28.45\ s^4 + 142.5\ s^3 + 115.1\ s^2 + 83.1\ s + 5}$$

aGm　= 6. 47944078910077

aPm　= 45. 00690305518147

aWcg　= 1. 93376389136519

aWcp　= 0. 61131162533999

同时图形窗口的显示分别如图 6-52、图 6-53 所示。由图可知，滞后校正增加了系统的稳定性，减小了振荡，但是系统的截止频率降低，响应速度较慢。

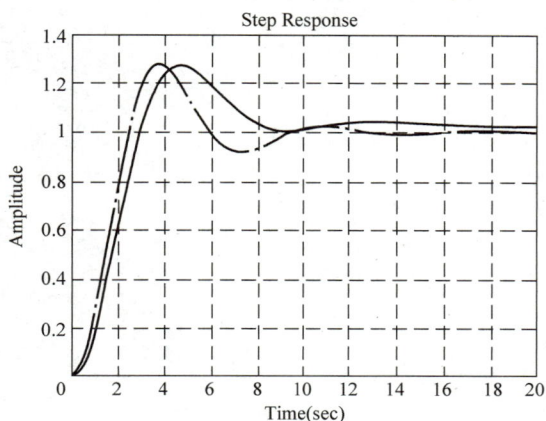

图 6-52　采用滞后校正前后系统的
单位阶跃响应

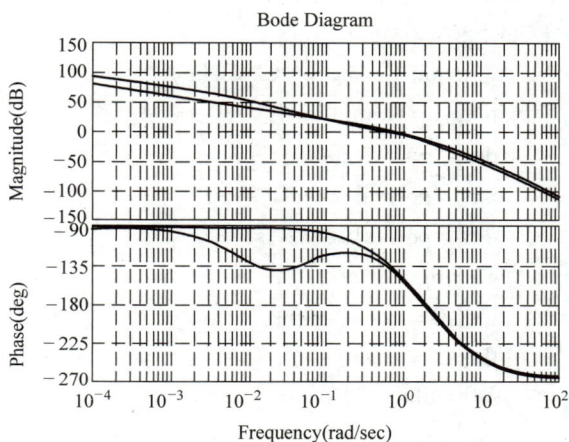

图 6-53　采用滞后校正前后系统的
开环对数特性

二、根轨迹法串联超前校正

当控制系统的性能指标以时域形式给出时，采用根轨迹法设计是很有效的。当期望的闭环极点在校正前系统根轨迹的左边时，可通过串联超前校正环节，以使校正后系统的根轨迹通过期望的闭环极点。本章第三节详细介绍了基于根轨迹法的串联校正的基本思想及校正步骤，并用几何作图法获得了超前校正环节，下面讲述如何用解析法获得超前校正环节。

首先，简要介绍一下解析法求超前校正环节传递函数的基本思想。

设超前校正环节的传递函数为

$$G_c(s) = K_c \frac{sT_z + 1}{sT_p + 1}$$

为使校正后系统的根轨迹能经过期望闭环主导极点，其闭环特征方程必须满足幅值和相角条件，即

$$G_c(s_1) G_o(s_1) = K_c \frac{s_1 T_z + 1}{s_1 T_p + 1} M_o e^{-j\theta_o} = 1 e^{j\pi}$$

式中，M_o 是校正前的系统在 s_1 处的幅值；θ_o 则是对应的相角。

令 $s_1 = M_1 e^{-j\theta_1}$，代入上式得到

$$M_1 e^{-j\theta_1} T_z + 1 = \frac{1 e^{j\pi}}{K_c M_0 e^{-j\theta_0}} (M_1 e^{-j\theta_1} T_p + 1)$$

将上述方程分解为实部和虚部两个方程，求解得到

$$T_z = \frac{\sin\theta_1 - K_c M_o \sin(\theta_o - \theta_1)}{K_c M_o M_1 \sin\theta_o}; \quad T_p = -\frac{K_c M_o \sin\theta_1 + \sin(\theta_o + \theta_1)}{M_1 \sin\theta_o}$$

这样，超前校正环节的传递函数就确定了。下面通过举例加以说明。

例 6-10 控制对象与例 6-8 相同，试用根轨迹法设计超前校正环节。使校正后系统静态速度误差系数小于 10，闭环主导极点满足阻尼比 $\zeta = 0.3$ 和自然频率 $\omega_n = 10.5\text{rad/s}$。

解: 根据静态速度误差系数的要求，取 $K_c = 5$。设计根轨迹法超前校正的 MATLAB 子函数如下:

```
function Gc = ggjx(G,s1,kc)
numG = G. num{1};
denG = G. den{1};
ngv = polyval(numG,s1);
dgv = polyval(denG,s1);
g0 = ngv/dgv;
theta0 = angle(g0);
theta1 = angle(s1);
M0 = abs(g0);
M1 = abs(s1);
Tz = (sin(theta1)-kc * M0 * sin(theta0-theta1))/(kc * M0 * M1 * sin(theta0));
Tp = -(kc * M0 * sin(theta1) + sin(theta0 + theta1))/(M1 * sin(theta0));
Gc = tf([Tz 1],[Tp 1]);
```

主程序代码如下:

```
clear
num = 2;
den = conv([1 0],conv([0.25 1],[0.1 1]));
G = tf(num,den);
zeta = 0.3;
wn = 10.5;
[num,den] = ord2(wn,zeta);          % 建立二阶系统分子项和分母项
s = roots(den);
s1 = s(1);
kc = 5;
Gc = ggjx(G,s1,kc)                  % 求超前校正环节的传递函数
GGc = G * Gc * kc;
Gy_c1 = feedback(G,1)               % 求校正前系统的闭环传递函数
Gx_c1 = feedback(GGc,1)             % 求校正后的闭环传递函数
% 绘制校正前后闭环系统的单位阶跃响应曲线
figure(1)
step(Gx_c1,'b',3.5);
```

```
hold on;
step(Gy_c1,'r',3.5);
```
% 绘制校正前后闭环系统的脉冲响应曲线
```
figure(2)
impulse(Gx_c1,'b',3.5);
hold on;
impulse(Gy_c1,'r',3.5)
```
% 绘制校正前后系统的根轨迹
```
figure(3)
numGGc = GGc.num{1};
denGGc = GGc.den{1};
rlocus(numGGc,denGGc,'b')          % 校正后
hold on
numG = G.num{1};
denG = G.den{1};
rlocus(numG,denG,'r')              % 校正前
plot(s,'X')
axis([-40 20 -40 40]);
hold off
```

运行该程序得到图 6-54 ~ 图 6-56 和如下结果：

Transfer function：

```
0.3055 s + 1
-------------
0.03429 s + 1
```

Transfer function：

```
                2
-----------------------------
0.025 s^3 + 0.35 s^2 + s + 2
```

Transfer function：

```
              3.055 s + 10
-------------------------------------------------------
0.0008572 s^4 + 0.037 s^3 + 0.3843 s^2 + 4.055 s + 10
```

由运行结果显示可知，超前环节传递函数为 $G_c = \dfrac{0.3055s+1}{0.03429s+1}$。由图 6-54 和图 6-55 可看出，校正后系统的超调量有所增大，但上升时间和过渡过程时间均有较大幅度的减小，系统的动态性能明显提高。由图 6-56 可以看出，校正后系统根轨迹向左方移动，系统的稳定性增加了，且刚好通过了期望的闭环极点，满足设计要求。

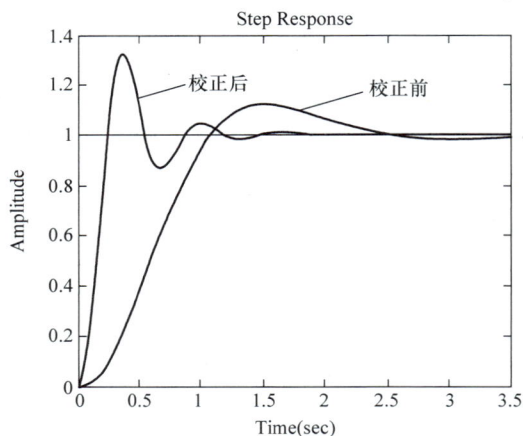

图 6-54 采用超前校正前后系统的
单位阶跃响应

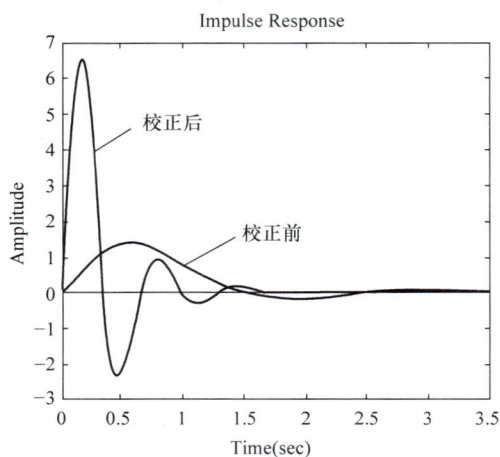

图 6-55 采用超前校正前后系统的
单位脉冲响应

三、PID 校正控制

在控制系统中，控制器最常用的控制规律是 PID 控制，它是一种线性控制器，其输出和输入（误差）之间的关系在时域中如式（6-36）所示，需要整定的参数为 K_P——比例系数、T_I——积分时间常数、T_D——微分时间常数。下面举例说明在 MTLAB 下如何实现 PID 控制器。

例 6-11 单位反馈系统被控对象的传递函数为

$$G(s) = \frac{1}{0.0067s^2 + 0.1s}$$

PD 控制器的参数为 $K_P = 20$，$K_D = K_P T_D = 0.5$，比较校正前后系统的单位阶跃响应。

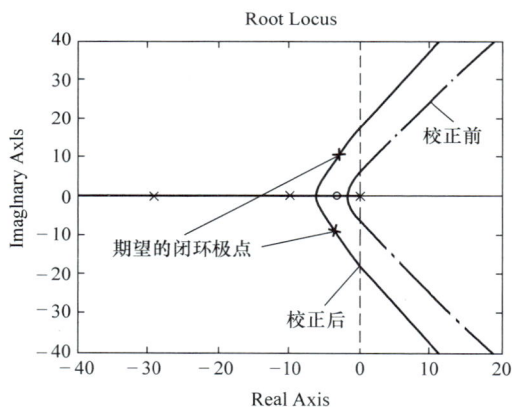

图 6-56 采用超前校正前后系统的根轨迹

解：控制对象子程序如下：

```
function dy = PlantModel(t,y,flag,para)
u = para;
J = 0.0067;B = 0.1;
dy = zeros(2,1);
dy(1) = y(2);
dy(2) = -(B/J)*y(2) + (1/J)*u;
```

主程序代码如下：

```
clear
ts = 0. 01;                        % Sampling  time
xk = zeros(2,1);
e _ 1 = 0;
u _ 1 = 0;
for k = 1: 1: 100
time( k) = k * ts;
rin( k) = 1;
  para = u _ 1;                    %  D/A
tSpan = [0 ts];
[tt,xx] = ode45('PlantModel', tSpan, xk,[],para);
xk = xx( length( xx) ,:);         %  A/D
yout( k) = xk(1);
e( k) = rin( k) -yout( k);
de( k) = ( e( k) -e _ 1)/ts;
u( k) = 20. 0 * e( k) +0. 50 * de( k);
% Control limit
if u( k) > 10. 0
  u( k) = 10. 0;
end
if u( k) < - 10. 0
  u( k) = - 10. 0;
end
u _ 1 = u( k);
e _ 1 = e( k);
end
% 绘制校正前后的阶跃响应曲线
num = 1;
den = [0. 0067 0. 1 0];
G = tf( num,den);
G1 = feedback( G,1);
step( G1)                         % 校正前
hold on
plot( time,rin,'r',time,yout,'b'); % 校正后
xlabel( 'time( s)') ,ylabel( 'r,y');
hold off
```

运行该程序得到图 6-57 所示阶跃响应曲线。也可以用 Simulink 实现该算法。在Simulink下建立的仿真模型如图 6-58 所示。

Simulink 仿真参数设置界面如图 6-59 所示。系统校正前后单位阶跃响应曲线如图 6-60 所示。由图 6-57 和图 6-60 可以看出，采用 PID 控制器校正后系统的性能得到了明显的改善。

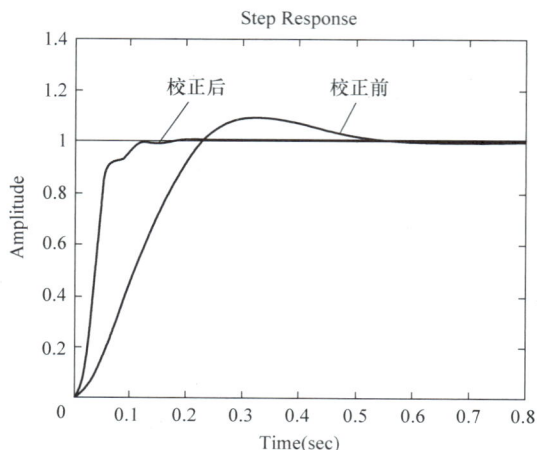

图 6-57　校正前后系统的阶跃响应曲线

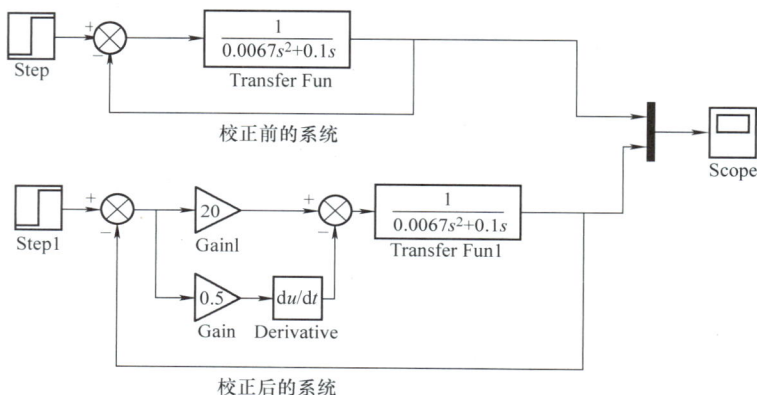

图 6-58　校正前后系统的仿真模型

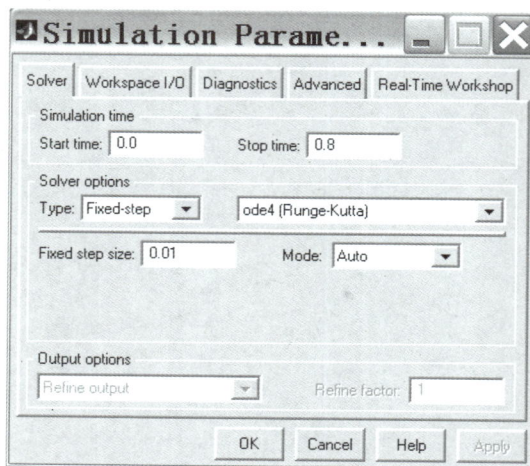

图 6-59　Simulink 仿真参数设置界面

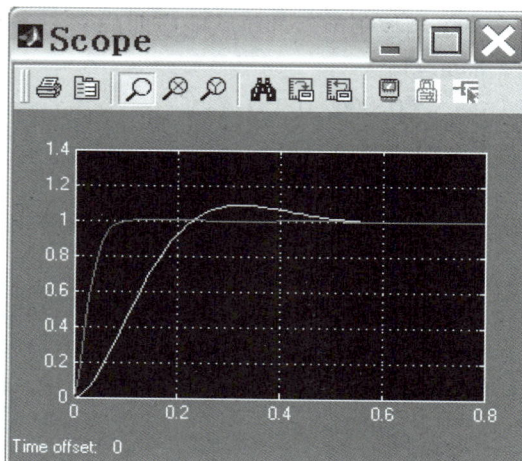

图 6-60　校正前后系统的阶跃响应曲线

小　　结

本章着重从频率法角度，介绍了对一个控制系统如何通过综合校正，使系统能够达到性能指标要求的一些基本设计方法、基本概念和基本思路。从某种意义上说，本章内容是前五章学习内容的综合应用，主要应掌握以下几点：

1）熟悉并掌握串联校正、反馈校正（并联校正）的方式及其特点。这是因为，对系统进行综合校正的首要问题就是选择哪一种校正方式，而校正方式选择正确与否，有赖于对其特点是否清楚掌握。

2）熟悉并掌握超前校正、滞后校正以及滞后-超前校正等基本校正环节，熟练掌握这些校正环节的基本特性、特点以及作用。这是因为，哪一种校正环节对系统进行校正比较适宜，选择正确与否非常关键，这就有赖于对这些基本校正环节的清楚掌握程度。

3）熟练掌握串联校正的基本思路与方法，熟练掌握按照期望特性对系统进行串联校正的方法，并了解掌握期望特性的绘制问题以及反馈校正的基本方法思路等。

4）MATLAB 是一个对控制系统进行理论分析与综合设计的极为有用的工具，应能够掌握、并熟练运用 MATLAB 对系统进行综合校正。

典型例题解析

【典型例题】　已知两级超前网络的开环传递函数为 $G(s) = \dfrac{10}{s^2(0.2s+1)}$，要求：（1）判断该系统是否稳定，并求出系统的相角裕度；（2）证明采用图 6-61 所示的两级超前网络串联校正，能保证系统具有 35°的相角裕度，且保持静态加速度误差系数 $K_a = 10$ 并概略绘出校正前后系统的伯德图。

图 6-61　两级超前网络

（$R_1 = 35.7\text{k}\Omega$，$R_2 = 7.83\text{k}\Omega$，$C = 10\mu\text{F}$，$K = 30.9$）

解：（1）判定系统稳定性　做待校正系统伯德图，如图 6-62 中 $L'(\omega)$ 和 $\varphi'(\omega)$ 所示，其中 $20\lg K = 20\lg 10 = 20\text{dB}$。由

$$\frac{20-0}{\lg 1 - \lg \omega'_c} = -40$$

求出待校正系统的截止频率为 $\omega'_c = \sqrt{10}\text{rad/s} = 3.16\text{rad/s}$
相角裕度为

$$\varphi' = 180° + \varphi(\omega'_c) = -\arctan 0.2\omega'_c = -32.3°$$

故待校正系统闭环不稳定。

（2）对系统进行校正　单极超前网络传递函数为

$$G_{c1}(s) = \frac{R_2}{\dfrac{R_1}{1+R_1 C_1 s} + R_2} = \frac{R_2(1+R_1 C_1 s)}{R_1 + R_2 + R_1 R_2 C_1 s}$$

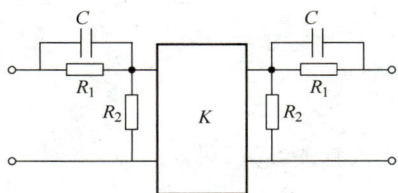

$$= \frac{R_2}{R_1 + R_2} \cdot \frac{1 + R_1 C_1 s}{1 + \dfrac{R_1 R_2 C_1}{R_1 + R_2} s}$$

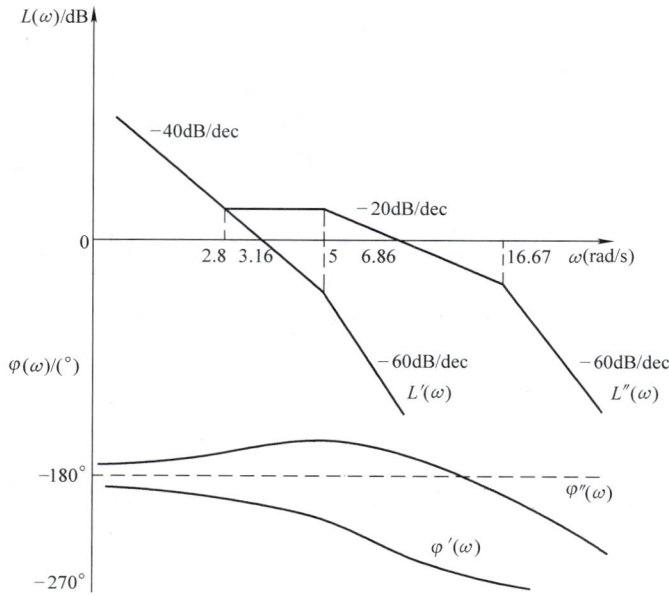

图 6-62　系统校正前后伯德图

代入有关参数，得

$$G_{c1}(s) = \frac{0.18(1 + 0.357s)}{1 + 0.06s}$$

显然，对中间有隔离放大器 K_1 的两级超前网络，系统校正后的传递函数为

$$G(s)G_c(s) = K_1 G_{c1}^2(s) = \frac{10(1 + 0.357s)^2}{s^2(1 + 0.2s)(1 + 0.06s)^2}$$

其伯德图如图 6-62 中 $L''(\omega)$ 和 $\varphi''(\omega)$ 所示。其中

交接频率 $\omega_1 = \dfrac{1}{0.357} \text{rad/s} = 2.8 \text{rad/s}$：斜率变化 40。

交接频率 $\omega_2 = \dfrac{1}{0.2} \text{rad/s} = 5 \text{rad/s}$：斜率变化 -20。

交接频率 $\omega_3 = \dfrac{1}{0.06} \text{rad/s} = 16.67 \text{rad/s}$：斜率变化 -40。

令 $|G(j\omega_c'')G_c(j\omega_c'')| = 1$，可得已校正系统的截止频率 $\omega_c'' = 6.86 \text{rad/s}$，由已校正系统的相频特性概略绘出校正后系统的 $\varphi''(\omega)$ 曲线。

$$\varphi''(\omega) = 2\arctan 0.357\omega - 180° - \arctan 0.2\omega - 2\arctan 0.06\omega$$

两级超前网络设计结果表明，可以确保 $\gamma = 35°$ 以及 $K_a = 10$ 的要求。

习　题

6-1　写出下面网络（如图 6-63 所示）的传递函数，并绘制伯德图的近似曲线。

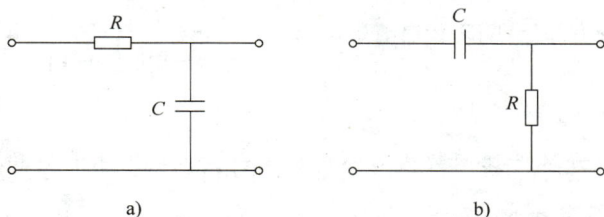

图 6-63　习题 6-1 网络

6-2　设有单位反馈的伺服系统，其开环传递函数为 $G(s) = \dfrac{K}{s(0.2s+1)(0.5s+1)}$，若要求系统最大输出速度为 12°/s，输出位置容许误差小于 2°，试求：

（1）确定满足上述性能指标的最小 K 值，计算该 K 值下的系统相角裕量。

（2）在前向通道中串联超前校正网络 $G_c(s) = \dfrac{0.4s+1}{0.08s+1}$，计算校正后系统的相角裕量，说明超前校正对系统性能的影响。

6-3　已知一单位反馈控制系统如图 6-64 所示，其中 G_c 为校正装置，要求的性能指标为：相角裕量 $\gamma \geq 45°$，阶跃扰动引起的稳态误差 $e_{ds} \leq 0.1$，试求：

（1）确定校正装置。

（2）用 MATLAB 编制程序，进行设计，将得到的结果与前面得到的计算结果进行比较，并用 MATLAB 绘制校正前后单位阶跃扰动引起的误差变化情况。

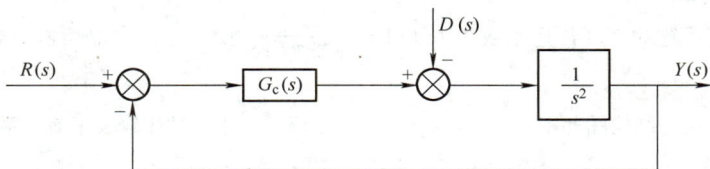

图 6-64　习题 6-3 系统结构图

6-4　设单位反馈系统的开环传递函数为 $G(s) = \dfrac{K}{s(s+3)(s+9)}$，试求：

（1）如果要求系统在单位阶跃输入作用下的超调量为 20%，试确定 K 值。

（2）根据求得的 K 值，求出系统在单位阶跃输入作用下的调节时间 t_s 和静态速度误差系数 K_v。

（3）设计串联校正装置，使系统的 $K_v > 20$，超调小于 15%，t_s 减小两倍以上。

6-5　单位反馈系统开环传递函数 $G(s) = \dfrac{K}{s(s+1)}$，试设计串联超前校正装置，使系统满足下面性能指标：

（1）相角裕量 $\gamma \geq 45°$。

（2）单位斜坡输入下的稳态误差 $e_{ss} \leq \dfrac{1}{15}$。

6-6　单位反馈系统原有部分的开环传递函数为 $G(s) = \dfrac{K}{s(s+1)(0.125s+1)}$，要求开环增益 $K=10$，相

角裕量 $\gamma > 30°$，试设计串联滞后校正装置。

6-7 已知转速单位反馈系统的开环传递函数为 $G(s) = \dfrac{1}{s(0.5s+1)}$，要求系统的静态速度误差系数 $K_v = 10$，相角裕量 $\gamma > 45°$，试设计串联校正装置。

6-8 单位反馈系统原有部分的开环传递函数 $G(s) = \dfrac{K}{s\left(\dfrac{1}{0.5}s+1\right)\left(\dfrac{1}{5}s+1\right)}$，设计串联校正装置，满足 $K \geqslant 15$，$\gamma \geqslant 40°$，$\omega_c \geqslant 1.5\mathrm{rad/s}$。

6-9 单位反馈系统开环传递函数为 $G(s) = \dfrac{8}{s(2s+1)}$，若采用滞后超前校正装置 $G_c(s) = \dfrac{(10s+1)(2s+1)}{(100s+1)(0.2s+1)}$ 对系统进行串联校正，试绘制系统校正前后的对数幅频渐近特性曲线，并计算校正前后的相角裕量。

6-10 某未校正的单位负反馈水位控制系统受控对象的传递函数为

$$G(s) = \frac{K}{s\left(\dfrac{s}{2}+1\right)\left(\dfrac{s}{6}+1\right)}$$

（1）试设计合适的一阶超前校正网络，使系统的速度误差常数为 $K_v = 20$，相角裕度为 $45°$，闭环带宽大于 $4\mathrm{rad/s}$。

（2）试设计合适的一阶滞后校正网络，使系统的速度误差常数为 $K_v = 20$，相角裕度为 $45°$，闭环带宽大于或等于 $2\mathrm{rad/s}$。

6-11 单位反馈控制系统的传递函数为 $G(s) = \dfrac{400}{s^2(0.01s+1)}$。图 6-65a、b、c 中给出了由最小相位环节构成的三个串联校正网络，试说明：

（1）这三个校正特性中哪个可以使校正后系统的稳定程度最好。

（2）为了将 12Hz 的正弦噪声衰减 90% 左右，哪个网络可以满足要求。

6-12 单位反馈系统的开环传递函数为 $G_c(s) = \dfrac{4}{s(2s+1)}$，设计一串联滞后网络使系统的相角裕量 $\geqslant 40°$，并保持原有的开环增益值。

6-13 设控制系统的结构图如图 6-66 所示，系统采用反馈校正。试比较校正前后系统之相角裕量和带宽（调整 k_A 使 $k = 10$）。

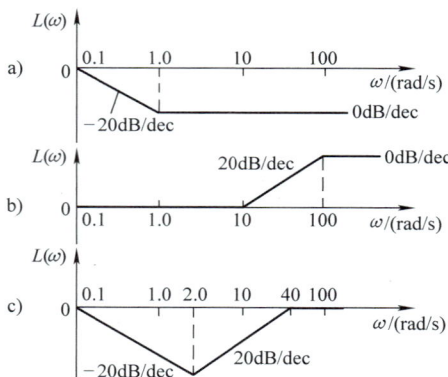

图 6-65 习题 6-11 系统的串联校正网络

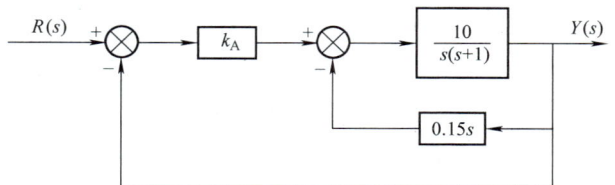

图 6-66 习题 6-13 系统结构图

6-14　设在如图 6-67 所示的系统中 $G_1(s) = \dfrac{6}{1+0.25s}$，$G_2(s) = \dfrac{4}{s(1+s)(1+0.5s)}$，引入反馈校正 $G_c(s) = \dfrac{8s^2}{1+2s}$，试确定校正后系统之增益和相角裕量。

6-15　已知一单位反馈控制系统，原有的开环传递函数 $G_o(s)$ 和串联校正装置 $G_c(s)$ 的对数幅频渐近曲线如图 6-68 所示。试求：

（1）在图中画出系统校正后的开环对数幅频渐近曲线。

（2）写出系统开环传递函数表达式。

（3）分析 $G_c(s)$ 对系统的作用。

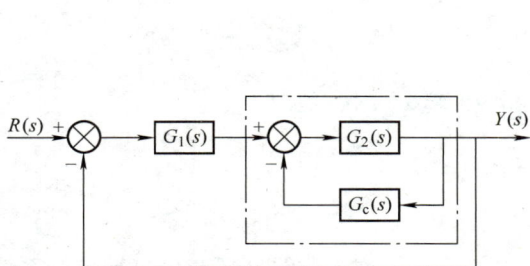

图 6-67　习题 6-14 系统结构图

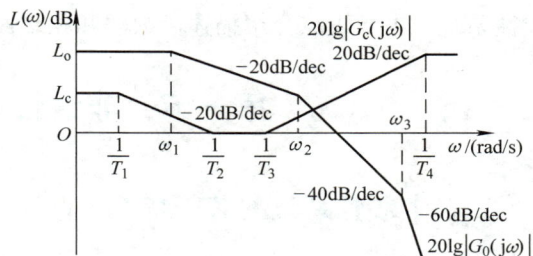

图 6-68　习题 6-15 系统对数幅频特性

6-16　一单位反馈控制系统如图 6-69 所示，希望提供前馈控制来获得理想的传递函数 $Y(s)/R(s) = 1$（输入误差为零），试确定前馈 $G_c(s)$。

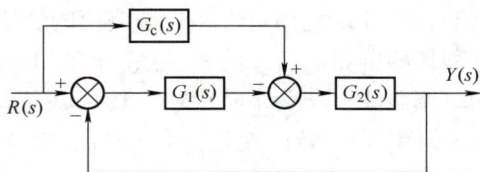

图 6-69　习题 6-16 系统结构图

6-17　已知系统如图 6-70 所示，试求：

（1）选择 $G_c(s)$ 使干扰 $n(t)$ 对系统无影响。

（2）选择 k_2 使系统具有最佳阻尼 $\zeta = 0.7071$。

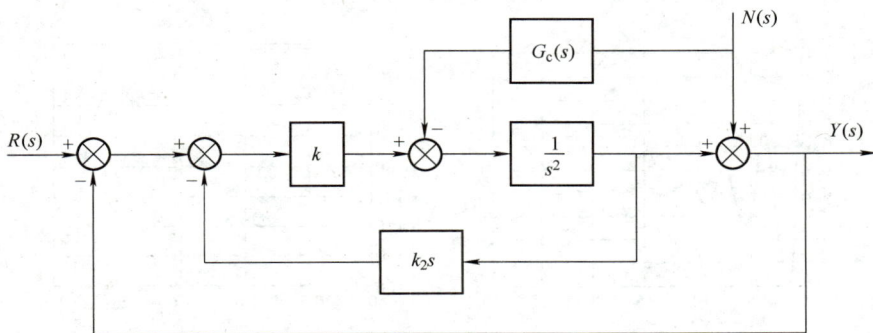

图 6-70　习题 6-17 系统结构图

第七章 非线性系统的分析

在生产实际中，非线性特性是广泛存在的。在分析和设计自动控制系统时，当满足一定近似条件时，常将非线性系统简化为线性系统进行分析和研究。但非线性程度严重时，简单线性化的方法则无法适用，必须采用适用于非线性系统特点的相关理论与方法分析和研究非线性系统。本章重点介绍描述函数法和相平面法。

第一节 非线性特性对系统的影响

一、非线性系统的若干特性

控制系统的环节不能用线性方程表示输入输出关系时，称为非线性环节。自动控制系统中含有一个或一个以上的非线性环节，则称为非线性系统。

由于非线性环节的存在，系统响应特性与线性系统有很大不同，在以下方面出现了一些非线性系统特有的现象。

1. 初始条件与输入量对非线性系统的影响

通过前面的学习我们已知，线性系统稳定性和瞬态响应的性质与初始条件和输入量的大小无关，仅依赖于其特征方程根的分布。若二阶线性系统的两个特征根均为负实数，则对应的单位阶跃响应呈有上限的单调曲线；若两个特征根为具有负实部的共轭复根，则单位阶跃响应曲线呈振荡特性并最终趋于稳定；若改变输入信号的幅值，上述响应特性不会发生变化。因此，线性系统的稳定性和瞬态响应特性不因输入信号的大小或系统初始条件不同而产生本质的改变。

非线性系统则有着与线性系统完全不同的性质，其系统的稳定性和瞬态响应特性会随输入信号和初始条件的不同而产生本质的变化。考察下式的非线性系统

$$\ddot{x} + 0.5\dot{x} + 2x + x^2 = u \tag{7-1}$$

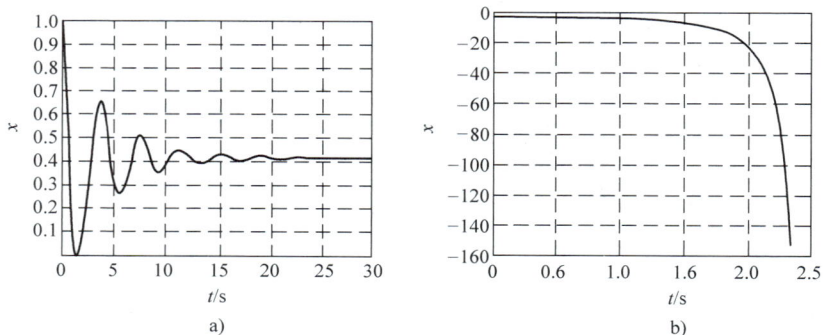

图 7-1   初始条件不同时非线性系统不同的响应特性

如果输入为单位阶跃信号,初始条件为$(\dot{x}(0), x(0)) = (0, 1)$,则响应曲线如图 7-1a 所示,其稳态值趋近于 0.415。若初始条件变为$(\dot{x}(0), x(0)) = (0, -3)$,如图 7-1b 所示,则响应将向负无穷大方向发散,系统不稳定。由此可见非线性系统的稳定性和瞬态响应与系统的初始条件关系密切,详细分析可参见本章例 7-5。

下式为描述机械振荡系统的 Duffing 振子模型

$$\begin{cases} \dot{x} = y \\ \dot{y} = -ky + x - x^3 + A\cos(\omega t) \end{cases} \tag{7-2}$$

当$\omega = 1\text{rad/s}$、固定阻尼比$k = 0.5$、输入振荡信号的幅值$A = 0.2$时,系统稳态输出x如图7-2a所示。此时,系统输出为周期振荡性质,其周期与输入信号的周期相同,即$T = 2\pi$,并与线性系统频率响应相类似。若将输入信号幅值增加到$A = 0.35$时,系统的输出仍然呈现为周期振荡,但其周期已经变为输入信号周期的两倍,如图 7-2b 所示。如果再将输入信号幅值继续增加,系统的输出将呈现类随机运动,此时称系统处于混沌状态。图 7-3a 和 b 给出了系统的输出x的曲线和在x与y平面上的相轨迹图。由图可知,输入信号的幅值变化,改变了系统输出的性质。这种现象在线性系统中是不曾有的。

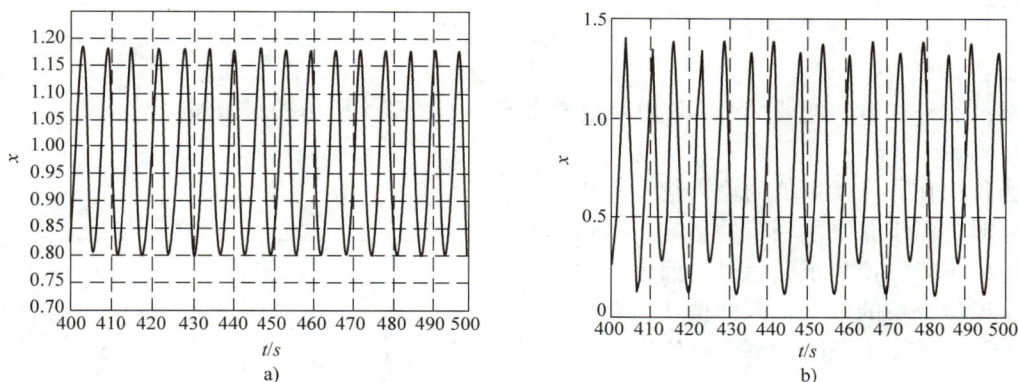

图 7-2　Duffing 振子在输入信号幅值较小时输出信号的时域波形

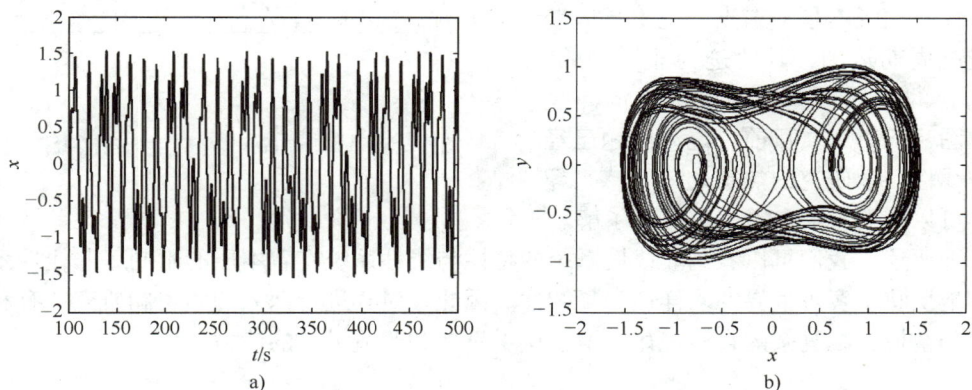

图 7-3　Duffing 振子在输入信号幅值较大时输出信号的时域波形和表现出的混沌吸引子

2. 自激振荡

由前面几章的分析可知，线性系统要产生振荡，必须在 s 平面的虚轴上有一对特征根。对于实际系统，由于存在扰动的作用，系统的振荡多表现为收敛或者发散。对于非线性系统，则往往会在没有施加外界周期信号作用时，系统自身也能够产生具有固定周期和振幅的稳定振荡现象，称为非线性自激振荡。如图 7-4 所示的 Van do Pol 电路，可以用下列的非线性方程描述

$$\begin{cases} C\dfrac{\mathrm{d}u_C}{\mathrm{d}t} = -i_L - i_R \\ L\dfrac{\mathrm{d}i_L}{\mathrm{d}t} = u_C \end{cases} \qquad (7\text{-}3)$$

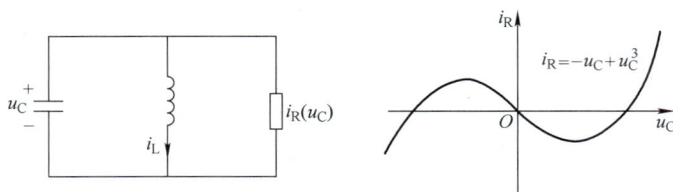

图 7-4 Van do Pol 电路

在没有外加输入的情况下，该电路仍然会产生如图 7-5 所示的自激振荡。

3. 非线性畸变

当作用在非线性系统的输入信号为正弦信号时，由于非线性环节的影响，其输出响应将不能保持为正弦信号，而为一包含各次谐波分量的信号，因此被认为发生了非线性畸变。如图 7-2b 输出信号中就出现了 2 倍于输入信号周期的信号。

4. 混沌

非线性系统的稳态可能表现出十分复杂的特性，它既不是平衡点，也不是周期运动或准周期运动，其轨迹为非周期的、永不闭合的曲线，这种现象称为混沌现象，如图7-3b所示。目前，混沌问题已经成为非线性科学研究的热点之一，感兴趣的同学可以借助有关参考书进一步了解。

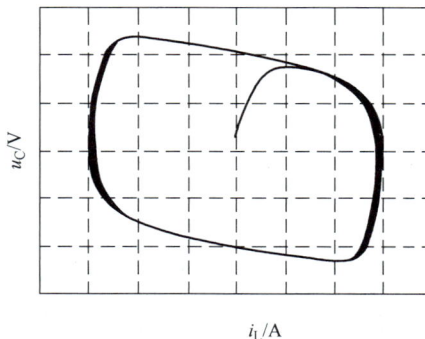

图 7-5 Van do Pol 电路产生的自激振荡

综上所述，我们可以看到非线性系统的特性与线性系统有着本质的不同，非线性系统更加深刻地反映了客观世界的多样性和复杂性。因此，对其进行深入的学习和研究，有利于我们了解和掌握错综复杂的自然规律，增强认识世界和改造世界的能力。

二、典型非线性特性及其对系统性能的影响

1. 饱和特性

饱和现象在实际系统中极为常见。如各类运算放大器电路，只能在其正常工作电压范围内具有线性放大作用。当输入信号过大，超过一定数值时，由于工作电压的限制，其输出不再跟随输入变化，而保持工作电压附近的某个恒值不变，出现所谓"饱和"现象，称作饱和非线性特性，其输入输出关系如图7-6所示。

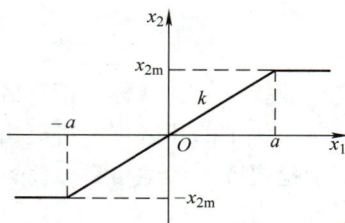

图7-6　饱和非线性特性曲线

对这类饱和非线性环节，可根据图7-6列写出其非线性输入输出数学关系

$$x_2 = \begin{cases} kx_1 & |x_1| < a \\ x_{2\mathrm{m}}\mathrm{sgn}x_1 & |x_1| \geqslant a \end{cases}$$

式中，x_1 为输入；x_2 为输出；k 为线性比例系数。

$$\begin{cases} \mathrm{sgn}x_1 = +1 & x_1 > 0 \\ \mathrm{sgn}x_1 = -1 & x_1 < 0 \end{cases}$$

饱和非线性会使系统在大信号作用下的等效增益下降，严重的可使系统丧失闭环控制作用。

2. 死区特性

许多传动机构是在外力作用下产生机械运动的，但当外力较小尚不足以克服静摩擦力时，运动部件将不会产生位移运动，外作用力克服静摩擦力后，位移才随外作用力作线性变化。直流电机调速系统中，电枢电流产生的电磁力矩只有大于电机轴上摩擦力矩后，输出转速才能随输入电压线性变化；而电磁力矩小于摩擦力矩时，输出转速为零。这类环节的共同特点是，当参考输入信号较小，尚未超过一定数值时，环节的输出为零，超过一定数值后，输出才随输入变化，环节输出出现不灵敏区，也叫死区，故统称为死区非线性特性，其输入输出特性关系如图7-7a所示。建立相应的数学描述如下：

$$x_2 = \begin{cases} 0 & |x_1| \leqslant a \\ k(x_1 - a\mathrm{sgn}x_1) & |x_1| > a \end{cases}$$

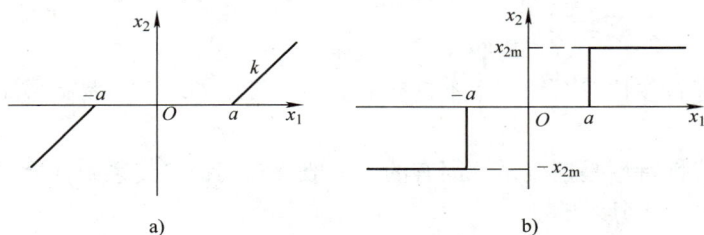

a)

b)

图7-7　死区非线性特性曲线

实际系统中还有一类死区非线性特性，其特点是输入大于死区值后，输出并不随输入线性变化，而为一恒值，如常用的各类交、直流继电器、接触器等。其输入/输出特性关系如图 7-7b。由图 7-7b 建立其相应的数学描述为

$$x_2 = \begin{cases} 0 & |x_1| \leq a \\ x_{2m}\,\text{sgn}\,x_1 & |x_1| > a \end{cases}$$

这种非线性特性常称为带死区的继电特性，或称三位继电特性。

实际系统中的死区现象可能由多种原因引起，对系统将产生不同的影响：一方面有可能使系统不稳定或者产生自激振荡；另一方面有时人们又通过人为地引入死区特性，使系统具有抗干扰能力。

3. 滞环（非单值特性）

直流发电机系统中，励磁电流与发电机输出电压常常近似为线性关系。但实际上由于发电机励磁回路的磁滞后效应，当励磁电流增大时，发电机电压随之增大，而当励磁电流减小时，发电机电压虽然也随之减小，但对应输出值均高于励磁电流增大时的电压值。即对应同样的励磁电流，由于电流变化方向不同，呈现出有两个不同输出电压值的非单值特性。励磁电流减小为零时，由于剩磁存在，发电机仍能输出一定值的电压，并未随之减小为零。只有当励磁电流继续向负方向变化，才能逐渐减小输出电压，直至为零。励磁电流向负方向增大和减小的过程中，输出电压也同样会呈现出这种非单值情况。励磁电流 i_0 与发电机输出电压 E_f 间的关系如图 7-8a 所示，因为这种现象与发电机磁场的磁滞后效应有关，又常称图中曲线为磁滞回环曲线，是一种典型的非线性特性。机械传动系统中也有类似的现象，齿轮啮合机构比较典型。主齿轮正方向转动时，带动从齿轮转动，当主齿轮向反方向转动时，由于齿轮间隙影响，从齿轮并未立即随之反向转动，而是保持原位置不变，当主、从齿轮间的间隙逐渐消除，主齿轮与从齿轮紧密啮合后，主齿轮才能带动从齿轮反向转动。主、从齿轮角位移 θ_1、θ_2 间的关系如图 7-8b 所示，可知与磁滞回环曲线非常相似，同为非单值的非线性特性。非线性系统分析与研究中，将这类非线性特性统称为滞环非线性特性，也有文献称之为间隙非线性或回环非线性特性，如图 7-8c、d 所示。图 7-8c 为典型滞环非线性特性，图 7-8d 为带死区的滞环特性。

由于滞环非线性的特殊性，即输入增大和减小时对应的输出并不一样，呈现多值特性，故在建立其数学表达式时，应特别注意其特有的双值性与输入输出自身的变化率有很大关系。针对图 7-8c 的典型滞环非线性，输入/输出数学表达关系式为

$$x_2 = \begin{cases} k(x_1 - a\,\text{sgn}\,\dot{x}_1) & \dot{x}_1 \neq 0, \text{且}\,\dot{x}_2 \neq 0 \\ x_{2m}\,\text{sgn}\,x_1 & \dot{x}_2 = 0 \end{cases}$$

滞环特性的存在往往对系统产生不良影响，使系统误差增大，易造成系统不稳定甚至产生自振荡。

上述几种非线性特性是控制系统固有的，一般说它们都将使系统性能指标变差，应通过控制系统设计尽量减小其影响。

4. 继电特性

实际系统设计中，有时经常通过人为地引入非线性以改善系统性能。继电非线性特性的引入就是常用的方法之一。常用的继电非线性特性如图 7-9 所示。其中，图 7-9a 为理想的

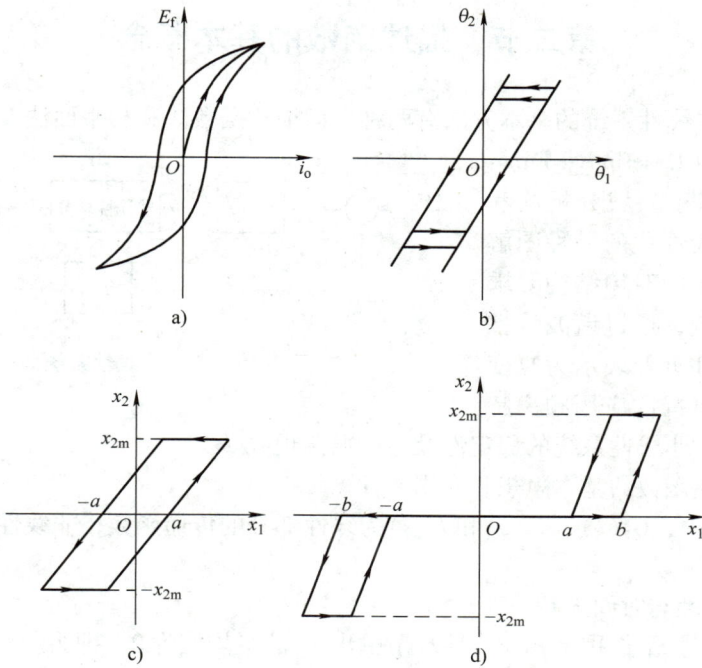

图 7-8　滞环非线性特性曲线

继电非线性特性，图 7-9b 为双位继电特性，或称滞环继电特性，图 7-9c 为三位继电特性，或称带死区的滞环继电特性。

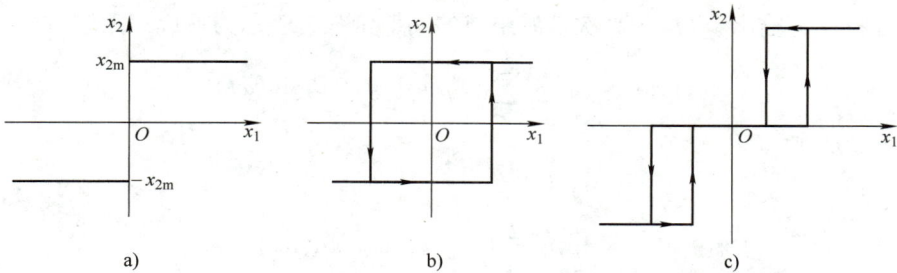

图 7-9　继电非线性特性曲线

　　根据继电非线性特性的不同形式，可建立相应的输入/输出关系数学表达式。如对图 7-9a 的理想继电非线性特性，有

$$x_2 = \begin{cases} x_{2m} & x_1 \geq 0^+ \\ -x_{2m} & x_1 \leq 0^- \end{cases}$$

　　本章任务是，针对以上各类典型非线性环节特性，介绍如何采用两种常用的非线性分析方法——描述函数法和相平面法对非线性系统进行研究。

第二节　描述函数的基本概念

常用的分析非线性系统的基本方法有两种，即描述函数法和相平面法。

描述函数法（Descriptive Function Method）是基于频域分析法和非线性特性谐波线性化的一种图解分析方法。对满足图7-10结构要求的一类非线性系统，通过谐波线性化，将非线性特性近似表示为复变增益环节，从而可推广应用频率特

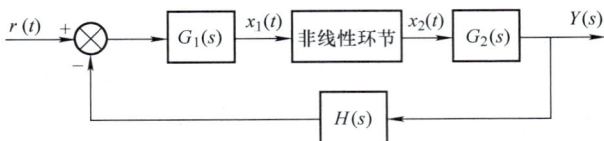

图 7-10　典型非线性系统结构图

性概念，用以分析非线性系统的稳定性及自激振荡现象。

以下阐述描述函数的基本思想和应用条件。

图 7-10 系统中，$G_1(s)$、$G_2(s)$ 和 $H(s)$ 为线性部分的传递函数，非线性环节输入输出关系为：$x_2 = f_1(x_1)$，设

1）非线性特性与时间无关。

2）在正弦信号 x_1 作用下，非线性环节输出 x_2 的平均值为 0，即为斜对称的

$$x_2 = f_1(x_1) = -f_1(-x_1)$$

而且 x_2 的基波与 x_1 具有相同的周期。

3）线性部分具有良好的低通特性，即认为 x_2 中幅值较小的高次谐波均被减弱，从而近似认为闭环通路中只有 x_2 的基波分量被传递。

对于图 7-10 所示系统，设非线性环节的输入 $x_1(t)$ 为正弦函数 $x_1(t) = A\sin\omega t$，由于环节的非线性特性，输出 $x_2(t)$ 为高次谐波组成的周期函数，表示为傅氏三角级数

$$x_2(t) = A_0 + \sum_{k=1}^{\infty}(A_k\cos k\omega t + B_k\sin k\omega t)$$

由假设条件2）有

$$A_0 = 0$$

$$A_k = \frac{2}{\pi}\int_0^{\pi} x_2(t)\cos k\omega t \mathrm{d}(\omega t)$$

$$B_k = \frac{2}{\pi}\int_0^{\pi} x_2(t)\sin k\omega t \mathrm{d}(\omega t)$$

各次谐波系数均为输入正弦函数幅值 A 及频率 ω 的函数，即有

$$A_k = A_k(A,\omega),\ B_k = B_k(A,\omega)$$

又由假设3）得

$$x_2(t) \approx A_1\cos\omega t + B_1\sin\omega t = C_1\sin(\omega t + \varphi_1)$$

$$C_1 = \sqrt{A_1^2 + B_1^2}$$

$$\varphi_1 = \arctan\frac{A_1}{B_1}$$

由电路符号法得

$$X_1(A, \omega) = A, X_2(A, \omega) = C_1 e^{j\varphi_1}$$

即

$$N(A, \omega) = \frac{X_2(A, \omega)}{X_1(A, \omega)} = \frac{C_1}{A} e^{j\varphi_1}$$

或

$$N(A, \omega) = \frac{\sqrt{A_1^2 + B_1^2}}{A} = \left/ \arctan \frac{A_1}{B_1} \right.$$

将函数 $N(A, \omega)$ 定义为描述函数，叙述如下：

描述函数是非线性环节稳态输出的基波分量与正弦输入信号的复数比。一般地，它是输入信号幅值和频率的函数。这样一来，我们就可将非线性环节当作其传递系数和相角随输入幅值和频率变化的环节，这实际是谐波线性化的结果，可将其视为具有与线性环节相类似的频率响应的环节，与系统中其他线性环节频率特性相结合，即可分析系统性能。

以后的分析可以看出，在大多数实际系统中，其非线性环节的描述函数只是输入信号幅值的函数，记为 $N(A)$。

第三节　典型非线性环节的描述函数

一、饱和特性

设输入 $x_1(t) = A\sin\omega t$，当正弦信号的振幅 $A < a$ 时，工作在线性区，没有非线性影响。只有 $A \geqslant a$ 时，才进入非线性区，即

$$x_2(t) = KA\sin\omega t \qquad\qquad (A < a)$$

$$x_2(t) = \begin{cases} KA\sin\omega t, & 0 \leqslant \omega t \leqslant \alpha \\ Ka, & \alpha \leqslant \omega t \leqslant \pi - \alpha \quad (A > a) \\ KA\sin\omega t, & \pi - \alpha \leqslant \omega t \leqslant \pi \end{cases}$$

由图 7-11 可知，因为 $x_1 = A\sin\omega t$，则当 $x_1 = a$ 时，必有 $\omega t = \alpha$。所以上式中，$\alpha = \arcsin(a/A)$。

因为输出 x_2 为奇函数，相应傅氏三角级数中

$\quad A_1 = 0$，所以 $\varphi_1 = 0$

所以饱和特性没有引起输入/输出之间产生相位差。

$$B_1 = \frac{2}{\pi} \int_0^\alpha KA\sin^2\omega t \, d(\omega t)$$
$$+ \frac{2}{\pi} \int_\alpha^{\pi-\alpha} Ka\sin\omega t \, d(\omega t)$$
$$+ \frac{2}{\pi} \int_{\pi-\alpha}^\pi KA\sin^2\omega t \, d(\omega t)$$
$$= \frac{2}{\pi} KA \left[\arcsin \frac{a}{A} + \frac{a}{A} \sqrt{1 - \left(\frac{a}{A}\right)^2} \right]$$

$$C_1 = \sqrt{A_1^2 + B_1^2} = B_1$$

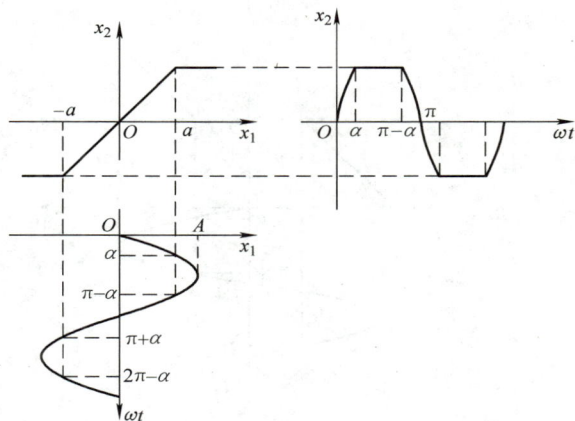

图 7-11　饱和特性及输入输出波形

根据描述函数的定义，可得饱和特性的描述函数为

$$N(A,\omega) = \begin{cases} \dfrac{2}{\pi}K\left[\arcsin\dfrac{a}{A} + \dfrac{a}{A}\sqrt{1-\left(\dfrac{a}{A}\right)^2}\right], & A > a \\ K, & A \leqslant a \end{cases} \tag{7-4}$$

由式（7-4）可知，$N(A,\omega) = N(A)$ 与频率无关。环节相当于一个可变比例环节，其传递系数与正弦输入的幅值有关，当 $A > a$ 时，等效传递系数总是小于线性段的斜率 K。

二、死区特性

同样设输入正弦函数为 $x_1(t) = A\sin\omega t$，若 $A > a$，则如图 7-12 所示，输出的第一半波为

$$x_2(t) = \begin{cases} 0, & 0 \leqslant \omega t \leqslant \alpha \\ K(A\sin\omega t - a), & \alpha \leqslant \omega t \leqslant \pi - \alpha \\ 0, & \pi - \alpha \leqslant \omega t \leqslant \pi \end{cases}$$

式中，$\alpha = \arcsin(a/A)$，而且 $A_1 = 0$，$\varphi_1 = 0$，不引起输出相位差，故

$$C_1 = B_1 = \frac{2}{\pi}\int_\alpha^{\pi-\alpha} K(A\sin\omega t - a)\sin\omega t\,\mathrm{d}(\omega t) = \frac{2}{\pi}\left[KA\left(\frac{\pi}{2} - \arcsin\frac{a}{A} - \frac{a}{A}\sqrt{1-\left(\frac{a}{A}\right)^2}\right)\right] \tag{7-5}$$

所以死区特性的描述函数为

$$N(A,\omega) = N(A) = \begin{cases} \dfrac{2}{\pi}K\left[\dfrac{\pi}{2} - \arcsin\dfrac{a}{A} - \dfrac{a}{A}\sqrt{1-\left(\dfrac{a}{A}\right)^2}\right], & A > a \\ 0, & A \leqslant a \end{cases}$$

其特性只与输入幅值有关，而当 $\dfrac{a}{A}$ 很小时，$\dfrac{N(A)}{K} \to 1$，此时可认为描述函数为线性段的斜率 K，死区的影响可忽略不计。

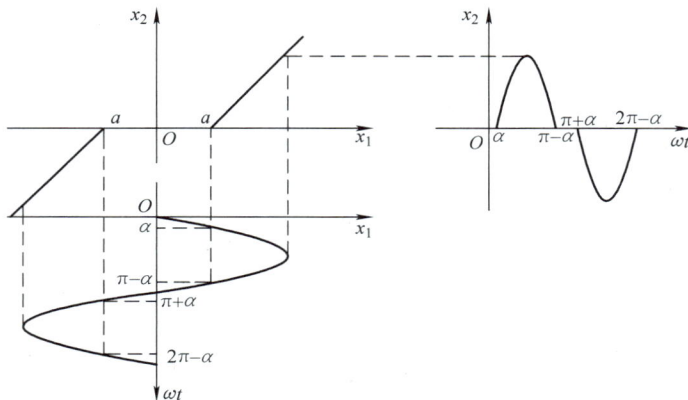

图 7-12 死区特性及输入输出波形

三、滞环特性

当输入正弦信号 $x_1(t) = A\sin\omega t$ 时，若 $A > a$，则如图 7-13 所示，输出第一半波为

$$x_1(t) = \begin{cases} K(A\sin\omega t - a), & 0 \leq \omega t \leq \pi/2 \\ K(A - a), & \pi/2 \leq \omega t \leq \pi - \alpha \\ K(A\sin\omega t + \alpha), & \pi - \alpha \leq \omega t \leq \pi \end{cases}$$

式中，$\alpha = \arcsin[(A - 2a)/A]$。

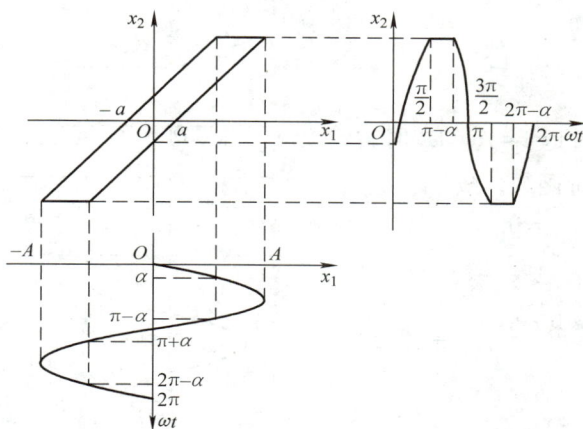

图 7-13　滞环特性在正弦输入作用下的输出波形

由于滞环特性曲线中两条线性变化直线间的距离为 $a - (-a) = 2a$，故称为环宽。输出波形既非奇函数也非偶函数，A_1、B_1 均存在，求取如下：

$$A_1 = \frac{2}{\pi}\int_0^{\frac{\pi}{2}} K(A\sin\omega t - a)\cos\omega t\, d(\omega t) +$$
$$\frac{2}{\pi}\int_{\frac{\pi}{2}}^{\pi-\alpha} K(A - a)\cos\omega t\, d(\omega t) +$$
$$\frac{2}{\pi}\int_{\pi-\alpha}^{\pi} K(A\sin\omega t + a)\cos\omega t\, d(\omega t)$$
$$= \frac{4KA}{\pi}\left[\left(\frac{a}{A}\right)^2 - \frac{a}{A}\right]$$

$$B_1 = \frac{2}{\pi}\int_0^{\frac{\pi}{2}} K(A\sin\omega t - a)\sin\omega t\, d(\omega t) +$$
$$\frac{2}{\pi}\int_{\frac{\pi}{2}}^{\pi-\alpha} K(A - a)\sin\omega t\, d(\omega t) +$$
$$\frac{2}{\pi}\int_{\pi-\alpha}^{\pi} K(A\sin\omega t + a)\sin\omega t\, d(\omega t)$$
$$= \frac{KA}{\pi}\left[\frac{\pi}{2} + \arcsin\frac{A - 2a}{A} + 2\left(\frac{A - 2a}{A}\right)\sqrt{\frac{a}{A} - \left(\frac{a}{A}\right)^2}\right]$$

$$C_1 = \sqrt{A_1^2 + B_1^2}, \varphi_1 = \arctan(A_1/B_1)$$

所以，滞环非线性环节的描述函数为

$$N(A) = \frac{C_1}{A}\mathrm{e}^{\mathrm{j}\varphi_1} = \frac{\sqrt{A_1^2 + B_1^2}}{A}\mathrm{e}^{\mathrm{j}\varphi_1} \tag{7-6}$$

它仍与频率无关，由于滞环非线性的多值性质，使得 $\varphi_1 \neq 0$，输入输出间产生了相位差，故此时 $N(A)$ 为一复数。

四、继电特性

1. 单值继电特性

当输入正弦信号 $x_1(t) = A\sin\omega t$ 时，输出如图 7-14 所示，为奇函数，故

$$A_1 = 0, \quad \varphi_1 = 0$$

所以

$$B_1 = \frac{2}{\pi}\int_0^\pi x_{2\mathrm{m}}\sin\omega t\,\mathrm{d}(\omega t) = \frac{4}{\pi}x_{2\mathrm{m}}$$

其描述函数为

$$N(A) = \frac{4x_{2\mathrm{m}}}{\pi A} \tag{7-7}$$

图 7-14　单值继电特性在正弦输入作用下的输出波形

可知，$N(A)$ 与 $\dfrac{x_{2\mathrm{m}}}{A}$ 成比例关系。

2. 非单值继电特性

当 $x_1(t) = A\sin\omega t\,(A > a)$ 时，输出如图 7-15 所示，仍为方波，但滞后于输入信号一个角度 α，且有

$$\alpha = \arcsin(a/A)$$

由于

$$A_1 = \frac{-4ax_{2\mathrm{m}}}{\pi A}, \quad B_1 = \frac{x_{2\mathrm{m}}}{\pi}\sqrt{1 - \left(\frac{a}{A}\right)^2}$$

$$\varphi_1 = \arctan\frac{A_1}{B_1}$$

$$= -\arctan\frac{\dfrac{a}{A}}{\sqrt{1 - \left(\dfrac{a}{A}\right)^2}}$$

$$= -\arcsin\left(\frac{a}{A}\right) = -\alpha$$

于是得其描述函数为

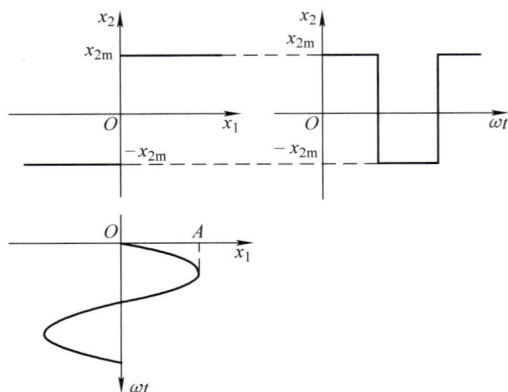

$$N(A) = \frac{4x_{2m}}{\pi A} e^{-j\alpha} \qquad (A \geqslant a) \tag{7-8}$$

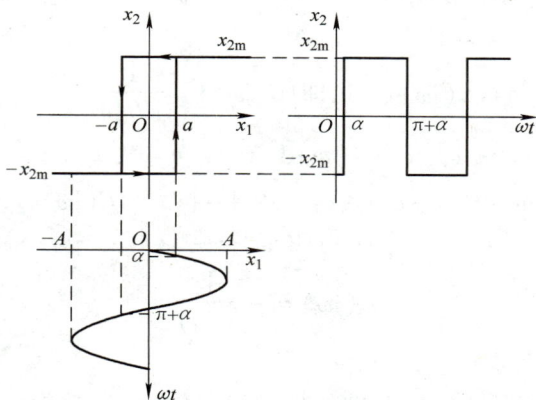

图 7-15　非单值继电特性在正弦输入作用下的输出波形

第四节　用描述函数法研究非线性系统

如前所述，描述函数法只适宜用来研究非线性系统的稳定性以及自激振荡性能。本节就来讨论如何应用描述函数法分析非线性系统。为讨论方便，限定下述两种情况：

1）非线性为斜对称的。

2）非线性环节只有一个正弦输入。

一、稳定性分析

首先考察图 7-16 含有非线性环节的系统。

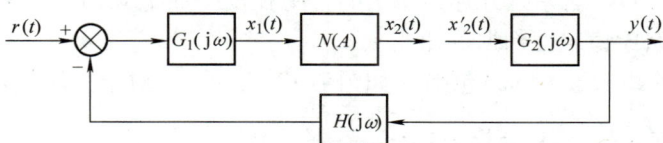

图 7-16　含有非线性环节的系统结构图

在讨论稳定性时，认为 $r(t)=0$。当系统在非线性环节 $N(A)$ 处开环，设 $G_2(j\omega)$ 有正弦输入 $x_2' = A_2\sin\omega t$ 时，反馈至非线性环节的输入信号亦为正弦信号，即有

$$x_1(t) = -|G(j\omega)|A_2\sin[\omega t + \theta(\omega)]$$

式中

$$|G(j\omega)| = |G_1(j\omega)G_2(j\omega)H(j\omega)|$$

$$\theta(\omega) = \underline{/G(j\omega)} = \underline{/G_1(j\omega)} + \underline{/G_2(j\omega)} + \underline{/H(j\omega)}$$

设非线性描述函数为

$$N(A) = M(A)e^{j\varphi_1(A)}$$

则非线性环节的输出为

$$x_2(t) = -M(A)|G(j\omega)|A_2\sin[\omega t + \theta(\omega) + \varphi_1(A)]$$
$$= M(A)|G(j\omega)|A_2\sin(\omega t + \pi + \theta(\omega) + \varphi_1(A))$$

此时，当非线性环节输出信号 x_2 等于 $G_2(s)$ 的输入信号 x_2'，系统则产生振荡。显然，其振荡条件应为

$$\begin{cases} M(A)|G(j\omega)| = 1, \text{即}|G(j\omega)| = \dfrac{1}{M(A)} \\ \theta(\omega) + \varphi_1(A) = (2n+1)\pi \qquad n = 0, \pm 1, \pm 2, \cdots \end{cases}$$

由 $M(A)|G(j\omega)|\sin[\theta(\omega) + \varphi_1(A)] = M(A)e^{j\varphi_1(A)}|G(j\omega)|\underline{/G(j\omega)} = 1 \underline{/(2n+1)\pi}$

得

$$N(A)G(j\omega) = -1$$

$$G(j\omega) = -\frac{1}{N(A)} \tag{7-9}$$

式（7-9）表明：

1）线性部分的频率特性 $G(j\omega)$ 与非线性描述函数 $N(A)$ 的乘积为 -1 时，系统将产生振荡。

2）$G(j\omega)$ 是关于 ω 的复变函数，$N(A)$ 是关于 A 的复变函数。

在同一复平面绘制出 $-1/N(A)$ 随振荡幅值 A 变化的曲线和 $G(j\omega)$ 随频率 ω 变化的曲线，二者交点处相应的频率 ω 和幅值 A 即为所产生振荡的幅值 A_0 和频率 ω_0。

通常称非线性系统描述函数 $N(A)$ 相应的 $-1/N(A)$ 曲线为负倒幅特性曲线，并且常常用其分析非线性系统的稳定性能。

通过列出系统等效闭环传递函数

$$G_B(j\omega) = \frac{G_1(j\omega)G_2(j\omega)N(A)}{1 + G_1(j\omega)G_2(j\omega)H(j\omega)N(A)} = \frac{G_1(j\omega)G_2(j\omega)N(A)}{1 + G(j\omega)N(A)}$$

由其闭环特征方程 $1 + G(j\omega)N(A) = 0$，同样可得式（7-9），并由此可知，非线性系统的振荡是系统闭环反馈的结果。

与线性系统稳定性分析法相比较，非线性系统的负倒幅特性 $-1/N(A)$ 就相当于系统的临界稳定点 $(-1, j0)$。若系统开环为稳定的，则在复平面上画出 $-1/N(A)$ 曲线和 $G(j\omega)$ 的奈氏曲线，应用奈氏稳定性判据可知：

1）$-1/N(A)$ 曲线未被 $G(j\omega)$ 包围（如图 7-17a 所示），对于 $-1/N(A)$ 曲线上任一幅值点 N，有：相角裕度 $= \gamma$，幅值裕度 $= 20\lg\dfrac{|\overrightarrow{ON}|}{|\overrightarrow{OG}|}$。

此时该非线性系统稳定，受非线性环节特性影响所产生的输出振荡幅值不能维持，而是不断衰减直至为零，系统输出响应性能主要由线性环节决定。

2）$-1/N(A)$ 曲线被 $G(j\omega)$ 包围（如图 7-17b 所示），此时该非线性系统不稳定，当系统受干扰时，其输出振荡幅值将不断增大，呈发散状况，系统无法正常稳定工作在平衡点上。

3）$-1/N(A)$ 曲线与 $G(j\omega)$ 相交（如图 7-17c 所示），则非线性系统输出可能产生持续的振荡，振荡幅值为交点处 $-1/N(A)$ 对应的 A_0 值，振荡频率为交点处对应 $G(j\omega)$ 的频率 ω_0 值，该振荡可能是发散的（如 A 点），也可能为收敛的（如 B 点）。

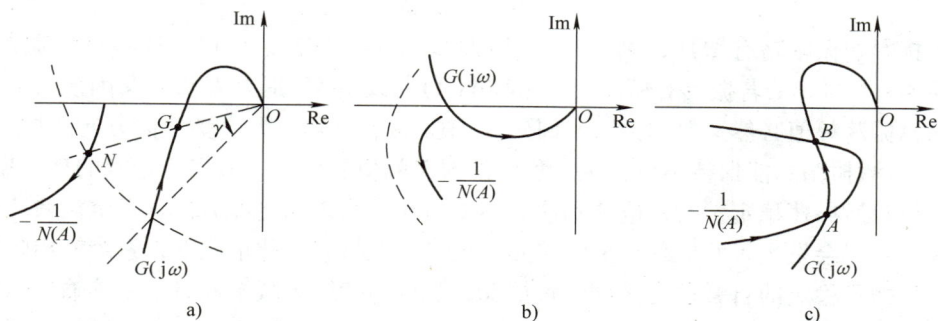

图 7-17　描述函数法分析非线性系统稳定性

二、自激振荡分析

由上节所讨论的 $-1/N(A)$ 曲线与 $G(j\omega)$ 相交情况知，非线性系统在此情况下将产生持续的振荡，这种由非线性环节造成的持续振荡称为自激振荡，是非线性系统特有的现象。如果自激振荡受到干扰后仍能维持振荡幅值和频率不变，则称为稳定自激振荡；如果自激振荡受到干扰后不能维持其振荡幅值和频率，则称为不稳定自激振荡。因此，应对 $-1/N(A)$ 曲线与 $G(j\omega)$ 相交情况进一步分析，考察其自激振荡的稳定性能。

已知单位反馈非线性系统负倒幅特性和开环频率特性如图 7-18 所示，若有一组参数满足

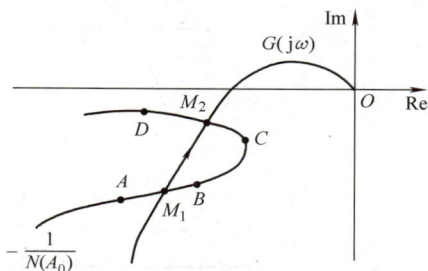

图 7-18　非线性系统的自激振荡分析

$$G(j\omega_0) = -\frac{1}{N(A_0)}$$

则系统处于等幅振荡状态，振幅 A_0 和频率 ω_0 就是系统振荡的参数。若存在两个交点 M_1、M_2，则系统对应存在两个自激振荡状态。现在来分析两个自激振荡状态的稳定情况。

设交点 M_1 处振荡频率为 ω_1，振荡幅值为 A_1，系统输出响应以正弦形式等幅振荡，即

$$y(t) = A_1 \sin\omega_1 t$$

若在某种干扰作用下，使振荡幅值减小，则 $-1/N(A)$ 曲线离开负倒幅特性曲线上 M_1 点，退至 A 点。按前节分析，此时系统稳定，振荡将不断衰减直至系统自激振荡消失；但若干扰作用使得振荡幅值增大，即变化到 $-1/N(A)$ 曲线的 B 点，又由于该点被包围在奈氏曲线内部，系统处于不稳定状态，输出响应振荡幅值从 A_1 不断发散增大，振荡进一步加剧，可认为系统性能恶化。

通过分析可以发现，在 M_1 点，稍有任何扰动影响都会使得自激振荡不能维持在平衡点 M_1 的振幅和频率上，不是衰减就是发散，属于不稳定的自激振荡。

同样的分析再看交点 M_2，此时振荡频率为 ω_2，振荡幅值为 A_2，系统输出响应为

$$y(t) = A_2 \sin \omega_2 t$$

受干扰影响振幅略有增加，则 $-1/N(A)$ 曲线从 M_2 变化至 D 点，这将造成振荡减弱，振幅降回 M_2 点的 A_2；若振幅有所减小，$-1/N(A)$ 曲线由 M_2 退到 C 点，又因该点被包在奈氏曲线内，振荡幅值必然又要加大，又回到 A_2 值。由此可知，无论受任何方向的扰动影响，M_2 点上的自激振荡总能保持不变，维持稳定的振荡幅值和频率，故属于稳定的自激振荡。

在分析自激振荡稳定性时，应特别注意不要与整个系统稳定性的概念发生混淆。稳定的自激振荡，肯定会发生等幅振荡现象，按照系统稳定性概念，此情况下，系统输出响应却是不稳定的。而不稳定的自激振荡又分两种情况，当振幅持续衰减至零时，系统输出响应是稳定的；当振荡幅值不断发散，且又不能维持稳定自激振荡，自激振荡为不稳定的，系统输出响应亦不稳定。

例 7-1　判断图 7-19 中各自激振荡点稳定与否。

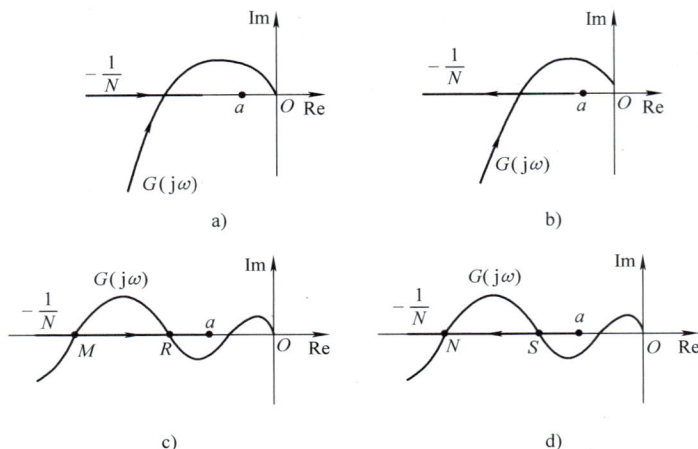

图 7-19　例 7-1 非线性系统的自激振荡稳定性

解： 仿照前述分析方法，容易看出：图 7-19a 为不稳定自激振荡；图 7-19b 为稳定自激振荡；图 7-19c 中的 R 为稳定自激振荡点，M 为不稳定自激振荡点；图 7-19d 中 S 为不稳定自激振荡点，N 为稳定自激振荡点。

以上讨论的是描述函数与频率无关的情况，当描述函数与频率有关时，则有

$$G(j\omega) = -\frac{1}{N(A, \omega)}$$

绘制在复平面上，$-1/N(A, \omega)$ 是随 ω 不同值的曲线簇。该曲线簇与 $G(j\omega)$ 的交点即可确定自激振荡的幅值和频率。

例 7-2　非线性系统如图 7-20 所示，已知 $\dfrac{a}{x_{2m}} = 0.5$，确定自激振荡的振幅和频率。

解： 由非单值继电特性描述函数表达式（7-8），有

$$N(A) = \frac{4x_{2m}}{\pi A} e^{-j\alpha} \qquad (A \geqslant a) \text{ 且 } \alpha = \arcsin \frac{a}{A}$$

所以 $-\dfrac{1}{N(A)} = -\dfrac{\pi A}{4x_{2m}}\mathrm{e}^{\mathrm{j}\alpha} = -\dfrac{\pi A}{4x_{2m}}(\cos\alpha + \mathrm{j}\sin\alpha) = -\dfrac{\pi}{4x_{2m}}\sqrt{A^2 - a^2} - \mathrm{j}\dfrac{\pi a}{4x_{2m}}$

其虚部与 A 无关，所以当 $-1/N(A)$ 随 A 变化时，在复平面上是一条平行于实轴的直线。

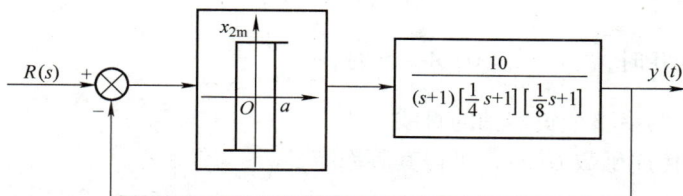

图 7-20 例 7-2 非线性系统结构图

又由 $$G(s) = \dfrac{320}{(s+1)(s+4)(s+8)}$$

得 $$G(\mathrm{j}\omega) = \dfrac{320[32 - 13\omega^2 - \mathrm{j}\omega(44 - \omega^2)]}{(1+\omega^2)(16+\omega^2)(64+\omega^2)}$$

绘出相应曲线如图 7-21 所示，在交点处

$$\mathrm{Im}[G(\mathrm{j}\omega)] = -\dfrac{a\pi}{4x_{2m}}, \quad \dfrac{a}{x_{2m}} = 0.5$$

所以，$$\dfrac{320\omega(44 - \omega^2)}{(1+\omega^2)(16+\omega^2)(64+\omega^2)} = \dfrac{\pi}{8}$$

解得 $\omega_0 = 4.8\mathrm{rad/s}$。

由于相交点实部相等，将 ω_0 代入，有

$$\dfrac{320(32 - 13\omega_0^2)}{(1+\omega_0^2)(16+\omega_0^2)(64+\omega_0^2)} = -\dfrac{\pi}{4x_{2m}}\sqrt{A^2 - a^2}$$

解出 $A = 1.43x_{2m}$ 或者 $2.86a$。

据此分析可知，若 x_{2m} 和 a 大（滞环宽），则振幅相应也大，对系统有较大影响。

例 7-3 确定图 7-22 非线性系统的自激振荡振幅和频率。

解： 理想继电特性的描述函数由式（7-7）知，为

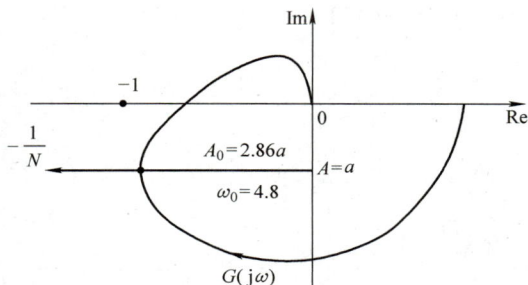

图 7-21 例 7-2 系统的幅相特性曲线

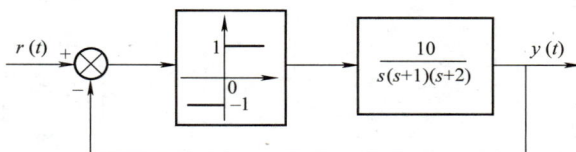

图 7-22 例 7-3 非线性系统结构图

$$N(A) = \frac{4x_M}{\pi A}$$

则

$$-\frac{1}{N(A)} = -\frac{\pi A}{4x_M}$$

由于 $x_M = 1$ 且 $A = 0$ 时，$-\dfrac{1}{N(A)} = 0$；$A \to \infty$ 时，$-\dfrac{1}{N(A)} \to -\infty$

故 $-1/N(A)$ 的轨迹为沿整个负实轴的直线。

由线性部分的传递函数 $G(s)$，可得其频率特性

$$G(j\omega) = \frac{10}{j\omega(j\omega+1)(j\omega+2)} = \frac{10}{-3\omega^2 + j\omega(2-\omega^2)} = \frac{10}{\omega} \frac{-3\omega - j(2-\omega^2)}{\omega^4 + 5\omega^2 + 4}$$

$$= \frac{-30}{\omega^4 + 5\omega^2 + 4} - j\frac{10(2-\omega^2)}{\omega(\omega^4 + 5\omega^2 + 4)}$$

求 $G(j\omega)$ 与 $-1/N(A)$ 曲线的交点，由 $\mathrm{Im}[G(j\omega)] = 0$，得 $2 - \omega^2 = 0$，解得 $\omega = \sqrt{2}$，将其代入 $\mathrm{Re}[G(j\omega)]$，得 $\mathrm{Re}[G(j\omega)]_{\omega=\sqrt{2}} = -1.67$。

所以，$G(j\omega)$ 与 $-1/N(A)$ 曲线的交点坐标为 $(-1.67, j0)$。

由

$$-\frac{1}{N(A)} = -1.67 \Rightarrow -\frac{\pi A}{4} = -1.67$$

解出自激振荡振幅 $A_0 = 2.1$。

例 7-4　具有饱和非线性特性的系统如图 7-23 所示，其中 $a = 1$，$M = 2$，求系统处于稳定临界状态时，系统线性部分临界开环放大系数 K_c 的值。

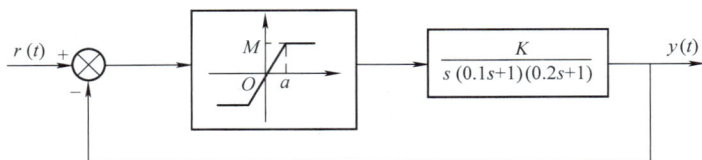

图 7-23　例 7-4 饱和非线性系统结构图

解：饱和特性的描述函数由式（7-4）为

$$N(A) = \frac{2M}{\pi a}\left[\arcsin\frac{a}{A} + \frac{a}{A}\sqrt{1 - \left(\frac{a}{A}\right)^2}\right]$$

因为非线性环节比例系数 $k = \dfrac{M}{a} = 2$，所以

$$-\frac{1}{N(A)} = \frac{-\pi}{4\left[\arcsin\dfrac{1}{A} + \dfrac{1}{A}\sqrt{1 - \left(\dfrac{1}{A}\right)^2}\right]}$$

当 $A = a = 1$ 时，$-\dfrac{1}{N(A)} = -\dfrac{1}{2}$；

$A \to \infty$ 时，$-\dfrac{1}{N(A)} \to -\infty$。

因此，$-1/N(A)$ 是负实轴上从 $-1/2$ 移向 $-\infty$ 的轨迹。

由图 7-24 可知，系统稳定的临界点是其线性部分 $G(j\omega)$ 与非线性 $-1/N(A)$ 曲线起点的相交处 $(-0.5，j0)$。临界开环放大系数 K_c 可按下式求得

$$G(j\omega) = \frac{K}{j\omega(0.1\omega+1)(0.2\omega+1)}$$

$$= \frac{-0.3K}{1+0.5\omega^2+0.0004\omega^4} + j\frac{-K(1-0.02\omega^2)}{1+0.5\omega^2+0.0004\omega^4}$$

令 $\mathrm{Im}[G(j\omega)] = 0$，得 $\omega_0 = \sqrt{50}\mathrm{rad/s}$。所以

$$\mathrm{Re}[G(j\omega)]_{\omega=\sqrt{50}} = -\frac{0.3K}{4.5}$$

系统稳定时

$$\mathrm{Re}[G(j\omega)]_{\omega=\sqrt{50}} = -0.5 = -\frac{0.3K}{4.5}。$$

所以，此系统临界开环放大系数 $K_c = 7.5$。

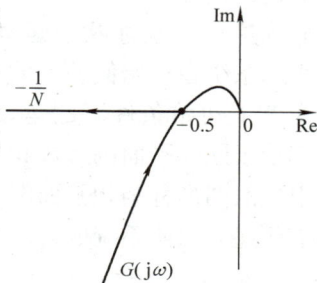

图 7-24　例 7-4 系统的幅相特性曲线

第五节　相平面的基本概念

一、相平面的概念

相平面法（Phase Plane Method）是将一阶和二阶系统的运动过程转化为位置和速度平面上的相轨迹的一种图解方法，该方法可以比较直观、准确地反映系统的稳定性、平衡状态、稳态精度、初始条件及参数对系统运动的影响。在非线性程度严重到使系统输出无法由基波分量近似表达时，或者输入不为正弦函数而为其他典型信号时，以及需要研究系统在不同初始状态下输出响应的动态行为时，利用相平面法对系统进行分析具有一定的优越性。

设系统可由二阶微分方程描述如下：

$$\frac{d^2x}{dt^2} + a_1\left(x, \frac{dx}{dt}\right)\frac{dx}{dt} + a_0\left(x, \frac{dx}{dt}\right)x = 0 \tag{7-10}$$

式中，$a_1\left(x, \dfrac{dx}{dt}\right)$ 和 $a_0\left(x, \dfrac{dx}{dt}\right)$ 可以是 x 和 $\dfrac{dx}{dt}$ 的函数，也可以是常系数。

由方程式（7-10）求得解 $x(t)$ 和 dx/dt 之后，通常是将 $x(t)$、dx/dt 随时间 t 变化的曲线表示在 $x(t)-t$、$\dfrac{dx}{dt}-t$ 坐标上来描述。

若设 $\dfrac{dx}{dt}$ 和 x 为系统的状态变量（亦称相变量），用来表示上述方程的解，并建立以 $\dot{x}$ 为纵坐标和以 x 为横坐标的直角坐标平面，称之为相平面。对应每一时刻 $t_i(i=0，1，2，\cdots，k)$ 的相应状态 $x(t_i)$，$\dfrac{dx(t)}{dt}\Big|_{t=t_i}$ 均可逐一表示在相平面上，其运动轨迹形成一条相平面上以 t 为参变量的曲线，如图 7-25 所示。曲线上用箭头表示参变量时间 t 的增加方向，每一个点代

表系统在某个时刻的状态，整条曲线描述了系统随时间推移的运动过程。

我们称这种能描述状态运动过程的曲线为相轨迹，它表示系统在初始偏差下的整个运动过程。同一系统，在多个初始条件下的运动状况对应多条相轨迹，全部绘于同一平面则形成相轨迹簇，而由一簇相轨迹所组成的图形称为相平面图。

如前所述，二阶系统的运动状态是由 x 及其一阶导数 $\dot{x}$ 确定的，由于方程式（7-10）的约束，对于每一对 $(x, \dot{x})$ 状态，只有一个相应的 $\ddot{x}$ 值，即

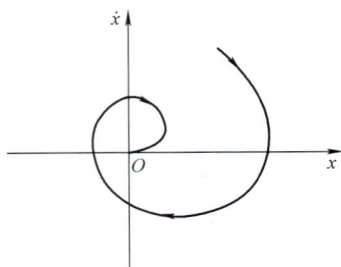

图 7-25 非线性系统的
相轨迹曲线

$$\ddot{x} = f(\dot{x}, x)$$

$$\frac{\ddot{x}}{\dot{x}} = \frac{\mathrm{d}\dot{x}/\mathrm{d}t}{\mathrm{d}x/\mathrm{d}t} = \frac{\mathrm{d}\dot{x}}{\mathrm{d}x} \tag{7-11}$$

所以对于二阶系统来说，除了平衡点外，相平面上各点都有一个完全确定的斜率，经过每一个点都只有一条相轨迹，相轨迹互不相交；但注意在平衡点处 $\dfrac{\mathrm{d}\dot{x}}{\mathrm{d}x} = \dfrac{0}{0}$ 为不定值，则可能有多条相轨迹进入或者离开该点，故平衡点又称为奇点，其性质在后面章节评述。

相平面法的缺点是只适用于一阶或者二阶系统，并且只限于求解输入为零的齐次方程。

二、相平面图的绘制

无论何种方法绘制相平面图，其依据都是相应的二阶微分方程。下边分别讨论两种常用的方法——解析法和等倾线法。

1. 解析法

设机械系统方程为

$$m\ddot{y} + Ey + F = 0$$

式中，m 是运动质量；F 是非线性摩擦力（见图 7-26）；E 是弹簧系数。

F_c 前的符号由 $\dot{y}$ 决定，即 $F = F_c \mathrm{sgn}\dot{y}$。令

$$\frac{E}{m} = \omega_n^2, \gamma = \frac{F}{m\omega_n^2}$$

则方程化为

$$\ddot{y} + \omega_n^2(y + \gamma) = 0 \tag{7-12}$$

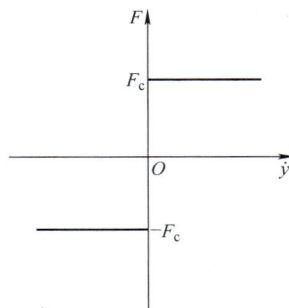

图 7-26 机械系统的非
线性摩擦力特性

为求解方便，作进一步变换，设两状态变量分别为 $x_1 = y + \gamma$，$x_2 = \dot{y} = \dot{x}_1$，写出相应一阶微分方程组

$$\dot{x}_1 = x_2$$

$$\dot{x}_2 = -\omega_n^2 x_1$$

易知

$$\frac{\mathrm{d}x_2}{\mathrm{d}x_1} = -\frac{\omega_\mathrm{n}^2 x_1}{x_2}$$

积分求得 $x_2^2 + \omega_\mathrm{n}^2 x_1^2 = c'$，仍用原方程变量表示，有

$$\left(\frac{1}{\omega_\mathrm{n}}\dot{y}\right)^2 + (y + \gamma)^2 = c \tag{7-13}$$

在以 $\dfrac{1}{\omega_\mathrm{n}}\dot{y}$ 和 y 分别为纵、横坐标的相平面的上半平面，当 $\dot{y} > 0$ 时，式（7-13）中 γ 应取 "＋" 号，相轨迹是一簇以（$-\gamma$，0）为圆心的上半圆，半径由积分常数 c 确定。

在 $\dfrac{1}{\omega_\mathrm{n}}\dot{y} - y$ 相平面的下半平面，$\dot{y} < 0$，式（7-13）中 γ 应取 "－" 号，相轨迹是一簇以（γ，0）为圆心的下半圆，半径仍由积分常数 c 决定。

相平面上半部分总有 $\dot{y} > 0$，故 y 增大，相轨迹由左至右；而相平面下半部分总有 $\dot{y} < 0$，故 y 减小，相轨迹由右至左。所以随着时间的增加，相轨迹上的点总是按顺时针方向移动。

由上所述，画出该系统的相轨迹曲线如图 7-27 所示。由图 7-27 可对系统作简单分析。系统从初始状态 c_0 处出发，沿相平面上相轨迹变化，一旦系统的状态进入区间 $[-\gamma, \gamma]$ 内，即输出位移 $|y| \leqslant \gamma$，相轨迹无法再变化，系统即停止运动，系统有可能存在静差，这是由于系统中的摩擦力所造成的。

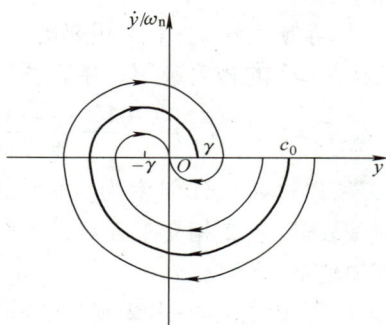

图 7-27　机械系统的相轨迹曲线

2. 等倾线法

等倾线法是一种图解绘制相平面的方法。我们考察式（7-10）给出的二阶系统

$$\frac{\mathrm{d}^2 x}{\mathrm{d}t^2} + a_1\left(x, \frac{\mathrm{d}x}{\mathrm{d}t}\right)\frac{\mathrm{d}x}{\mathrm{d}t} + a_0\left(x, \frac{\mathrm{d}x}{\mathrm{d}t}\right)x = 0$$

各项除以 $\dfrac{\mathrm{d}x}{\mathrm{d}t} = \dot{x}$，并移项，得

$$\frac{\mathrm{d}^2 x/\mathrm{d}t^2}{\mathrm{d}x/\mathrm{d}t} = \frac{\mathrm{d}\dot{x}}{\mathrm{d}x} = -a_1(x, \dot{x}) - a_0(x, \dot{x})\frac{x}{\dot{x}} \tag{7-14}$$

方程式（7-14）描述的是相轨迹在相平面上的变化率情况，是关于相轨迹的一阶微分方程。方程中，$\dfrac{\mathrm{d}\dot{x}}{\mathrm{d}x}$ 表示相轨迹的变化率。当 $\dfrac{\mathrm{d}\dot{x}}{\mathrm{d}x} = \alpha = \mathrm{const}$，即

$$-a_1(x, \dot{x}) - a_0(x, \dot{x})\frac{x}{\dot{x}} = \alpha \tag{7-15}$$

它表示相轨迹上斜率相等，均为常数 α 的所有点的连线，称为等倾线。方程式（7-15）也称为等倾线方程，是用以求取系统相轨迹的主要数学依据。

对于线性定常二阶方程，易求得等倾线为过相平面坐标原点的直线。取不同的 α 值，在整个相平面上可以做出不同 α 值的等倾线族。

下面以二阶系统为例，说明等倾线法的应用。

典型二阶系统齐次微分方程为

$$\ddot{x} + 2\zeta\omega_n\dot{x} + \omega_n^2 x = 0$$

按式（7-15），其等倾线方程为

$$-2\zeta\omega_n - \omega_n^2\frac{x}{\dot{x}} = \alpha, \text{ 即有 } \frac{\dot{x}}{x} = \frac{-\omega_n^2}{\alpha + 2\zeta\omega_n}$$

所以等倾线是通过相平面原点的一些直线，当 $\zeta = 0.5$、$\omega_n = 1\text{rad/s}$ 时的等倾线如图 7-28 所示。

利用等倾线法绘制从 A 点出发的相轨迹过程如下：

1）从等倾线 $\alpha = -1$ 到相邻的另一条等倾线 $\alpha = -1.2$ 的相轨迹用一条直线段近似。直线的平均斜率为 $\frac{(-1) + (-1.2)}{2} =$ -1.1，所以过 A 点作斜率为 -1.1 的直线，与等倾线 $\alpha = -1.2$ 相交于 B 点，线段 AB 近似为相轨迹的一部分。

2）从等倾线 $\alpha = -1.2$ 到相邻的另一条等倾线 $\alpha = -1.4$ 的相轨迹用一条斜率为 $\frac{(-1.2) + (-1.4)}{2} = -1.3$ 的直线近似。所以过点作斜率为 -1.3 的直线，与等倾线 $\alpha = -1.4$ 相交于 C 点，线段 BC 近似为相轨迹的一部分。

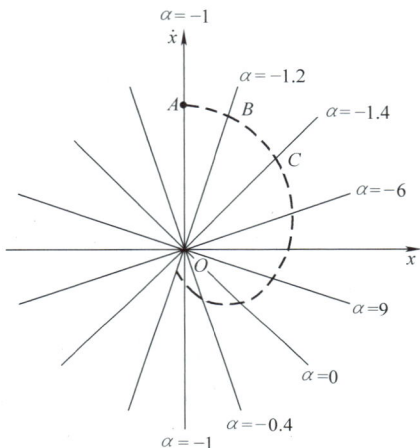

图 7-28 $\zeta = 0.5$、$\omega_n = 1\text{rad/s}$ 时的等倾线

3）以此类推，做出各等倾线间的相轨迹线段。显然，要求准确度高就要有一定的等倾线密度。

第六节 线性控制系统的相平面分析

以上在分析非线性系统中引入了相平面的概念。为了说明相平面法在分析系统中的重要作用，有必要在本节先介绍一下在线性系统中的应用，因为许多典型的非线性系统常常用分段线性系统来近似表达。

下面我们仍以二阶系统为例说明如何应用相平面法分析系统。

一、阶跃响应

设二阶线性系统如图 7-29 所示。$t = 0$ 时，处于静止状态，有

$$T\ddot{y} + \dot{y} = Ke \qquad (7\text{-}16)$$

因为 $e = r - y$，$\dot{e} = \dot{r} - \dot{y}$，$\ddot{e} = \ddot{r} - \ddot{y}$，所以，式（7-16）可写成为

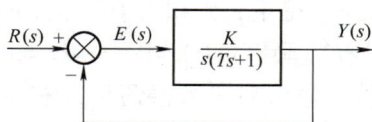

图 7-29　典型二阶线性系统结构图

$$T\ddot{e} + \dot{e} + Ke = T\ddot{r} + \dot{r} \qquad (7\text{-}17)$$

在阶跃输入作用下 $r(t) = R$，$\ddot{r} = \dot{r} = 0$，所以，式（7-17）可表示为误差信号 e 的齐次方程

$$T\ddot{e} + \dot{e} + Ke = 0 \qquad (t \geqslant 0)$$

由于系统处于静止状态，初始条件为 $e(0) = R$，$\ddot{e}(0) = 0$，且有 $\dfrac{\ddot{e}}{\dot{e}} = \dfrac{\mathrm{d}\dot{e}}{\mathrm{d}e} = \dfrac{-\dot{e} - Ke}{T\dot{e}}$（相平面各点的斜率），所以，在 $\dot{e}$-e 平面上的相轨迹起始于 $(R,0)$ 点，收敛于原点，即系统的奇点（$\dot{e} = e = 0$）。在此点斜率不定，有无穷多条轨迹进入或者离开此点。至于相轨迹的形状则取决于系统特征方程的极点的分布（如图 7-30 所示）。图 7-30a 对应系统闭环极点为一对共轭复数极点情况，误差响应 $e(t)$ 明显出现超调现象，从图 7-30c 中时域响应曲线看得更为清楚；而图 7-30b 对应为一对稳定实数极点情况，误差 $e(t)$ 单调变化，不产生超调。

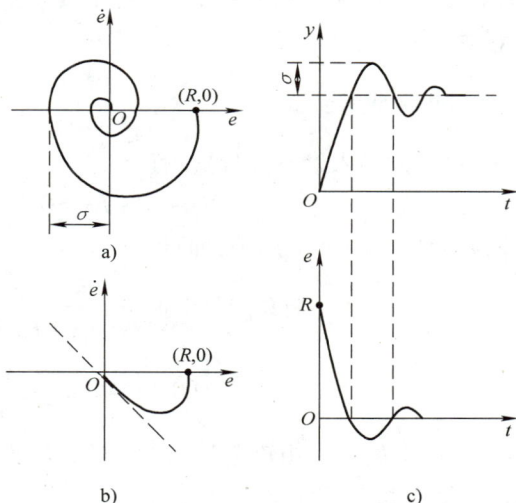

图 7-30　典型二阶线性系统阶跃输入
相轨迹图及时域曲线

二、斜坡响应

系统仍如图 7-29 所示，但输入为斜坡函数，即 $r(t) = Vt$，$\ddot{r}(t) = 0$，$\dot{r}(t) = V$（$t \geqslant 0$）此时式（7-17）改写为

$$T\ddot{e} + \dot{e} + Ke = V$$

为将方程化为齐次形式，设 $e - V/K = x$，代入上式得

$$T\ddot{x} + \dot{x} + Kx = 0 \qquad (7\text{-}18)$$

注意，此时若在 $\dot{x}$-x 平面上绘出方程式（7-18）的相平面图与前述图形相同，其形状取决于系统特征方程的极点的分布。若仍绘制在 $\dot{e}$-e 平面上，则相当于整个图形向右平移 V/K，画出 $e(0)=0$，$\dot{e}(0)=V$ 为初始条件，输出响应为振荡形式和单调形式的相轨迹图，分别如图 7-31a、b 所示。

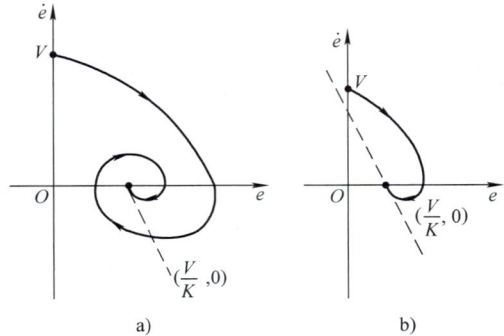

图 7-31 典型二阶线性系统
斜坡输入相轨迹图

观察图 7-31 可知：对斜坡输入的情况，除了整个图形向右移动 V/K 之外，其他与阶跃输入完全相同，系统的稳态误差为 V/K。

注意：对于具有一个奇点的系统，可以用坐标平移的方法将其移至原点。但对于具有多个奇点的非线性系统，常用分开的相平面图去表示其特性。

三、脉冲响应

对于单位脉冲输入量 $r=\delta(t)$，有

$$T\ddot{y} + \dot{y} + Ky = 0 \qquad (t>0)$$

初始条件为 $y(0_+)=y(0_-)=0$，而且

$$y(0_+) = \lim_{s\to\infty} \frac{sK}{Ts^2+s+K} = 0 \qquad （初始定理）$$

$$\dot{y}(0_+) = \lim_{s\to\infty} \frac{s^2K}{Ts^2+s+K} = \frac{K}{T}$$

所以在 $\dot{y}$-y 平面上，相轨迹起点为：$(0，K/T)$，见图 7-32a，图中两条相轨迹分别对应输出为振荡形式和单调形式情况。若化为以误差信号 $e(t)$ 表示系统的方程，则有 $T\ddot{e}+\dot{e}+Ke=0$，同样可由初值定理求得初始状态为 $e(0_+)=0$，$\dot{e}(0_+)=-K/T$，画出 $\dot{e}$-e 平面上的相轨迹图，见图 7-32b。

因此可以说，线性的二阶系统在相平面上只有一个奇点，奇点的位置取决于系统的初始状态和输入信号，奇点附近相平面的形状与系统特征方程极点的形式有很大关系。

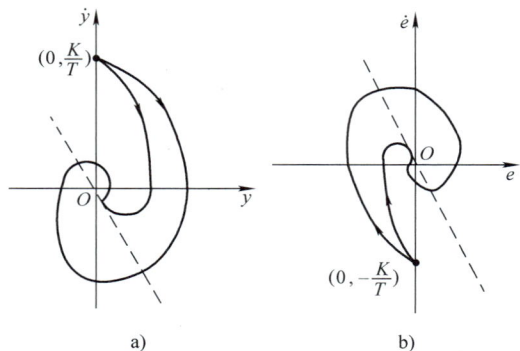

图 7-32 典型二阶线性系统脉冲输入相平面图

四、奇点和奇线

引入相平面图的概念，不仅仅是为求取由给定初始状态出发的某一条相轨迹，主要目的是通过相平面图的研究，不必求出全部微分方程，就可确定系统所有可能的运动状态及其性能。为此本节讨论以下两方面的重要概念和内容。

1. 奇点

如前节所述，对于二阶系统来说，当系统到达平衡点时，其$\dfrac{\mathrm{d}x}{\mathrm{d}t}$、$\dfrac{\mathrm{d}^2x}{\mathrm{d}t^2}$均为 0。所以此处平衡点的相轨迹的斜率为$\dfrac{\mathrm{d}\dot{x}}{\mathrm{d}x} = \dfrac{0}{0}$，为不定值，表现在相平面上，有无穷多条相轨迹离开或者汇入该点，这样的点被称为奇点。

假设$x_1 = x$，$x_2 = \dot{x}$，则式（7-10）为

$$\dot{x}_1 = x_2$$

$$\dot{x}_2 = -a_1(x_1, x_2)x_2 - a_0(x_1, x_2)x_1 \tag{7-19}$$

对于更一般的情况，我们有

$$\left.\begin{array}{l} \dot{x}_1 = P(x_1, x_2) \\ \dot{x}_2 = Q(x_1, x_2) \end{array}\right\} \tag{7-20}$$

此处，P 和 Q 是关于 x_1、x_2 的解析函数。对于非线性系统它们又同时是 x_1、x_2 的非线性函数。

在平衡点处　　$P(x_1, x_2) = 0 \Rightarrow \dot{x}_1 = 0$；$Q(x_1, x_2) = 0 \Rightarrow \dot{x}_2 = 0$

在 x_2-x_1 相平面上，由 $P(x_1, x_2) = 0$ 和 $Q(x_1, x_2) = 0$ 可得两条曲线，由这两条曲线的交点，即可求出平衡点的坐标(x_{10}, x_{20})，因为非线性系统的复杂性，有时会求出多个平衡点，这些平衡点都是系统的奇点。为了确定奇点的性质和奇点附近的性能，将式（7-20）在奇点(x_{10}, x_{20})附近展为泰勒级数，并考虑到 $P(x_{10}, x_{20}) = Q(x_{10}, x_{20}) = 0$ 及忽略高次项，得

$$P(x_1, x_2) = \frac{\partial P}{\partial x_1}\bigg|_{(x_{10}, x_{20})}(x_1 - x_{10}) + \frac{\partial P}{\partial x_2}\bigg|_{(x_{10}, x_{20})}(x_2 - x_{20})$$

$$Q(x_1, x_2) = \frac{\partial Q}{\partial x_1}\bigg|_{(x_{10}, x_{20})}(x_1 - x_{10}) + \frac{\partial Q}{\partial x_2}\bigg|_{(x_{10}, x_{20})}(x_2 - x_{20})$$

为讨论问题方便，假设奇点就在原点，$x_{10} = x_{20} = 0$，令

$$\frac{\partial P}{\partial x_1}\bigg|_{(x_{10}, x_{20})} = a \qquad \frac{\partial P}{\partial x_2}\bigg|_{(x_{10}, x_{20})} = b$$

$$\frac{\partial Q}{\partial x_1}\bigg|_{(x_{10}, x_{20})} = c \qquad \frac{\partial Q}{\partial x_2}\bigg|_{(x_{10}, x_{20})} = d$$

则式（7-20）写为如下简洁形式：

$$\dot{x}_1 = ax_1 + bx_2$$

$$\dot{x}_2 = cx_1 + dx_2$$

消去 x_2，有 $\qquad \ddot{x}_1 - (a+d)\dot{x}_1 + (ad-bc)x_1 = 0$

即 $\qquad\qquad\qquad \ddot{x} - (a+d)\dot{x} + (ad-bc)x = 0 \qquad\qquad (7\text{-}21)$

方程式（7-21）反映了系统在奇点附近的运动状态，实质上主要取决于其对应特征方程两个极点的分布情况和形式。

一般将上述方程包含的情况分成以下 6 种不同的情况（根据相平面作图法则得到）：

图 7-33a 为稳定节点，相变量单调衰减变化，且不产生超调；

图 7-33b 为不稳定节点，相变量单调发散变化，系统不稳定；

图 7-33c 为鞍点，相变量单调发散变化，系统不稳定；

图 7-33d 为稳定焦点，相变量振荡衰减变化，产生超调；

图 7-33e 为不稳定焦点，相变量振荡发散变化，系统不稳定；

图 7-33f 为中心点，相变量等幅振荡变化，系统不稳定。

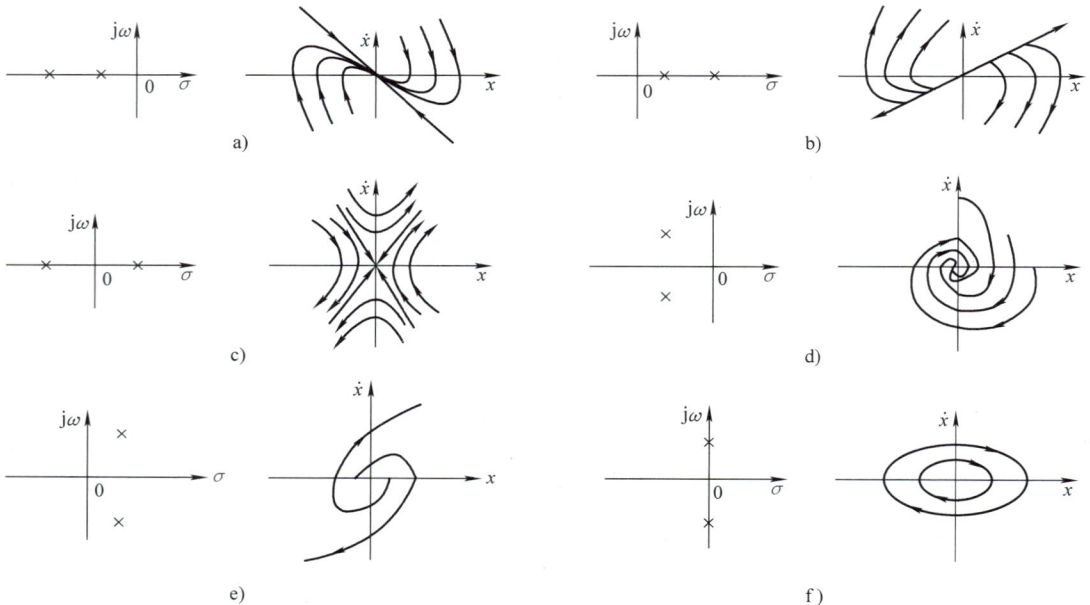

图 7-33　典型二阶系统奇点特性及其相平面图

其中鞍点表示系统总是不稳定的，中心点说明系统在平衡状态周围有无数个可能的周期运动状态。按照上述方法，就可以着手绘制非线性系统的相平面图，并应用相平面法分析非线性系统的动态性能。

例 7-5　绘制方程 $\ddot{x} + 0.5\dot{x} + 2x + x^2 = 0$ 描述的非线性系统的相平面图。

解： 系统的状态方程为

$$\dot{x}_1 = x_2$$

$$\dot{x}_2 = -0.5x_2 - 2x_1 - x_1^2$$

式中，$x_1 = x$，系统平衡时，上式应为零，即

$$x_2 = 0$$

$$-0.5x_2 - 2x_1 - x_1^2 = 0$$

联立求解得出两个系统的平衡点（奇点）P_1、P_2，其坐标分别为

$$\begin{cases} x_1 = 0 \\ x_2 = 0 \end{cases} \text{和} \begin{cases} x_1 = -2 \\ x_2 = 0 \end{cases}$$

在这些点上系统运动的性质分别确定如下：

1）在原点 $P_1 = (0,0)$ 附近，由式（7-21），求得 $a = 0$，$b = 1$，$c = -2$，$d = -0.5$，则相应线性化方程为 $\ddot{x} + 0.5\dot{x} + 2x = 0$，具有一对共轭复数特征根 $s_{1,2} = -0.25 \pm j1.39$，为稳定焦点形式，附近的相轨迹按图 7-33 的规律变化。

2）在奇点 $P_2 = (-2,0)$ 处，同样按式（7-21），求得相应线性化系数 $a = 0$，$b = 1$，$c = 2$，$d = -0.5$ 对应的方程为 $\ddot{x} + 0.5\dot{x} - 2x = 0$，具有两个实数特征根分别为 $s_1 = 1.19$ 和 $s_2 = -1.69$，P_2 为鞍点形式，进入鞍点 $(-2，0)$ 的两条直线为相轨迹的分割线，它将系统分为两种不同运动状态性质的区域。如果初始点落入阴影区域，则相轨迹收敛于其稳定焦点 P_1——原点，系统稳定；如果初始点落入阴影范围之外，则相轨迹将趋于无穷大，系统不稳定。

绘制的相平面图如图 7-34 所示。

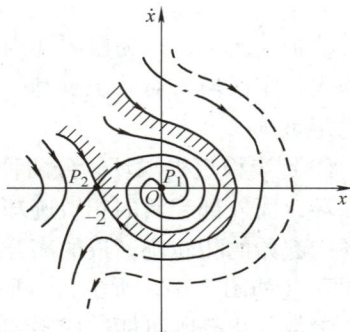

图 7-34 系统奇点特性及其相平面图

2. 极限环——奇线

对于非线性系统来说，还有一种与线性系统不同的状态，即自激振荡状态。在相平面图上表现为一个孤立的封闭的相轨迹，其他轨迹都趋向或者离开这个相轨迹，这个相轨迹称之为极限环。极限环在系统运动状态上表现为自激振荡。

在实际物理系统中，极限环现象是经常发生的，如在通信电子线路中，常常采用非线性方法产生和保持一定频率的振荡信号，这种能维持稳定地周期性变化的响应实际就是一种极限环作用。根据相应的系统动态响应变化情况，极限环分为稳定的、不稳定的和半稳定的三种，分析如下：

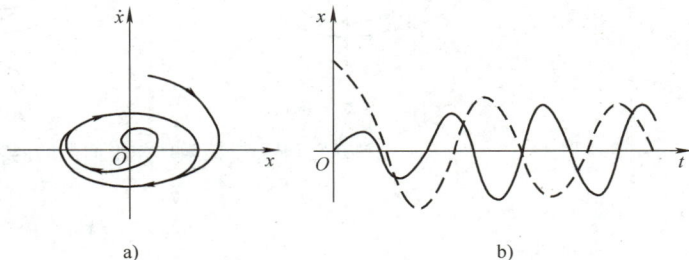

图 7-35 稳定极限环特性及其相平面图

（1）稳定的极限环 当 $t \to \infty$ 时，极限环内、外部起始的相轨迹都渐近地趋于这个极限环（如图 7-35a 所示），其运动状态最终为稳定的等幅振动（如图 7-35b 所示），与描述函数法中稳定自激振荡情况是一致的。这种情况下在设计时应减小极限环，以减小稳态误差。

（2）不稳定极限环 当 $t \to \infty$ 时，极限环内、外部起始的相轨迹都渐近地远离这个极限环（如图 7-36a 所示），系统运动状态不是振荡发散，就是趋于稳定，不能维持等幅振荡（如图 7-36b 所示），这与描述函数法中不稳定自激振荡情况一致。

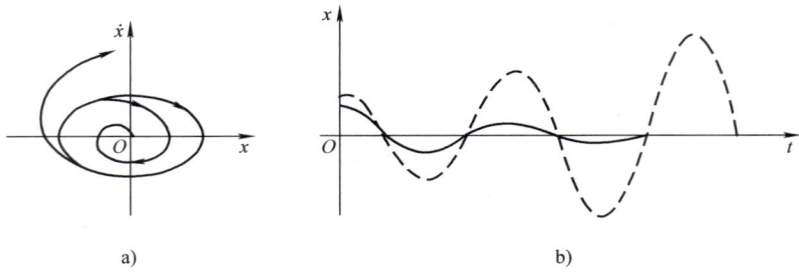

a)   b)

图 7-36   不稳定极限环特性及其相平面图

这种情况下，因为极限环内部系统响应是稳定的，故在设计时应尽可能增大极限环，从而增大稳定区域，对系统有利。系统运行时，尽量使初始状态位于极限环内，以保证系统输出稳定。

（3）半稳定极限环   分两种情况分析，当 $t \to \infty$ 时，极限环内起始的相轨迹渐近地趋于极限环，而外部起始的相轨迹却渐近地远离极限环（如图 7-37a 所示）；或当 $t \to \infty$ 时，极限环内起始的相轨迹渐近的离开极限环而趋于平衡点，而外部起始的相轨迹却渐近地趋于该极限环（如图 7-37b 所示）。两种情况下，系统都难以维持稳定的等幅振荡，稍有任何干扰、参数变化等既可能造成系统不能稳定正常地运行（如图 7-38a 所示），也可能造成非线性系统稳定运行（如图7-38b所示）。

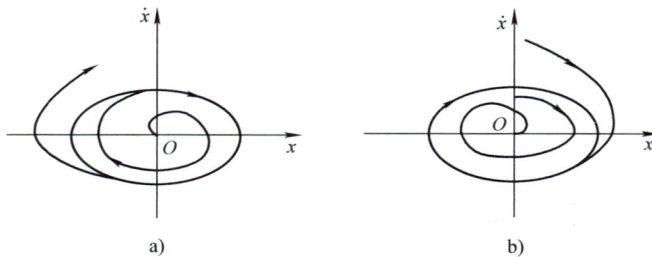

a)   b)

图 7-37   半稳定极限环相平面图的两种情况

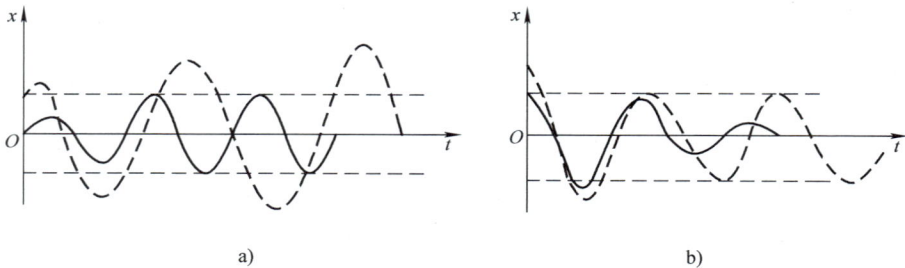

a)   b)

图 7-38   半稳定极限环时域特性

第七节 非线性系统的相平面分析

在前述各节的基础上，我们可以应用相平面法进行非线性系统的分析。具体思路是，将具有非线性因素的二阶系统，用几个分段线性的系统来近似。将整个相平面划分成为若干个区域，其中每个区域内的相轨迹簇对应于相应分段的单独的线性工作状态，将各区域相轨迹簇平滑连接起来，构成完整的非线性系统相平面图，从而可方便、快捷地进行非线性系统分析。

非线性系统形式千变万化，难以统一表述和处理，故本节阐述的几种常见非线性系统的相平面分析方法，均以具体实例分析方式叙述。

一、具有非线性增益的控制系统

例7-6 已知非线性系统如图7-39a所示，其非线性环节输入输出关系如图7-39b所示，具有变增益非线性特性，试用相平面法分析该系统。

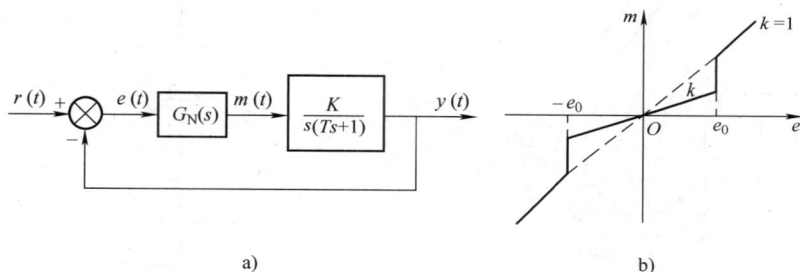

图7-39 例7-6非线性控制系统结构及变增益特性

解：设系统开始处于静止状态，由图可列出系统输出 y 与非线性环节输出 m 之间的微分方程为 $T\ddot{y} + \dot{y} = Km$，因为 $e = r - y$，方程改写为以 $\dot{e}\text{-}e$ 为相变量的表达式，即

$$T\ddot{e} + \dot{e} + Km = T\ddot{r} + \dot{r} \tag{7-22}$$

据此研究在不同输入信号作用下非线性系统的各项性能。

（1）输入为单位阶跃信号 即 $r = 1(t)$，$\ddot{r} = \dot{r} = 0$，式（7-22）右端项为零，得

$$T\ddot{e} + \dot{e} + Km = 0 \qquad (t > 0)$$

根据非线性特性的性质，有如下两个方程：

$$T\ddot{e} + \dot{e} + Ke = 0 \qquad (|e| > e_0) \tag{7-23}$$

$$T\ddot{e} + \dot{e} + Kke = 0 \qquad (|e| < e_0) \tag{7-24}$$

假设系统参数 T、K 及变增益系数 k 是这样设置，即：

对于式（7-23），相平面在奇点处为稳定焦点；对于式（7-24），相平面在奇点处为稳定节点。

因此，这个系统的奇点性质应由以上两式分别决定。容易求得两式奇点均为：$\dot{e} = e =$

0，当系统参数设为 $T=1$、$K=4$、$k=0.0625$ 时，式（7-23）对应有一对共轭复根，而式（7-24）对应有一对重实根，均位于 s 左平面，故较好地满足了以上要求。

若取 $e_0=0.2$，则相平面被划分为如图 7-40 所示的三个区域，分别讨论其动态性能。在直线 $e=e_0$ 和直线 $e=-e_0$ 限定范围之内，是方程式（7-24）的线性工作范围，在这个区域以外是方程式（7-23）所对应的线性工作范围。对于 A 点起始情况，由 $e(0)=1,\dot{e}(0)=0$ 确定，其相轨迹的运动状态由图 7-40 黑实线所示。

自 A 点（初始点）起，以稳定焦点方式运动，至 B 点，在 $e=e_0$ 转化线上，变为以稳定节点方式运动，直至稳定节点 0；

可知，相轨迹在 $|e_0|$ 处相互平滑切换，构成完整运动轨迹。

将图 7-40 与恒定增益 $K=4$ 的图形（如图 7-41 所示）相比较，显然非线性变增益环节起到了良性调节作用，使得系统误差 e 进入较小范围时，回路增益 K 适当降低以保持较好稳定性能，且输出具有更加合适的阶跃响应特性，降低甚至消除超调，且快速性较好。

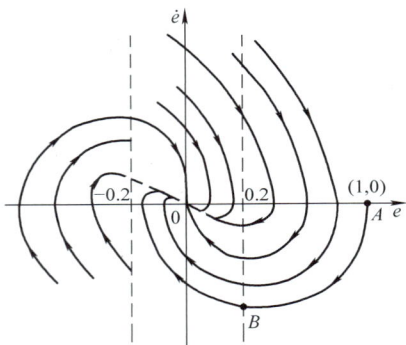

图 7-40 例 7-6 非线性系统阶跃
输入下的完整相平面图

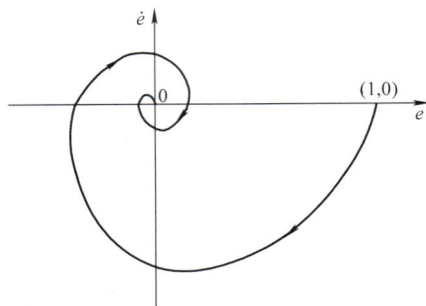

图 7-41 增益恒定控制系统
的相平面图

（2）输入为斜坡信号（或者是斜坡信号加上阶跃信号） 即 $r(t)=R+Vt$，式（7-22）变成

$$T\ddot{e}+\dot{e}+Km=V$$

当 $t>0$ 时，有

$$T\ddot{e}+\dot{e}+Ke=V \qquad (|e|>e_0) \qquad (7\text{-}25)$$

$$T\ddot{e}+\dot{e}+Kke=V \qquad (|e|<e_0) \qquad (7\text{-}26)$$

与方程式（7-25）对应的奇点为 $P_1=(V/K,\ 0)$，设计参数 T、K 使其为稳定焦点；与方程式（7-26）对应的奇点为 $P_2=(V/(Kk),\ 0)$，设计参数 T、K 使其为稳定节点。

讨论：

1）当 $T=1$，$K=4$，$k=0.0625$，$e_0=0.2$，$R=0.3$，$V=0.04$，有

$$\frac{V}{kK}=0.04<0.2,\quad \frac{V}{K}=0.01<0.2$$

在起点 A 处　　　　　　　　$e(0)=R=0.3$, $\dot{e}(0)=V=0.04$

相轨迹从起点 A 处按趋于收敛到稳定焦点 P_1 规律变化。但是，一旦相轨迹到达 B 点，系统的工作状态便发生了变化，使相轨迹向稳定节点 P_2 收敛，稳态时的系统误差为 $\overline{0P_2}$（如图 7-42 所示）。图 7-42a 对应的是两个奇点都位于切换线以内的情况。

2）当 $T=1$，$K=4$，$k=0.0625$，$e_0=0.2$，$V=0.4$，$r=0.4t$，$e(0)=0$，$\dot{e}(0)=0.4$，分别有稳定焦点 $P_1=\dfrac{V}{K}=0.1$ 和稳定节点 $P_2=\dfrac{V}{Kk}=1.6$，相轨迹从起始点 A（0，0.4）出发趋于稳定节点 P_2，至 B 点转换为趋于稳定焦点 P_1，至 C 点又转换为趋于稳定节点 P_2，…，如此在切换线两侧交替变换，直至收敛于切换线与横轴交点 $e=e_0$，$\dot{e}=0$。在这个过程中系统呈现出较小的振荡特性，最终稳态误差为 e_0（如图 7-42b 所示）。

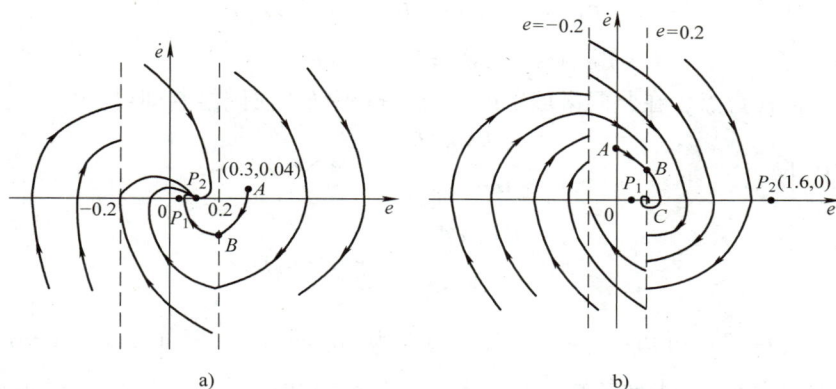

图 7-42　例 7-6 系统在斜坡输入下的相平面图

注意：在从一种线性状态转换到另一种线性状态时，系统若包括一些延时，则系统可能出现围绕着点（e_0，0）的极限环，如上述过程是瞬间发生的，则在稳态时，出现所谓"摄动"（Perturbation）现象。

二、带有饱和非线性的控制系统

例 7-7　带有饱和非线性的控制系统如图 7-43a 所示，其饱和特性曲线如图 7-43b 所示，设系统开始处于静止状态，求解当①$r(t)=R$，②$r(t)=Vt$ 时的系统相轨迹。系统中各参数为：$T=1$，$K=4$，$e_0=0.2$，$M_0=0.2$。

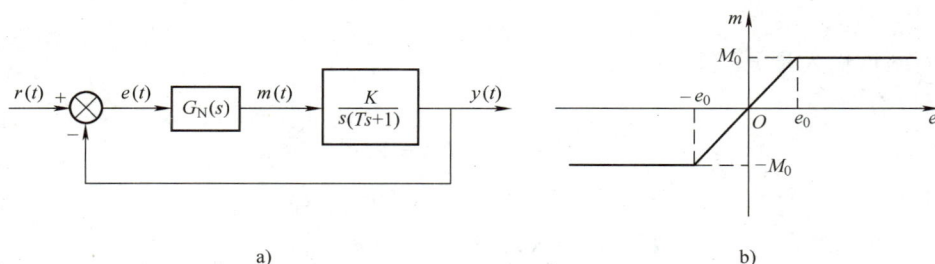

图 7-43　例 7-7 非线性控制系统结构及饱和特性

解： 由饱和特性曲线，有

$$m = e \qquad (|e| \leq e_0)$$
$$m = M_0 \qquad (e > e_0)$$
$$m = -M_0 \qquad (e < -e_0)$$

系统方程为
$$T\ddot{e} + \dot{e} + Km = T\ddot{r} + \dot{r}$$

1）对于 $r(t) = R$，有 $\ddot{r} = \dot{r} = 0$，$t > 0$，所以

$$T\ddot{e} + \dot{e} + Km = 0$$

在饱和特性的线性段范围内，有 $T\ddot{e} + \dot{e} + Ke = 0$ （$|e| \leq e_0$），代入系统参数 T、K 后可知，其奇点（0,0）为稳定焦点，相轨迹变化如图 7-44 中 $|e| < e_0$ 区域内曲线所示。对于非线性工作状态，有

$$T\ddot{e} + \dot{e} + KM_0 = 0 \qquad (e > e_0)$$
$$T\ddot{e} + \dot{e} - KM_0 = 0 \qquad (e < -e_0)$$

分析可知，不存在奇点，在此两区域中的根轨迹按等倾线法则绘制即可。

令 $\dfrac{\mathrm{d}\dot{e}}{\mathrm{d}e} = \alpha$，得
$$\dot{e} = \frac{-KM_0/T}{\alpha + 1/T} \qquad (e > e_0) \tag{7-27}$$

$$\dot{e} = \frac{KM_0/T}{\alpha + 1/T} \qquad (e < -e_0) \tag{7-28}$$

由方程式（7-27）可知：当 $e > e_0$ 时，输入为 $M_0 = \mathrm{const}$，即 $\mathrm{d}\dot{e}/\mathrm{d}e = \alpha = 0$。取不同 α，其等倾线均为位于 $e > e_0$ 平面的直线。特殊地，当 $\alpha = 0$ 时，$\dot{e} = -KM_0$ 为相轨迹的渐近线，所以此区域内相轨迹均趋于直线 $\dot{e} = -KM_0$。

同理，由式（7-28）可知：当 $e < -e_0$ 时，该区域相轨迹均趋于直线 $\dot{e} = KM_0$。据此，可画出该系统完整的相平面图，如图 7-44 所示。

设作用到系统上的阶跃输入幅值为 $R = 2$ 时，其相轨迹如图 7-44 中粗实线所示。根轨迹从初始状态（2，0）出发，变化至 $e = 0.2$ 切换线时，按稳定焦点附近根轨迹规律变化，直至稳定焦点（0，0）。

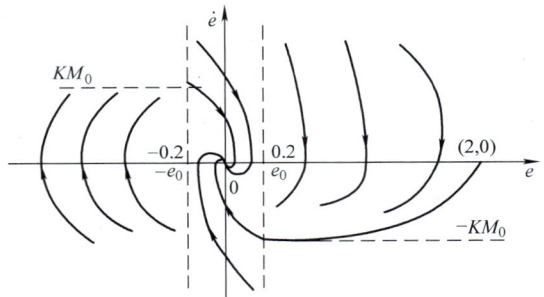

图 7-44　例 7-7 非线性系统阶跃输入下的完整相平面图

2）对斜坡输入量 $r = Vt$，$\dot{r} = V = \mathrm{const}$，所以有

$$T\ddot{e} + \dot{e} + Km = V$$

或
$$T\ddot{e} + \dot{e} + Ke = V \qquad (|e| < e_0)$$
$$T\ddot{e} + \dot{e} + KM_0 = V \qquad (e > e_0)$$

$$T\ddot{e} + \dot{e} - KM_0 = V \qquad (e < -e_0)$$

对于线性工作范围 $|e| < e_0$，奇点位于 $(V/K, 0)$，代入相应参数 T、K、V 可知为稳定焦点，但其位置与 V 值有关。

对于非线性工作状态，则

$$\dot{e} = \frac{V/T + KM_0/T}{\alpha + 1/T} \qquad e < -e_0 \tag{7-29}$$

$$\dot{e} = \frac{V/T - KM_0/T}{\alpha + 1/T} \qquad e > e_0 \tag{7-30}$$

据分析可知，同样不存在奇点。由式（7-29）、式（7-30）可看出，此例中，$\alpha = 0$ 时，也可以求得相轨迹渐近线，即当 $e < -e_0$ 时，相轨迹趋于直线 $\dot{e} = V + KM_0$；当 $e > e_0$ 时，除了 $V = KM_0$ 的特殊情况之外，相轨迹趋于直线 $\dot{e} = V - KM_0$；而根据 $V > KM_0$ 或者 $V < KM_0$ 两种不同情况，相轨迹的渐近线或者位于横轴之上（$\dot{e} > 0$），或者位于横轴之下（$\dot{e} < 0$），对系统性能影响大不相同。详细分析如下：

① $V > KM_0$：当 $V = 1.2$，则 $\alpha = 0$ 时的渐近线为 $\dot{e} = V - KM_0 = 0.4$，奇点 $P_1 = \left(\dfrac{V}{K}, 0\right) = (0.3, 0)$，初始条件 $e(0) = 0$，$\dot{e}(0) = V = 1.2$，故相轨迹上初始点 B 为 $(0, 1.2)$。相轨迹由初始点 A 沿 e 增大方向运动，从 A 点到 B 点的相轨迹趋于稳定焦点 P_1，但经切换线 $e = e_0$ 后，最终趋于水平线 $\dot{e} = 0.4$，稳态误差趋于无穷大，系统难以正常工作（如图 7-45a 所示）。

② $V < KM_0$：当 $V = 0.4$ 时，则 $\alpha = 0$ 时的渐近线为 $\dot{e} = V - KM_0 = -0.4$，奇点 P_2 位于 $\left(\dfrac{V}{K}, 0\right) = (0.1, 0)$，初始条件 $e(0) = 0$，$\dot{e}(0) = V = 0.4$。相轨迹由初始点 A 出发，收敛于稳定实焦点 P_2，未进入 $e > e_0$ 区域，故系统可以稳定运行（如图 7-45b 所示）。

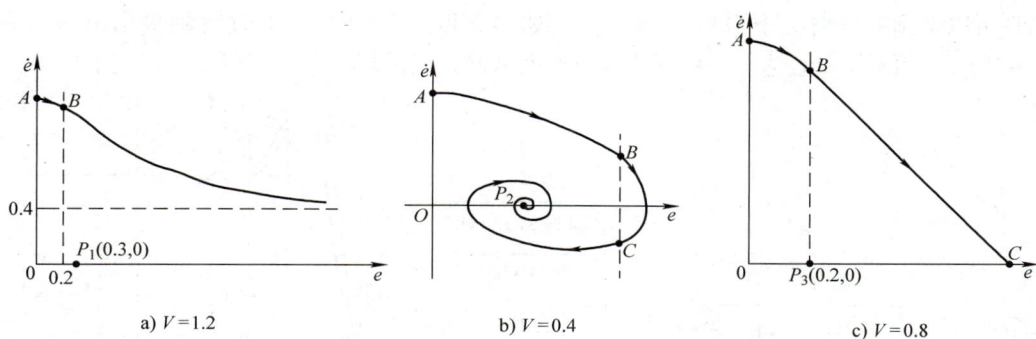

a) $V = 1.2$　　　　　b) $V = 0.4$　　　　　c) $V = 0.8$

图 7-45　例 7-7 系统斜坡输入下的完整相平面图

③ $V = KM_0$：此时，$e > e_0$ 区域内，$T\ddot{e} + \dot{e} = 0$，$\dot{e}\left(T\dfrac{\mathrm{d}^2 e/\mathrm{d}t^2}{\mathrm{d}e/\mathrm{d}t} + 1 \right)$，$\dot{e}\left(T\dfrac{\mathrm{d}\dot{e}}{\mathrm{d}e} + 1 \right) = \dot{e}$ $(T\alpha + 1) = 0$，可知 $\dot{e} \neq 0$ 时，$\alpha = -1/T$，而 $\dot{e} = 0$ 时，α 可为任意值，故可以认为 $\dot{e} = 0$ 是一条奇线。相应的稳定焦点 $P_3 = \left(\dfrac{V}{K}, 0 \right) = (0.2, 0)$，初始条件 $e(0) = 0$，$\dot{e}(0) = 0.8$。所以，当 $e > e_0$ 时，相轨迹或者是斜率为 $-1/T$ 的直线或者是 $\dot{e} = 0$ 的直线。相轨迹沿 ABC 运动，从 A 点到 B 点的相轨迹趋于稳定焦点 P_3，从 B 点相轨迹收敛于 C 点不再变化，系统有静差，静误差的大小为 $\overline{OC}$（见图 7-45c）。由本例也可以清楚地看到，输入幅值大小、初始状态对非线性系统的影响是很大的，分析与设计中需特别注意把这种影响减小到最小。

第八节　利用 Simulink 求解非线性系统的时域响应

利用 Simulink 的图形化建模方法，可以很直观地建立非线性系统的数学模型，并得到系统的时域响应，如果使用 Simulink 信息库中的 X-YPLOT，还可以很方便地得到系统的相平面图。下面通过实例说明仿真方法。

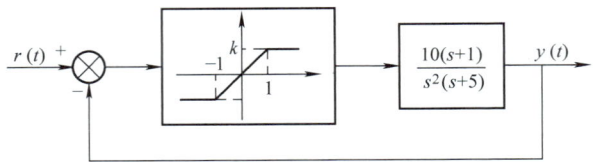

图 7-46　具有饱和的非线性系统框图

例 7-8　如图 7-46 所示的系统，其中饱和非线性的输入和输出满足下式：

$$x = \begin{cases} ke & |e| < 1 \\ k & e \geq 1 \\ -k & e \leq -1 \end{cases}$$

使用 Simulink 分析饱和非线性对系统暂态的影响。

解： 针对上述非线性系统可以建立 Simulink 仿真模型如图 7-47 示。采用上述仿真模型进行仿真可以得到各种情况下系统的响应，例如当 k 取 0.2、0.5 和 1 时得到输出响应分别如图 7-48 所示。可见，k 值越小，系统的响应速度越慢，但是超调在一定程度上得到了抑制。

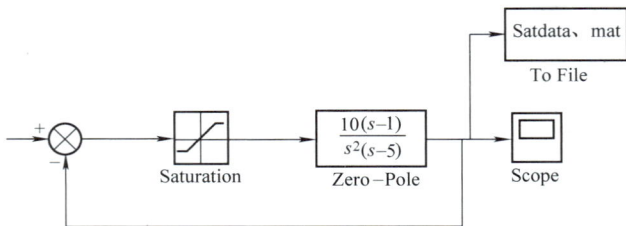

图 7-47　具有饱和的非线性系统仿真图

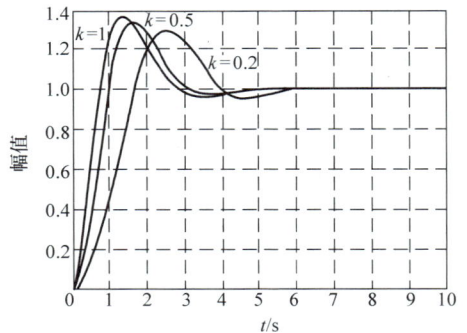

图 7-48　饱和参数 k 取 0.2、0.5 和 1 时单位阶跃响应

例 7-9　具有滞环非线性的系统如图 7-49 所示。

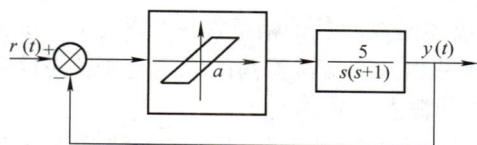

图 7-49　滞环非线性系统框图

解： 针对上述非线性系统可以建立 Simulink 仿真模型如图 7-50 所示，分别设置滞环参数 a 为 0 和 0.1 得到输出波形如图 7-51 所示。

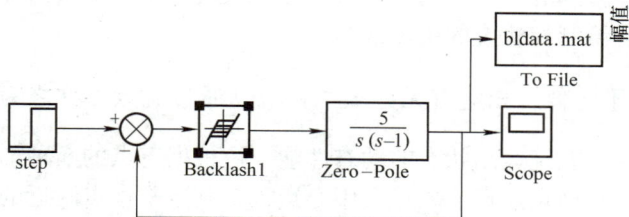

图 7-50　滞环控制系统 Simulink 仿真图

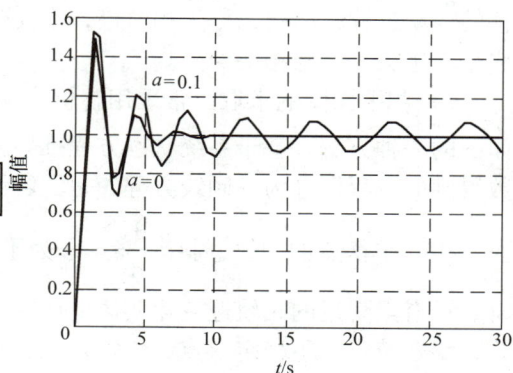

图 7-51　a 为 0 和 0.1 时输出波形

小　　结

本章首先讨论了非线性系统的若干特性及其对系统性能的影响，之后详细阐述了两种广泛应用于非线性系统分析与研究的常见方法——描述函数法和相平面法。通过实例介绍了描述函数和相平面的基本概念、图形曲线的绘制以及如何运用这些方法分析实际系统的性能优劣，从而掌握设计、解决和处理非线性系统的基本知识和理论方法。主要有以下方面内容：

1）不可近似简化为线性系统的非线性系统或环节有其自身规律和特殊性，需采用相应的非线性系统理论分析和解决问题。

2）常见的典型非线性环节有饱和、死区以及滞环和继电特性等，建立这些典型环节的数学描述非常重要，是学习描述函数法和相平面法的基础。

3）描述函数是在满足一定条件下，对非线性环节的一次谐波线性化表述。其定义是：非线性环节输出的基波分量与输入正弦函数的复数比。应用描述函数概念，可将非线性环节表示为具有随输入信号幅值、频率变化的复增益的线性环节，从而推广应用线性系统频率特性法的概念和方法解决非线性问题。

4）描述函数法仅能用以分析非线性系统的稳定性和自激振荡的性质、性能，不能用于输入不为正弦函数和非线性严重的系统，具有一定局限性。

5）典型环节的描述函数 $N(A)$ 及其负倒幅特性 $-1/N(A)$ 的求取和绘制，是学习和掌握描述函数法分析非线性系统的基础知识和基本技能。

6）在同一复平面上绘出描述函数的负倒幅特性 $-1/N(A)$ 和线性部分开环传递函数 $G(\mathrm{j}\omega)$，根据其交点情况即可判断出系统自激振荡的稳定与否。并且应特别注意不要混淆自激振荡稳定性与控制系统稳定性的概念。

7）相平面法是解决低阶（一、二阶）非线性系统性能分析的有效办法。它是通过在相平面上绘制出以时间 t 为参量的系统相变量运动轨迹的方法来表征非线性系统的动态性能和运动过程，从而为分析此类系统提供合理的手段和方法。

8）在二阶系统情况下，以 $\mathrm{d}x/\mathrm{d}t$ 和 x 作为系统的状态变量，称为相变量；建立以 $\dot{x}$ 为纵坐标和以 x 为横坐标的直角坐标平面，即称为相平面；在相平面上可描述系统状态随时间推移的运动过程的曲线，称为相轨迹；不同初始条件下运动状况的多条相轨迹，在相平面上形成相轨迹簇，称为相平面图。

9）相平面图的求取，常采用解析法和等倾线法。其中等倾线法是以图解方式绘制相平面图的一种方法。基于系统状态方程推导得到的 $\mathrm{d}\dot{x}/\mathrm{d}x$ 可表示相轨迹的变化率 α，令其为常数得到的方程即称为等倾线方程，是图解绘制相轨迹的主要依据。

10）平衡点的相轨迹斜率 $\dfrac{\mathrm{d}\dot{x}}{\mathrm{d}x}=\dfrac{0}{0}$ 为不定值，相应有无穷多条相轨迹通过此点，称之为奇点；奇点附近的相轨迹变化实质上反映了系统运动状态的动态性能，可根据奇点的 6 种形式，稳定节点、不稳定节点、稳定焦点、不稳定焦点、鞍点及中心点等，判定平衡点附近的系统稳定性。

11）相平面图上出现孤立、封闭的相轨迹，其他轨迹都趋向或者离开这个相轨迹，称之为极限环。极限环在非线性系统运动状态上表现为自激振荡。极限环有稳定、不稳定以及半稳定三种类型，通过分析极限环内外相轨迹运动方向和趋势，可判定系统自激振荡的稳定性，判定中同样应注意不要与控制系统稳定性的概念相混淆。

12）应用相平面法分析非线性系统，常将具有非线性因素的二阶系统，根据系统非线性特性，用若干分段线性系统相轨迹表示在相平面相应划分的若干个区域上；将各区域相轨迹簇平滑连接，从而构成完整的非线性系统相平面图，用以方便、快捷地进行非线性系统动态性能分析。

13）通过建立 Simulink 仿真模型，可很方便地求取非线性系统的时域动态响应，但应特别注意 Simulink 中提供的非线性模块的正确选用及其参数的正确设置。

典型例题解析

【典型例题 1】　有弹簧轴的仪表伺服机构的结构如图 7-52 所示，试用描述函数法确定线性部分为下列传递函数时系统是否稳定？是否存在自振？若有，参数是多少？

（1）$G(s)=\dfrac{4000}{s(20s+1)(10s+1)}$；（2）$G(s)=\dfrac{20}{s(10s+1)}$。

解：死区非线性环节的描述函数为

$$N(A)=\frac{2}{\pi}\left[\frac{\pi}{2}-\arcsin\frac{1}{A}-\frac{1}{A}\sqrt{1-\left(\frac{1}{A}\right)^2}\right]\quad A\geq 1$$

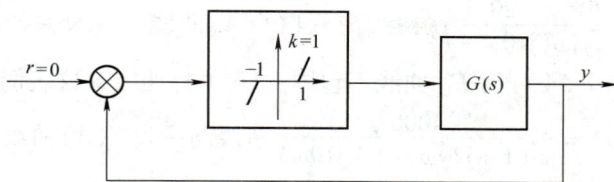

图 7-52　仪表伺服系统结果图

（1）绘制 $G(\mathrm{j}\omega)=\dfrac{4000}{\mathrm{j}\omega(1+\mathrm{j}20\omega)(1+\mathrm{j}10\omega)}$ 曲线与 $-1/N(A)$ 曲线，以及系统的零输入响应曲线，如图 7-53 可知，仪表伺服系统在取 $G(s)=\dfrac{4000}{s(20s+1)(10s+1)}$ 时，存在不稳定自振。令 $\mathrm{Im}G(\mathrm{j}\omega)=0$，得频率 $\omega_{\mathrm{c}}=0.0707$；同时由 $G(\mathrm{j}\omega_{\mathrm{c}})=1/N(A_{\mathrm{c}})$，得振幅 $A_{\mathrm{c}}=1.001$。

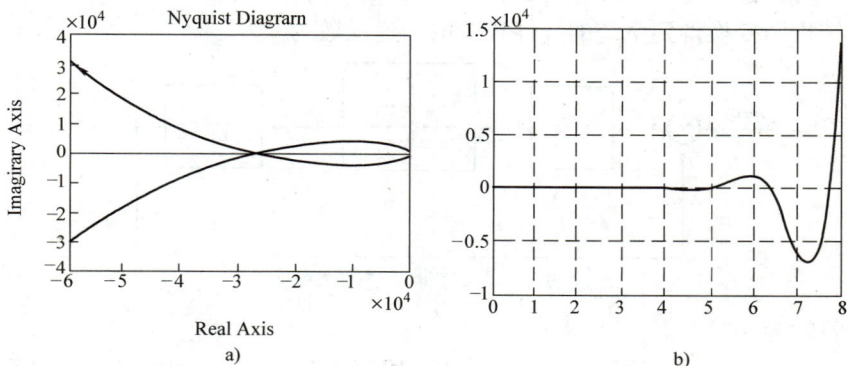

图 7-53　$G(s)=\dfrac{4000}{s(20s+1)(10s+1)}$ 时，有死区的仪表伺服系统特性

a）系统的 Γ_{G} 和 $-1/N(A)$ 曲线（MATLAB）　　b）零输入时间响应（MATLAB）

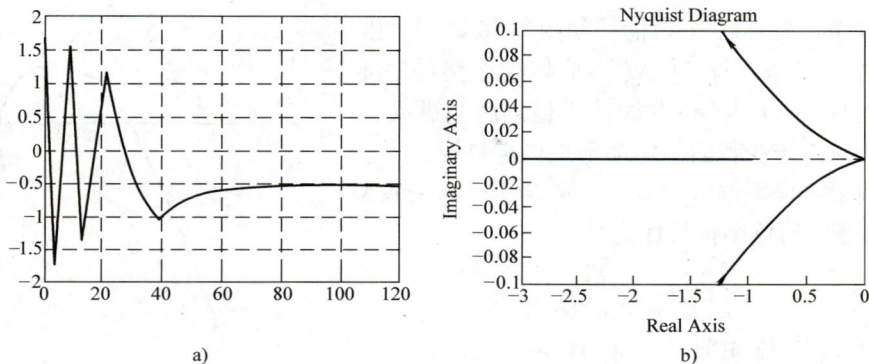

图 7-54　$G(s)=\dfrac{20}{s(10s+1)}$ 时，有死区的仪表伺服系统特性

a）系统的 Γ_{G} 和 $-1/N(A)$ 曲线（MATLAB）　　b）零输入时间响应（MATLAB）

（2）绘制 $G(\mathrm{j}\omega) = \dfrac{20}{\mathrm{j}\omega(\mathrm{j}10\omega+1)}$ 曲线与 $-1/N(A)$ 曲线，以及系统的零输入响应曲线，如图 7-54 所示。由图 7-54 可见 Γ_G 曲线不包围 $-1/N(A)$ 曲线，仪表伺服系统稳定。

由仿真可得 $G(\mathrm{j}\omega) = \dfrac{4000}{\mathrm{j}\omega(1+\mathrm{j}20\omega)(1+\mathrm{j}10\omega)}$ 曲线与 $-1/N(A)$ 曲线，见图 7-53a；当初始条件 $c(0)=2$ 时，系统的零输入响应如图 7-53a 所示。由图 7-53 可知，仪表伺服系统在取 $G(s) = \dfrac{4000}{s(20s+1)(10s+1)}$ 时存在不稳定自振。

同理，可得 $G(s) = \dfrac{20}{s(10s+1)}$ 曲线与 $-1/N(A)$ 曲线如图 7-54a 所示；当初始条件 $c(0)=2$ 时，系统的零输入响应如图 7-54b 所示。由图 7-54 可见，仪表伺服系统稳定。

【典型例题 2】 若要求图 7-55 所示非线性系统输出量 y 的自振振幅 $A_\mathrm{c}=0.1$，角频率 $\omega=10\mathrm{rad/s}$，试确定参数 T、K 的数值（T、K 均大于零）。

解： 由结构图变换得到系统的线性环节的传递函数为

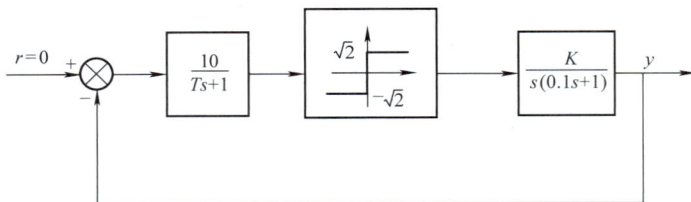

图 7-55 非线性系统的结构图

其频率特性为

$$G(\mathrm{j}\omega) = \frac{10K}{\mathrm{j}\omega(\mathrm{j}T\omega+1)(\mathrm{j}0.1\omega+1)} = \frac{-10K(0.1+T)\omega - \mathrm{j}10K(1-0.1T\omega^2)}{\omega(1+T^2\omega^2)(1+0.01\omega^2)}$$

非线性环节的负倒幅特性为

$$-\frac{1}{N(A)} = -\frac{\pi A}{4M} = -\frac{\pi A}{4\sqrt{2}}$$

绘制 $G(\mathrm{j}\omega)$ 与 $-1/N(A)$ 曲线如图 7-56 所示。由图 7-56 可见，$G(\mathrm{j}\omega)$ 与 $-1/N(A)$ 曲线存在交点，且当振幅增大时，$-1/N(A)$ 曲线从不稳定区域进入稳定区域，所以系统受扰后的运动呈现稳定自振。

由于输出自振振幅 $A_\mathrm{c}=0.1$，故 $G(\mathrm{j}\omega)$ 与 $-1/N(A)$ 曲线交点处的负倒幅特性为

$$-\frac{1}{N(A)} = -\frac{\pi A}{40\sqrt{2}}$$

因为交点在负实轴上，必有 $\mathrm{Im}G(\mathrm{j}10)=0$，因此

$$-90° - \arctan l - \arctan 10T = -180°$$

解得 $T=0.1$。

由于输出端到非线性环节输入端的传递函数为 $\dfrac{10}{0.1s+1}$，其幅频特性为

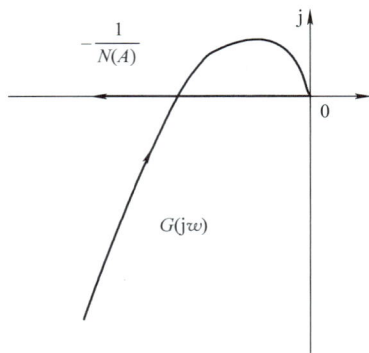

图 7-56 稳定性分析

$$\left| \frac{10}{j0.1\omega + 1} \right|_{\omega = 10} = 5\sqrt{2}$$

因此可得非线性环节一端的自振幅值为 $A = 5\sqrt{2}A_c = \frac{\sqrt{2}}{2}$。令

$$\text{Re}G(j\omega)\Big|_{\omega = 10} = -\frac{1}{N(A)}\Big|_{A = \frac{\sqrt{2}}{2}}$$

即

$$-\frac{K}{2} = -\frac{\pi}{8}$$

可解得 $K = \frac{\pi}{4} = 0.786$。

最后，利用 MATLAB 程序，可得非线性系统的相轨迹和输出曲线分别如图 7-57a、b 所示。

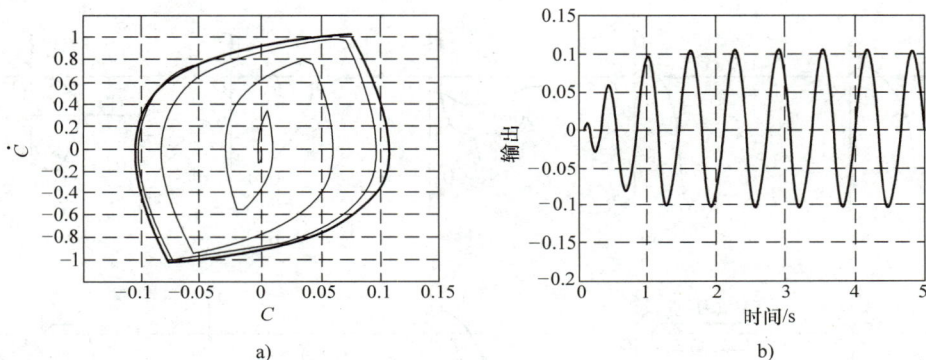

图 7-57 非线性系统的相轨迹及输出曲线

a）非线性系统 c—$\dot{c}$ 相轨迹 b）非线性系统的自振输出曲线

习 题

7-1 三个非线性系统的非线性环节相同，线性部分分别如下：

（1）$G(s) = \dfrac{2}{s(0.1s + 1)}$

（2）$G(s) = \dfrac{2}{s(s + 1)}$

（3）$G(s) = \dfrac{2(1.5s + 1)}{s(s + 1)(0.1s + 1)}$

试问：当用描述函数法分析时，哪个系统分析的准确度高。

7-2 非线性控制系统中，非线性环节是一个斜率为 $K = 1$ 的饱和特性。当不考虑饱和因素时，闭环系统稳定。问该系统有没有可能产生自激振荡？

7-3 将图 7-58a、b、c 所示的非线性系统简化成非线性部分 N 和等效的线性部分 $G(s)$ 相串联的单位反馈控制系统，并写出线性部分的传递函数 $G(s)$。

7-4 判断图 7-59a~j 中各系统是否稳定，$-1/N(A)$ 与 $G(j\omega)$ 的交点是否为稳定自激振动点。

7-5 设一阶非线性系统的微分方程为 $\dot{x} = -x + x^3$，试确定系统有几个平衡点，分析平衡点的稳定性。

7-6 试确定下列方程的奇点及其类型，并绘制它们的相平面图。

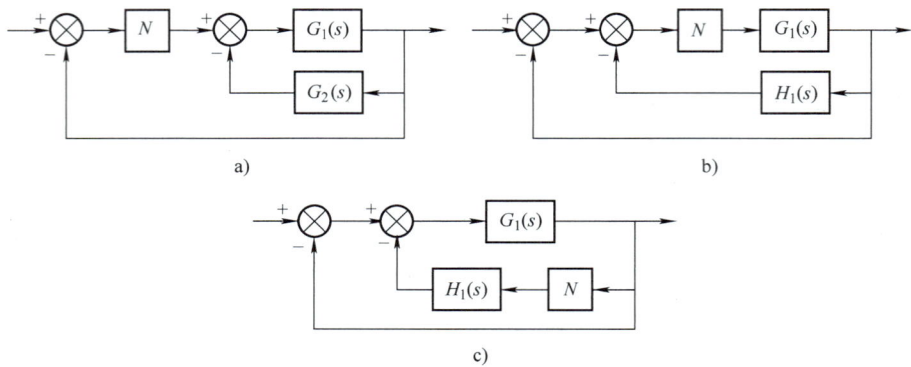

图 7-58　习题 7-3 图

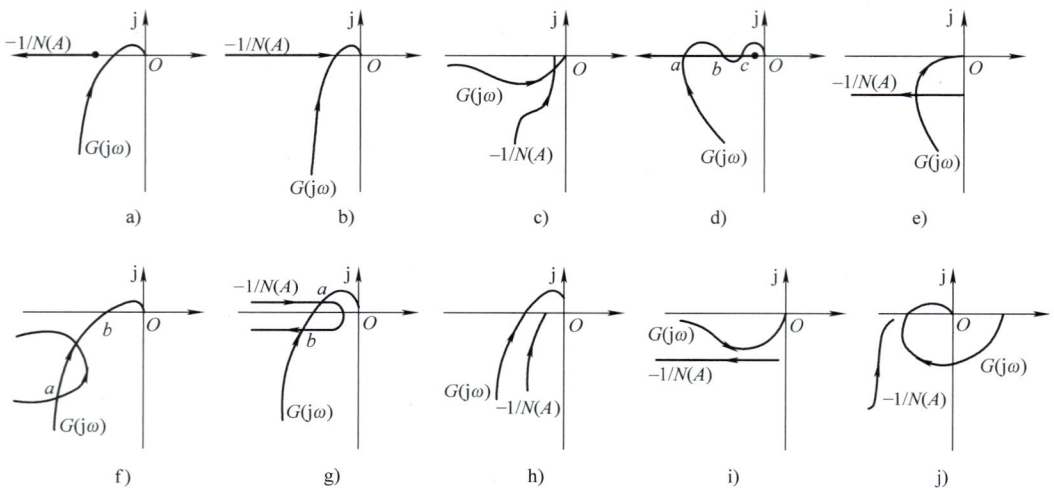

图 7-59　习题 7-4 图

（1）$\ddot{x} + \dot{x} + |x| = 0$

（2）$\ddot{x} + x + \text{sgn}\ \dot{x} = 0$

（3）$\dot{x}_1 = x_1 + x_2$

　　　$\dot{x}_2 = 2x_1 + x_2$

7-7　变增益控制系统的结构图及其中非线性环节的输入输出特性如图 7-60a、b 所示，设系统处于零初始状态，若输入信号 $r(t) = R \times 1(t)$，且 $R > e_0$，$kK < 1/4T < k$，试绘制系统的相平面图，并分析变增益对系统性能的影响。用 MATLAB 仿真验证分析得到的结论。

7-8　确定图 7-61 所示系统的自激振荡的振幅和频率，其中 $N(A) = e^{-j\frac{\pi}{4}}/A$。

7-9　设非线性系统如图 7-62 所示，非线性环节描述函数 $N(A) = \dfrac{4b}{\pi A}\sqrt{1 - \left(\dfrac{a}{A}\right)^2}$，其中 A 为非线性环节的正弦输入幅值。为了使系统不产生自激振荡，试确定 a 和 b 应满足的条件。

a)　　　　　　　　　　　　　　b)

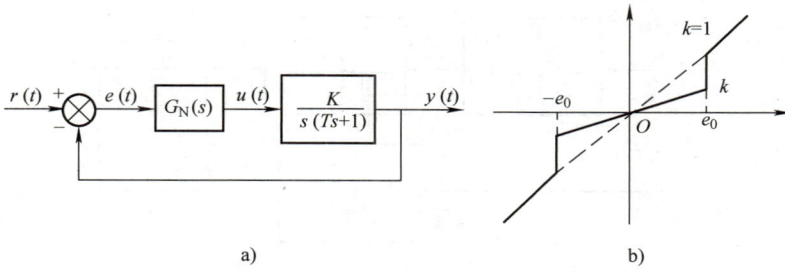

图 7-60　习题 7-7 图

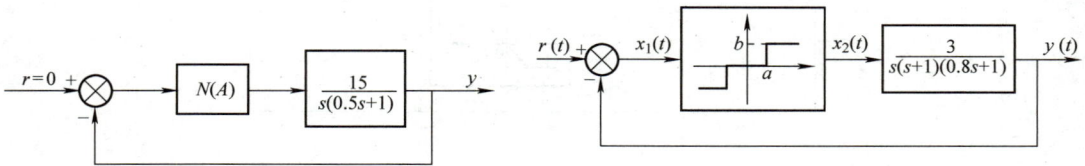

图 7-61　习题 7-8 图

图 7-62　习题 7-9 图

7-10　图 7-63 所示非线性系统原来处于静止状态，当 $r(t) = -R \times 1(t)$，$R > a$ 时，分别画出 $\beta = 0$ 和 $0 < \beta < 1$ 时系统的相轨迹。

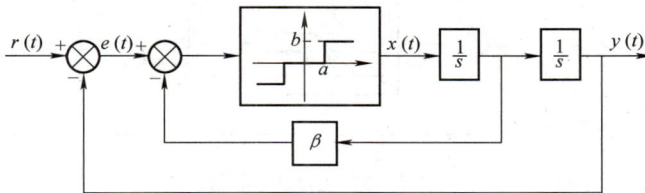

图 7-63　习题 7-10 图

7-11　非线性系统如图 7-64 所示，试用描述函数法分析当 $K = 10$ 时系统的稳定性，并求 K 的临界稳定值。

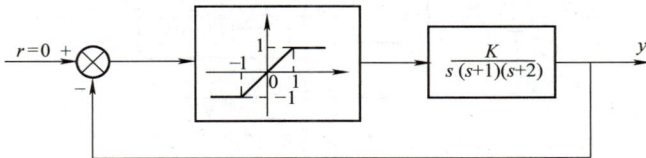

图 7-64　习题 7-11 图

7-12　上题中，若非线性部分的输出为 x^3，且 $K = 8$，用描述函数法分析该系统的稳定性。

7-13　系统的结构如图 7-65a、b 所示，试计算系统的自激振荡参数。

7-14　一具有非线性反馈增益的二阶系统如图 7-66 所示，图中 $1/(Js^2)$ 表示纯惯性负载，在测速反馈回路中，非线性元件具有饱和特性，$K = 5$，$J = 1$，试分析系统的稳定性和自激振荡。

7-15　线性系统如图 7-67 所示，其中非线性环节的描述函数为

a)

b)

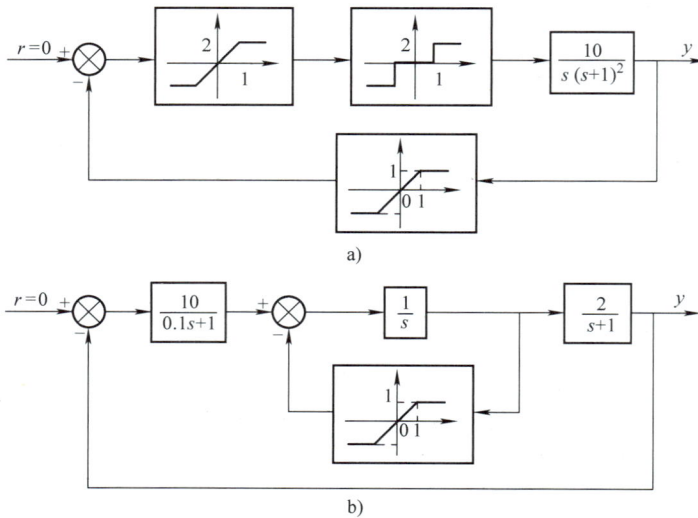

图 7-65　习题 7-13 图

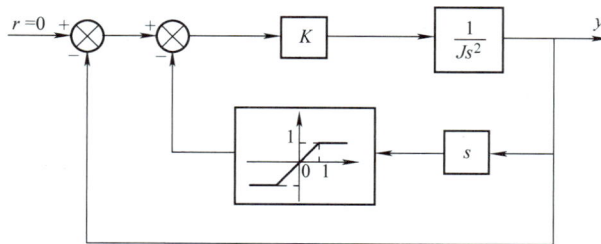

图 7-66　习题 7-14 图

$$N(A) = \frac{4}{\pi A}\sqrt{1 - \left(\frac{1}{A}\right)^2} - \mathrm{j}\,\frac{4}{\pi A^2} \qquad (A \geqslant 1)$$

试分析系统是否发生自激振荡。

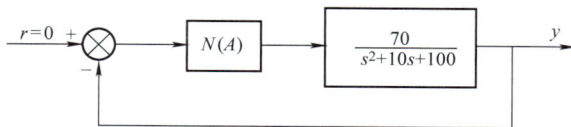

图 7-67　习题 7-15 图

7-16　已知非线性系统如图 7-68 所示。

（1）描述函数法分析系统的稳定性（$N(A) = \frac{4M}{\pi A}\sqrt{1 - \left(\frac{a}{A}\right)^2}$，$a = 1$，$M = 3$，$K = 11$）。

（2）为了消除自激振荡，继电器参数应如何调整？

（3）为了消除自激振荡，K 值应如何调整？

7-17　设非线性系统如图 7-69 所示。若希望输出 $c(t)$ 为频率 $\omega = 2\mathrm{rad/s}$，幅值 $A_\mathrm{c} = 2$ 的周期（近似正

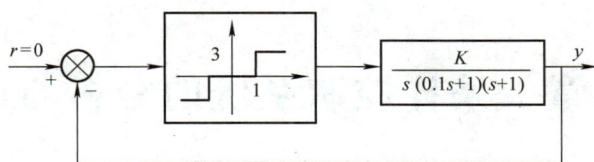

图 7-68 习题 7-16 图

弦）信号，试确定系统参数 K 与 a 的值（非线性环节描述函数 $N(A) = \dfrac{4M}{\pi A}$）。

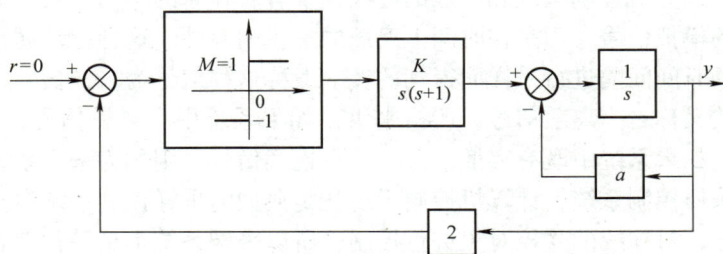

图 7-69 习题 7-17 图

第八章 采样控制系统的分析与设计

前面几章讨论了连续控制系统的分析与设计的问题。在连续控制系统中，各种信号均为连续的时间函数，这种在时间上、幅值上均连续的信号一般称之为模拟信号。

随着计算机技术的发展，使得在自动控制系统中大量应用数字控制成为现实，计算机成为了系统的核心。计算机控制系统和一般的连续系统有着显著的不同：其系统中有至少一处的信号不是连续的模拟信号，而是在时间上离散的一系列脉冲。这种脉冲通常是由对相应的模拟信号按一定的时间间隔进行采样而得到的，一般称这种信号为采样信号，又由于它在时间上是离散的，故又称之为离散信号。严格来讲，如果系统中有离散信号，没有连续信号，则称为离散系统；如果系统中既有离散信号，又有连续信号，则称为采样系统。有采样信号的控制系统称为采样控制系统，计算机控制系统就是典型的采样控制系统。它以数字计算机作为系统的控制器，对连续的受控对象进行控制，所以采样系统也是一种动态系统。与连续系统控制理论讨论的问题类似，本章讨论采样控制系统的建模、分析与设计问题。

图 8-1 为一典型的采样系统。

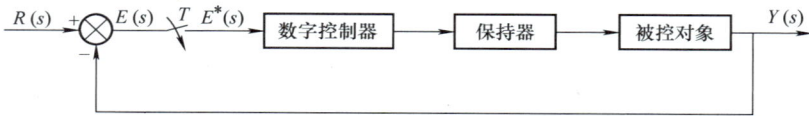

图 8-1 典型的采样系统

图中，连续信号的误差 $e(t)$ 经过采样后变成为一组脉冲序列 $e^*(t)$，如图 8-2 所示。数字控制器对 $e^*(t)$ 进行一定的处理之后，再经过保持器转化成为连续信号去控制被控对象。采样开关经一定的时间 T 重复闭合，每次闭合的时间为 τ，一般 $\tau < T$。T 称为采样周期，单位为 s；而 $f_s = 1/T$ 为采样频率，单位为 $1/s$；$\omega_s = 2\pi f_s = 2\pi/T$ 称为采样角频率，单位为 rad/s。

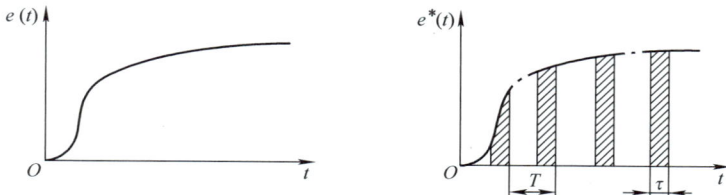

图 8-2 连续信号的采样

采样的方式是多种多样的，例如：

1）等周期采样，即采样时刻为 kT（$k = 0$，1，2，…），T 为常数。

2）多阶采样，即采样时间是周期性重复的。

3）多速采样，即用多个具有不同采样周期的采样器对模拟信号同时进行周期采样。

4）随机采样，即采样周期是随机变量。

在上述采样方式中，等周期采样最为常用，也最为简单。为使问题简化，本书只讨论等周期采样的离散控制系统，并假定如果系统有几个采样器，则它们是同步等周期的。图 8-3 为一个计算机直接数字控制系统。A－D 的作用是对模拟信号进行采样，并将其转化成为相应的数字量，相当于一个采样器；D－A 则是将数字量转化成为连续的模拟量，相当于一个保持器。一般来讲，控制系统中所选择的 A－D 和 D－A 转换器有足够的字长来表示数码，量化单位足够小，所以转换前后由量化所引起的幅值断续性可以忽略。$G(s)$ 为连续的被控对象，计算机作为控制器，对偏差信号进行采样计算，用软件实现所要求的控制规律，然后通过 D－A 转换器将数字控制量转换成模拟控制量对 $G(s)$ 进行控制。

图 8-3　计算机直接数字控制系统

第一节　采样过程和采样定理

一、采样过程及其数学描述

将连续信号转换成离散信号的过程，叫作采样过程。实现这一过程的装置叫作采样器或采样开关，采样过程如图 8-4 所示。显然，经过采样后会失去采样间隔中的信息。

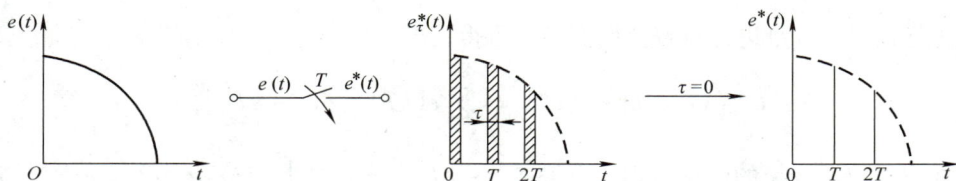

图 8-4　采样过程示意图

假定采样开关每隔 T 闭合一次，闭合时间为 τ。采样器的输入为连续信号，在其输出端就得到了一个脉宽为 τ 的脉冲序列 $e_\tau^*(t)$。由于采样开关的闭合时间 τ 很小，一般远小于采样周期，即 $\tau \ll T$。所以，可以近似地认为在采样开关持续闭合的时间内，$e(t)$ 的值恒定，则 $e_\tau^*(t)$ 可以表示为一串宽度为 τ，高度为 $e(kT)$ 的矩形脉冲，kT 为采样时刻。

$$e_\tau^*(t) = e(0)[1(t) - 1(t-\tau)] + e(T)[1(t-T) - 1(t-T-\tau)] + e(2T)$$
$$[1(t-2T) - 1(t-2T-\tau)] + \cdots + e(kT)[1(t-kT) - 1(t-kT-\tau)]$$

$$= \sum_{k=0}^{+\infty} e(kT)[1(t-kT) - 1(t-kT-\tau)] \tag{8-1}$$

式中，$[1(t-kT) - 1(t-kT-\tau)]$ 表示在 kT 时刻高为 1、宽度为 τ、面积为 τ 时的矩形脉冲。

一般 τ 远小于采样周期 T，为分析问题方便，可近似的认为 $\tau \to 0$，这样采样器就可以用一个理想采样器代替。经过理想采样器后的离散信号变成 $e^*(t)$，此时采样信号的数学描述为

$$e^*(t) = \sum_{k=0}^{\infty} e(kT)\delta(t - kT) \tag{8-2}$$

式中，$\delta(t - kT)$ 为 $t = kT$ 时刻的单位脉冲函数。

由于在 $t = kT$ 时，$e(t) = e(kT)$，所以有

$$e^*(t) = \sum_{k=0}^{\infty} e(kT)\delta(t - kT) = e(t)\sum_{k=0}^{\infty}\delta(t - kT) \tag{8-3}$$

令 $\sum\limits_{k=0}^{\infty}\delta(t - kT) = \delta_T(t)$，$\delta_T(t)$ 为理想单位脉冲序列，则有

$$e^*(t) = e(t)\delta_T(t) \tag{8-4}$$

由式（8-4）可见，理想采样信号可表示为两个函数的乘积，其中 $\delta_T(t)$ 决定了采样时间，即 $e(kT)$ 存在的时刻，而采样信号的幅值由采样器输入信号 $e(t)$ 决定。从物理意义上来讲：理想采样器相当于一个脉冲调制器，连续信号 $e(t)$ 为幅值调制信号，$\delta_T(t)$ 相当于载波信号，上述采样过程将连续信号变成一串调幅脉冲信号，它按时间采样，如图 8-5 所示。

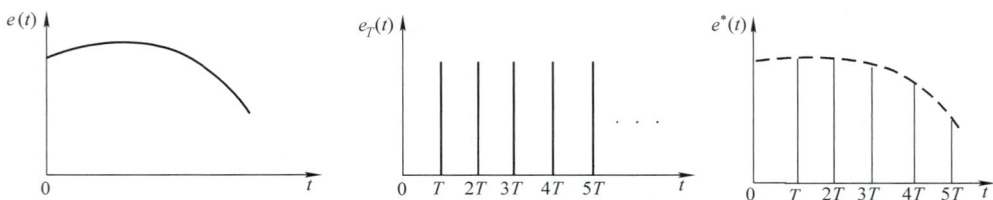

图 8-5　采样信号的调制过程

对采样信号 $e^*(t)$ 进行拉普拉斯变换，可得

$$E^*(s) = L[e^*(t)] = \sum_{k=0}^{\infty} e(kT)L[\delta(t - kT)] \tag{8-5}$$

根据拉普拉斯变换的位移定理，有 $L[\delta(t - kT)] = \mathrm{e}^{-kTs}\int_{-\infty}^{\infty}\delta(t)\mathrm{e}^{-st}\mathrm{d}t = \mathrm{e}^{-kTs}$，所以采样信号的 $e^*(t)$ 拉普拉斯变换为

$$E^*(s) = \sum_{k=0}^{\infty} e(kT)\mathrm{e}^{-kTs} \tag{8-6}$$

设计采样控制系统时，如何确定合适的采样周期是非常重要的。简单来讲，选择采样周期，应该使采样后的离散信号 $e^*(t)$ 能够反映出原连续系统信号 $e(t)$ 的变化规律。所以，连续信号 $e(t)$ 变化越快，所选择的采样周期则应越小。为了定量描述信号变化快慢的程度，可对 $e^*(t)$ 进行频谱分析。由于 $e^*(t)$ 并不包含连续信号的全部信息，所以 $e^*(t)$ 的频谱与连续信号的频谱一般是不同的。研究 $e^*(t)$ 的频谱，目的是找出 $E^*(s)$ 与 $E(s)$ 之间的相互联系。

例 8-1　设 $e(t) = 1(t)$，试求 $e^*(t)$ 的拉普拉斯变换。

解：显然，对于给定 $e(t)$，其拉普拉斯变换为 $E(s) = 1/s$，根据式（8-6）定义，可得

$$E^*(s) = \sum_{k=0}^{\infty} e(kT) \mathrm{e}^{-kTs} = 1 + \mathrm{e}^{-Ts} + \mathrm{e}^{-2Ts} + \cdots$$

这是一个无穷等比级数，公比为 e^{-Ts}，求级数和可得闭合形式为

$$E^*(s) = \frac{1}{1 - \mathrm{e}^{-Ts}} = \frac{\mathrm{e}^{Ts}}{\mathrm{e}^{Ts} - 1} \qquad (\,|\mathrm{e}^{-Ts}| < 1\,)$$

显然，$E^*(s)$ 是 e^{Ts} 的有理函数，但对于 s 是超越函数。

例 8-2　设 $e(t) = \mathrm{e}^{-t} - \mathrm{e}^{-2t}$，$t \geqslant 0$，试求 $e^*(t)$ 的拉普拉斯变换。

解：对于给定的 $e(t)$，其拉普拉斯变换为

$$E(s) = \frac{1}{s+1} - \frac{1}{s+2} = \frac{1}{(s+1)(s+2)}$$

根据式（8-6），采样信号 $e^*(t)$ 的拉普拉斯变换为

$$E^*(s) = \sum_{k=0}^{\infty} (\mathrm{e}^{-kT} - \mathrm{e}^{-2kT}) \mathrm{e}^{-kTs} = \frac{1}{1 - \mathrm{e}^{-T(s+1)}} - \frac{1}{1 - \mathrm{e}^{-T(s+2)}} = \frac{(\mathrm{e}^{-T} - \mathrm{e}^{-2T}) \mathrm{e}^{Ts}}{(\mathrm{e}^{Ts} - \mathrm{e}^{-T})(\mathrm{e}^{Ts} - \mathrm{e}^{-2T})}$$

从上面两个例子可以看出，$E(s)$ 是关于复变量 s 的有理的数，$E^*(s)$ 是关于 e^{Ts} 的有理函数。由于采样信号的信息并未包含连续信号的全部信息。所以采样信号的拉普拉斯变换式 $E^*(s)$ 与连续信号的拉普拉斯变换式 $E(s)$ 相比有所不同，它是关于变量 s 的超越方程。因此难以直接应用拉普拉斯变换方法研究采样系统。为克服这一困难，通常采用 z 变换法研究采样系统。通过 z 变换可以把采样系统的关于 s 超越方程，变换为关于变量 z 的代数方程。z 变换的有关理论将在 8-3 节中介绍。

二、采样定理

由于 $\delta_T(t)$ 本身是以 T 为周期的周期函数，故可展成傅里叶级数形式

$$\delta_T(t) = \sum_{k=-\infty}^{+\infty} C_k \mathrm{e}^{\mathrm{j}k\omega_s t}$$

式中，ω_s 为采样角频率，$\omega_s = 2\pi/T = 2\pi f_s$。

又因为 $\delta(t)$ 在 $t \neq 0$ 时均为 0，所以傅里叶系数为

$$C_k = \frac{1}{T} \int_{-T/2}^{T/2} \delta(t) \mathrm{e}^{-\mathrm{j}k\omega_s t} \mathrm{d}t = \frac{1}{T} \int_{0-}^{0+} \delta(t) \mathrm{d}t = \frac{1}{T}$$

因此，式（8-4）可表示为

$$e^*(t) = \frac{1}{T} \sum_{k=-\infty}^{+\infty} e(t) \mathrm{e}^{\mathrm{j}k\omega_s t}$$

对上式进行拉普拉斯变换，由拉普拉斯变换的复数位移定理可得

$$E^*(s) = \frac{1}{T} \sum_{k=-\infty}^{+\infty} E(s + \mathrm{j}k\omega_s) \tag{8-7}$$

式（8-7）描述了采样信号的拉普拉斯变换 $E^*(s)$ 和 $E(s)$ 之间的关系。可以看出 $E^*(s)$ 是周期函数，并且若 s_i 是 $E(s)$ 的极点，则 $s_i = -\mathrm{j}k\omega_s$ 都是 $E^*(s)$ 的极点（$k = -\infty \to +\infty$）。故 $E^*(s)$ 的极点有无穷多个，这与连续系统不同。

例 8-3　$x(t) = A\sin\omega_0 t$，求 $X^*(s)$。

解： 由拉普拉斯变换的一般公式可得

$$L[x(t)] = X(s) = \frac{A\omega_0}{s^2 + \omega_0^2}$$

所以，$x(s)$ 有两个极点。$t = 0$ 时，$x(t) = 0$，由式（8-7）得

$$X^*(s) = \frac{A\omega_0}{T} \sum_{k=-\infty}^{+\infty} \frac{1}{(s - jk\omega_s)^2 + \omega_0^2}$$

$$= \frac{A\omega_0}{T} \left\{ \frac{1}{s^2 + \omega_0^2} + \frac{1}{(s - j\omega_s)^2 + \omega_0^2} + \frac{1}{(s + j\omega_s)^2 + \omega_0^2} + \frac{1}{(s - 2j\omega_s)^2 + \omega_0^2} + \cdots \right\}$$

由此可见，$X^*(s)$ 的极点有无穷多个。

式（8-7）提供了采样器在频域中的特点，在描述采样过程的性质方面非常重要。设连续信号 $e(t)$ 的拉普拉斯变换为 $E(s)$，令 $s = j\omega$ 可以得到连续信号的频谱 $E(j\omega)$，在式（8-7）中令 $s = j\omega$ 可得离散信号的频谱为

$$E^*(j\omega) = \frac{1}{T} \sum_{k=-\infty}^{+\infty} E[j(\omega + k\omega_s)] \tag{8-8}$$

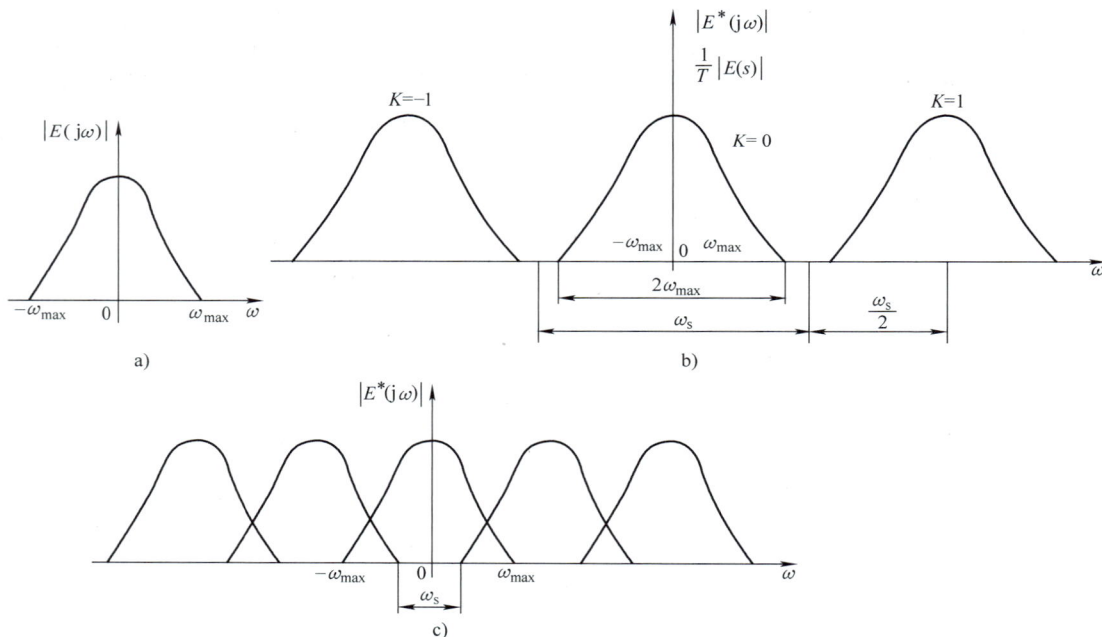

图 8-6 采样信号的频谱

一般来讲，连续函数 $e(t)$ 的频谱 $E(j\omega)$ 为一孤立、带宽为一定的连续频谱，如图 8-6a 所示。而 $e^*(t)$ 的频谱 $E^*(j\omega)$ 如式（8-8）所示，为无限多个原函数频谱之和，周期为采样角频率 ω_s。其中 $K = 0$ 时的频谱称为主频谱，它与连续信号的频谱形状一致，只是幅值为前者的 $1/T$；其余频谱（$k = \pm 1, \pm 2, \pm 3, \cdots$）均为由于采样而产生的高频频谱。由图 8-6b 可见，只有当采样频率 $\omega_s \geq 2\omega_{max}$ 时，才有可能通过理想的滤波器，将 $\omega > \omega_{max}$ 的高频分量全部消除，

$E^*(j\omega)$仅留下$(1/T)E^*(j\omega)$部分。原信号通过采样后仍可毫无畸变的复现出来。其中ω_{max}是原连续信号的频谱的最高频率。反之，若$\omega_s<2\omega_{max}$，则$E^*(j\omega)$中的各频谱分量就会彼此混迭在一起，因而也就无法将原来的连续信号分离、复现出来，如图8-6c所示。

Shannon采样定理：为使采样后的脉冲序列频谱互不搭接，采样频率必须大于或等于原连续信号所含的最高频率的两倍，这样方可通过适当的理想滤波器把原信号毫无畸变的复现出来。即采样信号的角频率ω_s或采样周期T应满足

$$\omega_s \geqslant 2\omega_{max} \quad 或 \quad T \leqslant \frac{2\pi}{2\omega_{max}} \tag{8-9}$$

在设计采样控制系统时，上述采样定理是必须严格遵守的准则。此定理的物理意义是，如果选择这样一个采样角频率，使其对连续信号所含的最高频率部分来说，能做到在一个周期内采样两次以上，那么经过采样所获得脉冲序列中，就包含了连续信号的全部信息。如果采样次数太少，就难以做到无失真的再现原连续信号。

采样定理只是给出了选择采样周期的原则，并没给出采样周期的具体的计算公式，因为实际连续系统的最高频谱的频率ω_{max}有时并不确定。当然，从采样定理可以看出，采样周期T选的越小，即采样角频率的ω_s选的越高，对控制过程的信息便获得的越多，控制效果也越好。但采样周期T选的过小，不仅增加了计算机的运算量，而且对其外围设备也提出了更高的要求，使得控制规律难以实现。在实际工业控制工程中，连续信号的最高频谱分量与系统的频域及时域指标有关，所以采样周期T可以通过被控系统的频域和时域性能指标来近似确定。

从频域性能指标来看，被控系统通常具有低通滤波器特性，当系统的输入信号的频率高于开环系统的截止频率ω_c时，信号通过系统时会很快衰减，因此连续信号的最高频率分量ω_{max}和ω_c有关。所以采样角频率可以近似取为

$$\omega_s \approx 10\omega_c \tag{8-10}$$

从时域的性能指标来看，如果已知被控系统的单位阶跃响应的上升时间t_r，则采样周期T可以按下列的经验公式选取：

$$T = \frac{1}{10}t_r \tag{8-11}$$

应当指出，采样周期选择是否得当，是连续信号$e(t)$能否从采样信号$e^*(t)$中完全复现的前提。当采样信号$e^*(t)$经过具有如图8-7所示频率特性的理想低通滤波器时，才能完全复现原连续信号$e(t)$。但是理想滤波器实际上并不存在，实际中只能用特性接近理想滤波器的低通滤波器代替。

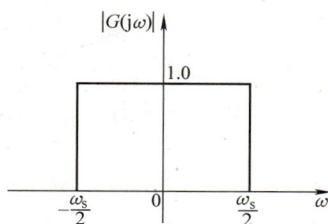

图8-7　理想滤波器的频率特性

第二节　信号复现与信号保持器

一、信号复现

从采样信号$e^*(t)$中恢复原连续信号$e(t)$称为信号的复现。连续信号$e(t)$经采样器后变

为离散的脉冲序列信号 $e^*(t)$，在其频谱中除了主频分量外，还含有许多高频分量，它们在系统中将起相当于高频干扰信号的不利作用。为了消除这些干扰作用，恢复和重现原来的连续输入信号，需要应用低通滤波器（在采样控制系统中，起低通滤波器作用的还包括系统连续部分本身，如机电系统等），这种低通滤波器实际上就是采样信号保持器。

这样，经过采样—理想滤波后，脉冲序列的频谱为

$$E^*(j\omega) = \frac{1}{T}G(j\omega)E(j\omega) = \frac{1}{T}E(j\omega) \qquad |\omega| < \frac{\omega_s}{2} \qquad (8-12)$$

式中，$1/T$ 等效为采样器，$G(j\omega)$ 为理想滤波器。可见，经过理想滤波器滤波后的信号频谱，除了幅值相差 $1/T$ 以外和连续信号的频谱是一样的。

为了无畸变的重现原连续信号，理想滤波器应该具有如图 8-7 所示的频率特性，即

$$G(j\omega) = \begin{cases} 1 & |\omega| < \omega_s/2 \\ 0 & |\omega| > \omega_s/2 \end{cases} \qquad (8-13)$$

在实际中，这种具有锐截止特性的滤波器是无法实现的，通常采用低通滤波器来作为保持器，其功能就是将采样信号变成为原来的连续信号。一般常用的保持器有以下两种。

二、零阶保持器

零阶保持器应用非常广泛，它是将采样时刻 kT 的采样值恒定不变的保持（外推）到下一采样时刻 $(k+1)T$，如图 8-8 所示。可见，零阶保持器的输入为离散信号 $e^*(t)$，输出为阶梯信号 $e_h(t)$。

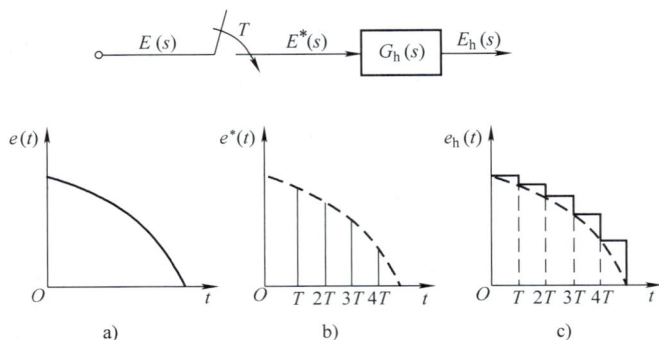

图 8-8 零阶保持器的输入和输出信号

由于在采样时刻 $e_h(kT) = e(kT)$，$k = 0, 1, 2\cdots$，故保持器的输出 $e_h(t)$ 与连续信号 $e(t)$ 有如下关系：

$$e_h(t) = \sum_{k=0}^{\infty} e(kT)[1(t-kT) - 1(t-kT-T)] \qquad (8-14)$$

对 $e_h(t)$ 进行拉普拉斯变换为

$$E_h(s) = \sum_{k=0}^{\infty} e(kT)\left[\frac{1}{s} - \frac{e^{-Ts}}{s}\right]e^{-kTs} \qquad (8-15)$$

此式与式（8-6）相比，可得零阶保持器的传递函数为

$$G_{\mathrm{h}}(s) = \frac{E_{\mathrm{h}}(s)}{E^*(s)} = \frac{1 - \mathrm{e}^{-Ts}}{s} \tag{8-16}$$

令 $s = \mathrm{j}\omega$ 可得零阶保持器的频率特性为

$$G_{\mathrm{h}}(\mathrm{j}\omega) = \frac{1 - \mathrm{e}^{-\mathrm{j}\omega T}}{\mathrm{j}\omega} = \frac{T}{\omega T/2} \mathrm{e}^{-\mathrm{j}\frac{\omega T}{2}} \frac{\mathrm{e}^{\mathrm{j}\frac{\omega T}{2}} - \mathrm{e}^{-\mathrm{j}\frac{\omega T}{2}}}{2\mathrm{j}} = T \frac{\mathrm{e}^{-\mathrm{j}\frac{\omega T}{2}}}{\omega T/2} \sin \frac{\omega T}{2} = T \frac{\sin(\omega T/2)}{\omega T/2} \mathrm{e}^{-\mathrm{j}\frac{\omega T}{2}} \tag{8-17}$$

其幅频、相频特性如图 8-9 所示，式中 $\omega_{\mathrm{s}} = 2\pi/T$。

由图可见，零阶保持器幅值随频率的增高而逐渐减少，是一个低通滤波器，但不是一个理想滤波器，高频分量仍能通过一部分。从时域上看，用阶梯信号代替原来的连续信号，具有一定的高频分量。所以用零阶保持器恢复的信号是有畸变的，这种畸变随着采样周期 T 减小而变小。另外，信号通过零阶保持器时还会产生滞后相移（见图 8-8c），这对闭环系统的稳定性不利，在设计系统应予以注意。步进电动机和计算机控制系统中的数模转换器（D－A）就是零阶保持器的实例，它们将前次输出的数值，恒值不变地保持到下次输出。

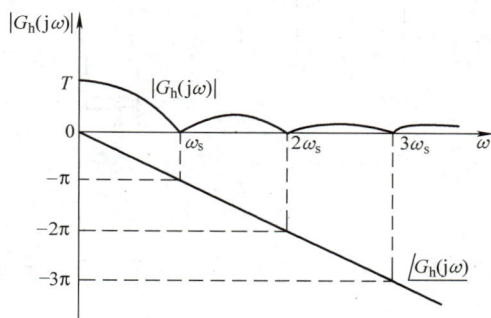

图 8-9　零阶保持器的频率特性

零阶保持器因其结构简单，易于实现，所以在实际采样系统中被广泛应用。

三、一阶保持器

一阶保持器是一种按照线性规律外推的保持器，其外推规律为

$$e_{\mathrm{h}}(t) = e(kT) + \frac{e(kT) - e[(k-1)T]}{T}(t - kT) \qquad (kT \leq t \leq (k+1)T) \tag{8-18}$$

其输出特性如图 8-10 所示，直线段的斜率与一阶差分 $\{e(kT) - e[(k-1)T]\}$ 成正比；$e(kT)$ 为现在采样值，$e((k-1)T)$ 为前次采样值。由图 8-10 可知，一阶保持器恢复的信号畸变要小些。按照零阶保持器传递函数的求取方法，可以推导出一阶保持器的传递函数为

$$G_{\mathrm{h}}(s) = \frac{1}{s} + \frac{1}{Ts^2} - \frac{2}{s}\mathrm{e}^{-Ts} - \frac{2}{Ts^2}\mathrm{e}^{-Ts} + \frac{1}{s}\mathrm{e}^{-2Ts} + \frac{1}{Ts^2}\mathrm{e}^{-2Ts}$$

整理后得

$$G_{\mathrm{h}}(s) = T(1 + Ts)\left(\frac{1 - \mathrm{e}^{-Ts}}{Ts}\right)^2 \tag{8-19}$$

令 $s = \mathrm{j}\omega$ 代入式（8-19）可得一阶保持器的频率特性为

$$G_{\mathrm{h}}(\mathrm{j}\omega) = T\sqrt{1 + T^2\omega^2}\left(\frac{\sin\dfrac{\omega T}{2}}{\dfrac{\omega T}{2}}\right)^2 \angle (\arctan\omega T - \omega T) \tag{8-20}$$

一阶保持器的幅频特性如图 8-11 所示，其中虚线为零阶保持器的频率特性，由图可见，与零阶保持器相比较，一阶保持器的幅频特性比较高，但同时高频分量也更大，因而高频分量更容易通过，更易对系统产生影响。值得注意的是，在 $\omega = \omega_{\mathrm{s}}$ 处，零阶保持器相角为

$-180°$，一阶保持器相角为 $-280°$。可见，一阶保持器所产生的相位滞后更大，对系统稳定性非常不利，因而在实际中很少使用。

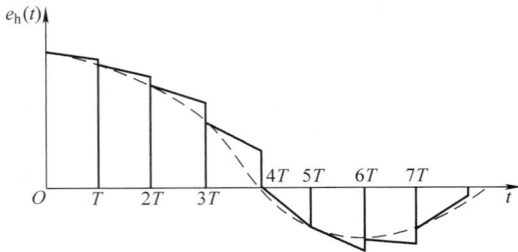

图 8-10 一阶保持器的输出特性

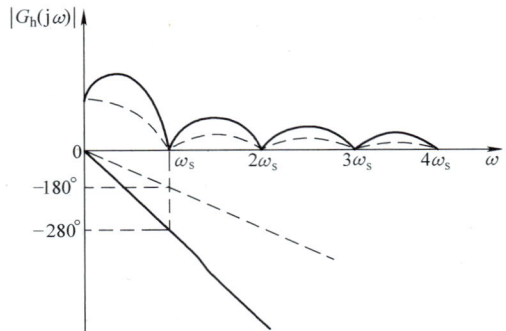

图 8-11 一阶保持器的幅频特性

第三节 z 变换和 z 反变换

在对连续系统的分析时，可应用拉普拉斯变换作为数学工具，将系统的微分方程转化成为代数方程。因而建立了以传递函数为基础的复域分析法，使问题大大地得到了简化。由式 (8-6) 可知，离散信号的 $e^*(t)$ 的拉普拉斯变换表达式中含有指数项 e^{-kTs}，是关于 s 的超越函数。因而，在分析系统时就得不到类似连续系统那样的线性代数方程，使分析研究不甚方便。所以，需要引入新的 z 变换来分析离散系统。z 变换的思想来源于连续系统，是从拉普拉斯变换直接引伸出来的一种变换方法，成为研究离散信号的重要数学工具。

一、z 变换

1. z 变换的定义

式(8-6)离散信号 $e^*(t)$ 的拉普拉斯变换为

$$E^*(s) = \sum_{k=0}^{\infty} e(kT) e^{-kTs}$$

令 $e^{Ts} = z$ 或 $s = (1/T)\ln z$，T 为采样周期，z 是在复数平面上定义的一个变量。则式 (8-6) 可以写为

$$E^*(s) = E(z) = \sum_{k=0}^{\infty} e(kT) z^{-k} \qquad (8-21)$$

式 (8-21) 称为离散信号 $e^*(t)$ 的 z 变换，记为 $E(z) = Z[e^*(t)]$，$E(z)$ 为 $e^*(t)$ 的 z 变换。将其展开得

$$E(z) = e(0)z^0 + e(T)z^{-1} + e(2T)z^{-2} + \cdots \qquad (8-22)$$

采样函数的 z 变换是变量 z 的无穷级数（罗伦级数），其一般项 $e(kT)z^{-k}$ 的物理意义是：$e(kT)$ 是采样脉冲的幅值，z 的幂次为采样脉冲出现的时刻。

由于在采样时刻 $e(kT) = e(t)$，所以从这个意义上来说，$E(z)$ 既为 $e^*(t)$ 的 z 变换，也可以为 $e(t)$ 的 z 变换，即

$$Z[e^*(t)] = Z[e(t)] = E(z) = \sum_{k=0}^{\infty} e(kT)z^{-k}$$

但是，若 $E_1(z) = E_2(z)$，并不能说明 $e_1(t) = e_2(t)$，因为采样时刻的值相同，在采样间隔内的值不一定相同。

z 变换是对连续信号的采样时刻序列进行变换，因此 z 变换与其原连续时间函数并非一一对应，而只是与采样序列相对应。图 8-12 是两个具有相同采样序列的连续信号，图中虚线表示采样后的信号，它们有着相同的 z 变换式，但是却对应两个不同序列的连续信号。

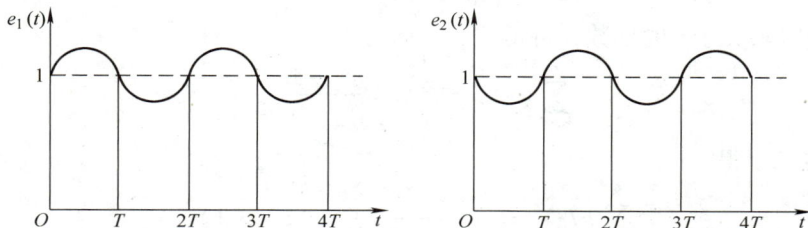

图 8-12　具有相同 z 变换的两个时间函数

2. z 变换方法

求离散信号 z 变换有多种方法，这里只介绍两种常用的方法。

（1）级数求和法　级数求和法是根据式（8-22）关于 z 变换的定义和直接求无穷级数和的方法求 z 变换，也可以应用高等数学中的关于级数求和的方法进行计算。

例 8-4　试求单位脉冲函数的 z 变换。

解： 由于 $e(t) = \delta(t)$，只有在 $t = 0$ 时，方有 $\delta(t) = 1$，根据 z 变换定义有

$$E(z) = \sum_{k=0}^{\infty} e(kT)z^{-k} = e(0)z^0 + \sum_{k=1}^{\infty} e(kT)z^{-k} = 1 \times z^0 = 1$$

例 8-5　试求单位阶跃函数的 z 变换。

解： 由于 $e(t) = 1(t)$ 在所有采样时刻上的采样值都为 1，即 $e(kT) = 1$，（$k = 0, 1, 2, \cdots, \infty$），根据 z 变换定义有

$$E(z) = Z[1(t)] = \sum_{k=0}^{\infty} e(kT)e^{-k} = 1 + z^{-1} + z^{-2} + \cdots + z^{-k} + \cdots$$

在上式中，若 $|z^{-1}| < 1$，则无穷级数收敛，利用等比级数求和公式，可得

$$E(z) = \frac{1}{1 - z^{-1}} = \frac{z}{z - 1}$$

例 8-6　试求单位理想脉冲序列的 z 变换。

解： 由于 T 为采样周期，所以

$$e(t) = \delta_T(t) = \sum_{k=0}^{\infty} \delta(t - kT)$$

显然只有当 $t = kT$ 时 $\delta_T(t) = 1$，所以其 z 变换式为

$$E(z) = Z[\delta_T] = \sum_{k=0}^{\infty} 1(kT)z^{-k} = 1 + z^{-1} + z^{-2} + \cdots = \frac{z}{z - 1}, |z^{-1}| < 1$$

这说明单位阶跃信号的 z 变换式与单位理想脉冲序列是相同的。

例 8-7 求单位斜坡信号的 z 变换。

解: 由于 $e(t) = t$,采样后,$e(kT) = kT$,所以 z 变换为

$$E(z) = \sum_{k=0}^{\infty} kTz^{-k}$$

根据单位阶跃函数式的 z 变换式可知

$$\sum_{k=0}^{\infty} z^{-k} = \frac{z}{z-1}$$

对上式两边同时求关于 z 的导数,可得

$$\sum_{k=0}^{\infty} (-k)z^{-k-1} = \frac{-1}{(z-1)^2}$$

上式两边同乘 Tz,得

$$\sum_{k=0}^{\infty} kTz^{-k} = \frac{Tz}{(z-1)^2} \qquad (|z| > 1)$$

例 8-8 求指数函数 e^{-at} 的 z 变换。

解: 由于 $e(t) = \mathrm{e}^{-at}$,a 为实数,采样后 $e(kT) = \mathrm{e}^{-akT}$,根据定义 z 变换为

$$E(z) = \sum_{k=0}^{\infty} \mathrm{e}^{-akT} z^{-k} = 1 + \mathrm{e}^{-aT} z^{-1} + \mathrm{e}^{-2aT} z^{-2} + \cdots$$

上式为等比级数,对级数求和有

$$E(z) = \frac{1}{1 - \mathrm{e}^{-aT} z^{-1}} = \frac{z}{z - \mathrm{e}^{-aT}}$$

例 8-9 求正弦信号 $\sin\omega t$ 的 z 变换。

解: 由于 $e(t) = \sin\omega t$,而

$$\sin\omega t = \frac{1}{2\mathrm{j}} \left[\mathrm{e}^{\mathrm{j}\omega t} - \mathrm{e}^{-\mathrm{j}\omega t} \right]$$

按指数函数 z 变换的结果,有

$$Z[\sin\omega t] = Z\left[\frac{\mathrm{e}^{\mathrm{j}\omega t} - \mathrm{e}^{-\mathrm{j}\omega t}}{2\mathrm{j}} \right] = \frac{1}{2\mathrm{j}} \left[\frac{z}{z - \mathrm{e}^{\mathrm{j}\omega T}} - \frac{z}{z - \mathrm{e}^{-\mathrm{j}\omega T}} \right]$$

$$= \frac{z(\mathrm{e}^{\mathrm{j}\omega T} - \mathrm{e}^{-\mathrm{j}\omega T})}{z^2 - z(\mathrm{e}^{\mathrm{j}\omega T} + \mathrm{e}^{-\mathrm{j}\omega T}) + 1} \cdot \frac{1}{2\mathrm{j}} = \frac{z\sin\omega T}{z^2 - 2z\cos\omega T + 1}$$

(2)部分分式法 利用部分分式法求 z 变换时,应先将已知连续函数 $e(t)$ 或其拉普拉斯变换 $E(s)$ 展开成多个简单函数的部分分式和的形式,然后再求出多个简单函数的 z 变换,最后求出总的函数的 z 变换。

例 8-10 已知 $G(s) = \dfrac{1}{s(s+1)}$,求其 z 变换。

解: 由于

$$E(s) = G(s) = \frac{1}{s(s+1)} = \frac{1}{s} - \frac{1}{s+1}$$

而 $$e(t) = 1 - \mathrm{e}^{-t} \qquad (t \geq 0)$$

根据阶跃函数和指数函数得 z 变换结果，可以求得

$$E(z) = Z[1(t) - \mathrm{e}^{-t}] = \frac{z}{z-1} - \frac{z}{z-\mathrm{e}^{-T}} = \frac{z(1-\mathrm{e}^{-T})}{(z-1)(z-\mathrm{e}^{-T})}$$

常用时间函数的 z 变换如表 8-1 所示。由表可知，这些函数的 z 变换都是 z 的有理分式，且分母多项式的次数大于或等于分子多项式的次数，表中还给出了常用函数的拉普拉斯变换以便对照。

表 8-1　常用函数的 z 变换表

$F(s)$	$f(t)$	$F(z)$	$F(s)$	$f(t)$	$F(z)$
1	$\delta(t)$	1	$\dfrac{\omega}{s^2+\omega^2}$	$\sin\omega t$	$\dfrac{z\sin\omega T}{z^2-2z\cos\omega T+1}$
e^{-kTs}	$\delta(t-kT)$	z^{-k}	$\dfrac{s}{s^2+\omega^2}$	$\cos\omega t$	$\dfrac{z(z-\cos\omega T)}{z^2-2z\cos\omega T+1}$
$\dfrac{1}{s}$	$1(t)$	$\dfrac{z}{z-1}$	$\dfrac{1}{(s+a)^2}$	$t\mathrm{e}^{-at}$	$\dfrac{Tz\mathrm{e}^{-aT}}{(z-\mathrm{e}^{-aT})^2}$
$\dfrac{1}{s^2}$	t	$\dfrac{Tz}{(z-1)^2}$	$\dfrac{\omega}{(s+a)^2+\omega^2}$	$\mathrm{e}^{-at}\sin\omega t$	$\dfrac{z\mathrm{e}^{-aT}\sin\omega T}{z^2-2z\mathrm{e}^{-aT}\cos\omega T+\mathrm{e}^{-2aT}}$
$\dfrac{2}{s^3}$	t^2	$\dfrac{T^2z(z+1)}{(z-1)^3}$	$\dfrac{s+a}{(s+a)^2+\omega^2}$	$\mathrm{e}^{-at}\cos\omega t$	$\dfrac{z^2-z\mathrm{e}^{-aT}\cos\omega T}{z^2-2z\mathrm{e}^{-aT}\cos\omega T+\mathrm{e}^{-2aT}}$
$\dfrac{1}{s+a}$	e^{-at}	$\dfrac{z}{z-\mathrm{e}^{-aT}}$			

3. z 变换的基本定理

与拉普拉斯变换一样，z 变换也有一些基本定理和性质，利用这些定理和性质可以方便地求出某些函数的 z 变换，或者根据 z 变换求出原函数。

（1）线性定理

$$Z[a_1e_1(t)+a_2e_2(t)+\cdots+a_ie_i(t)+\cdots]=a_1E_1(z)+a_2E_2(z)+\cdots+a_iE_i(z)+\cdots$$

$$(8-23)$$

式中，a_1，a_2，$\cdots$，a_i 为常数；$E_i(z)=Z[e_i(t)](i=1,2,\cdots)$。

式（8-23）说明函数线性组合的 z 变换等于各函数 z 变换的线性组合。

证明从略。

（2）实数位移定理　实数位移定理又称平移定理。其含义是指整个采样序列在时间轴上左右平移若干采样周期，向左平移定义为超前，向后平移定义为滞后，图 8-13 为滞后平移，平移定理如下：

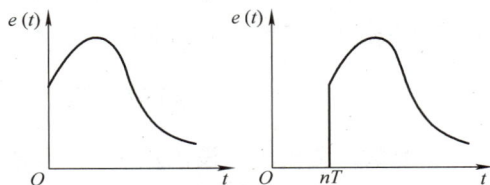

图 8-13　滞后平移

若 $e(t)$ 的 z 变换为 $E(z)$，则有

滞后定理　　　　　　　　$$Z[e(t-nT)]=z^{-n}E(z)$$

$$(8-24)$$

以及超前定理
$$Z[e(t + nT)] = z^n \left[E(z) - \sum_{k=0}^{n-1} e(kT)z^{-k} \right] \tag{8-25}$$

滞后定理的证明:

令 $e_1(t) = e(t - nT)$, 根据 z 变换定义, 有

$$E_1(z) = \sum_{k=0}^{\infty} e_1(kT)z^{-k} = e_1(0) + e_1(T)z^{-1} + \cdots + e_1(nT)z^{-n} + e_1[(n+1)T]z^{-(n+1)} + \cdots$$

$$= e(-nT) + e[(1-n)T]z^{-1} + \cdots + e(0)z^{-n} + e(T)z^{-(n+1)} + \cdots$$

$$= z^{-n} \left[E(z) + \sum_{k=1}^{\infty} z^k e(-kT) \right]$$

因为当 $t < 0$ 时, $e(t) = 0$, 所以, $E_1(z) = Z[e(t - nT)] = z^{-n}E(z)$。

另一种证法:

$$Z[e(t - nT)] = \sum_{k=0}^{\infty} e(kT - nT)z^{-k} = \sum_{k=0}^{\infty} z^{-n}e(kT - nT)z^{-k}z^n$$

$$= z^{-n} \sum_{k=0}^{\infty} e(kT - nT)z^{-(k-n)}$$

$$= z^{-n} \sum_{k=0}^{\infty} e(kT - nT)e^{-j} \qquad (j = k - n)$$

由于 $j < 0$, 即 $k < n$ 时, $e(jT) = 0$, 所以, $Z[e(t - nT)] = z^{-n}E(z)$。

超前定理的证明:

根据 z 变换的定义可知:

$$Z[e(t + nT)] = \sum_{k=0}^{\infty} e(kT + nT)z^{-k}$$

$$= e(nT)z^0 + e[(n+1)T]z^{-1} + \cdots + e[(k+n)T]z^{-k} + \cdots$$

$$= z^n \{ e(nT)z^{-n} + e[(n+1)T]z^{-(n+1)} + \cdots + e[(k+n)T]z^{-(k+n)} + \cdots \}$$

$$= z^n \sum_{k=n}^{\infty} e(kT)z^{-k} = z^n \left[\sum_{k=0}^{\infty} e(kT)z^{-k} - \sum_{k=0}^{n-1} e(kT)z^{-k} \right]$$

$$= z^n \left[E(z) - \sum_{k=0}^{n-1} e(kT)z^{-k} \right]$$

例 8-11 已知 $e(t) = t - T$, 求 $E(z)$。

解: 根据滞后定理, 可以求得

$$Z[e(t)] = Z[kT - T] = z^{-1}Z[kT] = z^{-1} \frac{Tz}{(z-1)^2} = \frac{T}{(z-1)^2}$$

(3) 复数位移定理 设函数 $e(t)$ 的 z 变换为 $E(z)$, 则有
$$Z[e(t)e^{\pm at}] = E(ze^{\mp aT}) \tag{8-26}$$

证明: 根据 z 变换定义

$$Z[e(t)e^{\pm aT}] = \sum_{k=0}^{\infty} e(kT)e^{\pm aTk}z^{-k} = \sum_{k=0}^{\infty} e(kT)e^{-kT(s \mp a)} = \sum_{k=0}^{\infty} e(kT)z_1^{-k} = E(ze^{\mp aT}) = E(z_1)$$

又因 $z^{-k} = e^{-skT}$, 并令 $z_1 = ze^{\mp aT}$, 则原式为

$$Z[e(t)e^{\pm at}] = \sum_{k=0}^{\infty} e(kT)e^{-kT(s \mp a)} = \sum_{k=0}^{\infty} e(kT)z_1^{-k} = E(z_1) = E(ze^{\mp aT})$$

例 8-12　已知 $e(t) = te^{-at}$，求 $E(z)$。

解： 单位斜坡函数的 z 变换为

$$Z[t] = \frac{Tz}{(z-1)^2}$$

根据复数位移定理可得

$$Z[te^{-at}] = \frac{Tze^{aT}}{(ze^{aT}-1)^2}$$

（4）z 域微分定理

若 $Z[e(t)] = E(z)$，则

$$Z[te(t)] = -Tz\frac{\mathrm{d}}{\mathrm{d}z}E(z) \tag{8-27}$$

证明从略。

根据 z 域微分定理，若要求 $e(t) = t$ 的 z 变换，只要对 $1(t)$ 的 z 变换求导后再乘上 $-Tz$ 即可。

$$Z[t] = -Tz\frac{\mathrm{d}}{\mathrm{d}z}\left[\frac{z}{z-1}\right] = -Tz\frac{-1}{(z-1)^2} = \frac{Tz}{(z-1)^2}$$

（5）z 域尺度定理　若 $Z[e(t)] = E(z)$，则

$$Z[a^k e(t)] = E\left(\frac{z}{a}\right) \tag{8-28}$$

式中，a 为常数。

证明： 根据 z 变换定义

$$Z[a^k e(t)] = \sum_{k=0}^{\infty} a^k e(kT)z^{-k} = \sum_{k=0}^{\infty} e(kT)\left(\frac{z}{a}\right)^{-k} = E\left(\frac{z}{a}\right)$$

例 8-13　求 $f(t) = \beta^k \cos\omega t$ 的 z 变换。

解： 已知函数 $\cos\omega t$ 的 z 变换为

$$Z[\cos\omega t] = \frac{z(z - \cos\omega T)}{z^2 - 2z\cos\omega T + 1}$$

根据 z 域尺度定理可得

$$Z[\beta^k \cos\omega t] = \frac{\dfrac{z}{\beta}\left(\dfrac{z}{\beta} - \cos\omega T\right)}{\dfrac{z^2}{\beta^2} - 2\dfrac{z}{\beta}\cos\omega T + 1}$$

（6）初值定理　若 $Z[e(t)] = E(z)$，则，$\lim\limits_{t \to 0} e^*(t) = \lim\limits_{z \to \infty} E(z)$。

证明： 根据 z 变换的定义式

$$E(z) = \sum_{k=0}^{\infty} e(kT)z^{-k} = e(0) + e(T)z^{-1} + e(2T)z^{-2} + \cdots$$

上式两边取 $z \to \infty$ 时的极限可得

$$\lim_{z \to \infty} E(z) = e(0) = \lim_{t \to 0} e^*(t) \tag{8-29}$$

（7）终值定理 若 $Z[e(t)] = E(z)$，则，

$$e(\infty) = \lim_{t \to \infty} e^*(t) = \lim_{z \to 1}(z-1)E(z) \tag{8-30}$$

证明： 按照 z 变换的定义

$$E(z) = \sum_{k=0}^{\infty} e(kT)z^{-k}$$

根据实数位移定理，有

$$Z[e(t+T)] = Z[E(z) - e(0)] = \sum_{k=0}^{\infty} e(kT+T)z^{-k}$$

以上两式相减，得

$$(z-1)E(z) - ze(0) = \sum_{k=0}^{\infty}[e(kT+T) - e(kT)]z^{-k}$$

两边取 $z \to 1$ 时的极限，可得

$$\lim_{z \to 1}[(z-1)E(z) - ze(0)] = \sum_{k=0}^{\infty}[e(kT+T) - e(kT)]$$

而 $\displaystyle\sum_{k=0}^{\infty}[e(kT+T) - e(kT)]_{z=1} = e(T) - e(0) + e(2T) - e(T)$

$$+ e(3T) - e(2T) + \cdots + e(\infty) = e(\infty) - e(0)$$

所以 $$e(\infty) = \lim_{z \to 1}(z-1)E(z)$$

这两个定理类似于拉普拉斯变换中的初值和终值定理。据此，当已知 $E(z)$ 时可以方便地求出 $e(0)$ 和 $e(\infty)$。

二、z 反变换

所谓 z 反变换，就是已知 z 变换表达式 $E(z)$，求取相应的离散信号 $e^*(t)$ 的过程。与连续系统应用拉普拉斯变换时的情形相类似，对采样系统 $E(z)$ 的反变换，记为

$$e^*(t) = Z^{-1}[E(z)] \quad 或 \quad E(kT) = Z^{-1}[E(z)] \tag{8-31}$$

需要强调的是，通过 z 反变换仅可求出采样时刻的信号 $e^*(t)$，而不能提供连续信号 $e(t)$，所以，相同的 z 变换对应的离散信号 $e^*(t)$ 相同，但连续信号可能不同。常用的 z 反变换方法有如下三种：

1. 幂级数法

用 $E(z)$ 的分母多项式去除分子多项式（称为长除法），可以把 $E(z)$ 展成为 z^{-1} 的幂级数，即

$$E(z) = e_0 + e_1 z^{-1} + \cdots + e_k z^{-k} = \sum_{k=0}^{\infty} e_k z^{-k}$$

根据 z 变换的定义可知，$e_k = e(kT)$ 便为 kT 时刻的采样值，根据式（8-2）可直接写出

$e^*(t)$ 的脉冲序列表达式

$$e^*(t) = \sum_{k=0}^{\infty} e_k \delta(t - kT)$$

例 8-14　已知 z 变换 $E(z) = \dfrac{10z}{(z-1)(z-2)}$，求 z 反变换。

解： 因为

$$E(z) = \frac{10z}{(z-1)(z-2)} = \frac{10z^{-1}}{1 - 3z^{-1} + 2z^{-2}}$$

用长除法可得

$$\begin{array}{r}
10z^{-1} + 30z^{-2} + 70z^{-3} + \cdots \\
1 - 3z^{-1} + 2z^{-2} \overline{\smash{)}10z^{-1}} \\
\underline{10z^{-1} - 30z^{-2} + 20z^{-3}} \\
30z^{-2} - 20z^{-3} \\
\underline{30z^{-2} - 90z^{-3} + 60z^{-4}} \\
70z^{-3} - 60z^{-4} \\
\vdots \qquad \vdots
\end{array}$$

所以，$E(z)$ 可表示为

$$E(z) = 10z^{-1} + 30z^{-2} + 70z^{-3} + \cdots$$
$$e^*(t) = 10\delta(t-T) + 30\delta(t-2T) + 70\delta(t-3T) + \cdots$$

这种方法简单，但不易得到闭式结果。在实际应用中，常常只使用有限的几项。

2. 部分分式法

所谓部分分式法就是将 $E(z)$ 展开成若干个分式和的形式，然后利用现有公式和 z 变换表来求出采样信号 $e^*(t)$，所以也称为查表法。

例 8-15　已知 $E(z) = \dfrac{10z}{(z-1)(z-2)}$，求其 z 反变换。

解： 因为 $\dfrac{E(z)}{z} = \dfrac{10}{(z-1)(z-2)} = \dfrac{-10}{z-1} + \dfrac{10}{z-2}$

故有

$$E(z) = \frac{-10z}{z-1} + \frac{10z}{z-2}$$

可得　$e(kT) = (-1 + 2^k) \times 10$

所以离散函数　$e^*(t) = [e(0)\delta(t) + e(T)\delta(t-T) + \cdots] \times 10$
$$= 0 + 10\delta(t-T) + 30\delta(t-2T) + 70\delta(t-3T) + \cdots$$

例 8-16　已知 $E(z) = \dfrac{(1 - e^{-aT})z}{(z-1)(z - e^{-aT})}$，求其 z 反变换。

解： 因为

$$\frac{E(z)}{z} = \frac{1 - e^{-aT}}{(z-1)(z - e^{-aT})} = \frac{1}{z-1} - \frac{1}{z - e^{-aT}}$$

所以

$$E(z) = \frac{z}{z-1} - \frac{z}{z-\mathrm{e}^{-aT}}$$

查表 8-1 可得

$$e(t) = 1 - \mathrm{e}^{-at}, \ e(kT) = 1 - \mathrm{e}^{-akT}$$

所以

$$e^*(t) = 0 + (1 - \mathrm{e}^{-aT})\delta(t-T) + (1 - \mathrm{e}^{-2aT})\delta(t-2T) + \cdots$$

3. 留数法

由 z 变换的定义有

$$E(z) = \sum_{k=0}^{\infty} e(kT) z^{-k}$$

上式两边同乘 z^{m-1}（m 为正整数），得

$$E(z) z^{m-1} = \sum_{k=0}^{\infty} e(kT) z^{m-k-1}$$

对上式取一个封闭曲线 $\varGamma$ 的积分，这个曲线 $\varGamma$ 包围 $E(z)z^{m-1}$ 的全部极点。

$$\oint_{\varGamma} E(z) z^{m-1} \mathrm{d}z = \sum_{k=0}^{\infty} e(kT) \left[\oint_{\varGamma} z^{m-k-1} \mathrm{d}z \right]$$

由柯西定理，可知

$$\oint_{\varGamma} z^{n-1} \mathrm{d}z = \begin{cases} 2\pi\mathrm{j}, & n = 0 \\ 0, & n \neq 0 \end{cases}$$

故上式仅存在 $m = k$ 的项，于是有

$$\oint_{\varGamma} E(z) z^{k-1} \mathrm{d}z = 2\pi\mathrm{j}e(kT)$$

$$e(kT) = \frac{1}{2\pi\mathrm{j}} \oint_{\varGamma} E(z) z^{m-1} \mathrm{d}z$$

在此，由于积分路径包围了 $E(z)z^{k-1}$ 的全部极点，故上式又可写成为

$$e(kT) = \sum_{i=1}^{P} \mathrm{Res}\left[E(z) z^{k-1} \right]_{z \to z_i} \tag{8-32}$$

上式中 $E(z)z^{k-1}$ 共有 z_1，z_2，$\cdots$，z_p 个极点，上述积分又可化成为全部极点的留数之和。顺便指出，关于函数 $E(z)z^{k-1}$ 在极点处的留数计算方法如下：

若 z_1，z_2，$\cdots$，z_p 为单极点，则

$$\mathrm{Res}\left[E(z) z^{k-1} \right]_{z \to z_i} = \lim_{z \to z_i} \left[(z - z_i) E(z) z^{k-1} \right] \tag{8-33}$$

若 $E(z)z^{k-1}$ 有 n 重极点，则

$$\mathrm{Res}\left[E(z) z^{k-1} \right]_{z \to z_i} = \frac{1}{(n-1)!} \lim_{z \to z_i} \left[\frac{\mathrm{d}^{n-1}(z-z_i)^n E(z) z^{k-1}}{\mathrm{d}z^{n-1}} \right] \tag{8-34}$$

例 8-17 已知 z 变换函数 $E(z) = \dfrac{10z}{(z-1)(z-2)}$，试用留数法求其反变换。

解： 因为 $E(z)z^{k-1} = \dfrac{10z^k}{(z-1)(z-2)}$，故有 $z_1 = 1$ 和 $z_2 = 2$ 两个单极点。

根据式（8-33），极点 z_1 和 z_2 处的留数为

$$\text{Res}\left[\frac{10z^k}{(z-1)(z-2)}(z-1)\right]_{z\to z_1} = \lim_{z\to 1}\frac{10z^k}{(z-1)(z-2)}(z-1) = -10$$

$$\text{Res}\left[\frac{10z^k}{(z-1)(z-2)}(z-2)\right]_{z\to z_2} = \lim_{z\to 2}\frac{10z^k}{(z-1)(z-2)}(z-2) = 10\times 2^k$$

根据式（8-32），有

$$e(kT) = \sum_{i=1}^{2}\text{Res}\left[E(z)z^{k-1}\right]_{z\to z_i} = -10 + 10\times 2^k = (-1+2^k)\times 10$$

所以
$$e^*(t) = \sum_{k=0}^{\infty}10(-1+2^k)\delta(t-kT)$$

例 8-18　已知 z 变换函数 $E(z) = \dfrac{z}{(z-\mathrm{e}^{aT})(z-\mathrm{e}^{\beta T})}$，试用留数法求其反变换。

解： 因为 $E(z)z^{k-1} = \dfrac{z^k}{(z-\mathrm{e}^{aT})(z-\mathrm{e}^{\beta T})}$ 有 $z_1 = \mathrm{e}^{aT}$，$z_2 = \mathrm{e}^{\beta T}$ 两个单极点，根据留数计算公式（8-33）可得

$$
\begin{aligned}
e(kT) &= \sum_{i=1}^{2}\text{Res}\left[E(z)z^{k-1}\right]_{z\to z_i}\\
&= \frac{z^k}{(z-\mathrm{e}^{aT})(z-\mathrm{e}^{\beta T})}(z-\mathrm{e}^{\beta T})\Big|_{z=\mathrm{e}^{\beta T}} + \frac{z^k}{(z-\mathrm{e}^{aT})(z-\mathrm{e}^{\beta T})}(z-\mathrm{e}^{aT})\Big|_{z=\mathrm{e}^{aT}}\\
&= \frac{\mathrm{e}^{\alpha kT}-\mathrm{e}^{\beta kT}}{\mathrm{e}^{aT}-\mathrm{e}^{\beta T}}
\end{aligned}
$$

所以

$$e^*(t) = \sum_{k=0}^{\infty}e(kT)\delta(t-kT) = \sum_{k=0}^{\infty}\frac{\mathrm{e}^{\alpha kT}-\mathrm{e}^{\beta kt}}{\mathrm{e}^{aT}-\mathrm{e}^{\beta T}}\delta(t-kT)$$

例 8-19　用留数法求出 $E(z) = \dfrac{Tz}{(z-1)^2}$ 的反变换。

解： 因为 $E(z)$ 在 $z=1$ 处有二重极点，根据式（8-34），可得 $z=1$ 处的留数为

$$\text{Res}\left[E(z)z^{k-1}\right]_{z\to 1} = \lim_{z\to 1}\frac{\mathrm{d}}{\mathrm{d}z}Tz^k = kT$$

所以
$$e^*(t) = \sum_{k=0}^{\infty}kT\delta(t-kT)$$

三、用 z 变换法求解差分方程

连续系统的动态过程用微分方程来描述，通过拉普拉斯变换转换成代数方程，使系统的求解简化。与连续系统类似，采样系统的动态过程可用差分方程来描述，通过 z 变换将差分方程转换成 z 域中的代数方程，使求解差分方程和分析采样系统变得大为方便。

1. 差分的定义

设连续信号 $e(t)$ 经采样后为 $e(kT)$，为方便起见，设 $T=1$，则 $e(kT)=e(k)$。一阶前向差分定义为

$$\Delta e(k) = e(k+1) - e(k) \tag{8-35}$$

二阶前向差分定义为

$$\Delta^2 e(k) = \Delta[\Delta e(k)] = \Delta[e(k+1) - e(k)]$$
$$= \Delta e(k+1) - \Delta e(k) = e(k+2) - e(k+1) - [e(k+1) - e(k)]$$
$$= e(k+2) - 2e(k+1) + e(k) \tag{8-36}$$

类似，可得 n 阶差分定义为

$$\Delta^n e(k) = \Delta^{n-1} e(k+1) - \Delta^{n-1} e(k) \tag{8-37}$$

同理，可得后向差分。

一阶后向差分定义为

$$\nabla e(k) = e(k) - e(k-1) \tag{8-38}$$

二阶后向差分定义为

$$\nabla^2 e(k) = e(k) - 2e(k-1) + e(k-2) \tag{8-39}$$

n 阶后向差分定义为

$$\nabla^n e(k) = \nabla^{n-1} e(k) - \nabla^{n-1} e(k-1) \tag{8-40}$$

前向和后向差分示意图如图 8-14 所示。

图 8-14　前向和后向差分示意图

2. 差分方程

对于一般的线性定常采样系统，k 时刻的输出 $y(k)$ 不但与 K 时刻的输入 $r(k)$ 有关，同时还与 k 时刻以前的输入 $r(k-1), r(k-2), \cdots$ 有关，这种动态关系一般可用下列 n 阶后向差分来描述：

$$y(k) + a_1 y(k-1) + a_2 y(k-2) + \cdots + a_{n-1} y(k-n+1) + a_n y(k-n)$$
$$= b_0 r(k) + b_1 r(k-1) + \cdots + b_{m-1} r(k-m+1) + b_m r(k-m)$$

上式亦可表示为

$$y(k) = -\sum_{i=1}^{n} a_i y(k-i) + \sum_{j=0}^{\infty} b_j r(k-j) \tag{8-41}$$

式中，$a_i (i=1,2\cdots,n)$ 和 $b_j (j=1,2\cdots,m)$ 为常系数，且 $n \geqslant m$。

式（8-27）称为 n 阶线性常系数差分方程。

线性定常采样系统也可用 n 阶前向差分方程来描述：

$$y(k+n) + a_1 y(k+n-1) + \cdots + a_{n-1} y(k+1) + a_n y(k)$$
$$= b_0 r(k+m) + b_1(k+m-1) + \cdots + b_{m-1} r(k+1) + b_m(k)$$

上式也可写为

$$y(k+n) = -\sum_{i=1}^{n} a_i y(k+n-i) + \sum_{j=1}^{m} b_j r(k+m-j) \tag{8-42}$$

3. 差分方程求解

常系数差分方程常用的求解方法有迭代法和 z 变换法。迭代法是根据给定的差分方程和输入序列，并且已知输出序列的初值，利用递推关系，在计算机上一步步算出输出序列。z 变换法求解差分方程的实质是对差分方程两端取 z 变换，然后利用实数位移定理，得到以 z 为变量的代数方程，最后对代数方程的解 $Y(z)$ 求 z 的反变换，得到输出序列。

例 8-20　一阶采样系统的差分方程为

$$y(k+1) - by(k) = r(k)$$

其中 b 为常数，$r(k) = a^k$，起始条件 $y(0) = 0$，求响应 $y(k)$。

解：对方程两边进行 z 变换，并由实数位移定理得

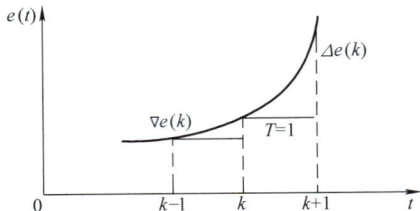

$$zY(z) - zy(0) - bY(z) = R(z)$$

因为
$$r(k) = a^k, \ R(z) = \frac{z}{z-a}, \ y(0) = 0$$

所以
$$(z - b)Y(z) = \frac{z}{z-a}$$

解出

$$Y(z) = \frac{z}{(z-b)(z-a)} = z\left[\frac{\dfrac{1}{a-b}}{z-a} + \dfrac{\dfrac{1}{b-a}}{z-b}\right]$$

求其 z 反变换

$$y(k) = \frac{1}{a-b}(a^k - b^k) \qquad (k = 1, 2, \cdots)$$

可以看出，同采用拉普拉斯变换解微分方程一样，初始条件自动的包含在代数表达式中。

例8-21　用 z 变换法解下列差分方程：
$$y(k+2) + 3y(k+1) + 2y(k) = 0$$
已知初始条件 $y(0) = 0$，$y(1) = 1$，求 $y(k)$。

解： 对方程两边进行 z 变换，并且根据实数位移定理
$$z^2Y(z) - z^2y(0) - zy(1) + 3zY(z) - 3zy(0) + 2Y(z) = 0$$
化简并代入初始条件　　　$(z^2 + 3z + 2)Y(z) = z$

所以
$$Y(z) = \frac{z}{z^2 + 3z + 2} = \frac{z}{(z+1)(z+2)} = \frac{z}{z+1} - \frac{z}{z+2}$$

查表8-1进行 z 变换得
$$y(k) = (-1)^k - (-2)^k \qquad (k = 0, 1, 2, \cdots)$$

此方程的输入信号 $r(k) = 0$，输出 $y(k)$ 是由初始条件激励的。

第四节　脉冲传递函数

在连续系统中，通过拉普拉斯变换建立了传递函数的概念，构成了研究和分析系统性能的重要基础。同样在采样系统中也有类似的关系，只是在这里称之为脉冲传递函数，利用它来研究和分析离散系统的性能。

在线性定常连续系统中，把零初始条件下系统输出信号的拉普拉斯变化与输入信号的拉普拉斯变化之比定义为传递函数。同理，线性定常采样系统中脉冲传递函数的定义与线性定常连续系统传递函数的定义类似。

一、基本概念

设采样系统如图8-15所示，在零初始条件下，输入信号为 $r(t)$，经采样后 $r^*(t)$ 的变换为 $R(z)$，系统连续部分的输出 $y(t)$ 经采样后 $y^*(t)$ 的 z 变换为 $Y(z)$。则线性定常采样系统

脉冲传递函数定义为：在零初始条件下，输出采样信号的 z 变换和输入采样信号的 z 变换之比。用 $G(z)$ 表示，记为

$$G(z) = \frac{Y(z)}{R(z)} \qquad (8\text{-}43)$$

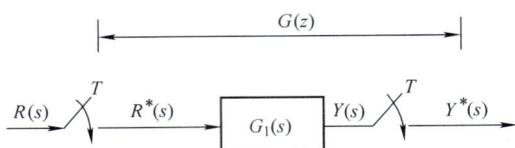

图 8-15　实际采样系统

所谓零初始条件，是指在 $t < 0$ 时，输入脉冲序列各采样值和输出脉冲序列各采样值均为零。如果已知 $R(z)$ 和 $G(z)$，则在零初始条件下，线性定常离散系统的输出采样信号为

$$y^*(t) = Z^{-1}[Y(z)] = Z^{-1}[G(z)R(z)] \qquad (8\text{-}44)$$

所以，求解 $y^*(t)$ 的关键就是设法求出系统的脉冲传递函数 $G(z)$。许多实际系统的输出为连续信号 $y(t)$。对此，可以在系统输出端虚设一个理想采样开关，并使它与输入采样开关同步工作，而且与输入具有相同的采样周期。如果系统的实际输出 $y(t)$ 比较平滑，且采样频率较高，则可用 $y^*(t)$ 近似描述 $y(t)$。应当指出，输出端的采样开关实际是不存在的，是为定义脉冲传递函数而虚设的。

二、开环系统的脉冲传递函数

1. 开环脉冲传递函数的意义与求法

用式（8-34）的定义求取开环脉冲传递函数并不方便。所以要分析其意义与求取的方法，开环离散系统如图 8-16 所示。该系统的实际输入是一个脉冲序列，可表示为

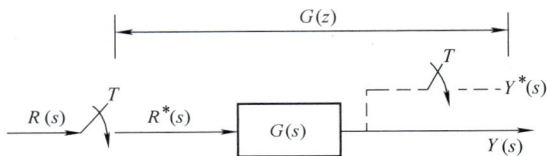

图 8-16　开环离散系统

$$r^*(t) = \sum_{k=0}^{\infty} r(kT)\delta(t - kT) \qquad (8\text{-}45)$$

$r(kT)$ 是输入信号在采样时刻的值，当此输入信号作用于开环系统 $G(s)$ 时，根据线性系统的叠加原理，开环系统的输出 $y(t)$ 为上述不同时刻的输入 $r(kT)$ 分别作用于系统时的响应之和。再对 $y(t)$ 进行采样，就得到输出的采样值 $y^*(t)$，从而可以看出脉冲传函的意义。

由上述可知，作用在开环系统 $G(s)$ 的为一个脉冲序列信号，$G(s)$ 在其作用下的响应为脉冲响应。设连续系统 $G(s)$ 的脉冲响应为 $g(t)$，由叠加原理可求出系统对脉冲序列的响应为

$$y(t) = r(0)g(t) + r(T)g(t-T) + \cdots + r(nT)g(t-nT) + \cdots$$

对任意时刻 $t = kT$

$$y(kT) = r(0)g(kT) + r(T)g(kT-T) + \cdots + r(nT)g(kT-nT) + \cdots$$

两边同乘以 z^{-k}，并求和式有

$$\sum_{k=0}^{\infty} y(kT)z^{-k} = \sum_{k=0}^{\infty} [r(0)g(kT) + r(T)g(kT-T) + \cdots + r(nT)g(kT-T) + \cdots]z^{-k}$$

右边第一项

$$\sum_{k=0}^{\infty} r(0)g(kT)z^{-k} = r(0)[g(0) + g(T)z^{-1} + g(2T)z^{-2} + \cdots]$$

右边第二项

$$\sum_{k=0}^{\infty} r(T)g(kT)z^{-k} = r(T)\left[g(-T) + g(0)z^{-1} + g(T)z^{-2} + \cdots\right]$$

$$= r(T)\left[g(0)z^{-1} + g(T)z^{-2} + \cdots\right]$$

$$\vdots$$

$$= r(T)z^{-1}\left[g(0) + g(T)z^{-1} + \cdots\right]$$

因为当 $t < 0$ 时，均有 $g(t) = 0$

右边第三项

$$\sum_{k=0}^{\infty} r(2T)g(kT - 2T)z^{-k} = r(2T)z^{-2}\left[g(0) + g(T)z^{-1} + \cdots\right]$$

依次类推

$$\sum_{k=0}^{\infty} y(kT)z^{-k} = \left[g(0) + g(T)z^{-1} + g(2T)z^{-2}\cdots\right] \cdot \left[r(0) + r(T)z^{-1} + r(2T)z^{-2} + \cdots\right]$$

$$= \left[\sum_{k=0}^{\infty} g(kT)z^{-k}\right]\left[\sum_{k=0}^{\infty} r(kT)z^{-k}\right] \tag{8-46}$$

由 z 变换的定义知：$Y(z) = \sum_{k=0}^{\infty} y(kT)z^{-k}$，$G(z) = \sum_{k=0}^{\infty} g(kT)z^{-k}$ 及 $R(z) = \sum_{k=0}^{\infty} r(kT)z^{-k}$。

所以

$$Y(z) = G(z)R(z)$$

即

$$G(z) = \frac{Y(z)}{R(z)}$$

这就是开环系统的脉冲传递函数。由式（8-46）可知

$$G(z) = \sum_{k=0}^{\infty} g(kT)z^{-k}$$

式中的 $g(kT)$ 是连续系统的脉冲响应在 $t = kT$ 时刻的采样值。所以，脉冲传递函数就是连续系统脉冲响应函数 $g(t)$ 经采样后 $g^*(t)$ 的 z 变换。

根据上述可得开环脉冲传递函数的求取方法：

1）根据系统开环传递函数 $G(s)$，利用拉普拉斯反变换求出脉冲响应 $g(t)$，即 $g(t) = L^{-1}\left[G(s)\right]$。

2）对 $g(t)$ 进行采样或离散化得 $g^*(t)$。

3）对离散脉冲响应进行 z 变换得 $G(z)$。

例 8-22   已知连续部分传递函数为 $G(s) = \dfrac{10}{s(s+10)}$，求 $G(z)$。

解：1）求解脉冲响应函数（亦称为脉冲过渡函数）$g(t)$。

$$g(t) = L^{-1}\left[G(s)\right] = L^{-1}\left[\frac{1}{s} - \frac{1}{s+10}\right] = 1 - e^{-10t}$$

2）求 $g^*(t)$。

$$g^*(t) = \sum_{k=0}^{\infty} \left[1(kT) - e^{-10kT}\right] \times \delta(t - kT)$$

3）对 $g^*(t)$ 求 z 变换得

$$G(z) = \sum_{k=0}^{\infty} \left[1(kT) - \mathrm{e}^{-10kT} \right] z^{-k} = \sum_{k=0}^{\infty} 1 \times z^{-k} - \sum_{k=0}^{\infty} \mathrm{e}^{-10kT} \times z^{-k} = \frac{z}{z-1} - \frac{z}{z - \mathrm{e}^{-10T}}$$

2. 环节串联时的脉冲传递函数

如果开环离散系统由两个环节串联构成，则开环系统脉冲传递函数的求法与连续系统情况不完全相同，有两种情况：

1）串联环节之间有采样器，如图 8-17 所示。

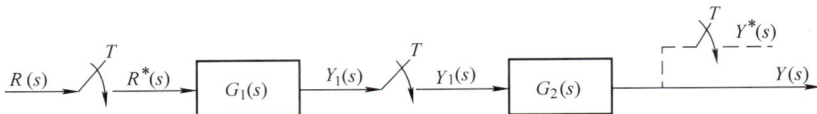

图 8-17 串联环节之间有采样器

第一环节：由于前后均有采样器，其输入为 $r^*(t)$，输出为 $y_1^*(t)$。
因此有

$$\frac{Y_1(z)}{R(z)} = G_1(z)$$

第二环节：其输入为 $y_1^*(t)$，输出为 $y(t)$，在输出端虚设一个采样开关，则离散后的信号为 $y^*(t)$，输入和输出的 z 变换为 $Y_1(z)$ 和 $Y(z)$。

所以

$$\frac{Y(z)}{Y_1(z)} = G_2(z)$$

因此有

$$G(z) = \frac{Y(z)}{R(z)} = G_1(z)G_2(z) \tag{8-47}$$

式（8-47）表明，由采样器隔开的两个线性连续环节串联时的脉冲传递函数，等于这两个环节各自的脉冲传递函数之积。这一结论可以推广到 n 个环节串联的情况：只要各环节之间都有同步采样器分隔，那么总的脉冲传递函数等于各环节脉冲传递函数的乘积。

2）串联环节之间没有采样器，如图 8-18 所示。

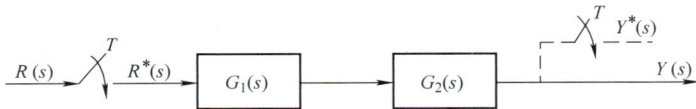

图 8-18 串联环节之间没有采样器

显然，系统连续信号的拉普拉斯变换为

$$Y(s) = G_1(s)G_2(s)R^*(s)$$

根据式（8-7）有

$$Y^*(s) = \frac{1}{T} \sum_{k=-\infty}^{\infty} G_1(s - \mathrm{j}k\omega_s) G_2(s - \mathrm{j}k\omega_s) R^*(s - \mathrm{j}k\omega_s)$$

又因为

$$R^*(s - \mathrm{j}k\omega_s) = \sum_{n=0}^{\infty} r(nT) \mathrm{e}^{-nT(s-\mathrm{j}k\omega_s)} = \sum_{n=0}^{\infty} r(nT) \mathrm{e}^{-nTs+\mathrm{j}nk2\pi} = \sum_{n=0}^{\infty} r(nT) \mathrm{e}^{-nTs} = R^*(s)$$

所以
$$Y^*(s) = \left[\frac{1}{T}\sum_{k=-\infty}^{k=\infty} G_1(s - jk\omega_s) G_2(s - jk\omega_s)\right] R^*(s) \qquad (8\text{-}48)$$

即
$$Y^*(s) = [G_1 G_2(s)]^* R^*(s)$$

$$[G_1 G_2(s)]^* = G_1 G_2^*(s) = \left[\frac{1}{T}\sum_{k=-\infty}^{k=\infty} G_1(s - jk\omega_s) G_2(s - jk\omega_s)\right]$$

$$G_1^*(s) G_2^*(s) = \left[\frac{1}{T}\sum_{k=-\infty}^{\infty} G_1(s - jk\omega_s)\right]\left[\frac{1}{T}\sum_{k=-\infty}^{\infty} G_2(s - jk\omega_s)\right]$$

可以看出
$$G_1 G_2^*(s) \neq G_1^*(s) G_2^*(s)$$

对式（8-48）取 z 变换得
$$Y(z) = G_1 G_2(z) R(z)$$

式中的 $G_1 G_2(z)$ 定义为 $G_1(s)$ 和 $G_2(s)$ 乘积的 z 变换，所以在这种情况下开环系统脉冲传递函数为

$$G(z) = \frac{Y(z)}{R(z)} = G_1 G_2(z) \qquad (8\text{-}49)$$

式（8-49）表明，没有采样器隔开的两个线性连续环节串联时的脉冲传递函数，等于这两个环节传递函数乘积后的相应 z 变换。这一结论也可以推广到类似的 n 个环节串联时的情况。

由上面的推导过程可知：
$$G_1(z) G_2(z) \neq G_1 G_2(z)$$

例 8-23　开环系统结构见图 8-17 和图 8-18 所示，其中
$$G_1(s) = \frac{1}{s}, \quad G_2(s) = \frac{a}{s + a}$$

输入信号 $r(t) = 1(t)$，试求开环系统脉冲传递函数 $G(z)$ 及系统输出的 z 变换 $Y(z)$。

解： 查 z 变换表 8-1，$r(t) = 1(t)$ 的 z 变换为

$$R(z) = \frac{z}{z - 1}$$

对于图 8-17 结构

$$G_1(z) = z\left[\frac{1}{s}\right] = \frac{z}{z - 1}, \quad G_2(z) = z\left[\frac{a}{s + a}\right] = \frac{az}{z - e^{-aT}}$$

所以

$$G(z) = G_1(z) G_2(z) = \frac{az^2}{(z - 1)(z - e^{-aT})}$$

$$Y(z) = G(z) R(z) = \frac{az^3}{(z - 1)^2 (z - e^{-aT})}$$

对于图 8-18 结构

$$G_1(s) G_2(s) = \frac{a}{s(s + a)}$$

$$G(z) = G_1 G_2(z) = z\left[\frac{a}{s(s + a)}\right] = \frac{z(1 - e^{-aT})}{(z - 1)(z - e^{-aT})}$$

$$Y(z) = G(z)R(z) = \frac{z^2(1 - e^{-aT})}{(z-1)^2(z - e^{-aT})}$$

显然在两种结构下的脉冲传递函数不同。

3）有零阶保持器时的开环系统脉冲传递函数　有零阶保持器时的开环采样系统如图 8-19 所示，$G_h(s)$ 为零阶保持器的传递函数，$G(s)$ 为连续部分的传递函数。可将图 8-19a 的结构画成图 8-19b 的结构，由图 8-19b 可得

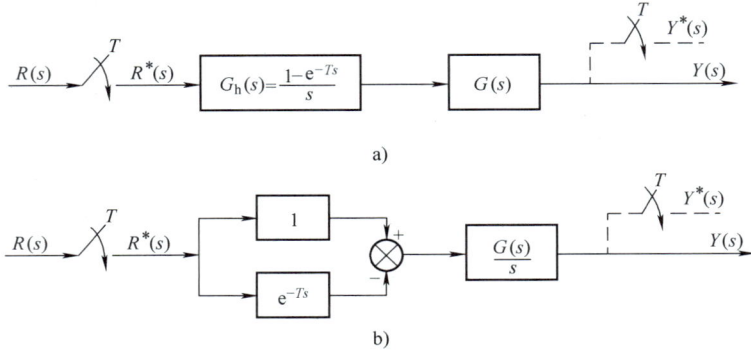

图 8-19　有零阶保持器时的开环采样系统

$$Y(s) = \left[\frac{G(s)}{s} - e^{-Ts}\frac{G(s)}{s} \right] R^*(s)$$

对上式进行 z 变换，根据实数位移定理及 z 变换性质可得

$$Y(z) = \left[Z\left(\frac{G(s)}{s}\right) - z^{-1}Z\left(\frac{G(s)}{s}\right) \right] R(z)$$

于是有零阶保持器时，开环系统脉冲传递函数为

$$G(z) = \frac{Y(z)}{R(z)} = (1 - z^{-1})Z\left[\frac{G(s)}{s} \right] \qquad (8-50)$$

例 8-24　已知 $G(s) = \dfrac{10}{s(s+10)}$，求具有零阶保持器的开环系统脉冲传递函数。

解： 由式（8-50）可知

$$G(z) = (1 - z^{-1})Z\left[\frac{G(s)}{s} \right] = \frac{z-1}{-z}Z\left[\frac{10}{s^2(s+10)} \right] = \frac{z-1}{z}Z\left[\frac{-0.1}{s} + \frac{1}{s^2} + \frac{0.1}{s+10} \right]$$

$$= \frac{z-1}{z}\left[\frac{-0.1z}{z-1} + \frac{Tz}{(z-1)^2} + \frac{0.1z}{z - e^{-10T}} \right]$$

整理得

$$G(z) = \frac{(T - 0.1 + 0.1e^{-10T})z + (0.1 - Te^{-10T} - 0.1e^{-10T})}{(z-1)(z - e^{-10T})}$$

加入零阶保持器，仅改变了 $G(z)$ 分子，可见零阶保持器不影响采样系统脉冲传递函数的极点。

4）连续信号直接作用于环节的情况　开环采样系统结构图如 8-20 所示，连续输入信号未经采样开关直接进入连续环节 $G_1(s)$。

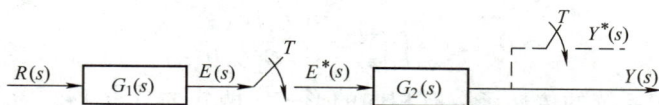

图 8-20　开环采样系统

$G_1(s)$ 的输入为连续量 $r(t)$，输出也是连续量 $e(t)$，所以有

$$E(s) = G_1(s)R(s)$$

而 $E^*(s) = [G_1(s)R(s)]^*$，即

$$E(z) = G_1R(z)，又 Y^*(s) = G_2(s)E^*(s)$$

所以

$$Y(z) = G_2(z)E(z) = G_2(z)G_1R(z)$$

在这种情况下，表示不出 $Y(z)/R(z)$ 的形式，只能求出输出的 z 变换的表达式 $Y(z)$，而得不到脉冲传递函数 $G(z)$ 的显式表示，脉冲传递函数隐含在输出表达式 $Y(z)$ 中。

三、闭环系统的脉冲传递函数

闭环采样系统如图 8-21 所示，其中系统的给定输入和输出均为连续函数，$d(t)$ 为扰动输入。

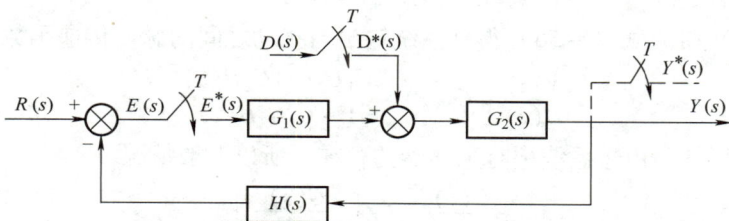

图 8-21　闭环采样系统

先假设 $d(t) = 0$，即没有扰动输入，由图 8-21 可知：

$$\begin{cases} E(z) = R(z) - B(z) \\ B(z) = E(z)G_1G_2H(z) \end{cases}$$

式中，$E(z)$、$R(z)$ 和 $B(z)$ 分别为 $e(t)$、$r(t)$ 和 $b(t)$ 经采样后的脉冲序列的 z 变换；$G_1G_2H(z)$ 为 $G_1(s)G_2(s)H(s)$ 乘积的 z 变换。

由以上两式可求出：

$$E(z) = \frac{R(z)}{1 + G_1G_2H(z)} \tag{8-51}$$

系统输出

$$Y(z) = G_1G_2(z)E(z) = \frac{G_1G_2(z)}{1 + G_1G_2H(z)}R(z) \tag{8-52}$$

由式（8-51）和式（8-52）可求出在采样时刻的误差值和输出值。同时还可以得到闭环系统的误差脉冲传递函数

$$G_e(z) = \frac{E(z)}{R(z)} = \frac{1}{1 + G_1G_2H(z)} \tag{8-53}$$

闭环系统脉冲传递函数为

$$G_B(z) = \frac{Y(z)}{R(z)} = \frac{G_1 G_2(z)}{1 + G_1 G_2 H(z)} \tag{8-54}$$

它们分别与连续系统的传递函数有相同的形式，两式的分母 $1 + G_1 G_2 H(z)$ 就是闭环系统的特征多项式。

当系统有扰动作用时 $d(t) \neq 0$，令 $r(t) = 0$ 根据图 8-21 可以求出：

$$Y(s) = G_2(s) D^*(s) + G_1(s) G_2(s) E^*(s)$$

而

$$E(s) = -H(s) Y(s) = -H(s) G_2(s) D^*(s) + [G_1(s) G_2(s) E^*(s)]$$

离散化后有

$$E^*(s) = -H(s) G_2^*(s) D(s) - G_1 G_2 H^*(s) E^*(s)$$

经 z 变换

$$E(z) = -G_2 H(z) D(z) - G_1 G_2 H(z) E(z)$$

式中，$D(z)$ 为 $d^*(t)$ 的 z 变换。

整理后可得闭环系统的误差与扰动间的脉冲传递函数为

$$\frac{E(z)}{D(z)} = -\frac{G_2 H(z)}{1 + G_1 G_2 H(z)} \tag{8-55}$$

又因为

$$Y(s) = G_2(s) D^*(s) + G_1(s) G_2(s) E^*(s)$$

离散化后

$$Y^*(s) = G_2^*(s) D^*(s) + G_1 G_2^*(s) E^*(s)$$

经 z 变换

$$Y(z) = G_2(z) D(z) + G_1 G_2(z) E(z) \tag{8-56}$$

将式（8-55）带入式（8-56）得到系统输出与扰动之间的脉冲传递函数

$$\frac{Y(z)}{D(z)} = G_2(z) - \frac{G_1 G_2(z) G_2 H(z)}{1 + G_1 G_2 H(z)} \tag{8-57}$$

由以上过程可知，由于系统中有采样器的存在，所以一般情况下

$$\frac{G(z)}{1 + G(z)} \neq Z\left[\frac{G(s)}{1 + G(s)}\right]$$

而且采样开关所在的位置不同，所得出的脉冲传递函数的结果也不同。

例 8-25　设闭环采样系统结构图如图 8-22 所示，试证其闭环脉冲传递函数为

$$G_B(z) = \frac{G_1(z) G_2(z)}{1 + G_1(z) H G_2(z)}$$

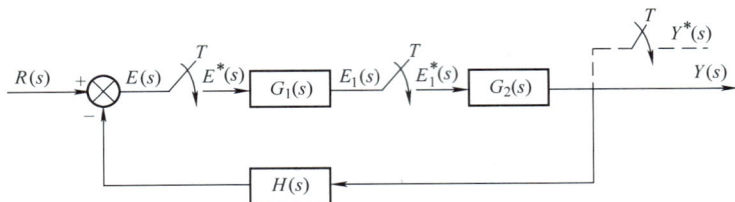

图 8-22　闭环采样系统结构图

证明： 由图 8-22 得

$$Y(s) = G_2(s) E_1^*(s)$$

$$E(s) = G(s) E^*(s)$$

对 $E_1(s)$ 离散化后有

$$E_1^*(s) = G_1^*(s) E^*(s)$$

$$Y(s) = G_2(s)G_1^*(s)E^*(s)$$

考虑到
$$E(s) = R(s) - H(s)Y(s) = R(s) - H(s)G_2(s)G_1^*(s)E^*(s)$$

离散化后
$$E^*(s) = R^*(s) - HG_2^*(s)G_1^*(s)E^*(s)$$

即
$$E^*(s) = \frac{R^*(s)}{1 + G_1^*(s)HG_2^*(s)}$$

$$Y^*(s) = \frac{G_1^*(s)G_2^*(s)R^*(s)}{1 + G_1^*(s)HG_2^*(s)}$$

进行 z 变换得脉冲传递函数为

$$G_B(z) = \frac{Y(z)}{R(z)} = \frac{G_1(z)G_2(z)}{1 + G_1(z)HG_2(z)}$$

证毕。

例 8-26　闭环采样系统结构图如图 8-23 所示，试证其输出采样信号的 z 变换函数为

$$Y(z) = \frac{RG(z)}{1 + GH(z)}$$

证明： 由图 8-23 得
$$Y(s) = G(s)E(s)$$
$$E(s) = R(s) - H(s)Y^*(s)$$
所以　$Y(s) = G(s)R(s) - G(s)H(s)Y^*(s)$

对上式离散化，有
$$Y^*(s) = GR^*(s) - HG^*(s)Y^*(s)$$

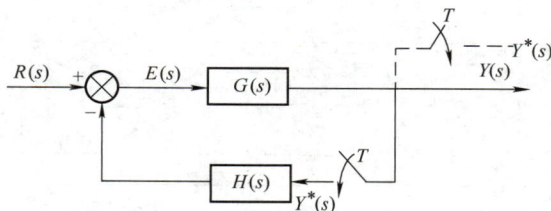

图 8-23　闭环采样系统结构图

解得
$$Y^*(s) = \frac{GR^*(s)}{1 + HG^*(s)}$$

上式取 z 变换，证得

$$Y(z) = \frac{RG(z)}{1 + GH(z)}$$

由于从上式解不出 $Y(z)/R(z)$，因此也得不到闭环脉冲传递函数。这是由于连续信号直接进入了连续环节，但可以求出闭环系统的采样输出信号 $y^*(t)$。典型的闭环采样系统的采样输出信号的 z 变换表达式，可参见表 8-2。

例 8-27　求如图 8-24 所示的闭环采样系统的单位阶跃响应，已知 $T = 0.07s$，$e^{-10T} = 0.5$。

解： 按照上面分析的结果，闭环脉冲传递函数为

$$G_B(z) = \frac{Y(z)}{R(z)} = \frac{G_1G_2(z)}{1 + G_1G_2H(z)}$$

根据例 8-23 的结果可知

$$G_1G_2(z) = \frac{(10T - 1 + e^{-10T})z + (1 - e^{-10T} - 10Te^{-10T})}{10(z-1)(z - e^{-10T})} = \frac{0.2z + 0.15}{10z^2 - 15z + 5}$$

所以
$$G_B(z) = \frac{G_1G_2(z)}{1 + 0.1G_1G_2(z)} \approx \frac{0.2z + 0.15}{10z^2 - 15z + 5}$$

表 8-2   几种典型采样系统及其 $Y(z)$

序号	采样系统的结构图	$Y(z)$
1		$Y(z) = \dfrac{G(z)}{1+HG(z)} R(z)$
2		$Y(z) = \dfrac{G(z)}{1+G(z)H(z)} R(z)$
3		$Y(z) = \dfrac{RG(z)}{1+HG(z)}$
4		$Y(z) = \dfrac{RG_1(z)G_2(z)}{1+G_1G_2H(z)}$
5		$Y(z) = \dfrac{G_1(z)G_2(z)}{1+G_1(z)HG_2(z)} R(z)$
6		$Y(z) = \dfrac{G_2(z)G_3(z)RG_1(z)}{1+G_2(z)G_1G_3H(z)}$

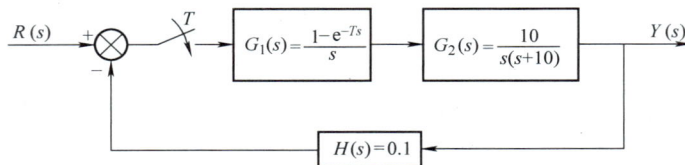

图 8-24   闭环采样系统

当 $r(t) = 1(t)$，$R(z) = \dfrac{z}{z-1}$，可得输出的 z 变换表达式为

$$Y(z) = G_{\mathrm{B}}(z)R(z) = \left(\frac{0.2z+0.15}{10z^2-15z+5}\right)\left(\frac{z}{z-1}\right) = \frac{0.2z^2+0.15z}{10z^3-25z^2+20z-5}$$

用长除法求反变换：

$$Y(z) = 0.02z^{-1} + 0.065z^{-2} + 0.123z^{-3}$$
$$+ 0.187z^{-4} + 0.25z^{-5} + \cdots$$
$$y^*(t) = 0.02\delta(t-T) + 0.065\delta(t-2T)$$
$$+ 0.123\delta(t-T) + 0.187\delta(t-4T) + \cdots$$

可得输出响应序列如图 8-25 所示。

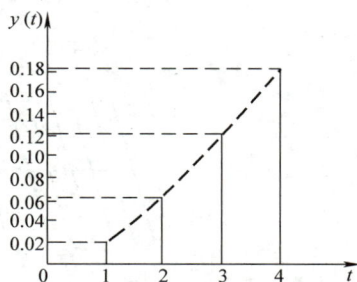

图 8-25　输出响应序列

由于 z 变换法不能得到采样时刻之间的数值，所以图中只能画出采样时刻的输出值。对于采样间隔状态，可用扩展 z 变换法或称修正 z 变换法来确定，这里不详述，读者可参阅有关资料。

第五节　采样系统的分析

和连续系统一样，采样系统的分析也包括三个方面，即系统的稳定性、稳态性能和动态性能。

一、稳定条件与代数判据

1. 稳定条件

第三章给出了线性连续系统稳定的充分必要条件，即系统的闭环极点均应位于 s 左半平面，而虚轴就是稳定区域的边界。对于线性采样系统，由于其传递函数中含有 e^{-kTs} 项，因此分析采样系统在 s 平面上的极点分布状况就不像连续系统那样简单。经过 z 变换，使采样系统的特征多项式变成为代数多项式，但在 z 平面上，上述系统稳定条件将如何变化呢？

定理：对于线性采样系统，其稳定的充要条件为：闭环系统的极点均在 z 平面上以圆点为中心的单位圆内。或者说，所有极点的模都小于 1，即 $|\lambda_i| < 1$，$(i = 1, 2, \cdots)$，单位圆就是稳定区域的边界。

证明：设在 s 平面上有 $s = \sigma + j\omega$（$\omega = -\infty \sim +\infty$），经过 z 变换后，它在平面上的映射为

$$z = e^{Ts} = e^{(\sigma + j\omega)T} = e^{\sigma T}e^{j\omega T} \tag{8-58}$$

很明显

$$|z| = e^{\sigma T}, \quad \underline{/z} = \omega T$$

通过分析上式可以发现：

1）在 s 的左半平面，$\sigma < 0$，在 z 平面上对应为 $|z| < 1$ 即单位圆内。

2）在 s 平面虚轴上，$\sigma = 0$，在 z 平面上对应为 $|z| = 1$ 即单位圆上。

3）在 s 的右半平面，$\sigma > 0$，在 z 平面上对应为 $|z| > 1$ 即单位圆外。

两个平面的映射关系如图 8-26 所示，所以系统的稳定与否完全取决于闭环极点在 z 平面上的分布。

因为　$\underline{/z} = \omega T = \dfrac{2\pi\omega}{\omega_s}$

所以　当 $\omega = 0 \sim \dfrac{\omega_s}{2}$ 时，$\underline{/z} = \left(0 \sim \dfrac{\omega_s}{2}\right)\dfrac{2\pi}{\omega_s} = 0 \sim \pi$ 对应于单位圆的上半部；

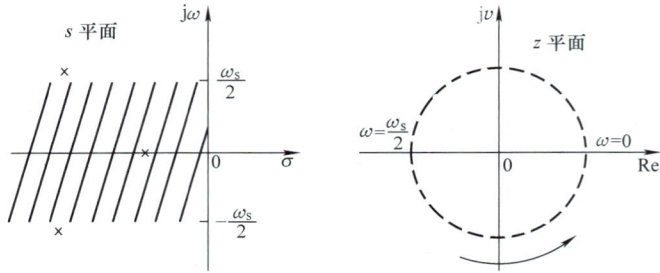

图 8-26 $s \rightarrow z$ 平面映射关系

当 $\omega = -\dfrac{\omega_s}{2} \sim 0$ 时，$\angle z = \left(\dfrac{\omega_s}{2} \sim 0\right)\dfrac{2\pi}{\omega_s} = -\pi \sim 0$ 对应于单位圆的下半部；

当 $\omega = -\infty \sim \infty$ 时，则点在整个 s 虚轴上移动，对应在平面上沿单位圆移动无限多圈，主要的频区与第一圈相对应。

所以，原连续系统在 s 平面上的稳定域映射到离散系统的 z 平面上，变成了单位圆内，从而确定了离散系统稳定的充分必要条件，证毕。

2. 代数判据

按照上述 z 平面的稳定条件，假如系统的特征方程为

$$1 + GH(z) = 0 \tag{8-59}$$

则求出它的根 $z_i(i = 0, 1, 2, \cdots, n)$ 就可以知道系统稳定与否。但当系统阶次较高时，这样做是非常困难和繁琐的。和连续系统一样，不求特征根 z_i，借助于代数稳定判据，同样可以分析闭环系统的稳定性。

应用连续系统中的劳斯稳定判据，可以根据系统特征方程的系数排列计算出的列表判断出特征根是否在左半平面，但无法判断特征根是否在单位圆的内部。对此，可考虑采取变换的方法，使左半平面正好对应于 z 平面的单位圆内，而右半平面对应于 z 平面上单位圆外，虚轴正好对应 z 平面单位圆上。这样，就可以将 z 平面上的特征方程映射在新平面上，应用所熟知的代数稳定判据判别系统的稳定性。可以证明，这个新平面是存在的，它就是所谓的 w 平面，由 z 平面到 w 平面的变换称为 w 变换。

如果令

$$z = \dfrac{w+1}{w-1} \tag{8-60}$$

则有

$$w = \dfrac{z+1}{z-1} \tag{8-61}$$

式（8-60）和式（8-61）表明，复变量 z 与 w 互为线性变换，所以 w 变换又称双线性变换。令两个平面上的复变量为 $z = x + jy$，$w = u + jv$，代入式（8-60）得

$$u + jv = \dfrac{x^2 + y^2 - 1}{(x-1)^2 + y^2} + j\,\dfrac{2y}{(x-1)^2 + y^2}$$

显然

$$u = \dfrac{x^2 + y^2 - 1}{(x-1)^2 + y^2}$$

由于分母 $(x-1)^2 + y^2$ 始终为正，因此 $u = 0$ 等价于 $x^2 + y^2 = 1$，表明 w 平面上的虚轴正好对应于 z 平面单位圆周上；$u < 0$ 等价于 $x^2 + y^2 < 1$，表明 w 左半平面对应于 z 平面单位圆

内的区域；$u > 0$ 等价于 $x^2 + y^2 > 1$，表明 w 右半平面对应于 z 平面单位圆外的区域。z 平面和 w 平面的映射关系如图 8-27 所示。

　　根据上述分析可知，通过 w 变换可将线性定常离散系统在 z 平面上的特征方程 $1 + GH(z) = 0$ 转换为 w 平面上的特征方程 $1 + GH(w) = 0$。于是，离散系统稳定的充要条件，由特征方程 $1 + GH(z) = 0$ 的所有特征根位于 z 平面上的单位圆内，转换为特征方程 $1 + GH(w) = 0$ 的所有根位于 w 左半平面，和在 s 平面上应用劳斯—赫尔维茨稳定判据的情况一样。根据 w 域中的特征方程系数，可以直接应用劳斯—赫尔维茨稳定判据来判断离散系统的稳定性，也称为 w 域中的代数判据。同理，在 w 域内连续系统分析中的频率法也可以同样引用。

　　例 8-28　采样系统如图 8-28 所示，$T = 0.07\text{s}$，试判断闭环系统的稳定性。

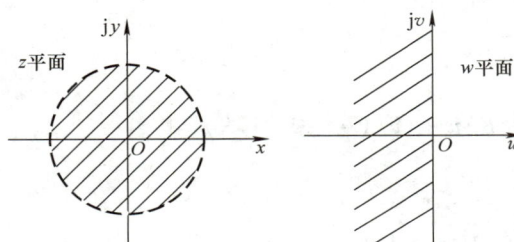

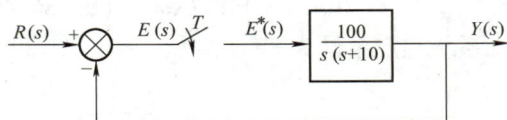

图 8-27　$z \rightarrow w$ 平面映射关系　　　　　　图 8-28　采样系统

　　解：$G(z) = Z\left[\dfrac{100}{s(s+10)}\right] = \dfrac{10z(1 - e^{-10T})}{(z-1)(z-e^{-10T})}$，闭环特征方程为 $1 + G(z) = 0$

即　$(z-1)(z-e^{-10T}) + 10z(1-e^{-10T}) = 0$，将 $T = 0.07\text{s}$ 代入上式，则可化为

$$z^2 - 3.5z + 0.5 = 0$$

这是一个二阶特征方程可用直接求根法，求得两个闭环极点为

$$\lambda_{1,2} = \frac{3.5 \pm 3.2}{2} \approx 0.15,\ 3.3$$

　　由于有一个根的模大于 1，所以系统是不稳定的。

　　由此可以看出，对于连续系统稳定的系统，离散化后并不一定稳定。

　　对于高阶系统一般不易直接求根，必须要做 w 变换，然后应用代数稳定判据判断系统的稳定性。在上例中将 $z = \dfrac{w+1}{w-1}$ 带入上述特征方程可得：$5w^2 + w - 2 = 0$ 根据代数稳定判据可知有一个右半平面上的根，所以原系统不稳定。其结论与直接求根法相同。

　　例 8-29　有零阶保持器的采样系统如图 8-29 所示，当采样周期 $T = 1\text{s}$ 和 $T = 0.5\text{s}$ 时，求系统稳定时开环增益 K 的取值范围。

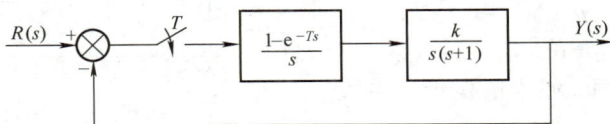

图 8-29　闭环采样系统

解： 不难求出系统开环脉冲传递函数

$$G(z) = (1 - z^{-1})Z\left[\frac{K}{s^2(s+1)}\right] = K\frac{(e^{-T} + T - 1)z + (1 - e^{-T} - Te^{-T})}{(z-1)(z-e^{-T})}$$

相应的闭环系统特征方程为

$$D(z) = 1 + G(z) = 0$$

当 $T = 1$s 时，有

$$D(z) = z^2 + (0.368K - 1.368)z + (0.264K + 0.368) = 0$$

进行 w 变换，得 w 域特征方程为

$$D(w) = 0.632Kw^2 + (1.264 - 0.528K)w + (0.264K + 0.368) = 0$$

根据代数判据，闭环系统稳定条件为

$$1.264 - 0.528K > 0$$

所以，稳定时 K 的取值为 $0 < K < 2.4$。

当 $T = 0.5$s 时，有 w 域特征方程为

$$D(w) = 0.197Kw^2 + (0.786 - 0.18K)w + (3.124 - 0.017K) = 0$$

系统稳定条件为

$$\begin{cases} 0.786 - 0.18K > 0 \\ 3.124 - 0.017K > 0 \end{cases}$$

所以，K 的取值范围为 $0 < K < 4.37$。

由上例可见，开环增益 K 和采样周期 T 对采样系统稳定性有如下影响：

1）采样周期 T 一定时，增加开环增益 K 会使采样系统稳定性变差，甚至使系统不稳定。

2）开环增益 K 一定时，采样周期 T 越长，丢失的信息越多，对采样系统稳定性及动态性能均不利，甚至使系统不稳定。

二、采样系统的稳态误差

在连续系统中有给定稳态误差和扰动稳态误差，稳态误差的计算有终值定理计算法和动态误差系数计算法。这些分析连续系统稳态特性的方法，在一定条件下还可以推广到采样系统稳态误差的分析和计算。本章仅介绍给定误差的终值定理计算法，其分析与计算思想和连续系统一致。

1. 采样时刻处的稳态误差

由于采样控制系统没有唯一的典型结构图形式，所以误差脉冲传递函数也给不出一般的计算公式。采样系统的稳态误差需要针对不同形式的系统结构来求取。设采样系统如图 8-30 所示，对于单位反馈系统

$$E(z) = \frac{R(z)}{1 + G(z)}$$

如果系统稳定应用 z 域终值定理，系统的稳态误差为

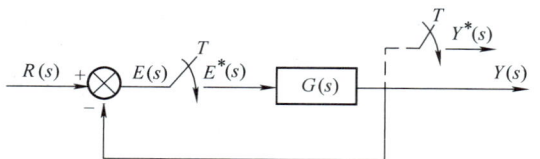

图 8-30　闭环采样系统

$$e(\infty) = \lim_{k \to \infty} e(kT) = \lim_{z \to 1}(z-1)\frac{R(z)}{1+G(z)} \tag{8-62}$$

式（8-62）只说明采样时刻处的误差，它与输入信号的形式及开环脉冲传递函数 $G(z)$ 有关。在 z 平面上，极点 $z=1$ 是与 s 平面上极点 $s=0$ 相对应的，因此采样系统可以按其开环脉冲传递函数 $G(z)$ 有 0，1，2，…个 $z=1$ 的极点而分为 0 型，Ⅰ型，Ⅱ型，…系统。

（1）单位阶跃输入

$$R(z) = \frac{z}{z-1}$$

$$e(\infty) = \lim_{z \to 1}\left[(z-1)\frac{1}{1+G(z)}\frac{z}{z-1}\right] = \frac{1}{1+G(1)} = \frac{1}{K_p}$$

定义位置误差系数 $\qquad\qquad K_p = 1 + G(1) \tag{8-63}$

对于 0 型系统，$G(z)$ 中没有 $z=1$ 的极点，K_p 为有限值。则稳态误差为

$$e(\infty) = \frac{1}{K_p}$$

对于Ⅰ型或高于Ⅰ型的系统，$G(z)$ 有一个或一个以上 $z=1$ 的极点，$K_p = \infty$，所以 $e(\infty) = 0$。

（2）单位斜坡输入

$$R(z) = \frac{Tz}{(z-1)^2}$$

$$e(\infty) = \lim_{z \to 1}\left[(z-1)\frac{1}{1+G(z)}\frac{Tz}{(z-1)^2}\right] = T\lim_{z \to 1}\frac{1}{(z-1)[1+G(z)]}$$

$$= T\lim_{z \to 1}\frac{1}{(z-1)G(z)} = \frac{T}{K_v}$$

定义速度误差系数

$$K_v = \lim_{z \to 1}(z-1)G(z) \tag{8-64}$$

对于 0 型系统，$G(z)$ 中没有 $z=1$ 的极点，$K_v = 0$，所以 $e(\infty) = T/K_v = \infty$。

对于Ⅰ型系统，$G(z)$ 中有一个 $z=1$ 的极点，

$$K_v = \lim_{z \to 1}(z-1)G(z) = 常数$$

故 $e(\infty) = T/K_v$。

对于Ⅱ型或高于Ⅱ型的系统，$G(z)$ 中有两个或多于两个 $z=1$ 的极点，则有 $K_v = \infty$，所以 $e(\infty) = 0$。

（3）单位抛物线函数输入

$$R(z) = \frac{T^2 z(z+1)}{2(z-1)^3}$$

$$e(\infty) = \lim_{z \to 1}(z-1)\frac{1}{1+G(z)}\frac{T^2 z(z+1)}{2(z-1)^2} = T^2\lim_{z \to 1}\frac{1}{(z-1)^2 G(z)}$$

定义加速度误差系数 $\qquad K_a = \lim_{z \to 1}(z-1)^2 G(z) \tag{8-65}$

可以分析出：对于 0 型和Ⅰ型系统

$$K_a = 0 \Rightarrow e(\infty) = T^2/K_a = \infty$$

对于Ⅱ型系统

$$K_a = 有限值 \Rightarrow e(\infty) = T^2/K_a$$

对于Ⅲ型或高于Ⅲ型系统

$$K_a = \infty, \Rightarrow e(\infty) = 0$$

与连续系统对照,可以清楚地看出采样系统在典型输入作用下的稳态误差与 $z = 1$ 的极点个数密切相关,这与连续系统开环传递函数中 $s = 0$ 的极点数完全对应。特定型别与稳态误差的关系如表 8-3 所示。

由以上分析可以看出,采样时刻和稳态误差与采样周期有关;缩短采样周期,提高采样频率将降低稳态误差。其余结论与连续系统相仿,但注意上述结果仅适用于采样时刻的稳态误差。

表 8-3 单位反馈采样系统的稳态误差

系统型别	输 入		
	$r(t) = 1(t)$	$r(t) = t$	$r(t) = \dfrac{1}{2}t^2$
0 型	$\dfrac{1}{K_p}$	∞	∞
Ⅰ 型	0	$\dfrac{T}{K_v}$	∞
Ⅱ 型	0	0	$\dfrac{T^2}{K_a}$

例 8-30 采样系统结构图如图 8-31所示,设 $T = 0.2\text{s}$,输入信号为

$$r(t) = 1 + t + \frac{1}{2}t^2$$

求系统的稳态误差。

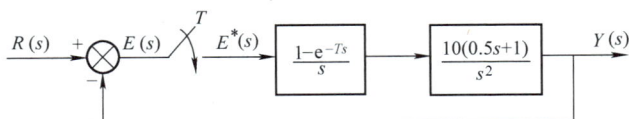

图 8-31 闭环采样系统

解: 不难求出系统的开环脉冲传递函数为

$$G(z) = (1 - z^{-1})Z\left[\frac{10(0.5s + 1)}{s^3}\right] = \frac{z-1}{z}\left[\frac{5T^2 z(z+1)}{(z-1)^3} + \frac{5Tz}{(z-1)^2}\right]$$

将 $T = 0.2\text{s}$ 代入上式,化简得

$$G(z) = \frac{1.2z - 0.8}{(z-1)^2}$$

应用终值定理之前,必须判断系统是否稳定,系统特征方程为

$$D(z) = 1 + G(z) = 0$$

即

$$z^2 - 0.8z + 0.2 = 0$$

特征根为 $\lambda_{1,2} = 0.4 \pm \text{j}0.2$ 均在单位圆内,所以系统稳定。

根据静态误差系数的定义可知

$$K_p = \infty, \quad K_v = \infty, \quad K_a = 0.4$$

所以,采样时刻的稳态误差为

$$e(\infty) = \frac{1}{K_p} + \frac{T}{K_v} + \frac{T^2}{K_a} = 0.1$$

2. 关于采样时刻之间的波纹引起的误差

由于采样，系统中增加了高频分量，在采样间隔形成的纹波如图 8-32 所示。它们同样影响到采样点的稳态误差。所以在用上述方法求误差时，严格说还应将它们也考虑进去。分析纹波须应用修正 z 变换法，此处略。

当然，在系统中加入保持器可使纹波大大降低，但由于它的滞后作用，也会对系统的稳定性和动态性能带来不利的影响。一般说，提高采样频率可以使纹波减小，另外适当地选择综合控制器，还可以求得无纹波的系统模型。

图 8-32　采样时刻间的纹波

三、采样系统的暂态响应与 z 平面上的脉冲传递函数零极点分布的关系

1. 一般分析

由线性连续系统理论可知，闭环传递函数的零极点在 s 平面的分布对系统的暂态响应有重大影响。与此类似，闭环采样系统的暂态响应与闭环脉冲传递函数的零极点在 z 平面的分布也有密切的关系。

设闭环系统的脉冲传递函数为

$$G_{\mathrm{B}}(z) = \frac{Y(z)}{R(z)} = \frac{b_0 z^m + b_1 z^{m-1} + \cdots + b_{m-1} z + b_m}{a_0 z^n + a_1 z^{n-1} + \cdots + a_{n-1} z + a_n} = \frac{M(z)}{D(z)} \qquad (8\text{-}66)$$

式中，$m < n$，并设 $G_{\mathrm{B}}(z)$ 中无重极点，n 个闭环极点为 $\lambda_i (i = 1, 2, \cdots, n)$。

在单位阶跃输入时 $R(z) = \dfrac{z}{z-1}$，系统输出信号的 z 变换为

$$Y(z) = G_{\mathrm{B}}(z) R(z) = G_{\mathrm{B}}(z) \frac{z}{z-1} = \frac{z}{z-1} \frac{\dfrac{1}{a_0}(b_0 z^m + b_1 z^{m-1} + \cdots + b_{m-1} z + b_m)}{(z-\lambda_1)(z-\lambda_2)\cdots(z-\lambda_n)}$$

将上式展成部分分式可得

$$Y(z) = A_0 \frac{z}{z-1} + \sum_{i=1}^{n} A_i \frac{z}{z-\lambda_i} \qquad (8\text{-}67)$$

式中，$A_0 = \left[\dfrac{M(z)}{D(z)}\right]_{z=1}$；$A_i = \dfrac{M(\lambda_i)}{(\lambda_i - 1)D(\lambda_i)}$。

对于上式进行 z 反变换，可得出相应的输出采样序列

$$y(k) = A_0 1(k) + \sum_{i=1}^{n} A_i \lambda_i^k \qquad (8\text{-}68)$$

式（8-68）中第一项为系统输出的稳态分量，第二项为输出的暂态分量。显然随极点 λ_i 在平面位置的不同，它所对应的暂态分量也不同。

（1）λ_i 为正实数　当 λ_i 为正实数时，对应的暂态分量 $C_i(k) = A_i \lambda_i^k$，式（8-68）为一指数函数；当 $\lambda_i > 1$，为发散型函数；当 $0 < \lambda_i < 1$ 时，为收敛型函数。极点离圆点越近，衰减越快。

（2）λ_i 为负实数　当 λ_i 为负数时，系统的输出暂态响应为正负交替振荡脉冲序列。λ_i^k 可能为正也可能为负，取决于 k 的值。当 $|\lambda_i|<1$ 时，响应为衰减振荡；当 $|\lambda_i|>1$ 时，响应为发散振荡。极点 $|\lambda_i|$ 离圆点越近，振荡衰减越快。

（3）z 平面上有一对共轭复数极点　设 λ_i 和 $\overline{\lambda_i}$ 是一对共轭复数极点，则有

$$\lambda_i = |\lambda_i|e^{j\theta_i}, \quad \overline{\lambda_i} = |\lambda_i|e^{-j\theta_i} \tag{8-69}$$

θ_i 为共轭复数极点的相角，从 z 平面的正实轴算起，逆时针为正，这对共轭复数极点对应的暂态分量为

$$y_i(k) = A_i\lambda_i^k + \overline{A_i}\,\overline{\lambda_i}^{\,k} \tag{8-70}$$

显然 A_i 与 $\overline{A_i}$ 也是一对共轭复数，设其为

$$A_i = |A_i|e^{j\varphi_i}, \quad \overline{A_i} = |A_i|e^{-j\varphi_i} \tag{8-71}$$

将式（8-69）和式（8-71）代入式（8-70）可得

$$y_i(k) = 2|A_i||\lambda_i|^k\cos(k\theta_i + \varphi_i) \tag{8-72}$$

由于 k 为包含有采样周期的采样节拍，由上式可见一对共轭复数极点对应的暂态分量 $y_i(k)$ 按振荡规律变化，振荡的频率与采样周期及 θ_i 有关。共轭复数极点的位置越左，θ_i 越大，暂态分量振荡的频率也越高。

1）当 $|\lambda_i|>1$ 时，$y_i(k)$ 为振荡发散脉冲序列。

2）当 $|\lambda_i|=1$ 时，$y_i(k)$ 为等幅振荡脉冲序列。

3）当 $|\lambda_i|<1$ 时，$y_i(k)$ 为振荡衰减脉冲序列，离原点越近衰减越快。

闭环极点在 z 平面不同位置对应的暂态分量如图 8-33 所示。闭环零点在 z 平面上的位置对暂态响应的影响是通过式（8-68）中暂态分量系数 A_i 起作用的，它可影响暂态响应分量的幅值，但并不影响暂态响应的性质。这与连续系统的情况类似，在此不加详述。

若只考虑一对主导复数极点时，可以按式（8-73）对系统的峰值时间和超调量进行估算：

$$t_p = \frac{\pi T}{\theta_1}, \quad \sigma\% = |\lambda_i|^{\frac{\pi}{\theta_1}} \tag{8-73}$$

式中的 $|\lambda_i|$ 和 θ_i 为复数极点

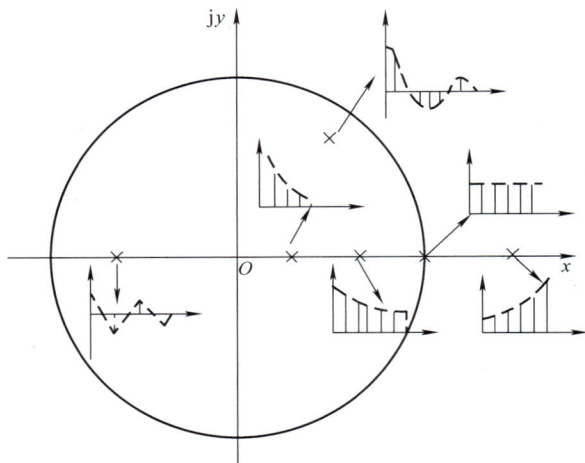

图 8-33　暂态响应与极点位置关系

λ_i 的模和相角。从式（8-73）可以看出，主导极点的模 $|\lambda_i|$ 越小即距 z 平面原点越近，超调量越小；主导极点的相角 θ_i 越大，峰值时间越小。由于 $|\lambda_i|<1$，故 t_p 越大则 $\sigma\%$ 越小。这两方面的要求是矛盾的，设计时要兼顾。

2. 具有无穷大稳定度的采样系统

若采样系统脉冲传递函数的极点全部在 z 平面的原点，（特征方程的根全部为零）则称采样系统具有无穷大稳定度。具有无穷大稳定度系统是瞬态过程最快系统，也是时间最优、

最少拍系统。

设采样系统的特征方程为

$$a_n z^n + a_{n-1} z^{n-1} + \cdots + a_1 z + a_0 = 0$$

当所有的极点均在原点时，则应有

$$a_{n-1} = \cdots = a_1 = a_0 = 0 \tag{8-74}$$

特征方程式变成为

$$a_n z^n = 0 \qquad （这样方可保证有 n 个 $z = 0$ 的根）$$

若系统的脉冲传递函数写成如下形式：

$$G_B(z) = \frac{b_n z^n + b_{n-1} z^{n-1} + \cdots + b_1 z + b_0}{a_n z^n + a_{n-1} z^{n-1} + \cdots + a_1 z + a_0} \qquad (n \geqslant m) \tag{8-75}$$

当满足式（8-74）条件时，式（8-75）又可写成

$$G_B(z) = \frac{b_n}{a_n} + \frac{b_{n-1}}{a_n} z^{-1} + \cdots + \frac{b_1}{a_n} z^{-(n-1)} + \frac{b_0}{a_n} z^{-n} \tag{8-76}$$

式（8-76）的 z 反变换，就是系统的脉冲响应

$$g^*(t) = \frac{b_n}{a_n}\delta(t) + \frac{b_{n-1}}{a_n}\delta(t-T) + \cdots + \frac{b_1}{a_n}\delta(t-(n-1)T) + \frac{b_0}{a_n}\delta(t-nT) \tag{8-77}$$

它具有有限个脉冲，而且 n 越小，拍数越少，过渡过程越快（n 为系统的阶数）。因此具有无穷大稳定度的采样系统，在单位脉冲的作用下，它的瞬态过程可在有限时间内结束。当系统的对象一定，采样频率一定时，系统就具有最短的瞬态过程，故称之为时间最优系统或最少拍系统。

采样系统能在有限时间内（有限拍）结束瞬态过程，这一特点是连续系统所没有的，有关最小拍系统的设计问题将在下节介绍。

例 8-31　设二阶系统的闭环脉冲传递函数为

$$G_B(z) = 2z^{-1} - z^{-2} = \frac{2z-1}{z^2}$$

求其阶跃响应脉冲序列。

解：因为系统有两个闭环极点，均在 z 平面的原点，所以它是最少拍系统。当输入信号为单位阶跃时，

$$R(z) = \frac{z}{z-1}$$

$$Y(z) = G_B(z)R(z) = \frac{2z-1}{z^2} \cdot \frac{z}{z-1} = \frac{2z-1}{z^2-z} = 2z^{-1} + z^{-2} + z^{-3} + \cdots$$

系统的输出脉冲序列如图 8-34 所示，动态过程在第二拍就达到了稳态指标，最大超调量为 100%。

当输入为单位斜坡时，

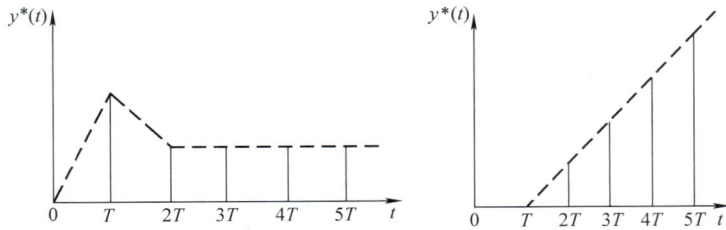

图 8-34 最小拍系统的时域响应

$$R(z) = \frac{Tz}{(z-1)^2}$$

$$Y(z) = G_B(z)R(z) = \frac{2z-1}{z^2} \frac{Tz}{(z-1)^2} = 2Tz^{-2} + 3Tz^{-3} + \cdots$$

输出脉冲序列无超调，在第二拍达到稳态值，性能较好。但是，值得注意：

1）过分要求调节时间短，使作用于对象的控制信号很强，由于系统饱和的作用，使系统性能不佳。

2）对于实际系统难于保证所有极点均在 z 平面原点。

3）系统对输入信号的适应性差。

四、采样系统的根轨迹

上面讨论了采样控制系统的暂态响应与闭环脉冲传递函数零极点分布的关系。在开环脉冲传递函数零极点已知的条件下，闭环脉冲传递函数极点可以用根轨迹法求得。

如图 8-35 所示，单位反馈采样控制系统的开环脉冲传递函数为

$$G(z) = K\frac{(z-z_1)(z-z_2)\cdots(z-z_m)}{(z-p_1)(z-p_2)\cdots(z-p_n)} \qquad (n \geqslant m) \qquad (8\text{-}78)$$

式中，$z_1\cdots z_m$ 为开环脉冲传递函数零点，$p_1\cdots p_n$ 为开环脉冲传递函数极点。

采样控制系统的特征方程为

$$1 + G(z) = 0 \quad \text{或} \quad G(z) = -1 \qquad (8\text{-}79)$$

根据式（8-79）可得到幅值条件和相角条件，即

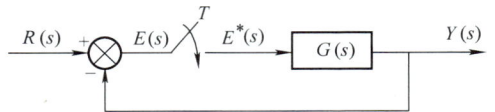

图 8-35 单位反馈采样系统

$$|G(z)| = 1 \qquad (8\text{-}80)$$

$$\angle G(z) = \pm(2k+1)\pi, \ k = 0,1,2,\cdots \qquad (8\text{-}81)$$

式（8-80）和式（8-81）为绘制 K 变化时采样系统根轨迹的两个基本条件，它们与连续系统绘制根轨迹的两个基本条件在形式上完全一样，因此，对于连续系统绘制根轨迹的基本规则都可以推广应用于采样控制系统。在此只须注意 $G(z)$ 是开环脉冲传递函数，是 z 平面上复变量 z 的函数，绘制的根轨迹是 z 平面上的根轨迹，稳定域是 z 平面上的单位圆内。

例 8-32 单位反馈采样系统如图 8-36 所示，其中 $G(s) = \dfrac{K}{s(s+2)}$，采样周期为 0.5s，试绘制采样系统根轨迹并确定闭环系统稳定时 K 值的范围。

解： 开环脉冲传递函数为

$$G(z) = Z[G(s)] = \frac{K}{2}\frac{(1-e^{-2T})z}{(z-1)(z-e^{-2T})}$$

将 $T = 0.5s$ 代入上式得

$$G(z) = \frac{0.316Kz}{(z-1)(z-0.368)}$$

系统有两个开环极点 $p_1 = 1$，$p_2 = 0.368$ 和一个开环零点 $z = 0$。根据绘制根轨迹的基本规则绘制出的根轨迹如图 8-37 所示，复平面上的根轨迹是一个圆周。

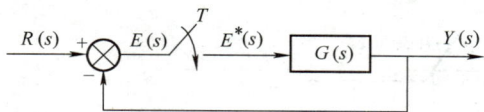

图 8-36 单位反馈采样系统

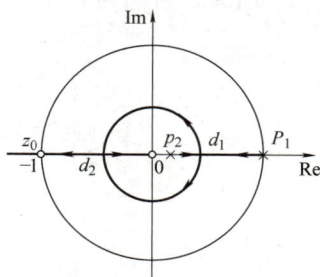

图 8-37 根轨迹图

根据图 8-37 可知，根轨迹有一个分离点 d_1 和一个汇合点 d_2，由分离点的计算公式可以求出 $d_1 = 0.6$，$d_2 = -0.6$。

根轨迹与单位圆交点处的 K 值为

$$K = \left|\frac{(z-1)(z-0.368)}{0.316z}\right|_{z=-1} = 8.658$$

所以系统稳定的 K 值范围为 $0 < K < 8.658$。

五、采样系统的频域分析

通过上述分析可知经过双线性变换以后，凡是适合线性连续系统中分析稳定性的方法均可以应用于采样系统，包括频率法。

设单位反馈采样系统的特征方程为

$$1 + G(z) = 0$$

式中的 $G(z)$ 为开环脉冲传递函数，将 $z = \frac{w+1}{w-1}$ 代入上式，得

$$1 + G(w) = 0$$

令 $w = j\omega_w$（ω_w 为虚拟频率，也称为伪频率）有

$$1 + G(j\omega_w) = 0 \tag{8-82}$$

式（8-82）和连续系统中频域法所依据的关系式的形式完全相同。因此，可以把连续系统频域法的基本结论如乃氏判据推广到采样系统中来。

例 8-33 已知单位反馈采样系统的开环脉冲传递函数为

$$G(z) = \frac{2.53z}{(z-1)(z-0.368)}$$

试用 Bode 图分析闭环系统的稳定性。

解： 令 $z = \dfrac{w+1}{w-1}$ 代入 $G(z)$，有

$$G(w) = \frac{2(1+w)(1-w)}{w(1+2.16w)}$$

令 $w = j\omega_w$ 代入上式，可得系统的开环伪频率特性为

$$G(j\omega_w) = \frac{2(1+j\omega_w)(1-j\omega_w)}{j\omega_w(1+2.16j\omega_w)}$$

上式对应的 Bode 图如图 8-38 所示，由图可见闭环系统是稳定的，w 域的相角裕度约为 $\gamma = 22°$。

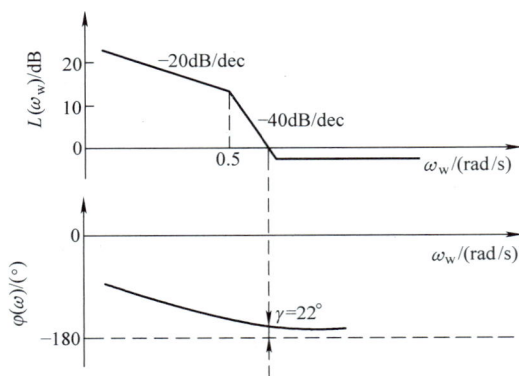

图 8-38　例 8-33 系统的 Bode 图

第六节　最少拍采样系统的校正

在采样系统中通常将一个采样周期称之为一拍，若在典型输入信号作用下，经过最少采样周期，系统的采样误差信号减小为零实现完全跟踪，则称之为最少拍系统。

设采样控制系统如图 8-39 所示，其中 $D(z)$ 为数字控制器的脉冲传递函数，$G_h(s)$ 为保持器的脉冲传递函数，$G_o(s)$ 为被控对象的传递函数。

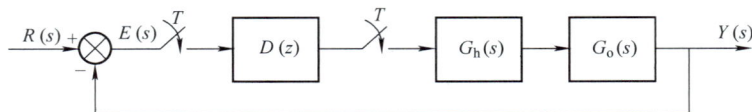

图 8-39　具有数字控制器的采样控制系统

由图 8-39 可以求出闭环脉冲传递函数

$$\frac{Y(z)}{R(z)} = G_B(z) = \frac{D(z)G(z)}{1+D(z)G(z)} \tag{8-83}$$

式中，$G(z) = G_h G_o(z)$。

误差脉冲传递函数为

$$\frac{E(z)}{R(z)} = G_{\rm E}(z) = \frac{1}{1 + D(z)G(z)} \tag{8-84}$$

且 $G_{\rm B}(z) = 1 - G_{\rm E}(z)$，其中 $G(z)$ 为保持器和对象的脉冲传递函数。

由式（8-83）和式（8-84）可以分别求出数字控制器的脉冲传递函数为

$$D(z) = \frac{G_{\rm B}(z)}{G(z)[1 - G_{\rm B}(z)]} \tag{8-85}$$

或

$$D(z) = \frac{1 - G_{\rm E}(z)}{G(z)G_{\rm E}(z)} \tag{8-86}$$

显然

$$G_{\rm E}(z) = 1 - G_{\rm B}(z) \tag{8-87}$$

最小拍系统的设计是针对典型输入作用进行的。考察典型输入信号及其 z 变换

$r(t) = 1(t)$，则 $R(z) = \dfrac{1}{1 - z^{-1}}$

$r(t) = t$，则 $R(z) = \dfrac{Tz^{-1}}{(1 - z^{-1})^2}$

$r(t) = \dfrac{1}{2}t^2$，则 $R(z) = \dfrac{T^2 z^{-1}(1 + z^{-1})}{2(1 - z^{-1})^3}$

因此，典型输入信号的 z 变换可以表示为如下一般形式：

$$R(z) = \frac{A(z)}{(1 - z^{-1})^\gamma} \tag{8-88}$$

式中，$A(z)$ 为不含 $(1 - z^{-1})$ 的 z^{-1} 的多项式。

代入式（8-84），所以有

$$E(z) = G_{\rm E}(z)R(z) = G_{\rm E}(z)\frac{A(z)}{(1 - z^{-1})^\gamma} \tag{8-89}$$

根据终值定理，采样系统的稳态误差为

$$e(\infty) = \lim_{z \to 1}(1 - z^{-1})E(z) = \lim_{z \to 1}(1 - z^{-1})\frac{A(z)}{(1 - z^{-1})^\gamma}G_{\rm E}(z)$$

上式表明，要使系统无稳态误差，则 $G_{\rm E}(z)$ 中应该包含有 $(1 - z^{-1})^\gamma$ 的因子，即

$$G_{\rm E}(z) = (1 - z^{-1})^\gamma F(z) \tag{8-90}$$

式中的 $F(z)$ 为不含 $(1 - z^{-1})$ 因子，为使求出的 $D(z)$ 简单，阶数最低，可取 $F(z) = 1$，取 $F(z) = 1$ 的意义是，使闭环脉冲传递函数全部极点位于 z 平面的原点。

将式（8-90）代入式（8-87），可得

$$G_{\rm B}(z) = 1 - G_{\rm E}(z) = 1 - (1 - z^{-1})^\gamma F(z) \tag{8-91}$$

或

$$G(z) = (1 - z^{-1})F(z) \tag{8-92}$$

此时，系统输出变量的 z 变换函数为

$$Y(z) = G_{\rm B}(z)R(z)$$

当取 $F(z) = 1$ 时，$G_{\rm E}(z)$ 中的项数为最小，这时采样控制系统的暂态过程可在最少拍内完成。所以可得最小拍系统的闭环误差脉冲传递函数和闭环脉冲传递函数分别为

$$G_{\rm E}(z) = (1 - z^{-1})^\gamma \tag{8-93}$$

$$G_{\rm B}(z) = 1 - (1 - z^{-1})^\gamma \tag{8-94}$$

下面分析在几种典型输入信号作用时，最少拍采样系统数字控制器脉冲传递函数的确定

方法。

（1）单位阶跃输入　由于 $r(t)=1(t)$，则 $R(z)=\dfrac{1}{1-z^{-1}}$，根据式（8-88）知 $\gamma=1$，由式（8-93）或式（8-94）可知：

$$G_B(z)=z^{-1}, \quad G_E(z)=(1-z^{-1})$$

于是，根据式（8-85）可以求出数字控制器的脉冲传递函数为

$$D(z)=\frac{z^{-1}}{(1-z^{-1})G(z)}$$

输出变量 z 变换表达式为

$$Y(z)=G_B(z)R(z)=\frac{z^{-1}}{1-z^{-1}}=z^{-1}+z^{-2}+\cdots+z^{-n}+\cdots$$

而由式（8-89）可知：

$$E(z)=G_E(z)R(z)=1$$

这表明

$$e(0)=1, \quad e(T)=e(2T)=\cdots=0$$

可见，最小拍系统经过一拍便可以完全跟踪输入信号 $r(t)=1(t)$，图 8-40 为最小拍系统阶跃响应序列，这样的采样系统称为一拍系统，调节时间为 $t_s=T$。

（2）单位斜坡输入　由于 $r(t)=t$，则

$$R(z)=\frac{Tz^{-1}}{(1-z^{-1})^2}$$

同理可得 $G_E(z)=(1-z^{-1})^2$，$G_B(z)=2z^{-1}-z^{-2}$
于是有

$$D(z)=\frac{z^{-1}(2-z^{-1})}{(1-z^{-1})^2 G(z)}$$

所以，输出变量 z 变换表达式为

$$Y(z)=G_B(z)R(z)=\frac{(2z^{-1}-z^{-2})Tz^{-1}}{(1-z^{-1})^2}=2Tz^{-2}+3Tz^{-3}+\cdots nTz^{-n}+\cdots$$

而

$$E(z)=G_E(z)R(z)=Tz^{-1}$$

这表明 $e(0)=0$，$e(T)=T$，$e(2T)=e(3T)=\cdots=0$

可见，最小拍系统经过二拍便可以完全跟踪输入信号 $r(t)=t$，图 8-41 为最小拍系统单位斜坡响应序列，这样的采样系统称为二拍系统，调节时间为 $t_s=2T$。

（3）单位加速度输入　由于 $r(t)=\dfrac{1}{2}t^2$，则 $R(z)=\dfrac{T^2 z^{-1}(1+z^{-1})}{2(1-z^{-1})^3}$，$G_E(z)=(1-z^{-1})^3$，$G_B(z)=3z^{-1}-3z^{-2}+z^{-3}$。

同理可得

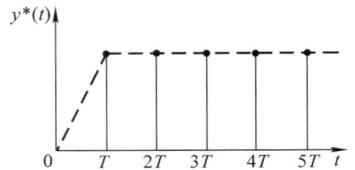

图 8-40　最小拍系统阶跃响应序列

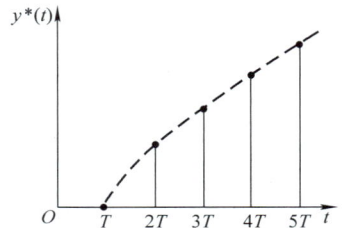

图 8-41　最小拍系统斜坡响应序列

$$D(z) = \frac{z^{-1}(3 - 3z^{-1} + z^{-2})}{(1 - z^{-1})^3 G(z)}$$

所以，输出变量 z 变换表达式为

$$Y(z) = G_B(z)R(z) = \frac{(3z^{-1} - 3z^{-2} + z^{-3})T^2 z^{-1}(1 + z^{-1})}{2(1 - z^{-1})^3}$$

$$= \frac{3}{2}T^2 z^{-2} + \frac{9}{2}T^2 z^{-3} + \cdots + \frac{n^2}{2}T^2 z^{-n} + \cdots$$

而　　　$E(z) = G_E(z)R(z) = \frac{1}{2}T^2 z^{-1} + \frac{1}{2}T^2 z^{-2}$

根据 z 变换的定义，显然有

$e(0) = 0$, $e(T) = \frac{T^2}{2}$, $e(2T) = \frac{T^2}{2}$, $e(3T) = e(4T) = \cdots = 0$

$y(0) = y(T) = 0$, $y(2T) = \frac{3}{2}T^2$, $y(3T) = \frac{3^2}{2}T^2$, $\cdots$

可见，最小拍系统经过三拍便可以完全跟踪输入信号 $r(t) = \frac{1}{2}t^2$，图 8-42 为最小拍系统单位加速度响应序列，这样的采样系统称为三拍系统，调节时间为 $t_s = 3T$。

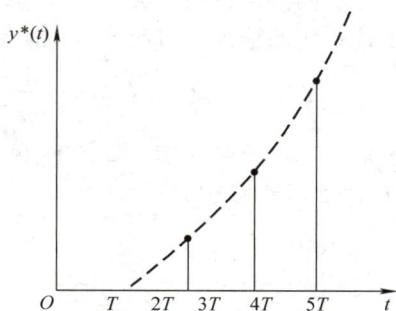

图 8-42　最小拍系统单位加速度响应序列

各种典型输入作用下最小拍系统的设计结果如表 8-4 所示。

表 8-4　最小拍系统的校正

典 型 输 入	$G_E(z)$	$G_B(z)$	$D(z)$	暂态时间
$1(t)$	$1 - z^{-1}$	z^{-1}	$\dfrac{z^{-1}}{(1 - z^{-1})G(z)}$	T
t	$(1 - z^{-1})^2$	$2z^{-1} - z^{-2}$	$\dfrac{z^{-1}(2 - z^{-1})}{(1 - z^{-1})^2 G(z)}$	$2T$
$\dfrac{1}{2}t^2$	$(1 - z^{-1})^3$	$3z^{-1} - 3z^{-2} + z^{-3}$	$\dfrac{z^{-1}(3 - 3z^{-1} + z^{-2})}{(1 - z^{-1})^3 G(z)}$	$3T$

例 8-34　采样控制系统如图 8-39 所示，其中连续部分的传递函数为

$$G_h(s)G_0(s) = \frac{1 - e^{-Ts}}{s} \frac{4}{s(0.5s + 1)}$$

已知 $T = 0.5\text{s}$，试求在单位斜坡输入下，最小拍系统数字控制器的脉冲传递函数 $D(z)$。

解：由图可知

$$G(z) = Z[G_h(s)G_0(s)] = \frac{0.736z^{-1}(1 + 0.717z^{-1})}{(1 - z^{-1})(1 - 0.368z^{-1})}$$

当 $r(t) = t$ 时，根据上述分析结果，取

$$G_E(z) = (1 - z^{-1})^2$$

$$G_B(z) = 1 - G_E(z) = 2z^{-1} - z^{-2}$$

所以

$$D(z) = \frac{1 - G_E(z)}{G(z)G_E(z)} = \frac{2.717(1 - 0.368z^{-1})(1 - 0.5z^{-1})}{(1 - z^{-1})(1 + 0.717z^{-1})}$$

加入数字校正后，最少拍系统开环脉冲传递函数为

$$D(z)G(z) = \frac{2z^{-1}(1 - 0.5z^{-1})}{(1 - z^{-1})^2}$$

系统的单位斜坡响应 $y^*(t)$ 如图 8-43 所示，暂态过程只要两个采样周期即可结束。如将上述系统的输入信号改为单位阶跃信号 $r(t) = 1(t)$，则系统的输出信号的 z 变换为

$$Y(z) = G_B(z)R(z) = \frac{1}{1 - z^{-1}}(2z^{-1} - z^{-2}) = 2z^{-1} + z^{-2} + z^{-3} + \cdots + z^{-n} + \cdots$$

对应的系统阶跃响应如图 8-44 所示，此时动态过程也可在两个采样周期内结束，但在 $t = T$ 时超调量为 100%。

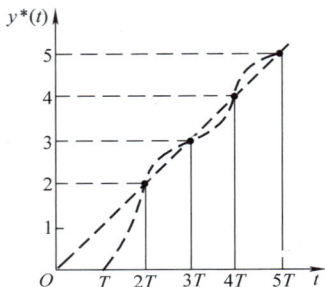

图 8-43　例 8-34 单位斜坡响应 $y^*(t)$　　　图 8-44　例 8-34 单位阶跃响应 $y^*(t)$

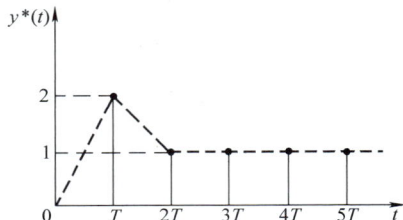

综上所述可知，根据一种典型信号进行校正设计的最小拍采样系统，往往不能很好地适应其他形式的输入信号，这使最小拍系统的应用受到很大的局限；其次，上述校正方法只能保证在采样时刻的稳态误差为零，而在采样点之间系统的输出可能会出现纹波，因此把这种系统称为有纹波最小拍系统。纹波的存在不仅影响系统的精度，而且会增加系统的机械磨损和功耗，这是我们不希望的。适当的增加暂态时间（拍数），可以实现无纹波输出的采样系统。无纹波最小拍采样系统的设计请参阅相关文献。

第七节　基于 MATLAB 的采样控制系统分析

本节将向大家介绍如何利用 MATLAB 建立各种复杂的采样控制系统的脉冲传递函数，在此基础上进行采样控制系统的性能分析。

一、z 变换与 z 反变换

利用 MATLAB 软件符号运算工具箱中所提供的函数 ztrans（ ）和 iztrans（ ）可方便地实现 z 变换与 z 反变换。

例 8-35　已知连续函数 $f(t)$ 的拉普拉斯变换 $F(s) = 1/(s + a)^2$，试求其 z 变换。

解：对函数进行 z 变换的程序代码如下：

```
syms s a f Fz
f = ilaplace(1/(s + a)^2)          %求该函数的拉普拉斯反变换
Fz = ztrans(f)                     %求该函数的 z 变换
```
运行结果：
```
f =
t * exp( - a * t)
F =
    z * exp( - a)/(z - exp( - a))^2
```

例 8-36　求函数 $F(z) = \dfrac{(1 - e^{-aT})z}{(z-1)(z - e^{-aT})}$ 的 z 反变换，令 $a = 1$，$T = 1s$ 求其前 6 项的表达式。

解： 对函数进行反变换的程序代码如下：
```
syms a z n
f = iztrans((1-exp(-a)) * z/(z-1)/(z-exp(-a)));  %求该函数的 z 反变换
f = simplify(f)
ft = subs(f,{a,n},{ones(1,6),0:5})               %求其前 6 项表达式
```
运行结果：
```
f =
1-exp(-a)^n
ft =
           0      0.6321     0.8647     0.9502     0.9817     0.9933
```
故前 6 项表达式如下：
$$f^*(t) = 0.6321z^{-1} + 0.8647z^{-2} + 0.9502z^{-3} + 0.9817z^{-4} + 0.9933z^{-5} + \cdots$$

二、连续系统与采样系统的相互转化

利用函数 c2d( ) 和 d2c( ) 可方便的实现连续系统与采样系统的相互转化。

1. 将连续系统转化为采样系统

利用函数 c2d( )，其命令格式如下：

Dsys = c2d(Csys,T,method)

Dsys 指转换后的采样系统，Csys 指转换前的连续系统，T 为采样周期，method 为转换方法，MATLAB 所提供的转换方法有以下 5 种：

1) 'zoh'——零阶保持器法。

2) 'foh'——一阶保持器法。

3) 'tustin'——双线性变换法。

4) 'prewarp'——频率预畸法。

5) 'matched'——零极点匹配法。

默认情况下采用对输入信号加零阶保持器的方法将连续系统转化为采样系统。

2. 将采样系统转化为连续系统

利用函数 d2c ( )，其命令格式如下：

Csys = d2c（Dsys，method）

Csys 指转换后的连续系统，Dsys 指转换前的采样系统，method 为转换方法与函数 c2d（）中所用的方法相同。

三、基于 MATLAB 的采样控制系统性能分析

例 8-37 给定系统传递函数为

$$G(s) = \frac{2}{s^2 + s}$$

当采样周期 T 分别为 1s 和 2s 时，判断系统的稳定性，并在一张图上绘制此时系统的单位阶跃响应曲线。

解：程序代码如下：

```
clear
num = 2；
den = [ 1 1 0 ]；
sys = tf( num,den )；T = [ 1,2 ]；
for n = 1:length( T )
    sysd = c2d( sys,T( n ) )
    d = sysd. den{1} + sysd. num{1}；        % 计算系统的闭环特征多项式
    z = roots( d )                            % 计算系统 1 的闭环极点
    count = length( find( abs( z ) > 1 ) )；  % 计算单位圆外的闭环极点数
    if count > 0
        sprintf( '所以 T = % d 时系统不稳定,有% d 个单位圆外的闭环极点',T( n ),
        count )
    else
        sprintf( '所以 T = % d 时系统稳定',T( n ) )
    end
    GB = feedback( sysd,1 )；
    dstep( GB. num,GB. den )；                % 绘制单位阶跃响应曲线
    hold on
end
```

运行该程序得到图 8-45 及如下结果：

Transfer function：

    0. 7358 z + 0. 5285

----

    z^2 − 1. 368 z + 0. 3679

Sampling time：1

z =

    0. 3161 + 0. 8925i

    0. 3161 − 0. 8925i

abs _ z =

　　0.9468

　　0.9468

所以 T = 1 时系统稳定

Transfer function：

　2.271 z + 1.188

----

z^2 − 1.135 z + 0.1353

Sampling time：2

z =

　− 0.5677 + 1.0005i

　− 0.5677 − 1.0005i

abs _ z =

　　1.1504

　　1.1504

所以，T = 2 时系统不稳定，有两个单位圆外的闭环极点。

可见对于采样控制系统，其稳定性不仅与系统本身的结构和参数有关还与系统的采样周期有关，采样周期越大，系统的稳定性越差。

例 8-38　某采样控制系统结构如图 8-46 所示，已知采样周期 $T = 1$s。

1）求系统的开环脉冲函数。

2）绘制系统的根轨迹。

3）求出使系统稳定的 K 的范围。

解：程序代码如下：

```
clear
num = 1;
den = [ 1 1 0 ];
Gk = tf( num,den );
Gkd = c2d( Gk,1 )
rlocus( Gkd );
rlocus( Gkd );
axis( [ −2.5 1.1, −2.1,2.1 ])
axis equal;
set( findobj( 'marker','x'),'markersize',8,'linewidth',1.5,'Color','k');
set( findobj( 'marker','o'),'markersize',8,'linewidth',1.5,'Color','k');
```

运行该程序得到系统的开环脉冲函数为

Transfer function：

　0.3679 z + 0.2642

----

z^2 − 1.368 z + 0.3679

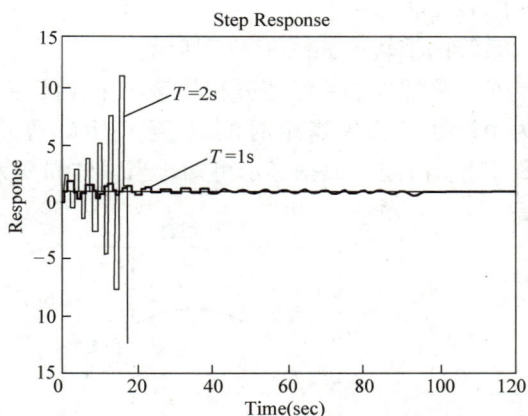

图 8-45　不同采样周期下系统的单位阶跃响应曲线

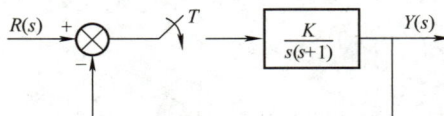

图 8-46　例 8-38 采样控制系统结构图

Sampling time：1

系统的根轨迹如图 8-47a 所示。

对于采样控制系统当其根轨迹与单位圆相交时，系统的闭环极点的模为 1，对应的 K 值即为系统处于临界稳定时的 K 值，当 K 增大时系统变为不稳定。用鼠标单击该点得到图 8-47b，由图中数据显示可知，当采样周期为 1 时，$0 < K < 2.41$ 闭环系统稳定。

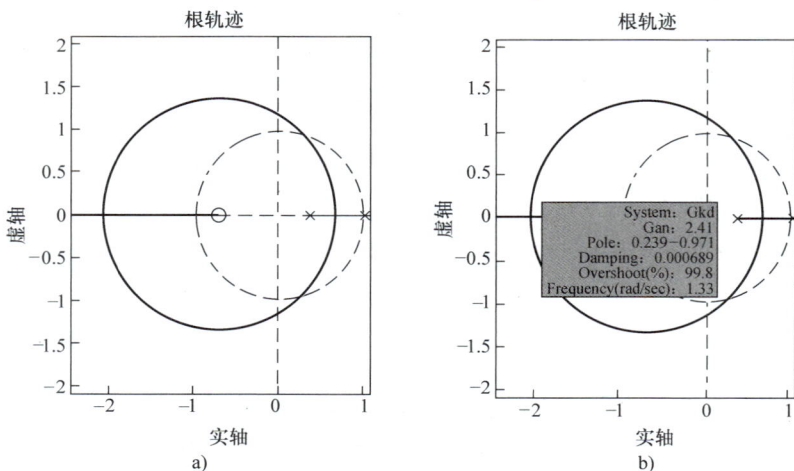

图 8-47　系统的根轨迹

小　　结

本章介绍了采样控制系统的分析与设计方法，其主要内容有：

1）实现采样控制系统首先须将连续信号变换为离散信号，这个过程就是采样。采样过程可以看作为以理想单位脉冲序列为载波的幅值调制过程，脉冲序列的频率就是采样频率。为了使采样得到的信号能完全反映原来连续信号的变化规律，或称为可不失真的恢复原来连续信号，采样频率的选择应满足香农采样定理。

2）为了要控制连续的对象，要将脉冲序列控制信号变换成连续信号，这个过程就是信号恢复或复现。理想滤波器可以将离散信号无失真地恢复成连续信号。但实际上不存在理想滤波器，常用按恒值外推原理构成的零阶保持器来实现信号恢复。

3）离散信号的拉普拉斯变换中包含有关于 s 的超越函数，采样系统 z 变换方法可将其化成 z 的有理函数。所以采样系统常用 z 变换数学工具。z 变换也是一种线性变换，它有与拉普拉斯变换相对应的一些性质。

4）脉冲传递函数是采样系统的数学模型，其定义与传递函数的定义类似。求系统的脉冲传递函数时应注意各环节之间是否有采样开关。当连续信号直接进入连续环节时，没有脉冲传递函数的显式表达，其隐含在输出 z 函数表达式中。

5）采样系统的稳定域为 z 平面的单位圆内，经双线性变换后，稳定域变回 w 域中的左半平面。在 w 平面上可应用连续系统的代数稳定判据和频率特性法进行采样系统的稳定性分析。

6）采样系统的稳定误差的定义与计算与连续系统的类似；采样系统的动态性能由闭环脉冲传递函数的零点与极点决定，闭环极点的求取可以应用 z 域根轨迹法。

7）最少拍系统的校正是采样系统的一种特殊设计方法，它可实现系统对某些典型输入信号的时间最优控制。但适应性较差，所以理论意义大于实际价值。

典型例题解析

【**典型例题 1**】　闭环采样系统如图 8-48 所示，采样周期 $T = 0.5s$。要求：（1）判别采样系统的稳定性。（2）计算采样系统的误差系数及相应的稳态误差。（3）求采样系统的单位阶跃响应，并绘出曲线。

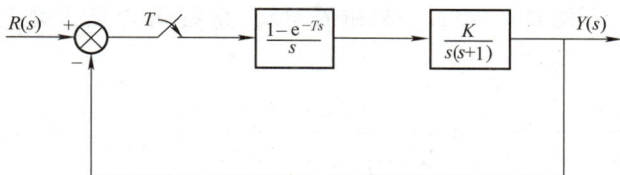

图 8-48　闭环采样系统结构图

解：（1）系统稳定性。开环脉冲传递函数为

$$G_{\mathrm{h}}G_{\mathrm{o}}(z) = Z\left[\frac{(1-e^{-sT})K}{s^2(s+1)}\right] = K(1-z^{-1})Z\left[\frac{1}{s^2(s+1)}\right] = K(1-z^{-1})Z\left[\frac{1}{s^2}-\frac{1}{s}+\frac{1}{s+1}\right]$$

$$= K(1-z^{-1})\left[\frac{0.5z}{(z-1)^2}-\frac{z}{z-1}+\frac{z}{z-0.6065}\right] = K\frac{0.1065z+0.0902}{(z-1)(z-0.6065)}$$

则闭环特征方程为

$$D(z) = (z-1)(z-0.6065) + K(0.1065z+0.0902)$$
$$= z^2 + (0.1065K - 1.6065)z + (0.6065 + 0.0902K) = 0$$

用劳斯判据求解，令 $z = \dfrac{w+1}{w-1}$，得 w 域特征方程为

$$D(w) = 0.1967Kw^2 + (0.787 - 0.1804K)w + (3.213 - 0.0163K) = 0$$

根据劳斯判据得系统稳定的条件

$$0.1967K > 0, 0.787 - 0.1804K > 0, 3.213 - 0.0163 > 0$$

则有系统稳定时，K 值范围为

$$0 < K < 4.3625$$

若令 $K = 1$，则闭环误差脉冲传递函数为

$$\Phi_{\mathrm{e}}(z) = \frac{1}{1+G_{\mathrm{h}}G_{\mathrm{o}}(z)} = \frac{(z-1)(z-0.6065)}{z^2 - 1.5z + 0.6967}$$

闭环特征方程为　　　　$D(z) = z^2 - 1.5z + 0.6967 = 0$

求得特征根 $z_{1,2} = 0.7500 \pm \mathrm{j}0.3663$。由于 $|z_{1,2}| < 1$，故闭环系统稳定。

（2）系统静态误差系数为

$$K_{\mathrm{P}} = \lim_{z\to1}[1+G_{\mathrm{h}}G_{\mathrm{o}}(z)] = \infty,\ K_{\mathrm{v}} = \lim_{z\to1}[(z-1)G_{\mathrm{h}}G_{\mathrm{o}}(z)] = 0.504K,\ K_{\mathrm{a}} = \lim_{z\to1}[(z-1)^2 G_{\mathrm{h}}G_{\mathrm{o}}(z)] = 0$$

根据开环脉冲传递函数的形式，可以判定该系统是 I 型系统，在单位斜坡输入的情况

下，稳态误差为

$$e_{ss}(\infty) = \frac{T}{K_v} = \frac{0.992}{K}$$

（3）单位阶跃响应为

$$Y(z) = R(z)\Phi(z) = \frac{z}{z-1}\frac{0.1065z + 0.0902}{z^2 - 1.5z + 0.6967}$$

$$= \frac{0.1065z^2 + 0.0902z}{z^3 - 2.5z^2 + 2.1967z - 0.6967}$$

$$= 0.107z^{-1} + 0.356z^{-2} + 0.657z^{-3} + 0.934z^{-4} + \cdots$$

$$y(nT) = 0.107\delta(t - T) + 0.356\delta(t - 2T) + 0.657\delta(t - 3T) + \cdots$$

MATLAB 验证：任取 $K = 1$，$K = 3$ 和 $K = 5$，系统单位阶跃响应如图 8-49a、b、c 所示。

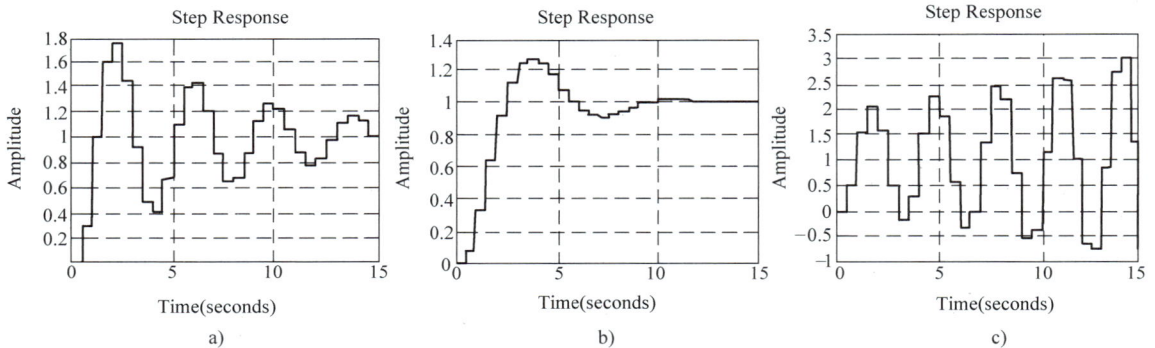

图 8-49 单位阶跃响应（MATLAB）

a）$K = 1$ b）$K = 3$ c）$K = 5$

【典型例题 2】 已知系统的结构图如图 8-50 所示，其中 $G_o(s) = \dfrac{1}{s(s+1)}$，采样周期 $T = 1\text{s}$。试求 $r(t) = 1(t)$ 时系统无稳态误差及过渡过程在最少拍内结束的 $D(z)$。

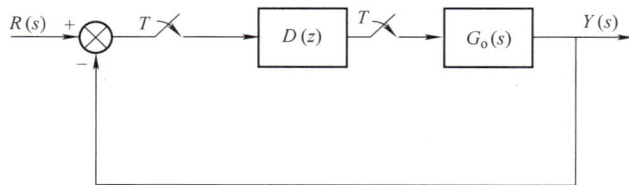

图 8-50 采样系统结构图

解： 由图可知 $G(s) = G_o(s) = \dfrac{1}{s(s+1)} = \dfrac{1}{s} - \dfrac{1}{s+1}$，故

$$G(z) = \frac{z}{z-1} - \frac{z}{z-e^{-1}} = \frac{0.632z}{(z-1)(z-0.368)}$$

为使在单位阶跃输入下无稳态误差，并能在有限拍内结束过渡过程，由下式可得

$$e_{ss}(\infty) = \lim_{z \to 1}\frac{1}{1 + G(z)D(z)} = \lim_{z \to 1}[1 - \Phi(z)] = 0$$

$$e_{ss}(\infty) = \lim_{z \to 1} \left[1 - \frac{P(z)}{z^r} \right] = 0$$

所以 $P(z) = 1$。

从 $D(z)$ 能实现来看，r 的最小数应该为 1。因为最少拍是指在阶跃信号作用下无稳态误差，因此其闭环传递函数应为

$$\Phi(z) = \frac{P(z)}{z^r} = \frac{1}{z} = z^{-1}$$

故，其瞬态过程只要一拍就可以结束。

数字控制器 $D(z)$ 的脉冲传递函数求出为

$$D(z) = \frac{1}{G(z)} \frac{P(z)}{z^r - P(z)} = \frac{1}{G(z)} \frac{1}{z - 1}$$

$$= \frac{1}{\dfrac{0.632z}{(z-1)(z-0.368)}} \frac{1}{z-1}$$

$$= \frac{z - 0.368}{0.632z} = 1.58 - 0.58z^{-1}$$

数字控制器的结构图如图 8-51 所示。

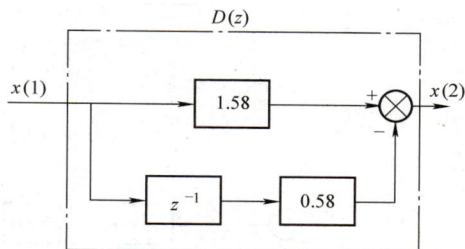

图 8-51 数字控制器

习　题

8-1　求下列函数的 z 变换：

(1) $F(s) = \dfrac{s+3}{(s+1)(s+2)}$　　　(2) $F(s) = \dfrac{1}{(s+a)^2}$

8-2　求下列函数的 z 反变换 ($T = 1\text{s}$)：

(1) $E(z) = \dfrac{10z}{(z-1)(z-2)}$

(2) $E(z) = \dfrac{Tz}{(z-1)^2}$

(3) $E(z) = \dfrac{(1 - e^{-aT})z}{(z-1)(z - e^{-aT})}$

8-3　求解差分方程：

(1) $y(n+2) + 3y(n+1) + 2y(n) = 0$，已知 $y(0) = 1$，$y(1) = 1$

(2) $y(n+2) - 6y(n+1) + 8y(n) = r(n)$，已知 $y(0) = y(1) = 0$，$r(n) = 1$，$n = 0, 1, 2, \cdots, 1$

8-4　两采样控制系统结构如图 8-52a、b 所示，采样周期为 T，求其脉冲传递函数，并比较其特点。

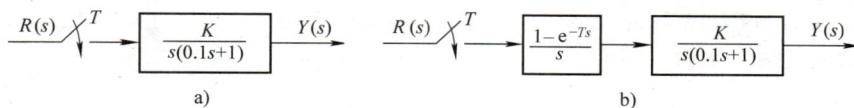

图 8-52 习题 8-4 图

8-5　试求图 8-53a～d 所示 4 个采样控制系统的闭环脉冲传递函数。

8-6　已知采样控制系统结构如图 8-54 所示，试求系统的输出 $Y(z)$。

8-7　某采样控制系统结构如图 8-55 所示，已知采样周期 $T = 0.25\text{s}$，$K = 1$。试求该系统在单位阶跃输

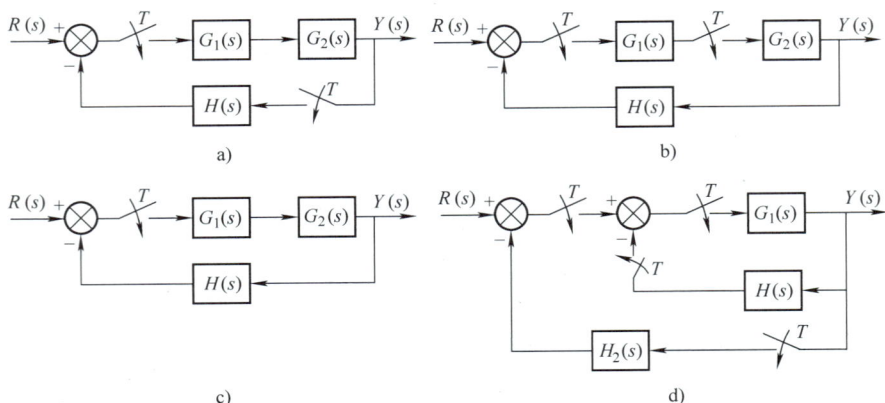

图 8-53　习题 8-5 图

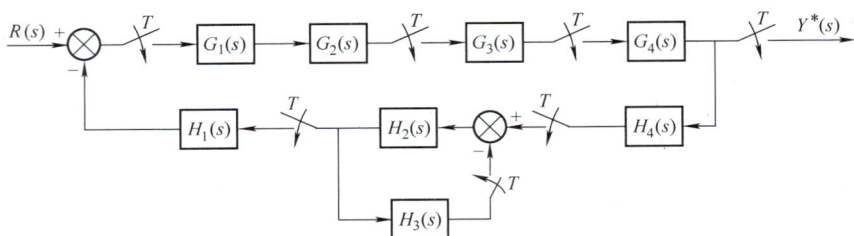

图 8-54　习题 8-6 图

入下的输出响应。

8-8　已知 $\dfrac{X_o(z)}{X_i(z)} = \dfrac{z(z+1)}{\left(z - \dfrac{2}{5}\right)\left(z + \dfrac{1}{2}\right)}$，试求系统的单位脉冲响应及单位阶跃响应。

8-9　试检验具有下列特征方程系统的稳定性：

（1）$D(z) = z^3 - 1.5z^2 - 0.25z + 0.4 = 0$

（2）$D(z) = z^3 - 1.1z^2 - 0.1z + 0.2 = 0$

（3）$D(z) = z^4 - 1.368z^3 + 0.4z^2 + 0.08z + 0.02 = 0$

（4）$D(z) = z^4 - 1.2z^3 + 0.07z^2 + 0.3z - 0.08 = 0$

8-10　已知单位反馈系统的开环脉冲传递函数为

$$G(z) = \frac{0.368z + 0.264}{z^2 - 1.368z + 0.368}$$

试判断该系统的稳定性。

8-11　某采样控制系统结构如图 8-56 所示，已知采样周期 $T = 0.2\mathrm{s}$，当 $r(t) = 2 \times 1(t) + t$ 时，要使稳态误差小于 0.25，试确定 K 值。

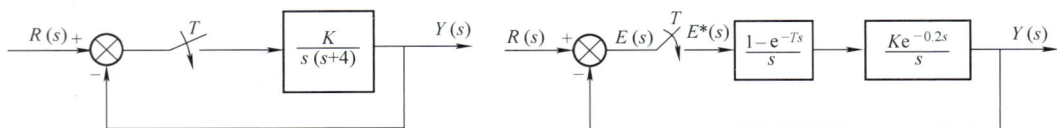

图 8-55　习题 8-7 图

图 8-56　习题 8-11 图

8-12 已知采样控制系统结构如图 8-57 所示，采样周期 $T=1\mathrm{s}$。

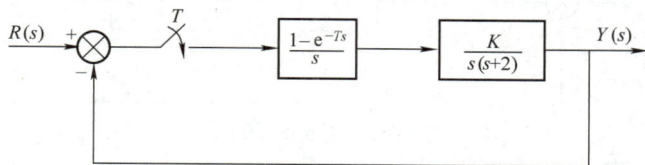

图 8-57 习题 8-12 图

（1）当 $K=8$ 时，判定系统的稳定性。

（2）求 K 的临界稳定值。

8-13 已知采样控制系统结构如图 8-58 所示，$K=1$，采样周期 $T=0.5\mathrm{s}$。

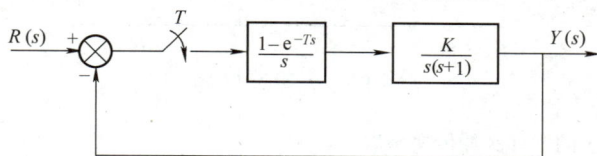

图 8-58 习题 8-13 图

（1）判定系统的稳定性。

（2）求 $r(t)=t$ 时系统的稳态误差。

（3）求单位阶跃响应序列 $y(k)$，并画出响应曲线。

8-14 某采样控制系统结构如图 8-59 所示，已知 $K=10$，采样周期 $T=0.2\mathrm{s}$，试求当 $r(t)$ 分别为 $1(t)$，t，$\frac{1}{2}t^2$ 时系统的稳定误差。

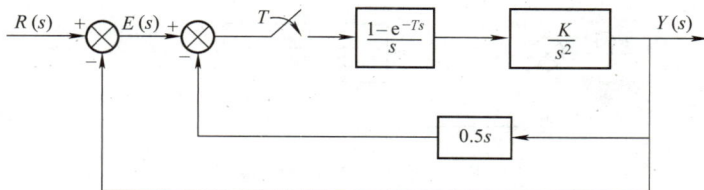

图 8-59 习题 8-14 图

8-15 已知采样系统的结构图如图 8-60 所示，其中 $G_o(s)=\dfrac{K}{s(1+0.1s)(1+0.05s)}$，采样周期 $T=1\mathrm{s}$。试确定 $D(z)$，使闭环系统的 $\zeta=1.0$，速度误差系数 $K_v\geqslant10$。

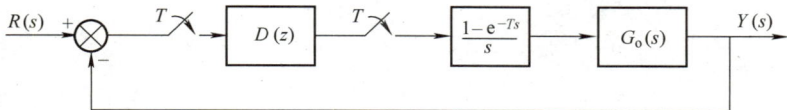

图 8-60 习题 8-15 图

8-16 采样系统结构图如图 8-61 所示，采样周期 $T=0.25\mathrm{s}$。

1）输入 $r(t)=2+t$，欲使稳态误差小于 0.5，试确定 K 值的允许范围。

2）输入 $r(t)=1(t)$，求系统过渡过程单调、振荡衰减和发散时，K 值的允许范围。

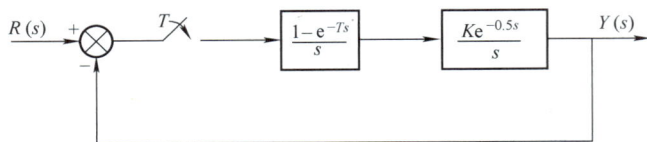

图 8-61 习题 8-16 图

8-17 某采样控制系统结构如图 8-62 所示，$K=1$，采样周期 $T=1\mathrm{s}$，试求 $r(t)=t$ 时最小拍系统控制器的脉冲传递函数 $D(z)$。

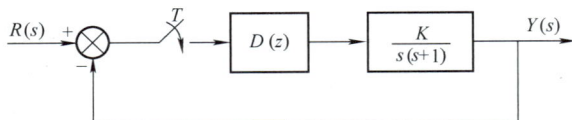

图 8-62 习题 8-17 图

8-18 某采样控制系统的开环脉冲传递函数为

$$G(z)=\frac{K(z+1)}{2(z-1)^2}$$

试用 MATLAB 绘制系统的根轨迹，并判断闭环系统的稳定性。

8-19 某采样控制系统结构如图 8-63 所示，试用 MATLAB 求采样周期分别为 $T=2\mathrm{s}$，$1\mathrm{s}$，$0.5\mathrm{s}$ 时

（1）系统的开环脉冲函数。

（2）绘制系统的根轨迹。

（3）使系统稳定的 K 的范围。

（4）讨论采样周期的变化对系统性能的影响。

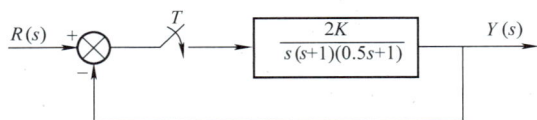

图 8-63 习题 8-19 图

习题参考答案

【习题 1 参考答案】

1-1 ～ 1-3　略

1-4

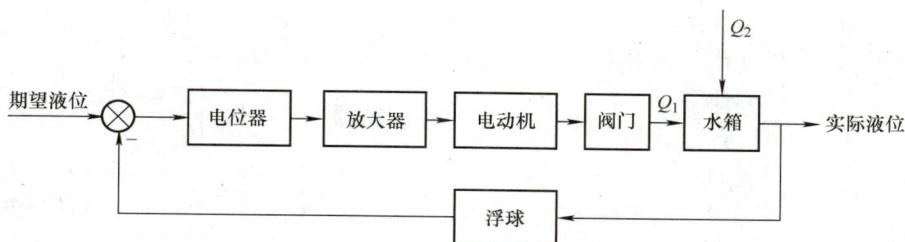

图答 1　习题 1-4 原理框图

给定量：期望液位

被控量：实际液位

被控对象：水箱

检测环节：浮球

执行机构：电位器，放大器，电动机，阀门

控制原理：液面位于期望液位，系统平衡；若液面上升，浮球升高，通过连杆控制电位器下移，产生电压，驱动电位器通过减速器减少阀门开度，减少进入水箱的水量 Q_1，液面下降，浮球下降，系统逐渐平衡。反之同理。

1-5　通过桥式电路检测输入角度和实际角度的偏差，从而调节系统输出跟踪期望输入。

1-6　略

1-7　被控对象：电炉　　被控量：炉温　　检测装置：热电偶

给定量：给定电压（对应期望温度）　　执行环节：电压放大，功率放大，电机，调压器。

1-8、1-9　略

【习题 2 参考答案】

2-1　（1）线性，时变，动态　　（2）非线性，时变，动态

（3）非线性，定常，动态　　（4）非线性，定常，静态

（5）非线性，定常，动态　　（6）非线性，定常，静态

2-2　a) $F(s) = \dfrac{2}{s} + \dfrac{1}{s^2} e^{-st_1}$　　b) $F(s) = \dfrac{1 - (1 + t_1 s) e^{-st_1}}{s^2}$

c) $F(s) = \dfrac{(1 + t_1 s)(1 - e^{-t_1 s})^2}{t_1 s^2}$

2-3　$(1)f(t) = \dfrac{1}{2}(e^{-t} + e^{-3t})$　　　　　$(2)f(t) = 1 + \cos t - 5\sin t$

$(3)f(t) = \dfrac{1}{2} - \dfrac{1}{2}e^{-t}\sin t - \dfrac{1}{2}e^{-t}\cos t$　　　$(4)f(t) = \dfrac{1}{81}e^{-t} - \dfrac{1 + 9t}{81}e^{-10t}$

$(5)f(t) = (1 + t^2)e^{-t}$　　　　　$(6)f(t) = \dfrac{2}{3} - \left(\dfrac{1}{2}t + \dfrac{3}{4}\right)e^{-t} + \dfrac{1}{12}e^{-3t}$

2-4　$(1)\ x(t) = 1 - e^{-\frac{t}{\tau}}$　　$r(t) = 1(t)$　　$x(t) = t - T(1 - e^{-\frac{t}{T}})$　　　$r = t$

$(2)x(t) = \dfrac{2}{\sqrt{3}}e^{-t/2}\sin\dfrac{\sqrt{3}}{2}t$　　　　　$(3)x(t) = 1 - (1 + t)e^{-t}$

2-5　a)$\dfrac{U_c}{U_r} = \dfrac{R_2}{R_1 + R_2 + R_1 R_2 Cs}$　　　　　b)$\dfrac{U_c}{U_r} = \dfrac{R_1 R_2 Cs + R_2}{R_1 + R_2 + R_1 R_2 Cs}$

2-6　a)$\dfrac{U_c}{U_r} = -\dfrac{R_2 Cs + 1}{R_1 Cs}$，实际上是一个 PI 控制器。　　b)$\dfrac{U_c}{U_r} = -\dfrac{z_3 z_4 + z_2 z_4 + z_3 z_2}{z_1 z_3}$

2-7　a)$G(s) = \dfrac{Y_2(s)}{Y_1(s)} = \dfrac{k_1 + f_1 s}{k_1 + k_2 + (f_1 + f_2)s}$　b)$G(s) = \dfrac{U_0(s)}{U_1(s)} = \dfrac{C_2 + R_1 C_1 C_2 s}{C_1 + C_2 + (R_1 + R_2)C_1 C_2 s}$

2-8　系统的传递函数为 $G(s) = \dfrac{3s + 2}{s^2 + 3s + 2}$，脉冲响应为 $c(t) = 4e^{-2t} - e^{-t}$

2-9　a)$\dfrac{Y(s)}{X(s)} = \dfrac{10}{s^2 + 21s + 10}$　　b)$H(s) = 2s + 1$　　c)$G(s) = \dfrac{10}{s(s + 21)}$

2-10　a)$G_2 + \dfrac{G_1}{1 + G_1}$　　b)$G_7 + \dfrac{G_1 G_3 G_4 G_6}{(1 + G_1 G_2)(1 + G_4 G_5)}$

c)$G_7 + \left(G_6 + \dfrac{G_1 G_2 G_3}{1 + G_2}\right)\dfrac{G_4 G_5}{1 + G_4}$

2-11　a)$\dfrac{Y(s)}{R(s)} = \dfrac{G_0 G_2 + G_1 G_2}{1 + G_1 G_2}$　　b)$\dfrac{Y(s)}{R(s)} = \dfrac{2G}{2 + G}$

2-12　$G_k = \dfrac{G_1 G_2 G_3 + G_1 G_4}{1 + G_1 G_2 H_1 + G_2 G_3 H_2 + G_4 H_2}$

$\dfrac{Y(s)}{R(s)} = \dfrac{G_k}{1 + G_k} = \dfrac{G_1 G_2 G_3 + G_1 G_4}{1 + G_1 G_2 G_3 + G_1 G_4 + G_1 G_2 H_1 + G_2 G_3 H_2 + G_4 H_2}$

$\dfrac{E(s)}{R(s)} = \dfrac{1}{1 + G_k} = \dfrac{1 + G_1 G_2 H_1 + G_2 G_3 H_2 + G_4 H_2}{1 + G_1 G_2 G_3 + G_1 G_4 + G_1 G_2 H_1 + G_2 G_3 H_2 + G_4 H_2}$

2-13

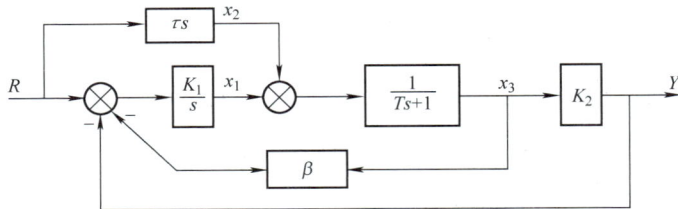

图答 2　习题 2-13 结构图

$$\frac{Y(s)}{R(s)} = \frac{\dfrac{k_1}{s}\dfrac{k_2}{Ts+1} + \dfrac{\tau s K_2}{Ts+1}}{1 - \left(-\dfrac{k_1}{s}\dfrac{\beta}{Ts+1} - \dfrac{k_1}{s}\dfrac{k_2}{Ts+1}\right)} = \frac{\tau K_2 s^2 + K_1 K_2}{Ts^2 + s + K_1(\beta + K_2)}$$

2-14　$\dfrac{Y(s)}{R(s)} = \dfrac{0.5K}{2s^3 + 3.5s^2 + 0.5Ks^2}, \ G(s) = \dfrac{1}{s+3.5}$

2-15　a) $\dfrac{Y(s)}{R(s)} = \dfrac{G_1 G_2 G_3 + G_3 G_4}{1 + G_1 H_1 + G_3 H_2 + G_3 G_4 H_3 + G_1 H_1 G_3 H_2 + G_1 G_2 G_3 H_3}$

　　b) $\dfrac{Y(s)}{R(s)} = \dfrac{G_1 G_2 G_3 G_4 G_5 G_6}{1 + G_2 G_3 H_2 + G_4 G_5 H_3 + G_3 G_4 H_1}$

　　c) $\dfrac{Y(s)}{R(s)} = \dfrac{G_1 G_2 G_3}{1 - G_1 G_2 H_1 + G_2 G_3 H_2 + G_1 G_2 G_3}$

　　d) $\dfrac{Y(s)}{R(s)} = \dfrac{G_1 G_2 G_3 G_4 G_5 + G_1 G_6 G_4 G_5 + G_1 G_2 G_7(1 + G_4 H_1)}{1 + G_4 H_1 + G_2 G_7 H_2 + G_6 G_4 G_5 H_2 + G_2 G_3 G_4 G_5 H_2 + G_4 H_1 G_2 G_7 H_2}$

2-16　a) $\dfrac{Y}{R} = \dfrac{b_1 s + b_2}{s^2 + a_1 s + a_2}$　　　b) $\dfrac{Y}{R} = \dfrac{b_1 s^2 + b_2 s + b_3}{s^3 + a_1 s^2 + a_2 s + a_3}$

2-17　(1) 先求 $Y(s)/R(s)$　令 $n(t) = 0$，则 $\dfrac{Y(s)}{R(s)} = \dfrac{\dfrac{K_1 K_2 K_3}{s(Ts+1)}}{1 + \dfrac{K_1 K_2 K_3}{s(Ts+1)}} = \dfrac{K_1 K_2 K_3}{Ts^2 + s + K_1 K_2 K_3}$

　　　　求 $Y(s)/N(s)$ 此时可令 $r(t) = 0$，则 $\dfrac{Y(s)}{N(s)} = \dfrac{-\dfrac{K_3 K_4}{Ts+1} + G_0 \dfrac{K_1 K_2 K_3}{s(Ts+1)}}{1 + \dfrac{K_1 K_2 K_3}{s(Ts+1)}}$

　　　　　　　　　　　　　　　　　　$= \dfrac{K_3[K_1 K_2 G_0 - K_4 s]}{Ts^2 + s + K_1 K_2 K_3}$

　　　(2) 要想消除干扰对输出的影响，则 $Y(s)/N(s) = 0$，即 $G_0(s) = \dfrac{K_4 s}{K_1 K_2}$

2-18

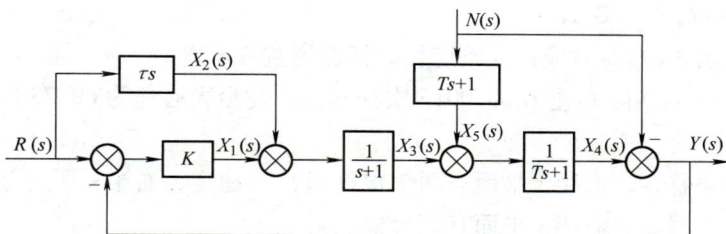

图答3　习题 2-18 结构图

$$\frac{Y(s)}{R(s)} = \frac{\tau s + K}{(s+1)(Ts+1) + K}, \ \frac{Y(s)}{N(s)} = 0$$

2-19 $\dfrac{Y_1(s)}{R_1(s)} = \dfrac{40.5s^3 + 121.5s^2 + 85.5s + 90}{41s^3 + 132s^2 + 95.5s + 90}$ $\dfrac{Y_1(s)}{R_2(s)} = \dfrac{4.5s^3 + 13.5s^2 + 9s}{41s^3 + 132s^2 + 95.5s + 90}$

$\dfrac{Y_2(s)}{R_1(s)} = -\dfrac{4.5s^3 + 13.5s^2 + 9s}{41s^3 + 132s^2 + 95.5s + 90}$ $\dfrac{Y_2(s)}{R_2(s)} = \dfrac{40.5s^3 + 130.5s^2 + 90s + 81}{41s^3 + 132s^2 + 95.5s + 90}$

2-20 状态空间表达式为 $\begin{pmatrix} \dot{x}_1 \\ \dot{x}_2 \end{pmatrix} = \begin{pmatrix} -\dfrac{R}{L} & -\dfrac{1}{L} \\ \dfrac{1}{C} & 0 \end{pmatrix} \begin{pmatrix} x_1 \\ x_2 \end{pmatrix} + \begin{pmatrix} \dfrac{1}{L} \\ 0 \end{pmatrix} u_r$ $y = u_c = \begin{pmatrix} 0 & 1 \end{pmatrix} \begin{pmatrix} x_1 \\ x_2 \end{pmatrix}$

系统的传递函数为 $G(s) = \dfrac{Y(s)}{U_r(s)} = C(sI - A)^{-1}B + D = \dfrac{1}{LCs^2 + RCs + 1}$

2-21 略

2-22 略

【习题 3 参考答案】

3-1 $K_t > = 0.3$

3-2   此温度计的时间常数 $T = 15\text{s}$

3-3 $\dfrac{Y(s)}{R(s)} = \dfrac{1}{0.1s + 1}$

3-4 b 变大系统阶跃响应的延迟时间、上升时间和调节时间都加长。

3-5 $\dfrac{Y(s)}{X(s)} = \dfrac{2s - 2}{(s + 2)(s + 1)}$

3-6   略

3-7   （1）$G(s) = \dfrac{600}{s^2 + 70s + 600}$ （2）$\omega_n = 24.5\text{rad/s}$, $\zeta = 1.43$

3-8 $t_p = 1.24\text{s}$, $\sigma\% = 9.5\%$, $t_s = 1.58\text{s}(\Delta = 5)$ 或 $t_s = 2.11\text{s}(\Delta = 2)$

3-9   （1）开环零点 -2.5 开环极点 -0.5 （2）闭环零点 -2.5 闭环极点 $-0.4500 \pm 0.8930i$

     （3）$\omega_n = 1\text{rad/s}$ $\zeta = 0.45$ （4）$t_r = 1.38\text{s}$ $t_s = 7.96\text{s}$ $\sigma\% = 22.6\%$

3-10 $K_H = 0.9$, $K_0 = 10$

3-11 $K \approx 47$, $\tau \approx 0.1\text{s}$

3-12   （1）若 $\zeta = 0.5$ 对应最佳响应，起搏器增益 $K = 20$。

      （2）1s 后实际心速为 60.0015 次/min；瞬时最大心速为 69.78 次/min。

3-13   3 个

3-14   （1）不稳定，右半 s 平面有两个根；（2）不稳定，右半 s 平面有两个根；

      （3）不稳定，右半 s 平面有 1 个根。

3-15   略

3-16   系统的参数 (K, ζ) 的稳定域为 $\zeta > 0$, $0 < K < 20\zeta$。

3-17 $\dfrac{5}{9} < K < \dfrac{14}{9}$

3-18   （1）由 $D(s)$ 表达式可见，当 $\beta = 0$ 时系统结构不稳定；当 $\beta > 0$ 时系统总是稳

定的。

（2）由 $\zeta = \dfrac{1}{2}\sqrt{\dfrac{K_2}{K_1}}\beta$ 可见 $\beta\uparrow\Rightarrow\begin{cases}\zeta\uparrow\ \rightarrow\sigma\%\downarrow\\[2mm]t_s = \dfrac{3.5}{\zeta\omega_n} = \dfrac{7}{\beta K_2}\downarrow\end{cases}$

（3）$e_{ss} = \dfrac{a}{K} = \dfrac{a\beta}{K_1}$ 所以 $\beta\uparrow\ \rightarrow e_{ss}\uparrow$。

3-19　T_a、T_M 与 K 均大于 0 且 $0 < K < \dfrac{1}{T_a}$ 时闭环系统是稳定的。

3-20　$e_{ssn} = -\dfrac{K_1}{1 + K_2}$

3-21　证明：$\phi_B(s) = \dfrac{G_k(s)}{1 + G_k(s)}$　　$G_k(s) = \dfrac{\phi_B(s)}{1 - \phi_B(s)}$　　$G(s) = \dfrac{Ks + b}{s^2 + (a - k)s}$

　　　Ⅰ型系统，$K_v = \lim\limits_{s\to0}sG(s) = \dfrac{b}{a - K}$　　$e_{ss} = \dfrac{1}{K_v} = \dfrac{a - k}{b}$

3-22　$K_v = \dfrac{K}{B}e_{ss} = \dfrac{B}{K}$ 与 K 成反比，与 B 成正比。

3-23　该系统属于结构不稳定系统。可采取如下两种措施改善：

（1）用反馈 K_H 包围有积分的环节，如图答 4 与图答 5 所示。

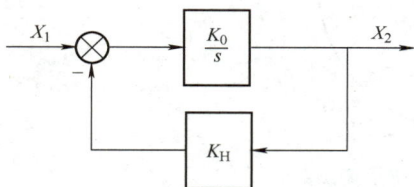 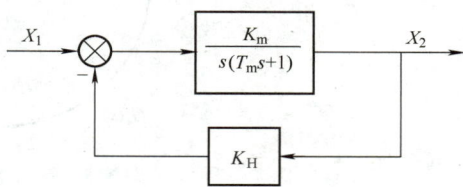

　　　　图答 4　方案 a　　　　　　　　　　图答 5　方案 b

① 若采用 a 方案，适当选择参数 T_m，K，K_H 满足不等式：$T_m > 0$，$K > 0$，
$1 + K_0K_HT_m > 0$ 及 $(1 + K_0K_HT_m)K_0K_H - T_mK > 0$，可使闭环系统稳定。

② 若采用 b 方案，适当选择参数满足不等式：$T_m > 0$，$K > 0$，$K_mK_H > 0$ 和
$K_mK_H - T_mK > 0$，可使闭环系统稳定。

（2）引入比例－微分控制，如图答 6 所示。

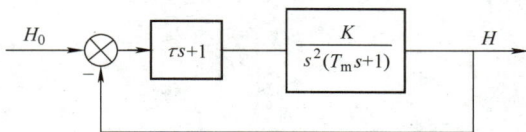

图答 6　比例－微分控制方案

只要选择 $\tau > T_m$ 就可使闭环系统稳定。

3-24　（1）$c(\infty) = \lim\limits_{s\to0}\Phi_r(s)R(s) = \lim\limits_{s\to0}s\dfrac{16}{s^2 + 9s + 100}\dfrac{20}{s} = 3.2$

（2）$\sigma\% = e^{-\pi\zeta/\sqrt{1-\zeta^2}} \times 100\% = 20.5\%$ $\qquad t_p = \dfrac{\pi}{\omega_n\sqrt{1-\zeta^2}} = 0.352\text{s}$

$t_s = \dfrac{4.4}{\zeta\omega_n} = 0.98\text{s}$ $\qquad e_{ss}(\infty) = 0.4$ $\qquad$ 输出响应曲线略。

（3）顺馈补偿装置 $G_n(s)$ 的系统结构图如图答7所示

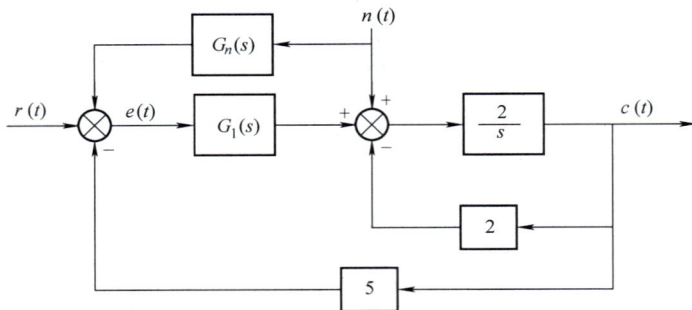

图答7　顺馈补偿系统结构图

扰动端加入顺馈补偿装置的系统信号流图如图答8所示

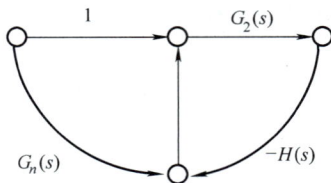

图答8　顺馈补偿系统信流图

当引入顺馈补偿装置 $G_n(s) = -\dfrac{1}{G_1(s)} = -\dfrac{s+5}{8}$ 时，可以消除扰动对稳态输出的影响。

3-25～3-28　略

【习题4参考答案】

4-1　根轨迹概图

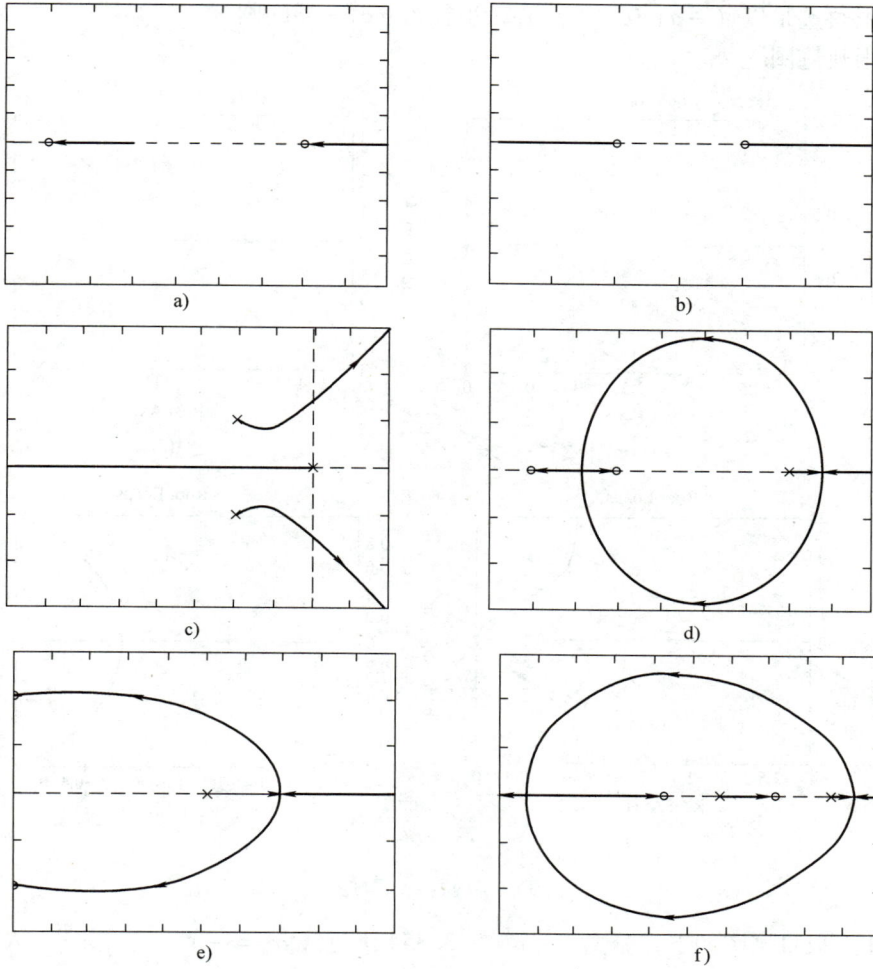

图答 9　习题 4-1 根轨迹图

4-2　（1）根轨迹概图

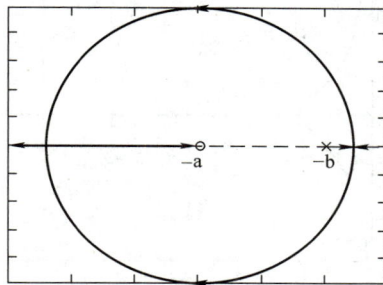

图答 10　习题 4-2 根轨迹图

（2）证明：$s = \sigma + j\omega$ 代入 $1 + G(s)H(s) = 0$ 得到　$(\sigma + a)^2 + \omega^2 = a^2 - ab$

根轨迹是以 $(-a, 0)$ 为圆心，半径为 $\sqrt{a^2 - ab}$ 的圆。

4-3 根轨迹图

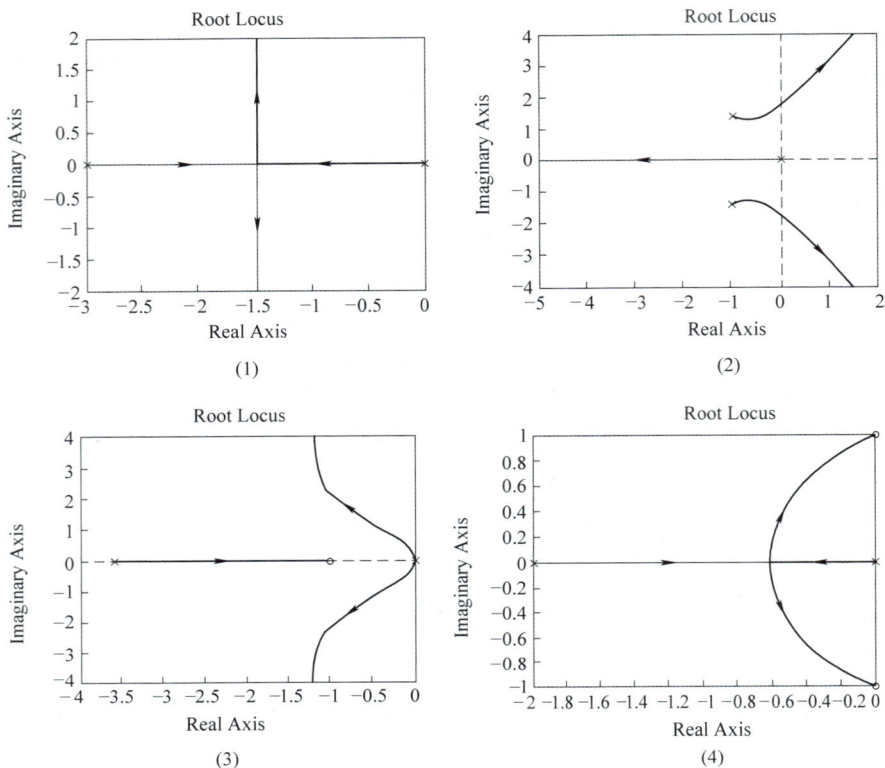

(1)

(2)

(3)

(4)

图答 11 习题 4-3 根轨迹图

4-4 1）根轨迹图如下，分离点：$d = -3.854$ 渐近线 $\sigma_{\mathrm{a}} = -5$，$\varphi_{\mathrm{a}} = \pm\dfrac{\pi}{2}$，$K^* = 1.37$，闭环系统稳定的 K^* 值的范围是 $0 < K^* < 4$。

2）当 $s_1 = -1$ 时，由特征方程 $D(s_1) = 0$ 可得 $K_1^* = 0.4$

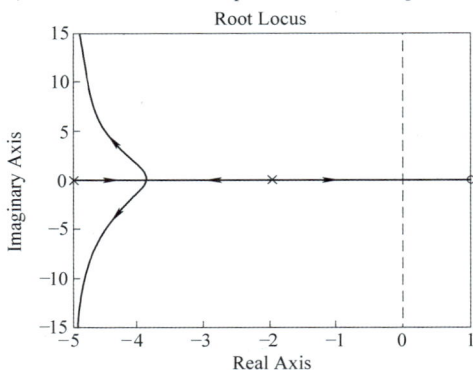

图答 12 习题 4-4 根轨迹图

$$\phi(s) = \frac{0.4(s-1)(s+5)}{(s+5)(s+2)^2 + 2(s-1)} = \frac{0.4(s-1)(s+5)}{s^3 + 9s^2 + 26s + 18} = \frac{0.4(s-1)(s+5)}{(s+1)(s^2 + 8s + 18)}$$

4-5　根轨迹图

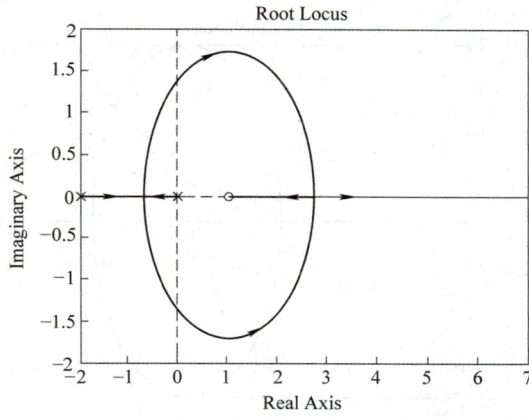

图答13　习题4-5 根轨迹图

4-6　略

4-7　根轨迹图

a）负反馈

b）正反馈

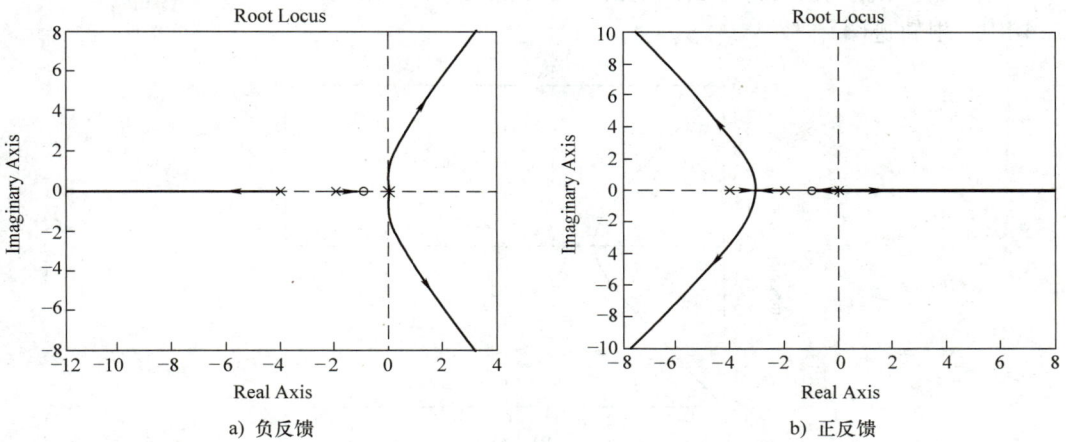

图答14　习题4-7 根轨迹图

4-8　系统无超调的 k 值范围（0，0.68］∪［23.34，∞），根轨迹图如下：

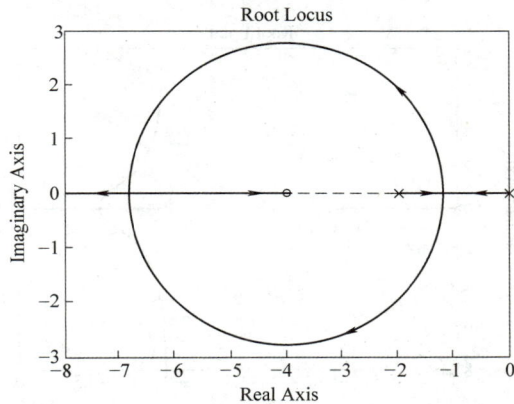

图答15　习题4-8 根轨迹图

4-9 （1）根轨迹图

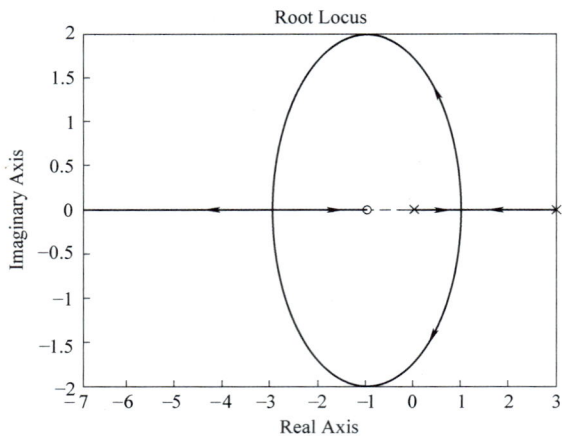

图答 16 习题 4-9 根轨迹图

（2）根据 k 值可计算出系统的闭环极点为 -2 和 -5。

4-10 根轨迹图

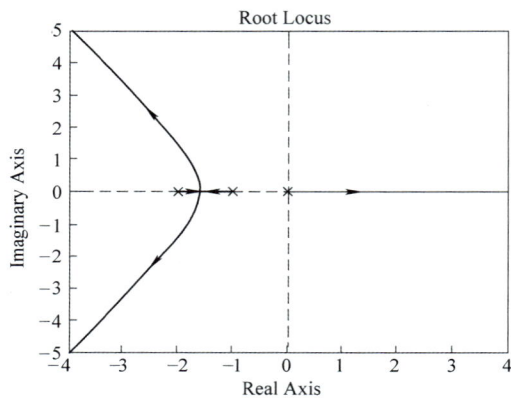

图答 17 习题 4-10 根轨迹图

4-11 （1）根轨迹图

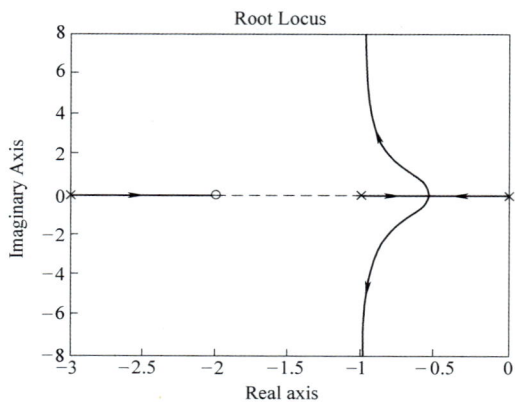

图答 18 习题 4-11 根轨迹图

（2）主导极点：$s_{1,2} = -0.7 \pm j1.2(\zeta = 0.5)$，$K = \dfrac{2}{3}$，$K^* = \dfrac{5}{3}$。

4-12　K 值范围为 $45 \leqslant K < 54$

4-13　$7 < K^* < 16$

4-14　（1）根轨迹图

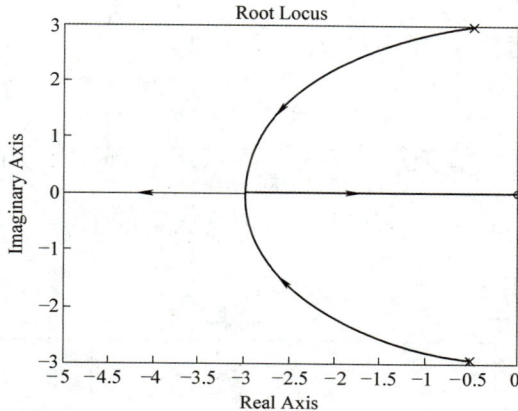

图答 19　习题 4-14 根轨迹图

（2）$0 \leqslant \tau < \dfrac{5}{9}$

4-15　与虚轴的交点 $\omega = \pm\sqrt{2}\ \mathrm{rad/s}$，$K^* = 1$；$K^* > 1$ 系统稳定；$K^* \uparrow \to \zeta \uparrow$ 平稳性变好；当 $K^* \to \infty$ 时，$\zeta \to 0.707$，$c(t)$ 振荡性减小，快速性得以改善。

4-16　（1）根轨迹图

（2）无论 K^* 为何值，原闭环系统恒不稳定。

（3）$H(s)$ 改变后，当 $0 < K^* < 22.75$ 时，闭环系统稳定，所以比例微分环节 $H(s)$ 改变可改善系统的稳定性。

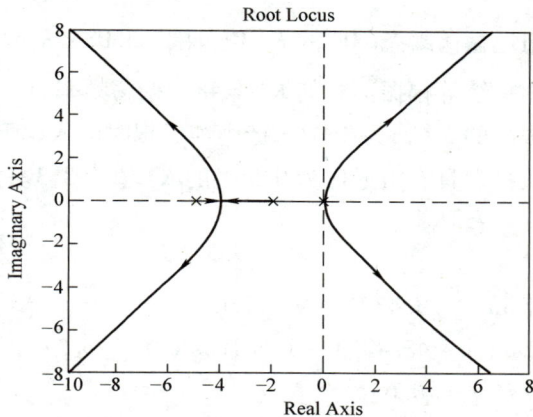

图答 20　习题 4-16 原系统根轨迹图

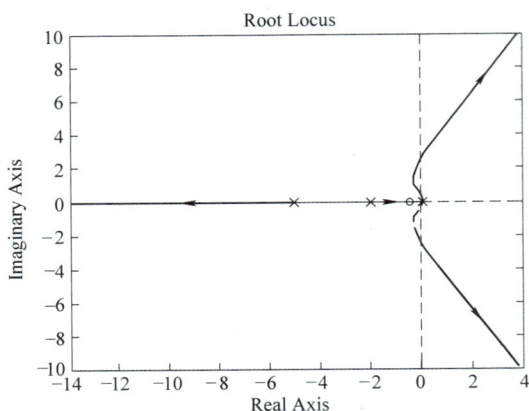

图答 21 习题 4-16 加 $H(s)$ 后系统根轨迹图

4-17 （1）根轨迹图

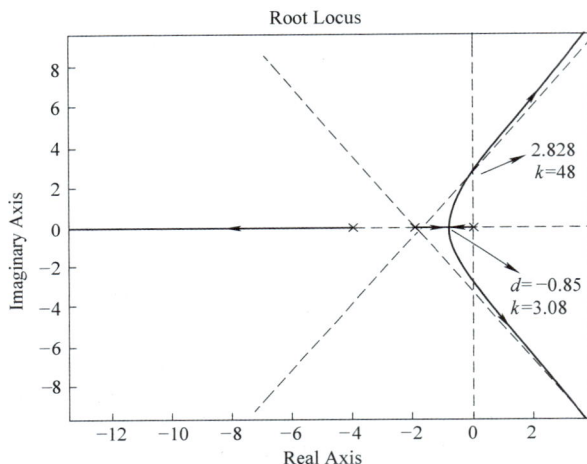

图答 22 习题 4-17 根轨迹图

（2）系统呈阻尼振荡瞬态响应的 K^* 值范围：$3.08 < K_o < 48$；

（3）系统产生持续等幅振荡时的 $K^* = 48$，振荡频率 $\omega = 2\sqrt{2}\text{rad/s}$；

（4）产生重根时的 K^* 值为 3.08，产生纯虚根时的 K^* 值为 48。

（5）主导复数极点具有阻尼比为 0.5 时的 K^* 值为 8.3。

4-18、4-19 略

【习题 5 参考答案】

5-1 $y_{ss}(t) = 0.447\sin(t + 3.43°) - 0.707\sin 2t$

$e_{ss}(t) = 0.632\sin(t + 48.43°) - 1.581\cos(2t - 26.57°)$

5-2 $\omega_n = 1.85\text{rad/s}$，$\zeta = 0.65$

5-3 略

5-4 a) $G(s) = \dfrac{100}{s + 10}$ b) $G(s) = \dfrac{5s}{s + 50}$ c) $G(s) = \dfrac{5000}{s(s + 100)}$

d) $G(s) = \dfrac{100}{s(s/0.01+1)(s/20+1)}$ e) $G(s) = \dfrac{10}{\left(\dfrac{s}{749}\right)^2 + 2 \times 0.3826 \times \dfrac{s}{749} + 1}$

f) $G(s) = \dfrac{100}{s\left(\left(\dfrac{s}{50}\right)^2 + 2 \times 0.3 \times \dfrac{s}{50} + 1\right)}$

5-5　$G_b(s) = \dfrac{0.42\left(\dfrac{1}{3.16}s+1\right)\left(\dfrac{1}{18.82}s+1\right)}{\left(\dfrac{1}{23.6}s+1\right)\left(\dfrac{1}{70.78}s+1\right)}$

5-6　略

5-7　$G(s) = \dfrac{10(-0.05s+1)}{s(20s+1)}$

5-8　略

5-9　a）稳定　　b）不稳定，不稳定极点两个　　c）稳定　　d）稳定

e）不稳定，不稳定极点两个　　f）不稳定，不稳定极点两个　　g）稳定

h）不稳定，不稳定极点两个　　i）稳定　　j）不稳定，不稳定极点两个

5-10　(1) $\dfrac{KT}{T+1} < 1$　　(2) $0 < K < \dfrac{3}{2}$　　(3) $0 < T < \dfrac{1}{9}$

5-11　$\omega_g = 2.44\text{rad/s}$，$K < 2.63$

5-12　K 增大至 aK，T 缩小至 T/a

5-13　$\gamma = 65.2°$，$\omega_c = 1.95\text{rad/s}$

5-14　$\gamma = 52°$，$\omega_c = 1.58\text{rad/s}$

5-15　$K = \dfrac{T_1 + T_2}{K_g T_1 T_2}$

5-16　略

5-17　(1) $G(s) = \dfrac{2(5s+1)}{s(10s+1)(0.25s+1)}$　　(2) 系统稳定　　(3) $e_{ss} = 0.5$　　(4) ω_c 增大，快速性变好；γ 不变，平稳性相当；开环增益变大，稳态误差变小；抗干扰能力降低。

5-18　(1) $G(s) = \dfrac{100(0.5s+1)}{s(2.5s+1)(0.04s+1)}$　　(2) $\omega_c = 20\text{rad/s}$，$\gamma = 46.78°$

(3) 曲线上移，稳态误差减小，调节时间减少，相角裕量减小，抗干扰能力降低。

5-19　$K_h > 1$

5-20　(1) $K < 6$　　(2) K 值无限制

5-21　$K = 5$ 时系统稳定，相角裕量 13.6°，幅值裕量 6.85dB；$K = 20$ 时系统不稳定，图略

【习题6参考答案】

6-1 ~ 6-4　略

6-5　$e_{ss} \leqslant \dfrac{1}{15}$，$K_v \geqslant 15$，$\omega_c = \sqrt{k} = 3.78\text{rad/s}$，$r_c = 180° + \varphi(\omega_c) = 14.5° < 45°$ 不满足

要求。

$$\varphi_m = r - r_c + \varepsilon = 45° - 14.5° + 10° \approx 40°, \quad \alpha = \frac{1 + \sin\varphi_m}{1 - \sin\varphi_m} = 4.59, \quad 则取 \alpha = 5,$$

$$10\lg\alpha = -L(\omega_m) = -14, \quad 20\lg\frac{15}{\omega_m\omega_m} = 20\lg\frac{1}{\sqrt{5}}可得 \omega_m = 5.8\text{rad/s},$$

$$\omega_m = \frac{1}{\sqrt{\alpha}T}, \quad T = \frac{1}{\sqrt{5} \times 5.8}\text{s} \approx 0.08\text{s} \quad G_c(s) = \frac{0.4s + 1}{0.08s + 1}$$

校验：$G = G_cG_o = \dfrac{15(0.4s + 1)}{s(s + 1)(0.08s + 1)}, \quad \omega'_c = 6\text{rad/s},$

$r = 180° + \varphi(\omega'_c) = 51.2° > 45°,$ 可见满足要求。

6-6 ~ 6-9　略

6-10　(1) $G_c(s) = \dfrac{100(s + 6.7)^2}{(s + 67)^2}$　(2) $G_c(s) = \dfrac{(s + 0.13)}{14(s + 0.0093)}$

6-11　已知 $G_o(s) = \dfrac{400}{s^2(0.01s + 1)}$。

(1) $G_{ca}(s) = \dfrac{s + 1}{10s + 1}$　$G_{cb}(s) = \dfrac{0.1s + 1}{0.01s + 1}$　$G_{cc}(s) = \dfrac{(0.5s + 1)^2}{(10s + 1)(0.025s + 1)}$

因为 $G(s) = G_c(s)G_o(s)$，则 $\omega_{ca} = 6.32\text{rad/s}, r_a = -11.7°; \omega_{cb} = 40\text{rad/s},$
$r_b = 32°; \omega_{cc} = 10\text{rad/s}, r_c = 48°。$

图 6-65c 的相角裕度最大，故稳定性最好。

(2) $f = 12\text{Hz}, \omega = 2\pi f = 75\text{rad/s}$，校正后系统的传递函数为

$$G_1(s) = \frac{400(s + 1)}{s^2(0.01s + 1)(10s + 1)}, \quad G_2(s) = \frac{400(0.1s + 1)}{s^2(0.01s + 1)^2},$$

$$G_3(s) = \frac{400(0.5s + 1)^2}{s^2(0.01s + 1)(10s + 1)(0.025s + 1)},$$

$$20\lg|G_1(s)|_\omega = 20\lg\frac{400\omega}{\omega^2 \times 10\omega} = -43\text{dB},$$

$$20\lg|G_2(s)|_\omega = 20\lg\frac{400 \times 0.1\omega}{\omega^2} = -5.4\text{dB},$$

$$20\lg|G_3(s)|_\omega = 20\lg\frac{400\omega^2/4}{\omega^2 \times 10\omega} = -17.5\text{dB} \approx -20\text{dB}, \quad 故选择图 6-65c。$$

6-12 ~ 6-14　略

6-15

1) 略

2) $G_0 = \dfrac{K_0}{\left(\dfrac{s}{\omega_1} + 1\right)\left(\dfrac{s}{\omega_2} + 1\right)\left(\dfrac{s}{\omega_3} + 1\right)}, \quad K_0 = 10^{L_0/20}, \quad G_c = \dfrac{K_c(T_2s + 1)(T_3s + 1)}{(T_1s + 1)(T_2s + 1)}, \quad K_c =$

$10^{L_c/20}, \quad G = G_cG_0。$

3) ω_c 增大，t_s 减小，快速性好，K 增大，e_{ss} 减小，稳态精度变好，抗干扰能力下降，
r 增大，$\sigma\%$ 减小，平稳性好

6-16　略

6-17　(1) $\dfrac{Y(s)}{N(s)} = \dfrac{-\left(1 + \dfrac{kk_2 s}{s^2}\right) + \left(-\dfrac{G_c(s)}{s^2}\right)}{\Delta} = 0$　　$G_c(s) = -s(s + kk_2)$

　　　(2) $G_k(s) = \dfrac{\dfrac{k}{s^2}}{1 + \dfrac{kk_2 s}{s^2}} = \dfrac{k}{s^2 + kk_2 s}$,　　$\begin{cases} \omega_n^2 = k, \\ 2\xi\omega_n = kk_2 = 1.414\sqrt{k}, \end{cases}$ 得 $k_2 = \dfrac{1.414}{\sqrt{k}}$。

【习题 7 参考答案】

7-1　系统（2）效果最好，因为 3 个系统都具有低通滤波特性，高频段都是 $-40\mathrm{dB/}$dec，但是系统（2）的幅值高度最低。

7-2　没有饱和非线性时，闭环稳定。但加上饱和后闭环可能存在自振。

7-3　a）$G(s) = \dfrac{G_1(s)}{G_1(s)G_2(s) + 1}$　b）$G(s) = G_1(s)[1 + H_1(s)]$　c）$G(s) = \dfrac{G_1(s)H_1(s)}{1 + G_1(s)}$

7-4　a）自振；b）不稳定振荡；c）自振；d）a 点、c 点为自振；b 点为不稳定振荡；
　　e）自振；f）a 点不稳定振荡，b 点为自振；g）a 点不稳定振荡，b 点为自振；
　　h）系统不稳定；i）系统不稳定；j）系统稳定。

7-5　平衡点 $x_e = 0$ 稳定，平衡点 $x_e = \pm 1$ 为不稳定平衡点

7-6　(1) 平衡点为（0，0）在左半平面为鞍点，在右半平面为稳定焦点；
　　(2) $\dot{x} > 0$ 的区域奇点位（-1，0），在 $\dot{x} < 0$ 的区域奇点位（1，0），这两个奇点都是中心点；
　　(3) 奇点位（0，0）为鞍点。

7-7　变增益环节可以减小系统超调，较快过渡过程。

7-8　振荡频率 $\omega = 2\mathrm{rad/s}$，振幅 $X = 5.29$

7-9　$a > \dfrac{8b}{3\pi}$

7-10　略

7-11　振荡频率 $\omega = \sqrt{2}\mathrm{rad/s}$，振幅 $X = 2.122$，稳定自振

7-12　振荡频率 $\omega = \sqrt{2}\mathrm{rad/s}$，振幅 $X = 1$，不稳定振荡

7-13　振幅 $X = 12.7$，振荡频率 $\omega = 1\mathrm{rad/s}$，稳定自振

7-14　$\omega = 4.18\mathrm{rad/s}$，$x = 1.7$，不稳定工作点

7-15　无自振

7-16　(1) 稳定性分析。$A = \sqrt{2}$ 时，$-1/N(A)$ 存在极值 $-\left.\dfrac{1}{N(A)}\right|_{A = \sqrt{2}a} = -0.524$

　　　而系统线性部分的频率特性为：$G(\mathrm{j}\omega) = -\dfrac{1.1K}{0.01\omega^4 + 1.01\omega^2 + 1} - \mathrm{j}\dfrac{K(1 - 0.1\omega^2)}{0.01\omega^5 + 1.01\omega^3 + \omega}$

令 $\mathrm{Im}G(\mathrm{j}\omega) = 0$ ，可解得 $\omega = \sqrt{10} = 3.162$ ；$\mathrm{Re}G(\mathrm{j}\sqrt{10}) = -1 < -0.524$ ，故 $G(\mathrm{j}\omega)$ 曲线与 $-1/N(A)$ 曲线相交，且有两个交点，令：$\mathrm{Re}G(\mathrm{j}\sqrt{10}) = -\dfrac{1}{N(A)}$ ，

可得 $A_1 = 1.04$ ，$A_2 = 3.68$ ，其中，$A_2 = 3.68$ 对应的交点为稳定自振点。

（2）继电器参数 $\alpha/M > 0.637$ 时无自激振荡现象出现；

（3）$K < 5.76$ 时无自激振荡。

7-17 $a = 4$ ，$K = 31.4$

【习题 8 参考答案】

8-1   （1）$F(z) = \dfrac{z[z + (\mathrm{e}^{-T} - 2\mathrm{e}^{-2T})]}{z^2 - (\mathrm{e}^{-T} + \mathrm{e}^{-2T})z + \mathrm{e}^{-3T}}$ （2）$F(z) = \dfrac{Tz\mathrm{e}^{-aT}}{(z - \mathrm{e}^{-aT})^2}$

8-2   （1）$e(nT) = 10 \times (-1 + 2^n)$ （2）$e(nT) = n$ （3）$e(nT) = 1 - \mathrm{e}^{-\alpha nT}$

8-3   （1）$C(z) = \dfrac{z}{z^2 + 3z + 2} = \dfrac{z}{z + 1} - \dfrac{z}{z + 2}$ ，进行 z 反变换有

$$c^*(t) = \sum_{n=0}^{\infty} [(-1)^n - (-2)^n]\delta(t - nT)$$

（2）$c^*(t) = \sum_{n=0}^{\infty} \left(2^{n-1} + \dfrac{4^n}{6} + \dfrac{1}{3}\right)\delta(t - nT)$

8-4 $G_a(z) = \dfrac{K(1 - \mathrm{e}^{-10T})z}{(z - 1)(z - \mathrm{e}^{-10T})}$ ，

$G_b(z) = \dfrac{K[(10T - 1 + \mathrm{e}^{-10T})z + (1 - 10T\mathrm{e}^{-10T} - \mathrm{e}^{-10T})]}{10(z - 1)(z - \mathrm{e}^{-10T})}$ ，

比较两系统脉冲传递函数可以看出：引入零阶保持器并不增加系统的阶次，不改变系统的极点，只影响系统的零点。

8-5   a）$\phi(z) = \dfrac{G_1 G_2(z)}{1 + G_1 G_2(z)H(z)}$ b）$\phi(z) = \dfrac{G_1(z)G_2(z)}{1 + G_1(z)G_2 H(z)}$

c）$\phi(z) = \dfrac{G_1 G_2(z)}{1 + G_1 G_2 H(z)}$ d）$\phi(z) = \dfrac{G_1(z)}{1 + G_1 H_1(z) + G_1(z)H_2(z)}$

8-6 $Y(z) = \dfrac{G_1 G_2(z)G_3(z)G_4(z)[1 + H_2 H_3(z)]R(z)}{1 + H_2 H_3(z)G_1 G_2(z)G_3(z)G_4 H_2(z)H_1(z)}$

8-7 $G(z) = \dfrac{0.02299z + 0.01652}{z^2 - 1.345z + 0.3844}$ $Y(z) = \dfrac{0.02299z^2 + 0.01652z}{z^3 - 2.345z^2 + 1.7294z - 0.3844}$

8-8   （1）$x_\mathrm{i}(t) = \delta(t)$ ，$x_\mathrm{o}(k) = \dfrac{14}{9}\left(\dfrac{2}{5}\right)^k - \dfrac{5}{9}\left(-\dfrac{1}{2}\right)^k$

（2）$x_\mathrm{i}(t) = 1(t)$ ，$x_\mathrm{o}(k) = \dfrac{20}{9} - \dfrac{28}{27}\left(\dfrac{2}{5}\right)^k - \dfrac{5}{27}\left(-\dfrac{1}{2}\right)^k$

8-9   （1）不稳定   （2）临界稳定   （3）稳定   （4）稳定

8-10   稳定

8-11 $G(z) = \dfrac{KT}{z(z - 1)}$ ，$4 < K < 5$

8-12   （1）$K = 8$ ，$G(z) = \dfrac{2.271z + 1.188}{z^2 - 1.135z + 0.1353}$

$$G_B(z) = \frac{2.271z + 1.188}{z^2 + 1.135z + 1.323} \quad |z| > 1 \quad 系统不稳定$$

(2) $0 < K < 5.85$

8-13 (1) $G(z) = \dfrac{0.0925 + 0.105z}{(z-1)(z-0.605)}$，特征方程 $D(z) = z^2 - 1.5z + 0.6955 = 0$

解得：$z_{1,2} = 0.75 \pm j0.3647$，因为 $|z| = 0.834 < 1$，所以该系统稳定。

(2) I 型系统，稳态误差为 1；

(3) $Y(z) = 0.105z^{-1} + 0.35z^{-2} + 0.697z^{-3} + 0.936z^{-4} + \cdots$

则输出序列为：$y(k) = 0.105\delta(t-T) + 0.355\delta(t-2T) + 0.697\delta(t-3T) + \cdots$

8-14 $G(z) = \dfrac{\frac{1}{2}KT^2(z+1)}{(z-1)(z-1+0.5TK)}$，将 $K = 10$，$T = 0.2$ 代入得

$$G(z) = \frac{0.2(z+1)}{z(z-1)} \quad （系统为 I 型）$$

系统闭环特征方程为 $D(z) = z^2 - 0.8z + 0.2 \quad z_{1,2} = 0.4 \pm j0.2; \ |z_{1,2}| = 0.447 < 1$

系统稳定，用静态误差系数法可求得 $K_p = \infty$，$K_v = 0.4$，$K_a = 0$

$$r_1(t) = 1(t) \qquad e_{ss1} = \frac{1}{1 + K_p} = 0$$

$$r_2(t) = t \qquad e_{ss2} = \frac{T}{K_v} = 0.5$$

$$r_3(t) = \frac{1}{2}t^2 \qquad e_{ss3} = \frac{T^2}{K_a} = \infty$$

8-15 $D(z) = \dfrac{z+1}{2z}$

8-16 1）满足稳态误差小于 0.5 的 K 值为：$2 < K < 2.472$

2）系统过渡过程单调：$0 < K < 0.5925$ 系统振荡衰减：$0.5925 < K < 2.472$

系统发散：$K > 2.472$

8-17 $G(z) = \dfrac{0.632z}{(z-1)(z-0.368)}$，$D(z) = \dfrac{z(2z-1)}{(z-1)^2 G(z)} = \dfrac{3.165(z-0.5)(z-0.368)}{z(z-1)}$

系统响应只需两拍即可进入稳态。

8-18、8-19 略

参 考 文 献

［1］ 李约瑟. 中国科学技术史［M］. 北京：科学出版社，1999.

［2］ 纳格拉斯，等. 控制系统工程［M］. 刘绍球，等译. 北京：电子工业出版社，1985.

［3］ 吴麟. 自动控制原理［M］. 北京：清华大学出版社，1990.

［4］ 李友善. 自动控制原理［M］. 北京：国防工业出版社，1980.

［5］ 孙虎章. 自动控制原理［M］. 北京：中央广播电视大学出版社，1984.

［6］ 黄家英. 自动控制原理［M］. 南京：东南大学出版社，1991.

［7］ 胡寿松. 自动控制原理［M］. 6 版. 北京：国防工业出版社，2013.

［8］ 邹伯敏. 自动控制理论［M］. 3 版. 北京：机械工业出版社，2009.

［9］ 夏德钤，翁贻方. 自动控制理论［M］. 2 版. 北京：机械工业出版社，2004.

［10］ 蒋大明，戴胜华. 自动控制原理［M］. 北京：清华大学出版社，2003.

［11］ 刘坤. MATLAB 自动控制原理习题精解［M］. 北京：国防工业出版社，2004.

［12］ 胡寿松. 自动控制原理习题集［M］. 北京：国防工业出版社，1990.

［13］ 卢京潮，刘慧英. 自动控制原理典型题解析及自测试题［M］. 西安：西北工业大学出版社，2001.

［14］ 楼顺天，于卫. 基于 MATLAB 的系统分析与设计：控制系统［M］. 西安：西安电子科技大学出版社，1999.

［15］ WEYRICK R C. Fundamentals Automatic Control［M］. New York：McGraw-Hill，1975.

［16］ OGATA K. Modern Control Engineering［M］. 4th ed. New Jersey：Pearson Education Inc.，2002.

［17］ DORF C R，BISHOP H R. Modern Control Systems［M］. 9th ed. New Jersey：Pearson Education Inc.，2001.

［18］ FRANKLIN F G，POWELL J D. Abbas Emami-Naeini Feedback Control of Dynamic Systems［M］. 4th ed. New Jersey：Pearson Education Inc，2002.

［19］ 胡寿松. 自动控制原理题海与考研指导［M］. 2 版. 北京：科学出版社，2013.